国家出版基金项目
NATIONAL PUBLICATION FOUNDATION

"十二五"国家重点图书出版规划项目
光物理研究前沿系列
总主编 张杰

精密激光光谱学研究前沿

Advances in Precision Laser Spectroscopy

高克林 等 编著

上海交通大學出版社
SHANGHAI JIAO TONG UNIVERSITY PRESS

内容提要

本书是“十二五”国家重点图书出版规划项目“光物理研究前沿系列”之一，包括冷原子物理、冷分子物理、激光光谱、囚禁离子光频标、基于原子分子光物理的精密测量等前沿专题。

本书可供光学及物理专业的本科生、研究生及相关研究人员阅读参考。

图书在版编目(CIP)数据

精密激光光谱学研究前沿 / 高克林等编著. —上海：上海交通大学出版社，2014
(光物理研究前沿系列 / 张杰主编)
ISBN 978-7-313-11644-4

Ⅰ. ①精… Ⅱ. ①高… Ⅲ. ①激光光谱学—研究
Ⅳ. ①O433.5

中国版本图书馆 CIP 数据核字(2014)第 134680 号

精密激光光谱学研究前沿

编　　著：高克林　等
出版发行：上海交通大学出版社　　地　　址：上海市番禺路 951 号
邮政编码：200030　　电　　话：021-64071208
出 版 人：韩建民
印　　制：山东鸿杰印务集团有限公司　　经　　销：全国新华书店
开　　本：710 mm×1000 mm　1/16　　印　　张：32.25
字　　数：566 千字
版　　次：2014 年 10 月第 1 版　　印　　次：2014 年 10 月第 1 次印刷
书　　号：ISBN 978-7-313-11644-4/O
定　　价：135.00 元

光物理研究前沿系列
丛书编委会

分享光物理之美

经过三年时间的策划，在数十位活跃在光物理研究最前沿科学家的巨大努力和重量级资深科学家的倾情参与下，“光物理研究前沿系列”丛书中英文版终于同时面世了。

光物理是近代物理学中历史最悠久、同时也最具活力的领域之一，特别是激光问世以来，光学渗透到众多学科领域，光学自身的面貌不断发生着深刻的变化。与此同时，光物理的研究内容也从传统的光学与光谱学迅速扩展到光学与其他学科的交叉分支领域，逐渐形成了丰满的学科体系；层出不穷的光学诊断方法和技术发明推动了许多学科的快速发展，并进一步演化为新的科学前沿，这也是光物理研究中最美的景象。

近年来，随着我国科研实力的大幅增强，不少实验室都做出了国际水平的研究成果，我国科学家在 *Nature*，*Science*，*Physical Review Letters* 等国际顶级学术期刊上发表的论文数量已经在全世界占据了相当的份额，同时，国际顶级的综述类学术刊物也邀请我国科学家撰写了大批综述性论文。但是，令人遗憾的是，面向高年级大学生、研究生以及青年学者，介绍我国光物理科学前沿研究成果的专著还比较少，这也将成为制约我国光物理前沿研究未来发展的瓶颈。

出于这个原因，当上海交通大学出版社邀我作为主编，筹划组织编写一套“光物理研究前沿系列”丛书的时候，我欣然同意。我们的目标是编写一套给高年级大学生、研究生和青年学者阅读的中文入门读物，介绍国内外光物理前沿研究的最新进展。本丛书首批包括《强场激光物理研究前沿》《精密激光光谱学研究前沿》《非线性光学研究前沿》《纳米光子学研究前沿》《量子光学研究前沿》《超快光学研究前沿》《凝聚态光学研究前沿》《生物分子光子学研究前沿》等八个分册。每个分册包含了若干该领域的前沿研究专题，几十位活跃在光物理研究最前沿的作者均来自中国重要大学和科研院所。我们希望能以此为契机，汇集最有价值的研究资源，以供有建树的光物理科学家展示自身的研究成果；进而形成良好的学习和借鉴氛围，为高年级大学生、研究生以及青年学者提供学术交流的平台。在每个分册的开始，我们都邀请了重量级资深科学家作序，介绍每个主题的精华，目的是想与大家一起分享光物理最前沿令人震撼的美。

强场激光物理对应的激光场强具有非常宽的范围，因而包含了极为丰富的非线性物理。强场激光物理及相关前沿新方向是现代物理学乃至现代科学中最重要的前沿之一，不仅有重大的科学意义，而且对国家战略高新技术与交叉学科领域也有重要的推动作用。

——摘自《强场激光物理研究前沿》的序

测量是物理科学的基础。在物理学中，原子、分子和光学物理领域比其他任何学科都能更加有力地说明这一点。精密测量是原子、分子和光物理的一个重要分支：它提供了深入了解物理基本定律的重要方法，激励了科学技术前沿的发展，并且推动了许多社会意义重大的革命性应用。

——摘自叶军院士为《精密激光光谱学研究前沿》所作的序

激光的发明，引导出很多新的学科，对我们今天的科学技术以及日常生活都产生了重大影响。其中最重要的学科之一就是非线性光学，它对半个世纪以来科技的发展起了十分重要的作用。

——摘自沈元壤院士为《非线性光学研究前沿》所作的序

纳米光子学融合了光子学和当代纳米技术，研究纳米尺度下光与物质相互作用的机理和效应，在高速信息传输和处理、新能源以及生物医学等领域都有重要的应用。因此，纳米光子学既是国家层面的重点科技战略，又为科技产业发展注入了新的源动力。

——摘自张翔院士为《纳米光子学研究前沿》所作的序

量子信息科学的重大意义在于它的发展不仅仅具有诱人的应用前景，还在于它使得我们意识到：量子其实是信息的载体，而且对某些应用来说也许是最好的载体。我们再次发现，在量子信息科学的发展中，量子光学仍然扮演了重要的角色。这包括人们对光子纠缠操纵能力的逐步提升，光子系统在光量子计算、量子通信和量子精密测量等诸多方面的应用。

——摘自潘建伟院士为《量子光学研究前沿》所作的序

超快光学是随着超短脉冲激光的出现而诞生，并随着飞秒激光技术的迅猛发展而快速发展起来的。它始终与超快现象研究相互促进、共同发展。超快现象研究的需求带动了超快光学的发展，超快光学的进步又促进了超快现象研究范围的扩展和深度的提升。

——摘自侯洵院士为《超快光学研究前沿》所作的序

光与凝聚态物质相互作用是光物理学科的重要研究内容之一。一般说来，凝聚态光学研究包括两个方面。一方面激光作为一种性能优异的探针，可用于研究凝聚态物质的结构和运动规律。另一方面，通过凝聚态光学研究可以发现新的物质状态和新的运动规律，这些新发现可用于产生新的光源、新的探测器和多种其他器件。

——摘自杨国桢院士为《凝聚态光学研究前沿》所作的序

光物理的研究领域包罗万象，但丛书规模有限，不可能面面俱到。作者和出版社已经尽了最大的努力，希望能从浩瀚广阔的光物理成就的海洋中选取最漂亮的“前沿浪花”结集成册。目前八个分册的阵容中，既有光物理研究领域的经典方向，也有近十年来发展迅猛的前沿方向；既有主要介绍科学进展的内容，也有主要介绍新技术的章节。然而，本丛书远不能代表光物理发展前沿的全部，更何况光物理研究前沿也处在日新月异的快速变化中，所以出版本丛书的目的就是抛砖引玉，希望能够吸引更多的年轻人走入光物理的科学殿堂，领略光物理之美。

当我掩上厚厚的书稿，准备送出付印之际，感慨万千。转眼间三年时间过去了，许多在三年前还认为只是个美好梦想的事情，现在变成了现实。作为主要策划者及丛书主编的我，对这套书有特殊的感情。可以说，本丛书凝聚了两代中国光物理学家多年来对世界科学发展的贡献和感情！为此，我要特别感谢丛书的所有作者，他们都是活跃在光物理研究最前沿的科学家。尽管他们每天的时间分配都是以分秒来计算的，但是，他们仍然抽出了大量的时间，撰写了各自前沿领域的进展。作为一个在光物理领域从业多年的科学家，我对他们非常了解，也非常敬佩他们的责任感与使命感。正是出于对科研和教育的强烈责任感和使命感，促使他们从繁忙的研究工作中抽出宝贵时间，甚至牺牲了很多与家人团聚的时间，撰写了各分册，对本丛书作出了至关重要的贡献。我还要感谢丛书的全部编委，他们不仅承担了写作的任务，还承担了策划组稿、审校稿件的繁重任务，是他们的努力，构架了本丛书的有机结构和宏大涉猎，保证了本丛书的质量。感谢美国科学院院士沈元壤先生为本丛书策划所作的努力，沈先生早年写就的《非线性光学》已经成为非线性光学研究的经典之作，他在“非线性光学五十年”的序言中，更是深入浅出地回顾和展望了非线性光学的发展脉络。感谢中国科学院院士杨国桢先生给予本丛书策划和出版的帮助，多年来，杨先生引领、见证了凝聚态光学研究的发展。他为《凝聚态光学研究前沿》所作的序言见解精辟，同时为凝聚态光学研究指出了未来的新前沿。感谢中国科学院院士侯洵先生为《超快光学研究前沿》作序，侯先生为中国超快光学的发展作出了奠基性的贡献，二十多年前，他访问英国时对超快光学领域进展的精辟点评，我至今犹在耳边。他们三位都是我老师辈的先生，从我还是学生的时候起，就从他们撰写的论文和学术专著中向他们学习，从他们的言传身教中向他们学习，多年来，我向他们学到了很多很多，至今他们也还是我的老师。

感谢美国科学院院士叶军先生为《精密激光光谱学研究前沿》作序，他是上海交通大学的校友，也是我交往多年的好朋友。他在精密测量、冷分子物理和冷原子光钟等方面的开拓性研究工作，至今都是光物理领域的重要里程碑。感谢美国国家工程院院士张翔先生为《纳米光子学研究前沿》作序，他在光学超材料方面的杰出成果在国际上引起了很大反响。感谢中国科学院院士潘建伟先生为《量子光学研究前沿》作序，作为我国最年轻的院士之一，他在量子通信前沿和应用方面所做出的杰出成果，让量子通信不再神秘。在本丛书中，我与他们联袂作序，用我们的共同努力，用我们各自对光物理前沿的理解和积淀，努力向读者介绍本丛书试图展现的光物理之美，希望能成为各自分册的点睛之笔。

最后，我想感谢上海交通大学出版社韩建民社长及编辑团队，他们付出了巨大的努力，使梦想成为现实。令人欣喜的是，在上海交通大学出版社和德古意特出版社的合力打造下，这套丛书前两册的英文版将作为“中国学术出版走出去”的第一波，同步在海外发行。在此，我祝愿这套丛书成为“中国学术出版走出去”第一波中最美的一朵“浪花”！让我们一起分享光物理之美！

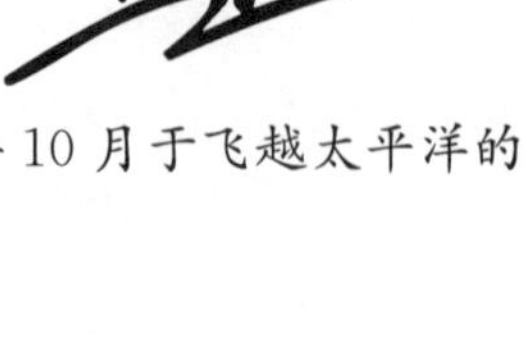

2014 年 10 月于飞越太平洋的飞机上

Preface

Measurement is the foundation of physical science. No other discipline in physics can illustrate this point more convincingly than the field of Atomic, Molecular, and Optical Physics. Precision measurement is one of the key branches in AMO physics: It provides important tests of and deep insights into fundamental laws of physics, stimulates the development of new frontiers in science and technology, and connects to a wide range of revolutionary applications that bring important benefits to our society.

In this book dedicated to the frontiers of research in precision laser spectroscopy, readers will be treated to a delicious course of lectures covering ultracold atoms and molecules, laser spectroscopy, trapped atoms and ions, frequency metrology and laser science, tests of basic physical principles as well as the determination of fundamental constants and development of quantum sensors. As one samples this smorgasbord of ideas, one may wonder why the specific title of "precision laser spectroscopy" was chosen for this book or even question whether an aged topic such as spectroscopy still represents a cutting-edge frontier of science. The answer is a resounding yes.

The relentless pursuit of spectroscopy resolution has been a driving force for many scientific and technological breakthroughs, including the foundations for relativity and quantum physics, over the course of the development of modern physics. A key motivation for the invention of the laser was spectroscopy. Indeed, laser spectroscopy completely revolutionized the field of spectroscopy, and it continues to drive present-day research on quantum matter and laser science. Spectroscopy now boasts many different subfields including ultraprecise measurement, ultracold matter, ultrastable lasers, and time-resolved ultrafast dynamics. Today, spectroscopy is at the heart of a powerful renaissance in AMO physics.

The laser allows us to produce and manipulate coherent optical fields for demanding measurement needs. In the early days of lasers, nonlinear optical physics advanced rapidly, providing new experimental techniques for spectroscopy and further improving the resolution of spectroscopy and its versatile applications. Laser stabilization was also relentlessly pursued, leading to the present state-of-the-art laser frequency control that achieves optical phase coherence over multiple seconds. In addition, the recent invention and development of optical frequency combs has allowed this optical phase coherence to be precisely transferred to other optical or microwave spectral domains.

The optical frequency comb was a result of the merger of continuous-wave—laser-based precision optical frequency metrology and mode-locked—laser-based ultrafast optical science. Since this merger in 2000, wide-bandwidth optical frequency combs have produced many unexpected and remarkable developments in precision spectroscopy, frequency metrology, and ultrafast science. A phase-stabilized optical frequency comb spanning an entire optical octave establishes millions of regularly spaced, precise frequency marks that are as stable and accurate as the best CW lasers. We have already implemented coherent phase connections among different parts of the electromagnetic spectrum, spanning the optical to radio frequencies.

The frequency comb has profoundly changed the optical frequency metrology, resulting in recent demonstrations of absolute optical frequency measurement, optical atomic clocks, and optical frequency synthesis. By combining these capabilities with the use of ultracold atoms and molecules, we can now perform optical spectroscopy, frequency metrology, and quantum control at the highest level of precision and resolution.

Parallel developments in the time-domain applications have been equally revolutionary, yielding simultaneous, precise control of the pulse repetition rate and the carrier-envelope phase. These developments have led to recent demonstrations of isolated attosecond pulse generation, coherent synthesis of optical pulses from independent lasers, coherent control in nonlinear spectroscopy, coherent pulse addition, and the generation of frequency combs in the extreme ultraviolet and mid-infrared spectral regions. Indeed, we now have the ability to perform completely arbitrary optical waveform synthesis that complements and rivals similar technologies developed in the radio frequency domain. This unified thrust in time- and frequency-domain control has made it possible to simultaneously pursue coherent control of quantum dynamics in the time domain and high-precision measurements of global atomic and molecular structure in the frequency domain.

The desire for better control of atomic motions for spectroscopy in the laboratory, together with the gradual mastery of laser-based control of matter, led to the development of laser cooling of atoms in the early 1980s. Today, we have the goal of preserving the longest possible coherence times between atomic states and an optical field. To accomplish this, we need to understand and control the atomic center-of-mass motion at the scale of an optical wavelength. Another challenge stems from the fact that the optical probing of internal atomic states creates an inevitable back-action on the atomic center-of-mass motion. Such back-action limits measurement precision and control. Meeting these challenges requires preparing atoms at ultralow temperatures and confining them in specially engineered optical, radio frequency, electric, or magnetic traps that decouple the atomic internal and external degrees of freedom for spectroscopy. Such a separation of internal and external dynamics is critical for precision measurement, frequency metrology, the coherent manipulation of quantum systems, and quantum information science.

Fortunately for the future prospects of precision measurement, there has been tremendous progress in research on ultracold atomic gases. Atoms can now be brought to a standstill in such a way that the gas exhibits striking quantum behaviors. Coherent matter waves in the form of quantum degenerate gases can now be routinely prepared, manipulated, and measured in laboratory. With important tools, such as the control of atomic interactions via Feshbach resonances and the introduction of optical lattices to regulate atomic motions, atomic physics and quantum gas experiments are now ready to take on challenging and outstanding problems from condensed matter physics via a powerful laboratory platform for studying strongly correlated quantum many-body systems and their dynamics.

With this development, we have come full circle. The birth of quantum information science was triggered by advances in the control of laser and atoms. These advances, in turn, have further stimulated developments in the AMO field. This is the beauty of AMO physics: Measurement science gives birth to new physical insights, and, in return, the new scientific frontier lays the foundation for further development in measurement technology. We are already dreaming about entangling a large number of quantum particles, engineering novel quantum states, establishing quantum networks for communication, advancing measurement precision beyond the standard quantum limit, and revealing deeper secrets of Nature.

One example is the development of atomic clocks. Atomic clock transitions are no longer confined to the microwave domain because the optical frequency comb provides a coherent bridge between optical and radio frequency spectral domains. This coherent bridge allows us to explore optical transitions that have orders-of-magnitude-higher line quality. The new capability in the control of light has also made it possible to create and probe novel quantum matter via the manipulation of dilute atomic and molecular gases at ultralow temperatures. Because we can localize atoms within a fraction of an optical wavelength inside a deeply bound trap, we can remove atomic motional effects from optical spectroscopy and state control. In addition, the quantized atomic motion and long interrogation times inside the trap permit high-resolution and precise investigations. Such capabilities have long been used in trapped-ion systems where charged ions are deeply bound with minimal perturbations to their electronic states. Optical atomic clocks based on single-trapped ions have achieved remarkably low uncertainties.

More recently, protocols for precision measurement and quantum information science have required large ensembles of neutral atoms to boost the measurement signal-to-noise ratio, explore the atomic collective effects, or create a massively entangled system. For neutral atoms, external-trapping potentials are created from spatially inhomogeneous energy shifts of the electronic states produced by an applied magnetic, electric, or optical field. It is thus crucial that we have recently constructed atom traps that do not perturb the *in-situ* precision spectroscopy of atomic transitions. For the first time, we can control the quantum states of more than 1,000 atoms so precisely that we achieve a more accurate and more precise atomic clock than any existing atomic clocks. With the clock accuracy and stability both reaching the 10^{-18} level, we have realized a single atomic clock with the top performance in both key ingredients necessary for a primary standard. This incredible measurement precision has also enabled researchers to study complex quantum many-body systems and integrate them into the frontiers of precision metrology, where we seek to advance measurement beyond the standard quantum limit. Such advanced clocks will allow us to test the fundamental laws of nature and find applications among a wide range of technological frontiers.

A second example is that molecules at ultralow temperatures represent an exciting new frontier for AMO physics The strong interdisciplinary character of this new topic facilitates powerful connections to other scientific fields, including chemistry, quantum information, condensed-matter physics, and astrophysics. These connections, and the many possibilities for technological advances, arise naturally as molecules constitute the ubiquitous building blocks of materials and embody common drives for everyday energy flow and dynamics. Control of molecular interactions has thus been an outstanding scientific quest for generations. For example, reaching the ultracold regime for molecules has been hindered by the presence of many internal degrees of freedom such as vibrational and rotational levels and fine or hyperfine states. Fortunately, we have recently witnessed rapid advances in producing molecules (mostly diatomic molecules) at low and ultralow temperatures. We have already performed the first set of experiments that demonstrate ultracold molecular collisions and chemical reactions in a regime where the collision must be described in terms of quantum wave functions. These efforts are serving as a staging ground for exploring collective quantum effects in an ultracold gas of molecules.

There are three key reasons for studying ultracold molecules. First, molecules represent a natural extension of precision experimental control and the on-going revolution of quantum-based measurement. The rich internal structure of molecules provides a unique experimental testing ground for fundamental laws of nature such as fundamental constants, symmetry and parity, as well as extensions of the Standard model. For example, at low temperatures, we can carefully control molecular motional effects, making it possible to perform high-resolution spectroscopy of molecular structure at an unprecedented level of precision; Such experiments are crucial in the search for symmetry violations.

Second, molecules provide new opportunities for the study of novel many-body quantum systems. It is the interactions between the particles that make the behavior of a many-body quantum system intriguing, and cold molecules, like cold atoms, will have the feature of tunable interparticle interactions. Molecules allow us to explore the long-range and anisotropic interparticle interactions between molecular dipoles—in contrast to the forces between atoms that are typically characterized by short-range potentials and contact interactions. The scientific opportunities available with quantum gases of ultracold molecules include (1) the creation of novel molecular superfluids that rely on the dipole-dipole interaction between ultracold fermionic molecules, (2) the study of quantum magnetism using the many internal degrees of freedom in molecules to engineer effective spin-spin interactions, and (3) the implementation of novel quantum matter with molecules confined in optical lattices.

Finally, molecular quantum gases provide us with an unprecedented opportunity to study chemical reactions in the ultralow energy domain. The recent discovery of bimolecular chemical reactions at ultralow temperatures already demonstrates that a molecular gas in the quantum regime can have a surprisingly large rate of chemical reaction, showing us that the ultracold reaction rate is dictated by the quantum statistics of the molecule and its long-range interactions. Interesting areas for future study include electric field-controlled collisions, resonance-mediated reactions, and collective many-body effects in chemistry.

We now stand on a broad scientific frontier where atoms, molecules, and their interactions are controlled at the quantum level. This control is allowing us to understand and probe many-body quantum systems. Such efforts have important consequences on the intellectual front for unraveling complexity and on the applied side for advancing quantum technology-based sensors. Quantum mechanics sets the ultimate limit in our ability to manipulate and measure matter. The cold atom and molecule-based measurement approach will allow us to push the quantum limits of precision measurement towards both fundamental tests of physical principles and advanced measurement tools and sensors for a range of practical applications. We are living in the golden age of AMO physics and precision measurement!

JILA, National Institute of Standards and Technology and
University of Colorado
September, 2014

序

测量是物理科学的基础。在物理学中，原子、分子和光学（AMO）物理领域比其他任何学科都能更加有力地说明这一点。精密测量是原子、分子和光物理的一个重要分支：它提供了深入了解物理基本定律的重要方法，激励了科学技术前沿的发展，并且推动了许多社会意义重大的革命性应用。

本书致力于研究最前沿的精密激光光谱学，读者将会享受一场精彩的讲座，其中包括超冷原子和分子、激光光谱学、原子和离子囚禁、频率测量和激光科学、基本物理定律的检测、基本常数的确定以及量子传感器的发展。当读者体会这些五彩缤纷的想法时，他们可能想知道为什么这本书会选“精密激光光谱学”这个特定的标题，甚至会提问：“像光谱学这样陈旧的主题是否仍能代表一个尖端的科学前沿?”答案是完全肯定的。

在现代物理学的发展历程中，人们对光谱分辨率的不懈追求已经成为许多科学和技术突破的驱动力，包括相对论和量子物理的基础。发明激光的一个主要动因就是光谱学。实际上，激光光谱彻底地改变了光谱的研究领域，并且它将继续推动当今量子物质和激光科学的研究。光谱学现在拥有许多不同的分支学科，包括超精密测量、超冷物质、超稳激光和时间分辨的超快动力学。如今，光谱学在原子、分子和光物理蓬勃向上的复兴时期起到了核心作用。

为了满足高难度的测量需求，激光器让我们可以产生和操作相干光场。在早期的激光时代，非线性光学发展迅猛，这就为光谱学提供了新的实验技术，用于进一步提高光谱的分辨率，并将其应用在各个领域。同时，对激光稳定的不懈追求导致目前最先进的激光频率控制实现了达到数秒之久的光学相位相干。此外，光学频率梳的发明和发展使得这种光学相位相干性准确地转移到其他光学或微波光谱区域。

光学频率梳是以连续激光为基础的精密光学频率测量和以锁模激光为基础的超快光学相结合的产物。自从 2000 年发展以来，宽带光学频率梳在精密光谱学、频谱检测和超快科学中已经产生了许多意想不到和显著的发展。横跨整个光学频谱相位稳定的光学频率梳建立了数以百万计的均匀的频率间隔，用以精确的频率标记。它们能够像最好的连续激光一样稳定和准确。我们已经实现了在电磁波谱从光频展开到射频的相干联系。

光学频率梳已经深刻地改变了光学频率计量，推动了关于绝对的光学频率测量、光学原子钟和光学频率合成的发展。利用光学频率梳、超冷原子和分子的实验结合，我们现在可以在最高水平的精度和分辨率来执行对光学光谱、频率的测量和量子控制。

与此同时，光学频率梳在时域应用中也带来了革命性的进展，例如脉冲重复率和载波包络相位的精确控制。这些发展带来了一些新兴产物，如：孤立阿秒脉冲的产生、独立激光相干合成的光脉冲、非线性光谱学中的相干控制、相干脉冲叠加以及扩展到深紫外线和中红外光谱区域内频率梳。实际上，现在我们有能力对任意光波形进行合成，如同在控制射频技术一样。在时域和频域控制的统一，使得同时追求在时域相干量子动力学的控制和在频域高精度测量整体原子和分子结构成为可能。

对实验光谱的发展使得我们渴望实现对原子运动的控制。随着激光技术的发展，在 1980 年代早期发展了原子的激光冷却。我们的目标是在原子状态和光场之间尽可能地保持最长的相干时间。为了达到这个目标，我们需要理解和控制原子质心在一个光学波长范围内运动。另一个挑战来自这样一个事实：光学探测原子的内部会产生一个不可避免的反向作用于原子质心的运动。这样的反向作用限制了测量的精度和控制。迎接这些挑战我们需要制备超低温度的原子，并且利用特制的光学、射频或电磁陷阱来囚禁它们，此时的原子内部和外部自由度在测量过程中可区分开来。这样的原子态制备对精密测量、频率计量学、量子系统的相干操纵和量子信息科学是至关重要的。

随着超冷原子气体研究的深入，精密测量展现出极好的发展前景。在超冷条件下，原子可以处于一种几乎“静止”的状态，气体便可呈现出显著的量子行为。现在，相干物质波和量子简并态原子气体可在实验室中随时制备、操纵、测量。利用一些新发展起来的重要工具，例如通过 Feshbach 共振控制原子的相互作用，引入光学晶格控制原子的质心运动，由此建立的利用原子物理及量子物理的实验平台，可以研究量子多体系统的特性及其动力学原理，它们如今已经承担解决凝聚态物理中诸多具有挑战性和突出性问题的研究。

回顾历史，实现可控的激光和原子触发了量子信息科学的产生和突飞猛进的发展。这些进展又反过来刺激了原子分子光学领域的发展。这恰恰就是原子分子光学物理的魅力所在。测量科学往往给予我们新的物理视角。反过来，新的科学前沿领域又为测量技术未来的发展奠定了基础。我们已经可以预见纠缠大量的量子粒子、创建新的量子态、量子网络、突破标准量子极限的测量精度，以及揭示大自然更深层的秘密。

原子钟的发展是典型的例子之一。由于光学频率梳为光学和无线电频谱之间提供了一个衔接的桥梁，原子钟的发展已经不再局限于微波领域。这座桥梁使我们探索高品质的光跃迁有了几个数量级的提高。通过对光的控制，我们可以制备超低温度的稀薄的原子和分子气体，用来产生和探测新的量子态。由于我们可以把原子紧紧地束缚在“陷阱”中，它们位置的精度可远小于光波长，从而消除了限制光谱精度的原子运动效应。同时，量子化的原子运动和在阱内囚禁原子的长时间探测可以极大地提高测量的精确度。这些实验手段已用于囚禁离子系统，这里的囚禁离子有极小的电子态的扰动。目前基于单个囚禁离子的光学原子钟的不确定性已经相当低了。

最近，精密测量和量子信息科学的发展需要引入大量的原子系综来提高测量中的信噪比，用于探索原子的集体效应，或者创建一个大规模的原子纠缠系统。对于中性原子体系，我们采用空域不均匀的电场、磁场和光场实现原子的囚禁，同时我们保证囚禁场不会干扰原子精密光谱的原位测量。目前我们可以精确地操控超过 1 000 个原子的量子态，得到了比任何现有的原子钟更准确、更精确的原子钟。随着时钟的精度和稳定性都达到了 10^{-18} 这个水平，我们已经实现了最佳性能原子钟的两个关键因素。这个令人难以置信的测量精度也鼓舞着研究者们去探索复杂的量子多体系统，并将获得的新思想与精密计量相结合，以寻求突破标准量子极限的更先进的测量方法。这种先进的原子钟将使我们能够检测基本自然规律，以及发现在广泛技术领域中的新应用。

第二个典型例子是超低温度下的分子，它代表了 AMO 物理令人激动的新的前沿方向。这个新的研究方向是跨学科的，可促进不同科学领域的结合。其中包括化学、量子信息、凝聚态物理以及天体物理。这些联系会自然地导致许许多多先进技术的发展，因为分子是构成物质世界的材料主体，也是日常生活中的能量和动力的驱动器。因此，分子之间相互作用的控制成为几代科学家重点探索的对象。但对于分子来说，由于其内部存在许多的自由度，包括振动、转动以及精细或超精细结构的能态，这严重地阻碍实现分子冷却和超冷条件。庆幸的是，我们最近在制造低温和超低温分子（主要是双原子分子）方面已经取得了很好的实质性进展。我们已经完成了一系列的实验，证明了超冷分子用量子波函数来描述的碰撞及化学反应。这些努力都为探索超冷分子气体的集体量子效应创造了条件。

研究超冷分子有 3 个重要的原因：

首先，精密操纵分子代表了精确控制实验的自然延伸以及量子基础测量可持续的革命。分子丰富的内部结构为测量基本物理常数和检验自然规律提供了独特的实验平台，如基本常数、对称和奇偶以及标准模型的扩展。在低温下，我们可以仔细地控制分子的运动效应，使其呈现出前所未有的高分辨率分子结构谱。这些实验对于寻找对称性破缺是至关重要的。

其次，超冷分子为研究新型多体量子体系提供了新的机遇。粒子间的相互作用使得多体量子系统的行为更加引人注目，冷分子具有像冷原子一样可以精细调控的粒子间相互作用。同原子体系不同的是，原子间的作用力是用短程势及接触作用所表征的，而我们利用冷分子，可以去探索长程和各向异性的分子偶极子之间的相互作用。研究超冷分子组成的量子气体存在诸多科学机遇：① 控制超冷费米子分子之间的偶极-偶极相互作用从而创造出新型的分子超流体；② 利用分子中各种内在的自由度构建有效的自旋-自旋相互作用来研究物质的量子磁性；③ 操控束缚在光子晶格中的分子以实现新型的量子物质。

最后，分子量子气体为我们提供了一个前所未有的机会，来了解超低温能态下的化学反应。最近的实验表明：双分子在超低温度下的化学反应速率可以比我们想象的要快得多，证明了超冷反应速率取决于分子的量子统计及它的长程相互作用。未来的研究可能会产生一些有趣的方向，包括电场控制碰撞、共振介导反应以及化学中集体的多体效应。

我们现在可以在量子态水平上操控原子、分子以及它们之间的相互作用，为此展现了一个崭新而广阔的科学前沿。这种可控性使我们可以更好地了解与探测多体量子系统，由此可以揭示物质世界的复杂性并且发展基于先进量子技术的实际应用。量子力学为操控和测量物质设置了一个极限，而基于冷原子和分子的测量方法使我们把量子极限的精密测量既推向物理原理的基础检验，又导致具有实际应用的先进测量手段及传感器的产生。可以说，我们正生活在 AMO 物理及精密测量的黄金时代！

2014 年 9 月

目　录

冷原子物理

张晓斐　陈耀桦　吴　为　刘伍明

1.1 磁光阱中的冷原子

1.1.1 引言

玻色-爱因斯坦凝聚(Bose-Einstein condensation,BEC)的概念可以追溯到1925年爱因斯坦的开创性工作,他发展了1924年玻色对光量子进行统计分析的思想,把统计物理的规则运用到有质量而无相互作用的理想玻色气体上。于是,他得到了令人惊奇的结果,即在足够低的温度下,宏观数量的玻色粒子会占据同一个单粒子态。玻色-爱因斯坦凝聚现象是一种量子相变,高于某一临界温度时,这种现象会消失。其思想在凝聚态物理和其他物理学领域中起了非常重要的作用。特别是,在1938年伦敦的工作之后,玻色-爱因斯坦凝聚的概念成为了理解低温下液氦超流现象的一个自然工具。在1947年,玻戈留波夫提出了第一个描述低温下有相互作用玻色气体的理论。在此之后,理论物理学家引入了一些重要的工具,特别是长程序、序参量和自发对称性破缺等概念,来描述与玻色-爱因斯坦凝聚、超流和超导有关现象。与序参量相位锁定有关的规范对称性破缺的思想,不仅在凝聚态物理中,而且在其他的物理学领域,如核物理和粒子物理中也起了非常重要的作用。

由于玻色-爱因斯坦凝聚体中的原子严格保持行动上的一致,这样便使原来单个原子所表现的难以被观察到的行为放大出来,从而我们可以观察到许多有趣的物理现象,同时操作上的简单和准确性也引起原子物理、量子光学和多体理论等领域的物理学家的极大关注。玻色-爱因斯坦凝聚的实验验证有着十分重要的科学意义和潜在的应用价值,首先它证实了一个新物态的存在,并且这个态是用相干波函数描述的物态,为实验物理学家提供了一个独一无二的新介质。利用物质波的相干性可以开拓很多新的研究领域:BEC是一个相干物质波源,可用于进行原子激光的产生和放大研究,它与激光相似可复现激光在科学技术上的各种应用,类比于非线性光学,可开展非线性原子光学的研究。同时,利用BEC的相干性,可进行凝聚体的涡旋-超流的研究和超冷原子气体从超流到Mott绝缘体的量子相变研究。另一方面,利用BEC中Feshbach共振效应,通过改变原子间的散射长度,从而改变原子间相互作用的符号,进而导致类似于超新星的BEC爆炸。在应用技术方面,BEC可以用于改善精密测量的准确度(如原子物理常数测量、微重力测量及研制原子干涉仪和最近的光晶格原子钟等)。

在量子科学中，玻色-爱因斯坦凝聚可用于光速减慢、光信息相干存储、量子信息传递和量子逻辑操作等。另外，利用BEC的相干性还可进行微结构的刻蚀和研制微型电子回路等[1-4]。

虽然玻色-爱因斯坦凝聚概念早在1925年就被提出，但是由于实验技术的限制，直到1995年，随着激光冷却与囚禁原子技术的发展，科学家才首次在实验上实现了玻色-爱因斯坦凝聚。玻色-爱因斯坦凝聚在稀薄碱金属原子中的实验实现，为我们研究超冷原子在各种外势中的动力学提供了一个独一无二的平台。由于物质波在原子光学干涉、原子测量和原子传输等方面的潜在应用，设计特定的方法对其进行操纵和控制就显得非常重要。其中，利用外部囚禁势对物质波孤子的运动进行操控是人们的首选方式。原子与外场的相互作用使玻色-爱因斯坦凝聚体感受到不同形式的外部囚禁，而这些囚禁势的具体形式可以通过磁场和光场进行灵活多样地改变，这就为我们方便地操控物质波提供了可能。

冷原子发展到今天，已经取得了一系列突破性的进展和创新性成果，并获得了多次诺贝尔物理学奖。今天的冷原子物理已经成为整个物理学的一个十分丰满的分支。在本节中，我们主要选取几种典型的外势中冷原子凝聚体作为研究对象，分别研究它的非线性动力学和相变问题，只当是做件抛砖引玉的事情。同时，也难免存在许多不足之处，敬请读者批评指正。

孤子是由于系统的线性和非线性响应的相互作用所导致的。在波包传播过程中，由于色散或衍射效应，系统线性部分的响应将会导致波包逐渐扩散。然而，当系统存在有非线性响应时，波包的变宽趋势将会被强度(密度)依赖的聚焦机制所抵消。在我们研究的玻色-爱因斯坦凝聚体中，由于原子之间的两体相互作用引起和凝聚体密度有关的非线性项将会导致上面提到的聚焦效应。因此可以看出，非线性部分将会导致色散波包重新聚焦，这就是说，假如我们让非线性自聚焦效应正好抵消线性扩散效应，那么波包将在传输过程中保存形状不变，这时孤子形成了。

零温平均场理论告诉我们，GP方程精确描述了玻色-爱因斯坦凝聚体(BECs)的动力学行为，在外势为零的情况下，GP方程是一个标准的非线性薛定谔方程。由于和非线性光学的相似性，我们同样能在玻色-爱因斯坦凝聚体中发现物质波孤子，它和光纤中的孤子一样也是一种稳定的、局域化的波包结构，并在传播过程中保持波形不变。然而，和非线性光学不同的是BEC中的非线性效应来源于原子间的两体相互作用。对于不同的原子相互作用，会形成不同的物质波孤子。当原子间的相互作用为吸引时，可形成物质波亮孤子；当原子间的相互作用为排斥时，则可形成物质波暗孤子。自从物质波孤子在BEC中的实验实现，人们围绕玻色-爱因斯坦凝聚体中的孤子这一主题做了大量的理论和实验工作[5-10]。

我们首先介绍暗孤子，实验上在 BEC 中实现暗孤子可追随到 1999 年，德国汉诺威大学的 Burger 等人利用相位刻印技术(phase imprinting technique)在雪茄状^{87}Rb 原子的 BEC 中产生了暗孤子，并观察了暗孤子的干涉和耗散动力学。在实验中，他们用一频率与原子共振频率相差甚远的激光短脉冲照射凝聚体的一半，同时使光吸收小到可以忽略，与原子-激光相互作用(光位移)有关的能量使凝聚体波函数产生一个与光强度有关的相位。把适合于产生孤子的相位差刻印到 BEC 上，凝聚体的密度和波函数的相位在经过较长时间的调整之后，就形成了物质波暗孤子[11]。随后 J. Denschlag 等人也利用^{23}Na 原子实现了物质波暗孤子[12]。上述这两个实验都是采用了相位刻印技术。有趣的是，他们发现只有当凝聚体的密度包络上凹迹处的密度为零时，暗孤子才是静止的，同时被这个凹迹分成的两部分 BECs 的相位差为 π。并且随着凹迹的深度由最大到零的变化，暗孤子的速度也由静止到接近声速的相应变化。在 BECs 中，暗孤子一个重要的特点是它的速度小于 Bogoliubov 声速 $c=\sqrt{gn/m}$，其中 n 为凝聚体基态粒子数密度，$g=(4\pi\hbar^2 a_s)/m$ 描述了原子间的两体相互作用。于是，我们得到暗孤子速度和相位差或孤子深度的关系式：

$$\frac{V_d}{c}=\cos(\delta/2)=\sqrt{1-n_d/n} \tag{1-1}$$

式中，暗孤子的深度 n_d 是指凝聚体基态的粒子数密度 n 与暗孤子底部粒子数密度之间的差值。当相位差 $\delta=\pi$ 时，暗孤子的速度为零。此时，其底部的粒子数密度也为零，即暗孤子的底部没有粒子，孤子深度为最大。随着相位差的减少，速度会逐渐地增大，慢慢接近 Bogoliubov 声速，此时暗孤子开始变浅变宽，直到消失。

另一方面，当原子之间的相互作用变为吸引时，凝聚体中可以形成物质波亮孤子。与暗孤子对比，亮孤子本身就是凝聚体。所以它更容易稳定地存在并较长时间地传输。亮孤子能较长时间存在的这种性质，在量子信息的理论研究中有着非常重要的意义，增大了其作为量子信息载体的可能性。相对于暗孤子，人们对亮孤子的研究要稍晚一些，因为要在凝聚体中形成亮孤子，原子间相互作用应为相互吸引，此时维持孤子稳定的凝聚原子数必须在一个临界值范围内。在二维和三维情形中，凝聚体存在的塌缩现象，导致相应的物质波亮孤子不能稳定存在。但是在准一维情况下，吸引的玻色-爱因斯坦凝聚体还是可以稳定的，从而可以形成亮孤子。这里值得一提的是，在二维情况下，可以通过快速振荡原子间相互作用来稳定二维亮孤子[13]。

在实验方面，Strecker 等人和 Khaykovich 等就利用 Feshbach 共振技术在准一维 BEC-s 中生成了物质波亮孤子和孤子链，并观察了它们的传播过程[14, 15]。文献[14]报道了一维光学阱中^{7}Li 原子凝聚体中物质波孤子链的形成和传播。利用外部磁场把一个稳定 BEC 中原子间的相互作用由排斥突然调到吸引，然后倾斜光势阱，整个原子云在运动中出现了多个亮孤子(孤子链)(见图 1-1)。它们在势阱中无扩展地来回振荡，可以推断在运动中相邻孤子间的相互作用是排斥的。在实验[15]中，他们利用 Feshbach 共振技术将超冷^{7}Li 原子之间的相互作用由排斥调到吸引，即改变散射长度 $a_s>0$ 为 $a_s<0$，观察到了亮孤子无色散地传播了大约 1 mm。在他们的实验中形成的 BEC 原子数为 2×10^4 个，而组成亮孤子的原子数则为 6×10^3 个，大约是 BEC 原子数的三分之一。

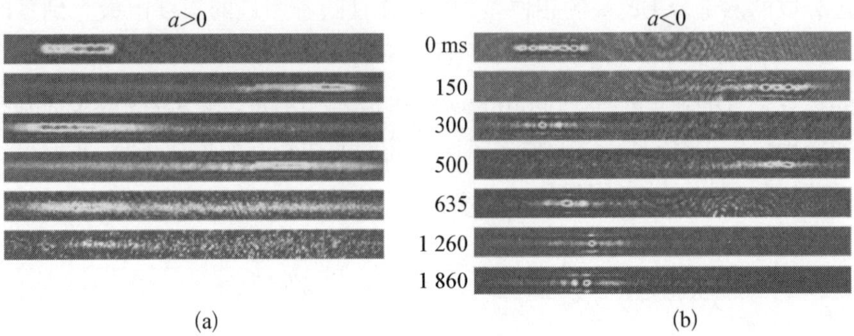

图 1-1 排斥 BEC 和孤子的比较

(a) 原子间相互作用为排斥时的 BEC；(b) 原子间相互作用为吸引时亮孤子的振荡

如果我们研究的系统处于高维，比如在二维情况下，前面讲述的暗孤子则会表现为一些新的形式，比如带状孤子及环状孤子等。环状暗孤子的概念最早是由 Kivshar 和 Yang 在光学系统中提出[16]。实验上则直到 1995 年才首次实现环状暗孤子[17]。在 BEC 系统中，G. Theoeharis 首次研究了环状暗孤子的运动，并且预测了振荡型和稳定型两类暗孤子的存在。通过数值模拟，他们发现，当环状暗孤子比较浅的时候，它会慢慢衰减，而深的环状暗孤子很快就出现扭曲不稳定性[18]。文献[19]研究了具有含时相互作用的环状暗孤子动力学行为。当环状暗孤子比较浅时，系统存在精确的解析解；而当环状暗孤子比较深的时候，原子间相互作用对环状暗孤子的动力学行为和寿命都有很大的影响。

当系统处于非线性周期系统时，例如，一维非线性周期系统(这可以通过将BECs装载于一维的光晶格中实现)，这时由于存在能带和能隙结构，孤子将会以能隙孤子的形式存在。伴随实验技术的发展，人们对周期光学势中玻色-爱因斯坦凝聚体的能隙孤子做了大量的研究。值得一提的是，中国科学院物理研究所张永平系统地研究了非线性布洛赫波和能隙孤子的对应关系或组成关系，即基本能隙孤子可以看作是非线性布洛赫波的组成单元[20]。

自从玻色-爱因斯坦凝聚体(BECs)得到实验验证后，相关理论和实验研究进展迅速[21, 22]。一个被广泛关注的课题是多组分BECs，因为多组分BECs拥有着多样化的量子态[23]以及其他单组分所不具备的新奇属性。理论[24-26]和实验[27, 28]研究证实了组分间相互作用在这个系统中扮演了重要角色。最近，可调相互作用的双组分BECs[29, 30]在实验中得到实现，极大地激励了双组分BECs相关研究工作的开展。此外，孤子也会以更复杂的形式出现。这时，每个组分或分量中会形成一种特定的孤子，而整个系统则以矢量孤子的形式存在。此时，由于自由度的增加，系统将会表现出更加丰富多彩的动力学行为。

1.1.2 含时简谐势中冷原子玻色-爱因斯坦凝聚体动力学

考虑处于简谐势中的BECs，这时描述凝聚体动力学的GP方程为

$$\mathrm{i}\hbar\frac{\partial\Psi(R,T)}{\partial T}=\left[-\frac{\hbar^2}{2m}\nabla^2+V(R,T)+g\mid\Psi(R,T)\mid^2\right]\Psi(R,T) \tag{1-2}$$

式中，$\Psi(R,T)$是凝聚体的宏观波函数，V是外简谐势，$g=4\pi\hbar a_s/m$是相互作用耦合常数，a_s是s波散射长度。当径向方向(Y,Z)的囚禁频率远远大于横向的囚禁频率时，囚禁在这样的外部势阱中的玻色凝聚体是雪茄状的，可用准一维GP方程来准确描述。此时，径向束缚能远远大于单个粒子的平均场相互作用能。在这种情形下，波函数可分解为$\Psi(R,T)=\Psi(X,T)\Psi(Y,Z)$。这里$\Psi(Y,Z)=\exp[-(Y^2+Z^2)/2a_\perp^2]/\sqrt{\pi}a_\perp$是二维简谐阱中归一化的基态波函数，而$a_\perp=\sqrt{\hbar/m\omega_\perp}$为径向简谐振荡长度。将此式代入式(1-2)并对径向平面(Y,Z)积分，可以得到准一维GP方程

$$\mathrm{i}\hbar\frac{\partial\Psi(X,T)}{\partial T}=\left[-\frac{\hbar^2}{2m}\nabla^2+\frac{1}{2}m\omega_X X^2+g_{1D}\mid\Psi(X,T)\mid^2\right]\Psi(X,T) \tag{1-3}$$

为了简化式(1-3),引入无量纲变量 $t=\omega_\perp T$,$x=X/\sqrt{m\omega_\perp/\hbar}$,$\psi=\Psi/\sqrt{2\pi a_\perp^2 a_B}$,我们可以得到以下无量纲 GP 方程[31-35]:

$$\mathrm{i}\frac{\partial\psi}{\partial t}=-\frac{1}{2}\frac{\partial^2\psi}{\partial x^2}+\frac{a_s(t)}{a_B}|\psi|^2\psi+\frac{\omega_1^2}{2\omega_\perp^2}x^2\psi \tag{1-4}$$

式中,ω_1 是横向振荡频率,$\omega_y=\omega_z=\omega_\perp$ 是径向振荡频率,a_B 为玻尔半径。式(1-4)是一个非线性薛定谔方程,我们讨论 BEC 动力学以及各种拓扑激发特性基本上是从这个方程出发的。

为了得到式(1-4)的精确解,让 ω_1 也是时间的函数 $\omega_1(t)$。发现如果刻画原子间相互作用的参数 $a_s(t)$ 和含时简谐势 $\omega_1(t)$满足如下关系[36-42]:

$$-\frac{1}{a_s(t)}\frac{\mathrm{d}^2 a_s(t)}{\mathrm{d}t^2}+\frac{2}{a_s^2(t)}\left(\frac{\mathrm{d}a_s(t)}{\mathrm{d}t}\right)^2+\frac{\omega_1^2(t)}{\omega_\perp^2}=0 \tag{1-5}$$

式(1-4)可以变换为标准的非线性薛定谔方程:

$$\mathrm{i}\frac{\partial\phi}{\partial\tau}+\frac{1}{2}\frac{\partial^2\phi}{\partial\varsigma^2}+\sigma|\phi|^2\phi=0 \tag{1-6}$$

同时具有下面一般解的形式:

$$\psi(x,t)=\exp\left[-\int_{t_0}^{t}\Gamma(t)\mathrm{d}t\right]\phi(\varsigma,\tau)\exp[\mathrm{i}\Gamma(t)x^2] \tag{1-7}$$

其中新变量 $\tau=\frac{A_1^2}{2}\int_{t_0}^{t}\exp[-4\int_{t_0}^{t}\Gamma(t')\mathrm{d}t']\mathrm{d}t$,$\varsigma=A_1\exp\left[-2\int_{t_0}^{t}\Gamma(t)\mathrm{d}t\right]x$。$A_1$ 是实常数,它和 $\Gamma(t)$,相互作用参数 $a_s(t)$ 满足如下关系式:

$$a_s(t)=\pm a_B A_1^2\exp\left[-2\int_{t_0}^{t}\Gamma(t)\mathrm{d}t\right] \tag{1-8}$$

此时,囚禁简谐势也是 $\Gamma(t)$的函数:

$$\frac{\omega_1^2(t)}{\omega_\perp^2}=-2\Gamma'(t)-4\Gamma(t)^2 \tag{1-9}$$

从式(1-8)和式(1-9),可以看出相互作用参数和简谐势都能表达成 $\Gamma(t)$ 的函数。只要确定满足式(1-5)可解条件的散射长度,就可以求得 $\Gamma(t)$和简谐势的函数,进而确定新变量 τ 和 ς。在此基础上,联合式(1-7)和式(1-6)的一般解来构造原始式(1-4)的精确解析解。

在下面的讨论中，将集中探讨如何利用同步调控 Feshbach 共振技术和简谐势来控制孤子间的碰撞。当原子间相互作用为吸引时，即 $a_s<0$，得到形如方程式(1-7)，但 $\phi(\varsigma,\tau)$ 具有如下形式的双亮孤子解：

$$\phi(\varsigma,\tau)=2b\frac{(2b^2\tau-\mathrm{i})\cosh[b(\varsigma-2c\tau-X_0)]+\mathrm{i}b(\varsigma-2c\tau)\sinh[b(\varsigma-2c\tau-\varsigma_0)]}{\cosh^2[b(\varsigma-2c\tau-\varsigma_0)]+b^2[(\varsigma-2c\tau)^2+4b^2\tau]}\exp(\mathrm{i}\theta_1) \tag{1-10}$$

其中 $\theta_1=c\varsigma-(c^2-b^2)\tau-\varphi,b,c,\varphi,\varsigma_0$ 为任意常数。

当原子间相互作用为排斥时，即 $a_s>0$，得到形如方程(1-7)，但 $\phi(\varsigma,\tau)$ 具有如下形式的双暗孤子解：

$$\phi(\varsigma,\tau)=\tau_1\exp\mathrm{i}\theta_2\frac{1+\varepsilon[Z_1\exp(\xi_1)+Z_2\exp(\xi_2)]+\varepsilon^2A_{12}Z_1Z_2\exp(\xi_1+\xi_2)}{1+\varepsilon[\exp(\xi_1)+\exp(\xi_2)]+\varepsilon^2A_{12}\exp(\xi_1+\xi_2)} \tag{1-11}$$

其中 $\theta_2=l_1\varsigma-(l_1^2-2\mid\tau_1\mid^2)\tau+\delta_1$，$Z_1=(-\Omega_1+\mathrm{i}\sqrt{4\mid\tau_1\mid^2-\Omega_1^2})/(\Omega_1+\mathrm{i}\sqrt{4\mid\tau_1\mid^2-\Omega_1^2})$，$Z_2=(-\Omega_2+\mathrm{i}\sqrt{4\mid\tau_1\mid^2-\Omega_2^2})/(\Omega_2+\mathrm{i}\sqrt{4\mid\tau_1\mid^2-\Omega_2^2})$，$\xi_2=\Omega_2\varsigma+(\sqrt{4\mid\tau_1\mid^2-\Omega_2^2}-2l_1)\Omega_2\tau+\xi_2^{(0)}$，$\xi_1=(\sqrt{4\mid\tau_1\mid^2-\Omega_1^2}-2l_1)\Omega_1\tau+\Omega_1\varsigma+\xi_1^{(0)}$，$A_{12}=[(\Omega_1-\Omega_2)^2+(\sqrt{4\mid\tau_1\mid^2-\Omega_1^2}-\sqrt{4\mid\tau_1\mid^2-\Omega_2^2})^2]/[(\Omega_1+\Omega_2)^2+(\sqrt{4\mid\tau_1\mid^2-\Omega_1^2}-\sqrt{4\mid\tau_1\mid^2-\Omega_2^2})^2]$，$l_1$，$\delta_1$，$\Omega_1$，$\Omega_2$，$\xi_1^{(0)}$，$\xi_2^{(0)}$，$\varepsilon$ 为任意常数，τ_1 为复常数。

基于上述解析解，可以讨论任何满足式(1-5)的时变散射长度和时变简谐势共同作用下的孤子动力学行为。典型的例子分别对应于磁场线性、指数、周期变化，从而可以利用同步控制 Feshbach 和时变简谐势来操控 BEC 中孤子的相互作用，并能在真实实验中观察到孤子的聚变、裂变、形变、振动和弹性碰撞等现象[37]。

前面已经讨论了时变散射长度和时变简谐势中孤子的动力学行为。值得注意的是，在所有讨论中，没有考虑损耗和增益。在本小节中，将研究增益和损耗对 BECs 中孤子动力学的影响。结果表明孤子的寿命和粒子数可以通过同时减少原子损失和纵横比来实现；同时发现，外合成势精确地控制了孤子的动力学演化。当合成势中不含增益和衰减项时，孤子间的碰撞是弹性的；此外，通过改变外合成势，可以精确地控制孤子所含的粒子数[43, 44]。

我们首先考虑排斥抛物合成势中的玻色-爱因斯坦凝聚体的孤子，这时，BEC存在增益或损耗。于是，描述它动力学的GP方程为[45, 46]

$$\mathrm{i}\frac{\partial \psi}{\partial t}=-\frac{\partial^2 \psi}{\partial x^2}+2a(t)\,|\psi|^2\psi-\frac{1}{4}\lambda^2x^2\psi+\mathrm{i}\gamma\psi \tag{1-12}$$

式中，无量纲时间 t 和坐标 x 分别以 $2/\omega_\perp$ 和 $a_\perp$ 为单位。$a_\perp=\sqrt{\hbar/m\omega_\perp}$ 和 $a_0=\sqrt{\hbar/m\omega_0}$ 分别为径向和雪茄轴方向的简谐振荡长度。$\omega_\perp$ 为径向振荡频率，ω_0 为轴向振荡频率。m 为原子质量，$|\lambda|=2|\omega_0|/\omega_\perp\ll 1$，$a(t)$ 为原子间的散射长度。γ 为一个小参量，它和增益或损耗有关[47]。

当 $a(t)=g_0\exp(\lambda t)$ 且 $\gamma=0$ 时，梁兆新等人通过达布变换求得了方程的一系列解，并对单个亮孤子的动力学进行了分析。当 $a(t)=g_0$ 且 $\gamma=\lambda/2$ 时，Kengne等研究了式(1-12)并证实了上述动力学行为[46]。这些结果表明，在一定的参数范围内，通过增加散射长度的绝对值，亮孤子能被压缩成为一个具有很高局域密度的物质波[48]。

为了得到式(1-12)的精确孤子解，做如下假设：

$$\psi=\left[A_0(t)+A_1(t)\frac{\delta\cosh(\xi)+\cos(\eta)}{\cosh(\xi)+\delta\cos(\eta)}+\mathrm{i}B_1(t)\frac{\alpha\sinh(\xi)+\beta\sin(\eta)}{\cosh(\xi)+\delta\cos(\eta)}\right]\exp(\mathrm{i}\Delta) \tag{1-13}$$

其中

$$\begin{aligned}&\Delta=k_0(t)+k_1(t)x+k_2(t)x^2,\quad \xi=p_1(t)x+q_1(t),\\&\eta=p_2(t)x+q_2(t)\end{aligned} \tag{1-14}$$

$A_0(t)$，$A_1(t)$，$B_1(t)$，$p_1(t)$，$q_1(t)$，$p_2(t)$，$q_2(t)$，$k_0(t)$，$k_1(t)$，$k_2(t)$ 为关于 t 的待定实函数。α, β, δ 为实常数。

把式(1-13)代入式(1-12)，首先剔除指数项，接下来合并如下项的系数：$\sinh^i(\xi)\cosh^j(\xi)\sin^m(\eta)\cos^n(\eta)x^k$($i=0, 1, 2, \cdots$；其中 $j=0, 1$；$m=0, 1, 2, \cdots$；$n=0, 1$；$k=0, 1, \cdots$)；然后把这些系数展开为实部和虚部。得到关于 $a(t)$，$A_0(t)$，$A_1(t)$，$B_1(t)$，$p_1(t)$，$q_1(t)$，$p_2(t)$，$q_2(t)$，$k_0(t)$，$k_1(t)$，$k_2(t)$ 的常微分方程组。通过求解这些方程组，得到式(1-12)的两类精确解析解：

第一类 当原子间的相互作用为吸引时，如^{7}Li原子，$a(t)<0$，式(1-12)的解可以表示为

$$\psi_1=\Omega\left[A_c+A_s\frac{(\delta\cosh(\xi)+\cos(\eta))}{\cosh(\xi)+\delta\cos(\eta)}+\mathrm{i}A_s\frac{\alpha\sinh(\xi)+\beta\sin(\eta)}{\cosh(\xi)+\delta\cos(\eta)}\right]\exp(\mathrm{i}\Delta+\gamma t) \tag{1-15}$$

其中

$$\Delta=k_2(t)x^2+k_1\Omega^2x+(2g_0A_c^2-k_1^2)\int\Omega^4\mathrm{d}t$$

$$\xi=\sqrt{g_0}A_s\left[\beta\Omega^2x-2\left[k_1\beta+p_2-\frac{2g_0p_2A_c^2}{(g_0A_s^2+p_2^2)}\right]\int\Omega^4\mathrm{d}t\right]$$

$$\eta=p_2\Omega^2x-[2p_2k_1+(p_2^2-g_0A_s^2)\beta]\int\Omega^4\mathrm{d}t$$

$$a(t)=-g_0\Omega^2\exp(-2\gamma t),\ \alpha=-\frac{2\sqrt{g_0}A_cp_2}{g_0A_s^2+p_2^2}$$

$$\beta^2=\frac{p_2^2+g_0(A_s^2-4A_c^2)}{g_0A_s^2+p_2^2},\ \delta=-\frac{2g_0A_cA_s}{g_0A_s^2+p_2^2}$$

$$\Omega=\exp\left[\int-2k_2(t)\mathrm{d}t\right],\quad k_2(t)=\left\{\pm\frac{\lambda}{4},\frac{\lambda}{4}\tanh(\lambda t)\right\}$$

这里 $A_c,A_s,g_0>0,p_2,k_1,\gamma$ 为任意实常数。

第二类 当原子间相互作用为排斥时,如^{23}Na 和^{87}Rb 原子,这时,$a(t)>0$,式(1-12)的解可以表示为

$$\psi_2=\Omega[A_c+\mathrm{i}A_s\tanh(\xi)]\exp(\mathrm{i}\Delta+\gamma t) \tag{1-16}$$

其中

$$\xi=\pm\sqrt{g_0}\Omega^2x+2A_s(\sqrt{g_0}k_1+g_0A_c)\int\Omega^4\mathrm{d}t$$

$$\Delta=k_2(t)x^2+k_1\Omega^2x-[2g_0(A_c^2+A_s^2)+k_1^2]\int\Omega^4\mathrm{d}t$$

$$a(t)=g_0\Omega^2\exp(-2\gamma t)$$

这里 $\Omega,k_2(t)$ 和式(1-15) 是一样的,$A_c,A_s,g_0>0,k_1$ 和 γ 为任意实常数。

精确解式(1-15)和式(1-16)为式(1-12)的新解,它们可以用于描述排斥抛物合成势中具有时变散射长度和时变谐振子势的 BECs 中的亮/暗孤子的动力学行为。在特殊情况下,精确解式(1-15)和式(1-16)可以退化为一些已知

的解。例如，当 $k_2(t)=-\lambda/4$ 且 $\gamma=0$ 时，精确解式(1-15)描述了排斥抛物势中具有时变散射长度和时变谐振子势的 BECs 中的亮孤子的动力学；它退化为参考文献[48]中的解。另一方面，当 $k_2(t)=-\lambda/4$ 且 $\gamma=\lambda/2$ 时，精确解式(1-15)描述了排斥抛物合成势中的孤子动力学；它退化为参考文献[46]中的解。

当 $k_2(t)=\pm\lambda/4$ 且 γ 为一个固定值时，凝聚体要么指数增长要么指数衰减，这时凝聚体将会变得不稳定。为了和实验紧密地结合起来，只考虑 $k_2(t)=\lambda/4\tanh(\lambda t)$ 且 $\Omega^2=\operatorname{sech}(\lambda t)/2$ 这种情况。

亮孤子动力学：接下来，对如下两种情况进行详细的分析：

情景(Ⅰ)：当 $\alpha=0$ 且 $p_2=0$ 时，ψ_1 可以表示为

$$\psi_{11}=\Omega\left[A_c+A_s\frac{\delta\cosh(\xi)+\cos(\eta)+\mathrm{i}\beta\sin(\eta)}{\cosh(\xi)+\delta\cos(\eta)}\right]\times\exp(\mathrm{i}\Delta+\gamma t)\tag{1-17}$$

其中 $A_s^2>4A_c^2$，

$$\xi=\sqrt{g_0}\beta A_s\Omega^2x-2\sqrt{g_0}A_sk_1\beta\int\Omega^4\mathrm{d}t$$

$$\eta=\frac{g_0(A_s^2-4A_c^2)}{\beta}\int\Omega^4\mathrm{d}t,\ \beta^2=\frac{A_s^2-4A_c^2}{A_s^2}$$

$$\Delta=k_2(t)x^2+k_1\Omega^2x+(2g_0A_c^2-k_1^2)\int\Omega^4\mathrm{d}t$$

$$\Omega=\sqrt{\frac{\operatorname{sech}(\lambda t)}{2}},\ \delta=-\frac{2A_c}{A_s}$$

$$a(t)=-\frac{g_0}{2}\operatorname{sech}(\lambda t)\exp(-2\gamma t)$$

一方面，当 $A_s=0$ 时，ψ_{11} 退化为背景解：

$$\psi_c=A_c\Omega\exp(\mathrm{i}\Delta+\gamma t)\tag{1-18}$$

另一方面，当 $A_c=0$ 时，ψ_{11} 退化为亮孤子解：

$$\psi_s=A_s\Omega\operatorname{sech}(\xi)\exp[\mathrm{i}\Theta+\gamma t]\tag{1-19}$$

其中

$$\xi=\sqrt{g_0}A_s\Omega^2x-2\sqrt{g_0}A_s(k_1+p_2)\int\Omega^4\mathrm{d}t$$

$$\Theta = k_2(t)x^2 + k_1\Omega^2 x + [g_0 A_s^2 - k_1^2]\int \Omega^4 \mathrm{d}t$$

因此 ψ_{11} 描述了镶嵌在平面波背景上的亮孤子。特别的，当 $A_c \ll A_s$，$4A_c^2 < A_s^2$，且 γ 很小时，背景将会变得非常小。考虑亮孤子的动力学行为时，空间背景的长度 $2L$ 和孤子的尺度比起来必须非常大。在真实的实验[14]中，BEC 的背景长度可以达到 $2L = 370\ \mu\text{m}$。在图 1-2 中，亮孤子的宽度大约为 $2l = 14\ \text{nm}$ [1 个单位坐标，$\Delta x = 1$ 对应于 $a_{\perp} = \hbar/(m\omega_{\perp})^{1/2} = 1.4\ \mu\text{m}$]。这时 $l \ll L$；因此，实验中实现亮孤子的条件也就达到了。选取和实验[15]相同的参数，例如，$\omega_{\perp} = 2\pi \times 710\ \text{Hz}$，$\omega_0 = 2\text{i}\pi \times 70\ \text{Hz}$。同时选取 $\lambda = -2\,|\,\omega_0\,|\,/\omega_{\perp} \approx -0.197$，$\gamma = -0.01$，$g_0 = 0.4\ \text{nm}$。为了与实验符合得更好，假设孤子朝着 $-x$ 方向运动，从图 1-2(a) 中可以看出，这时孤子的寿命大约为 $20 \times 4.5 \times 10^{-4}\ \text{s} = 9\ \text{ms}$，这与实验结果符合得非常好(实验数据大约为 8 ms)。这里，通过式(1-21)，可以验证，亮孤子的原子数大约在如下范围：从 4 635($t = -10$) 到 3 107 ($t = 10$)，这也和实验中观察到的数目相符合。

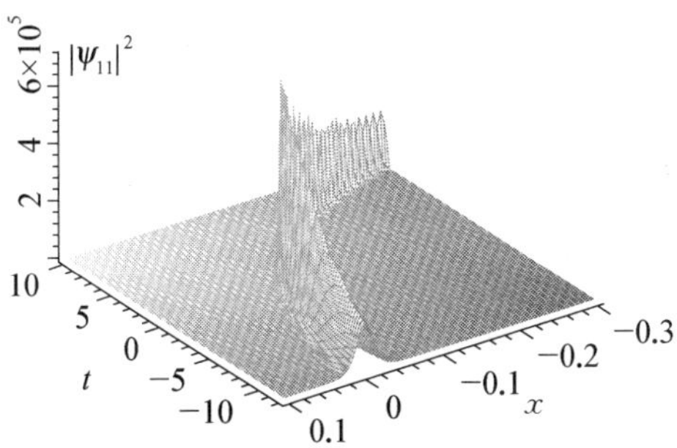

(a)

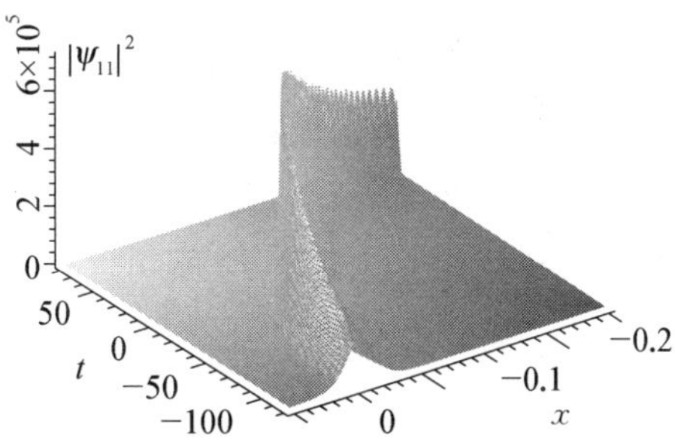

(b)

图 1-2 $|\psi_{11}|^2/10^4$ 随时间演化图

(参数为 $A_c = 4$，$A_s = 1\,200$，$g_0 = 0.4$)

(a) $\lambda = -0.197$，$\gamma = k_1 = -0.01$；(b) $\lambda = -0.02$，$\gamma = k_1 = -0.001$

另一方面，当 $\lambda = -0.02$(可以从 $\omega_0 = 2\text{i}\pi \times 7\ \text{Hz}$ 和 $\omega_{\perp} = 2\pi \times 710\ \text{Hz}$ 中得到)且 $\gamma = -0.001$ 时，从图 1-2(b) 中可以看出，这时孤子的寿命大约为 200 个时间单位(对应真实时间大约为 0.1 s)。同时发现：① 这时原子数范围大概在 3 234～4 824 之间；② 散射长度变化范围为：$-0.20\ \text{nm} \leqslant a(t) \leqslant -0.03\ \text{nm}$；③ 从式(1-17)，我们得到孤子的位置 $\xi \approx -1/2\sqrt{g_0}\sqrt{A_s^2 - 4A_c^2}(x - k_1 t - x_0)$，因此 k_1 描述了亮孤子的速度，这一点可以从图 1-2 中看出。

需要指出的是：① 为了得到清楚的图像，参数 k_1 取得相对较小。在真实的物理系统中，k_1 取值大约为 -4，这一点可以从孤子的中心位置 $x = -k_1\exp(-\lambda t)/\lambda$ 中看出；② 图1-2中，相对于亮孤子，背景显得非常小，因此可以近似地忽略背景；③ 为了得到寿命达到8 ms的亮孤子，我们选取 $\gamma = -0.01$（这也是实验中的取值）。这时，通过改变 λ，我们很难延长亮孤子的寿命。所以，为了得到寿命较长的孤子，应该采取合适的方法：同时减少 λ 和 γ 的绝对值[见图1-2(b)]。

进一步发现，当 $\cosh(\xi) = -2A_c\cos(\eta)/A_s + A_s/(A_c\cos(\eta))$ 或 $\sinh(\xi) = 0$ 时，式(1-17)的模平方分别达到最小或最大：

$$|\psi_{11}|^2_{\min} = A_c^2\left[1 - \frac{(A_s^2 - 4A_c^2)\cos^2(\eta)}{A_s^2 - 4A_c^2\cos^2(\eta)}\right]\frac{\operatorname{sech}(\lambda t)}{2}e^{2\gamma t}$$

$$|\psi_{11}|^2_{\max} = \left[A_c^2 + \frac{A_s(A_s^2 - 4A_c^2)}{A_s - 2A_c\cos(\eta)}\right]\frac{\operatorname{sech}(\lambda t)}{2}e^{2\gamma t} \tag{1-20}$$

这就意味着亮孤子[见式(1-17)]只能被压缩到这个范围内的任何值。在图1-3中，我们绘制了不同参数条件下，最大模平方 $|\psi_{11}|^2_{\max}/10^4$（点画线）、最小模平方 $|\psi_{11}|^2_{\min}$（实线）和背景（虚线）的时间演化图。从图中，可以看出，随着时间的增加，模平方开始时一直增加，直到达到峰值；接下来，一直减小到背景程度。另一方面，$|\lambda|$ 和 $|\gamma|$ 越小，保持较大模平方的时候就越长。因此，我们总结：为了增加亮孤子的寿命，必须同时减小谐振子势的纵横比和原子损失。

为了研究在排斥抛物合成势中的BECs孤子的稳定性，我们定义：

$$\int_{-L}^{+L}(|\psi_{11}|^2 - |\psi_c|^2)\,dx = N_0 C_L \tag{1-21}$$

其中

$$N_0 = \frac{2\sqrt{A_s^2 - 4A_c^2}}{\sqrt{g_0}}\exp(2\gamma t) \tag{1-22}$$

$$C_L = \frac{A_s(\exp(2L) - 1)}{A_s(\exp(2L) + 1) - 4A_c\cos\eta\exp(L)} \tag{1-23}$$

这个量表示了在 $[-L, L]$ 范围内，亮孤子相对于背景的粒子数。这意味着当 L 取一个固定值时，如 $L = 100$，那么，$C_L \to 1$。因此亮孤子中的粒子数将由 N_0 决定。

另一方面，我们定义

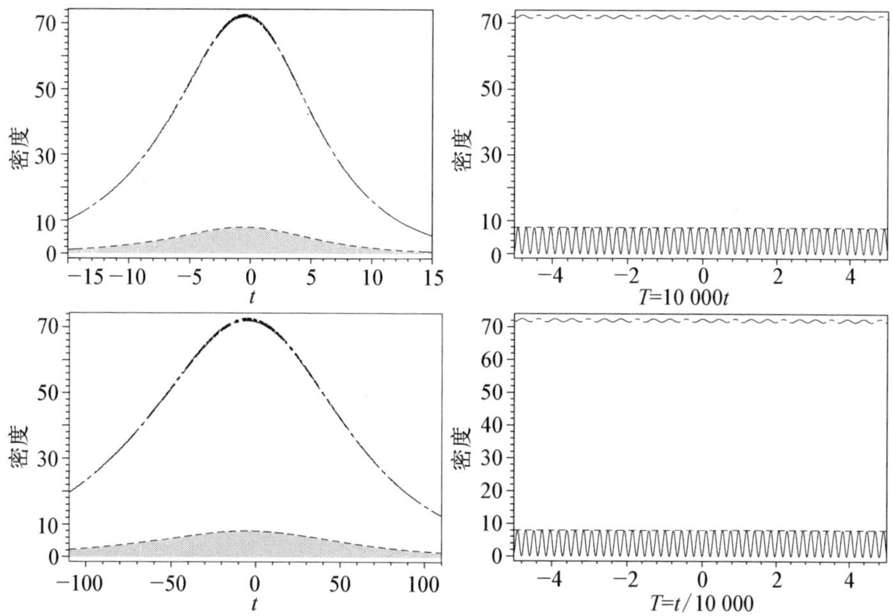

图 1-3 $|\psi_{11}|^2_{max}/10^4$(点画线),$|\psi_{11}|^2_{min}$(实线)和$|\psi_c|^2$(虚线)随时间演化图

图 1-3(a)(b)和图 1-2(a)参数相同;图 1-3(c)(d)和图 1-2(b)的参数相同

$$\int_{-L}^{+L} |\psi_{11}-\psi_c|^2 \mathrm{d}x = N_0\{C_L + 4A_c M\cos\eta\} \tag{1-24}$$

其中 N_0 和 C_l 由式(1-22)和式(1-23)决定,

$$M=\frac{1}{\Theta}\arctan\left[\frac{A_s+2A_c\cos\eta}{\Theta}\cdot\frac{\exp(L)-1}{\exp(L)+1}\right]$$

$$\Theta=\sqrt{A_s^2-4A_c^2\cos^2(\eta)}$$

这个量计算了在 $\psi(\pm L, t)\neq 0$ 的条件下,亮孤子和背景总的粒子数。由式(1-24),我们可以看出,在孤子和背景间存在一个周期性的粒子数交换。根据式(1-24),粒子数的交换和 γ 的符号紧密相关:① 当 $\gamma=0$ 时,将没有粒子数交换;② 当 $\gamma<0$ 时,粒子数交换会减小;③ 当 $\gamma>0$ 时,粒子数交换将会增加。如图 1-4 所示,在零背景且 $\gamma<0$ 的情况下,亮孤子和背景间的粒子数交换将经历一个慢—快—慢的过程。但是总的趋势则是不断减少。在参考文献[49]中,吴等人发现原子的数目只和线性的增益或衰减项有关,和散射长度及外简谐势没有关系。

另外,我们发现,当积分常数 $\int \Omega^4(t)\mathrm{d}t=0$ 时,式(1-17)在 $t_0=\frac{1}{2\lambda}\times$

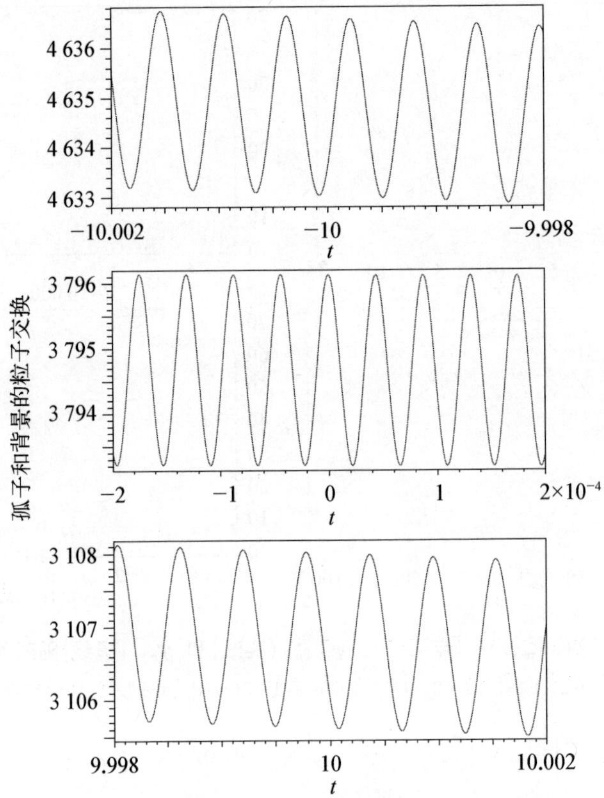

图 1-4 亮孤子和背景间的粒子交换过程示意图

参数为：$\lambda=-0.197$，$A_c=4$，$A_s=1\,200$，$g_0=0.4$，$\gamma=-0.01$。

$\ln\left[-\dfrac{g_0(A_s^2-4A_c^2)}{\lambda\beta(2k+1)\pi}-1\right]$ $(k=0,\pm1,\pm2,\cdots)$ 时，将会退化为如下形式：

$$\psi_{11}=\Omega(t_0)[-A_c\pm \mathrm{i}A_s\beta\operatorname{sech}\xi]\exp(\mathrm{i}\Delta+\gamma t_0) \tag{1-25}$$

因此，我们总结，式(1-25)可以通过在一个背景上添加一个亮孤子来产生。

情景(Ⅱ)当 $\beta=0$ 时，ψ_1 可以表示为

$$\psi_{12}=\Omega\left[A_c+A_s\frac{\delta\cosh\xi+\cos\eta+\mathrm{i}\alpha\sinh\xi}{\cosh\xi+\delta\cos\eta}\right]\exp(\mathrm{i}\Delta+\gamma t) \tag{1-26}$$

其中 $4A_c^2-A_s^2>0$，

$$\xi=\sqrt{g_0}A_s p_2\int\Omega^4\,\mathrm{d}t,\alpha=\frac{p_2}{2\sqrt{g_0}A_c}$$

$$\eta = p_2\Omega^2 x - 2p_2k_1\int\Omega^4\mathrm{d}t,\ \delta = -\frac{A_s}{2A_c}$$

$$p_2^2 = g_0(4A_c^2 - A_s^2),\ \Omega = \sqrt{\frac{\mathrm{sech}(\lambda t)}{2}}$$

通过分析，发现 ψ_{12} 在空间上是一个周期为 $\Gamma = 4\pi/[p_2\mathrm{sech}(\lambda t)]$ 的函数；同时，在时间上，它也是一个准周期的函数。值得一提的是，由于 $\mathrm{sech}(\lambda t)$ 的出现，周期 Γ 并非是一个常数。但是，当 $\lambda \ll 1$ 和 t 都非常小时，Γ 将非常接近 $4\pi/p_2$。正如图 1-5 所示，当 $\lambda = -0.197$，$A_c = 7$，$A_s = 12$，$g_0 = 0.4$，$k_1 = \gamma = -0.01$ 时，我们发现一串亮孤子被激发。这里，在一个周期$[0,\ \Gamma]$内，亮孤子和背景中的原子数分别为 $\int_0^\Gamma |\psi_{12}|^2\mathrm{d}x \approx 3\,510$，$\int_0^\Gamma |A_c\Omega|^2\mathrm{d}x \approx 6\,815$。因此，我们总结：当背景足够强的时候，可以激发一串亮孤子。

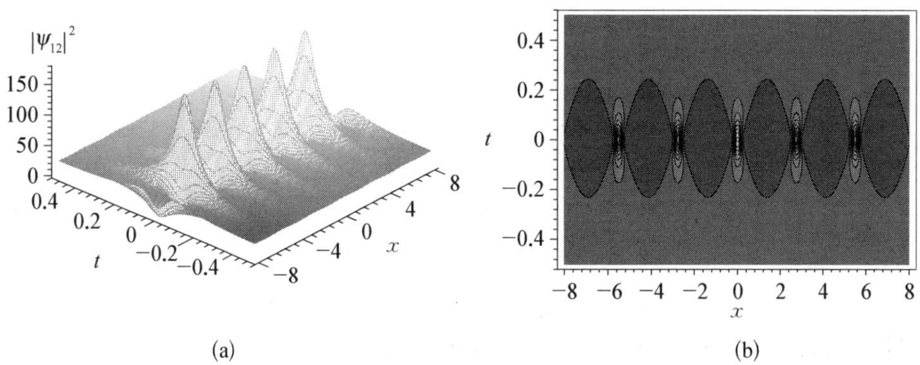

图 1-5　$|\psi_{12}|^2$ 随时间演化图和等高图

参数为：$\lambda = -0.197$，$A_c = 7$，$A_s = 12$，$g_0 = 0.4$，$k_1 = -0.01$，$\gamma = -0.01$。

暗孤子动力学：当 $\lambda \to 0$ 且 $\gamma \to 0$ 时，式(1-16)退化为暗孤子解：

$$\psi_2 = \frac{\sqrt{2}}{2}\left[A_c + \mathrm{i}A_s\tanh\left(\frac{\sqrt{g_0}}{2}(x + A_s(k_1 + \sqrt{g_0}A_c))t\right)\right]\exp(\mathrm{i}\Delta) \tag{1-27}$$

从这个解可以看出，式(1-27)描述了一个含时的暗孤子。这可以从图 1-6 中看出。同时，根据式(1-27)，得到如下形式的背景密度：

$$|\psi_c|^2 = (A_c^2 + A_s^2)\frac{\mathrm{sech}(\lambda t)}{2}\exp(2\gamma t) \tag{1-28}$$

根据式(1-28)，我们发现一个非常有趣的物理过程，即所谓的“Moving stop”。

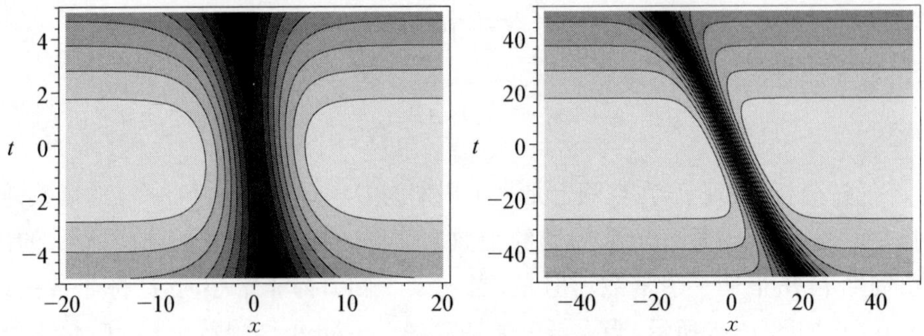

图 1-6　$|\psi_2|^2$ 随时间演化图

(a) $\lambda=-0.197$, $\gamma=-0.01$;(b) $\lambda=-0.02$, $\gamma=-0.001$

参数为：$A_c=7$, $A_s=12$, $g_0=0.4$, $k_1=-4.4$

这可以通过激光应用到雪茄轴的两端来实现。

和亮孤子一样，我们可以定义如下一个量：

$$\int_{-\infty}^{+\infty}|\psi_2|^2-|\psi_2(\pm\infty,t)|^2\mathrm{d}x=-\frac{2A_s^2}{\sqrt{g_0}}\exp(2\gamma t)\qquad(1-29)$$

通过分析，发现这个量描述了密度减少的区域，该区域则是由负的"粒子数"组成。

如图 1-6 所示，当$|\lambda|$和 γ 都非常小时，暗孤子将会存在很久并传播较长的距离。在图 1-6 所示的条件下，散射长度的变化范围为 0.05 nm $\leqslant a(t)\leqslant$ 0.20 nm。因此，为了让暗孤子存在较长的时间，必须改变简谐势的振荡频率 $\omega_\perp$ 和 ω_0，从而改变 λ；同时还必须减少原子损失，即减小$|\gamma|$。

1.1.3 两分量冷原子玻色-爱因斯坦凝聚体动力学

在本小节中，将研究两分量玻色凝聚体动力学。考虑 BECs 是由两个超精细内部能级组成的，这就是说，在两个超精细内部能级上的进入凝聚体的原子数目都是大量的[27-29, 50-56]。例如，在 Eric Cornell 和 Carl Wieman 领导的实验组中，他们利用^{87}Rb 原子的两个被束缚的超精细内部能级 $|\hat{F}=1,\hat{M}_f=-1\rangle$ 和 $|\hat{F}=2,\hat{M}_f=-1\rangle$，这里的算符$\hat{F}$ 代表原子的总角动量，$\hat{M}_f$ 表示原子的总角动量在外加磁场方向的投影算符。

此时，与单分量玻色-爱因斯坦凝聚体不同的是，两体相互作用由以前的一种变为了现在的三种，我们表示组分 1 为$|1\rangle$，组分 2 为$|2\rangle$；于是，在所考虑的两分量 BECs 中，两体相互作用可以取如下三种形式：① $|1\rangle+|1\rangle\rightarrow|1\rangle+|1\rangle$，② $|2\rangle+|2\rangle\rightarrow|2\rangle+|2\rangle$；③ $|1\rangle+|2\rangle\rightarrow|1\rangle+|2\rangle$。因此，我们必须引入三个 s

波散射长度来刻画系统的相互作用。值得一提的是，在典型的^{87}Rb 实验中，三种散射长度大小几乎相等，即 $a_{11}:a_{22}:a_{12}=1.03:0.97:1$，并且都大于零，即原子间所有的两体相互作用均为排斥。

随着人们对 BECs 中孤子的深入研究，“暗-暗”[57]、“亮-亮”[58]和“亮-暗”[8]矢量孤子引起了人们的极大关注。和单分量 BECs 相比，多个分量自由度的引入给系统带来了丰富的非线性现象，比如：孤子链，孤子对，多模激发，等等[59-61]。除此之外，一种新型的孤子，即共生孤子，在两分量^{87}Rb 和^{85}Rb 的凝聚体中被发现。此时，只要分量间原子吸引力足够强，便能够克服各自分量原子内的排斥力而起到一个有效吸引的作用，从而在两分量玻色-爱因斯坦凝聚体中形成亮孤子[62, 63]。后面将详细讨论在含时相互作用和含时简谐势共同作用下一维两分量玻色-爱因斯坦凝聚体中的矢量孤子。

首先考虑在各向同性简谐势中的两组分玻色-爱因斯坦凝聚体，此时，系统满足如下耦合的薛定谔方程：

$$H_i\psi_i(r)=\mu_i\psi_i(r) \tag{1-30}$$

$$H_1=-\frac{\hbar^2}{2m_1}\nabla^2+\frac{1}{2}m_1\omega_1^2r^2+N_1U_1|\psi_1|^2+N_2U_{12}|\psi_2|^2 \tag{1-31}$$

$$H_2=-\frac{\hbar^2}{2m_2}\nabla^2+\frac{1}{2}m_2\omega_2^2r^2+N_2U_2|\psi_2|^2+N_1U_{12}|\psi_1|^2 \tag{1-32}$$

式中，ω_i，m_i，μ_i 分别为第 i 组分简谐势振荡频率、原子质量、化学势。同时假设基态波函数满足球对称性。这里，原子间相互作用分别用组分内相互作用 U_i 和组分间相互作用 U_{12}来刻画：

$$U_i=4\pi\hbar^2a_i/m_i \tag{1-33}$$

$$U_{12}=\frac{2\pi\hbar^2a_{12}}{m_1m_2/(m_1+m_2)} \tag{1-34}$$

式中，a_i 为第i 组分的散射长度，a_{12} 为组分1和2间的散射长度。选取$\sqrt{\hbar/2m_1\omega_1}$和 $\hbar\omega_1$ 分别作为长度和能量的单位，并设定 $\phi_i=r\psi_i(r)$。此时式(1-31)和式(1-32)可以表示为

$$H_1=-\frac{d^2}{dr^2}+V_1(r) \tag{1-35}$$

$$H_2=\frac{1}{a_m}\frac{d^2}{dr^2}+V_2(r) \tag{1-36}$$

$$V_1 = \frac{1}{4}r^2 + 8\pi N_1 a_1 \frac{|\phi_1|^2}{r^2} + \frac{1+a_m}{a_m}4\pi N_2 a_{12}\frac{|\phi_2|^2}{r^2} \tag{1-37}$$

$$V_2 = \frac{1}{4}a_m a_\omega^2 r^2 + \frac{8\pi N_2 a_2}{a_m}\frac{|\phi_2|^2}{r^2} + \frac{1+a_m}{a_m}4\pi N_1 a_{12}\frac{|\phi_1|^2}{r^2} \tag{1-38}$$

式中，$a_\omega = \omega_2/\omega_1$，$a_m = m_2/m_1$。与单分量 BECs 一样，当囚禁势满足 $\omega_y = \omega_z \gg \omega_x$ 时，原子云在 y - z 平面的束缚很大，而在 x 轴上束缚较小。这样原子云在囚禁势中形成雪茄状，可以用准一维模型来处理。本节中，考虑两分量 BECs，即两组分分别由同一原子的不同内部态组成，在平均场近似下，描述一维两分量 BECs 的 GP 方程具有如下形式[64]：

$$\mathrm{i}\frac{\partial\psi_1}{\partial t} = \left[-\frac{\partial^2}{\partial x^2} + V_1 + g_{11}|\psi_1|^2 + g_{12}|\psi_2|^2\right]\psi_1$$

$$\mathrm{i}\frac{\partial\psi_2}{\partial t} = \left[-\frac{\partial^2}{\partial x^2} + V_2 + g_{22}|\psi_2|^2 + g_{21}|\psi_1|^2\right]\psi_2 \tag{1-39}$$

这里考虑了 $m_1 = m_2$ 的情况，即，两分量 BECs。式(1-39)中，ψ_i 表示第 i 分量凝聚体的宏观波函数，它们分别满足归一化条件：$\int_{-\infty}^{+\infty}|\psi_1|^2\mathrm{d}x = 1$ 和 $\int_{-\infty}^{+\infty}|\psi_2|^2\mathrm{d}x = N_2/N_1$。同时，禁止了分量间的相互转化并假设 $N_1 = N_2$，因此各分量的粒子数是守恒的。系统的外势项可以表示为 $V_i = \lambda_i^2(t)x^2 = \omega_i^2(t)x^2/\omega_{i\perp}^2$，其中 ω_i 和 $\omega_\perp$ 分别为轴向和径向的振荡频率。无量纲的时间 t 和坐标 x 分别以 $2/\omega_\perp$ 和 $\ell_\perp = \sqrt{\hbar/m\omega_\perp}$ 为单位，其中 $\ell_\perp$ 为径向简谐振荡长度。原子间的相互作用可以分别表示为同分量间的自相互作用 $g_{ii} = 4a_{ii}N_i/\ell_\perp$ 和不同分量间的相互作用 $g_{12} = g_{21} = 4a_{ij}N_i/\ell_\perp$。这里 a_{ii} 为同分量间的散射长度，a_{12} 为分量 1 和分量 2 间的散射长度。为简化讨论，本节中，假设 $m_1 = m_2$，$\omega_1 = \omega_2 = \omega$，同时为了简化符号表达，我们定义如下几个变量：$\sigma_1 = g_{12}^2 - g_{11}g_{22}$，$\sigma_2 = g_{12} - g_{11}$，$\sigma_3 = g_{12} - g_{22}$。这些变量都是由刻画原子间相互作用的参数构成的。

首先考虑式(1-39)的可积性。最简单的情况是所有的两体相互作用参数都相等。这时，可以利用 1.1.2 节中的办法，把这个耦合的方程转化为标准的非线性薛定谔方程。于是得到一个和上小节相似的可积条件。当所有的两体相互作用参数都完全相等时，式(1-39)可以写为

$$\mathrm{i}\frac{\partial\psi_i}{\partial t}=\left[-\frac{\partial^2}{\partial x^2}+\lambda^2(t)x^2+g(t)(|\psi_i|^2+|\psi_{(3-i)}|^2)\right]\psi_i \quad (1-40)$$

为了得到式(1-40)的精确解，需要一个可积条件。现在，令轴向的谐振子势为一个含时势，即 $\lambda=\lambda(t)$，同时，它与含时的相互作用 $g(t)$ 具有如下关系式：

$$-\frac{1}{2g(t)}\frac{\mathrm{d}^2g(t)}{\mathrm{d}t^2}+\frac{1}{g^2(t)}\left(\frac{\mathrm{d}g(t)}{\mathrm{d}t}\right)^2+2\lambda^2=0 \quad (1-41)$$

接下来，作如下变换：

$$\psi_i=\frac{1}{\sqrt{g(t)\ell(t)}}\phi_i(X,T)\exp[\mathrm{i}(f(t)x^2)] \quad (1-42)$$

其中 ϕ_i 为新变量 $X=x/\ell(t)$ 和 $T_t=\ell^{-2}$ 的任意函数。同时，它和 $f(t)$，$\lambda(t)$ 由下式决定：

$$f_t+4f^2+\lambda^2=0,\ell_t-4f\ell=0 \quad (1-43)$$

通过上面的变换，式(1-40)可以转化为如下标准的耦合非线性薛定谔方程：

$$\mathrm{i}\phi_{iT}=-\phi_{iXX}+\sigma(|\phi_1|^2+|\phi_2|^2)\phi_i \quad (1-44)$$

其中 $\sigma=\pm1$ 分别对应正或负的散射长度。式(1-44)正是大家所熟悉的 Manakov 可积方程[65]或 defocusing-defocusing 非线性薛定谔方程。因为这些可积方程的精确解已为大家所熟知，所以我们可以通过联合式(1-42)和熟知的精确解来得到式(1-40)的精确矢量孤子解。

通过观察，我们发现，上述变换的优点是新的波函数 ϕ_i 在变换后满足可积的 Manakov 方程或 defocusing-defocusing NLS 方程。同时，散射长度和外势的变化则表现在式(1-42)的其余部分和新的变量 X，T 中。非常有趣的是，矢量孤子的振幅和宽度将会随时间而改变，同时满足式(1-42)。因此，可以通过合适的条件来量子调控孤子的参数。最后，因为本节内容是上节内容的简单推广，所以不再赘述。

1.1.3.1　不对称矢量孤子

在实际实验中，两体相互作用并不一定完全相等，因此非常有必要研究具有含时相互作用的两分量玻色-爱因斯坦凝聚体。这时，两体相互作用参数

$g_{11}(t) \neq g_{22}(t) \neq g_{12}(t)$。

首先考虑式(1-39)在没有外势的情况，这时，得到下面的平面波解

$$\psi_i(x, t) = A_i \exp(\mathrm{i}\Omega_i t)$$
$$\Omega_i = g_{ii} \mid A_i \mid^2 + g_{i,3-i} \mid A_{3-i} \mid^2 \tag{1-45}$$

这个耦合的常振幅解的不稳定分析在参考文献[62]中已经详细地分析过了。当外加一个简谐势时，并且限制系统在轴方向上运动，我们发现，式(1-39)只有在特定的条件下才是精确可积的。这里便出现了一个问题：当外势和含时的相互作用被引入时，可积条件是否会因此而改变？通过下面的分析，我们发现答案为是。我们发现，在这种情况下，可积条件将对系统可调控的参数提出更高的要求。下面，利用扩展了的形变映射方法来求得具有含时相互作用的两分量BECs中的精确矢量孤子解。

首先，把波函数展开为模和相位的函数：

$$\psi_i(x, t) = \sqrt{n_i}\exp(\mathrm{i}\Delta_i) \tag{1-46}$$

接下来，把上式代入式(1-39)，然后分离实部和虚部，得到如下关于 n_i 和 Δ_i 的耦合方程组：

$$\sqrt{n_{i_{xx}}} - \sqrt{n_i}\Delta_{it} - \sqrt{n_i}\Delta_{ix}^2 - g_{12}n_{(3-i)}\sqrt{n_i} - g_{ii}(\sqrt{n_i})^3 - \lambda^2 x^2\sqrt{n_i} = 0$$
$$\sqrt{n_{i_t}} + \sqrt{n_i}\Delta_{ixx} + 2\sqrt{n_{i_x}}\Delta_{ix} = 0 \tag{1-47}$$

其中 $i = 1, 2$。通过分析，我们设式(1-47)具有如下形式解：

$$\sqrt{n_i} = A_0(t) + A_i(t)\phi(\xi)$$
$$\xi = p_1(t)x + p_2(t)$$
$$\Delta_i = k_i(t) + \Gamma_i(t)x + \Lambda_2(t)x^2$$
$$\phi'^2 = c_0 + c_2\phi^2 + c_4\phi^4 \tag{1-48}$$

于是，得到一组关于 $p_1(t)$，$p_2(t)$，$k_i(t)$，$\Gamma_i(t)$，$\Lambda_i(t)$，$A_0(t)$，$A_1(t)$ 和 $A_2(t)$ 的待定的偏微分方程组。最后，通过求解这组方程，发现只有如下条件都满足时，方程组才有解

$$g_{11}A_1^2(t) + g_{12}A_2^2(t) = g_{22}A_2^2(t) + g_{12}A_1^2(t)$$

$$\frac{-\partial^2 p_1(t)}{\partial t^2} p_1(t) + 2\left(\frac{\partial p_1(t)}{\partial t}\right)^2 + 4p_1^2(t)\lambda^2 = 0$$

$$p_1^2(t) - g_{11} p_1(t) - g_{12} \frac{\sigma_2}{\sigma_3} p_1(t) = 0 \tag{1-49}$$

其中 λ 为外简谐势振荡频率的纵横比。通过分析方程组(1-49)，发现只有在大量的限制条件下，式(1-39)才具有精确的解析解。如方程组(1-49)中的第一个方程限制了矢量孤子的振幅，它们必须满足：

$$A_1^2/A_2^2 = (g_{12} - g_{22})/(g_{12} - g_{11}) \tag{1-50}$$

特别值得注意的是，方程组(1-49)中的其他两个方程给出了散射长度和外简谐势轴向振荡频率满足的关系。这两个参数必须满足：

$$\frac{g_{12} - g_{22}}{g_{12}^2 - g_{11} g_{22}} = \frac{a_1 \sin(2\lambda t) - a_2 \cos(2\lambda t)}{2\lambda} \tag{1-51}$$

于是，当所有的可积条件都满足时，通过求解方程组(1-49)，可以得到一组关于式(1-39)的精确解。其中包括三角函数和椭圆函数解，当椭圆函数解中的模取特殊值时，便得到了式(1-39)的精确矢量孤子解。因为关心的是矢量孤子，其他解这里就没有写出。

当所有的两体相互作用参数都为吸引时，即 $g_{ij} < 0$，式(1-39)具有如下形式的“亮-亮”矢量孤子解：

$$\psi_{1B} = C_1 \sqrt{-a(t)} \operatorname{sech}(\xi(x, t)) \exp(\mathrm{i} v_{1B}(x, t))$$

$$\psi_{2B} = C_2 \sqrt{-\sigma a(t)} \operatorname{sech}(\xi(x, t)) \exp(\mathrm{i} v_{2B}(x, t)) \tag{1-52}$$

其中

$$v_{iB} = -\frac{a'(t)}{4a(t)} x^2 + C_2 a(t) x + (C_1^2 - C_2^2) \int a(t)^2 \mathrm{d}t + C_{i+2}$$

$$\xi(x, t) = C_1 a(t) x - 2C_1 C_2 \int a(t)_2 \mathrm{d}t + C_5$$

$$a(t) = \frac{\sigma_1}{\sigma_3} < 0, \sigma = \frac{\sigma_2}{\sigma_3} > 0 \tag{1-53}$$

当 $a(t) > 0$ 且 $\sigma(t) > 0$ 时，式(1-39)具有如下形式的“暗-暗”矢量孤子解：

$$\psi_{1D} = D_1\sqrt{a(t)}\tanh(\xi(x,\ t))\exp(\mathrm{i}v_{1D}(x,\ t))$$

$$\psi_{2D} = D_2\sqrt{\sigma a(t)}\tanh(\xi(x,\ t))\exp(\mathrm{i}v_{2D}(x,\ t)) \tag{1-54}$$

其中 $\xi(x,\ t)$，$a(t)$，$\sigma(t)$ 和式(1-53)中的参数一样，但是相位具有如下形式：

$$v_{iD} = -\frac{a'(t)}{4a(t)}x^2 + D_3 a(t)x - (2D_1^2 + D_2^2)\int a(t)^2 \mathrm{d}t + D_{i+3} \tag{1-55}$$

在式(1-52)和式(1-54)中，系数 C_1，C_2，C_3，C_4，C_5，D_1，D_2，D_3，D_4 和 D_5 为任意常数。通过以上分析，可以总结如下可积性条件，只有这些条件被满足时，才能得到精确的矢量孤子解。

$$\Delta_1 > 0,\ \Delta_2 < 0:\ 亮\text{-}亮(\mathrm{BB})$$

$$\Delta_1 < 0,\ \Delta_2 > 0:\ 暗\text{-}暗(\mathrm{DD}) \tag{1-56}$$

其中 $\Delta_1 \equiv -\sigma_3/\sigma_1$，$\Delta_2 \equiv \sigma_2/\sigma_1$。只要式(1-49)和式(1-56)成立，便能得到精确的“暗-暗”矢量孤子或“亮-亮”矢量孤子解。在实际实验中，散射长度可以取不同的形式，但是可以选择一个合适的简谐势来满足上述条件，从而得到两分量 BECs 的精确解。

接下来，对矢量孤子存在的参数区间作一总结。对于“亮-亮”矢量孤子，考虑一种简单但又不失一般性的情况，即一种分量内部的相互作用含时。这时，g_{11} 为时间的函数。根据上面的可积性条件，“亮-亮”矢量孤子只能在如下两个参数区间内存在：① $g_{12} < g_{11} < 0$（这里假设 $0 > g_{22} > g_{12}$）；② $g_{11} < g_{12} < 0$（这里假设 $0 > g_{12} > g_{22}$）。对应真实的实验，考虑如下参数的两分量玻色-爱因斯坦凝聚体：$N_1 = N_2 = 5\,000$，$a_{12} = -2\ \mathrm{nm}$，$a_{22} = -1\ \mathrm{nm}$，$\omega_\perp = 2\pi \times 100\ \mathrm{Hz}$，$\omega_i = 2\pi \times 2\ \mathrm{Hz}$。这时，非线性系数 $g_{12} = -40$，$g_{22} = -20$，$-40 < g_{11} < 0$。

表 1-1 分量间相互作用参数 g_{12} 随时间变化时，“暗-暗”矢量孤子存在区间。+(−)分别表示单分量内部排斥(吸引)相互作用。其中 g_{11} 和 g_{22} 为常数且 $g_{11} > g_{22}$。

表 1-1 暗-暗矢量孤子存在的参数区间

参 数	g_{11}	g_{22}	g_{12}
例子 1	+	+	$g_{12} > g_{11}$，$-\sqrt{g_{11}g_{22}} < g_{12} < g_{22}$
例子 2	−	−	$g_{12} > \sqrt{g_{11}g_{22}}$
例子 3	+	−	$g_{12} > g_{11}$

表1－1展示了当分量内部相互作用不含时间，但分量间相互作用为时间的函数时，“暗-暗”矢量孤子存在的参数区间。其中，例子1在参考文献[30，66－68]中已经被大家深入研究过。非常有趣的是，在例子2和3中，我们发现“暗-暗”矢量孤子可以在自吸引凝聚体中形成。人们通常认为暗孤子只能在具有排斥相互作用的凝聚体中实现，但是，在两分量玻色-爱因斯坦凝聚体中，由分量间或第二分量引起的排斥相互作用可以在第一分量(具有吸引相互作用)中产生一个有效的相互排斥作用。而这正是在具有相互吸引作用的凝聚体中实现暗孤子所需要的。值得一提的是，例子2中矢量孤子的形成与Manakov孤子不同，在Manakov系统中，矢量孤子是由所有的非线性相互作用共同产生的。而在我们的例子中，分量间的相互作用单独提供了形成“暗-暗”矢量孤子所必须的条件。最后，我们发现，在所有的例子中，矢量孤子的形成对 g_{12} 都提出了苛刻的条件，即分量间的排斥作用必须超过某个临界值。这意味着排斥相互作用必须足够强才能在自吸引的凝聚体中形成“有效”的排斥力[69]。

更进一步，当一个线性增益项添加到耦合GP方程时，此方程组可以用来描述蒸发冷却时BECs的动力学行为。这个系统具有开放性，因为随着冷却的进行，原子不断地注入凝聚体中，方法同样适用于这一系统。此时，可积性条件将会更加复杂；于是，求解解析解的条件也会更加苛刻。如果求得此方程组的解析解，将有利于理解此系统的非线性动力学行为，也有利于理解在此过程中发生的各种物理图像。最近，S. B. Papp和Ronen分别在实验和理论上对此系统作了研究[30，66，70]。

1.1.3.2　矢量孤子的形成和转换及稳定性分析

我们尝试对这个耦合系统进行新奇孤子现象探讨：能否在传统意义上产生暗孤子的排斥相互作用体系中获得亮孤子？反之亦然。这种孤子形态是否是稳定的？互相直接能否转换？能否由亮-亮孤子平稳地转化为亮-暗孤子或者暗-暗孤子对？如果这种过程是可逆稳定的，则我们为实验观测亮-暗孤子的转换提供依据，找到了一种新奇的量子开关。

在下面的讨论中，考虑由 $^7Li-^{23}Na$ 组成的系统，这时，第一组分为吸引相互作用，第二组分为排斥相互作用，并且通过Feshbach作用调节组分间相互作用。值得注意的是，这是由于两个分量由不同原子组成，质量因此也不同，在下面的讨论中，定义 $m_1/m_2=\kappa$。考虑到对于一维孤子而言，纵向束缚远大于横向束缚，加上孤子本身的尺寸较小，势能变化量在空间上很小，因此在考虑精确解时，首先把势能近似成为常数，并在考虑动力学和稳定性的时候增加势能因素。在此前提下，当 $g_{11}=g_{12}=g_{21}=g_{22}$ 时，原始的耦合方程可积，相关工作可参考暗-暗孤子[57]暗-亮孤子[8]和亮-亮孤子[58]。更普遍的，当 $\begin{vmatrix} g_{11} & g_{12} \\ g_{21} & g_{22} \end{vmatrix} \neq 0$ 时，此时系统不可积，因此无法找到系统的一般解。经过广泛的尝试，通过 ansatz 方法找到了一组连续解。如图 1-7 所示，随着组分间相互作用的变化，我们发现了存在不同孤子状态的平稳转换现象。

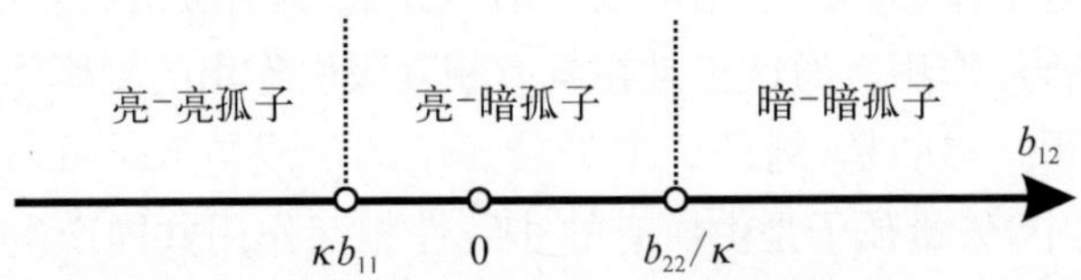

图 1-7　对于 $g_{11}<0$ 和 $g_{22}>0$ 的系统，孤子对随组分间相互作用 g_{12} 的变化相图

g_{ij} 的单位是 $\sqrt{\hbar/(m_1\omega_{1\perp})}$，实验中势井的束缚频率 $\omega_{1\perp}=\omega_{2\perp}=2\pi\times 710$ Hz。第一组分 ^{7}Li 的孤子中包含粒子数设定为 5 000，从而计算出 $g_{11}=-1.47$ 和 $g_{22}=5.89$。两个临界值为 $\kappa g_{11}=-0.45$ 和 $g_{22}/\kappa=19.35$。

亮-亮孤子对：当参数满足

$$(g_{22}-g_{12}\kappa)(g_{21}g_{12}-g_{11}g_{22})>0 \tag{1-57}$$

$$(g_{21}-g_{11}\kappa)(g_{12}g_{21}-g_{22}g_{11})<0$$

时，式(1-30)存在亮-亮孤子对：

$$\psi_1=\sqrt{\frac{g_{22}-g_{12}\kappa}{g_{21}g_{12}-g_{11}g_{22}}}\eta_1\operatorname{sech}(\eta_1 x-\eta_1 v_1 t+d_0)\exp\left[\mathrm{i}\left(v_1 x+\left(\frac{\eta_1^2}{2}-\frac{v_1^2}{2}\right)t\right)\right]$$

$$\psi_2=\sqrt{\frac{-(g_{21}-g_{11}\kappa)}{g_{21}g_{12}-g_{11}g_{22}}}\eta_1\operatorname{sech}(\eta_1 x-\eta_1 v_1 t+d_0)\exp\left[\mathrm{i}\left(\frac{v_1}{\kappa}x+\left(\frac{\kappa}{2}\eta_1^2-\frac{1}{2\kappa}v_1^2\right)t\right)\right] \tag{1-58}$$

对于吸引-排斥系统，如组分 1 取 ^{7}Li，组分 2 取 ^{23}Na，则孤子的粒子数比值 $\frac{n_1}{n_2}=\frac{\int|\psi_1|^2\mathrm{d}x}{\int|\psi_2|^2\mathrm{d}x}=\frac{g_{22}-g_{12}\kappa}{g_{11}\kappa-g_{21}}=\left(2a_{22}-\frac{m_1+m_2}{m_2}a_{12}\right)\Big/\left(2a_{11}-\frac{m_1+m_2}{m_1}a_{12}\right)$。此式意味着在 ^{7}Li 中通过现有技术生成亮孤子，则在耦合的具有排斥相互作用 Na，Rb 系统中也会生成亮孤子，并且组分 2 的孤子包含粒子数是可以精确预知的。ψ_2 的粒子数依赖于两组分的质量和相互作用强度。以典型

的$^7Li-^{23}Na$，$^7Li-^{87}Rb$为例，亮孤子的粒子数比值如图 1-8 所示。

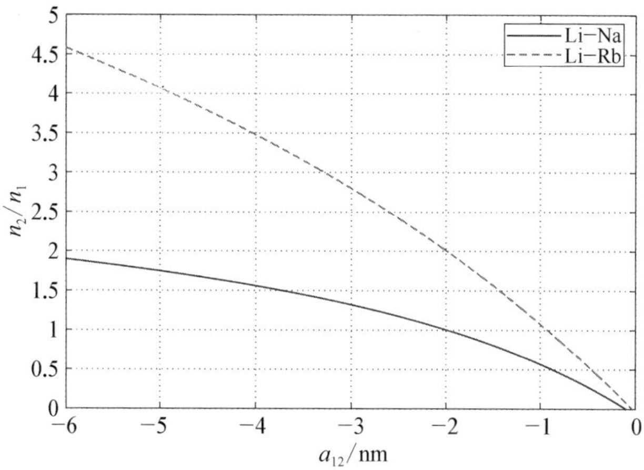

图 1-8　粒子数比值示意图

在图 1-8 中，当 $a_{12} < a_c = \dfrac{(1+\gamma)m_1}{\gamma(m_1+m_2)}a_{11}$ 时，双组分均产生了亮孤子。对实验而言容易在$^7Li-^{23}Na$等系统中实现，需要组分间相互作用的散射长度 $a_{12} < 0.47\times(-0.21\ \text{nm}) \sim 0.1\ \text{nm}$。当 a_{12} 非常小时，在组分 2 中的亮孤子能束缚的粒子数非常少。实验中通过 Feshbach 技术增强 a_{12}，原子数比例 $\dfrac{n_2}{n_1} \rightarrow \dfrac{m_2}{m_1}$，意味着可以用很少数量的$^7Li$去控制 3 倍数量的$^{23}Na$原子，或者 11 倍的$^{87}Rb$原子。

此时，组分间相互作用是在排斥相互作用组分形成亮孤子的关键，如图 1-9 所示，令组分间相互作用 $g_{12}=0$，则排斥相互作用的亮孤子无法保持形态。

亮-暗孤子对：当参数满足

$$(g_{22}-g_{12}\kappa)(g_{12}g_{21}-g_{11}g_{22}) > 0 \tag{1-59}$$

$$(g_{21}-g_{11}\kappa)(g_{12}g_{21}-g_{22}g_{11}) > 0$$

时，式(1-30)存在亮-暗孤子对：

$$\psi_1 = \eta_1\sqrt{\frac{g_{22}-\kappa g_{12}}{g_{12}g_{21}-g_{11}g_{12}}}\,\text{sech}(\eta_1 x-\eta_1 v_1 t+d_0)\exp[\mathrm{i}(v_1 x+f_1 t)]$$

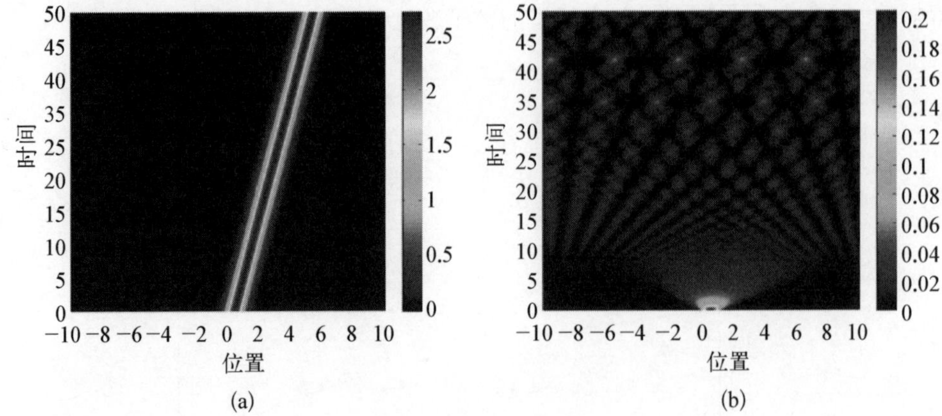

图 1-9 两种相互作用组分

(a) 吸引;(b) 排斥

$$\psi_2 = \left[\mathrm{i}\frac{v_1}{\kappa}\sqrt{\frac{g_{21}-\kappa g_{11}}{g_{21}g_{12}-g_{22}g_{11}}} + \eta_1\sqrt{\frac{g_{21}-\kappa g_{11}}{g_{21}g_{12}-g_{22}g_{11}}}\tanh(\eta_1 x-\eta_1 v_1 t+d_0)\right]\exp[\mathrm{i}f_2 t] \tag{1-60}$$

$$f_1 = \frac{\eta_1^2-v_1^2}{2} - g_{12}\frac{g_{21}-\kappa g_{11}}{g_{21}g_{12}-g_{22}g_{11}}\left[\eta_1^2+\left(\frac{v_1}{\kappa}\right)^2\right]$$

$$f_2 = -g_{22}\frac{g_{21}-\kappa g_{11}}{g_{21}g_{12}-g_{22}g_{11}}\left[\eta_1^2+\left(\frac{v_1}{\kappa}\right)^2\right]$$

暗-暗孤子对：当参数满足：

$$(g_{22}-g_{12}\kappa)(g_{21}g_{12}-g_{11}g_{22})<0$$
$$(g_{21}-g_{11}\kappa)(g_{12}g_{21}-g_{22}g_{11})>0 \tag{1-61}$$

时，式(1-30)存在暗-暗孤子对：

$$\psi_1 = \left[-\mathrm{i}\sqrt{\frac{\kappa g_{12}-g_{22}}{g_{12}g_{21}-g_{11}g_{22}}}\frac{v_1}{\eta_1} + \eta_1\sqrt{\frac{\kappa g_{12}-g_{22}}{g_{12}g_{21}-g_{11}g_{22}}}\tanh(\eta_1 x+v_1 t+d_0)\right]\exp(\mathrm{i}f_1 t)$$

$$\psi_2 = \left[-\mathrm{i}\sqrt{\frac{g_{21}-\kappa g_{11}}{g_{21}g_{12}-g_{22}g_{11}}}\frac{v_1}{\kappa\eta_1} + \right.$$

$$\eta_1\sqrt{\frac{g_{21}-\kappa g_{11}}{g_{21}g_{12}-g_{22}g_{11}}}\tanh(\eta_1 x+v_1 t+d_0)\Bigg]\exp(\mathrm{i}f_2 t) \tag{1-62}$$

$$f_1=-\left(\frac{v_1^2}{\eta_1^2}+\eta_1^2\right)-g_{12}\frac{v_1^2}{\eta_1^2}\frac{g_{21}-\kappa g_{11}}{g_{21}g_{12}-g_{22}g_{11}}\left(\frac{1}{\kappa^2}-1\right)$$

$$f_2=-\kappa\left(\frac{v_1^2}{\eta_1^2}+\eta_1^2\right)-g_{22}\frac{v_1^2}{\eta_1^2}\frac{g_{21}-\kappa g_{11}}{g_{21}g_{12}-g_{22}g_{11}}\left(\frac{1}{\kappa^2}-1\right)$$

为了有效求解耦合式(1-30)，采用了 TSSP 方法[71]：

$$\mathrm{i}\frac{\partial\psi(x,t)}{\partial t}=-\frac{1}{2}\psi_{xx}(x,t)+\frac{x^2}{2}\psi(x,t)+$$

$$\kappa_1|\psi(x,t)|^2\psi(x,t),\quad a<x<b \tag{1-63}$$

$$\psi(x,t=0)=\psi^0(x),\quad a\leqslant x\leqslant b$$

$$\psi(a,t)=\psi(b,t),\quad \psi_x(a,t)=\psi_x(b,t),\quad t>0$$

从时间 $t=t_n$ 到 $t=t_{n+1}$，式(1-63)可以由三步求解。首先对于半个单位时间步长求解：

$$\mathrm{i}\psi'(t)=-\frac{1}{4}\psi_{xx} \tag{1-64}$$

然后对一个单位时间求解：

$$\mathrm{i}\frac{\partial\psi(x,t)}{\partial t}=\frac{x^2}{2}\psi(x,t)+\kappa_1|\psi(x,t)|^2\psi(x,t) \tag{1-65}$$

最后，对半个单位时间步长求解：

$$\mathrm{i}\psi'(t)=-\frac{1}{4}\psi_{xx} \tag{1-66}$$

式(1-64)可以在空间上采取傅里叶变换的方式实现精确可解。对于 $t\in[t_n, t_{n+1}]$，常微分式(1-65)保持了 $|\psi|$ 在时间 t 内的不变性，因此

$$\mathrm{i}\frac{\partial\psi(x,t)}{\partial t}=\frac{x^2}{2}\psi(x,t)+\kappa_1|\psi(x,t_n)|^2\psi(x,t) \tag{1-67}$$

可以被精确地积分。从 $t=t_n$ 到 $t-t_{n+1}$，结合起来有

$$
\begin{aligned}
\psi_j^{*} &= \mathrm{e}^{-\mathrm{i}(x_j^2/2+\kappa_1|\psi_j^n|^2)k/(2)}\psi_j^n \\
\psi_j^{**} &= \frac{1}{M}\sum_{l=-M/2}^{M/2-1}\mathrm{e}^{-\mathrm{i}k\mu_l^2/2}\,\hat{\psi}_l^{*}\,\mathrm{e}^{\mathrm{i}\mu_l(x_j-a)},\quad j=0,\,1,\,2,\,\cdots,\,M-1 \\
\psi_j^{n+1} &= \mathrm{e}^{-\mathrm{i}(x_j^2/2+\kappa_1|\psi_j^{**}|^2)k/(2)}\psi_j^{**},\quad j=0,\,1,\,2,\,\cdots,\,M-1
\end{aligned}
\tag{1-68}
$$

其中，$\hat{\psi}_l^*$ 为 ψ^* 的傅里叶分量，定义为

$$
\mu_l=\frac{2\pi l}{b-a},\ \hat{\psi}_l^{*}=\sum_{j=0}^{M-1}\psi_j^{*}\,\mathrm{e}^{-\mathrm{i}\mu_l(x_j-a)},\ l=-\frac{M}{2},\cdots,\frac{M}{2}-1 \tag{1-69}
$$

由上式可知，整体的时间误差仅仅来源于拆分，而时间拆分的误差是单位时间的二级小量。因此，TSSP 方法是一个可行的求解非线性 GP 方程的办法。

动力学过程中，一个重要的现象是孤子自身的周期运动和碰撞，特别是亮孤子的运动特性。在本节中，采用了 TSSP 算法模拟孤子的动力学演化过程。首先，模拟单个亮孤子的动力学过程，引入外势，如图 1-10 所示。外势使孤子形成了周期振荡的运动规律，但不改变孤子的形状等属性。

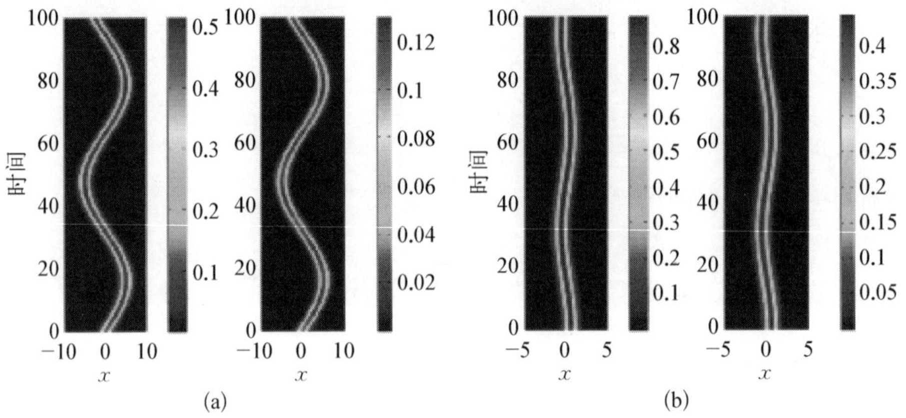

图 1-10　存在外加势场的亮-亮孤子对的动力学特性

取 $N_1=5000$，$\lambda_1=\lambda_2=0.1$，$g_{11}=-1.47$，$g_{22}=5.89$。(a) $g_{12}=-2$，$v_1=0.5$，$d_0=0$；(b) $g_{12}=-4$，$v_1=0$，$d_0=1$。子图的左(右)部分分别展示了吸引(排斥)组分。其他 g_{12} 取值的图形结果类似。

在对单组矢量孤子进行分析的基础上，需要进一步地研究排斥相互作用组分的亮孤子发生碰撞后的特性。如图 1-11 所示，可以发现：① 经过一个相对缓慢速度的碰撞，吸引相互作用的双孤子性质保持良好，排斥相互作用组分的双孤子分成了三部分，有两个组分随着吸引相互作用组分的亮孤子运动，另外一个

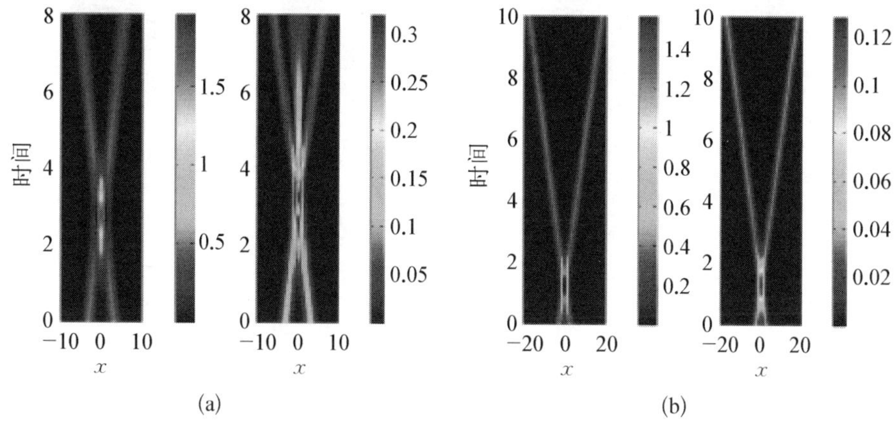

图 1-11 双亮-亮孤子对的碰撞动力学

$N_1=5\,000, g_{11}=-1.47, g_{22}=5.89$。在(a)图中，$g_{12}=-2$，双孤子的初始速度和位置分别是 $v=-1, d=3$ 以及 $v=1, d=-3$。在(b)图中，$g_{12}=-1$；第一个孤子的 $v=-2, d=2$，第二个孤子的 $v=2, d=-2$。在每个子图中，左(右)部分分别是吸引(排斥)相互作用组分。

组分具有了自己单独的速度；② 在相对快速的碰撞中，排斥相互作用组分的亮孤子形状可以保持得很好。这说明在吸引相互作用组分的“帮助”下，通过选择初始速度，排斥相互作用的组分可以在碰撞中保持孤子形态。

对于三个及多个亮-亮孤子对的碰撞，由图 1-12 可知，此时排斥组分的亮孤子难以有效地保持形态。

图 1-13 展示了另外一种情况：同组分的两个孤子相位差设定为 π。很明显此时孤子的相互作用是排斥的，与图 1-11 的情况差别很大。这提示我们，为了控制孤子间的碰撞，我们可以通过引入合适的初始相位差。

接下来，考虑孤子的 Bogoliubov 稳定性。不失一般性，假设方程 $\mathrm{i}\frac{\partial}{\partial t}\psi=-\frac{1}{2}\partial_{xx}\psi+g_{11}|\psi|^2\psi$ 的解为 $\psi_0=r_1\exp(-\mathrm{i}\mu t)$。引入 $\psi=\psi_0+\phi$，ϕ 是一个小的微扰，定义为 $\phi=u\beta\exp(\mathrm{i}\omega_1 t)+v^*\beta^+\exp(-\mathrm{i}\omega_1 t)$。$\omega_1$ 为微扰的本征根，其物理意义在于，如果经计算发现 ω_1 存在虚根解，则这个微小的扰动会随着时间的增加而指数增加，导致系统的动力学不稳定。反之，如果 ω_1 的所有解均为实数，则系统稳定。

令 $\omega_1=-\mu, u=u(x)\exp(-\mathrm{i}Et), v=v(x)\exp(-\mathrm{i}Et)$。扩充到双组分 GP 方程分别讨论：

$$\mathrm{i}\frac{\partial\psi_1}{\partial t}=\left(-\frac{1}{2}\frac{\partial^2}{\partial x^2}+g_{11}|\psi_1|^2+g_{12}|\psi_2|^2\right)\psi_1 \tag{1-70}$$

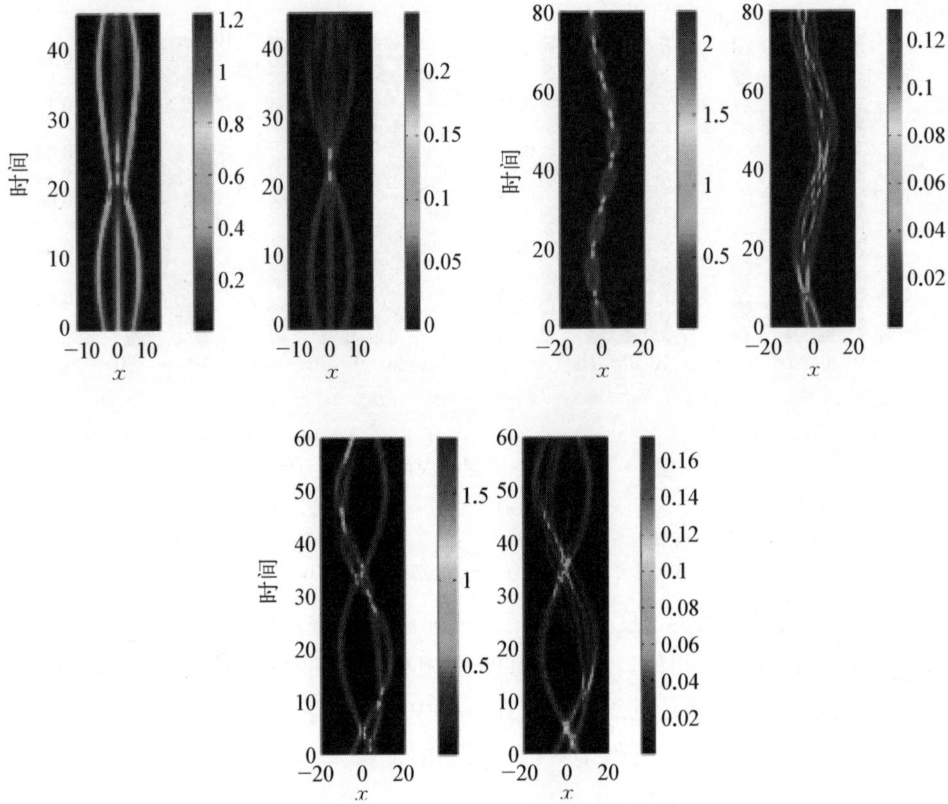

图 1-12　多个亮-亮孤子对的碰撞动力学

$N_1 = 5\,000, g_{11} = -1.47, g_{22} = 5.89$

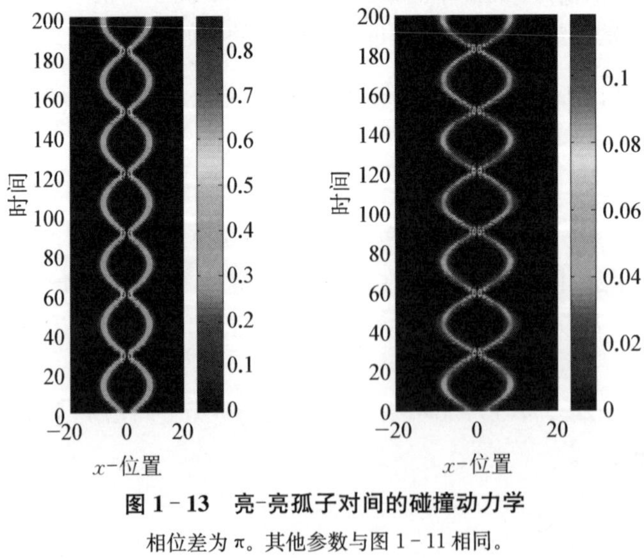

图 1-13　亮-亮孤子对间的碰撞动力学

相位差为 π。其他参数与图 1-11 相同。

$$\mathrm{i}\frac{\partial\psi_2}{\partial t}=\left(-\frac{\kappa}{2}\frac{\partial^2}{\partial x^2}+g_{21}\mid\psi_1\mid^2+g_{22}\mid\psi_2\mid^2\right)\psi_2$$

亮-亮孤子的稳定性特征：将已求得的亮-亮孤子解：

$$\psi_{01}=\sqrt{\frac{g_{22}-g_{12}\kappa}{g_{21}g_{12}-g_{11}g_{22}}}\eta_1\operatorname{sech}(\eta_1 x)\exp\left(\mathrm{i}\frac{\eta_1^2}{2}t\right)=r_{01}\exp(\mathrm{i}kt)\tag{1-71}$$

$$\psi_{02}=\sqrt{\frac{-(g_{21}-g_{11}\kappa)}{g_{21}g_{12}-g_{11}g_{22}}}\eta_1\operatorname{sech}(\eta_1 x)\exp\left(\mathrm{i}\frac{\kappa}{2}\eta_1^2 t\right)=r_{02}\exp(\mathrm{i}\kappa kt)$$

引入 $\psi_1=(r_{01}+\phi_1)\exp(\mathrm{i}kt)$，$\psi_2=(r_{02}+\phi_2)\exp(\mathrm{i}\kappa kt)$，其中 $\phi_1=u_1\beta+v_1^*\beta^+$，$\phi_2=u_2\beta+v_2^*\beta^+$，则可求出：

$$\mathrm{i}\frac{\partial}{\partial t}u_1=ku_1-\frac{1}{2}\frac{\partial^2}{\partial x^2}u_1+g_{11}(2r_1^2u_1+r_1^2v_1)+g_{12}(r_2^2u_1+r_1r_2u_2+r_1r_2v_2)$$

$$-\mathrm{i}\frac{\partial}{\partial t}v_1=kv_1-\frac{1}{2}\frac{\partial^2}{\partial x^2}v_1+g_{11}(2r_1^2v_1+r_1^2u_1)+g_{12}(r_2^2v_1+r_1r_2v_2+r_1r_2u_2)$$

$$\mathrm{i}\frac{\partial}{\partial t}u_2=\kappa ku_2-\frac{\kappa}{2}\frac{\partial^2}{\partial x^2}u_2+g_{21}(r_1^2u_2+r_1r_2u_1+r_1r_2v_1)+g_{22}(2r_2^2u_2+r_2^2v_2)$$

$$-\mathrm{i}\frac{\partial}{\partial t}v_2=\kappa kv_2-\frac{1}{2}\frac{\partial^2}{\partial x^2}v_2+g_{21}(r_1^2v_2+r_1r_2v_1+r_1r_2u_1)+g_{22}(2r_2^2v_2+r_2^2u_2)$$

令 $u_1=u_1(x)\exp(-\mathrm{i}Et)$，依此类推有

$$ku_1-\frac{1}{2}\frac{\partial^2}{\partial x^2}u_1+g_{11}(2r_1^2u_1+r_1^2v_1)+g_{12}(r_2^2u_1+r_1r_2u_2+r_1r_2v_2)=Eu_1$$

$$kv_1-\frac{1}{2}\frac{\partial^2}{\partial x^2}v_1+g_{11}(2r_1^2v_1+r_1^2u_1)+g_{12}(r_2^2v_1+r_1r_2v_2+r_1r_2u_2)=-Ev_1$$

$$\kappa ku_2-\frac{\kappa}{2}\frac{\partial^2}{\partial x^2}u_2+g_{21}(r_1^2u_2+r_1r_2u_1+r_1r_2v_1)+g_{22}(2r_2^2u_2+r_2^2v_2)=Eu_2$$

$$\kappa kv_2-\frac{\kappa}{2}\frac{\partial^2}{\partial x^2}v_2+g_{21}(r_1^2v_2+r_1r_2v_1+r_1r_2u_1)+g_{22}(2r_2^2v_2+r_2^2u_2)=-Ev_2$$

引入 $m_1=u_1-v_1$，$n_1=u_1+v_1$，$m_2=u_2-v_2$，$n_2=u_2+v_2$，则有

$$km_1-\frac{1}{2}\frac{\partial^2}{\partial x^2}m_1+g_{11}r_1^2m_1+g_{12}r_2^2m_1=En_1$$

$$kn_1 - \frac{1}{2}\frac{\partial^2}{\partial x^2}n_1 + 3g_{11}r_1^2 n_1 + g_{12}r_2^2 n_1 + 2g_{12}r_1 r_2 n_2 = Em_1$$

$$\kappa k m_2 - \frac{\kappa}{2}\frac{\partial^2}{\partial x^2}m_2 + g_{21}r_1^2 m_2 + g_{22}r_2^2 m_2 = En_2$$

$$k\kappa n_2 - \frac{\kappa}{2}\frac{\partial^2}{\partial x^2}n_2 + g_{21}r_1^2 n_2 + 2g_{21}r_1 r_2 n_1 + 3g_{22}r_2^2 n_2 = Em_2$$

因此,亮-亮孤子对的 Bogoliubov 矩阵为

$$\boldsymbol{M} = \begin{pmatrix} 0 & \begin{matrix}-\frac{1}{2}\partial_{xx} + \frac{\eta^2}{2} \\ + g_{11}r_1^2 + g_{12}r_2^2\end{matrix} & 0 & 0 \\ \begin{matrix}-\frac{1}{2}\partial_{xx} + \frac{\eta^2}{2} \\ + 3g_{11}r_1^2 + g_{12}r_2^2\end{matrix} & 0 & 2g_{12}r_1 r_2 & 0 \\ 0 & 0 & 0 & \begin{matrix}-\frac{\kappa}{2}\partial_{xx} + \frac{\kappa\eta^2}{2} \\ + g_{21}r_1^2 + g_{22}r_2^2\end{matrix} \\ 2g_{21}r_1 r_2 & 0 & \begin{matrix}-\frac{\kappa}{2}\partial_{xx} + \frac{\kappa\eta^2}{2} \\ + g_{21}r_1^2 + 3g_{22}r_2^2\end{matrix} & 0 \end{pmatrix}$$

以亮孤子为例,Bogoliubov 矩阵求解是一个复杂的问题,对于 N 个空间格点,需要求解 $4N \times 4N$ 维矩阵的本征值。为了简化,采用矩阵元消元技巧,

$$令\ \boldsymbol{A} = \begin{pmatrix} -\frac{1}{2}\partial_{xx} + \frac{\eta^2}{2} + 2g_{11}r_1^2 + g_{12}r_2^2 & g_{12}r_1 r_2 \\ g_{21}r_1 r_2 & -\frac{\kappa}{2}\partial_{xx} + \kappa\frac{\eta^2}{2} + 2g_{22}r_2^2 + g_{21}r_1^2 \end{pmatrix},$$

$\boldsymbol{B} = \begin{pmatrix} g_{11}r_1^2 & g_{12}r_1 r_2 \\ g_{21}r_1 r_2 & g_{22}r_2^2 \end{pmatrix}$,则亮孤子的 Bogoliubov 矩阵求本征根问题可以简化为:求解 $(\boldsymbol{A}+\boldsymbol{B})(\boldsymbol{A}-\boldsymbol{B})\boldsymbol{X} = \lambda\boldsymbol{X}$。

$$\boldsymbol{A}+\boldsymbol{B} = \begin{pmatrix} -\frac{1}{2}\partial_{xx} + \frac{\eta^2}{2} + 3g_{11}r_1^2 + g_{12}r_2^2 & 2g_{12}r_1 r_2 \\ 2g_{21}r_1 r_2 & -\frac{\kappa}{2}\partial_{xx} + \kappa\frac{\eta^2}{2} + 2g_{22}r_2^2 + g_{21}r_1^2 \end{pmatrix}$$

$$\boldsymbol{A}-\boldsymbol{B}=\begin{pmatrix}-\frac{1}{2}\partial_{xx}+\frac{\eta^2}{2}+g_{11}r_1^2+g_{12}r_2^2 & 0\\ 0 & -\frac{\kappa}{2}\partial_{xx}+\kappa\frac{\eta^2}{2}+g_{22}r_2^2+g_{21}r_1^2\end{pmatrix}$$

定义 $\boldsymbol{X}$ 为 $2N$ 个点的矢量：$(x,y)=(x_1,x_2,\cdots,x_N,y_1,y_2,\cdots,y_N)$

$$\boldsymbol{MX}=(\boldsymbol{A}+\boldsymbol{B})(\boldsymbol{A}-\boldsymbol{B})\boldsymbol{X}=(\boldsymbol{A}+\boldsymbol{B})\begin{pmatrix}\left(-\frac{1}{2}\partial_{xx}+\frac{\eta^2}{2}+g_{11}r_1^2+g_{12}r_2^2\right)x\\ \left(-\frac{\kappa}{2}\partial_{xx}+\kappa\frac{\eta^2}{2}+g_{22}r_2^2+g_{21}r_1^2\right)y\end{pmatrix}$$

$$=\begin{pmatrix}\left(-\frac{1}{2}\partial_{xx}+\frac{\eta^2}{2}+3g_{11}r_1^2+g_{12}r_2^2\right)\left(-\frac{1}{2}\partial_{xx}+\frac{\eta^2}{2}+g_{11}r_1^2+g_{12}r_2^2\right)x+\\ 2g_{12}r_1r_2\left(-\frac{\kappa}{2}\partial_{xx}+\kappa\frac{\eta^2}{2}+g_{22}r_2^2+g_{21}r_1^2\right)y\\ 2g_{21}r_1r_2\left(-\frac{1}{2}\partial_{xx}+\frac{\eta^2}{2}+g_{11}r_1^2+g_{12}r_2^2\right)x+\\ \left(-\frac{\kappa}{2}\partial_{xx}+\kappa\frac{\eta^2}{2}+3g_{22}r_2^2+g_{21}r_1^2\right)\left(-\frac{\kappa}{2}\partial_{xx}+\kappa\frac{\eta^2}{2}+g_{22}r_2^2+g_{21}r_1^2\right)y\end{pmatrix}$$

$$=\boldsymbol{\lambda}\begin{pmatrix}x\\ y\end{pmatrix}$$

对于矩阵 $\boldsymbol{M}$ 的第 $i(i\leqslant N)$ 行：

$$\left(-\frac{1}{2}\partial_{xx}+\frac{\eta^2}{2}+3g_{11}r_1^2+g_{12}r_2^2\right)\left(-\frac{1}{2}\partial_{xx}+\frac{\eta^2}{2}+g_{11}r_1^2+g_{12}r_2^2\right)x_i$$

$$=\left(-\frac{1}{2}\partial_{xx}+\frac{\eta^2}{2}+3g_{11}r_1^2+g_{12}r_2^2\right)\left(-\frac{x_{i+1}+x_{i-1}-2x_i}{2\Delta x^2}+\left(\frac{\eta^2}{2}+g_{11}r_1^2+g_{12}r_2^2\right)x_i\right)$$

$$=\left(\frac{1}{4\Delta x^2}\frac{x_{i+2}+x_i-2x_{i+1}}{\Delta x^2}+\frac{1}{4\Delta x^2}\frac{x_i+x_{i-2}-2x_{i-1}}{\Delta x^2}-\frac{1}{2\Delta x^2}\frac{x_{i+1}+x_{i-1}-2x_i}{\Delta x^2}\right)-\left(\frac{\eta^2}{2}+3g_{11}r_1^2+g_{12}r_2^2\right)\frac{x_{i+1}+x_{i-1}-2x_i}{2\Delta x^2}+$$
$$\left(\frac{\eta^2}{2}+3g_{11}r_1^2+g_{12}r_2^2\right)\left(\frac{\eta^2}{2}+g_{11}r_1^2+g_{12}r_2^2\right)x_i-$$
$$\frac{1}{2}\partial_{xx}\left(\frac{\eta^2}{2}+g_{11}r_1^2+g_{12}r_2^2\right)x_i$$

对于 $\frac{1}{2}\partial_{xx}\left(\frac{\eta^2}{2}+g_{11}r_1^2+g_{12}r_2^2\right)x_i$，有

$$\partial_x\left(\frac{\eta^2}{2}+g_{11}r_1^2+g_{12}r_2^2\right)x_i$$

$$=\partial_x\left(\frac{\eta^2}{2}+g_{11}r_1^2+g_{12}r_2^2\right)x_i+\left(\frac{\eta^2}{2}+g_{11}r_1^2+g_{12}r_2^2\right)\partial_x x_i$$

$$\partial_{xx}\left(\frac{\eta^2}{2}+g_{11}r_1^2+g_{12}r_2^2\right)x_i$$

$$=\partial_{xx}\left(\frac{\eta^2}{2}+g_{11}r_1^2+g_{12}r_2^2\right)x_i+2\partial_x\left(\frac{\eta^2}{2}+g_{11}r_1^2+g_{12}r_2^2\right)\partial_x x_i+$$
$$\left(\frac{\eta^2}{2}+g_{11}r_1^2+g_{12}r_2^2\right)\partial_{xx}x_i$$

式中，$r_1=\eta\times$ 常数 $1\times\operatorname{sech}(\eta x)$，$r_2=\eta\times$ 常数 $2\times\operatorname{sech}(\eta x)$。

利用 $\partial_x\operatorname{sech}^2(x)=-2\operatorname{sech}^2(x)\sqrt{1-\operatorname{sech}^2(x)}$，$\partial_{xx}\operatorname{sech}(x)=4\operatorname{sech}^2(x)-6\operatorname{sech}^4(x)$，可求出：

$$\left(-\frac{1}{2}\partial_{xx}+\frac{\eta^2}{2}+3g_{11}r_1^2+g_{12}r_2^2\right)\left(-\frac{1}{2}\partial_{xx}+\frac{\eta^2}{2}+g_{11}r_1^2+g_{12}r_2^2\right)x_i$$

$$=\left(-\frac{1}{2}\partial_{xx}+\frac{\eta^2}{2}+3g_{11}r_1^2+g_{12}r_2^2\right)\left(-\frac{x_{i+1}+x_{i-1}-2x_i}{2\Delta x^2}+\right.$$
$$\left.\left(\frac{\eta^2}{2}+g_{11}r_1^2+g_{12}r_2^2\right)x_i\right)$$

$$=\left(\frac{1}{4\Delta x^2}\frac{x_{i+2}+x_i-2x_{i+1}}{\Delta x^2}+\frac{1}{4\Delta x^2}\frac{x_i+x_{i-2}-2x_{i-1}}{\Delta x^2}-\right.$$
$$\left.\frac{1}{2\Delta x^2}\frac{x_{i+1}+x_{i-1}-2x_i}{\Delta x^2}\right)-$$
$$\left(\frac{\eta^2}{2}+3g_{11}r_1^2+g_{12}r_2^2\right)\frac{x_{i+1}+x_{i-1}-2x_i}{2\Delta x^2}+$$
$$\left(\frac{\eta^2}{2}+3g_{11}r_1^2+g_{12}r_2^2\right)\left(\frac{\eta^2}{2}+g_{11}r_1^2+g_{12}r_2^2\right)x_i-$$
$$\frac{1}{2}\left(2\partial_x\left(\frac{\eta^2}{2}+g_{11}r_1^2+g_{12}r_2^2\right)\partial_x x_i+\partial_{xx}\left(\frac{\eta^2}{2}+g_{11}r_1^2+g_{12}r_2^2\right)x_i+\right.$$
$$\left.\left(\frac{\eta^2}{2}+g_{11}r_1^2+g_{12}r_2^2\right)\frac{x_{i+1}+x_{i-1}-2x_i}{\Delta x^2}\right)$$

$$\left(-\frac{\kappa}{2}\partial_{xx}+\kappa\frac{\eta^2}{2}+3g_{22}r_2^2+g_{21}r_1^2\right)\left(-\frac{\kappa}{2}\partial_{xx}+\kappa\frac{\eta^2}{2}+g_{22}r_2^2+g_{21}r_1^2\right)x_i$$

$$=\left(-\frac{\kappa}{2}\partial_{xx}+\kappa\frac{\eta^2}{2}+3g_{22}r_2^2+g_{21}r_1^2\right)\Bigg(-\kappa\frac{x_{i+1}+x_{i-1}-2x_i}{2\Delta x^2}+$$

$$\left(\kappa\frac{\eta^2}{2}+g_{22}r_2^2+g_{21}r_1^2\right)x_i\Bigg)$$

$$=\Bigg(\frac{\kappa^2}{4\Delta x^2}\frac{x_{i+2}+x_i-2x_{i+1}}{\Delta x^2}+\frac{\kappa^2}{4\Delta x^2}\frac{x_i+x_{i-2}-2x_{i-1}}{\Delta x^2}-$$

$$\frac{\kappa^2}{2\Delta x^2}\frac{x_{i+1}+x_{i-1}-2x_i}{\Delta x^2}\Bigg)-$$

$$\left(\kappa\frac{\eta^2}{2}+3g_{22}r_2^2+g_{21}r_1^2\right)\kappa\frac{x_{i+1}+x_{i-1}-2x_i}{2\Delta x^2}+$$

$$\left(\kappa\frac{\eta^2}{2}+3g_{22}r_2^2+g_{21}r_1^2\right)\left(\kappa\frac{\eta^2}{2}+g_{22}r_2^2+g_{21}r_1^2\right)x_i-$$

$$\frac{\kappa}{2}\Bigg(2\partial_x\left(\kappa\frac{\eta^2}{2}+g_{22}r_2^2+g_{21}r_1^2\right)\partial_x x_i+\partial_{xx}\left(\kappa\frac{\eta^2}{2}+g_{22}r_2^2+g_{21}r_1^2\right)x_i+$$

$$\left(\kappa\frac{\eta^2}{2}+g_{22}r_2^2+g_{21}r_1^2\right)\frac{x_{i+1}+x_{i-1}-2x_i}{\Delta x^2}\Bigg)$$

由此,可以求解亮-亮孤子对的稳定性问题。

亮-暗孤子与暗-暗孤子的稳定性特征:对于亮-暗孤子,从解析式出发:

$$\psi_1=\eta_1\sqrt{\frac{g_{22}-\kappa g_{12}}{g_{12}g_{21}-g_{11}g_{22}}}\operatorname{sech}(\eta_1 x)\exp(\mathrm{i}f_1 t) \tag{1-72}$$

$$\psi_2=\eta_1\sqrt{\frac{g_{21}-\kappa g_{11}}{g_{21}g_{12}-g_{22}g_{11}}}\tanh(\eta_1 x)\exp(\mathrm{i}f_2 t)$$

$$f_1=\frac{\eta_1^2}{2}-g_{12}\frac{g_{21}-\kappa g_{11}}{g_{21}g_{12}-g_{22}g_{11}}\eta_1^2$$

$$f_2=-g_{22}\frac{g_{21}-\kappa g_{11}}{g_{21}g_{12}-g_{22}g_{11}}\eta_1^2$$

引入微扰 $\phi_1=u_1\beta+v_1^*\beta^+$,$\phi_2=u_2\beta+v_2^*\beta^+$,$\psi_1=(r_1+\phi_1)\exp(\mathrm{i}f_1t)$,$\psi_2=(r_2+\phi_2)\exp(\mathrm{i}f_2t)$,则有

$$\mathrm{i}\frac{\partial}{\partial t}u_1 = f_1 u_1 - \frac{1}{2}\frac{\partial^2}{\partial x^2}u_1 + g_{11}(2r_1^2 u_1 + r_1^2 v_1) + g_{12}(r_2^2 u_1 + r_1 r_2 u_2 + r_1 r_2 v_2)$$

$$-\mathrm{i}\frac{\partial}{\partial t}v_1 = f_1 v_1 - \frac{1}{2}\frac{\partial^2}{\partial x^2}v_1 + g_{11}(2r_1^2 v_1 + r_1^2 u_1) + g_{12}(r_2^2 v_1 + r_1 r_2 v_2 + r_1 r_2 u_2)$$

$$\mathrm{i}\frac{\partial}{\partial t}u_2 = f_2 u_2 - \frac{\kappa}{2}\frac{\partial^2}{\partial x^2}u_2 + g_{21}(r_1^2 u_2 + r_1 r_2 u_1 + r_1 r_2 v_1) + g_{22}(2r_2^2 u_2 + r_2^2 v_2)$$

$$-\mathrm{i}\frac{\partial}{\partial t}v_2 = f_2 v_2 - \frac{1}{2}\frac{\partial^2}{\partial x^2}v_2 + g_{21}(r_1^2 v_2 + r_1 r_2 v_1 + r_1 r_2 u_1) + g_{22}(2r_2^2 v_2 + r_2^2 u_2)$$

由此，

$$f_1 u_1 - \frac{1}{2}\frac{\partial^2}{\partial x^2}u_1 + g_{11}(2r_1^* r_1 u_1 + r_1^2 v_1) + g_{12}(r_2 r_2^* u_1 + r_1 r_2^* u_2 + r_1 r_2 v_2) = Eu_1$$

$$f_1 v_1 - \frac{1}{2}\frac{\partial^2}{\partial x^2}v_1 + g_{11}(2r_1^* r_1 v_1 + r_1^* r_1^* u_1) + g_{12}(r_2^* r_2 v_1 + r_1^* r_2 v_2 + r_1^* r_2^* u_2) = -Ev_1$$

$$f_2 u_2 - \frac{\kappa}{2}\frac{\partial^2}{\partial x^2}u_2 + g_{21}(r_1^* r_1 u_2 + r_1^* r_2 u_1 + r_1 r_2 v_1) + g_{22}(2r_2^* r_2 u_2 + r_2^2 v_2) = Eu_2$$

$$f_2 v_2 - \frac{\kappa}{2}\frac{\partial^2}{\partial x^2}v_2 + g_{21}(r_1^* r_1 v_2 + r_1 r_2^* v_1 + r_1^* r_2^* u_1) + g_{22}(2r_2^* r_2 v_2 + r_2^* r_2^* u_2) = -Ev_2$$

令 $m_1 = u_1 - v_1, n_1 = u_1 + v_1, m_2 = u_2 - v_2, n_2 = u_2 + v_2$，则有

$$f_1 m_1 - \frac{1}{2}\frac{\partial^2}{\partial x^2}m_1 + g_{11}r_1^2 m_1 + g_{12}r_2^2 m_1 = En_1$$

$$f_1 n_1 - \frac{1}{2}\frac{\partial^2}{\partial x^2}n_1 + 3g_{11}r_1^2 n_1 + g_{12}r_2^2 n_1 + 2g_{12}r_1 r_2 n_2 = Em_1$$

$$f_2 m_2 - \frac{\kappa}{2}\frac{\partial^2}{\partial x^2}m_2 + g_{21}r_1^2 m_2 + g_{22}r_2^2 m_2 = En_2$$

$$f_2 n_2 - \frac{\kappa}{2}\frac{\partial^2}{\partial x^2}n_2 + g_{21}r_1^2 n_2 + 2g_{21}r_1 r_2 n_1 + 3g_{22}r_2^2 n_2 = Em_2$$

因此，亮-暗孤子对的 Bogoliubov 矩阵为

$$\boldsymbol{M}=\begin{pmatrix} 0 & -\frac{1}{2}\partial_{xx}+f_1+g_{11}r_1^2+g_{12}r_2^2 & 0 & 0 \\ -\frac{1}{2}\partial_{xx}+f_1+3g_{11}r_1^2+g_{12}r_2^2 & 0 & 2g_{12}r_1r_2 & 0 \\ 0 & 0 & 0 & -\frac{\kappa}{2}\partial_{xx}+f_2+g_{21}r_1^2+g_{22}r_2^2 \\ 2g_{21}r_1r_2 & 0 & -\frac{\kappa}{2}\partial_{xx}+f_2+g_{21}r_1^2+3g_{22}r_2^2 & 0 \end{pmatrix}$$

同理，可以求出暗-暗孤子对的 Bogoliubov 矩阵，形式类同亮-暗孤子的矩阵 $\boldsymbol{M}$。

对于耦合了暗孤子的 Bogoliubov 矩阵，由于边界不为 0，且暗孤子在正负无穷的边界处存在 π 的相位差，采取空间格点差分技术存在较大误差，因此需要引入 DCT 变换求解。以暗孤子解

$$\omega n_1(j)=\left(-\frac{1}{2}\partial_{xx}+f(x)\right)n_1(j) \tag{1-73}$$

为例，为了求解本征值 ω，引入 DCT 变化：$N_1=\mathrm{dct}(n_1)$，$F=\mathrm{dct}(f(x))$，则有：$n_1(j)=\sum_k\omega(k)N_1(k)\cos(\pi(2j-1)(k-1)/2N)(k=1,\cdots,N)$

$$\omega(k)=1/\sqrt{N},k=1$$
$$\omega(k)=\sqrt{2/N},k=2,\cdots,N$$

对于 $f(x)$：

$f(j)=\sum_k\omega(k)F(k)\cos(\pi(2j-1)(k-1)/2N)$。注意到此时，$F(k)$ 已经是一个常数。

同时 $x_j=x\_\mathrm{left}+(j-1)\Delta x$（注：$x\_\mathrm{left}$ 表示 x 取值范围最左边的值），因此 $\frac{\partial^2}{\partial x^2}n_1(j)=\sum_k\omega(k)N_1(k)\cos(\pi(2j-1)(k-1)/2N)-\left(\frac{\pi(k-1)}{N\Delta x}\right)^2$。代入后可得：

$$\omega\sum_k\omega(k)N_1(k)\cos(\pi(2j-1)(k-1)/2N)$$

$$=-\frac{1}{2}\Big(\sum_{k}\omega(k)N_1(k)\cos(\pi(2j-1)(k-1)/2N)-\Big(\frac{\pi(k-1)}{N\Delta x}\Big)^2\Big)+$$

$$\sum_{k'}\omega(k')F(k')\cos(\pi(2j-1)(k'-1)/2N)\ \sum_{k}\omega(\dot{k})N_1(\dot{k})\cos(\pi(2j-1)(\dot{k}-1)/2N)$$

其中，$k, k', \dot{k}=1, 2, \cdots, N$。令 $\pi(2j-1)/2N=C$，最后一项可以变为

$$\sum_{k'}\omega(k')F(k')\cos(\pi(2j-1)(k'-1)/2N)\ \sum_{k}\omega(\dot{k})N_1(\dot{k})\cos(\pi(2j-1)(\dot{k}-1)/2N)$$

$$=\sum_{k'}\sum_{\dot{k}}\omega(k')F(k')\omega(\dot{k})N_1(\dot{k})[\cos C(k'+\dot{k}-2)+\cos C(k'-\dot{k})]/2$$

在对所有 $k', \dot{k}$ 搜索后，并注意到 $\omega(1)=1/\sqrt{N}, \omega(2,\cdots,N)=\sqrt{2/N}$，可求出数值矩阵：

$$\boldsymbol{\omega}_{\text{eigenvalue}}\begin{pmatrix}\omega(1)N_1(1)\\ \omega(2)N_1(2)\\ \vdots\\ \omega(N)N_1(N)\end{pmatrix}=\begin{pmatrix}A_{11} & \cdots & A_{1N}\\ \vdots & & \vdots\\ A_{N1} & \cdots & A_{NN}\end{pmatrix}\begin{pmatrix}N_1(1)\\ N_1(2)\\ \vdots\\ N_1(N)\end{pmatrix}$$

孤子对稳定性特征和动力学演化：通过对角化技术[26]，求解上述的 Bogoliubov-de Gennes 方程可得出结论：对于亮-亮和亮-暗孤子而言，激发态频率均为实数，而对于暗-暗孤子则存在虚数根，因此，对于这个系统而言，亮-亮和亮-暗孤子是稳定的，而暗-暗孤子是不稳定的。由于在单组分 BEC 体系中，亮(暗)孤子可以证明是动力学稳定(不稳定)的，因此亮-亮孤子稳定这个结论具有普适性，但亮-暗孤子的动力学稳定提供了有趣的结论，也就是我们可以通过调制双组分 BECs，制备出存活寿命很长的暗孤子，并以此为基础开展研究。

首先从数值模拟上面证明亮-亮孤子对的稳定性，通过对方程的精确解增加小的随机白噪声微扰，并进行数值演化。结果表明，亮-亮孤子对相对较大强度的白噪声并不敏感，如图 1-14 所示。

图 1-15 从动力学上验证了亮-暗孤子和暗-暗孤子的稳定性，此时引入了真实的外加势场。外加市场的纵向束缚很强，横向束缚相对较弱，从而给孤子提供了一个“软束缚”，而不影响孤子的本质特性。图 1-15 的上图展示了暗-亮孤子对的演化过程。考虑到暗孤子在实验中受势场束缚的特性，我们引入了 Thomas-Fermi 近似以描述暗孤子的边界[8]。横向的“软束缚”引起了矢量孤子

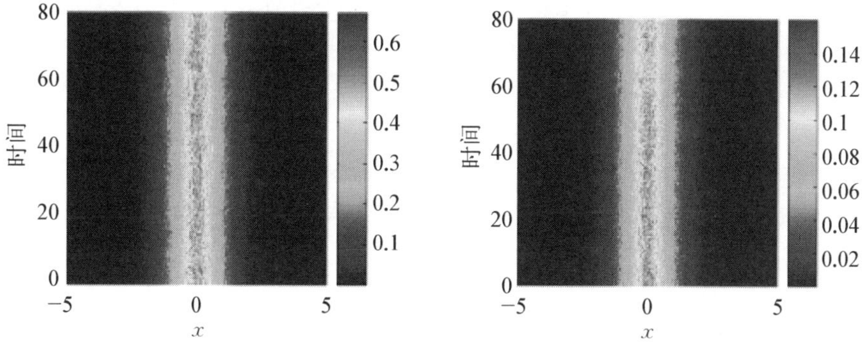

(a) (b)

图 1-14　方程(1-58)描述的亮-亮孤子对动力学过程

(a) 吸引相互作用的组分；(b) 排斥相互作用的组分

引入初始白噪声微扰，强度为粒子数的 5%。图中 $N_1 = 5\,000$，$g_{12} = -2$。此时的时间演化了 $100(2\pi/\omega_y)$，即 22 ms。

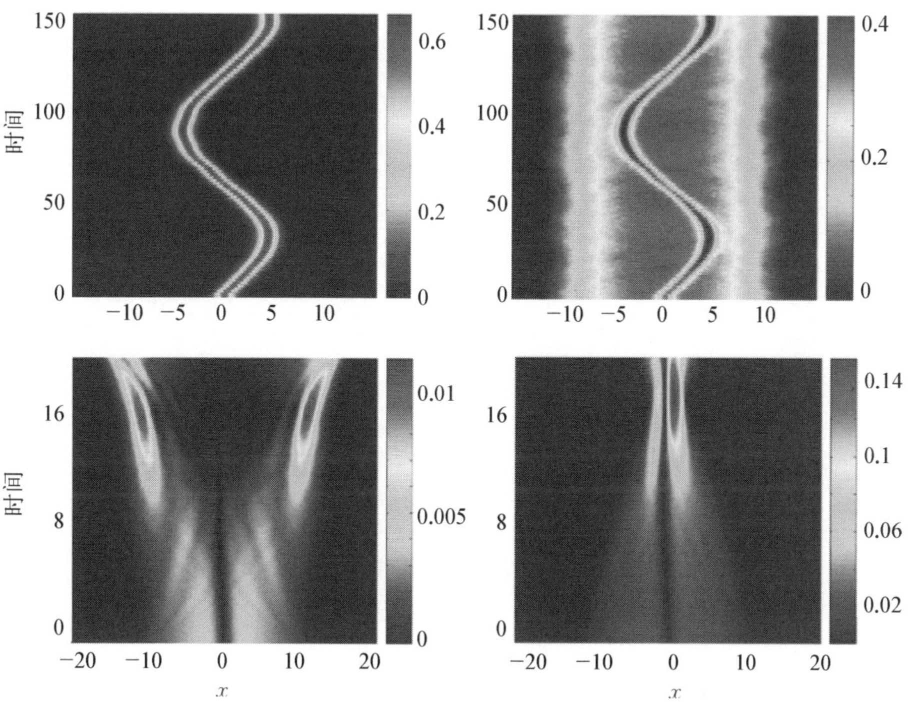

图 1-15　矢量孤子对的动力学过程

横向势阱参数 $\lambda_1 = \lambda_2 = 0.1$。长度和时间的单位分别是 $\sqrt{\hbar/(m_1\omega_{1\perp})}$ 和 $2\pi/\omega_{1\perp}$。强度条分别代表了第一组分和第二组分的密度分布。上图是亮-暗孤子对的演化过程，组分间作用强度 $g_{12} = 2$，孤子初始定位在 $x = 0$ 处，初始速度为 $v = 0.1$。下图是暗-暗孤子对的演化过程，组分间作用强度 $g_{12} = 30$。对此系统而言，亮-暗(暗-暗)孤子对是动力学稳定(不稳定)的。

对的振荡，但形状保持得很好。作为对比，图 1-15 的下图展示了暗-暗孤子对是动力学不稳定的。代入式(1-62)的暗孤子解并进行含时演化，在初始速度为 0 的情况下，暗-暗孤子对很快被破坏了，两组分在空间中出现了相分离的现象。

通过 Feshbach 共振技术控制原子间相互作用是原子系统特有的现象。图 1-16 展示了不同矢量孤子间的转化过程。初始状态是一个零速度的暗-亮孤子对，并随后调节相互作用 g_{12}。在图 1-16 的上图中，g_{12} 调低至小于临界值 κg_{11} 的强度。对于此时新的 g_{12}，系统应存在亮-亮孤子对。图 1-16 的上图展示了初始亮-暗孤子对在 g_{12} 变为新值后的确被破坏了，系统演化成为两组具有一定相对速度的亮-亮孤子对。两对孤子经过若干次碰撞后，最终融合成为一个孤子对。在这个过程中，可以观察到第二个组分发生了明显的辐射现象。发生这个现象的原因在于，在亮-亮孤子对区域，两组分的粒子数比值应满足：

$$\frac{N_1}{N_2} = \frac{C_1}{-C_2} = \frac{g_{22} - \kappa g_{12}}{\kappa g_{11} - g_{12}} \tag{1-74}$$

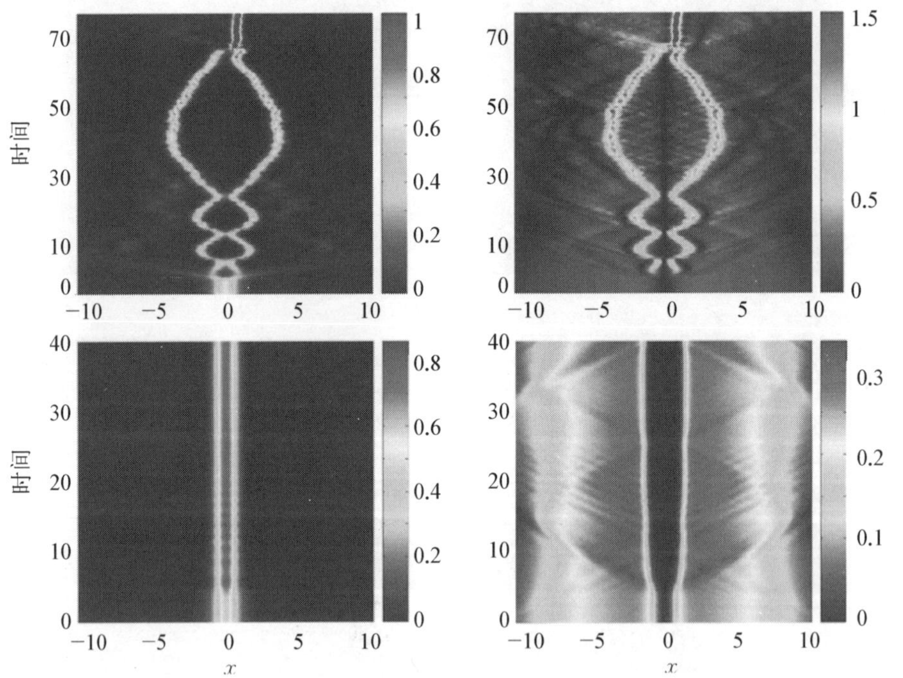

图 1-16 通过 Feshbach 共振技术进行的不同孤子类型间的转换过程模拟

长度和时间的单位分别是 $\sqrt{\hbar/(m_1\omega_{1\perp})}$ 和 $2\pi/\omega_{1\perp}$。强度条分别代表第一组分和第二组分的密度分布。初始状态令 $g_{12}=2$ 并制备了亮-暗孤子对。上图展示的过程是 $t=3\sim4$，g_{12} 线性地降低到 -10，然后稳定在这个值。下图展示的过程是 $t=3\sim23$，g_{12} 线性地增加到 30，然后稳定在这个值。

通过采用实验中真实的 g_{11} 和 g_{22}，可以计算出：$N_1/N_2=0.935$。数值上经计算发现这个比值在 0.92～0.95 之间，与理论值吻合得较好。对于初始的亮-暗孤子演化拆分成为两对亮-亮孤子的解释是，第一组分的两个孤子对相位差是零，而第二个组分的两部分相位差是 π。因此导致了第一(第二)组分间的吸引(排斥)孤子间相互作用。同时也观察到了亮-亮孤子对的相对速度与 g_{12} 的变化速率相关。通常而言，g_{12} 变化越快，相对速度越大。如果调制 g_{12} 的速度非常慢，则孤子对(相对速度较小)将融合得更晚一些，碰撞次数也更多一些。这说明通过变化 g_{12} 的扫频速度，将有利于观测并了解多组分亮-亮孤子对间的碰撞动力现象[62, 72]。

在图 1-16 的下图中，g_{12} 被调高至高于临界值 g_{22}/κ，因此进入了暗-暗矢量孤子领域。然而此时，亮-暗孤子对并没有转换为暗-暗孤子对，这个现象是因为暗-暗孤子对的不稳定性引起的。相反，组分间强烈的排斥相互作用导致了组分 2 中的暗孤子变得更宽，对应着一个实验上更强的观测信号，波函数性质不再由 tanh 函数描述，同时，组分 1 中的亮孤子被更强的“束缚”到了暗孤子的核心区域，这个特性可能有利于制备更稳定的亮孤子。在演化过程中，也可以观察到有额外的暗孤子从组分 2 的核心区域生成并向边界辐射。近期，这种暗孤子从核心区域产生，被势阱反弹回来，又进一步被核心区的暗-亮孤子对反弹的现象在实验中得到了验证[10]。

上述系统还可以实现亮-暗孤子的可逆转化。如图 1-17 所示，通过 Feshbach 共振技术调整组分间相互作用，完美地实现了不同类型孤子对的转换。图形的初始状态与图 1-16 一致，即制备了一组初始状态为零动能的亮-暗孤子对。然后通过逐步降低 g_{12}，使参数进入亮-亮孤子对的区间，并在两个亮-亮孤子对融合成一个孤子对之前恢复初始状态。如图 1-17 所示，这种调控 g_{12} 的方式能够恢复初始的亮-暗孤子对状态，由此提供了 BECs 动力学的一种相干控制方法[73]。

值得一提的是，在一维外势中，非线性参数可以是时间的函数，也可以是空间的函数，或既是时间也是空间的函数。不管是在单分量凝聚体，还是多分量凝聚体中，还存在各种不同的局域解和其他有趣的非线性激发，关于这方面的研究也是现在冷原子物理领域中的一个热点。

1.1.4 二维简谐势中冷原子玻色-爱因斯坦凝聚体动力学

冷原子体系的维度对系统的物理性质有很大影响，低维体系可能出现三维体系所没有的奇异现象。对于 BEC 来说，低维凝聚体将提供更多可能性来研究

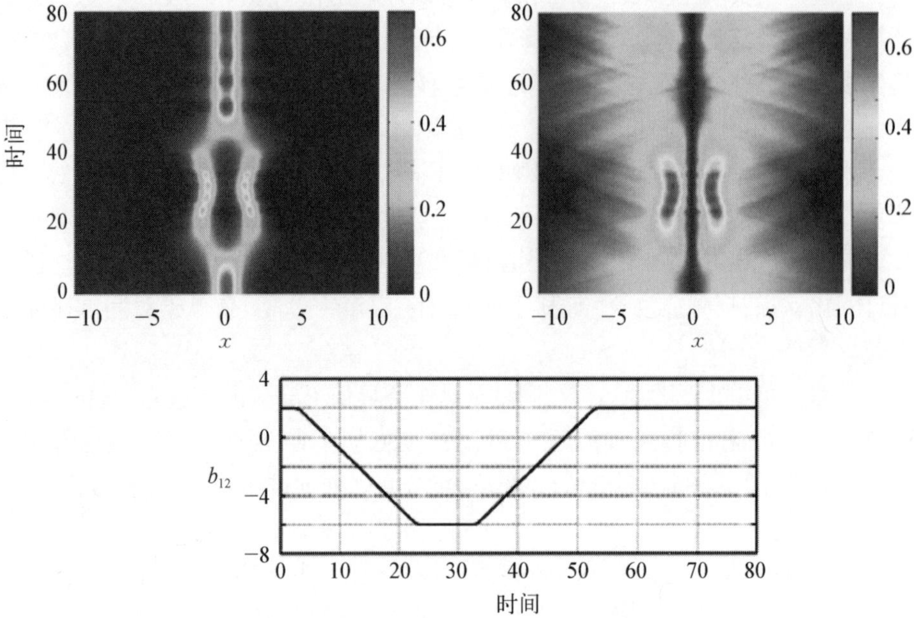

图 1-17 亮-暗孤子对和亮-亮孤子对的转化过程

下图描述了 g_{12} 的变化函数。长度的单位是 $\sqrt{\hbar/(m_1\omega_{1\perp})}$，时间的单位是 $2\pi/\omega_{1\perp}$。初始制备的暗-亮孤子对的组分间相互作用 $g_{12}=2$。

系统的非线性激发，尤其是二维情况，它有比三维 BEC 更稳定的非线性激发，例如涡旋；同时又有比一维 BEC 更丰富的物理，如孤子的各种不稳定性及各种形式的非线性物质波。因此在本小节中重点讨论二维 BEC 系统的非线性动力学。

自然地，首先要确定在二维情况下 BEC 可以存在。这一问题在过去很长一段时间吸引了众多研究者的注意。著名的 Mermin-Wagner-Hohenberg 定理[74, 75]指出：在理想的自由 Bose 气体中，由于长波热涨落作用破坏了二维系统的长程有序，任何有限温度下 BEC 都是无法存在的。但是研究[76]表明，在外势存在的情况下，BEC 态是存在的，这一结论被后来的实验[77]及理论计算[78]所证实。在实验上，二维 BEC 是这样实现的：使 BEC 轴向的束缚频率远大于径向的束缚频率，这样就可以使系统在轴向只占据最低能态，从而将系统限制在一个平面上运动，即准二维。

1.1.4.1 二维 BEC 系统的非线性物质波解与波包量子化

随着超冷原子 BEC 在实验上的实现[21]，众多的实验和理论工作致力于研究 BEC 系统的非线性性质。但是，在目前的研究中，还没有人讨论过该系统的量子性质与线性系统(如线性谐振子)的关系问题。在本小节中，我们讨论二维

BEC 的量子化问题，其中主要讨论粒子间相互作用随空间变化的情况[79]。

我们知道，BEC 系统的性质，包括形状、非线性激发和动力学演化等，都是由系统 s 波散射长度的符号和大小来决定的。调制散射长度的主要方法就是使用光学[80]或者磁场[81]的 Feshbach 共振技术。在过去的研究工作中，整体地调节散射长度技术已经在众多实验中发挥了关键的作用[14, 15, 82-84]。最近，很多研究人员提出了局域调制散射长度的技术[85-88]。使用这一方法可以得到相互作用随空间变化的凝聚体，使更灵活、更精确地控制 BEC 成为可能。实验上，人们已经在 Feshbach 共振点附近利用非均匀磁场实现了空间不均匀散射长度[89]。不过，到目前为止，这方面的研究还仅限于准一维情况[85-88]。这里，我们将局域调制散射长度技术应用到二维 BEC 系统，得到了令人振奋的结果。

结果显示，整个凝聚体的行为是量子化的，其行为可以简单地用两个量子数来描述，这在之前的研究中是没有被报道过的。这里使用的方法主要是相似变换的解析方法[88]和数值求解本征值方法。

非线性物质波精确解：考虑有外加势囚禁的 BEC 系统，囚禁势形式为 $V(\boldsymbol{r})=m(\omega_{\perp}^{2}r^{2}+\omega_{z}^{2}z^{2})/2$，其中，$m$ 代表原子质量，$r^{2}=x^{2}+y^{2}$ 和 $\omega_{\perp}$，ω_{z} 分别代表囚禁势径向和轴向的频率。在平均场理论中，低温下 BEC 系统的性质可以用三维 GP 方程来描述。如果囚禁势是扁平状的，即 $\omega_{z}\gg\omega_{\perp}$，可以将 GP 方程化简为它的准二维形式[18, 90]：

$$\mathrm{i}\psi_{t}=-\frac{1}{2}(\psi_{xx}+\psi_{yy})+\frac{1}{2}\omega^{2}(x^{2}+y^{2})\psi+g(x,y)\mid\psi\mid^{2}\psi \quad (1-75)$$

式中，$\omega=\omega_{\perp}/\omega_{z}$，$g(x,y)=4\pi a_{\mathrm{s}}(x,y)$ 表示原子间相互作用强度，这里 $a_{\mathrm{s}}(x,y)$ 是原子的 s 波散射长度，它是空间的函数，可以通过 Feshbach 共振[81, 85-89]来调节。在无量纲化的式(1-75)中，长度、时间和波函数 ψ 的单位分别为：$a_{h}=\sqrt{\hbar/m\omega_{z}}$，$\omega_{z}^{-1}$ 和 a_{h}^{-1}。

现在考虑式(1-75)空间局域的稳定解 $\psi(x,y,t)=\phi(x,y)\mathrm{e}^{-\mathrm{i}\mu t}$，其中 $\phi(x,y)$ 是一个实函数，满足 $\lim_{|x|,|y|\to\infty}\phi(x,y)=0$。将式(1-75)变换为一个定态薛定谔方程：$\frac{1}{2}\phi_{xx}+\frac{1}{2}\phi_{yy}-\frac{1}{2}\omega^{2}(x^{2}+y^{2})\phi-g(x,y)\phi^{3}+\mu\phi=0$[91]，其中 μ 为化学势。利用相似变换方法[88]，可以得到式(1-75)的一组精确的局域非线性波解：

$$\psi_{n}=\frac{(n+1)K(k)\eta}{\sqrt{\nu}}\mathrm{cn}(\theta,k)\mathrm{c}^{-\mathrm{i}\mu t},\ n=0,\ 2,\ 4,\ \cdots \quad (1-76)$$

$$\psi_n = \frac{(n+1)K(k)\eta}{\sqrt{2\nu}} \mathrm{sd}(\theta, k) \mathrm{e}^{-\mathrm{i}\mu t}, \; n = 1, 3, 5, \cdots \tag{1-77}$$

式中，$k = \sqrt{2}/2$ 是椭圆方程的模数；ν 是一个正的实常数；$K(k) = \int_0^{\frac{\pi}{2}} [1 - k^2 \sin^2 \varsigma]\mathrm{d}\varsigma$ 是第一类椭圆积分；sd = sn/dn，sn，cn 和 dn 是雅克比椭圆函数。θ，η 和 g 由下式确定：

$$\theta = (n+1)K(k)\mathrm{erf}[\sqrt{2\omega}(x+y)/2]$$

$$\eta = \mathrm{e}^{\omega x y}\mathrm{KummerU}[-\mu/(2\omega),\; 1/2,\; \omega(x-y)^2/2] \tag{1-78}$$

$$g(x, y) = -2\omega\nu/(\pi\eta^2)\mathrm{e}^{-\omega(x+y)^2}$$

这里，$\mathrm{erf}(x) = \frac{2}{\sqrt{\pi}}\int_0^x \mathrm{e}^{-\tau^2}\mathrm{d}\tau$ 是误差函数，KummerU(a, c, s)[92]是第二类库默尔函数，它是常微分方程 $s\Lambda''(s) + (c-s)\Lambda'(s) - a\Lambda(s) = 0$ 的一个解。由式(1-76)和式(1-77)可以很容易看出，当 $|x|$，$|y| \to \infty$ 时，$\psi_n \to 0$。这说明我们得到的是一个局域束缚态解。

从以上的构造中发现，式(1-78)中 η 的零点数目正好等于库默尔函数 Kummer$U[-\mu/(2\omega),\; 1/2,\; \omega(x-y)^2/2]$ 的零点数，并且强烈依赖于 ω 和 μ/ω。我们令沿 $y=-x$ 方向 η 的零点个数为 l。在下面的分析中我们将会看到，整数 n[见式(1-76) 和式(1-77)] 与原子的能级有关，而整数 n 和 l 决定了原子波包的拓扑性质。因此，仿照量子力学，将 n 和 l 分别命名为系统的主量子数和轨道量子数。另外，三个自由参数 ω，μ 和 ν 都是正的，这说明无量纲相互作用参数 $g(x,y)$ 是负值，原子间存在吸引相互作用。实验上通过调节外加磁场的方法[81]已经实现了多种吸引相互作用原子的凝聚，比如 ^{85}Rb[93]原子和 ^{7}Li原子[94]。

为了便于和已有实验结果[94]进行对比，研究的系统选为由 $10^3 \sim 10^5$ 个 ^{7}Li 原子形成的，囚禁在扁平状简谐势中的凝聚体。系统囚禁势径向和轴向频率分别为 $\omega_\perp = 2\pi \times 10$ Hz 和 $\omega_z = 2\pi \times 500$ Hz[95]。这种情况下，式(1-75) 中的 $\omega = \omega_\perp / \omega_z$ 值为 0.02，无量纲化的长度单位为 1.69 μm，时间单位为 0.32 ms，化学势的单位为 nK。空间上非均匀的相互作用参数 $g(x,y)$ 与主量子数 n 无关，但强烈依赖于轨道量子数 l，这一点可以从图 1-18 中明显看出。图中，$\omega = 0.02$，$\nu = 0.1$，当 $l=0$ 时，$g(x,y)$ 是一个空间光滑函数，而随着 l 的增大，该函数的奇异性不断增强。

波包量子化：为揭示准二维 BEC 系统中局域非线性波的量子和拓扑性质，

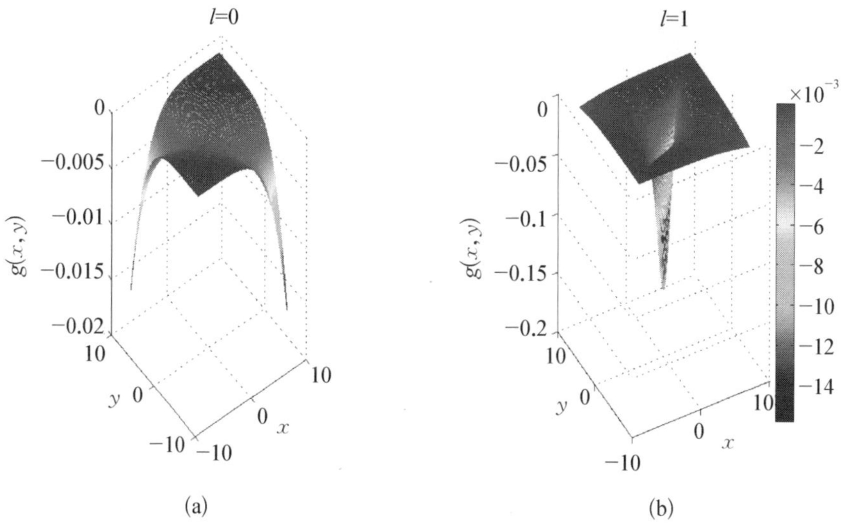

图 1-18 相互作用参数 $g(x,y)$的空间分布

参数为：$\omega=0.02$，$\nu=0.1$，以及(a) $l=0$；(b) $l=1$。从图中可以看到，当 $l=0$ 时，$g(x,y)$ 是一个光滑的函数，随着 l 的增大，$g(x,y)$ 在空间某些点会出现奇异性。图中长度单位为 1.69 μm。

我们研究凝聚体密度分布随着主量子数 n 和轨道量子数 l 的变化规律。

首先，固定轨道量子数 l，研究简谐势中具有空间非均匀相互作用的准二维 BEC 系统的性质。图 1-19 显示了 $l=0$ 时，非线性波的密度构型。很容易看到，由式(1-76)描述的非线性波满足 $\psi_n(-x, -y)=\psi_n(x,y)$，从而具有偶宇称。图 1-19(a)～图 1-19(c)显示的密度分布分别对应系统的基态($n=0$)和两个激发态($n=2$ 和 4)。对应于这三个态，系统的总原子数分别为 $N_0=3.76\times10^3$，$N_2=6.84\times10^4$ 和 $N_4=2.633\times10^5$。相反的，由式(1-77)描述的非线性波满足 $\psi_n(-x, -y)=-\psi_n(x,y)$，从而具有奇宇称。图 1-19(d)～图 1-19(f)中显示的密度分布对应于系统的三个激发态($n=1$，3 和 5)。对应于这三个态，系统的总原子数分布为 $N_1=4.016\times10^4$，$N_3=2.493\times10^5$ 和 $N_5=7.28\times10^5$。

依据上面的结果可以得出这样的结论：当轨道量子数 $l=0$ 时，波包沿 $y=x$ 的节点数就等于主量子数 n 的值，即：波包第 n 个态沿 $y=x$ 方向有 n 个节点。当 n 增加 1 时，沿 $y=x$ 方向波包的个数也增加一个。这一行为非常类似于线性谐振子，随着能级的增加，波函数节点相应增加。

其次固定主量子数 n。图 1-20 显示了 $n=0$ 和 $n=1$ 时，非线性波态的密度构型随轨道量子数 l 而变化。图 1-20(a)～(d)显示了由式(1-76)描述的

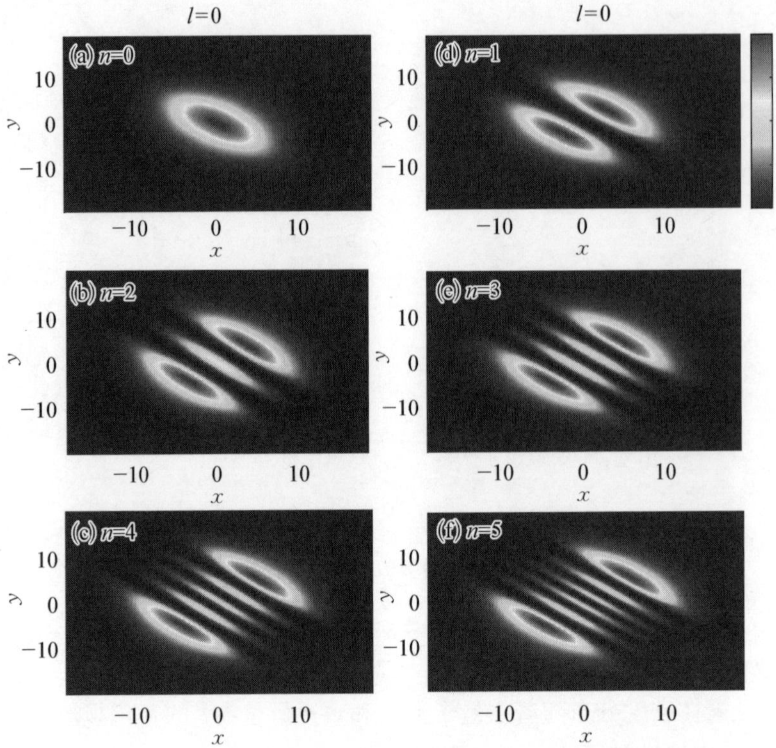

图 1-19 准二维 BEC 对应于不同主量子数 n 的密度分布

图中使用的参数为：$l=0$，$\omega=0.02$ 和 $\nu=0.1$。坐标 x，y 的长度单位为 1.69 μm。图(a)～(c)分布对应于式(1-76)中的 $n=0$，2 和 4；图(d)～(f)分布对应于式(1-77)中的 $n=1$，3 和 5。

偶宇称波在 $n=0$，$l=0$，1，2 和 3 时的密度分布。显然波包在 $y=-x$ 方向的节点等于相应的轨道量子数 l 的值。不过，此时波包的个数随着 l 的增加而一个一个地增多。图 1-20(e)～(h)显示了由式(1-77)描述的奇宇称波在 $n=1$，$l=0$，1，2 和 3 时的密度分布。波包的个数也随着 l 的增加而一对一对地增多。

综合图 1-19 和图 1-20 的结果可以发现，对于每个量子态波包的数目等于 $(n+1)\times(l+1)$，波包相对于 $y=\pm x$ 是对称的。

接下来研究系统的能量。对于准二维 BEC，系统的总能量为 $E(\psi)=\iint \mathrm{d}x\mathrm{d}y\left[\mid\nabla\psi\mid^2+\frac{1}{2}\omega^2(x^2+y^2)\mid\psi\mid^2+\frac{1}{2}g(x,y)\mid\psi\mid^4\right]$。因此，结合定态薛定谔方程可以得到归一化的能量，即单个粒子的能量为 $E(\psi)/N=\mu-\frac{1}{2N}\iint \mathrm{d}x\mathrm{d}y g(x,y)\mid\psi\mid^4$，其中 $N=\iint \mathrm{d}x\mathrm{d}y\mid\psi\mid^2$ 是系统的总粒子数。在

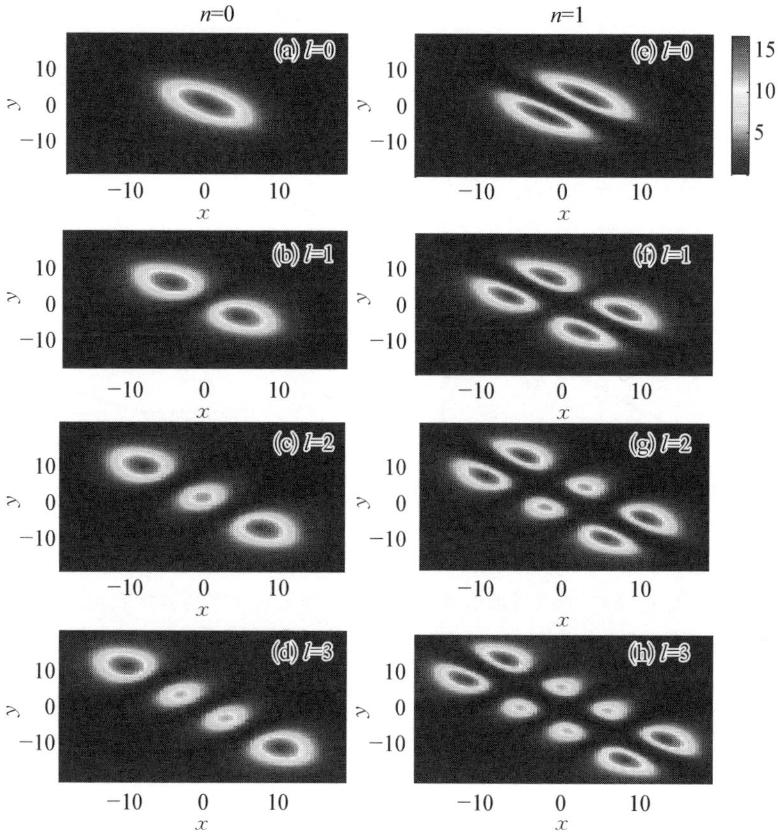

图 1-20　准二维 BEC 对应于不同轨道量子数 l 的密度分布

图中使用参数同图 1-19。(a)～(d)分布对应于 $n=0$ 情况下，由式(1-76)描述的偶宇称波函数的密度分布；(e)～(h)分布对应于 $n=1$ 情况下，由式(1-77)描述的奇宇称波函数的密度分布。

图 1-21 中，给出了对于不同的主量子数 n，归一化能量 $E(\psi)/N$ 关于化学势的变化。从图中看到对于特定的主量子数，归一化能量可近似看成是化学势的线性单增函数，即 $\mathrm{d}(E(\psi)/N)/\mathrm{d}\mu > 0$。同时归一化能量随着主量子数 n 的增加而增加，而且更重要的是能量只与主量子数有关。这非常类似于线性谐振子的能级 $E \sim n$。这里值得特别注意的是，系统由非线性薛定谔方程描述，而谐振子系统中是线性薛定谔方程，因此这两个系统的这种相似行为就特别耐人寻味。

非线性物质波解的稳定性分析：接下来研究上面所得精确解的稳定性，因为只有稳定的局域非线性波解才有可能在实验上被观察到，从而有实用价值。

为了检验由式(1-76)～式(1-78)给出的精确解的稳定性，考虑式(1-75)如下的微扰解：

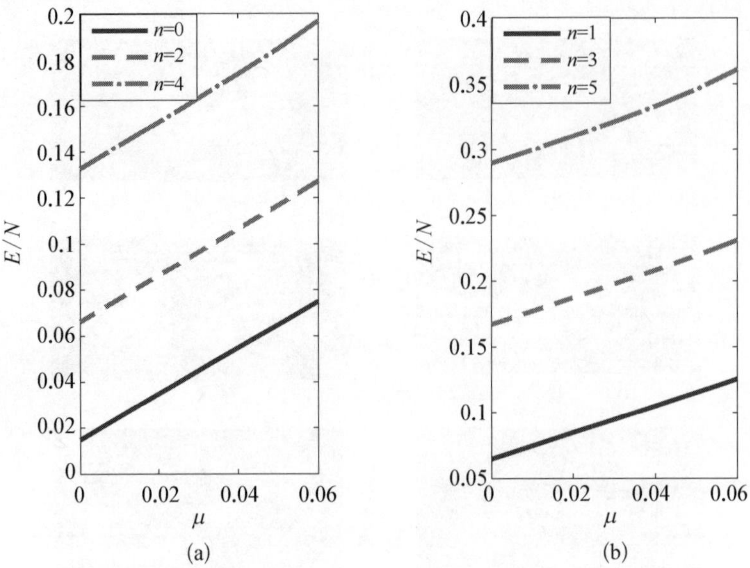

图 1-21　非线性波态的归一化能量随系统化学势 μ 的变化

图中所用参数为：$\omega=0.02$，$\nu=0.1$。(a) 主量子数为 $n=0$，2 和 4 的偶宇称波函数；(b) 主量子数为 $n=1$，3 和 5 的奇宇称波函数

$$\psi(x,y,t)=[\phi_n(x,y)+\Psi(x,y,t)]\mathrm{e}^{-\mathrm{i}\mu t} \tag{1-79}$$

式中，$\phi_n(x,y)$ 是定态薛定谔方程

$$\frac{1}{2}\phi_{xx}+\frac{1}{2}\phi_{yy}-\frac{1}{2}\omega^2(x^2+y^2)\phi-g(x,y)\phi^3+\mu\phi=0$$

的精确解，$\Psi(x,y,t)\ll 1$ 是精确解的一个小的微扰，它可以分解为实部和虚部：$\Psi(x,y,t)=[R(x,y)+I(x,y)]\mathrm{e}^{\mathrm{i}\lambda t}$[96]。

将微扰解式(1-79)代入二维 GP 方程(1-75)中，并忽略微扰的高阶项，就将问题化简为标准的本征值问题：

$$L_+R=\lambda I,\ L\_I=\lambda R \tag{1-80}$$

其中

$$L_+=-\frac{1}{2}(\partial_x^2+\partial_y^2)+3g(x,y)\phi_n(x,y)^2+\frac{1}{2}\omega^2(x^2+y^2)-\mu$$

$$L_-=-\frac{1}{2}(\partial_x^2+\partial_y^2)+g(x,y)\phi_n(x,y)+\frac{1}{2}\omega^2(x^2+y^2)-\mu$$

式中，λ 和 R，I 分别是本征值和本征函数。当微扰解对应的本征值均是实数，说明精确解 $\phi_n(x,y)$ 是稳定的，否则，微扰解将会随着时间的增加而指数增加，导致系统的动力学不稳定，这就说明精确解 $\phi_n(x,y)$ 是不稳定的。

数值计算表明，当 $\omega = 0.02$，μ，ν 为任意非负常数时，只有 $n = 0$ 所对应非线性波解的本征值 λ 为实数。这说明 $\omega = 0.02$ 时，系统只有 $n = 0$ 的解线性稳定，其余都是不稳定的（见图 1－22）。结果同时说明，当囚禁势的频率确定时，系统精确解式(1－76) ～ 式(1－78) 的稳定性只依赖于主量子数 n。

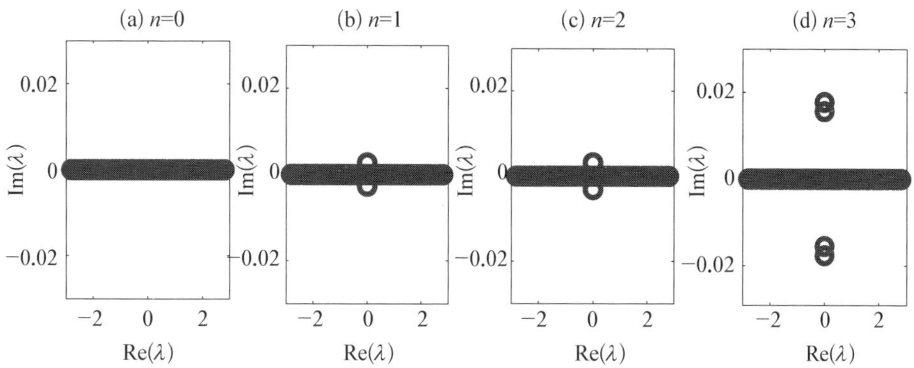

图 1－22 非线性波解稳定性分析中对应不同主量子数的本征值

图中参数为：$\omega = 0.02$，$\mu = 0.001$ 和 $\nu = 0.1$。图中结果表明：只有主量子数为 $n = 0$ 的局域非线性波解才是稳定的。

局域非线性波的实验实现：现在讨论准二维 BEC 系统中上述非线性波精确解的实验实现问题。在未来的实验中，建议选取由 $10^3 \sim 10^5$ 个 ^{7}Li 原子形成的 BEC[94]。凝聚体被囚禁在扁平状的简谐势中，囚禁势的径向和轴向频率分别为 $\omega_\perp = 2\pi\times 10$ Hz 和 $\omega_z = 2\pi\times 500$ Hz[95]。为了能够观察到图 1－19 和图1－20 显示的密度分布，^{7}Li 原子的温度必须通过蒸发冷却达到 10～100 nK 范围。在这些条件满足并且稳定的 BEC 形成后，实验的关键步骤是要实现散射长度随空间变化的特定构型。在 Feshbach 共振点[81, 89, 97]附近，散射长度 a_s(B)随磁场 B 的变化为 $a_s(B) = a[1+\Delta/(B_0 - B)]$，其中，$a$ 是散射长度在远离共振点时的渐近值，B_0 是共振点的磁场值，Δ 是共振宽度。对于沿 z 方向，并在 x-y 方向有梯度 α 的磁场，有 $\boldsymbol{B} = [B_0 + \alpha B_1(x,y)]\boldsymbol{e}_z$。这种情况下，散射长度只依赖于 x 和 y。在实际的实验中，类似图 1－18 的相互作用可以通过与微加工铁磁结构耦合的原子芯片技术[98]来实现。

1.1.4.2 环状暗孤子的动力学演化与稳定性分析

目前稳定的暗孤子的研究主要集中在准一维情况，即在雪茄状凝聚体中（见文献[77, 99],综述见文献[22])。这主要是因为在二维及其更高维的系统中,由于动力学不稳定性[12],暗孤子的寿命都很短。如文献[100]指出二维的块状和线状暗孤子都是不稳定的,在很小的微扰下就会衰减为正负涡旋对。而且二维的暗孤子受到系统不均匀性的强烈影响而普遍存在扭曲不稳定性(见文献[101, 102]及其所引文献)。因此研究高维孤子的性质、提高孤子的寿命有着重要的理论和实验意义。

在BEC二维暗孤子的众多类型中,环状暗孤子长时间演化行为是最有可能在实验中观察到的。这是由于环状暗孤子本身的对称性使得它受系统非均匀性影响较小。同时,对线状暗孤子的研究表明:存在一个最大的微扰波数 $Q_{\max}$[103],如果线状暗孤子的长度 $L > 2\pi/Q_{\max}$ 时,暗孤子是不稳定的。因此,如果将 $L < 2\pi/Q_{\max}$ 的孤子弯成一个环,也就是形成环状暗孤子,那么孤子的稳定性就会大大提高。由于这些性质,二维BEC中暗孤子的研究吸引了众多研究者的兴趣[104, 105]。环形暗孤子的概念最早是由 Kivshar 和 Yang 在光学系统中提出的[106, 107],并于1995年首次在实验室实现[17]。G. Theoeharis 将环状暗孤子引入BEC系统[18],并且预测了振荡型和稳定型两类暗孤子的存在。随后的研究表明环状暗孤子之间是弹性碰撞,碰撞前后其形状不会被破坏[108]。最近,杨师杰等人还提出了实现环状暗孤子的实验方案[109]。不过,目前环状暗孤子的寿命和稳定性仍然是阻碍实验进展的主要障碍。因此,在本节中,我们将系统地分析环状暗孤子的稳定性,并根据 Feshbach 共振原理提出一个可以大大提高环状暗孤子寿命的技术方案。

浅环状暗孤子的精确解:囚禁在外势中的BEC的性质可以用一个宏观波函数 $\boldsymbol{\Psi}(\boldsymbol{r},t)$ 来描述,并且这个波函数满足GP方程[110],即:

$$\mathrm{i}\hbar\frac{\partial\boldsymbol{\Psi}(\boldsymbol{r},t)}{\partial t}=\left[-\frac{\hbar^2}{2m}\nabla^2+V(\boldsymbol{r},t)+g_0(t)\mid\boldsymbol{\Psi}(\boldsymbol{r},t)\mid^2\right]\boldsymbol{\Psi}(\boldsymbol{r},t) \tag{1-81}$$

其中波函数满足归一化条件:$N=\int\mathrm{d}\boldsymbol{r}\mid\boldsymbol{\Psi}\mid^2$,原子间相互作用强度由 $g_0(t)=4\pi\hbar^2a(t)/m$ 表示,$a(t)$ 是原子间s波散射长度,它的符号和大小可以通过 Feshbach 共振技术来调节。在本节的讨论中,假设囚禁势具有如下形式:$V(\boldsymbol{r},z)=m(\omega_r^2r^2+\omega_z^2z^2)/2$,这里 $r^2=x^2+y^2$,m 是原子的质量,$\omega_{r,z}$ 分别是囚禁势径向和轴向的束缚频率。进一步地,我们假设 $\Omega\equiv\omega_r/\omega_z\ll 1$。在这种情况下,原子在 z 轴方向的运动就被有效地冻结在轴向简谐势的基态[记为 $f(z)$],从而就可以将整个系统简化为准二维,大大降低了系统的自由度。接下来将波函数

分解为 $\Psi(\boldsymbol{r},t)=\psi(x,y,t)f(z)$，代入式(1-81)，得到二维 GP 方程：

$$\mathrm{i}\hbar\frac{\partial\psi}{\partial t}=-\frac{\hbar^2}{2m}\left(\frac{\partial^2}{\partial x^2}+\frac{\partial^2}{\partial y^2}\right)\psi+\frac{m}{2}\omega_r^2r^2\psi+g_0(t)\eta\mid\psi\mid^2\psi \tag{1-82}$$

其中：

$$\eta\equiv\frac{\int\mathrm{d}z\mid f(z)\mid^4}{\int\mathrm{d}z\mid f(z)\mid^2} \tag{1-83}$$

为了简化方程，分别为长度、时间和波函数引入如下的标度：

$$x=a_h\tilde{x},\ t=\frac{\tilde{t}}{\omega_z},\ \psi=\frac{\tilde{\psi}}{a_h\sqrt{4\pi a_0\eta}} \tag{1-84}$$

式中，$a_h=\sqrt{\hbar/m\omega_z}$，$a_0$ 是选取的一个常量，用来描述随时间变化的 s 波散射长度。这时，二维 GP 方程可以简写为

$$\mathrm{i}\frac{\partial\psi}{\partial t}=-\frac{1}{2}\nabla^2\psi+g(t)\mid\psi\mid^2\psi+\frac{1}{2}\Omega^2r^2\psi \tag{1-85}$$

其中，$\nabla^2=\partial^2/\partial x^2+\partial^2/\partial y^2=\partial^2/\partial r^2+1/r\times\partial/\partial r+\partial^2/\partial\theta^2$，$\Omega=\omega_r/\omega_z$，$g(t)=a(t)/a_0$。在这个方程中，为了简单起见，已经省略字母上的“～”标记。

式(1-85)就是本节中要解析和数值处理的基本方程。

由于要研究系统的环状暗孤子解，所以只讨论式(1-85)具有环形对称的解，即 $\psi(r,t)$。当原子间存在恒定的排斥相互作用(即 $g(t)=C$，这里 C 为非零正常数)时，解析求解方程(1-85)最大的困难来自方程的最后一项。如果没有这一项，即去掉囚禁势，令 $\Omega=0$，系统的性质由标准的非线性薛定谔方程描述：

$$\mathrm{i}\frac{\mathrm{d}Q(R,T)}{\mathrm{d}T}+\frac{1}{2}\left[\frac{\partial^2Q(R,T)}{\partial R^2}+\frac{1}{R}\frac{\partial Q(R,T)}{\partial R}\right]-C\mid Q(R,T)\mid^2Q(R,T)=0 \tag{1-86}$$

在小振幅近似的情况下，通过微扰方法[106]，式(1-86)可以变换为著名的 KdV(cKdV)方程。cKdV 方程是描述等离子体、晶体和流体系统中柱状和球状脉冲孤子(综述见文献[111])的基本方程，它的精确解已经被推导出来[112]。因此，可以容易地得到式(1-86)的精确解。

但是，到目前为止仍没有有效的解析方法可以一般地求解方程(1-85)，特

别是当方程最后一项随时间变化时。利用相似变换，可以将式(1-85)的一般形式变换为可解的式(1-86)形式，从而大大简化式(1-85)的求解难度。在这种方法中，利用了如下变换：

$$\psi(r,\ t)=Q(R(r,\ t),T(t))\mathrm{e}^{\mathrm{i}a(r,\ t)+c(t)} \tag{1-87}$$

其中 $R(r,\ t)$，$T(t)$，$a(r,\ t)$ 和 $c(t)$ 都是 $r,\ t$ 的实函数，满足

$$\begin{aligned} R(r,\ t) &= \alpha(t)r \\ T(t) &= \int\alpha^2(t')\mathrm{d}t'+C_0 \\ c(t) &= \frac{1}{2}\ln\frac{\alpha^2(t)}{C} \\ a(r,t) &= \frac{1}{2\alpha(t)}\frac{\mathrm{d}\alpha(t)}{\mathrm{d}t}r^2 \end{aligned} \tag{1-88}$$

这里 C_0 是积分常数。值得注意的是，这样的变换存在的条件是

$$\frac{1}{\alpha(t)}\frac{\mathrm{d}^2\alpha(t)}{\mathrm{d}t^2}-\frac{2}{\alpha(t)^2}\left[\frac{\mathrm{d}\alpha(t)}{\mathrm{d}t}\right]^2-\Omega^2=0 \tag{1-89}$$

只要满足这个条件，式(1-86)的所有解都可以改写变换为式(1-85)的解。通过这个变换，就在已经被深入研究过的光学环状暗孤子(均匀体系)和囚禁 BEC 体系的环状暗孤子之间架起了一道桥梁。很多现成的结论都可以直接移植到目前研究的系统中。

此外，这种变换方法可以用来求解更一般的方程形式：

$$\begin{aligned} &\mathrm{i}\frac{\mathrm{d}u(r,t)}{\mathrm{d}t}+D(t)\left[\frac{\partial^2u(r,t)}{\partial r^2}+\frac{1}{r}\frac{\partial u(r,t)}{\partial r}\right]+ \\ &g(t)\mid u(r,t)\mid^2u(r,t)+V(t)r^2u(r,t)=0 \end{aligned} \tag{1-90}$$

式中，$g(t)$ 正比于 $D(t)$。式(1-90)可以完全描述准二维环状对称的情况下，光学系统中的电场和原子 BEC 系统的宏观波函数的动力学演化和调制行为。

为了得到显式的可变换条件，将 $y(t)=\mathrm{d}\alpha/(\alpha\mathrm{d}t)$ 代入式(1-89)得到

$$\frac{\mathrm{d}y(t)}{\mathrm{d}t}=y^2+\Omega^2 \tag{1-91}$$

这是一个标准的 Riccati 方程。对于这个方程，不仅可以在 $\Omega=\text{constant}$ 的情况下解析求解，而且对于多种含时情况 $\Omega^2(t)$，都可以得到精确解，比如 $a+$

$b\sin(\lambda t)$,$a+b\cosh(t)$ 和 $a\mathrm{e}^{\lambda t}$ (其中,a,b 和 λ 是任意常数)。因此可以借此研究系统囚禁在随时间变化的外势中的演化行为。特殊地,当 Ω 独立于 t 时,方程(1-89)的解为

$$\alpha(t)=C_1\operatorname{sech}(\Omega t+C_2) \tag{1-92}$$

这里的 C_1 和 C_2 是积分常数。

现在已经得到式(1-86)的解,再结合式(1-92)的解,就可以得到囚禁在外势中的 BEC 系统的环状暗孤子解。这个解在暗孤子深度是无限小的情况下是严格精确的。但是当环状暗孤子的深度变大,在求解式(1-86)时所用的小振幅近似将不再适用。这种情况下,就不能得到有意义的解析结果,必须借助于数值模拟。下面我们将利用数值计算方法研究环状暗孤子的动力学和稳定性问题[19]。

环状暗孤子的稳定性分析:过去的研究表明从一个具有严格环状对称的初始态出发,环状暗孤子将在系统中做振荡运动,直到由于不稳定性的出现而被破坏:对于深度小的情况,暗孤子将不断向系统辐射能量而衰减;对于深度大的情况,由于横向微扰的存在,暗孤子将发生扭曲不稳定而破碎成为多个涡旋-反涡旋对。这些涡旋-反涡旋对将形成一个稳定的环状分布,被称为涡旋团簇[18]。但是环状暗孤子对于径向微扰的稳定性还没有被分析过;而且在实际的实验中,环状暗孤子的形状有小的变形是在所难免的。因此,我们将利用数值方法确定环状暗孤子在有形状变形时的稳定区域和失稳后的演化情况。

在光学系统中,均匀背景下变形的环状暗孤子也被称为椭圆暗孤子[113]。结果表明,在均匀背景情况下,即使有小的变形,环状暗孤子仍然可以存在很长时间,并且随着孤子半径的变大,形状的变形越来越小。然而,实际的 BEC 系统有很强的不均匀性。在这样的背景下,暗孤子将表现出完全不同的稳定性和演化行为。

用数值求解式(1-85)来研究环状暗孤子的稳定性。这里,选取参数:$g(t)=1$,$\Omega=0.028$ 及暗孤子的初始半径为 $R_0=28.9$。由于此处所选的孤子半径很大,因此对于初始波函数,一个合理的近似表达式可以写为

$$\psi(x,y,0)=(1-\Omega^2r^2/4)[\cos\phi(0)\tanh Z(r_1)+\mathrm{i}\sin\phi(0)] \tag{1-93}$$

式中,$r=\sqrt{x^2+y^2}$,$Z(r_1)=(r_1-R_0)\cos\phi(0)$,$r_1=\sqrt{(1-e_c^2)x^2+y^2}$。$e_c$ 是描写孤子变形程度的偏心率,$\cos\phi(0)$ 正比于孤子的深度。当 $e_c\neq 0$ 时,R_0 表示孤子椭圆构型的短半轴长。式(1-93)可以合理地作为数值计算的初始条件,这一

点在以前的研究中已经有详细的论证[18, 106]。

使用有限差分的交替方向隐式法[114, 115]和时间分裂的傅里叶谱方法[116]两种数值计算方法来演化二维含时 GP 方程(1 - 85)。将两种方法的结果做了相互验证,同时在 $e_c = 0$ 的情况下,计算结果同文献[18]吻合得非常好,从而证明了我们所用数值方法的正确性。

为了便于和已有实验结果[11, 12]进行对比,数值计算选取由 20 000 个 ^{87}Rb 原子($a_0 = 5.7$ nm)形成的 BEC 系统,凝聚体的半径为 30 μm,囚禁 BEC 的简谐势参数为 $\omega_r = 2\pi \times 18$ Hz 和 $\omega_z = 2\pi \times 628$ Hz。这种情况下,计算所选初始孤子半径 $R_0 = 12.38$ μm,无量纲化的时间单位为 0.25 ms。

计算结果表明:对于较小的形变,浅的环状暗孤子(是指 $\cos\phi(0) < 0.67$,这种情况下,没有形变的环状暗孤子不会有扭曲不稳定性现象)是稳定的。对于特定深度的暗孤子,存在一个最大的偏心率 e_{max},当 $e_c < e_{max}$ 时,孤子是稳定的,它会保持初始形状以一定的频率振荡,直到完全衰减。e_{max} 会随着孤子初始深度的增加而减小(见图 1 - 23)。这是因为 $2\pi/Q_{max}$ 会随着孤子深度的增加而减小[106],因此越浅的环状暗孤子越稳定。

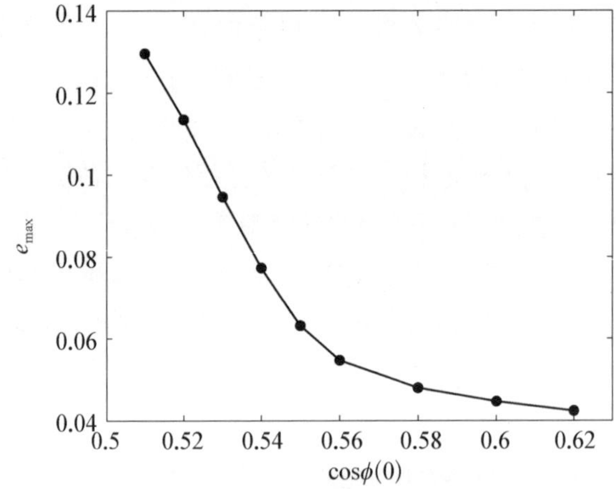

图 1 - 23 浅环状暗孤子的稳定区间

计算所用参数为孤子初始半径 $R_0 = 28.9$ 和囚禁势频率 $\Omega = 0.028$。图中实线表示稳定性阈值:在实线以下,发生形变的孤子是稳定的,一旦超过实线,孤子将发生扭曲不稳定。从图中可以明显看到,最大偏心率 e_{max} 随着孤子深度 $\cos\phi(0)$ 的增加而减小。

当偏心率 e_c 超过最大偏心率 e_{max} 时,孤子将因为扭曲不稳定而分裂为两对涡旋-反涡旋对,而不是以前研究所报道的 4 的倍数对,而且涡旋对的演化将展现出全新的特点。

环状暗孤子的动力学演化：为了展示一般的物理图像，这里考虑一种典型的情况，即取环状暗孤子深度为 $\cos\phi(0)=0.6$，偏心率为 $e_c=0.4$，初始态见式(1-93)及图 1-24(a)。此时孤子保持一种复杂的、周期性运动模式：孤子首先收缩，当孤子短轴达到最小半径的时候，开始扭曲失稳，在水平方向形成两个块状孤子；它们沿相反的方向运动，在此过程中分裂为两对正负涡旋[见图 1-24(b)]。这四个涡旋分布在一个圆环上。正负涡旋随着圆环做振荡运动的同时，它们也在圆环上运动[见图 1-24(c)(d)]。这种复合运动的结果是正负涡旋在垂直方向成对地碰撞，融合成两个块状孤子[见图 1-25(a)]。这一过程可以从系统的相位图上得到证实。这两个块状孤子同时沿垂直方向向凝聚体中心运动。当他们达到最小距离的时候，环状暗孤子重新出现[见图 1-25(b)]。经

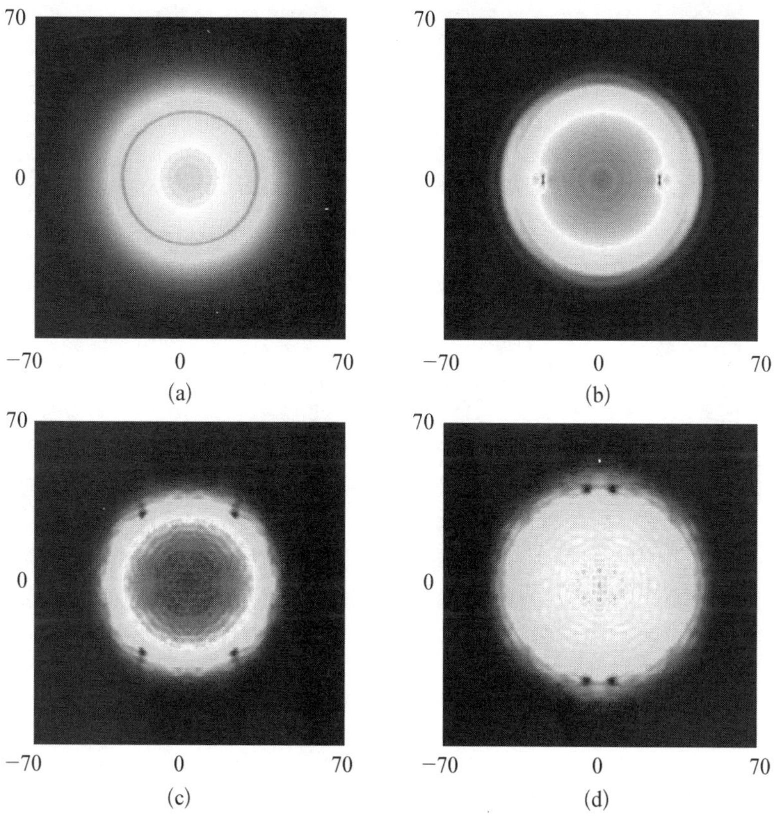

图 1-24　环状暗孤子的动力学演化

图中所选参数分别为：孤子初始深度 $\cos\phi(0)=0.6$，初始半径 $R_0=28.9$，偏心率 $e_c=0.4$，相互作用强度 $g(t)=1$ 和囚禁势频率 $\Omega=0.028$。(a) 孤子的初始形状，图中浅颜色的椭圆为环状暗孤子；(b)～(d)分别对应 $t=80$，400，540 时刻的系统构型。环状暗孤子首先分裂为两个块状孤子，然后转变为两个正负涡旋对。

过一个很短的时间,系统又恢复成两个块状暗孤子的状态。这两个块状孤子彼此远离[见图1-25(c)],并在此过程中再次分裂成两对正负涡旋对,但是这次涡旋对的构型不同于上次出现的构型:涡旋(反涡旋)被反涡旋(涡旋)代替,就好像涡旋与反涡旋紧接着涡旋对融合之前的运动直接穿过彼此一样。接下来涡旋对继续运动[见图 1-25(d)],在水平方向碰撞、融合。这样的演化过程不断重复。

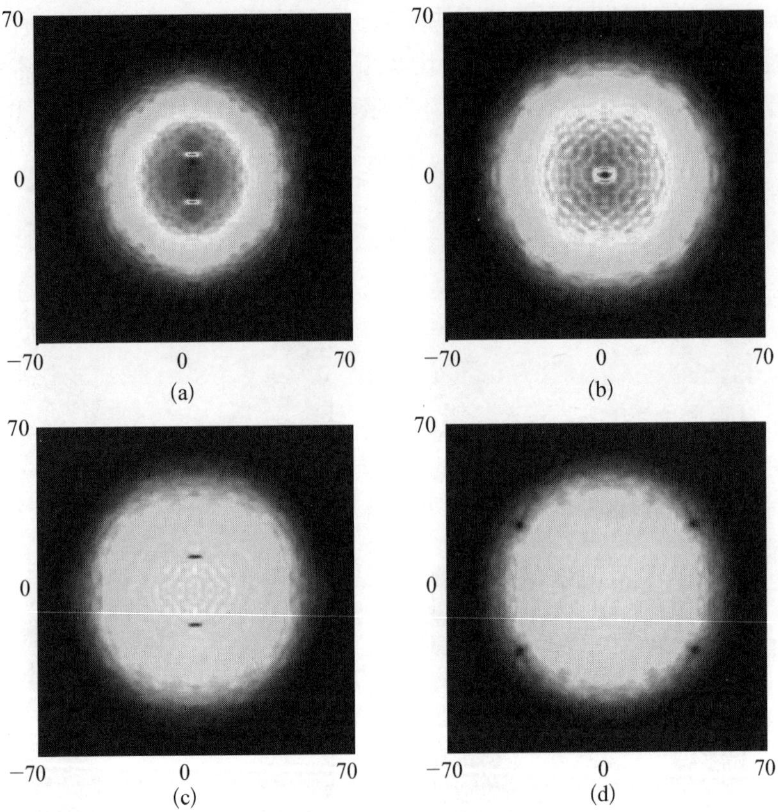

图 1-25 正负涡旋对的演化

紧接图 1-24 的演化,(a) $t=640$; (b) $t=660$; (c) $t=680$; (d) $t=1\,000$。图中,涡旋对碰撞融合为两个块状孤子,然后块状孤子继续运动,形成一个环状暗孤子,一段时间后系统又恢复为块状孤子状态;最后块状孤子分裂成涡旋对。

涡旋对的这种演化行为中的一部分过程类似于文献[100]中报道的块状孤子的行为,但环状暗孤子与涡旋对的这种周期性演化行为是首次被发现。我们注意到在整个运动过程中,正负涡旋所有的碰撞都是对心碰撞,这为研究涡旋碰撞提供了有利的工具。

环状暗孤子的 Feshbach 控制：由于扭曲不稳定性，深的环状暗孤子（指 $\cos\phi(0) > 0.67$）只能存在极短的时间（寿命一般不超过 10 ms），很快就会转变成其他类型的孤子。这样的时间尺度对于在实验中研究像振荡或者碰撞等复杂的孤子行为是远远不够的。结果表明，利用 Feshbach 调制技术，环状暗孤子的寿命可以被大大延长，这使实验上研究二维孤子的长时间行为成为可能。

Feshbach 共振[81]提供了一个有效操控原子间相互作用的机理。利用 Feshbach 共振，许多重要的实验得以完成，其中就包括亮孤子的形成实验[82]。Feshbach 调制技术[117]就是利用 Feshbach 共振原理来周期地改变原子间散射长度的大小和符号。这一技术吸引了来自理论[118]和实验上的广泛兴趣，已经被用来控制和稳定亮孤子[13, 48]。然而这一技术对于暗孤子的调制作用还没有完全清楚[119]。本节以环状暗孤子为例，研究 Feshbach 调制对暗孤子动力学和稳定性的影响。

为了研究 Feshbach 调制对暗孤子的影响，数值求解偏心率为 $e_c = 0$，并且相互作用随时间演化 $(g(t))$ 的式(1-85)。计算所用的其他参数同上节。分别研究了 $g(t) - a e^{\pm\omega t}$ 和 $g(t) - a \pm \sin(\omega t)$（其中 a 和 ω 是任意常数）两种情况，结果显示 Feshbach 调制可以显著地改变深环状暗孤子的演化和稳定性。这可以从正负涡旋对的数目变化上明显看出，两个典型的例子如图 1-26 所示。图中，在不同调制控制下深度为 $\cos\phi(0) = 1$ 的暗孤子分别分裂为 20 对（左）和 4 对（右）正负涡旋。这些现象与没有经过调制的孤子行为非常不同，没有经过调制的孤子具有恒定相互作用，并会分裂为 16 对正负涡旋。更为重要的是，在调制控制下孤子的寿命可以得到大幅度的延长，尤其是在形式为 $g(t) = 1 - \sin(\Omega t)$ 调制作用下，见表 1-2。例如，对于深度为 $\cos\phi(0) = 0.76$ 的孤子，寿命可以从10 ms延长至 45 ms。在这样长的时间范围内，我们就可以观察到暗孤子完整的振荡运动。如果我们不使用 Feshbach 调制技术，而仅仅将恒定的相互作用减小，那么孤子寿命变化不大。比如在 $g(t) = 0.2$ 情况下，孤子寿命仅为 15 ms。这充分证明我们观察到的孤子寿命延长的现象主要归功于 Feshbach 调制。

下面研究 Feshbach 调制可以延长孤子寿命的物理机理。从式(1-92)知道 Ω 是系统的一个本征频率。表 1-2 数据表明暗孤子寿命增加是一个与该系统频率有关的共振现象。当调制频率进入 Ω 的共振区时，一方面，环状暗孤子与背景凝聚态开始同步运动，使得暗孤子所处环境的非均匀性降低；另一方面，原先深暗孤子的深度有效地被减小（见图 1-27），从而延缓了孤子发生扭曲失稳。在这两个因素的共同作用下，孤子的寿命就得到了大幅度的延长。

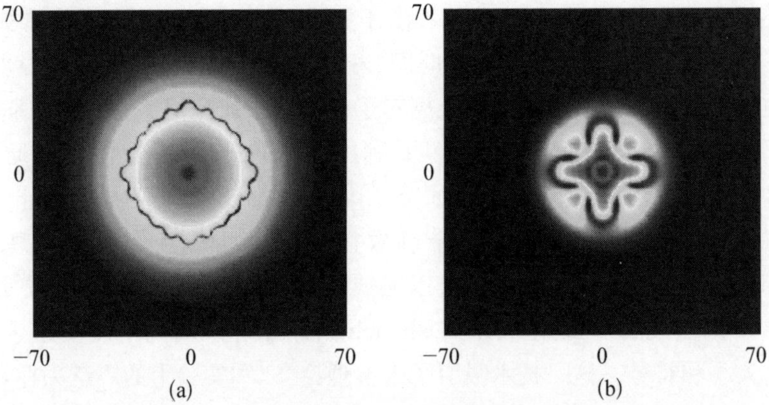

图 1-26　Feshbach 调制下环状暗孤子的形态

各图的参数分别为：(a) $e_c=0, \cos\phi(0)=1, g(t)=2-\sin(2\Omega t), t=60(\approx 15\,\mathrm{ms})$；(b) $e_c=0, \cos\phi(0)=1, g(t)=\mathrm{e}^{-\Omega t}, t=100(\approx 25\,\mathrm{ms})$。左图中暗孤子将分裂为 20 对正负涡旋，而在右图中仅分裂为 4 对。两图中系统总的原子数是相同的。为了显示得清晰，两图使用了不同的颜色标度。

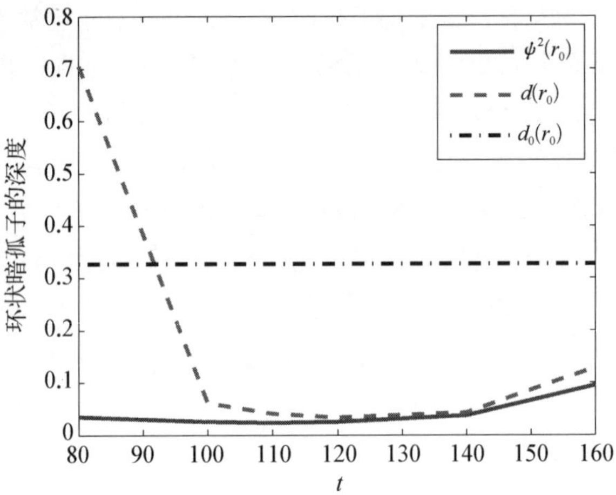

图 1-27　环状暗孤子的深度随时间的变化

使用参数为：$e_c=0, \cos\phi(0)=0.76, g(t)=1-\sin(\Omega t)$。$d_0(r_0)$（点画线）代表孤子的初始深度，$d(r_0)$（虚线）代表孤子的深度，其中 r_0 为孤子的中心位置。由于 Feshbach 调制作用，孤子的深度在很长一段时间内远小于初始深度。$\psi^2(r_0)$（实线）代表孤子中心处的凝聚体密度。由图中可以很容易看出，孤子中心处的密度变化很小，这表明孤子感受到一个非常均匀的局域环境。

表 1-2 中孤子受到形式为 $g(t)=1-\sin(\omega t)$ 的调制，选取参数 $e_c=0$ 和 $\cos\phi(0)=0.76$。表中所示寿命是从初始时刻到扭曲失稳发生时刻的时间间隔。

表 1-2 Feshbach 调制下环状暗孤子的寿命变化

调制频率：ω(以 Ω 作为无量纲单元)	孤子寿命/ms
<0.5	<15
0.6	17
0.8	43
1.0	45
1.5	16
>1.7	<15

进一步的计算表明，不仅是对深的环状暗孤子，Feshbach 调制对于有形变的浅暗孤子也有明显的控制作用。例如，在形如 $g(t)=1-\sin(\Omega t)$ 的调制下，$\cos\phi(0)=0.6$，$e_c=0.4$ 的暗孤子的寿命可以达到 50 ms，远大于之前的 10 ms。这样，在大的形变下，暗孤子也可以存在足够长的时间，为实验观察提供了便利条件。

1.1.5 小结

在本节中，分别研究了零温平均场近似下一维和二维简谐势中单分量和两分量玻色-爱因斯坦凝聚体的动力学，主要聚焦于非线性的物质波孤子。对于一维简谐势，找到了一般情况下的可积条件，此条件可用于同步控制 Feshbach 共振技术和谐振势来精确操控 BEC 中的孤子动力学及孤子间的相互作用。针对有损耗和增益的情况，我们解析得到了此类系统的建立在平面波背景下的孤子解。所有的这些解析技巧可以直接推广到多组分或多分量 BEC。针对两分量不可积模型，我们数值求解了各种不同类型的孤子对，包括亮-亮、暗-亮、暗-暗孤子对，并对其稳定性和相互转化过程作了详细讨论。对于准二维的凝聚体，同样得到了特殊条件下的可积条件，此可积条件可用于精确求得二维系统的环状暗孤子解。对于不可积模型，数值模拟了环状暗孤子的非线性动力学，并提出了在实验上提高此类孤子寿命的具体方案。最后，对于具有空间变化散射长度的二维凝聚体，分析了该系统的非线性物质波解与波包量子化。值得一提的是，我们所发现的这些新奇的非线性现象都可以在现有的实验条件下得以实现。

1.2 光晶格中的冷原子

1.2.1 量子相变

凝聚态物理中的一个核心问题就是研究处在不同条件下的系统的量子相变。量子相变是指当体系的某一个参量，比如温度和相互作用，发生连续变化时，系统的结构与物理性质也相应地发生改变的一种现象。在相变理论中，对称性破缺与序参量是两个普遍而重要的概念。体系的对称性主要指在一些操作下，某些物理量并不随着这些操作所改变的参数而改变的现象。这些操作可以形成一个封闭的集合，这样的集合被称为对称群。对液体来说，物理性质并不随着转动与移动操作的进行而改变，可以说，液体具有转动和平移对称性。对于一个体系而言，由于一些外部条件的变化，如温度的降低或升高，将导致系统的一种或多种对称性元素消失。这种现象我们称之为对称性破缺。一般而言，对称性破缺的出现就伴随着量子相变的发生。多体间的不同种类相互作用或关联就是通过对称性破缺来产生各种有序相。对称性破缺可以被分为两类：一类是系统的哈密顿量保持不变的自发对称性破缺，而另外一种就是系统受到了外部扰动，从而使得哈密顿量发生改变产生的对称性破缺。基于量子相变的对称性破缺理论，可以认为相变的特征是当系统的宏观变量发生变化时，系统丧失或者得到某种对称性。这样可以给出序参量的定义：当系统从一个高对称性的无序相转变为一个低对称性的有序相时，系统中的某一个物理量将从一个高对称性中的零值变为低对称性中的非零值，这样的一个物理量称为序参量。基于序参量随着宏观变量的变化而产生的变化是连续的还是非连续的，我们可以把相变分为两类：一类可以被称为一级相变，在一级相变中，系统的序参量将随着宏观变量的改变而出现不连续的跃变；另外一类可以被称为二级相变，在二级相变中，系统的序参量将随着宏观变量的改变而出现连续的变化。而在某些情况下，宏观变量的变化将把相变的级数从二级变到一级，而如果能将宏观变量做任意小的改变，则相变又将从一级相变到达二级相变，这样，所通过的两类相变之间的阈值点就被叫作三临界点[120-123]。

在凝聚态物理中，量子相变问题始终是一个十分重要的问题，下面将分别介绍几种相变理论：Mott 金属-绝缘体相变，磁性相变，自旋冰与自旋液体以及量子 Hall 效应。

1.2.1.1 Mott 金属-绝缘体相变

在介绍 Mott 金属-绝缘体相变之前，必须先介绍固体能带理论。能带理论是一种单电子的近似理论，其出发点是固体中的电子不再束缚于某个原子，而是在整个固体中运动，称为共有化电子。对于具有周期性结构的理想晶体，电子可以看成在由理想晶体形成的等效势场中运动。再结合紧束缚近似可以得到晶体的能带结构。根据能带理论，可以将晶体划分为绝缘体、半导体与金属。如图 1 - 28(a)所示，对于绝缘体或半导体而言，被电子填满的最高的低能带称为价带（valence band），而再高的带都是空带，其中最低的空带叫作导带(conduction band)。导带与价带之间存在带隙(band gap)。对半导体来说，带隙较小，而绝缘体的带隙则较大。如图 1 - 28(b)所示，对金属而言，除去完全被电子占据的能带外，还有被部分占据的能带，这部分能带被称为导带。其中最高的被占据能级称为费米能级(Fermi level)[120, 124]。

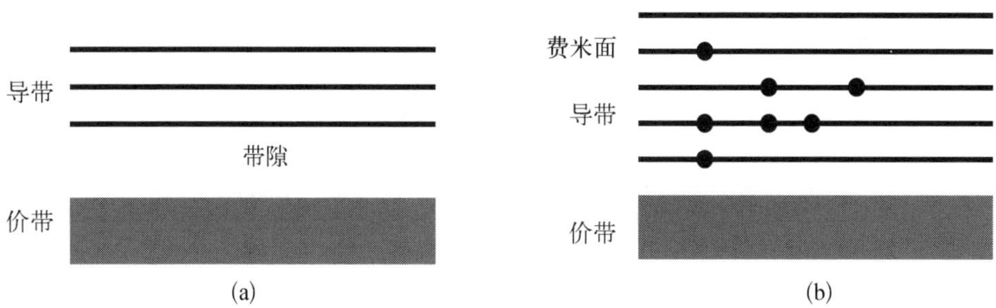

图 1 - 28 绝缘体或者半导体的能带示意图和金属的能带示意图

能带论在解释金属与绝缘体的性质的时候获得了巨大的成功，然而，在 1937 年，对于金属单氧化物 CoO，MnO 等却给出了错误的基态。根据能带论的预测，CoO 等应该是金属态，但是实际的实验却表明 CoO 等材料是绝缘体。Mott 等人的研究表明，由于能带论忽略了电子间的关联，所以并不适合来处理强关联电子系统。于是，这类金属氧化物被称为 Mott 绝缘体。在 Mott 绝缘体中，假设同一个格座上的同一轨道的电子双占据时，相对单占据时增加的能量为 U，一般情况下，U 就是电子-电子间的库仑排斥力。如果计入电子间的关联，则系统的单能带将分裂为两个子带，如图 1 - 29 所示，这种由于电子间的关联分裂的能带被称为上下 Hubbard 带，分别

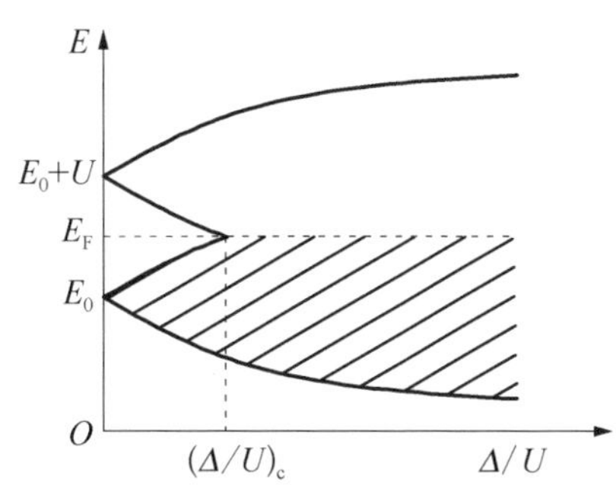

图 1 - 29 Mott 金属绝缘体相变示意图

是 E_0 与 E_0+U。而 Δ 表示能带宽度。当 $\Delta \gg U$ 时，上下 Hubbard 带将发生重叠，实际上形成一个半满的能带，这时系统将表现为金属性。而当 $\Delta \ll U$ 时，由于上下 Hubbard 带之间存在有能隙，所以系统表现为绝缘体相。$(\Delta/U)_c$ 就是 Mott 金属-绝缘体相变点的位置[120, 124, 125]。Mott 金属-绝缘体相变可以用 Hubbard 模型来进行描述，而且已经广泛应用于研究强关联电子体系中的相变问题，比如用于建立铜氧化物的高温超导理论。

1.2.1.2 磁性相变

物质的磁性主要与电子尤其是电子的自旋有关系，一般涉及固体中的磁偶极子或者磁矩的方向。物质的磁性包括磁无序的顺磁态、磁有序的铁磁态、反铁磁态、亚铁磁态等。磁有序的出现主要是由于磁性原子(或离子)之间的强相互作用破坏了时间反演对称性或者自旋旋转对称性，使它们的磁矩自发地排列起来，从而形成铁磁、反铁磁、亚铁磁等结构[120, 124, 125]。下面将分别介绍这几种态。

(1) 顺磁态：如图 1-30(a)所示，在顺磁材料之中，比如 Na，Al 等，磁矩的排布是无规律的。只有在外场诱导下，所有的磁矩才可能倾向于朝一个方向排

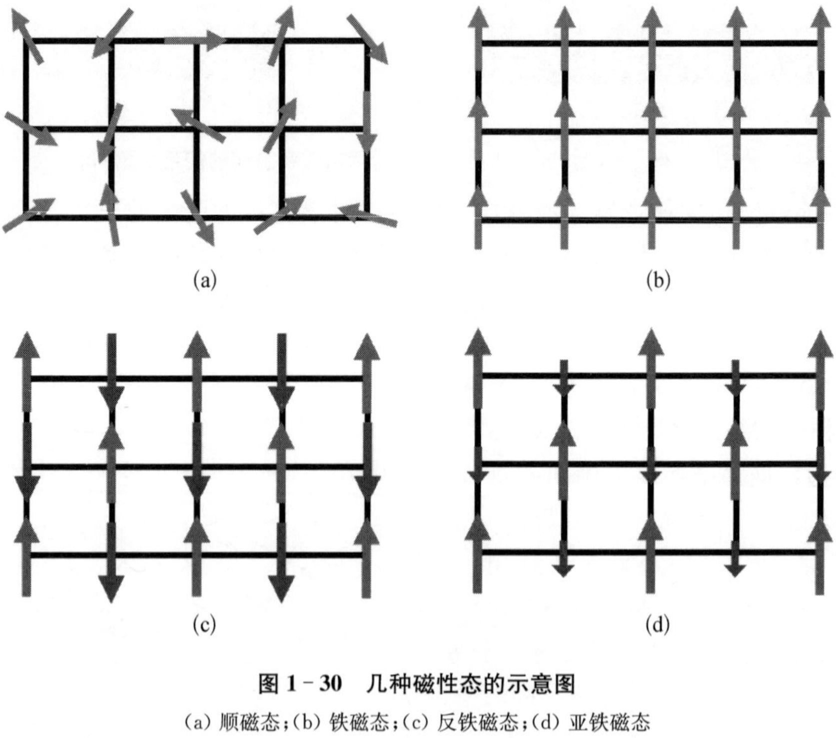

(a) (b) (c) (d)

图 1-30 几种磁性态的示意图

(a) 顺磁态；(b) 铁磁态；(c) 反铁磁态；(d) 亚铁磁态

布,这将导致一个很小的与磁场成线性关系的磁化强度。而一旦外场消失,系统的磁化也将消失。顺磁材料的磁化率与温度的关系可以写为:$\chi \propto T^{-1}$。

(2) 铁磁态:有一些材料比如:Fe,Co,Ni,当这些材料在转变温度 T_c 以下时,自旋磁矩有自发平行取向的趋势,如图 1-30(b)所示。在 T_c 以上时,自旋磁矩是无规排列的,表现为顺磁态。铁磁材料的磁化率与温度的关系满足 Curie-Weiss 规律 $\chi \propto (T - T_c)^{-1}$。

(3) 反铁磁态:对于一些典型的反铁磁材料,比如 Mn,CrO 等,当这些材料在转变温度 T_c 以下时,自旋磁矩将是反平行排列的,如图 1-30(c)所示。在当温度高于 T_c 时,系统将表现出顺磁态。铁磁材料的磁化率与温度的关系满足 $\chi \propto (T + \Theta)^{-1}$。

(4) 亚铁磁态:对于亚铁磁材料,比如 Fe_3O_4,当在转变温度 T_c 以下时,自旋磁矩将出现反平行排布。可以将反平行排布的自旋磁矩划分为两种子格。且两种子格格座上的自旋磁矩大小不等,如图 1-30(d)所示。这样,对系统整体而言将出现净磁化强度。在存在有净磁化强度上与铁磁体类似,但铁磁体大多是金属,而亚铁磁体大多是绝缘体。而在 T_c 以上时,系统的自旋磁矩成无规取向。但是,在 T_c 以上时,亚铁磁体的磁化率与温度的关系并不满足 Curie-Weiss 规律。只有当温度 $T > 2T_c$ 时,$\chi^{-1}(T)$ 才逐渐趋向于线性变化。

1.2.1.3 自旋冰与自旋液体

在介绍自旋冰之前,先来看一下普通的冰。如图 1-31(a)所示,对于由水凝结而成的冰来说,将满足 Pauling 提出的所谓“冰律”(ice rules):即对于每一对氧离子之间必须存在有一个质子(在这里就是氢离子),而且这个质子必须局域在靠近或者远离氧离子格座的位置上。而每个氧离子都存在有四个最近的质子,那么“冰律”就要求对于某个特定的氧离子来说,必须有两个质子距离较近,而另外两个质子距离较远。这就形成了一个所谓“两入两出”结构(two-in, two-out configuration)。对于磁性材料来说,在一定条件下,自旋磁矩有可能有某种特殊的排布。将自旋磁矩具有类似“冰律”要求的“两入两出”结构的磁性材料称为自旋冰,比如 $Dy_2Ti_2O_7$。如图 1-31(b)所示,对于具有烧绿石晶格(pyrochlore lattice)结构的晶体,其中每个四面体的角都与旁边的四面体共有一个稀土离子。该稀土离子的自旋被晶格场相互作用所限制,如果其自旋出现如下排布:两个自旋朝向四面体内部,另外两个自旋朝向四面体外部。这种自旋排布类似于冰,我们将这种态称为自旋冰,相应的材料称为自旋冰材料。目前发现的自旋冰材料主要有 $Ho_2Ti_2O_7$,$Dy_2Ti_2O_7$,$Yb_2Ti_2O_7$ 等。对于在自旋冰中可能出现的磁单极子,使得对自旋冰的研究一直是凝聚态物理领域中的一个热点[126-137]。

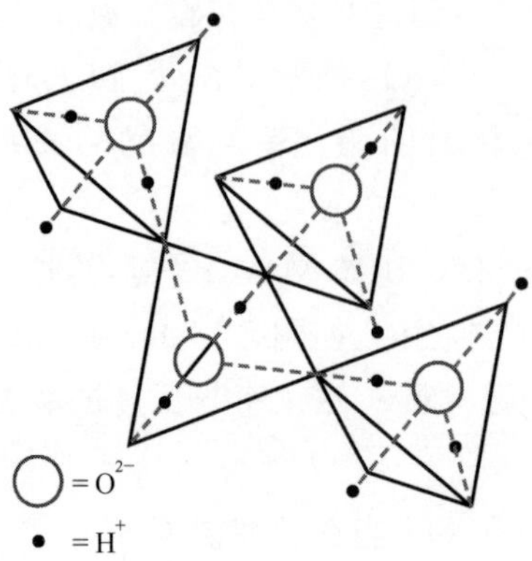

(a)

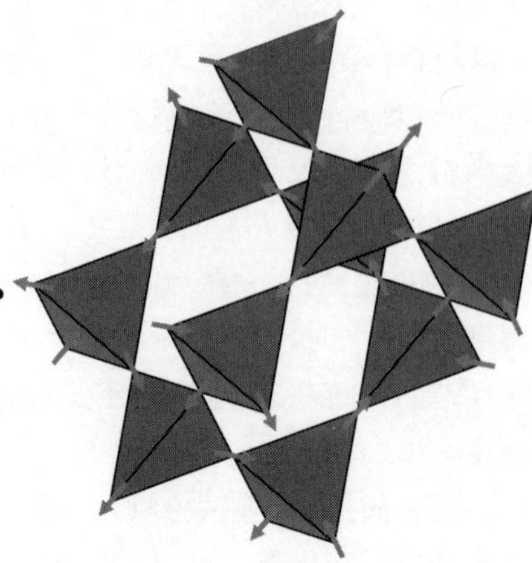

(b)

图 1-31　由水凝结成的冰示意图和自旋冰示意图

空心圆表示氧离子,实心圆表示氢离子,虚线表示氢氧键。箭头表示自旋磁矩。

对于自旋冰来说,随着能量的降低,自旋涨落本身也将变弱,最终将陷入平衡并被冻结。这是由不同满足“冰律”的结构间的较大能量壁垒导致的:系统从一种满足“冰律”的结构变到另外一种结构需要翻转六个自旋,对一个拥有许多自旋离子的系统来说,这意味着从一种结构变到另外一种结构需要消耗巨大的能量。所以在自旋冰之中,自旋涨落实际被冻结。与自旋冰不同,对一个具有自旋 $S=1/2$ 以及近似的海森伯对称性的系统来说,量子效应将变得更强。在这样的系统中并不存在明显的能量边界。这就意味着系统可以自由地从一种结构变为另外一种结构,这种状态称为自旋液体。自旋液体实际是一种没有磁性的量子态,但是在系统内部却存在着局域磁矩。这样一种无磁性的状态可以由共价键自旋单态来构成。共价键自旋单态是由具有反铁磁相互作用的两种相反的自旋形成的总自旋为 0 的自旋单态。如图 1-32 中的虚线所示。如果系统中所有的自旋都是这种共价键自旋单态的一部分,那么体系在整体上将是无磁性的。共价键自旋单态是一种量子态,组成共价键自旋单态的两个自旋相互间是高度纠缠的。自旋液体一般可以分为临界自旋液体和拓扑自旋液体两种。临界自旋液体是一种稳定的无能隙的自旋液体。其自旋关联函数随距离成代数衰减,因此也被称为代数自旋液体。而拓扑自旋液体主要是由共价键自旋单态的不同排布构成。最有名的拓扑自旋液体就是共振共价键态(resonating valence-bond state,RVB 态)。如果系统中的共价键自旋单态呈现出某种特定的分布,如

图 1－32(a)所示，那么这种状态可以被称为共价键固体态(valence-bond solid，VBS)。但是这种 VBS 态实际上并不是一种真实的自旋液体态，因为它破坏了晶格原有的对称性并且缺乏长程关联。而 RVB 态则是由不同类型的共价键自旋单态的排布叠加而成的。在 RVB 态中，系统并不倾向于哪一种特殊的共价键自旋单态排布，这种态也可以看成是一种共价键“液体”而非固体。根据系统中是否存在有长程关联，RVB 态还可以划分为短程 RVB 态和长程 RVB 态两种。图 1－32(b)给出了短程 RVB 态其中一种可能的共价键自旋单态排布，不同的自旋只跟距离自己最近的自旋纠缠在一起。在大部分短程 RVB 态中，系统一般是存在有能隙的，这意味着破坏一个共价键自旋单态需要消耗能量。这种现象在对六角格子中的 Hubbard 模型的研究中已经发现[138]。而长程 RVB 态中则可能存在有长程的自旋关联，即一个自旋有可能跟距离自己很远的自旋纠缠在一起。对于长程 RVB 态来说，破坏一个长程的共价键自旋单态并不需要很大的能量，所以长程 RVB 态也有可能是无能隙的。自旋液体态已经在多种实验材料中找到，比如 $ZnCu_3(OH)_6Cl_2$ 等[138-146]。

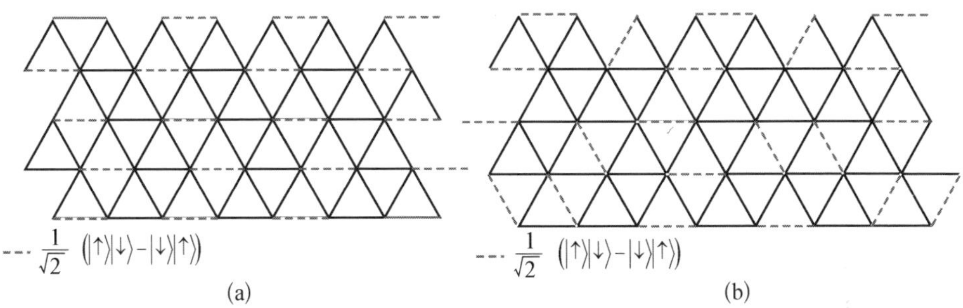

图 1－32　共价键固体(VBS)态示意图和短程共振共价键(RVB)态示意图

1.2.1.4　量子 Hall 效应与量子自旋 Hall 效应

经典的 Hall 效应是由磁场中运动的电子所感受到的洛伦兹力引起的，该现象最早在 1879 年由 Hall 观测到。Edwin Hall 设计了这样一个实验，在一个金属平板中加以纵向电流，并在垂直面上外加磁场。这样就可以在金属平板的横向上观测到电压。这种现象就被称为 Hall 效应。量子 Hall 效应最早在 1987 年由 Klitzing 等人观察到。他们发现，在放置于强磁场下的二维材料中，材料内的电子被局域在了分立的 Landau 能级上。在满带与空带间将有带隙存在，在这种情况下，该材料应该表现出绝缘性。然而与普通的绝缘体不同的是，材料的边界仍然可以导电。边界上的电子将形成回旋型的轨道并沿一个方向传播，也就是形成所谓的 Hall 电流，如图 1－33(a1)所示。在这种情况下，没有反射态

(与 Hall 电流传播方向相反的态)出现。可以将其称为边缘态或者手征边缘态(chiral edge states)。图 1-33(a2)显示的是具有边缘态的量子 Hall 效应的色散关系示意图。在导带与价带之间存在能隙,连接着导带与价带的边缘态则对应于沿边界回旋传播的电子。量子自旋 Hall 效应的概念最早是由 Kane 和 Mele 在研究石墨中的自旋 Hall 效应的时候发现的。与量子 Hall 效应类似,量子自旋 Hall 效应也是在绝缘体材料的边界上发现有传导电流。但在量子自旋 Hall 效应中出现的边缘态被称为"螺旋形"边缘态("helical"edge state)。这种边缘态存在有所谓的"自旋筛选"行为:即上自旋沿着一个方向传播,而下自旋则沿着另外一个方向传播,如图 1-33(b1)所示。时间反演对称性在量子自旋 Hall 效应中起着十分重要的作用。可以证明,这种"螺旋形"边缘态是受时间反演对称性保护的:也就是说,只要体系具有时间反演对称性,那么同一个边界上的互为时间反演共轭的两个边缘态在保持时间反演对称的杂质散射下将总是稳定的,并不会打开能隙。图 1-33(b2)显示的是上下自旋沿不同方向传播的边缘态的色散关系示意图。虚线表示上自旋形成的边缘态,点画线表示下自旋形成的边缘态。量子自旋 Hall 绝缘体有时又被称作拓扑绝缘体,对拓扑绝缘体的研究是现在凝聚态物理领域中十分热门的一个领域[147-160]。

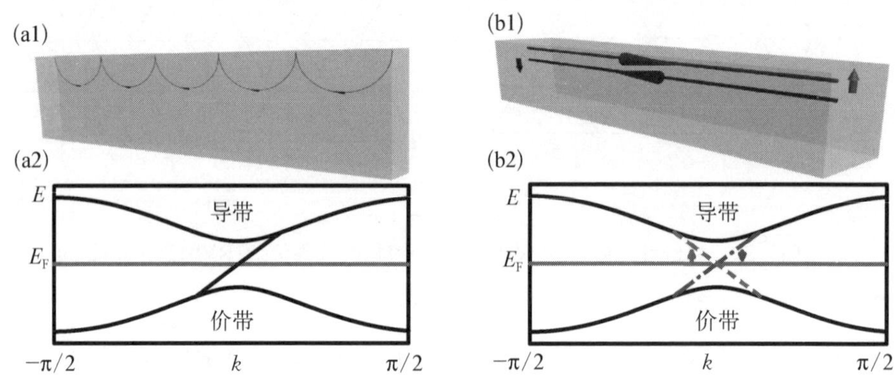

图 1-33 (a1) Hall 电流示意图;(a2) 具有边缘态的量子 Hall 效应的色散关系示意图;(b1) 量子自旋 Hall 效应的边缘态示意图;(b2) 上下自旋沿不同方向传播的边缘态的色散关系示意图

1.2.2 光晶格

如何能在实验中模拟一个可控的强关联体系,本身对物理学来说就已经是一个十分重要而复杂的问题。对于一个实际材料而言,实验参数并不能直接调控,只能通过加压或者掺入杂质的方式来间接进行。并且对于一个实际材料而言，材料中复杂的能带、杂质，甚至是一些长程的库仑相互作用，都会对实验结果产生较大的影响，甚至可能在极大程度上干扰甚至掩盖想要观测的物理性质。作为一个干净没有杂质的实验平台，光晶格技术无疑是可以用来模拟强关联系统的最便利的工具之一，比如用来很好地模拟 Hubbard 模型。通过有限数目的激光，就可以得到具有不同几何结构的格点系统。除此之外，通过调节激光强度，还能方便地改变原子间的跃迁能，从而间接改变原子间的相互作用。除此之外，还可以利用 Feshbach 共振来直接改变原子间的相互作用。光晶格中的原子的自旋是所谓的赝自旋，也就是说，在这个体系中，实际上是利用原子的子能级来代表不同的自旋。这种性质使得光晶格十分适合用于研究高自旋体系的性质。而最新发展起来的人工规范场技术，使得光晶格系统可以用来模拟具有自旋轨道耦合体系的性质，这使得光晶格在强关联物理领域中的应用达到了一个新的高度。除此之外，在自旋极化的冷原子系统中寻找 FFLO 相(fulde-ferrell-larkin-ovchinnikov phase)也成为近期研究的一大热点。所以，在近十年来发展起来的光晶格技术可以十分便利地用于模拟各种不同的强关联系统[161-176]。

1.2.2.1 光晶格的理论模型

下面简单介绍光晶格的理论模型。在光晶格技术中，原子的自旋一般是赝自旋，即使用被囚禁的冷原子的精细结构(hyperfine structure)中的不同子能级来模拟不同的自旋。比如，我们可以利用^{40}K 原子的两个子能级$|-9/2\rangle$和$|-5/2\rangle$来模拟上下自旋。光晶格的这种赝自旋特性使得该技术可以很方便地用于模拟自旋轨道耦合，比如最近发展起来的人工规范场技术。

我们考虑一个在光晶格中移动的具有相互作用的玻色原子气体。可以从一个完整的包含有两粒子相互作用完全的多粒子哈密顿量出发，该哈密顿量可以写为

$$H=\int \mathrm{d}^3x\hat{\psi}^+(x)\left(\frac{p^2}{2m}+V_0(x)+V_T(x)\right)\hat{\psi}(x)+\frac{g}{2}\int \mathrm{d}x\hat{\psi}+(x)\hat{\psi}+(x)\hat{\psi}(x)\hat{\psi}(x) \tag{1-94}$$

式中，$\hat{\psi}$ 表示具有给定原子内态的玻色子场算符，V_0 表示光晶格的格点深度，其大小可以通过改变形成光晶格的激光强度来调节，V_T 表示可能存在的外加的限制场，比如磁势阱等，g 表示两个原子间的相互作用，如果原子间只存在有 s 波散射，那么有 $g=\dfrac{4\pi a_s}{m}$(a_s 是 s 波散射长度)。下面假设所有的粒子都处在光晶

格的最低一条能带上，并用 Wannier 函数将玻色场算符 $\hat{\psi}$ 展开为：$\hat{\psi}(x)=\sum_i -\hat{b}_i w^{(0)}(x-x_i)$，其中 $\hat{b}_i$ 是原子在格座 x_i 上的分布算符。我们可以把式(1-94)约化为

$$H=-\sum_{i,j}J_{ij}\hat{b}_i^{+}\hat{b}_j+\frac{1}{2}\sum_{i,j,k,l}U_{ijkl}\hat{b}_i^{+}\hat{b}_j^{+}\hat{b}_k\hat{b}_l \tag{1-95}$$

$$J_{ij}=-\int \mathrm{d}x w_0(x-x_i)\left(\frac{p^2}{2m}+V_0(x)+V_T(x)\right)w_0(x-x_j)$$

$$U_{ijkl}=g\int \mathrm{d}x w_0(x-x_i)w_0(x-x_j)w_0(x-x_k)w_0(x-x_l)$$

式中，J_{ij} 对应于相邻格座间的原子的跃迁能，而 U_{ijkl} 则表示不同格座间原子的相互作用。如果只考虑原子的在位能，即取 $U_{0000}=U$，并假设整个系统的最近邻跃迁都是一样的，取 $J_{ij}=J$，将式(1-95)约化后，可以得到在各向同性的光晶格中的标准 Bose-Hubbard 模型的哈密顿量：

$$H=-J\sum_{\langle i,j\rangle}\hat{b}_i^{+}\hat{b}_j+\frac{U}{2}\sum_j\hat{b}_j^{+}\hat{b}_j^{+}\hat{b}_j\hat{b}_j+\sum_j\hat{\varepsilon}_j\hat{b}_j^{+}\hat{b}_j \tag{1-96}$$

如图 1-34 所示，J 表示最近邻格座间的跃迁能，U 表示在同一个格座上的原子间的相互作用，$\varepsilon_j=V_T(x_j)$ 表示由外加的限制场引起的能级平移[177, 178]。

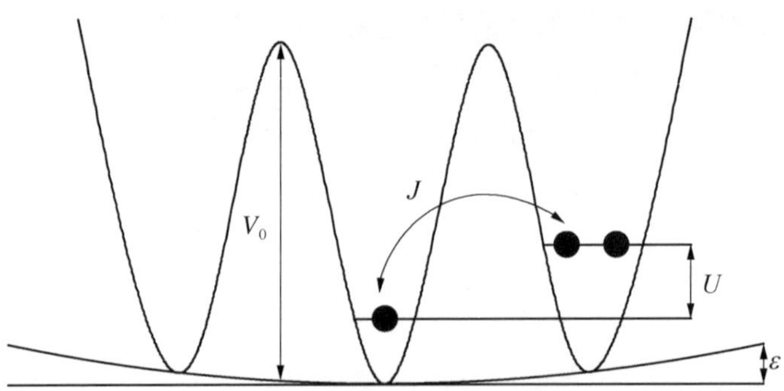

图 1-34 光晶格理论模型示意图

V_0 表示格点深度，J 表示不同原子在不同格座之间跃迁的跃迁能，U 表示占据同一个格座原子的相互作用，ε 表示由外场引起的能级平移。

如前所述，可以利用囚禁在光晶格中冷原子的某个精细结构中的态来标志自旋自由度。如一个自旋为 1/2 的系统可以用态 $|\downarrow\rangle\equiv|a\rangle$ 与态 $|\uparrow\rangle\equiv|b\rangle$

来进行模拟。通过将原子在不同的态之间移动，就可以模拟不同自旋间的交换相互作用等。利用与得到标准 Bose-Hubbard 模型哈密顿量的类似方法，可以得到具有自旋的 Fermi-Hubbard 模型：

$$H = -\sum_{\langle ij\rangle\sigma} J_{\sigma} c_{i\sigma}^{+} c_{j\sigma} + U\sum_{i} n_{i\uparrow} n_{i\downarrow} \tag{1-97}$$

式中，$c_{i\sigma}^{+}$ 表示在格座 i 上费米子产生的算符，而 $c_{i\sigma}$ 则表示在格座 j 上费米子的湮灭算符，$n_{i\sigma} = c_{i\sigma}^{+} c_{i\sigma}$ 表示格座 i 上的费米子的密度算符，J_{σ} 表示依赖于模拟自旋的原子内态 $|\downarrow\rangle$ 与 $|\uparrow\rangle$ 的跃迁能，U 表示在格座 i 上的原子之间的相互作用。用同样的方法，我们可以得到玻色-费米子混合情况下的哈密顿量等，这里不再赘述[178]。从式(1-96)与式(1-97)就可以看出，光晶格系统是一个很好的可以模拟 Hubbard 模型的实验系统，在本小节最后介绍一些最新光晶格的实验进展。

1.2.2.2　光晶格的调控

1）对光晶格几何结构的调控

通过将两束沿同一平面传播的激光叠加可以实现一个具有周期性结构的势场。这两束激光之间的干涉可以形成一个光学驻波，这个光学驻波就可以用来囚禁原子。如图 1-35(a) 所示，如果我们想要得到一个一维的光晶格，可以先利用两束激光将冷原子压成一个二维的圆盘，之后我们再在平行于二维冷原子圆盘的平面上增加两束激光（与原来的两束激光相垂直），这样，就可以得到一系列一维势能管。这些一维势能管将把原来的二维冷原子圆盘切割为雪茄形。如图 1-35(b) 所示。不同“雪茄”之间没有原子跃迁。这样，就得到了一系列一维光晶格。通过调节激光强度，就可以控制“雪茄”内冷原子的跃迁。与之类似，如果再加载两束与之前的激光都垂直的激光束，如图 1-35(c) 所示，就可以得到一个三维的简立方光晶格。图 1-35(d) 就是以这种方式形成的简立方光晶格示意图[179-183]。

二维平方光晶格是比较容易实现的一种二维光晶格。为了得到一个比较标准的单层二维平方结构，一般需要在垂直方向上增加两束强度较大的激光，这样就可以在垂直平面内形成一个具有高斯结构的驻波。通过这样一个方式，使得在垂直平面内不同层之间的原子不存在有跃迁。这样就可以得到一种近似单层的晶格结构。如图 1-36(a)所示，我们可以利用在 $x-y$ 平面内的四束成 90°角的激光（黑色箭头）来产生一组具有平方结构的周期势。这个势能可以写为：$V(x,y) = V_0(\sin^2(k_x y) + \sin^2(k_y y))$，其中 k_x 和 k_y 是在 $x-y$ 平面上的激光波矢，V_0 是格点深度。再通过两束在垂直平面的激光（灰色箭头）在 z 轴上来形成

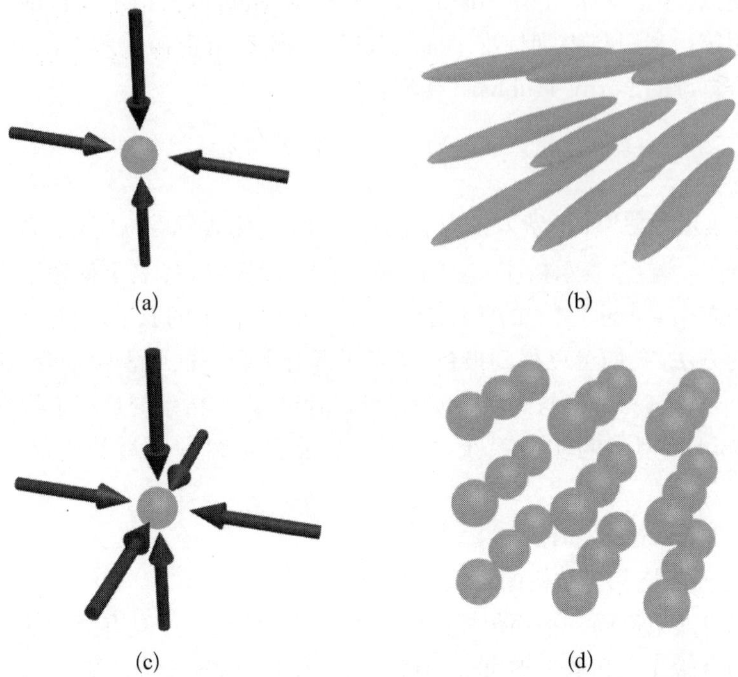

图 1-35　(a) 利用 4 束成 90°角强度较大的激光可以产生一系列的一维光晶格；(b) 一维光晶格示意图；(c) 利用 6 束成 90°角的激光可以产生一个三维光晶格；(d) 激光所产生的三维简立方光晶格示意图

一组比较深的势阱，使原子在垂直平面上不能跃迁。图 1-36(a)显示的是用这种方法生成的平方光晶格示意图。黑色部分表示势井中最深的点[184]。

除了二维的方格子以外，利用具有不同传播角度的激光还可以形成其他几种几何结构，比如六角格子和 kagome 格子[185-191]。如图 1-37(a)所示，可以利用两束在垂直平面上处于同一平面内，且大约成 70.4°角的蓝失谐激光来形成一个驻波。用同样的方法得到另外两束驻波，并使得这三束驻波在 $x-y$ 平面上的投影成 120°角。这样就可以在 $x-y$ 平面上形成下面的周期势：$V(x,y)=V_0\sum_{j=1,2,3}\sin^2\left(k_L(x\cos\theta_j+y\sin\theta_j)+\frac{\pi}{2}\right)$，其中 $\theta_1=\frac{\pi}{6}$，$\theta_2=-\frac{\pi}{6}$，$\theta_3=\frac{\pi}{2}$，k_L 是投影到 $x-y$ 平面上的驻波波矢，V_0 是格点深度。图 1-37(b)显示的是所产生的六角光晶格示意图，黑色部分表示格点势能最低点。图 1-37(c)显示的是产生 kagome 光晶格的实验方案。与产生六角光晶格类似，要产生

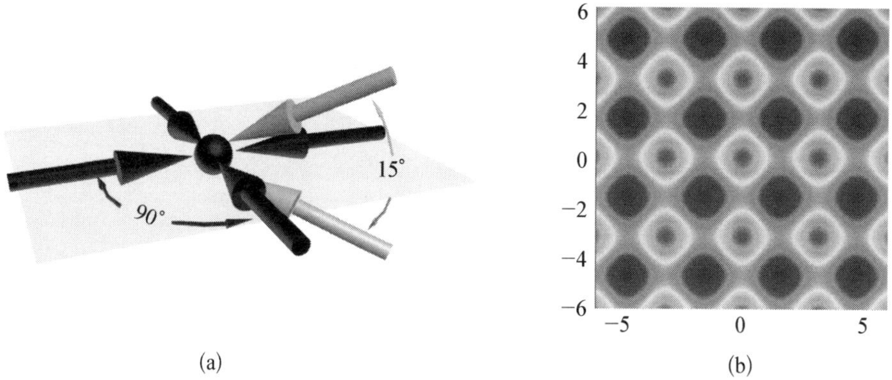

图 1－36　一种近似的单层晶格结构和平方光晶格示意图

(a) 在 $x-y$ 平面内，利用四束垂直的激光(黑色箭头)生成二维的方形的驻波来囚禁原子，通过两束在垂直平面的激光(灰色箭头)，可以形成在 z 轴上的一个较深的势阱，从而使得原子在垂直平面上不存在跃迁；(b) 用(a)所提出的方案形成的平方光晶格示意图。

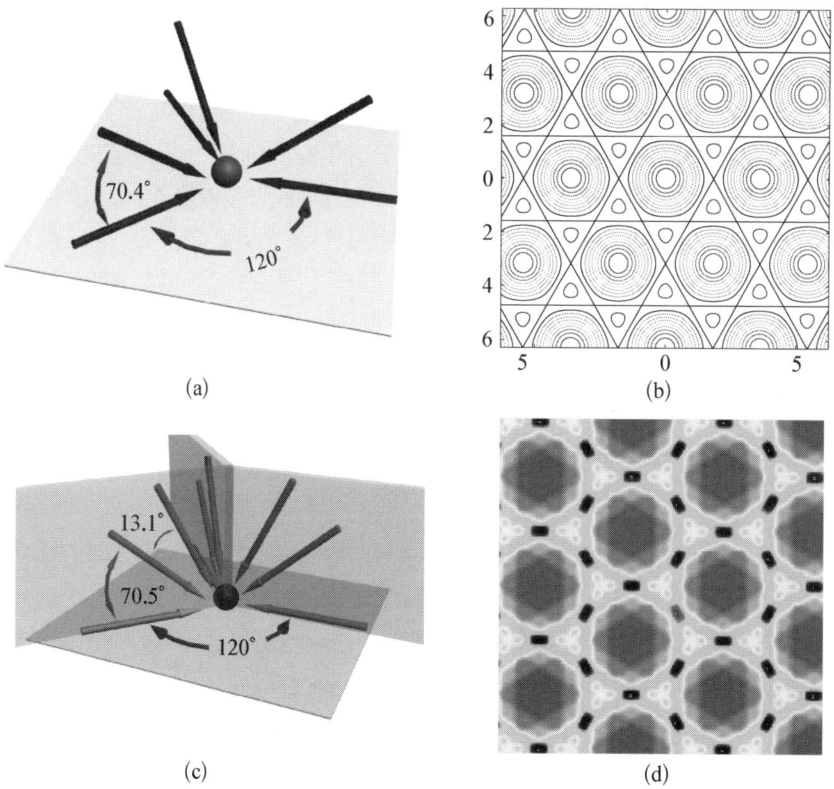

图 1－37　(a) 生成六角光晶格的实验方案示意图；(b) 六角光晶格的示意图(黑色部分表示格点势能最低点)；(c) 生成 kagome 光晶格的实验方案示意图；(d) kagome 光晶格示意图(黑色部分表示格点势能最低点)

kagome 光晶格同样需要形成三束在 $x-y$ 平面上投影为120°角的驻波。这样的驻波可以利用在垂直平面上处于同一平面，且与 $x-y$ 平面分别成 0°，$\arccos(1/3)\approx 70.5°$，$\arccos(1/9)\approx 83.6°$ 的三束激光来实现。这样就可以在 $x-y$ 平面上形成下面的周期势：$V(x,y)=V_0\sum_{i=}^{3}\left(\cos\left(\boldsymbol{k}_i\cdot\boldsymbol{r}+\frac{3}{2}\phi\right)+2\cos\left(\frac{\boldsymbol{k}_i\cdot\boldsymbol{r}}{3}+\frac{\phi}{2}\right)+4\cos\left(\frac{\boldsymbol{k}_i\cdot\boldsymbol{r}}{9}+\frac{\phi}{6}\right)\right)$，其中 $\boldsymbol{k}_1=\left(\frac{1}{2},\frac{\sqrt{3}}{2}\right)$，$\boldsymbol{k}_2=\left(\frac{1}{2},-\frac{\sqrt{3}}{2}\right)$，$\boldsymbol{k}_3=(-1,0)$，$\phi=\pi$。图 1-37(c)显示的是所产生的 kagome 光晶格的示意图，黑色部分表示格点势能最低点。

2) Feshbach 共振

在光晶格中囚禁的冷原子之间相互作用的大小一般用散射长度来描述，而光晶格中的原子散射长度可以利用一种叫作 Feshbach 共振的技术来进行调节[81, 162, 163, 192]。图 1-38 显示的是 Feshbach 共振两通道模型。考虑两个原子势能 V_{bg} 和 V_c，分别称为开通道和闭通道。在发生散射以前，原子都处在开通道上，当发生散射以后，原子的能量会有一个 E 的变化。在闭通道上存在有能量为 E_c 的界态。当在闭通道上界态的能量接近于在开通道上散射态的能量时，就发生了 Feshbach 共振。这种弱耦合将使得两个通道发生混合。这样将改变原子的散射长度，也就将改变原子间相互作用的大小。在光晶格中，可以利用磁场来改变闭通道上界态的能量，使其尽量朝散射态靠近。在光晶格中，利用 Feshbach 共振技术，可以通过改变磁场大小来调节冷原子的散射长度，进而改变冷原子之间的相互作用强度。在光晶格中，s 波散射长度与磁场 B 的关系可以写为：$a(B)=a_{bg}\left(1-\frac{\Delta}{B-B_0}\right)$。其中 a_{bg} 是与 V_{bg} 相关的背景散射长度，B_0

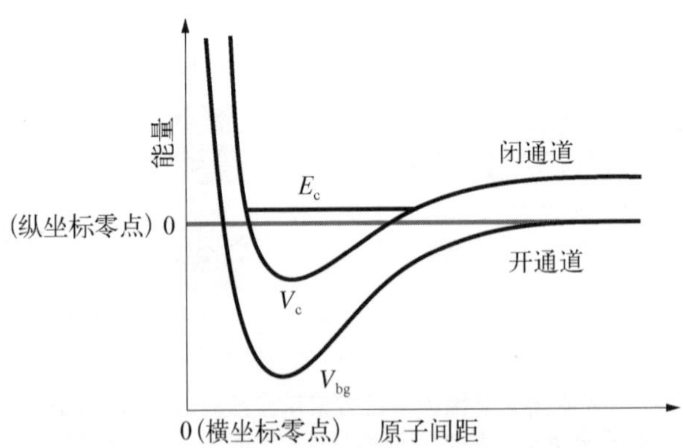

图 1-38　Feshbach 共振最基本的两通道模型

是共振磁场的位置(当 $B = B_0$ 时,$a = \pm\infty$),Δ 是共振宽度。a_{bg} 与 Δ 都是可正可负的。这意味着可以通过 Feshbach 共振调控得到吸引相互作用或者排斥相互作用。

1.2.2.3　利用光晶格技术对量子相变的研究

1) Mott 相变

最早在光晶格系统中观察到玻色子的超流- Mott 相变的实验是由 Hänsch 和 Bloch 完成的[181]。他们在 ^{87}Rb 的 BEC 中利用六束激光形成光晶格,并通过改变激光强度来改变格点深度。如图 1-39(a)所示,在低温下,当格点深度较浅时,原子可以自由地在所有格座之间跃迁,在整个格子之中呈现出强烈的巡游性。这时系统处于超流态。如果突然将冷原子从光晶格中释放,再利用吸收成像技术,将能观察到巨大的物质干涉项,如图 1-39(c)中的 a,b,c 子图所示。随着格点深度的增加,原子的巡游性将逐渐减弱。而当格点深度高于一定数值时,如图 1-39(b)所示,原子将被囚禁在某个格座中,不能自由跃迁。这时系统就

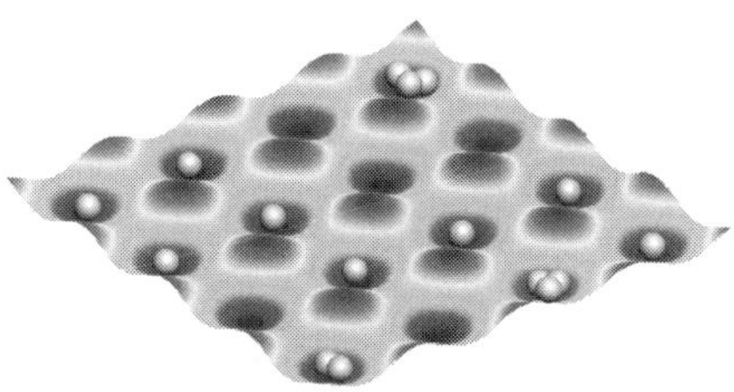

(a)

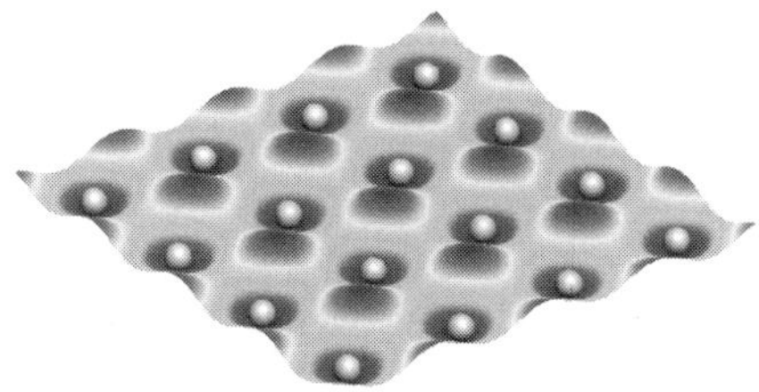

(b)

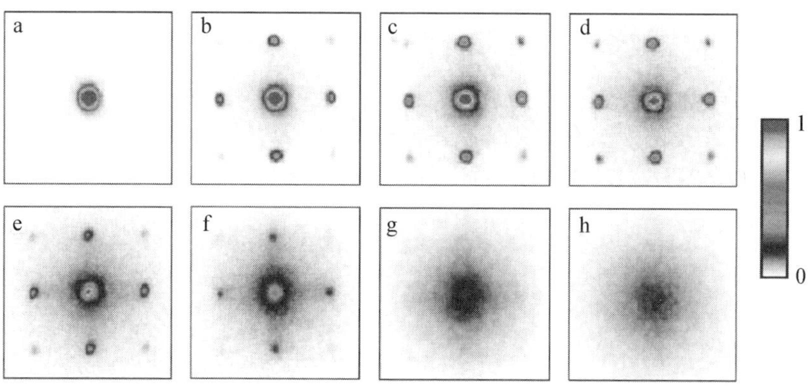

(c)

图 1-39　(a) 超流体示意图;(b) Mott 绝缘体示意图;(c) 实验上对玻色子超流-Mott 绝缘体相变的观测,利用吸收成像观察到的不同格点深度下的冷原子的物质波干涉谱:a,$0E_r$;b,$3E_r$;c,$7E_r$;d,$10E_r$;e,$13E_r$;f,$14E_r$;g,$16E_r$;h,$20E_r$。$E_r = \dfrac{\hbar^2 k^2}{2m}$ 是原子的反冲能量,用来标度格子深度的大小[181]

进入一个 Mott 绝缘体相。在 Mott 绝缘体相中，系统不能再用一个大物质波来描述，所以当将冷原子从光晶格中突然释放时，在利用吸收成像技术得到的照片中，将观察不到明显的干涉项，如图 1-39(c)中的 g 和 h 子图所示。

与玻色子的超流-Mott 相变类似，对于费米子系统而言，可以通过改变激光强度调节格子深度，或者利用 Feshbach 共振改变原子间相互作用的大小来实现费米子的金属-Mott 绝缘体相变[182, 183]。如图 1-40(a)所示，当相互作用比较小时，不同格座间的冷原子将可以自由跃迁，由于原子的强巡游性，这时系统将表现出金属性。当相互作用大于临界值的时候，由于强排斥相互作用，不同格座间的原子将不能互相跃迁，于是原子就被局域在格座上面。这时系统就进入了 Mott 绝缘体相。这时，在半满情况下，一个格座上将只有一个粒子占据，如图 1-40(b)所示。由于 Pauli 不相容原理，在一个格座的同一个能级上最多只能存在有两个不同自旋的原子。所以，如果在光晶格中填充的原子较多，则有可能出现每个格座上都将填充两个原子的情况，这种情况被称为带绝缘体，如图 1-40(c)所示。

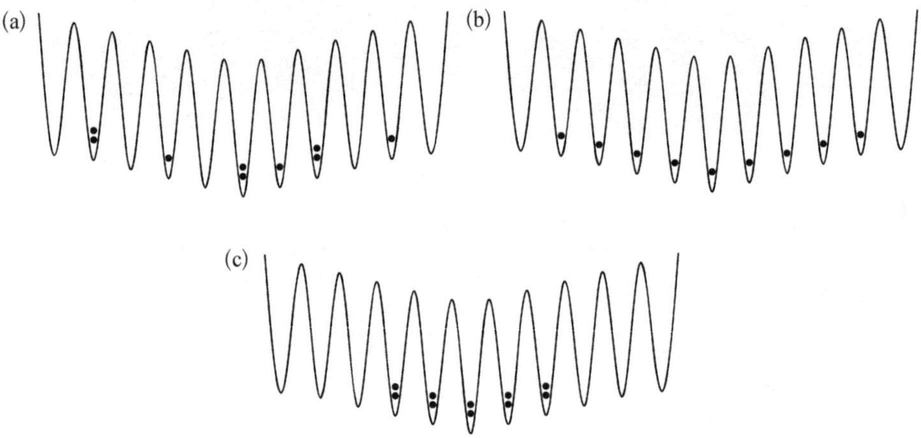

图 1-40　(a) 光晶格中的费米子的金属相示意图；(b) 光晶格中 Mott 绝缘体示意图；(c) 光晶格中的带绝缘体示意图

2) 对反铁磁链的模拟

光晶格技术可以用于模拟如铁磁-反铁磁相变等行为。这个实验在 2011 年由 J. Simon，W. S. Bakr 等人完成[193]，如图 1-41 所示，先用四束激光(黑色箭头)在 $x-y$ 平面内形成一系列准一维的光晶格链。然后通过增加一个外来的调制磁场(灰色箭头)，产生一组阶梯势，使得每个格座的格子深度下降 E。这样就可以得到一组阶梯势能。

在这个实验中，Simon 等人利用每个格座上不同的原子占据数来模拟自旋。

比如 $|1, 1\rangle = |\uparrow\uparrow\rangle$，$|0, 2\rangle = |\uparrow\downarrow\rangle$。如图1-42(a)所示，当所有的格座上都是奇数占据的时候，则系统处于铁磁态，在实验上用亮色来代表。如图 1-42(b)所示，当所有的格座上都是偶数占据的时候，则系统处于反铁磁态，在实验上用暗色来表示。图 1-42(c)显示的是实验的结果，可以发现，随着阶梯势的增加，系统将从铁磁态转变为反铁磁态。利用这个方法，就可以利用光晶格技术来模拟一些经典的磁性相变。

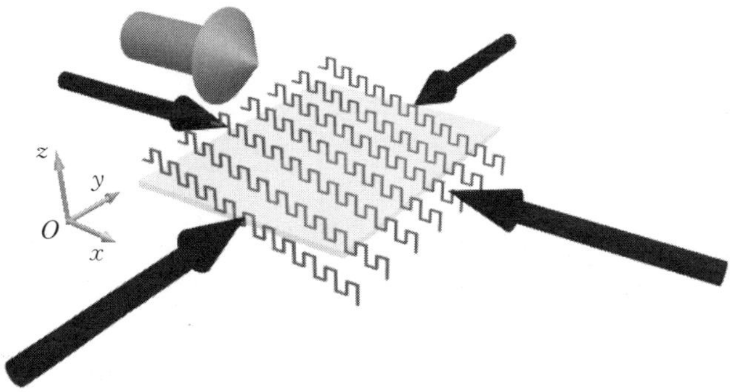

图 1-41　四束激光形成的准一维光晶格链

3）对具有自旋轨道耦合的量子 Hall 效应的模拟

如何利用冷原子系统在实验上模拟具有自旋轨道耦合的体系，并研究其中可能出现的量子自旋 Hall 效应是现在研究的一大热点[194-198]。在实验上，可以通过人工规范场技术来模拟具有自旋轨道耦合的强关联系统，并通过调节实验参数来实现量子自旋 Hall 效应。在冷原子系统中，实现具有自旋 Hall 效应类型基态的一个十分可能而有效的方法是，将旋转的冷原子气体冷却到极低温。而且可以利用原子-激光相互作用来控制用来模拟轨道磁矩的旋转。其中一种可能的实验方案是利用几何 Berry 相来模拟 Aharonov-Bohm 效应。例如，考虑一个具有基态(g)和激发态(e)的两能级原子，并通过激光将这两个能级关联在一起。如果激光的强度和相位是随空间改变的，那么这个系统中的原子-激光本征值将与 g 态和 e 态线性关联在一起，也将随空间改变。可以利用原子-激光本征值的空间依赖性，调整对应的 Berry 相，最终实现在冷原子系统中对磁场中电子的 Aharonov-Bohm 相的模拟。这种方法十分适合扩展并用来在冷原子系统中模拟自旋轨道耦合，从而进一步在冷原子系统中实现量子自旋 Hall 效应。

原子-激光相互作用也十分适合用来实现在光晶格中的人工规范场。例如，考虑一个在二维正方光晶格中移动的两能级原子。通过激光调制，使得最低能量处在偶数列和奇数列上，并且使得偶数列上的原了处在 g 态，奇数列上的原子

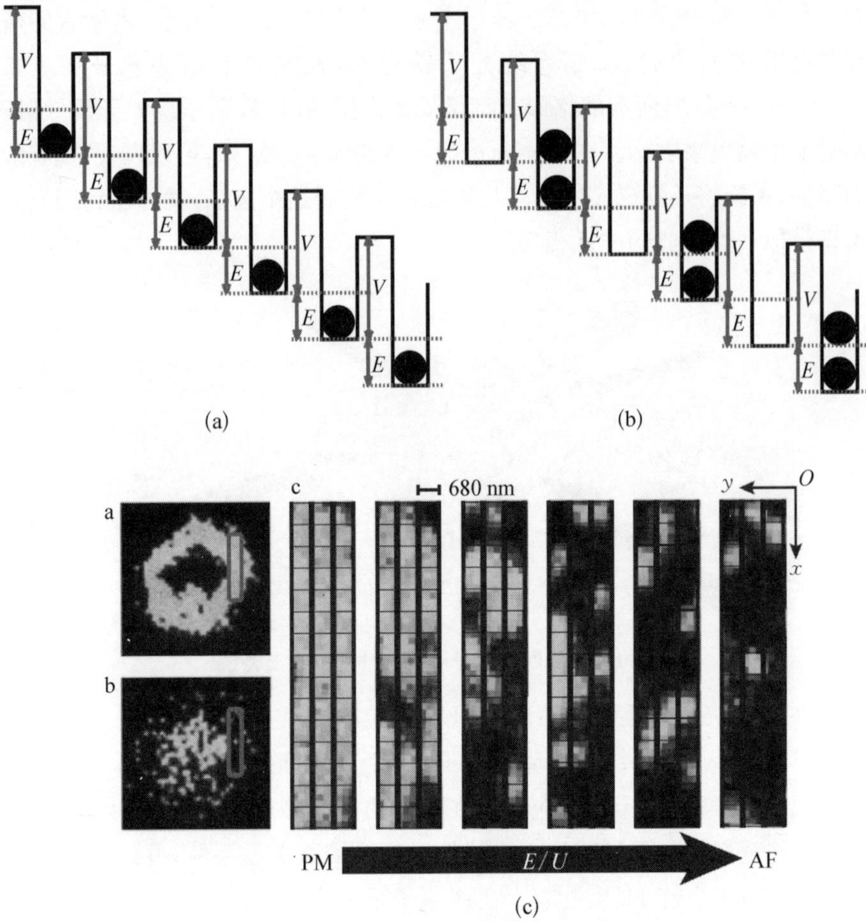

图 1-42　用不同占据数来模拟自旋

V 表示格子深度，E 表示由于外加磁场形成的阶梯势。

(a) 当每个格座是奇数占据的时候，系统是铁磁态；(b) 当每个格子都是偶数占据的时候，系统是反铁磁态；(c) 实验上用亮色表示奇数占据，暗色表示偶数占据，从左到右，可以看出从铁磁到反铁磁的转变[193]。

处在 e 态。再通过激光驱动 g-e 态之间的变化，就可以控制在奇数列与偶数列之间的跃迁。通过适当调整激光的相位，就可以使得在一个原胞内沿封闭轨道运动的原子产生一个非零的相位。用这个方法就可以模拟一个具有磁性 flux 的系统。在实验上，该技术可以模拟得到 $0\sim2\pi$ 之间任意大小的相位，也就是说，可以用于模拟任意强度的有效磁场。

1.2.3　三角光晶格中冷原子的量子相变

对于传统的实验材料而言，如果想要调节其中的实验参数(比如电子的动能和相互作用等)，一般使用加压或者掺入杂质的方法。但是这种对实验材料的调节并不是那么方便与直观。同时，由于实验材料本身具有的一些多带结构或者是存在于材料内部的一些其他的杂质将会使问题复杂化。这样一些原本希望能观测到的现象将可能受到干扰，而变得不够明显，甚至可能被实验材料内部杂质所引发的一些现象所掩盖。为了能更直观地研究并模拟强关联系统，一种新的被称为光晶格技术的实验手段在近几年得到了迅速发展。光晶格技术已经广泛地被用来模拟强关联理论中的 Huabbard 模型。该技术将通过有限个激光来形成驻波，并在此基础上构成具有一定几何结构的晶格，再将冷原子囚禁于其中。通过调节每束激光的强度，可以改变势阱的深度，进而调整囚禁在光晶格中的冷原子的跃迁能。而被囚禁原子间的相互作用可以利用 Feshbach 共振技术进行调节。目前在实验上，光晶格技术已经趋于成熟。光晶格技术为研究强关联系统提供了一个干净并且容易调控的强有力的实验平台[161-178, 180-190, 209-216]。

许多数值方法被用来研究这种强关联系统，尤其是阻挫系统[205, 206, 217-224]。在对强关联体系的研究中，动力学平均场方法被证明是一种强有力的工具。动力学平均场方法在无穷维极限下是精确的[199]。即使是在三维的情况下，利用动力学平均场方法也能得到十分准确的结果。然而，该方法忽略了空间涨落与非局域关联。这使得动力学平均场方法并不适合于研究阻挫系统以及一些低维体系，因为在这类体系中，非局域关联与空间涨落的影响将变得十分重要。所以，在动力学平均场框架下，一种新的被称为动力学团簇近似方法被发展起来。这种方法将原有格点模型映射为一个耦合在自洽的有效媒介中的团簇模型来计入系统的短程关联与空间涨落。动力学团簇近似方法已经被广泛应用于研究一些具有几何阻挫的二维强关联模型，如三角格子等[200, 203, 204, 225]。

本节主要讨论利用动力学团簇近似方法来研究在三角光晶格中的冷原子的量子相变问题。我们选用连续时间 Monte Carlo 方法作为杂质求解器[207, 208]。三角光晶格可以利用三束成 120°角的激光来产生，通过调节激光的强度可以调控光阱深度，而通过 Feshbach 共振可以调整原子间相互作用的大小。我们通过研究系统的态密度发现，随着相互作用的增强，系统将经历一个费米液体—赝隙—Mott 绝缘体的相变过程。当温度比较低的时候，随着相互作用的增强，将可以在费米能附近观察到一个明显的 Kondo 共振峰。由于低温下 Kondo 效应的影响，随着温度的降低，将可以发现一个费米液体—赝隙—费米液体的再入式现象。对动量空间的谱函数的研究也发现了这个现象。我们还发现，随着相互作用的增强，费米面上的谱函数将由一个对称性很好的环状结构转变为一个平坦的平面。这意味着相互作用破坏了费米面。在本节的最后将讨论如何在实验上观察到这种相变。

1.2.3.1 三角光晶格的产生与理论模型

与实际材料相比，利用光晶格来模拟强关联系统的优势在于，其中的各种实验参数的调控比较容易，而且在光晶格中没有杂质等问题的干扰，是一个十分干净的系统。这样的系统十分适合用于模拟强关联系统，例如模拟 Hubbard 模型。为了实现三角光晶格的制备，可以考虑这样一个实验系统：如图 1－43(a)所示，首先，利用蒸发制冷技术来制备极低温下的超冷原子^{40}K。同时，利用总角

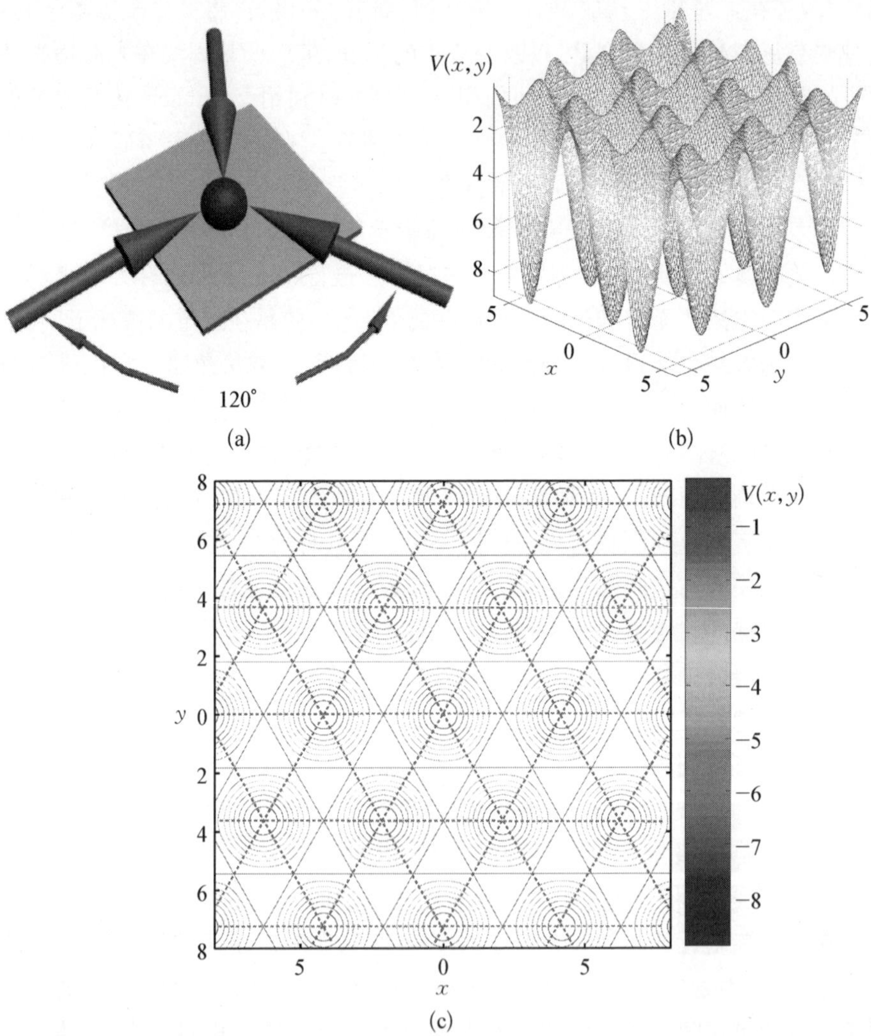

图 1－43 (a) 产生三角光晶格实验的实验图；(b) 产生的三角光晶格的示意图；(c) 三角光晶格的等高线图

动量 $F = 9/2$ 的两个子能级比如 $|-9/2\rangle$ 和 $|-5/2\rangle$ 来模拟两种自旋。然后，再利用三束成 120°角的激光打在制备好的 ^{40}K 原子上。这三束激光可以使用波长 $\lambda = 1\,064$ nm 的 Yb 激光。用这样的方式生成的光晶格的势能可以用下面的式子来进行描述：

$$V(x,y) = V_0\left[3 + 4\cos\left(\frac{3k_x x}{2}\right)\cos\left(\frac{\sqrt{3}k_y y}{2}\right) + 2\cos(\sqrt{3}k_y y)\right] \quad (1-98)$$

式中，V_0 是由激光束在 $x-y$ 平面上形成的驻波高度，它反映了光阱深度的大小，k_x 和 k_y 是沿着 x 和 y 方向上的波矢的两个分量。在实验上 V_0 一般是使用反射能量 $E_r = \hbar^2 k^2/2m$ 来作为单位。所形成的光晶格如图 1-43(b)所示，其中的黑色部分表示光阱的最深点。图 1-43(c)显示了所形成的三角光晶格的等高线图，其中光阱最深点用黑色线条表示。我们可以通过虚线将光阱最深处连接起来，这样，就能看出用上面所说的方式所形成的是一组很好的有三角形几何结构的光晶格。

在这样的一个人工构造的阻挫系统中的相互作用费米子可以用下面的哈密顿量来进行描述：

$$H = -t\sum_{\langle ij\rangle\sigma} c_{i\sigma}^{+} c_{j\sigma} + U\sum_{i} n_{i\uparrow} n_{i\downarrow} \quad (1-99)$$

式中，$c_{i\sigma}^{+}$ 和 $c_{i\sigma}$ 分别表示在编号为 i 的格座上的粒子的产生和湮灭算符，$n_{i\sigma} = c_{i\sigma}^{+} c_{i\sigma}$ 表示费米子原子的密度算符。而 $t = (4/\sqrt{\pi})E_r(V_0/E_r)^{3/4}\exp(-2(V_0/E_r)^{1/2})$ 是动能，其大小可以通过格点的势能深度 V_0 来调节。$U = \sqrt{8/\pi}ka_s E_r(V_0/E_r)^{3/4}$ 则是由 s 波散射长度 a_s 来确定的原子相互作用，其大小可以利用 Feshbach 共振来调节[162, 163, 226]。令动能 $t = 1$，将其取为能量单位。

1.2.3.2 动力学团簇近似方法+连续时间 Monte Carlo 方法简述

可以利用动力学团簇近似方法结合连续时间 Monte Carlo 方法来研究在三角光晶格中的冷原子的量子相变问题。动力学团簇近似将具有 N 个格座的格子在动量空间划分为 N_c 个子格，并将格点模型映射为一个与有效媒介耦合在一起的有限尺寸团簇模型，并在动量空间对格林函数做粗粒化。通过这种方式，动力学团簇近似方法就可以将非局域关联与空间涨落包含在内。当 $N_c = 1$ 时，动力学团簇近似方法就过渡为动力学平均场方法，当 $N_c = \infty$ 的时候，动力学团簇近似方法就是一个精确的算法。在得到有限尺寸的团簇模型之后，可以利用杂质求解器来求解团簇模型，并可以得到体系的格林函数。在这里，选用连续时间 Monte Carlo 方法来作为我们的杂质求解器。与传统的量子 Monte Carlo 方法相比，连续时间 Monte Carlo 方法不需要使用 Trotter 分解，所以该方法得到的结果更为精确。在利用连续时间 Monte Carlo 方法获得系统的格林函数之后，再利用 Dyson 方程，可以得到系统的新的自能。利用获得的自能可以重新对格林函数在动量空间做粗粒化，并重复前面的过程，用自洽的方式来迭代求解，直到自能收敛。当自能收敛之后，可以利用最大熵方法等来得到系统的态密度，并研究我们所关心的一些物理性质，比如双占据数等。图 1 - 44(a)显示的是实空间的三角格子示意图。图 1 - 44(b)则显示了当 $N_c = 4$ 时，利用动力学团簇近似方法划分第一布里渊区(平行线)并对其做粗粒化的一种方式。该方法将第一布里渊区切分成 4 个小原胞，并将分别对四个小原胞中的格林函数做粗粒化。

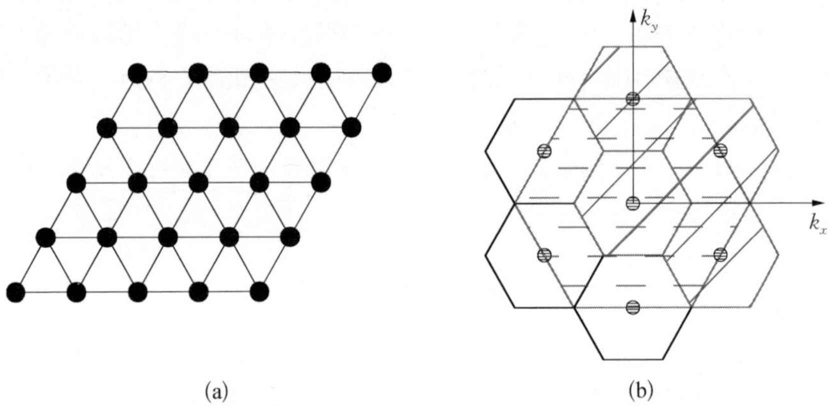

图 1 - 44 (a) 三角格子示意图；(b) 当 $N_c = 4$ 时，利用动力学团簇近似方法划分第一布里渊区(水平短线)并对其做粗粒化的示意图

1.2.3.3 三角光晶格中冷原子的 Mott 金属-绝缘体相变

首先，研究了双占据数 $D_{occ} = \partial F / \partial U = \frac{1}{N_c} \sum_i \langle n_{i\uparrow} n_{i\downarrow} \rangle$ 随相互作用 U 的演化，其中 F 是自由能，N_c 是选取的团簇点的个数。如图 1 - 45 所示，当相互作用比较小时，例如当 $U < 8.6$ 时，这时双占据数 D_{occ} 将随着温度的降低而增大。这种现象产生的主要原因是在低温下，原子的自旋涨落将随温度的降低而增强。在弱相互作用的情况下，原子表现为强巡游性，双占据数 D_{occ} 是一个有限值。随着相互作用的增强，排斥相互作用将抑制原子的巡游性，使得原子逐渐局域在格座上，相邻格座之间的原子将不能跃迁。这使得系统的双占据数 D_{occ} 将随着相互作用的增强而减小，而温度对相互作用的影响也将越来越小。当相互作用大于临界值的时候，比如 $U \gg 8.6$，原子将被强排斥相互作用局域在格座上，这暗示着

Mott 金属-绝缘体相变的发生。在这种情况下，系统的双占据数 D_{occ} 趋向于零，且不同温度下的双占据数 D_{occ} 曲线也基本重合。这意味着系统已经转变为一个 Mott 绝缘体。双占据数 D_{occ} 随着相互作用变化的连续变化暗示着该相变是一个二级相变。双占据数是在光晶格实验上可以很容易观测到的一个量[182]，Esslinger 等人在 2008 年进行了关于费米子超冷原子在光晶格中的 Mott 金属-绝缘体相变实验，他们通过先将双占据格座上的一个粒子输运到一个空能级上，再利用吸收成像技术来观测有多少粒子被输运到这个空能级上，来统计系统的双占据情况，并以此来判断系统是否转变为一个 Mott 绝缘体。

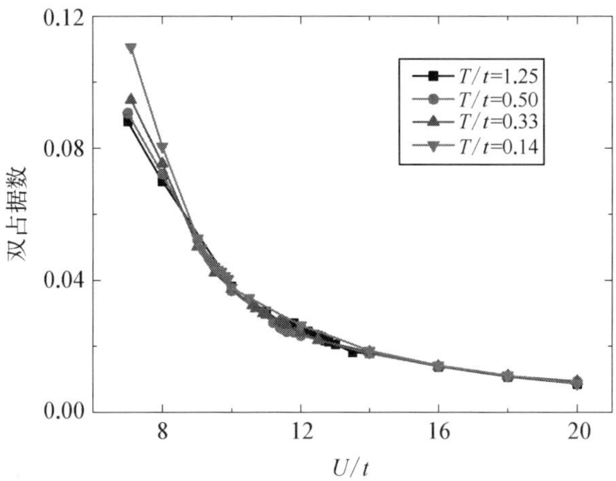

图 1-45　双占据数 D_{occ} 随着相互作用的演化

为了能确定系统的相变点，利用最大熵方法[227]来得到系统态密度。图 1-46 显示了系统的局域态密度在不同温度下，随着相互作用的演化。图 1-46(a) 显示了当 $T=0.5$ 时，态密度随相互作用 U 的变化。当相互作用 U 较小时，比如 $U=4.0$，可以在费米能附近观察到一个明显的准粒子峰，这意味着系统处于一个费米液体态。随着相互作用的增强，这个准粒子峰将分裂为两个，并形成一个带赝隙的结构($U=8.0$, 9.0)。随着相互作用的进一步增大，强排斥相互作用将在费米能附近打开一个能隙，这意味着系统转变为一个绝缘体($U=12.0$, 20.0)。图 1-46(b) 显示了当 $T=0.25$ 时，态密度随着相互作用变化的演化。与图 1-46(a) 类似，系统的态密度依然随相互作用的增加，出现费米液体—赝隙—绝缘体的转变过程。但是当温度较低的时候，随着相互作用的增强，在赝能隙出现之前，我们将可以在费米能附近观察到一个明显的 Kondo 共振峰($U=8.0$)。这是由于随着相互作用的增强，将有部分原子局域态增强。但是由于大部分其他的原了依然处在强巡游态，所以，这些局域原子就等价于处在强巡

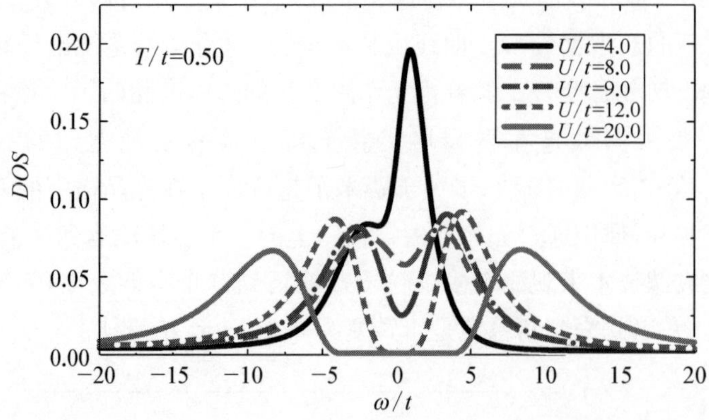

(a)

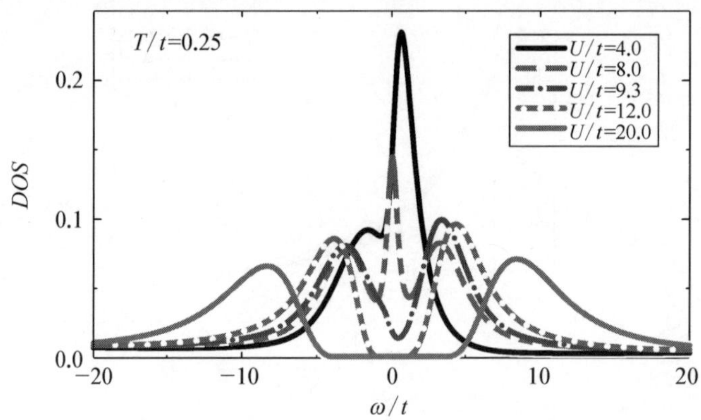

(b)

图 1-46 态密度随着相互作用的演化

(a) $T/t=0.50$; (b) $T/t=0.25$

游背景下的杂质原子。在低温下，将发生 Kondo 效应，并可以在费米能附近观察到 Kondo 共振峰。随着相互作用的进一步增强，温度的影响将逐渐减小，于是 Kondo 峰被抑制，并最终形成赝隙结构 ($U=9.3$)。随着相互作用的进一步增强，费米能附近将出现一个能隙，这同样意味着系统转变为一个绝缘体 ($U=12.0$, 20.0)。

为了能更好地研究三角光晶格中的冷原子随着温度降低的性质变化，我们还研究了动量空间中的谱函数 $A_k(\omega)=-\lim_{\eta\to 0^+}\mathrm{Im}[G_k(\omega+\mathrm{i}\eta)/\pi]$。其中 $A_k(\omega)$ 描述了具有动量 k 和能量 ω 的准粒子的分布概率。图 1-47 显示了 $A_k(\omega)$ 在 $U=7.0$ 时随温度变化的演化。如图 1-47(a)所示，当 $T=1.67$ 时，可以在费米能附近观察到一个明显的准粒子峰 ($\omega=0$ 附近)，这意味着系统处于一个费米液体态。随着温度的降低,这个准粒子峰将被抑制,并逐渐消失。如图 1-47(b)所示,当 $T=1.11$ 时,这个准粒子峰分裂为两个(图中接近 $\omega=3.0$ 的部分和接近 $\omega=-2.5$ 的部分),并在费米能附近形成一个 $A_k(\omega)$ 不为零的赝隙结构($\omega=0$ 附近)。而如果温度进一步降低,如图 1-47(c)所示,当 $T=0.5$ 时,发现费米能附近的赝隙结构消失,并出现一个准粒子峰($\omega=0$ 附近)。这意味着,随着温度的降低,系统又回到了一个费米液体态。而如果温度继续降低,比如 $T=0.2$,可以在费米能附近观察到一个明显的 Kondo 共振峰 ($\omega=0$ 附近),如图 1-47(d)所示。也就是说,我们发现随着温度的降低,系统将经历一个费米液体—赝隙—费米液体的转变过程,将其称为再入式现象。这种费米液体—赝隙—费米液体再入式现象的发生,主要原因是在低温下的 Kondo 效应阻止了赝隙的出现。而在图 1-47(d)中(温度 $T=0.2$),在费米能附近发现了十分明显的 Kondo 共振峰。在实际材料的实验中,可以通过研究 X 射线激发谱来研究样品的谱函数。但是同样的技术在冷原子实验里难以实现。在最新的 BEC-BCS 转变实验中,一种新的被称为光电子光谱(photoemission spectroscopy)的技术被用来探测系统的谱函数。该技术通过利用不同频率的脉冲将冷原子移动到空的自旋能态

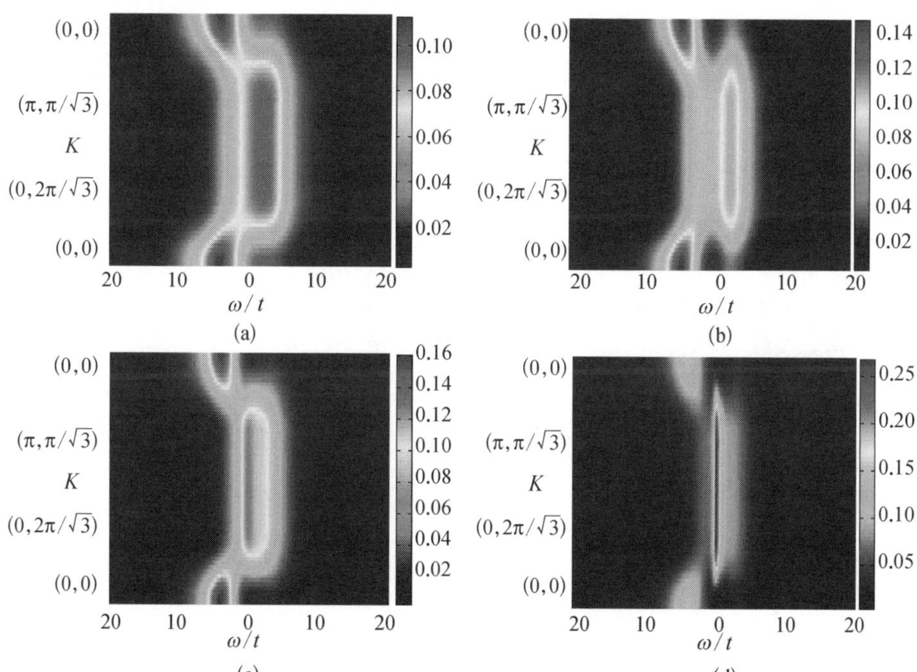

图 1-47 当 $U=7.0$ 时,在不同温度下动量空间中的谱函数

(a) $T=1.67$;(b) $T=1.11$;(c) $T=0.5$;(d) $T=0.2$

上，再利用态选择性飞秒吸收成像技术(state-selective time-of-flight absorption imagining)来得到冷原子系统中的激发谱与能量色散曲线[237]。

图 1-48 显示的是费米面上的谱函数在温度 $T=1.25$ 时随相互作用的演化，费米面上的谱函数的计算可以利用公式 $A(k;\ \omega=0)\approx-\frac{1}{\pi}\lim\limits_{\omega_n\to 0}\mathrm{Im}\,G(k,\mathrm{i}\omega_n)$ 来得到。通过对最小的两个Matsubara频率做线性延拓来得到零频下的自能，再得到系统在费米面上的谱函数。如图 1-48(a)所示，当相互作用比较小的时候，可以发现系统的费米面上的谱函数具有一个明显的环状结构，这意味着所有的粒子都分布在一个确定的能量上，该行为意味着此时系统处于一个具有高度巡游性的费米液体态上。随着相互作用的增强，如图 1-48(b)所示，我们发现原来的圆环被渐渐压扁，谱函数的数值逐渐变小且变宽。这说明系统的费米面正在逐渐被相互作用 U 破坏。当相互作用很大，如图 1-48(c)所示，原有的环状结构转变为一个平坦的平面。这意味着费米面被相互作用所破坏，系统进入一个绝缘体相。在冷原子实验中，费米面上的谱函数可以通过吸收成像技术被观测到[235, 236]。

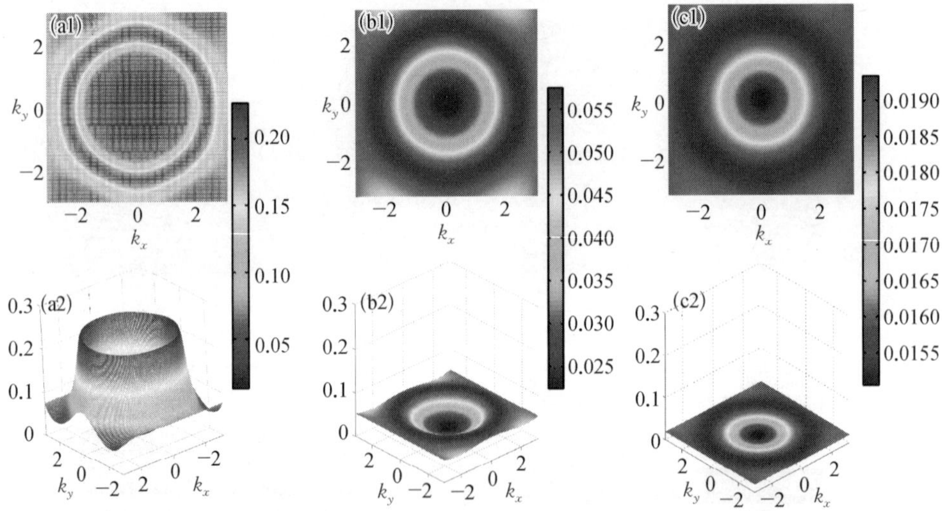

图 1-48 费米面上的谱函数在温度 $T=1.25$ 时随相互作用的演化

(a) $U=5.0$；(b) $U=10.0$；(c) $U=16.0$

图 1-49 给出了在三角光晶格中的费米子的温度-相互作用相图。我们发现，在三角光晶格中的强相互作用费米子的相图被分为三个主要的部分：费米液体，赝隙和 Mott 绝缘体。当温度较低的时候，在费米液体与赝隙交界的地方

还将出现一个比较小的 Kond 区。我们发现，当相互作用较小的时候，随着温度的降低，系统将经历一个费米液体—赝隙—费米液体的再入式的转变。这种再入式现象的发生主要是由于在低温下，Kondo 效应抑制了赝隙的出现。当温度比较高的时候，如 $T=1.0$ 时，随着相互作用的增强，系统将由一个费米液体转变为一个具有赝隙结构的态，可以通过研究系统的态密度来观察到这种赝隙现象。而随着相互作用的增强，在费米能附近将打开一个能隙，这意味着系统将成为一个绝缘体。而通过观察双占据数我们发现，这时系统的双占据数趋于零，意味着这时系统处于一个 Mott 绝缘体相。当温度较低时，比如 $T=0.2$ 时，当相互作用较小时，通过研究系统的谱函数，可以在费米能附近观察到一个明显的 Kondo 共振峰（图 1-49 中夹在三角虚线和灰色方形实线之间的区域）。随着相互作用的增强，Kondo 共振峰将被抑制，而系统将进入一个具有赝隙结构的区域。随着相互作用的进一步增强，可以在费米能附近发现一个十分明显的能隙。这意味着系统转变为一个 Mott 绝缘体。

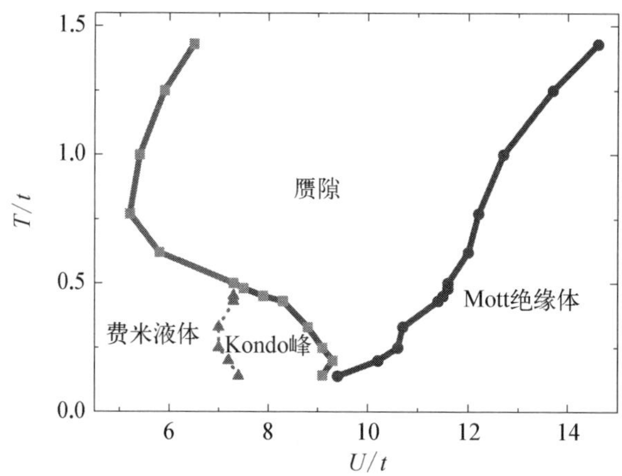

图 1-49　在三角光晶格中费米子的相图

1.2.3.4　光晶格中的冷原子的量子相变的观测

在这一节中，将介绍在光晶格中观测冷原子的 Mott 金属-绝缘体相变的一些实验技术，如观测双占据数与费米面等。利用这些实验技术可以在实验上观察到图 1-49 中所显示的各种有趣的相，如费米液体、赝隙和 Mott 绝缘体。通过改变温度以及相互作用的大小，将可以在实验上发现冷费米子气体的费米液体—赝隙—费米液体的再入式现象，以及费米液体—赝隙—Mott 绝缘体相变。

下面将考虑如何在实验上制备三角光晶格：首先，可以利用蒸发制冷技术来制备 ^{40}K 原子[228]，并使得原子分别处于 $F=9/2$ 的两个子能级中，比如| 9/

2〉和|−5/2〉,其中 F 表示总角动量。我们再利用三束波长为 $\lambda=1\,064\ \text{nm}$ 的激光(Yb 激光)打在超冷原子气体上。这样就可以形成一个三角光晶格,并将制备好的冷原子囚禁在其中[229]。可以通过调节激光强度来调节格子深度 V_0,从而调节相邻格座间冷原子的跃迁能 t。而原子间的排斥相互作用 U 可以利用 Feshbach 共振来进行调节[180, 230-233]。在冷原子系统中精确地测量温度是比较困难的,现在一般的做法是先将所有的限制势能去除,使得原子可以自由地弹性扩散。之后,再利用飞秒成像技术得到冷原子的速度分布,再由此出发利用费米拟合来计算出大约的温度[183]。

目前,可以通过测量在冷原子系统中双占据的格座数量来判断冷原子系统是否处于 Mott 绝缘相。在 2008 年,由 Esslinger 等人利用一个立方晶格来囚禁冷原子[182],并通过 Feshbach 共振技术来改变原子间的相互作用,从而实现了在光晶格中的冷费米子气体的 Mott 绝缘体相。他们通过观察双占据数来判断冷原子是否进入了 Mott 绝缘体相。在制备获得强排斥相互作用的冷费米子原子气体之后,为了观测得到系统的双占据数,首先突然增加光晶格的深度来将冷原子禁锢在格座上,来防止发生额外的跃迁。之后,再利用 Feshbach 共振技术,来改变双占据的原子的能量。这样就使得可以使用一个脉冲(frequency pulse)来将在双占据格座上面的原子中的一个移动到一个没有被占据的空的子能级上。再利用吸收成像技术,就可以得到被移动的原子的数目。统计这些被移动的原子的数目,就可以得到系统中双占据格座的比例。在半满的情况下,如果双占据数是一个有限值,那么说明系统处在具有强巡游性的金属相。反之,如果双占据数很小接近于零,那么就说明系统进入到一个具有强局域性的 Mott 绝缘相之中。

在冷原子实验中可以观察到的另外一个性质就是费米面。由 Esslinger 等人在 2005 年完成了在一个三维的立方光晶格系统中的冷原子的费米面的观测[235]。在他们的实验中,首先制备了一组 ^{40}K 的超冷原子,再将其囚禁于一个由六束激光形成的三维立方光晶格中。他们通过 Feshbach 共振来改变冷原子之间的相互作用。在这个实验中,主要观察了第一布里渊区内的原子的占据情况,以此来测量费米面。为了要观测冷原子系统的费米面,首先应该使得光晶格的光阱深度慢慢减少,这样可以使得原子绝热保持在最低的能带上,并近似保存了原子准动量的全部信息。再利用大约毫秒量级的时间,将光阱深度降低到零。大约 1 ms 之后,关闭所有的限制势,使得原子可以自由弹性扩散。大约 9 ms 之后,再利用吸收成像技术获得冷原子的动量分布。这样就可以直接观测到系统的费米面。

当研究系统的相变时,系统的谱函数是一个十分重要的物理量。在实际材料的探测实验中,我们可以通过 X 射线激发谱来获得材料在某种实验条件下的谱函数。该方法利用阴极射线将样品的内层电子激发,并形成一个空能级。当外层电子占据这个空能级的时候,一个 X 射线光子将会被释放。通过研究激发谱,就可以得到样品的谱函数。但是同样的技术在冷原子体系中却难以实现。而在最近的关于 BEC - BCS 转化的实验中,一种新的被称为光电子光谱(photoemission spectroscopy)技术被用来尝试探测相互作用费米子的元激发与能量色散。在光电子光谱中,通过一束脉冲(frequency pulse)将两个处于不同自旋态并耦合在一起的原子移动到一个空的不被占据的自旋态。然后,激光光阱将被突然关闭,原子气体将自由弹性膨胀。利用态选择性飞秒吸收成像技术,可以获得原子的速度分布。再通过调节将原子移动到空自旋态上所使用的脉冲频率,就可以得到单粒子激发的激发能谱,并获得能量色散曲线[237]。如何在冷原子系统中探测系统的谱函数,依然是该领域的一个十分热门的问题。

1.2.4 六角光晶格中冷原子的量子相变

六角晶格或称蜂巢晶格(honeycomb lattice),其上的紧束缚模型以及相互作用模型研究有了很长的历史。在这个晶格系统上,有一系列奇异的物理现象。特别是近年来单层石墨烯在实验室被制备出来[238],使得人们对其物理原型六角晶格产生了极大的兴趣。而最近拓扑绝缘体[148]与可能的量子自旋液体[138]的发现更是引起了一波研究六角晶格结构的热潮。六角晶格有许多奇异的特性,因此在其上产生了丰富的物理现象。这里我们简列几个:① 六角晶格上的紧束缚模型能带结构为半金属。半满时,费米面上的能态密度为 0,其费米面仅仅分布在布里渊区 K,K' 两点。② 六角晶格紧束缚模型的低能色散关系近似为线性,即 $E(k)=\pm v_{\mathrm{f}}\mid k\mid$,当 $k\rightarrow K,K'$ 时。这导致其低能激发是无质量的费米子,即著名的 Dirac 费米子。③ 六角晶格的配位数为 3,介于一维与二维之间。在强关联环境中,这种格子的性质是更接近于一维还是二维?这是一个非常有趣的问题。④ 六角晶格是可双分的,其对反铁磁的关联无阻挫效应。但是同时,由于六角晶格的费米面收缩为两点,它没有 nesting 矢量,所以与平方格子相比,它的反铁磁磁化率发散速度要慢很多。

我们知道在 Hubbard 模型中,电子之间在位相互作用 U 可引起电子局域化,并最终形成一个 Mott 绝缘体。一般说来,U 驱使电子局域化的机制大概有两种,一是由类 Hatree 作用引起电子局域化,即主要由于电子之间的排斥势能使电子有效质量增加,阻塞电子运动而形成绝缘体,或者可称为 Brinkman-Rice 机制[240]。另一类则主要由类 Fock 作用使得电子局域化。这一类型的绝缘体往往叫作 Slater 绝缘体。Slater 提出这一类型的绝缘体与带绝缘体或 Peierls 绝缘体有类似特性。它是由于反铁磁交换关联使得系统有效第一布里渊区减小，能带在磁布里渊区边界劈裂，从而使系统成为绝缘体[241]。一大类铜基高温超导体的母体即为此种绝缘体。

那么在六角晶格的 Hubbard 模型中，实际上是哪种 Mott 转变起作用呢？早在 1992 年，S. Sorella 与 E. Tosatti 用蒙特卡罗的方法研究了这个问题[242]，他们给出的结果是，在 $U_c/t=4.5$ 左右，系统的磁化率发散，同时系统出现能隙。这似乎意味着两种 Mott 机制具有相同的权重。这是一个值得怀疑的结果。况且受限于计算能力，他们只在实际计算很小的系统下作有限尺寸分析。除此之外，六角晶格中的低能激发 Dirac 液体随相互作用强度行为的演化也是一个很值得关注的问题。我们知道，在一般费米球中，前向散射与 Copper 散射总是具有最大的相空间，当费米气体中加入相互作用后，如果没有 Copper 通道的失稳或费米面奇异行为，系统可能遵守绝热近似定律。即相互作用的费米子与无相互作用时的费米子能够保持一一对应关系。这就是朗道著名的费米液体假设：费米液体保持与费米气体完全相同的物理结构，仅仅是有效质量被重整化。费米液体表现出来的最显著特征是其费米面上的态密度与相互作用强度 U 无关。而仅仅是有效质量 m^* 随着 U 增大而不断增大，或者说准粒子权重 Z 逐渐减小。费米面上的 Kondo 共振峰宽度与 Z 成正比。随着 U 增加峰不断变窄，最终在 Mott 相变点消失。这就是著名的费米液体行为。但是对于 Dirac 费米子而言，其有效质量为零，故费米液体的图像肯定不能完全适用。所以我们迫切地需要知道在相互作用情况下，Dirac 费米子的演化行为。

另外一个有趣的问题是，我们知道动力学平均场理论（DMFT）在三维时是一个良好的近似。在二维也仍然能给出大致定性正确的结论[244]。但是在一维时，由于强的空间涨落，必须使用 DMFT 的团簇扩展。六角晶格是介于二维与一维之间的系统。那么在这种情况下，DMFT 近似给出的结果[245, 246]是否仍然正确？这同样也是一个非常重要的问题。

在本节中，运用动力学平均场理论及其团簇扩展（CDMFT）研究了六角晶格上 Hubbard 模型中的 Mott 相变问题[247]。我们发现，随着相互作用强度 U 的增强，Dirac 粒子的费米速度并不改变，其保留在 U 为零时的值。同时，低能的态密度也维持不变，直到 $U_c/t\sim 3.4$ 左右时 Mott 相变发生。我们发现这个半金属 Mott 绝缘体转变是一个二级相变。同时，结果显示，在发生 Mott 相变时，体系并没有发展出反铁磁长程序，这说明该系统可能是一个量子自旋液体。我们的结果可以通过六角光晶格来实现。

1.2.4.1 研究方法

我们考虑如下的标准 Hubbard 模型：

$$H=-t\sum_{\langle ij\rangle,\sigma}c_{i\sigma}^{\dagger}c_{j\sigma}+U\sum_{i}n_{i\uparrow}n_{i\downarrow}+\mu\sum_{i}c_{i\sigma}^{\dagger}c_{i\sigma} \tag{1-100}$$

式中，$c_{i\sigma}^{\dagger}$，$c_{i\sigma}$ 分别是产生和湮灭算符，有实空间(格点) 指标 i 以及自旋指标 σ，$n_{i\sigma}=c_{i\sigma}^{\dagger}c_{i\sigma}$ 是密度算符。U 是在位相互作用，μ 为化学势，在此模型中，半满情况对应 $\mu=\frac{U}{2}$。这个模型的裸色散关系($U=0$ 时)为

$$E(\boldsymbol{k})=\pm t\sqrt{3+2\cos(k_y a)+4\cos(\sqrt{3}k_x a/2)\cos(k_y a/2)} \tag{1-101}$$

正负号分别表示(π)和(π*)带。在低能情况下，这个色散关系近似成为线性的：$E(\boldsymbol{k})=\pm v_F\mid\boldsymbol{k}\mid$[248]，如图 1-50 所示。在本节中，我们使用了单格点的 DMFT，以及 6，8，18，24 格点的 CDMFT。我们的结果主要来自 6 格点的 CDMFT。但是不同团簇的结果也会用到来验证蜂巢格点的关联长度及其对物理性质的影响。我们主要用 6×6 的 coarse-grained Dyson 方程：

$$g^{-1}(\mathrm{i}\omega)=\left(\sum_{\boldsymbol{k}}\frac{1}{\mathrm{i}\omega+\mu-t(\boldsymbol{k})-\Sigma(\mathrm{i}\omega)}\right)^{-1}+\Sigma(\mathrm{i}\omega) \tag{1-102}$$

在这节中使用连续时间蒙特卡罗方法(CTQMC)来求解团簇杂质模型。每一个典型的 CDMFT 循环会用到 7×10^{6} 个蒙特卡罗抽样。总的相对误差(CDMFT 误差+QMC 误差)小于 10^{-3}。

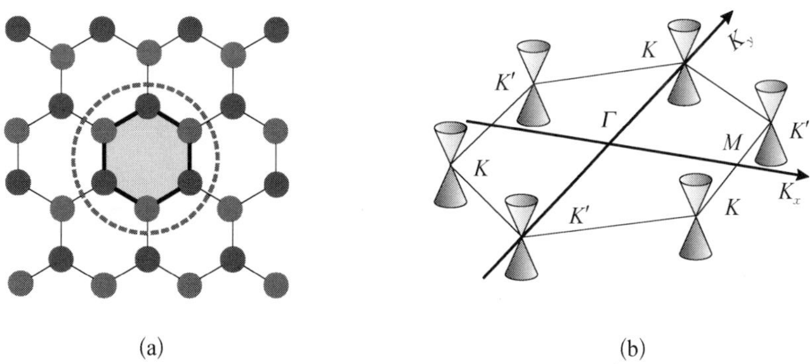

图 1-50 (a) 六角晶格(虚线里的是此节中使用 6 格点的 CDMFT 空间构型)；(b) 与六角晶格的第一布里渊区(Dirac cone 显示了费米面附近的低能线性激发行为)

1.2.4.2 维持恒定的费米速度

我们首先分析局域态密度(local density of states, LDOS)。局域态密度 $\rho(\omega)$ 有

$$\rho(\omega) = \sum_k A(k,\omega) = -\frac{1}{\pi}\mathrm{Im}[G_{ii}(\omega)] \tag{1-103}$$

作为单粒子谱函数 $A(k,\omega)$ 的全部动量求和,在均匀系统中,局域态密度 $\rho(\omega)$ 可以很好地表征系统的金属绝缘体转变。在 CDMFT 方法里,一般用虚时局域格林函数 $G_{ii}(\tau)$ 做数值解析延拓而得到。这里使用的解析延拓方法是最大熵方法。结果如图 1-51 所示。当 U 逐渐增大时,van Hove 奇异点附近的谱权重逐渐向高能转移。与此同时,低能的态密度却并不改变,直到 $U_c/t = 3.7$ Mott 相

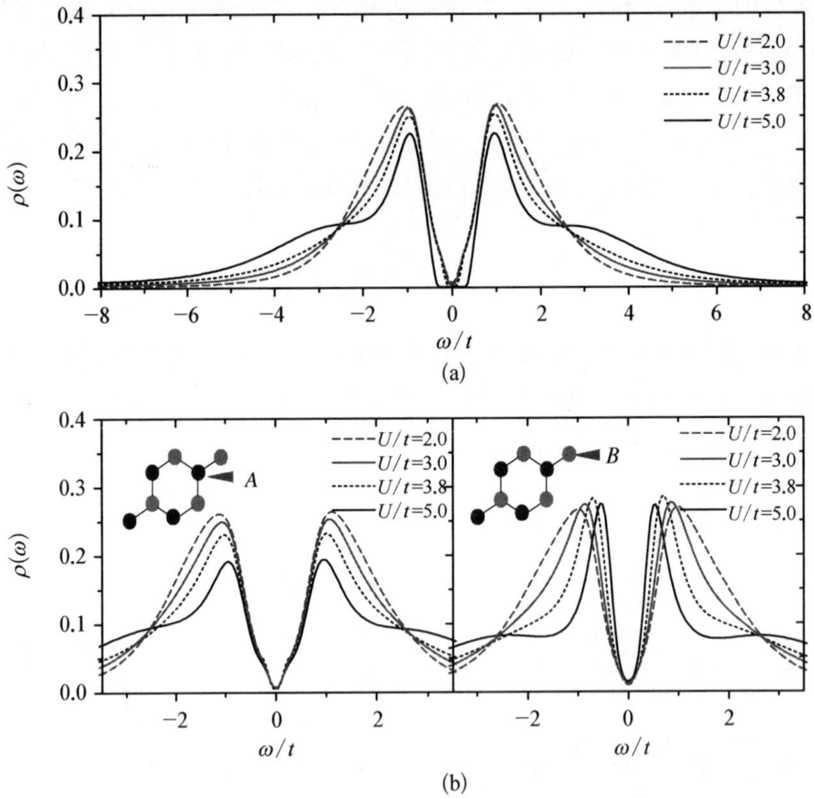

图 1-51　不同相互作用强度 U 下的局域态密度演化情况(这里温度 $T/t = 0.05$)

(a) 6 格点的 CDMFT 解;(b) 8 格点的 CDMFT 结果(插图:8 格点团簇的空间构型。左边:A 格点(中心格点)的低能态密度不随 U 变化,右边:B 格点(边缘格点)上的态密度随 U 增加而不断增加权重)

变发生，费米面出现能隙。这是与 DMFT 结果[245，246]完全相左的结论。这意味着当相互作用增强时，粒子的费米速度并不改变。我们认为这是长程的粒子关联导致的结果。为了支撑我们的结论，同时也研究了一个特别的 8-site 的团簇，如图 1－51 插图所示。结果显示，在 8-site 的团簇中，边界格点的态密度与 DMFT 结果又类似行为，支持费米速度重整化。而中央格点则支持 CDMFT 的结论。这两类格点在同一个团簇中，它们唯一的区别在于所受关联强度不同。边缘格点由于邻接数较少，故只受短程关联比重较大，而受长程关联较小。这说明，DMFT 给出费米速度被相互作用重整化的结论是有问题的，其应该只是 DMFT 近似略去非零长度关联所引起的假象。实际上，计算了更大尺寸的团簇（如 24-site），所得结果都支持 CDMFT 的结论。

1.2.4.3 半金属-绝缘体相变

我们同时也研究了双占据 D_{occ} 随相互作用强度 U 的变化。Brinkman 和 Rice 在研究 Mott 相变时曾用双占据作为变分参数。其定义是格点被自旋上下粒子同时占据的概率，同时它是自由能随 U 的一阶导数：

$$D_{occ}=\langle n_{i\uparrow}n_{i\downarrow}\rangle=\frac{\partial F}{\partial U} \tag{1-104}$$

因此 D_{occ} 可以作为一个很好地判断相变级数的物理量，结果如图 1－52 所示，随着粒子之间排斥势的增强，D_{occ} 在整个参数区域连续下降。可见在六角晶格上的半金属-Mott 转变是一个连续的相变。这也推翻了 DMFT 关于六角晶格是

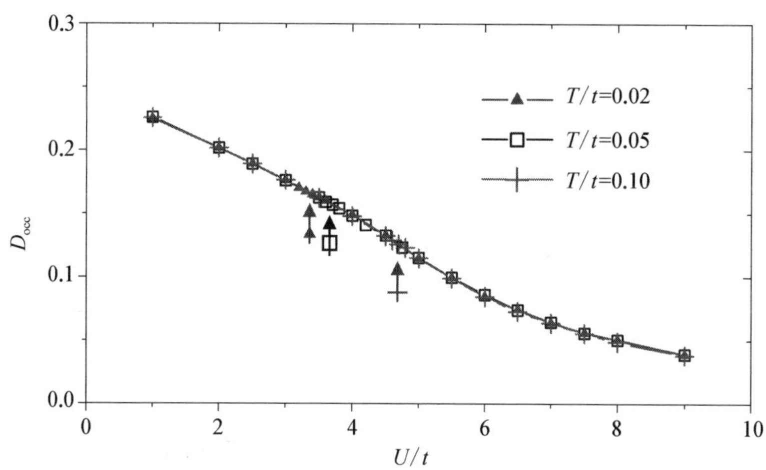

图 1－52 不同温度下，双占据数 D_{occ} 随 U 的变化

（箭头指出了不同温度下的相变点）

一级相变的结论。从图 1 - 52 可见另外一个非常有趣的现象，即在半金属区域，D_{occ}不随温度变换。对于一般系统，比如立方格子、Kagome 格子上的 Hubbard 模型，低温下 D_{occ}在绝缘区域是不随温度变化的[251]，这是很容易理解的。因为在绝缘态，单粒子激发是有能隙的，然而在金属区，D_{occ}一般是随温度有一定函数关系的。

1.2.4.4 单粒子谱函数与相图

我们再来看单粒子谱函数 $A(k,\omega)$的演变规律。$A(k,\omega)$完备地表示了系统的单粒子激发行为，如图 1 - 53 所示。相互作用U/t 在 3.0 左右，系统费米面上($\omega=0$)的谱权重被剧烈压制，一个明显的赝能隙被打开。当 U/t 达到 3.7 左右时，这个赝能隙最终吞没了整个费米面，发展成为一个完全的 Mott 能隙。赝能隙的出现说明系统 Mott 相变是强反铁磁关联的结果。

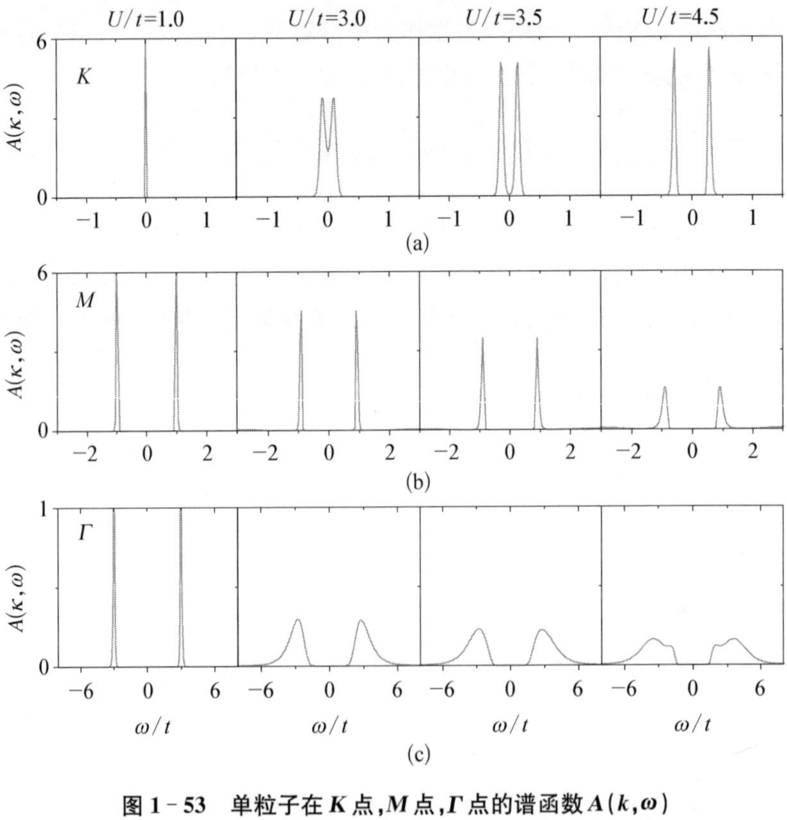

图 1 - 53 单粒子在 *K* 点，*M* 点，*Γ* 点的谱函数 $A(k,\omega)$

在半金属区域，虽然低能局域态密度不受 U 的影响，但在动量空间，随着相互作用增强，谱权重重新在空间分布。如图 1 - 54 所示，原本有三角形变

(trigonal warped)[249, 250]的 Dirac 锥在相互作用增强的情况下，其谱权重逐渐分布均匀，展示了粒子在 Hubbard 相互作用下破碎并重新在动量空间分布的行为。图 1－54(b)显示，由于时间反演对称性在 Mott 相变时保持，Dirac 点 K 和 K'实际上同时发生半金属-绝缘体转变。在相变过程中，费米点的位置也总是保持在 K 和 K'点没有发生移动。

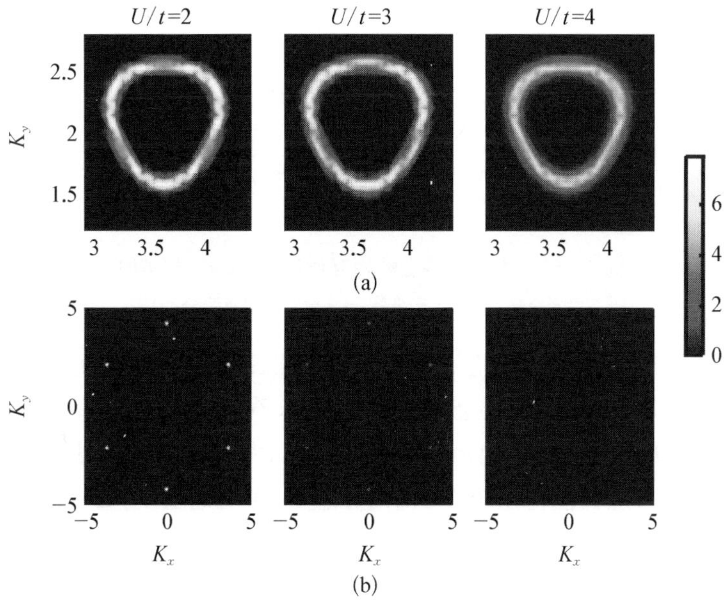

图 1－54　不同相互作用强度下 $A(k,\omega)$在动量空间中的分布

(a) Dirac 点$(2\sqrt{3}\pi/3,\ 2\pi/3)$附近的 $A(k,\omega/t=0.4)$ 随着 U 增大逐渐变得均匀；(b) $A(k,\omega/t=0)$ 显示六角晶格的费米面是 Dirac 点 K，K'（Mott 相变在 Dirac 点同时发生）

最后，得到了六角晶格上相互作用 Dirac 粒子的相图，如图 1－55 所示。半金属与 Mott 绝缘体由一条连续相变线分开。直接的结果都是在有限温度下获得的，从图上可外推零温半金属-Mott 绝缘体相变 U_c/t 约为 3.3 左右。与蒙特卡罗所建议的结果 $U_c/t=3.5$ 相近。与 DMFT 相比，我们的结果大大降低了临界相互作用强度。与以前的文献结果相比[138]，也更加合理。

1.2.5　六角光晶格和规范场中冷原子的量子相变

1980 年 K. von Klitzing 等人在低温强磁场条件下对硅 MOSFET 反型层二维电子气样品测量时，意外发现了量子霍尔效应，即强磁场下霍尔电阻 R_H 呈量子化[147]。这一发现迅速为凝聚态理论及实验打开了一个新方向。其后的分

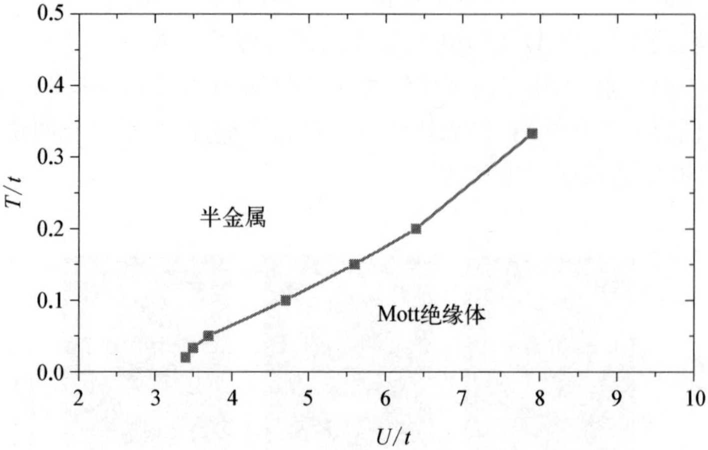

图 1 - 55　六角晶格上的相互作用 Dirac 粒子的相图

(半金属与 Mott 绝缘体由一条二级相变线分开)

数量子霍尔效应,量子反常霍尔效应以及量子自旋霍尔效应,或称拓扑绝缘体也为凝聚态理论与实验开辟了新的道路。从基本原理上讲,量子霍尔效应的关键特点在于强磁场下,量子化的朗道能级在二维体内不可压缩(考虑杂质效应的话为近不可压缩),这样使得系统在霍尔平台上时横向电阻率 ρ_{xy} 有机会独立展现出来 ($\rho_{xx}=0$)[252]。同时,垂直于二维平面的磁场可以拓扑保护边缘态不受杂质散射,所以边缘通道在严格意义上成为完全的量子电导,单个通道的量子电导即为 $\sigma_{xy}=\dfrac{e^2}{h}$。在二维标度下,电阻率可以高精度地测量(见图 1 - 56,霍尔平台的平整度可达 10^{-8},绝对值的测量精度达到 10^{-7})[253]。因此,霍尔电阻 $\dfrac{h}{e^2}$ 可以作为电阻的计量标准。同时,由霍尔电阻也可以高精度地推导出其他基本物理量,这使得量子霍尔效应在物理学上有举足轻重的作用。事实上,K. von Klitzing 发现量子霍尔效应的第一篇文章,即根据霍尔电阻确定了带有 6 位有效数字的精细常数[147] $\alpha^{-1}=137.0353\pm0.0004$ (最新测量值为 137.036 003 00(270))[253]。

量子霍尔效应边缘态非耗散的特殊性质(见图 1 - 57)强烈地吸引着人们来试图更广泛地应用它,比如制造用于量子计算的介观器件。然而量子霍尔效应需要低温高磁场的条件,这在大多数情况下是很难满足的。因此寻求没有磁场的量子霍尔效应成为一个重要的任务。这可以通过量子反常霍尔效应或量子自旋霍尔效应来实现。在理论上这方面的一个尝试是 F. D. M. Haldane 提出的在六角晶格上实现的 Haldane 模型[254]。F. D. M. Haldane 构造出一个破坏时

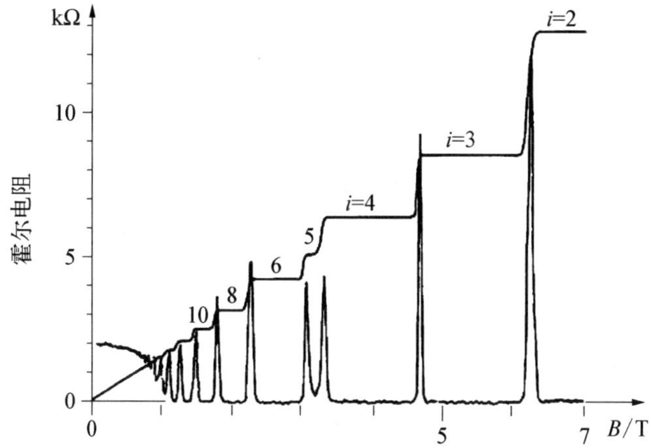

图 1－56　量子霍尔效应

量子霍尔电阻的台阶高低由费米面下的朗道能级数目确定。随着磁场的增加，单个朗道能级简并度增大($\propto B$)，从而使得朗道能级不断移出费米面外。因此霍尔电阻呈台阶式的增加。在实际材料中由于杂质的展宽效应，朗道能级并非完全不可压缩。因此在两个朗道能级之间，会有一个小区域 $\rho_{xx} \neq 0$。对应两个霍尔平台之间有一小段较光滑的连接[266]。

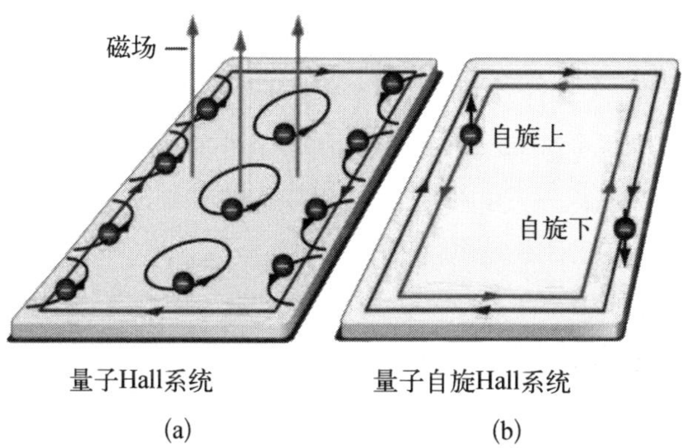

图 1－57　量子霍尔效应与量子自旋霍尔效应

(a) 量子霍尔效应，真空与材料的界面形成一个有效势，其电场 $\boldsymbol{E}$ 从材料指向真空，其与磁场 $\boldsymbol{B}$ 的联合作用使得电子获得一个沿 $\boldsymbol{E}\times\boldsymbol{B}$ 方向的速度；(b) 量子自旋霍尔效应，有效磁场由自旋轨道耦合提供，真空与材料边界上有两支自旋相反，电流相反的边缘态[267]。

间反演对称性的复杂模型。这个模型虽然破坏时间反演对称性，但系统的净磁通为零，因此不存在朗道能级。但在合适的参数条件下，系统存在 $\sigma_{xy}=\pm\frac{e^2}{h}$ 的霍尔电导。后来 C. Kane 和 E. Melc 将两支 Haldane 模型套在一起，提出了时间反演不变的 Kane-Mele 模型[148, 149]，这个模型的拓扑特征可以由一个 Z_2 的拓扑不变量标志来标示[154, 155, 255]。在系统拓扑性质非平凡的情况下，它是一个时间反演不变拓扑绝缘体——边缘为金属而体内部为绝缘体。在体能隙不闭合的情况下，拓扑绝缘体不能与普通带绝缘体绝热联系。拓扑绝缘体从本质上来说与量子霍尔效应是类似的，在物理系统的下面都有低能模型 Chern-Simons 理论[256]。其通过自旋轨道耦合来获得 $U(1)$ 的附加相因子，从而获得磁通-粒子绑定。Kane，Mele 提出 Z_2 拓扑绝缘体时设想其可能在单层石墨烯中实现[148]，其后 S. C. Zhang 及 A. Bernervig 等人则预测在 HgTe/CdTe 量子阱中会出现量子自旋霍尔效应[160]。随后人们确实在 HgTe/CdTe 量子阱实验中观察到量子电导[257]，从而证实量子自旋霍尔绝缘体的存在。除了 HgTe/CdTe 量子阱外，还有许多体系可能存在量子自旋霍尔效应，比如铊铟吸附的石墨烯[258]，Silicene 材料[259]等。

同时一大类的三维拓扑绝缘体也在理论及实验上被验证[260-263]。值得注意的是，在单纯或薄片铱盐材料 $XIrO_3$（X＝Na 或 Li）中，可能也存在量子自旋霍尔效应[264, 265]，在这个系统中，强的电子-电子关联同时存在。虽然清楚地知道 Z_2 拓扑绝缘体对于非磁杂质是稳定的，但是在强的电子-电子相互作用下其性质却仍然是不甚明朗的。在本节中，用 CDMFT 以及 real-space 扩展的 CDMFT 来研究在有电子-电子排斥相互作用的情况下，Z_2 拓扑绝缘体的体性质和边缘激发行为。下面将讨论强相互作用对拓扑稳定性的影响，同时，系统中可能存在的若干个有趣的量子相以及它们之间的相变也被仔细研究了。

1.2.5.1　模型与方法

在本节中，采用简化的 Kane-Mele 模型作为出发点[148]，这个模型在拓扑绝缘体领域被广泛采用来研究 Z_2 拓扑不变行为。同时将 Hubbard 型相互作用加入 Kane-Mele 模型，来考虑电子之间的多体关联行为。原始的描述 Z_2 拓扑绝缘体的 Kane-Mele 模型为

$$H = t\sum_{\langle ij\rangle} c_i^{\dagger}c_j + \mathrm{i}\lambda_{\mathrm{so}}\sum_{\langle\langle ij\rangle\rangle} v_{ij}c_i^{\dagger}\sigma^z c_j + \mathrm{i}\lambda_{\mathrm{R}}\sum_{\langle ij\rangle} c_i^{\dagger}(\boldsymbol{\sigma}\times\boldsymbol{d}_{ij})_z c_j + \lambda_{\mathrm{v}}\sum_i \xi_i c_i^{\dagger}c_i \tag{1-105}$$

式中，第一项是普通的 Hopping 项，第二项是 z 轴镜像对称的自旋轨道耦合。$v_{ij}=\pm 1$ 是一个与次近邻跃迁方向有关的系数，其用来保证电子感受到自旋轨道耦合“有效磁场”的同时维持时间反演不变。v_{ij} 的具体形式为：$v_{ij}=\mathrm{sgn}[(\boldsymbol{d}_i\times\boldsymbol{d}_j)_z]$。$\boldsymbol{d}_i$ 和 $\boldsymbol{d}_j$ 是两个次近邻格点 i 及 j 到它们中间格点的矢量。λ_{R} 是

Rashba 的自旋轨道耦合，它可以由二维材料的衬底或是外加的垂直电场而引起。第三项是交错的子格子势（$\xi_i=+1$）。Kane 和 Mele 用它来描述拓扑绝缘体与普通绝缘体之间的转变。因为很明显，当 λ_v 极大时，系统是一个简单的带绝缘体。哈密顿量式(1-105)的相图如图 1-58 所示，在 λ_R，λ_v 与 λ_{SO} 有适当比例的区域存在量子自旋霍尔效应相（QSH），而其他区域是拓扑简单的带绝缘体。

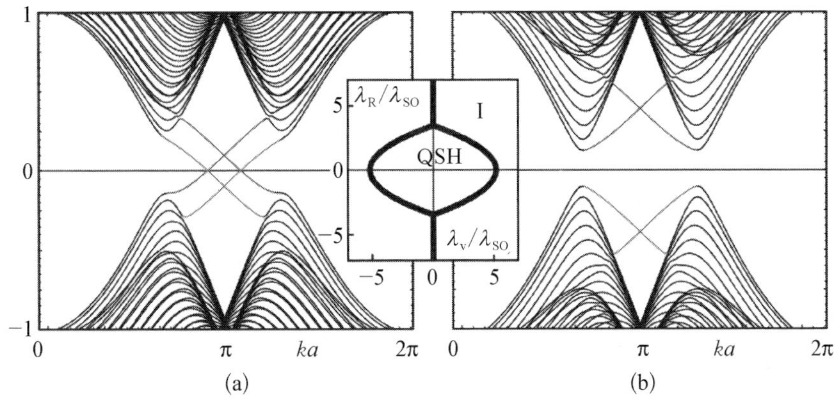

图 1-58　Kane-Mele 模型相图[149]

我们研究电子-电子相互作用对拓扑绝缘体性质的影响。为简单起见，令 $\lambda_R=0$ 以及 $\lambda_v=0$，即取图 1-58 中插相图的原点位置。略去原始 Kane-Mele 模型中的 Rashba 自旋轨道耦合与子格子交错势，并加上 Hubbard 型的电子-电子相互作用，得到所谓的 Kane-Mele-Hubbard 模型哈密顿量

$$H=-t\sum_{\langle ij\rangle\sigma}c_{i\sigma}^{\dagger}c_{j\sigma}+\mathrm{i}\lambda\sum_{\langle\langle ij\rangle\rangle\alpha\beta}v_{ij}c_{i\alpha}^{\dagger}\sigma_{\alpha\beta}^{z}c_{j\beta}+U\sum_{i}n_{i\uparrow}n_{i\downarrow}\tag{1-106}$$

在本节中以 t 为单位，$t\equiv 1$。U 为相互作用强度。注意在有自旋轨道耦合情况下，原始的自旋 $SU(2)$ 对称性被破坏成 $U(1)$ 了。

1.2.5.2　无相互作用情况

由于量子自旋霍尔效应的物理特征已经完全包含在 $U=0$ 时的式(1-106)中，首先对无相互作用情况下的 Kane-Mele 哈密顿量作分析。六角晶格是两带结构（由两套布拉维格子 A，B 组成），同时在自旋轨道耦合存在的情况下，自旋上下的简并被破坏，所以系统实际包含四个带。我们用旋量

$$\begin{aligned}\Psi^{\dagger}&=[a_{\uparrow}^{\dagger},b_{\uparrow}^{\dagger},a_{\downarrow}^{\dagger},b_{\downarrow}^{\dagger}]\\ \Psi&=\Psi^{\dagger\dagger}\end{aligned}\tag{1-107}$$

来表示哈密顿量更方便，$a_{\uparrow}^{\dagger}$，$b_{\uparrow}^{\dagger}$ 分别表示（自旋朝上）的A，B子格子上的粒子产生算符。式(1-106) 在 $U=0$ 时做傅里叶变换，可写为

$$\boldsymbol{H}_k=\begin{bmatrix} \gamma(k) & -g(k) & & \\ -g(k)^* & -\gamma(k) & & \\ & & -\gamma(k) & -g(k) \\ & & -g(k)^* & \gamma(k) \end{bmatrix} \tag{1-108}$$

式中，$g(k)$是六角晶格的近邻 Hopping 求和，$g(k)=t\sum_{i=(1,2,3)}\mathrm{e}^{\mathrm{i}k\cdot b_i}$，$b_i$ 是六角晶格某个格点与其最近邻格点之间的距离。$\gamma(k)$ 是自旋轨道耦合部分的傅里叶变换。当取六角晶格矢量 $a_1=\frac{1}{2}(3,\sqrt{3})$，$a_2=\frac{1}{2}(3,-\sqrt{3})$ 时，其值为 $\gamma(k)=-2\lambda[-\sin(\sqrt{3}k_y)+2\cos(3k_x/2)\sin(\sqrt{3}k_y/2)]$。将式(1-108)对角化，即可得到 Kane-Mele 模型的色散关系

$$E_{\pm}(k)=\pm\sqrt{|g(k)|^2+\gamma(k)^2} \tag{1-109}$$

由上下两个双重简并的能带构成。当 λ 较小时 ($\lambda<0.193t$)，系统的能隙反映在 Dirac 点 K，K'，这两个特殊点的色散关系可写成 $E_{\pm}(k)=\pm 3\sqrt{3}\lambda$（见图 1-59，图 1-60）。所以系统的拓扑能隙大小为 $6\sqrt{3}\lambda$ [268]。

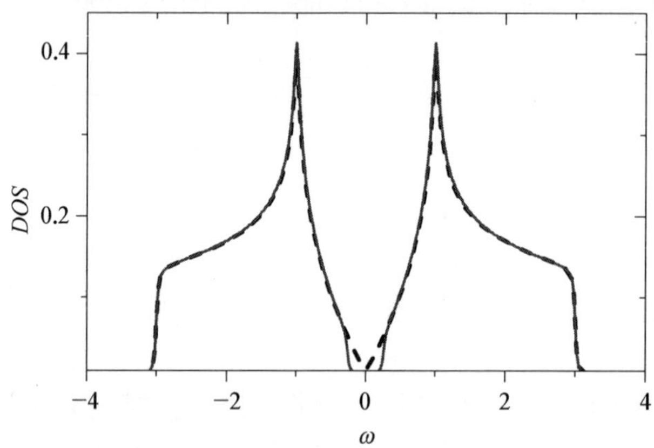

图 1-59 $U=0$ 时的 Kane-Mele-Hubbard 态密度式(1-106)

虚线：自旋轨道耦合 $\lambda=0$，此时系统就是一个简单的六角晶格上的紧束缚模型。态密度显示系统是一个半金属态。实线：$\lambda=0.05$ 时的态密度。此时系统是有能隙的拓扑绝缘体，λ 较小时，能隙 $\Delta=6\sqrt{3}\lambda$。

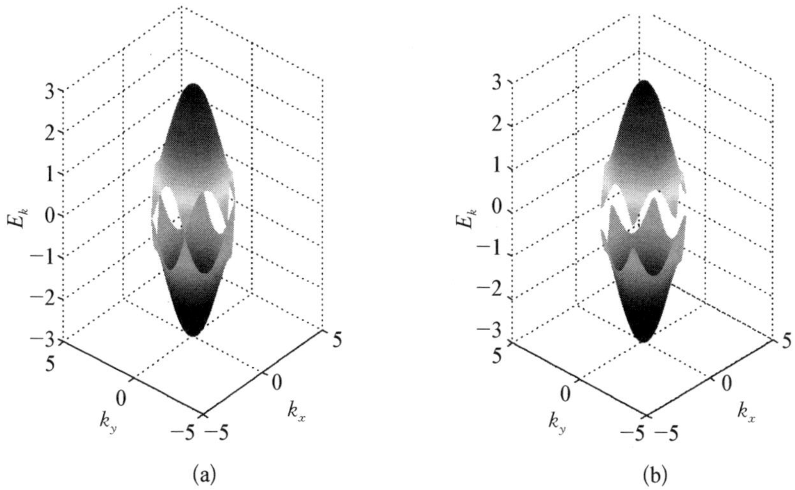

图 1-60 色散关系

(a) 自旋轨道耦合 $\lambda=0$ 的色散关系，费米面是 Dirac 点 K,K'；(b) 当 $\lambda\neq 0$ 时，体能隙在 Dirac 点上打开

1.2.5.3 反铁磁有序相

六角晶格是可双分系统，当相互作用强度 U 足够大时，哈密顿量式(1-106)一定出现自发的反铁磁有序。自旋轨道耦合常数 $\lambda=0$ 时，很明显哈密顿量式(1-106)回到 $SU(2)$ 对称的情况。序参量可以指向任意一个方向。而当 $\lambda\neq 0$ 时，系统 $SU(2)$ 对称性破坏，会有一个特别的 Z 轴，此时系统的磁化情况我们应该从式(1-106)的大 U 极限来考虑。在强 U 作用极限下，我们可以得到次近邻跃迁所引起的有效自旋相互作用：

$$\widetilde{H}=\frac{4\lambda^2}{U}(-S_i^x S_j^x-S_i^y S_j^y+S_i^z S_j^z) \tag{1-110}$$

注意上式的 i,j 是次近邻格点指标。因此这一项有利于 $x-y$ 平面内的反铁磁序而阻挫 z 轴上反铁磁序。实际上 slave-boson 以及平均场结果都支持大 U 时 $x-y$ 面内的反铁磁序，这与我们的数值结果是一致的。值得注意的是，由于 $x-y$ 面内的磁有序可能存在，需要对 DMFT 的方法做一些改变，使用 spinor 表象的生成湮灭算符会更加方便，$\Psi^\dagger=\{c_{i\uparrow}^\dagger,c_{i\downarrow}^\dagger\}$，$\Psi^\dagger=(\Psi^\dagger)^\dagger$。因此 DMFT 框架内格林函数 G 的定义变为

$$\langle\Psi(\tau_i)\Psi^\dagger(\tau_j)\rangle=\begin{bmatrix}G_{\uparrow\uparrow}(\tau_i-\tau_j) & G_{\uparrow\downarrow}(\tau_i-\tau_j)\\ G_{\downarrow\uparrow}(\tau_i-\tau_j) & G_{\downarrow\downarrow}(\tau_i-\tau_j)\end{bmatrix} \tag{1-111}$$

CDMFT 框架内的 KMH 模型相图如图 1-61 所示。有关磁有序指向的结果如图 1-62 所示，$U_c = 4.2$ 左右时，CDMFT 会出现 S^x 方向的反铁磁解，而 S^z 则保持为零。值得注意的是，图 1-62 在 U 做外推时得到的饱和磁化强度与自旋 $S = \frac{1}{2}$ 二维海森伯模型的公认磁化强度 $M \approx 0.307$ [269-271] 是相吻合的。

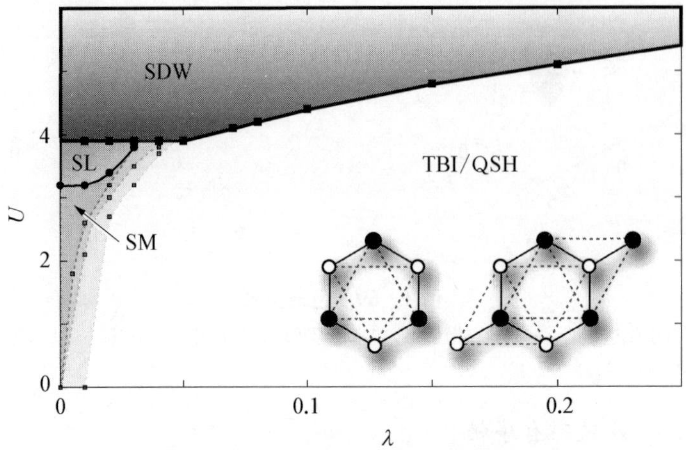

图 1-61 CDMFT 框架内的 KMH 模型相图

包括四个相：① 拓扑绝缘体(topological band insulator，TBI)；② 反铁磁有序的自旋密度波态(SDW)；③ 非磁绝缘体(SL)；④ 半金属(SM)区。从右到左的温度为 $T=0.025$℃，0.0125℃，和 0.005℃。外推 $T \to 0$，半金属区收缩到一条线，见正文。插图：CDMFT 用到的两个典型团簇。

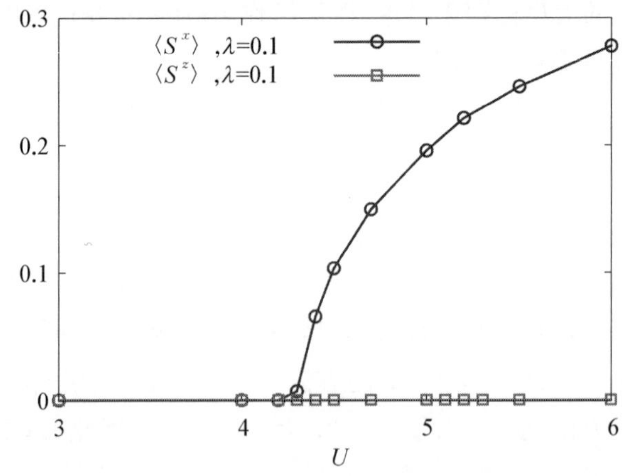

图 1-62 Kane-Mele-Hubbard 模型的反铁磁磁化方向在 $x-y$ 平面内

1.2.5.4 相图分析

我们的结果可用图 1-61 来总结。首先在 $U=0$ 的情况下，系统在任意自

旋轨道耦合 $\lambda \neq 0$ 的区域皆为有边缘态且体能隙不为零的拓扑绝缘体。当 U 增加时，一般来说，体系的拓扑能隙逐渐减小。当相互作用强度 U 大到一定值 U_c 时，体系发生相变，成为一个 S^x 方向磁化的反铁磁绝缘体。注意此时系统的单粒子能隙为电荷能隙，不再是来源于自旋轨道耦合的拓扑能隙，因此在 SDW 相边缘态消失了。此种情况下的拓扑绝缘体-反铁磁绝缘体相变是非绝热联络的。所以在相变过程中，体能隙并不闭合。当自旋轨道耦合 λ 较小时，在 SDW 相与 TBI 相之间可能还有其他相的存在，如相图靠近 $\lambda = 0$ 的区域。这个区域受相互作用 Dirac 费米子性质的影响，当相互作用 U 大小合适时，会有一个可能的量子自旋液体相存在。此时相变的整体路线是：拓扑绝缘体—半金属—量子自旋液体—反铁磁绝缘体。对此过程仔细的研究如图 1－63 所示。

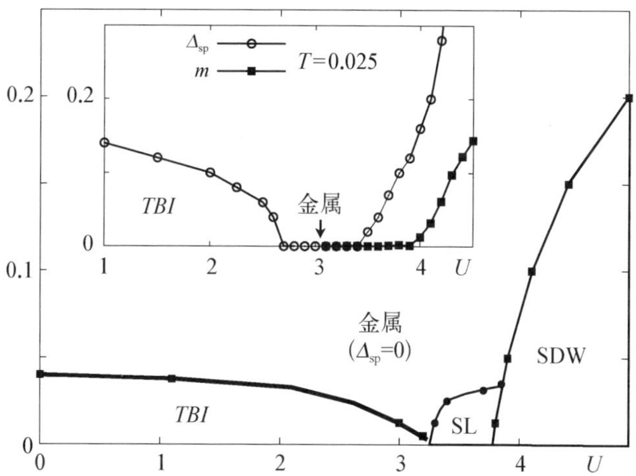

图 1－63　Kane-Mele-Hubbard 模型的温度相图

插图：λ=0.02 时单粒子体能隙的演化

在图 1－63 中，研究了单粒子能隙随相互作用强度 U 的演化行为。图1－63 取 $\lambda = 0.02$，是一个小自旋轨道耦合的情况。插图显示随着 U 增加，单粒子能隙有清晰的下降行为，并在 $U_c \sim 2.7$ 左右消失，系统进入半金属区域。

如果继续增加相互作用强度，则系统会出现一个非磁绝缘体。在相图中把它记为“量子自旋液体”。因为它的出现位置与量子蒙特卡罗研究中出现过的量子自旋液体[138, 272]非常相近。在团簇研究中，因为关联长度太短(团簇太小)，并不能确定这个区域的性质为量子自旋液体。值得一提的是，即使是在大规模蒙特卡罗计算或 DMRG 计算，人们仍然不能确定是否确实发现了量子自旋液体相。首先的问题是在物理上并不是特别好定义量子自旋液体相。如果按照 P.

W. Anderson[273]以及随后的 X. G. Wen 和 P. Lee 的拓扑序的定义[274]，则量子自旋液体必须要有特定的内部结构，其由系统的基态简并性质确定。有关量子自旋液体数值计算的最新进展，可以参看文献[137,275 - 278]。在这里称非磁绝缘体为量子自旋液体，但它的性质却有待进一步研究。图 1 - 63 给出了各个量子相在有限温度下的演化情况。很明显，热无序是一个破坏拓扑绝缘体的因素。如图 1 - 64 所示，破坏拓扑绝缘体的温度 T_c 与自旋耦合强度 λ 大致成线性关系。这是因为小 λ 的情况下，拓扑能隙与 λ 成正比。图 1 - 63 所示的各个有限温相变的级数如图 1 - 65 所示。

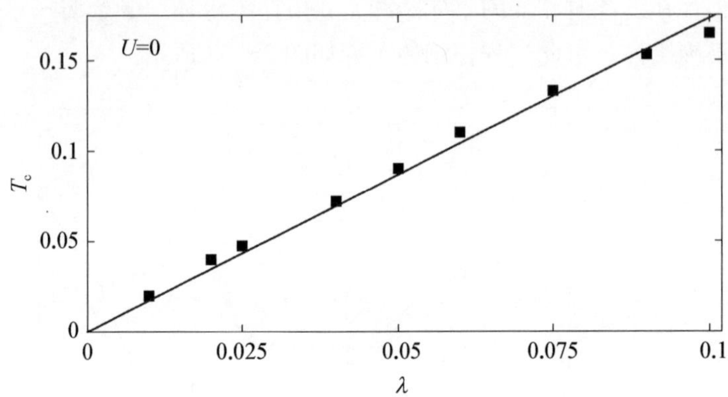

图 1 - 64　热无序可以破坏拓扑绝缘体

$U = 0$ 时，破坏拓扑能隙的 T_c 与自旋轨道耦合常数 λ 的大小成正比

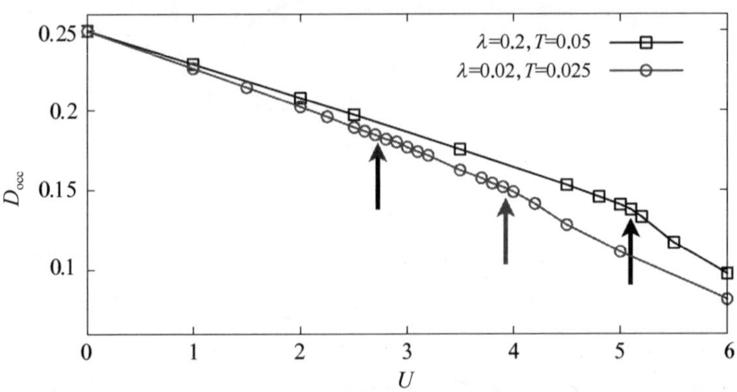

图 1 - 65　$\lambda = 0.02$ 与 $\lambda = 0.2$ 时的双占据 D_{occ} ($\langle n_{i\uparrow} n_{i\downarrow} \rangle$) 曲线

箭头表示出了各个相变点

1.2.5.5　边缘态的演化

拓扑绝缘体或量子自旋霍尔效应的边缘态可用 helical Luttinger liquid 概

念来描述[152]。在费米点附近，系统的自由度可由场算符 $\psi_{R\uparrow}$ 及 $\psi_{L\downarrow}$ 来描述。无相互作用情况下的有效 Hamiltonian 可写为

$$H_0 = v_F\int \mathrm{d}x(\psi_{R\uparrow}^{\dagger}\,\mathrm{i}\partial_x\psi_{R\uparrow} - \psi_{L\downarrow}^{\dagger}\,\mathrm{i}\partial_x\psi_{L\downarrow}) \tag{1-112}$$

在有相互作用 U 的情况下，系统可能存在各种散射情况[152]，注意背散射项 $\psi_{R\uparrow}^{\dagger}\psi_{L\downarrow}+h.c.$ 因为哈密顿量的时间反演对称性是被禁止的，所以一般情况下边缘态并不能由背散射打开能隙。只有保持时间反演不变的散射通道才是可能的，如前向散射($\psi_{R\uparrow}^{\dagger}\psi_{R\uparrow}\psi_{L\downarrow}^{\dagger}\psi_{L\downarrow}$)或倒逆散射 $\psi_{R\uparrow}^{\dagger}\psi_{R\uparrow}^{\dagger}\psi_{L\downarrow}\psi_{L\downarrow}$。前者只重整化费米速度，而后者在 Hubbard 型相互作用中并不能出现。所以一般而言，拓扑绝缘体的边缘态在杂质扰动下能稳定存在(见图 1-66)。但是在体系存在磁性的情况下，情况将完全不同。在 SDW 相，散射变为

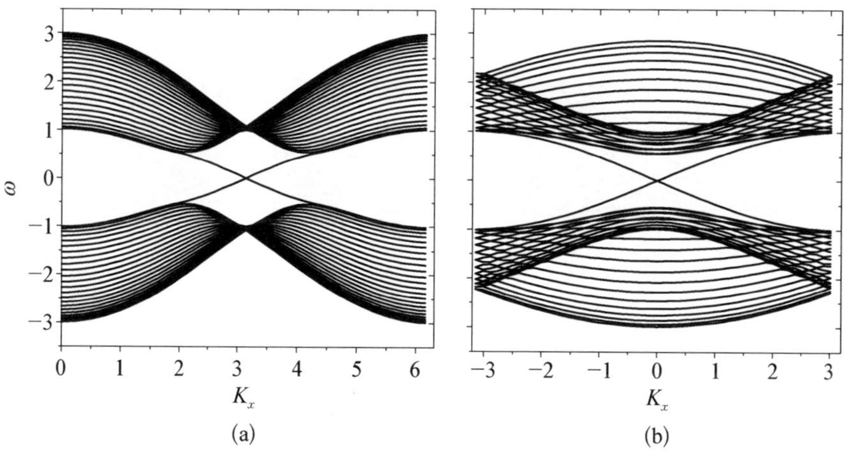

图 1-66 两种不同边界条件下的 Kane-Mele 模型($\lambda_R=0,\lambda_v=0$)的边缘态

(a) zigzag 边界；(b) armchair 边界

$$H_I \approx -Um\int \mathrm{d}x\psi_{L\downarrow}^{\dagger}\psi_{R\uparrow}+h.c.$$

$$m = \langle\psi_{R\uparrow}^{\dagger}\psi_{L\downarrow}\rangle \tag{1-113}$$

按照标准的玻色化手续，边缘态的有效哈密顿量为

$$H = \int \mathrm{d}x\,\frac{v}{2}\left[\frac{1}{K}(\partial_x\phi)^2 + K(\partial_x\theta)^2\right] - \frac{Um\sin\sqrt{4\pi}\phi}{(\pi a)^2} \tag{1-114}$$

式中，v 是重整化 plasmon 速度，a 是晶格常数。此时 sine Gordon 项是 relevant

扰动，边缘态获得电荷能隙。real-space CDMFT 的计算结果如图 1-67 所示。图 1-67 是环状 Kane-Mele-Hubbard 模型某个自旋的最低四个能带（最靠近费米面）的谱函数 $A_\sigma(k_x, \omega)$，中间两条即是边缘态。为获得这四支谱函数，我们需要对由 real-space CDMFT 获得的自能 $\Sigma(\mathrm{i}\omega)$ 做对角化。由 Dyson 方程

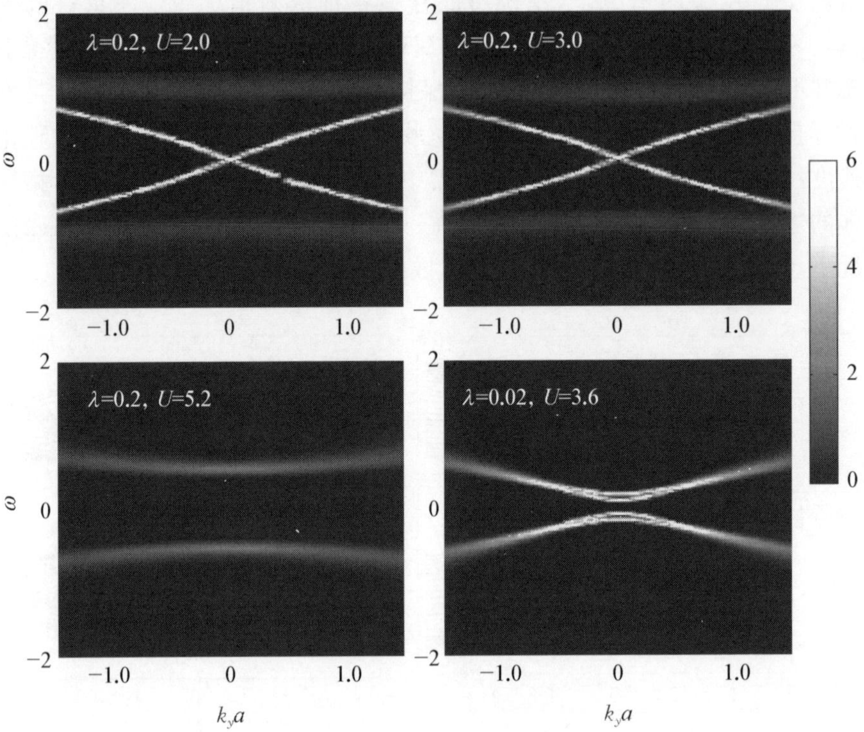

图 1-67 边缘态的谱函数分布

图列出 armchair 环状结构的最低四个能带。中间两条能带是拓扑保护的边缘态。$U=5.2$ 时，系统进入反铁磁绝缘相，边缘态消失。自旋轨道耦合较小时，系统可能进入量子自旋液体相，此时系统是拓扑简单的，没有边缘态的存在。

$$G_i(k_x, \mathrm{i}\omega) = \frac{1}{\mathrm{i}\omega - E(k_x) - \Sigma(\mathrm{i}\omega)} \tag{1-115}$$

$E(k_x)$ 是投影到一维的色散矩阵（即把 y 方向的指标写成矩阵指标，而 x 方向做傅里叶变换），$\Sigma(\mathrm{i}\omega)$ 是 real-space CDMFT 里输出的自能矩阵。上式物理量皆是 $N_y \times N_y$ 的矩阵，N_y 是开放边界方向上的格点数。按照绝热近似，我们认为 $E(k_x) - \Sigma(\mathrm{i}\omega)$ 的虚部很小，准粒子在 k_x 附近有尖峰，其能量仍然分布在 $E(k_x)$ 附近，对 $E(k_x) - \Sigma(\mathrm{i}\omega)$ 对角化，并挑选实部最接近 0（费米面）的四支本征值 $\widetilde{E}_m(k_x)$ 代入 Dyson 方程

$$\widetilde{G}_m(k_x, \mathrm{i}\omega) = \frac{1}{\mathrm{i}\omega - \widetilde{E}_m(k_x)} \tag{1-116}$$

得到能带空间中的格林函数，对其做最大熵分析即可以得到谱函数。图 1-67 里展示的结果来自环状 armchair 型晶格结构的计算。zigzag 型的结构有类似结果，我们在此不赘述。如图所示，在系统反铁磁(SDW)相变之前，边缘态能够稳定存在。更仔细的研究发现边缘态的费米速度稍有重整化，符合关系 $v = \sqrt{v_f^2 - g^2}$，v_f 是 $U=0$ 时的费米速度，g 是前向散射的耦合常数，与 Luttinger 参数 K 有关系，$K = \sqrt{(v_f - g)/(v_f + g)}$。当系统发生反铁磁相变时，边缘态将被迅速摧毁。值得注意的是，在 $U=3.6$ 时，系统处于量子自旋液体相，此时虽然系统有体的能隙且无磁序，但系统是拓扑简单的。在拓扑绝缘体意义上，其和简单真空等价，因此没有边缘态的存在。

1.2.5.6 边缘态的重分布

一般而言，二维拓扑绝缘体的两个边缘离得足够远时，边缘态之间没有干涉。它们的权重在实空间离开边缘时指数下降，即边缘态主要分布在实空间的边缘。在系统有电子相互作用的情况下，将会有一个有趣的现象发生，即随着相互作用增强，边缘态就逐渐向材料体中心转移，如图 1-68 所示。这个现象可以这样理解：在边缘上由于电子自由度受限，它感受到的有效相互作用强度比

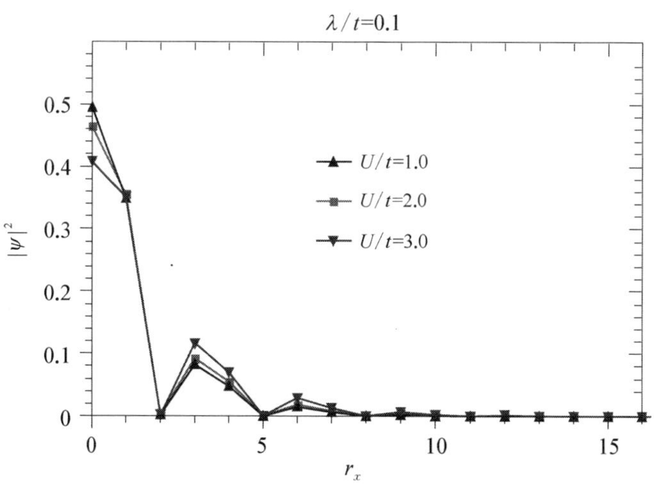

图 1-68 armchair 边界条件，$\lambda = 0.1$ 时的边缘态在实空间中的分布随相互作用强度的变化情况

横坐标 r_x 是开边界方向上的实空间坐标，这里 r_x 只覆盖了一个边界($r_x = 0$ 方向)。

材料中心的电子感受到的相互作用更强，因此会形成一层移动性较弱的近Mott层。因此边缘有效电场将往中心移动。体内的电子在这个近Mott层反弹形成新的边缘态。整体上考虑，即边缘态的权重将逐渐向中心移动。在研究中，由于六角晶格是双分格子，系统在U较小时即已经发生了反铁磁相变，因此边缘态的内移行为并不特别剧烈。我们期望在有阻错的二维拓扑绝缘体系统中(比如kagome格子上的拓扑绝缘体)，这个现象能更加清晰地被观察到。

1.2.5.7 动力学平均场近似与边缘磁性

CDMFT基于动力学平均场近似，其在低维物理系统中会低估涨落，给出较差的结果。在本节的研究中，拓扑绝缘体边缘态是准一维的系统。因此在对边缘态的研究中，CDMFT错误给出了边缘先于中心磁化的结果，如图1-69所示。实际上平均场对类似问题的研究都会给出边缘先于中心磁化的结果[279]。由图可见，CDMFT近似下，系统的磁性由边缘逐渐向中心发展。从物理上讲，边缘态是一维helical Luttinger liquid，在中心被磁化(从而破坏边缘态)之前，拓扑绝缘体边缘事实上是不会有任何磁有序的。我们也用CDMFT仔细研究了独立于二维拓扑绝缘体的单独的一维helical Luttinger liquid。结果显示，CDMFT确实会高估反铁磁关联。另外也发现，由于电子自由度受限，一维helical Luttinger liquid的涨落明显弱于普通Luttinger liquid，这个系统中有相对较强的反铁磁关联。因此它会诱使CDMFT错误地给出边缘态磁化的结果。

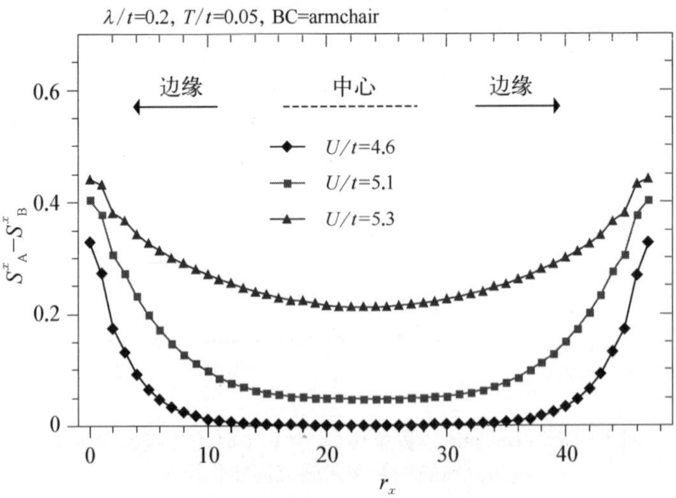

图1-69 CDMFT给出的边缘态磁性分布

1.2.6 三角 kagome 格子中冷原子的量子相变

在凝聚态物理中，几何阻挫系统一直是一个有趣的系统。在具有几何阻挫的强关联系统中，可以发现很多有趣的现象，比如：自旋液体与自旋冰[135, 137, 139, 140, 142, 144-146, 280-283]。而且，在强关联体系中，研究其电荷与磁矩的分布总是可以发现很多新奇的现象[138, 143, 203, 217, 222, 224, 247, 284, 285]。近期，人们在试验中发现了一种新的材料 $Cu_9X_2(cpa)_6 \cdot xH_2O$[286-288]。这种实验材料具有一种被称为三角 kagome 格子的几何结构。几何结构也可以通过光晶格技术来形成，它通过在 kagome 格子中再插入一组三角格子，从而形成一种“三角套三角”的几何结构。人们研究了这种格子的有效自旋模型[289, 290]，但是在强关联区域中，三角 kagome 格子真实的电荷与自旋的相变问题却依然没有得到解决。而且，与普通的阻挫系统（比如三角格子和 kagome 格子）不同，在三角 kagome 格子中的“三角套三角”结构将系统本身划分为两套子格子。而且，在以往的研究中，由于不同格座之间跃迁能的不同导致的非均匀性对相变的影响，往往被简单忽略。在三角 kagome 格子中，这种非均匀性将对其中的金属-绝缘体相变以及磁性相变产生怎么样的影响，将是一个十分有趣而复杂的问题。

近年来，人们发展了许多解析及数值的方法来研究强关联系统中的相变问题[204, 206, 218, 291-295]，比如，动力学平均场方法[199]。然而，在阻挫及低维体系中，动力学平均场方法计算的结果并不理想。这主要是由于动力学平均场方法忽略了非局域关联与空间涨落。因此，一种被称为原胞动力学平均场方法的新方法被发展起来。该方法通过将原始的格点模型映射为一个与有效媒介相耦合的有效团簇模型，在动力学平均场的框架下加上如空间关联以及几何涨落。这个方法已经被应用于研究二维阻挫系统中的量子相变问题[200-202, 217, 296]。本节将利用原胞动力学平均场方法结合连续时间 Monte Carlo 方法来研究非均匀三角 kagome 格子中的 Mott 金属-绝缘体相变和磁性相变问题。通过调节三角 kagome 格子中两种子格之间的跃迁能量，我们成功引入了非均匀性，发现了两种由非均匀性与相互作用诱导出来的新相：片绝缘体与 Kondo 金属。通过研究动量空间的谱函数，研究了这两种相的物理性质。通过定义一个有效的磁性序参量，研究了三角 kagome 格子随相互作用与非均匀性变化的磁性相变。我们发现，随着相互作用增加，系统将从一个顺磁绝缘体相转变为一个亚铁磁绝缘体相。我们还可以通过光晶格技术，来研究三角 kagome 格子中冷原子的量子相变。

1.2.6.1 三角 kagome 格子

三角 kagome 格子是最近在一种新的实验材料 $Cu_9X_2(cpa)_6 \cdot xH_2O$ 中发现的一种结构。在这种材料中，铜离子将形成如图 1-70(a)所示的三角 kagome 格子的几何结构，该格子可以分为两套子格子，图中空心圆为 A 子格子，而实心圆则是 B 子格子。A 子格子与 kagome 格子的几何结构是完全一样的，而 B 子格子则是直接嵌套在 A 子格子中间的。图 1-70(a)中的细点线段表示 A 子格子和 B 子格子之间的跃迁，其中的实线段表示 B 子格子和 B 子格子之间的跃迁。我们考虑一个标准的 Hubbard 模型：

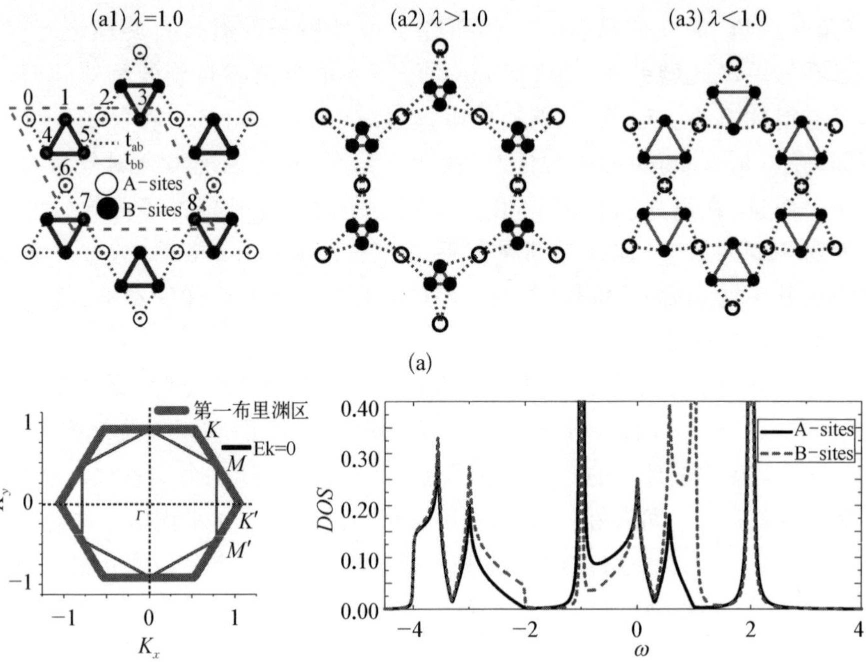

图 1-70 (a) 不同的非均匀性因子的三角 kagome 格子的示意图；(b) 三角 kagome 在 $\lambda=0$, $U=0$ 情况下的第一布里渊区与费米面；(c) 三角 kagome 在 $\lambda=0$, $U=0$ 情况下的态密度

$$H=-\sum_{\langle ij\rangle\sigma}t_{ij}c_{i\sigma}^{+}c_{j\sigma}+U\sum_{i}n_{i\uparrow}n_{i\downarrow}+\mu\sum_{i\sigma}n_{i\sigma} \tag{1-117}$$

式中，$t_{ij}=t$ 表示最近邻的跃迁，U 是排斥相互作用，μ 是化学势。通过调节化学势，可以将体系保持在半填满状态。引入一个非均匀因子 $\lambda=t_{ab}/t_{bb}$，该参数可以用于表征不同格点间跃迁能的差异程度。取 $t_{bb}=1.0$，并以此作为能量单位。当

$\lambda > 1$ 时，三角 kagome 格子将类似于一个 kagome 格子，如图 1-70(a2)所示。而当 $\lambda < 1$ 时，三角 kagome 格子则类似一组由许多三角片组成的一个系统，如图 1-70(a3) 所示。$\lambda = 1$ 时的三角 kagome 格子可以被称为对称的三角 kagome 格子，如图 1-70(a1)所示。图 1-70(b)显示的是对称的三角 kagome 格子的第一布里渊区(粗实线)与无相互作用费米面(细实线)。其中的 Γ, K, M 与 M' 表示在第一布里渊区中对称性不同的几个点。对于这种对称的三角 kagome 格子而言，A 子格子和 B 子格子的无相互作用态密度是十分类似的，如图 1-70(c)所示。如果改变非均匀因子，就会引起 A 子格子和 B 子格子中无相互作用态密度发生极大的不同。在实验上，可以通过加压以及加入杂质的方式来引入非均匀性。

1.2.6.2 *原胞动力学平均场方法+连续时间 Monte Carlo 方法简介*

我们利用原胞动力学平均场方法结合连续时间 Monte Carlo 方法来研究在非均匀性影响下的三角 kagome 格子中的 Mott 金属-绝缘体相变与磁性相变问题。在原胞动力学平均场方法中，原始的格点模型将通过标准的动力学平均场手段，被映射为一个与有效媒介耦合的有效团簇模型。有效媒介 $\hat{\boldsymbol{g}}$ 可以利用下面的粗粒化程序来得到：

$$\hat{\boldsymbol{g}}^{-1}(\mathrm{i}\omega) = \left(\sum_{\boldsymbol{k}} \frac{1}{\mathrm{i}\omega + \mu - \hat{\boldsymbol{t}}(\boldsymbol{k}) - \hat{\boldsymbol{\Sigma}}(\mathrm{i}\omega)} \right)^{-1} + \hat{\boldsymbol{\Sigma}}(\mathrm{i}\omega) \quad (1-118)$$

式中，$\hat{\boldsymbol{t}}(\boldsymbol{k})$ 表示原胞的跃迁矩阵，$\boldsymbol{k}$ 表示在约化第一布里渊区内的波矢，ω 是松原频率(Matsubara frequency)。之后，引入连续时间 Monte Carlo 方法作为杂质求解器来计算团簇格林函数 $\hat{\boldsymbol{G}}_{\mathrm{C}}(\mathrm{i}\omega)$。利用前面得到的 $\hat{\boldsymbol{g}}$ 和 $\hat{\boldsymbol{G}}_{\mathrm{C}}(\mathrm{i}\omega)$，可以通过 Dyson 方程来得到新的自能 $\hat{\boldsymbol{\Sigma}}(\mathrm{i}\omega) = \hat{\boldsymbol{g}}^{-1}(\mathrm{i}\omega) - \hat{\boldsymbol{G}}^{-1}(\mathrm{i}\omega)$。再利用得到的新的自能，重新进行粗粒化。并重复前面的过程，进行自洽的迭代求解，直到自能收敛。然后，就可以求得我们所感兴趣的一些物理量，比如态密度、双占据数等。与传统的动力学平均场方法相比，原胞动力学平均场包含了非局域关联与几何涨落，于是十分适合用于研究低维情况下具有几何阻挫系统中的相变问题。

1.2.6.3 *三角 kagome 格子的 Mott 金属-绝缘体相变与磁性相变研究*

图 1-71 中的插入图显示的是对称的三角 kagome 格子 ($\lambda = 0$) 的相图，我们发现，如果没有引入非均匀性，随着相互作用的增强，系统将由一个金属相转变为一个 Mott 绝缘体相。而在引入非均匀性之后，如图 1-71 所示，当 $\lambda = 0.6$ 时，三角 kagome 格子的相变线将发生改变，并且 A 子格子与 B 子格子的相变点将会发生分离。这样就将形成两种新的共存相，一种我们称为片绝缘体

(plaquette insulator)，另外一种我们称为 Kondo 金属(Kondo metal)。当相互作用较弱的时候，A 子格子和 B 子格子中的电子都将表现为强巡游性，所以整个系统都将表现出金属性。当温度较高，比如 $T = 0.5$ 时，随着相互作用的增强，A 子格子上的电子的局域性增强，于是电子将倾向于在 B 子格子组成的小三角形中运动。由于 A 子格子的强局域性而且不存在有次近邻跃迁，电子在不同小三角形之间跃迁需要消耗的能量增加，这样系统在整体上将表现为绝缘体性，所以我们称之为片绝缘体。当温度较低的时候，比如当 $T < 0.34$ 的时候，B 子格子中的电子的局域性增强，而 A 子格子的电子依然保持强巡游性。在这种情况下，B 子格子中的电子将等价于处在强巡游背景下的磁性杂质，这样的一个系统与 Kondo 模型的物理图像十分类似。所以我们将其称为 Kondo 金属。随着相互作用的进一步增大，A 子格子与 B 子格子中的电子的局域性逐渐增强，最终进入一个 Mott 绝缘体相。而我们还发现，当相互作用较低时，A 子格子中的相变线将随着温度的降低出现一种金属—绝缘体—金属的再入式现象。这种现象是由非均匀性引起的。这种金属—绝缘体—金属的再入式现象在 Kawakami 等人对各向异性三角格子的研究中也有发现[205]，而在各向同性的三角格子与普通的不具有非均匀性的 kagome 格子的研究中却没有发现。这两种共存态都是由非均匀性引起的，在图 1－71 的插入图中我们可以看到，当 $\lambda = 1.0$ 的时候，随相互作用的增加，系统将直接由金属态转变为 Mott 绝缘体态，而片绝缘体，Kondo 金属以及金属—绝缘体—金属的再入式现象都没有发现。

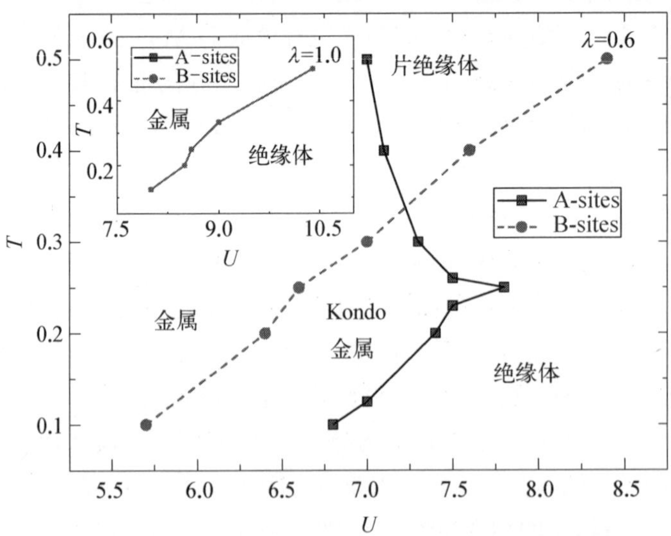

图 1－71　当 $\lambda = 0.6$ 时的三角 kagome 格子的相图

为了能更好地研究图 1－71 中所出现的各种相的性质，利用最大熵方法计算了动量空间中的三角 kagome 格子的谱函数 $A_k(\omega)$。计算结果如图 1－72 所示，式中的 Γ,K,M 与 M' 是在图 1－70(b)中的第一布里渊区中具有不同对称性的点。如图 1－72(a)所示，当 $T=0.5$,$U=6.0$ 时(对应于图 1－71 中的金属相)，这时系统将表现出强巡游性。通过对动量空间中的谱函数的研究，我们发现了在 $\omega=-4$ 和 $\omega=2$ 附近存在有两个准粒子峰，而在费米能附近并不存在能隙。这意味着系统处于一个金属态。随着相互作用的增强，比如 $U=9.0$(对应于图 1－71 中的 Mott 绝缘体相)，强排斥相互作用抑制了电子的巡游性，这时系统将表现出强局域性。如图 1－72(b)所示，通过研究动量空间中的谱函数，在费米能附近可以观察到一个十分明显的能隙。这意味着系统进入了 Mott 绝缘体区。而在这两种相之间，当温度较高的时候，比如当 $T=0.5$,$U=7.8$ 时(对应于图 1－71 中的片绝缘体相)，系统将进入片绝缘体区。如图 1－72(c)所示，通过研究动量空间中的谱函数，我们在费米能附近观察到一个比较小的能隙。

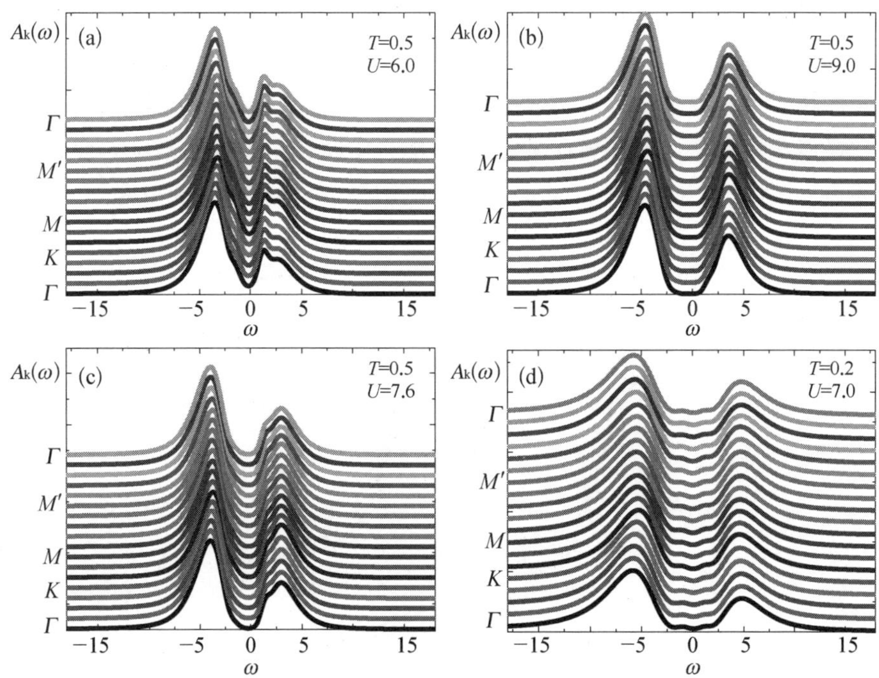

图 1－72　当 $\lambda=0.6$ 时，动量空间中的三角 kagome 格子的谱函数

(a) $T=0.5$,$U=6.0$，对应于图 1－71 中的金属相，在费米能附近不存在有能隙；(b) $T=0.5$,$U=9.0$，对应于图 1－71 中的 Mott 绝缘体相，可以在费米能附近观察到一个明显的能隙；(c) $T=0.5$,$U=7.8$，对应于图 1－71 中的片绝缘体相，可以观察到费米能附近的一个小能隙；(d) $T=0.2$,$U=7.0$，对应于图 1－71 中的 Kondo 金属相，在费米能附近观察不到能隙。

这意味着在这种情况下，系统中的电子的局域性较强，在整体上将表现出绝缘体性。而在温度比较低的时候，比如当 $T=0.2, U=7.0$ 时(对应于图 1-71 中的 Kondo 金属相)，这时系统将进入 Kondo 金属区。由于低温下自旋涨落的增强，电子的巡游性增大。通过对研究动量空间中的谱函数的研究，我们发现，在费米能附近并不存在有明显的能隙。这意味着在这种情况下，系统中的电子的巡游性较强。

计算了系统的双占据数随着相互作用变化的演化

$$D=\partial F/\partial U=\frac{1}{N}\sum_{i}\langle n_{i\uparrow}n_{i\downarrow}\rangle \tag{1-119}$$

式中，F 是自由能，N 表示格子数。图 1-73 给出了三角 kagome 格子中 A 子格子与 B 子格子的双占据数随着相互作用的变化。我们发现，在相互作用较小的情况下，由于低温下电子的自旋涨落增强，系统的双占据数将随着温度的减少而增加。这时系统处于具有高巡游性的金属相。随着相互作用的增强，系统中电子的巡游性将被抑制，系统的双占据数逐渐减小。当相互作用大于 Mott 金属-绝缘体相变临界点时，不同温度下的系统的双占据数将基本重合，并且趋向于零。这意味着电子将被局域在格座上，不能自由跃迁。这表明系统转变为 Mott 绝缘体。图中的箭头标出了 Mott 金属-绝缘体相变的临界点的位置。

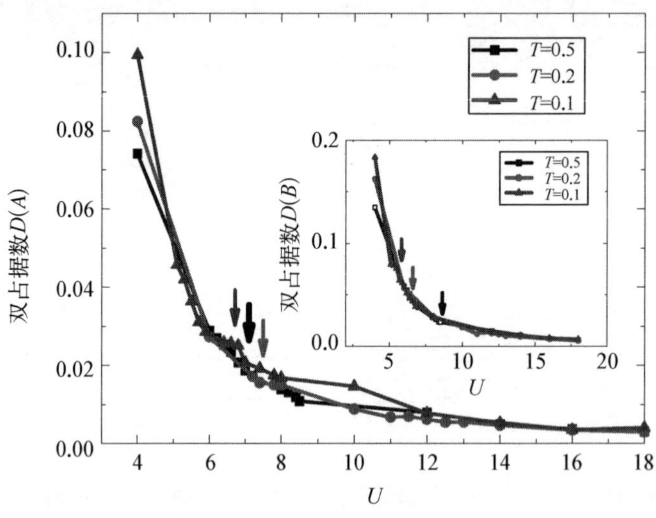

图 1-73　三角 kagome 格子中的 A 子格子与 B 子格子的双占据数随相互作用的演化

图中的箭头标出了 Mott 金属-绝缘体相变的临界点。

在图 1-74 中，研究了三角 kagome 格子的费米面上的谱函数随着温度、相互作用以及非均匀性变化的演化。费米面上谱函数的定义如下：

$$A(\boldsymbol{k};\ \omega=0)\approx -\lim_{\omega\to 0}\mathrm{Im}[G_{\boldsymbol{k}}(\omega+\mathrm{i}0)/\pi] \tag{1-120}$$

式中，$G_k(\omega)$ 是依赖于动量 k 的格林函数。当 $\lambda=1.0$ 时，如图 1-74(b)所示，我们可以在 M 点附近看到六个明显的峰。费米面上的谱函数与无相互作用的情况类似。随着 U 增大，由于粒子的局域化，费米面将逐渐变得平整。这表明，相互作用将破坏系统的费米面。非均匀性将在很大程度上影响费米面上的谱函数的形状。如图 1-74(a1)所示，当 $\lambda=0.6$ 时，费米面上的谱函数的形状十分类似于由一堆三角片组成的体系。而当 $\lambda=1.25$ 时，费米面上的谱函数与 kagome 格子的费米面上的谱函数十分类似。当 U 持续增大以后，系统的费米面都将趋于平整，如图 1-74(a2),(b2),(c2)所示。这表示，随着相互作用的增强，非均匀性的影响将逐渐减小，只有在弱相互作用的情况下，非均匀性对系统的影响才占主导地位。

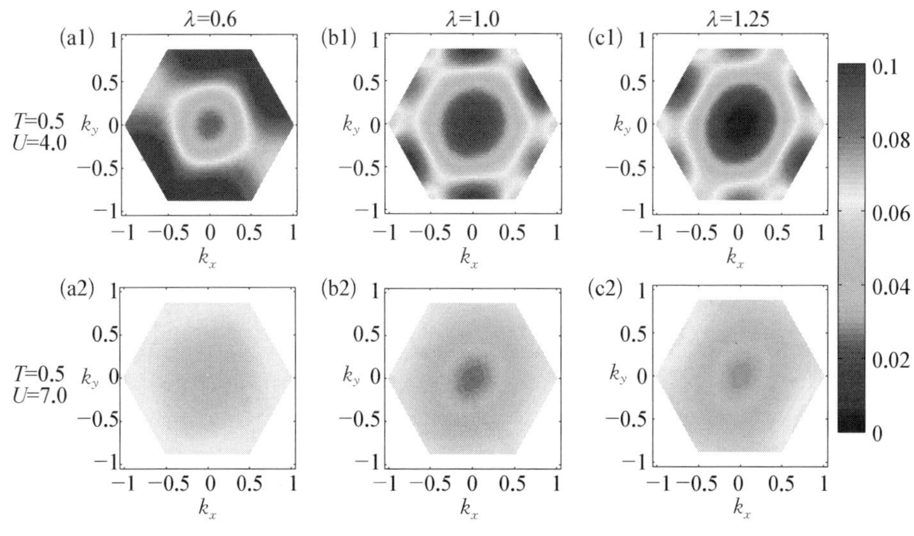

图 1-74 三角 kagome 格子中的费米面的演化

(a) $\lambda=0.6$；(b) $\lambda=1.0$；(c) $\lambda=1.25$

为了进一步研究在三角 kagome 格子中的磁性相变问题，定义了一个有效磁性序参量：

$$m=\frac{1}{N}\sum_i \mathrm{sign}(i)(\langle n_{i\uparrow}\rangle-\langle n_{i\downarrow}\rangle) \tag{1-121}$$

其中 i 表示图 1-70(a)中的格子编号，N 是总格子数。定义当 $i=0,\ 2,\ 6$ 时 $\mathrm{sign}(i)=1$，而当 $i=1,\ 3,\ 4,\ 5,\ 7,\ 8$ 时，$\mathrm{sign}(i)=-1$。图 1-75 显示了单粒子能隙 ΔE 与有效磁性序参量 m 在 $\lambda=1$ 和 $T=0.2$ 时，随着相互作用变化的演化。我们发现，如果没有引入非均匀性，三角 kagome 格子中的 A 子格子与 B 子格子的相变点将是重合的。当 $U<8.5$ 时，将不存在有能隙且磁性序参量 $m=0$。这表明系统处在一个没有磁性的金属态，称为顺磁金属。随着相互作用的增强，比如 $8.5<U<13.8$ 时，我们发现在三角 kagome 中存在能隙，并且不存在磁序($m=0$)。这表明系统是一个顺磁绝缘体态。随着相互作用的进一步增加，系统将进入一个同时存在能隙与磁序($m\neq 0$)的区域。将这个相称为亚铁磁绝缘体。在亚铁磁绝缘体相中，A 子格子上的自旋将全部朝向一个方向，而 B 子格子上的自旋全部朝另外一个方向。由于 A 子格子与 B 子格子的自旋磁矩数量不等，所以无法抵消，就形成了亚铁磁序。图 1-75 显示的是具有非均匀性的三角 kagome 格子的能隙随相互作用变化的演化。我们发现，当 $\lambda=0.6$，$T=0.5$ 时，非均匀性将引起三角 kagome 格子中两种子格子上相变点的分离。当相互作用 $7.0<U<8.5$ 时，系统将变成片绝缘体。

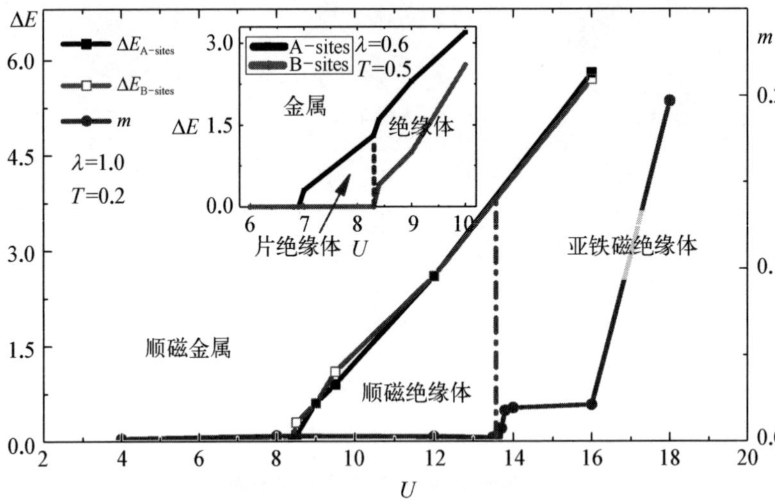

图 1-75 当 $\lambda=1$，$T=0.2$ 时，三角 kagome 格子中的磁性序参量与能隙的变化

插入图：当 $\lambda=0.6$，$T=0.5$ 时能隙的变化

图 1-76 显示了当温度 $T=0.2$ 时，三角 kagome 格子随相互作用 U 和非均匀性 λ 变化的相图。我们发现，当 $\lambda=1.0$ 时，系统不存在非均匀性。随着非均匀性的增强，系统将进入一个包含有片绝缘体与 Kondo 金属的共存区。而当

0.9 < λ < 1.11 时，非均匀性的影响减弱，共存区消失。这时相互作用的影响将占主导。随着相互作用的增强，系统将转变为顺磁绝缘体。我们发现，当相互作用较强时，非均匀性对相变基本没有影响。当系统处于顺磁绝缘体相区时，将可以发现系统中存在能隙，但是没有磁序。这个顺磁绝缘体很可能是一个短程的 RVB 态，其中可能存在的共价键排布，如图 1-76 的插入图(a)所示。值得注意的是，短程 RVB 态实际是所有可能的共价键排布的迭代。系统并不倾向于任何一种特定的共价键排布方式。当相互作用比较大的时候（比如当 $\lambda = 1.0$，$U > 13.8$ 时），系统将转变成一个具有磁序的亚铁磁绝缘体。亚铁磁绝缘体的自旋排布如图 1-76 的插入图(b)所示，其中 A 子格子上的自旋全部朝一个方向，而 B 子格子上的自旋全部朝另外一个方向。

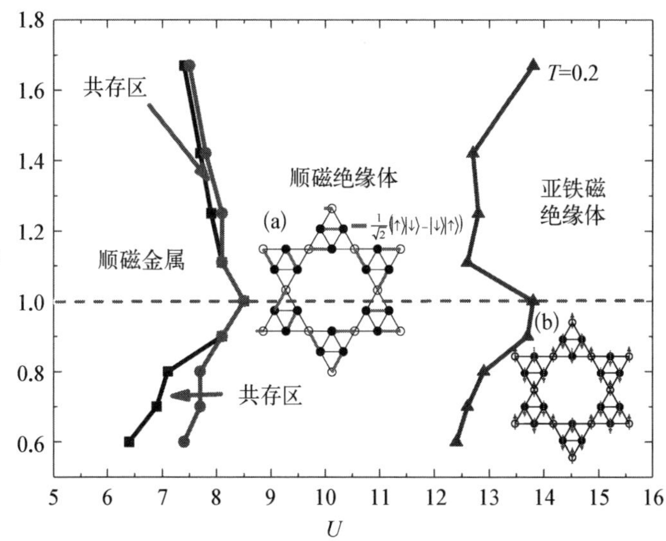

图 1-76 T = 0.2 时，三角 kagome 格子随相互作用 U 和非均匀性 λ 变化的相图

插入图(a)：顺磁绝缘体中可能存在的共价键排布；插入图(b)：亚铁磁绝缘体的自旋分布示意图。

1.2.7 小结

我们研究了许多具有不同结构的二维光晶格中的 Mott 相变问题，比如三角格子和六角格子。这几种具有不同几何结构的光晶格可以利用具有不同角度的激光束来形成。作为一个人工形成的阻挫系统，我们在三角光晶格中冷原子的量子相变研究中发现了一种费米液体—赝隙—费米液体的再入式现象。在对六角格子的研究中，我们发现了在半金属区中，低能态密度不依赖于相互作用强度。我们还研究了具有自旋轨道耦合的六角格子中相互作用 Dirac 费米子的量子相变问题，并研究了相互作用如何破坏拓扑绝缘体相。最后，我们研究了三角 kagome 格子中的金属-绝缘体相变以及磁性相变问题。我们发现，通过引入非均匀性，在三角 kagome 格子中将出现两种新的相：片绝缘体与 Kondo 金属。我们所发现的这些新奇的量子相与量子效应都可以在光晶格实验中被观察到。

参考文献

[1] Bose S N. Plancks law and light quantum hypothesis[J]. Z Phys., 1924, 26: 178 - 181.

[2] Pethick C J, Smith H. Bose-Einstein condensataion in Dilute gases[M]. Cambridge: Cambridge University Press, 2001.

[3] 张礼，葛墨林. 量子力学前沿问题[M]. 北京：清华大学出版社，1999.

[4] 曾谨言，裴寿镛. 量子力学新进展[M]. 北京：北京大学出版社，2000.

[5] Zhang W P, Walls D F, Sanders B C. Atomic soliton in a traveling wave laser beam[J]. Phys. Rev. Lett., 1994, 72(1): 60 - 63.

[6] Anderson B P, Haljan P C, Regal C A, et al. Watching dark solitons decay into vortex rings in a Bose-Einstein condensate[J]. Phys. Rev. Lett., 2001, 86(14): 2926 - 2929.

[7] Law C K, Chan C M, Leung P T, et al. Motional dressed states in a Bose-Einstein condensate: superfluidity at supersonic speed[J]. Phys. Rev. Lett., 2000, 85(8): 1598 - 1601.

[8] Busch Th, Anglin J R. Dark-bright solitons in inhomogeneous Bose-Einstein condensates [J]. Phys. Rev. Lett., 2001, 87(1): 010401.

[9] Wu B, Liu J, Niu Q. Controlled generation of dark solitons with phase imprinting[J]. Phys. Rev. Lett., 2002, 88(3): 034101.

[10] Becker C, Stellmer S, Soltan-Panahi P, et al. Oscillations and interactions of dark and dark-bright solitons in Bose-Einstein condensates[J]. Nature Phys., 2008, 4: 496 - 501.

[11] Burger S, Bongs K, Dettmer S, et al. Dark solitons in Bose-Einstein condensates[J]. Phys. Rev. Lett., 1999, 83(25): 5198 - 5201.

[12] Denschlag J, Simsarian J E, Feder D L, et al. Generating solitons by phase engineering of a Bose-Einstein condensate[J]. Science, 2000, 287(5450): 97 - 101.

[13] Saito H, Ueda M. Dynamically stabilized bright solitons in a two-dimensional Bose-Einstein condensate[J]. Phys. Rev. Lett., 2003, 90(4): 040403.

[14] Strecker K E, Partridge G B, Truscott A G, et al. Formation and propagation of matter-wave soliton trains[J]. Nature, 2002, 417(6885): 150 - 153.

[15] Khaykovich L, Schreck F, Ferrari G, et al. Formation of a matter-wave bright soliton[J]. Science, 2002, 296(5571): 1290 - 1293.

[16] Kivshar Y S, Yang X P. Ring dark solitons [J]. Phys. Rev. E, 1994, 50(1): R40 - R43.

[17] Baluschev S, Dreischuh A, Velchev I, et al. Generation and evolution of two-dimensional dark spatial solitons[J]. Phys. Rev. E, 1995, 52(5): 5517 - 5523.

[18] Theoeharis G, Frantzeskakis D J, Kevrekidis P G, et al. Ring dark solitons and vortex necklaces in Bose-Einstein condensates[J]. Phys. Rev. Lett., 2003, 90(12): 120403.

[19] Hu X H, Zhang X F, Zhao D, et al. Dynamics and modulation of ring dark solitons in two- dimensional Bose-Einstein condensates with tunable interaction[J]. Phys. Rev. A, 2009, 79(2): 023619.

[20] Zhang Y P, Wu B. Composition relation between gap solitons and Bloch waves in nonlinear periodic systems[J]. Phys. Rev. Lett., 2009, 102(9): 093905.

[21] Anderson M H, Ensher J R, Matthews M R, et al. Observation of Bose-Einstein condensation in a Dilute atomic vapor[J]. Science, 1995, 269(5221): 198 - 201.

[22] Kevrekidis P G, Frantzeskakis D J, Carretero-González R. Emergent nonlinear phenomena in Bose-Einstein condensates[M]. Berlin: Springer-Verlag, 2008.

[23] Alon O E, Streltsov A I, Cederbaum L S. Zoo of quantum phases and excitations of cold Bosonic atoms in optical lattices[J]. Phys. Rev. Lett., 2005, 95(3): 030405.

[24] Ho T L, Shenoy V B. Binary mixtures of Bose condensates of Alkali atoms[J]. Phys. Rev. Lett., 1996, 77(16): 3276 - 3279.

[25] Esry B D, Greene C H, Jr J P Bu. Hartree-fock theory for double condensates[J]. Phys. Rev. Lett., 1997, 78(19): 3594 - 3597.

[26] Pu H, Bigelow N P. Properties of two-species Bose condensates[J]. Phys. Rev. Lett., 1998, 80(6): 1130 - 1133.

[27] Myatt C J, Burt E A, Ghrist R W. Production of two overlapping Bose-Einstein condensates by sympathetic cooling[J]. Phys. Rev. Lett., 1997, 78(4): 586 - 589.

[28] Modugno G, Ferrari G, Roati G, et al. Bose-Einstein condensation of potassium atoms by sympathetic cooling[J]. Science, 2001, 294(5545): 1320 - 1322.

[29] Thalhammer G, Barontini G, De Sarlo L. Double species Bose-Einstein condensate with tunable interspecies interactions[J]. Phys. Rev. Lett., 2008, 100(21), 210402.

[30] Papp S B, Pino J M, Wieman C E. Tunable miscibility in a dual-species Bose-Einstein condensate[J]. Phys. Rev. Lett., 2008, 101(4): 040402.

[31] Moll K D, Gaeta A L, Fibich G. Self-similar optical wave collapse: observation of the townes profile[J]. Phys. Rev. Lett., 2003, 90(20): 203902.

[32] Fibich G, Ilan B, Schochet S. Critical exponents and collapse of nonlinear Schrödinger equations with anisotropic fourth-order dispersion [J]. Nonlinearity, 2003, 16 (5): 1809 - 1821.

[33] Pérez-García V M, Michinel H, Herrero H. Bose-Einstein solitons in highly asymmetric traps[J]. Phys. Rev. A, 1998, 57(5): 3837 - 3842.

[34] Kevrekidis P G, Frantzeskakis D J. Pattern forming dynamical instabilities of Bose-Einstein condensates[J]. Mod. Phys. Lett. B, 2004, 18(05n06): 173 - 202.

[35] Brazhnyi V A, Konotop V V. Theory of nonlinear matter waves in optical lattices[J]. Mod. Phys. Lett. B, 2004, 18(14): 627 - 651.

[36] Sulem C, Sulem P L. The nonlinear Schrödinger equation[M]. New York: Springer-

Verlag, 1999.

[37] Zhang X F, Yang Q, Zhang J F, et al. Controlling soliton interactions in Bose-Einstein condensates by synchronizing the Feshbach resonance and harmonic trap[J]. Phys. Rev. A, 2008, 77(2): 023613.

[38] Wu L, Li L, Zhang J F. Modulational instability and bright solitary wave solution for Bose-Einstein condensates with time-dependent scattering length and harmonic potential [J]. New J. Phys., 2007, 9(3): 69.

[39] Atre R, Panigrahi P K. Controlling pulse propagation in optical fibers through nonlinearity and dispersion management[J]. Phys. Rev. A, 2007, 76(4): 043838.

[40] Luo H G, Zhao D, He X. G. Exactly controllable transmission of nonautonomous optical solitons[J]. Phys. Rev. A, 2009, 79(6): 063802.

[41] Wu L, Li L, Chen G, et al. Controllable exact self-similar evolution of the Bose-Einstein condensate[J]. New J. Phys., 2008, 10(2): 023021.

[42] Theocharis G, Rapti Z, Kevrekidis P G, et al. Modulational instability of Gross-Pitaevskiitype equations in 1+1 dimensions[J]. Phys. Rev. A, 2003, 67(6): 063610.

[43] Li B, Zhang X F, Li Y Q, et al. Solitons in Bose-Einstein condensates with time-dependent atomic scattering length in an expulsive parabolic and complex potential[J]. Phys. Rev. A, 2008, 78(2): 023608.

[44] Wang D S, Zhang X F, Zhang P, et al. Matter-wave solitons of Bose-Einstein condensates in a time-dependent complicated potential [J]. J. Phys. B, 2009, 42(24): 245303.

[45] Busch Th, Anglin J R. Motion of dark solitons in trapped Bose-Einstein condensates[J]. Phys. Rev. Lett., 2000, 84(11): 2298 - 2301.

[46] Kengne E, Talla P K. Dynamics of bright matter wave solitons in Bose-Einstein condensates in an expulsive parabolic and complex potential[J]. J. Phys. B, 2006, 39(17): 3679.

[47] Kagan Y, Muryshev A E, Shlyapnikov G V. Collapse and Bose-Einstein condensation in a trapped Bose gas with negative scattering length[J]. Phys. Rev. Lett., 1998, 81(5): 933 - 937.

[48] Liang Z X, Zhang Z D, Liu W M. Dynamics of a bright soliton in Bose-Einstein condensates with time-dependent atomic scattering length in an expulsive parabolic potential[J]. Phys. Rev. Lett., 2005, 94(5): 050402.

[49] Wu L, Jiang R J, Pei Y H, et al. Comment on "Feshbach resonance and growth of a Bose-Einstein condensate"[J]. Phys. Rev. A, 2007, 75(3): 037601.

[50] Hall D S, Matthews M R, Ensher J R, et al. Dynamics of component separation in a binary mixture of Bose-Einstein condensates[J]. Phys. Rev. Lett., 1998, 81(8): 1539 - 1542.

[51] Stamper-Kurn D M, Andrews M R, Chikkatur A P, et al. Optical confinement of a Bose-Einstein condensate[J]. Phys. Rev. Lett., 1998, 80(10): 2027 - 2030.

[52] Soloman Raju T, K Panigrahi P, Porsezian K. Modulational instability of two-component Bose-Einstein condensates in a quasi-one-dimensional geometry[J]. Phys. Rev. A, 2005,

71(3): 035601.

[53] Cruz H A, Brazhnyi V A, Konotop V V, et al. Mixed-symmetry localized modes and breathers in binary mixtures of Bose-Einstein condensates in optical lattices[J]. Phys. Rev. A, 2007, 76(1): 013603.

[54] Hall D S, Ensher J R, Jin D S, et al. Recent experiments with Bose-condensed gases at JILA[J]. Proc. SPIE, 1998, 3270: 98.

[55] Hall D S, Matthews M R, Wieman C E, et al. Measurements of relative phase in two-component Bose-Einstein condensates[J]. Phys. Rev. Lett, 1998, 81(8): 1543 - 1546.

[56] Cornell E A, Hall D S, Matthews M R, et al. Having it both ways: distinguishable yet phase- coherent mixtures of Bose-Einstein condensates[J]. J. Low Temp. Phys., 1998, 113(3/4): 151 - 166.

[57] Sheppard A P, Kivshar Y S. Polarized dark solitons in isotropic Kerr media[J]. Phys. Rev. E, 1997, 55(4): 4773 - 4782.

[58] Kaup D J, Malomed B A. Soliton trapping and daughter waves in the Manakov model[J]. Phys. Rev. A, 1993, 48(1): 599 - 604.

[59] Kevrekidis P G, Susanto H, Carretero-Gonzalez R, et al. Vector solitons with an embedded domain wall[J]. Phys. Rev. E, 2005, 72(6): 066604.

[60] Kasamatsu K, Tsubota M. Multiple domain formation induced by modulation instability in two-component Bose-Einstein condensates[J]. Phys. Rev. Lett., 2004, 93(10): 100402.

[61] Malomed B A, Nistazakis H E, Frantzeskakis D J, et al. Static and rotating domain-wall cross patterns in Bose-Einstein condensates[J]. Phys. Rev. A, 2004, 70(4): 043616.

[62] Pérez-García V M, Beitia J B. Symbiotic solitons in heteronuclear multicomponent Bose-Einstein condensates[J]. Phys. Rev. A, 2005, 72(3): 033620.

[63] Adhikari S K. Fermionic bright soliton in a boson-fermion mixture[J]. Phys. Rev. A, 2005, 72(5): 053608.

[64] Li L, Malomed B A, Mihalache D, et al. Exact soliton-on-plane-wave solutions for two-component Bose-Einstein condensates[J]. Phys. Rev. E, 2006, 73(6): 066610.

[65] Radhakrishnan R, Lakshmanan M. Bright and dark soliton solutions to coupled nonlinear Schrodinger equations[J]. J. Phys. A, 1995, 28(9): 2683 - 2692.

[66] Papp S B, Wieman C E. Observation of heteronuclear Feshbach molecules from a ^{85}Rb ^{87}Rb gas[J]. Phys. Rev. Lett., 2006, 97(18): 180404.

[67] Öhberg P, Santos L. Dark solitons in a two-component Bose-Einstein condensate[J]. Phys. Rev. Lett., 2001, 86(14): 2918 - 2921.

[68] Dutton Z, Clark C W. Effective one-component description of two-component Bose-Einstein condensate dynamics[J]. Phys. Rev. A, 2005, 71(6): 063618.

[69] Zhang X F, Hu X H, Liu X X, et al. Vector solitons in two-component Bose-Einstein condensates with tunable interactions and harmonic potential[J]. Phys. Rev. A, 2009, 79(3): 033630.

[70] Ronen S, Bohn J L, Halmo L E, et al. Dynamical pattern formation during growth of a dual-species Bose-Einstein condensate[J]. Phys. Rev. A, 2008, 78(5): 053613.

[71] Jaksch D, Markowich P A. Numerical solution of the Gross-Pitaevskii equation for Bose-Einstein condensation[J]. J. Comput. Phys., 2003, 187(1): 318-342.

[72] Babarro J, Paz-Alonso M J, Michinel H, et al. Controllable scattering of vector Bose-Einstein solitons[J]. Phys. Rev. A, 2005, 71(4): 043608.

[73] Liu X X, Pu H, Xiong B, et al. Formation and transformation of vector solitons in two-species Bose-Einstein condensates with a tunable interaction[J]. Phys. Rev. A, 2009, 79(1): 013423.

[74] Mermin N D, Wagner H. Absence of ferromagnetism or antiferromagnetism in one- or two- dimensional isotropic Heisenberg models[J]. Phys. Rev. Lett., 1966, 17(22): 1133-1136.

[75] Hohenberg P C. Existence of long-range order in one and two dimensions[J]. Phys. Rev., 1967, 158(2): 383-386.

[76] Bagnato V, Kleppner D. Bose-Einstein condensation in low-dimensional traps[J]. Phys. Rev. A, 1991, 44(11): 7439-7441.

[77] Görlitz A, Vogels J M, Leanhardt A E, et al. Realization of Bose-Einstein condensates in lower dimensions[J]. Phys. Rev. Lett., 2001, 87(13): 130402.

[78] Simula T P, Blakie P B. Thermal activation of vortex-antivortex pairs in quasi-two-dimensional Bose-Einstein condensates[J]. Phys. Rev. Lett., 2006, 96(2): 020404.

[79] Wang D S, Hu X H, Hu J P, et al. Quantized quasi-two-dimensional Bose-Einstein condensates with spatially modulated nonlinearity[J]. Phys. Rev. A, 2010, 81(2): 025604.

[80] Theis M, Thalhammer G, Winkler K, et al. Tuning the scattering length with an optically induced Feshbach resonance[J]. Phys. Rev. Lett., 2004, 93(12): 123001.

[81] Inouye S, Andrews M, Stenger J, et al. Observation of Feshbach resonances in a Bose-Einstein condensate[J]. Nature, 1998, 392(6672): 151-154.

[82] Cornish S L, Thompson S T, Wieman C E. Formation of bright matter-wave solitons during the collapse of attractive Bose-Einstein condensates[J]. Phys. Rev. Lett., 2006, 96(17): 170401.

[83] Herbig J, Kraemer T, Mark M, et al. Preparation of a pure molecular quantum gas[J]. Science, 2003, 301(5639): 1510-1513.

[84] Bartenstein M, Altmeyer A, Riedl S, et al. Collective excitations of a degenerate gas at the BEC-BCS crossover[J]. Phys. Rev. Lett., 2004, 92(20): 203201.

[85] Rodas-Verde M I, Michinel H, Pérez-García V M. Controllable soliton emission from a Bose-Einstein condensate[J]. Phys. Rev. Lett., 2005, 95(15): 153903.

[86] Sakaguchi H, Malomed B A. Matter-wave solitons in nonlinear optical lattices[J]. Phys. Rev. E, 2005, 72(4): 046610.

[87] Salerno M, Konotop V V, Bludov Y V. Long-living Bloch oscillations of matter waves in periodic potentials[J]. Phys. Rev. Lett., 2008, 101(3): 030405.

[88] Belmonte-Beitia J, Pérez-García V M, Vekslerchik V. Lie symmetries and solitons in nonlinear systems with spatially inhomogeneous nonlinearities[J]. Phys. Rev. Lett., 2007, 98(6): 064102.

[89] Xiong H, Liu S J, Zhang W P, et al. Ultracold two-component Fermionic gases with a magnetic field gradient near a Feshbach resonance[J]. Phys. Rev. Lett., 2005, 95(12): 120401.

[90] Garcia-Ripoll J J, Molina-Terriza G, Pérez-García V M, et al. Structural instability of vortices in Bose-Einstein condensates[J]. Phys. Rev. Lett., 2001, 87(14): 140403.

[91] Baym G, Pethick C J. Ground-state properties of magnetically trapped Bose-Condensed rubidium gas[J]. Phys. Rev. Lett., 1996, 76(1): 6-9.

[92] Abramowitz M, Stegun I. Handbook of mathematical functions[M]. New York: Dover Publications, 1965.

[93] Cornish S L, Claussen N R, Roberts J L, et al. Stable ^{85}Rb Bose-Einstein condensates with widely tunable interactions[J]. Phys. Rev. Lett., 2000, 85(9): 1795-1798.

[94] Gerton J M, Strekalov D, Prodan I, et al. Direct observation of growth and collapse of a Bose-Einstein condensate with attractive interactions[J]. Nature, 2000, 408(6813): 692-695.

[95] Rychtarik D, Engeser B, Nägerl H C, et al. Two-dimensional Bose-Einstein condensate in an optical surface trap[J]. Phys. Rev. Lett., 2004, 92(17): 173003.

[96] Bronski J C, Carr L D, Deconinck B, et al. Bose-Einstein condensates in standing waves: the cubic nonlinear Schrödinger equation with a periodic potential[J]. Phys. Rev. Lett., 2001, 86(8): 1402-1405.

[97] Abdullaev F K, Kamchatnov A M, Konotop V V, et al. Adiabatic dynamics of periodic waves in Bose-Einstein condensates with time dependent atomic scattering length[J]. Phys. Rev. Lett., 2003, 90(23): 230402.

[98] Vengalattore M, Prentiss M. A reciprocal magnetic trap for neutral atoms[J]. Eur. Phys. J. D., 2005, 35(1): 69-73.

[99] Belmonte-Beitia J, Pérez-García V M, Vekslerchik V, et al. Localized nonlinear waves in systems with time- and space-modulated nonlinearities[J]. Phys. Rev. Lett., 2008, 100(16): 164102.

[100] Huang G X, Makarov V A, Velarde M G. Two-dimensional solitons in Bose-Einstein condensates with a disk-shaped trap[J]. Phys. Rev. A, 2003, 67(2): 023604.

[101] Tikhonenko V, Christou J, Luther-Davies B, et al. Observation of vortex solitons created by the instability of dark soliton stripes[J]. Opt. Lett., 1996, 21(15): 1129-1131.

[102] Kivshar Y S, Luther-Davies B. Dark optical solitons: physics and applications[J]. Phys. Rep., 1998, 298(2-3): 81-197.

[103] Kuznetsov E, Turitsyn S. Instability and collapse of solitons in media with a defocusing nonlinearity[J]. Zh. Eksp. Teor. Fiz., 1988, 94: 119-129. [Sov. Phys. JETP., 1988, 67(8): 1583-1588.]

[104] Carr L D, Clark C. W. Vortices and ring solitons in Bose-Einstein condensates[J]. Phys. Rev. A, 2006, 74(4): 043613.

[105] Theocharis G, Schmelcher P, Oberthaler M K, et al. Lagrangian approach to the dynamics of dark matter-wave solitons[J]. Phys. Rev. A, 2005, 72(2): 023609.

[106] Kivshar Y S, Yang X P. Dynamics of dark solitons[J]. Chaos, Solitons and Fractals., 1994, 4(8-9): 1745-1758.

[107] Dreischuh A, Neshev D, Paulus G G, et al. Ring dark solitary waves: experiment versus theory[J]. Phys. Rev. E, 2002, 66(6): 066611.

[108] Nistazakis H E, Frantzeskakis D J, Malomed B A, et al. Head-on collisions of ring dark solitons[J]. Phys. Lett. A, 2001, 285(3-4): 157-164.

[109] Yang S J, Wu Q S, Zhang S N, et al. Generating ring dark solitons in an evolving Bose-Einstein condensate[J]. Phys. Rev. A, 2007, 76(6): 063606.

[110] Dalfovo F, Giorgini S, Pitaevskii L P, et al. Theory of Bose-Einstein condensation in trapped gases[J]. Rev. Mod. Phys., 1999, 71(3): 463-512.

[111] Infeld E, Rowlands G. Nonlinear waves, solitons and chaos [M]. Cambridge: Cambridge University Press, 1990.

[112] Hirota R. The Bäcklund and inverse scattering transform of the K-dV equation with nonuniformities[J]. J. Phys. Soc. Jpn., 1979, 46(5): 1681.

[113] Papacharalampous I E, Kevrekidis P G, Nistazakis H E, et al. Elliptic dark solitons[J]. Physica Scripta., 2004, 69(1): 7-14.

[114] Press W H, Teukolsky S A, Vetterling W T, et al. Numerical recipes in fortran 77[M]. Cambridge: Cambridge University Press, 1992.

[115] Kasamatsu K, Tsubota M, Ueda M. Nonlinear dynamics of vortex lattice formation in a rotating Bose-Einstein condensate[J]. Phys. Rev. A, 2003, 67(3): 033610.

[116] Bao W, Jaksch D, Markowich P A. Numerical solution of the gross-pitaevskii equation for Bose-Einstein condensation[J]. J. Comput. Phys., 2003, 187(1): 318-342.

[117] Kevrekidis P G, Theocharis G, Frantzeskakis D J, et al. Feshbach resonance management for Bose-Einstein condensates [J]. Phys. Rev. Lett., 2003, 90(23): 230401.

[118] Pelinovsky D E, Kevrekidis P G, Frantzeskakis D J, et al. Hamiltonian averaging for solitons with nonlinearity management[J]. Phys. Rev. E, 2004, 70(4): 047604.

[119] Malomed B A. Soliton management in periodic systems [M]. New York: Springer, 2006.

[120] 冯端,金国钧. 凝聚态物理学(上卷)[M]. 北京：高等教育出版社,2003.

[121] Sachdev S. Quantum phase transitions [M]. Cambridge: Cambridge University Press, 1999.

[122] Mahan G D. Many-particle physics [M]. New York: Kluwer Academic/Plenum Publishers, 2000.

[123] Landau L D, Lifshitz E M. Statistical physics[M]. Singapore: Elsiver (Singapore) Pte LTD., 2007.

[124] 黄昆,韩汝琦. 固体物理学[M]. 北京：高等教育出版社,1988.

[125] 李正中. 固体理论[M]. 北京：高等教育出版社,2002.

[126] Harris M J, Bramwell S T, McMorrow D F, et al. Geometrical frustration in the Ferromagnetic pyrochlore $Ho_2Ti_2O_7$[J]. Phys. Rev. Lett., 1997, 79: 2554.

[127] Siddharthan R, Shastry B S, Ramirez A P, et al. Ising pyrochlore magnets: low-

temperature properties, "ice rules," and beyond[J]. Phys. Rev. Lett., 1999, 83: 1854.

[128] Snyder J, Slusky J S, Cava R J, et al. How 'spin ice' freezes[J]. Nature (London), 2001, 413: 48.

[129] Bramwell S T, Gingras M J P. Spin ice state in frustrated magnetic pyrochlore materials [J], Science, 2001, 294: 1495.

[130] Wills A S, Ballou R, Lacroix C. Model of localized highly frustrated ferromagnetism: The kagome spin ice[J], Phys. Rev. B, 2002, 66: 144407.

[131] Isakov S V, Moessner R, Sondhi S L. Why spin ice obeys the ice rules[J]. Phys. Rev. Lett., 2005, 98: 217201.

[132] Mengotti E, Heyderman L J, Fraile Rodríguez A, et al. Building blocks of an artificial kagome spin ice: photoemission electron microscopy of arrays of ferromagnetic islands [J]. Phys. Rev. B, 2008, 78: 144402.

[133] Morris D J P, Tennant D A, Grigera S A, et al. Dirac strings and magnetic monopoles in the spin ice $Dy_2Ti_2O_7$[J]. Science, 2009, 326: 411.

[134] Jaubert L D C, Holdsworth P C W. Signature of magnetic monopole and Dirac string dynamics in spin ice[J]. Nature physics, 2009, 5: 258.

[135] Bramwell S T, Giblin S R, Calder S, et al. Measurement of the charge and current of magnetic monopoles in spin ice[J]. Nature (London), 2009, 461: 956.

[136] Fennell T, Deen P P, Wildes A R, et al. Magnetic coulomb phase in the spin ice $Ho_2Ti_2O_7$[J]. Science, 2009, 326: 415.

[137] Mengotti E, Heyderman L J, Rodriguez A F, et al. Real-space observation of emergent magnetic monopoles and associated Dirac strings in artificial kagome spin ice[J]. Nature Physics, 2011, 7: 68.

[138] Meng Z Y, Lang T C, Wessel S, et al. Quantum spin liquid emerging in two-dimensional correlated Dirac fermions[J]. Nature (London), 2010, 464: 847.

[139] L. Balents. Spin liquids in frustrated magnets[J]. Nature (London), 2010, 464: 199.

[140] Lee P A, Nagaosa N, Wen X G. Doping a Mott insulator: physics of high-temperature superconductivity[J]. Rev. Mod. Phys., 2006, 78: 17.

[141] Gardner J S, Gingras M J P, Greedan J E. Magnetic pyrochlore oxides[J]. Rev. Mod. Phys., 2010, 82: 53.

[142] Hermele M, Senthil T, Fisher M P A, et al. Stability of U(1) spin liquids in two dimensions[J]. Phys. Rev. B, 2004, 70: 214437.

[143] Anderson P W. The resonating valence bond state in La_2CuO_4 and superconductivity [J]. Science, 1987, 235: 1196.

[144] de Vries M A, Stewart J R, Deen P P, et al. Scale-free antiferromagnetic fluctuations in the $s=1/2$ Kagome antiferromagnet herbertsmithite[J]. Phys. Rev. Lett., 2009, 103: 237201.

[145] Kurosaki Y, Shimizu Y, Miyagawa K, et al. Mott transition from a spin liquid to a Fermi liquid in the spin-frustrated organic conductor κ-$(BEDT\text{-}TTF)_2Cu_2(CN)_3$[J]. Phys. Rev. Lett., 2005, 95: 177001.

[146] Okamoto Y, Nohara M, Katori H A, et al. Spin-liquid state in the $S=1/2$ hyperkagome antiferromagnet $Na_4Ir_3O_8$[J]. Phys. Rev. Lett., 2007, 99: 137207.

[147] Klitzing K V, Dorda G, Pepper M. New method for high-accuracy determination of the fine-structure constant based on quantized Hall resistance[J]. Phys. Rev. Lett., 1980, 45: 494.

[148] Kane C L, Mele E J. Quantum spin Hall effect in graphene[J]. Phys. Rev. Lett., 2005, 95: 226801.

[149] Kane C L, Mele E J. Z_2 Topological order and the quantum spin Hall effect[J]. Phys. Rev. Lett., 2005, 95: 146802.

[150] Fu L, Kane C L. Time reversal polarization and a Z_2 adiabatic spin pump[J]. Phys. Rev. B, 2006, 74: 195312.

[151] Murakami S, Nagaosa N, Zhang S C. Spin-Hall insulator[J]. Phys. Rev. Lett., 2004, 93: 156804.

[152] Wu C J, Bernevig B A, Zhang S C. Helical liquid and the edge of quantum spin Hall systems[J]. Phys. Rev. Lett., 2004, 96: 106401.

[153] Xu C K, Moore J E. Stability of the quantum spin Hall effect: Effects of interactions, disorder, and Z_2 topology[J]. Phys. Rev. B, 2006, 73: 045322.

[154] Hasan M Z, Kane C L. Colloquim: Topological insulators[J]. Rev. Mod. Phys., 2010, 82: 3045.

[155] Qi X L, Zhang S C. Topological insulators and superconductors[J]. Rev. Mod. Phys., 2011, 83: 1057.

[156] Wang Z, Qi X L, Zhang S C. Topological order parameters for interacting topological insulators[J]. Phys. Rev. Lett., 2010, 105: 256803.

[157] Raghu S, Qi X L, Honerkamp C, et al. Topological Mott insulators[J]. Phys. Rev. Lett., 2008, 100: 156401.

[158] Bernevig B A, Zhang S C. Quantum spin Hall effect[J]. Phys. Rev. Lett., 2006, 96: 106802.

[159] Bernevig B A, Zhang S C. Intrinsic spin Hall effect in the two-dimensional hole gas[J]. Phys. Rev. Lett., 2005, 95: 016801.

[160] Bernevig B A, Hughes T L, Zhang S C. Quantum spin Hall effect and topological phase transition in HgTe quantum wells[J]. Science, 2006, 314: 1757.

[161] Bloch I. Ultracold quantum gases in optical lattices[J]. Nature Physics, 2005, 1: 23.

[162] Bloch I, Dalibard J, Zwerger W. Many-body physics with ultracold gases[J]. Rev. Mod. Phys., 2008, 80: 885.

[163] Chin C, Grimm R, Julienne P, et al. Feshbach resonances in ultracold gases[J]. Rev. Mod. Phys., 2010, 82: 1225.

[164] Orzel C, Tuchman A K, Fenselau M L, et al. Squeezed states in a Bose-Einstein condensate[J]. Science, 2001, 291: 2386.

[165] Cataliotti F S, Burger S, Fort C, et al. Josephson junction arrays with Bose-Einstein condensates[J]. Science, 2001, 293: 843.

[166] Albiez M, Gati R, Fölling J, et al. Direct observation of tunneling and nonlinear self-

trapping in a single bosonic Josephson junction[J]. Phys. Rev. Lett., 2005, 95: 010402.

[167] Kinoshita T, Wenger T, Weiss D S. Observation of a one-dimensional Tonks-Girardeau gas[J]. Science, 2004, 305: 1125.

[168] Truscott A G, Strecker K E, McAlexander W I, et al. Observation of Fermi pressure in a gas of trapped atoms[J]. Science, 2001, 291: 2570.

[169] Regal C, Greiner M, Jin D S. Observation of resonance condensation of fermionic atom pairs[J]. Phys. Rev. Lett., 2004, 92: 04040.

[170] Chin C, Bartenstein M, Altmeyer A, et al. Observation of the pairing gap in a strongly interacting Fermi gas[J]. Science, 2004, 305: 1128.

[171] Zwierlein M W, Abo-Shaeer J R, Schirotzek A, et al. Vortices and superfluidity in a strongly interacting Fermi gas[J]. Nature (London), 2005, 435: 1047.

[172] Micheli A, Daley A J, Jaksch D, et al. Single atom transistor in a 1D optical lattice[J]. Phys. Rev. Lett., 2004, 93: 140408.

[173] Hofstetter W, Cirac J I, Zoller P, et al. Hightemperature superfluidity of fermionic atoms in optical lattices[J]. Phys. Rev. Lett., 2002, 89: 220407.

[174] Liao Y A, Rittner A S C, Paprotta T, et al. Spin-imbalance in a one-dimensional Fermi gas[J]. Nature (London), 2010, 467: 567.

[175] Gorshkov A V, Hermele M, Gurarie V, et al. Two-orbital SU(N) magnetism with ultracold alkaline-earth atoms[J]. Nature Physics, 2010, 6: 289.

[176] Sun K, Liu W V, Hemmerich A, et al. Topological semimetal in a fermionic optical lattice[J]. Nature Physics, 2012, 8: 67.

[177] Jaksch D, Bruder C, Cirac J I, et al. Cold Bosonic atoms in optical lattice[J]. Phys. Rev. Lett., 1998, 81: 3108.

[178] Joksch D, Zoller P. The cold atom Hubbard toolbox[J]. Ann. Phys. (N. Y.), 2005, 315: 52.

[179] Greiner M, Bloch I, Mandel O, et al. Exploring phase coherence in a 2D lattice of Bose-Einstein condensates[J]. Phys. Rev. Lett., 2001, 87: 160405.

[180] Loftus T, Regal C A, Ticknor C, et al. Resonant Control of Elastic Collisions in an Optically Trapped Fermi Gas of Atoms[J]. Phys. Rev. Lett., 2002, 88: 173201.

[181] Greiner M, Mandel O, Esslinger T, et al. Quantum phase transition from a superfluid to a Mott insulator in a gas of ultracold atoms[J]. Nature (London), 2002, 415: 39.

[182] Jördens R, Strohmaier N, Günter K, et al. A Mott insulator of fermionic atoms in an optical lattice[J]. Nature (London), 2008, 455: 204.

[183] Schneider U, Hackermüller L, Will S, et al. Metallic and insulating phases of repulsively interacting Fermions in a 3D optical lattice[J]. Science, 2008, 322: 1520.

[184] Gemelke N, Zhang X B, Hung C L, et al. In situ observation of incompressible Mott-insulating domains in ultracold atomic gases[J]. Nature (London), 2009, 460: 995.

[185] Zhu S L, Wang B G, Duan L M. Simulation and detection of Dirac fermions with cold atoms in an optical lattice[J]. Phys. Rev. Lett., 2007, 98: 260402.

[186] Duan L M, Demler E, Lukin M D. Controlling spin exchange interactions of ultracold

atoms in optical lattices[J]. Phys. Rev. Lett., 2003, 91: 090402.

[187] Lee C H, Alexander T J, Kivshar Y S. Melting of discrete vortices via quantum fluctuations[J]. Phys. Rev. Lett., 2006, 97: 180408.

[188] Jo G B, Guzman J, Thomas C K, et al. Ultracold Atoms in a tunable optical kagome lattice[J]. Phys. Rev. Lett., 2012, 108: 045305.

[189] Damski B, Fehrmann H, Everts H U, et al. Quantum gases in trimerized kagomé lattices[J]. Phys. Rev. A, 2005, 72: 053612.

[190] Santos L, Baranov M A, Cirac J I, et al. Atomic quantum gases in kagomé lattices[J]. Phys. Rev. Lett., 2004, 93: 030601.

[191] Soltan-Panahi P, Struck J, Hauke P, et al. Multi-component quantum gases in spin-dependent hexagonal lattices[J]. Nature Physics, 2011, 7: 434.

[192] Regal C A, Jin D S. Measurement of positive and negative scattering lengths in a Fermi gas of atoms[J]. Phys. Rev. Lett., 2003, 90: 230404.

[193] Simon J, Bakr W S, Ma R, et al. quantum simulation of antiferromagnetic spin chains in an optical lattice[J]. Nature (London), 2011, 472: 307.

[194] Bloch I, Dalibard J, Nascibène S. Quantum simulations with ultracold quantum gases[J]. Nature Physics, 2012, 8: 267.

[195] Dalibard J, Gerbier F, Juzeliūnas G, et al. Colloquium: artificial gauge potentials for neutral atoms[J]. Rev. Mod. Phys., 2011, 83: 1523.

[196] Lin Y J, Jiménez-García K, Spielman I B. Spin-orbit-coupled Bose-Einstein condensates[J]. Nature (London), 2011, 471: 83.

[197] Béri B, Cooper N R. Z_2 topological insulators in ultracold atomic gases[J]. Phys. Rev. Lett., 2011, 107: 145301.

[198] Sørensen A S, Demler E, Lukin M D. Fractional quantum Hall states of atoms in optical lattices[J]. Phys. Rev. Lett., 2005, 94: 086803.

[199] Georges A, Kotliar G, Krauth W, et al. Dynamical mean-field theory of strongly correlated fermion systems and the limit of infinite dimensions[J]. Rev. Mod. Phys., 1996, 68: 13.

[200] Maier T, Jarrell M, Pruschke T, et al. Quantum cluster theories[J]. Rev. Mod. Phys., 2005, 77: 1027.

[201] Park H, Haule K, Kotliar G. Cluster dynamical mean field theory of the Mott transition[J]. Phys. Rev. Lett., 2008, 101: 186403.

[202] Parcollet O, Biroli G, Kotliar G. Cluster dynamical mean field analysis of the Mott transition[J]. Phys. Rev. Lett., 2004, 92: 226402.

[203] Jarrell M, Krishnamurthy H R. Systematic and causal corrections to the coherent potential approximation[J]. Phys. Rev. B, 2001, 63: 125102.

[204] Lee H, Li G, Monien H. Hubbard model on the triangular lattice using dynamical cluster approximation and dual fermion methods[J]. Phys. Rev. B, 2008, 78: 205117.

[205] Ohashi T, Momoi T, Tsunetsugu H, et al. Finite temperature Mott transition in Hubbard model on anisotropic triangular lattice[J]. Phys. Rev. Lett., 2008, 100: 076402.

[206] Galanakis D, Stanescu T D, Phillips P. Mott transition on a triangular lattice[J]. Phys. Rev. B, 2009, 79: 115116.

[207] Rubtsov A N, Savkin V V, Lichtenstein A I. Continuous-time quantum Monte Carlo method for fermions[J]. Phys. Rev. B, 2005, 72: 035122.

[208] Gull E, Millis A J, Lichtenstein A I, et al. Continuous-time Monte Carlo methods for quantum impurity models[J]. Rev. Mod. Phys., 2011, 83: 349.

[209] Petsas K I, Coates A B, Grynberg G. Crystallography of optical lattices[J]. Phys. Rev. A, 1994, 50: 5173.

[210] Inada Y, Horikoshi M, Nakajima S, et al. Critical temperature and condensate fraction of a Fermion pair condensate[J]. Phys. Rev. Lett., 2008, 101: 180406.

[211] Kottke M, Schulte T, Cacciapuoti L, et al. Quantum gases in trimerized kagomé lattices[J]. Phys. Rev. A, 2005, 72: 053631.

[212] Damski B, Everts H U, Honecker A, et al. Atomic Fermi gas in the trimerized kagomé lattice at 2/3 filling[J]. Phys. Rev. Lett., 2005, 95: 060403.

[213] Ruostekoski J. Optical kagome lattice for ultracold atoms with nearest neighbor interactions[J]. Phys. Rev. Lett., 2009, 103: 080406.

[214] Hellweg D, Cacciapuoti L, Kottke M, et al. Measurement of the spatial correlation function of phase fluctuating Bose-Einstein condensates[J]. Phys. Rev. Lett., 2003, 91: 010406.

[215] Shin Y, Schunck C H, Schirotzek A, et al. Phase diagram of a two-component Fermi gas with resonant interactions[J]. Nature (London), 2008, 451: 689.

[216] Jördens R, Tarruell L, Greif D, et al. Quantitative determination of temperature in the approach to magnetic order of ultracold Fermions in an optical lattice[J]. Phys. Rev. Lett., 2010, 104: 180401.

[217] Yoshioka T, Koga A, Kawakami N. Quantum phase transitions in the Hubbard model on a triangular lattice[J]. Phys. Rev. Lett., 2009, 103: 036401.

[218] Aryanpour K, Pickett W E, Scalettar R T. Dynamical mean-field study of the Mott transition in the half-filled Hubbard model on a triangular lattice[J]. Phys. Rev. B, 2006, 74: 085117.

[219] Bhongale S G, Pu H. Phase separation in a mixture of a Bose-Einstein condensate and a two-component Fermi gas as a probe of Fermi superfluidity[J]. Phys. Rev. A, 2008, 78: 061606.

[220] He P B, Sun Q, Li P, et al. Magnetic quantum phase transition of cold atoms in an optical lattice[J]. Phys. Rev. A, 2007, 76: 043618.

[221] Konotop V V, Salerno M. Modulational instability in Bose-Einstein condensates in optical lattices[J]. Phys. Rev. A, 2002, 65: 021602.

[222] Kato Y, Zhou Q, Kawashima N, et al. Bose-Hubbard optical lattice: Peak on a peak[J]. Nature Physics, 2008, 4: 614.

[223] Li Z D, Li Q Y, He P B, et al. Domain-wall solutions of spinor Bose-Einstein condensates in an optical lattice[J]. Phys. Rev. A, 2010, 81: 015602.

[224] Ohashi T, Kawakami N, Tsunetsugu H. Mott transition in Kagomé lattice Hubbard

model[J]. Phys. Rev. Lett., 2006, 97: 066401.

[225] Imai Y, Kawakami N. Spectral functions in itinerant electron systems with geometrical frustration[J]. Phys. Rev. B, 2002, 65: 233103.

[226] Duan L M. Effective Hamiltonian for Fermions in an optical lattice across a Feshbach resonance[J]. Phys. Rev. Lett., 2005, 95: 243202.

[227] Jarrell M, Gubernatis J E. Bayesian inference and the analytic continuation of imaginary-time quantum Monte Carlo data[J]. Phys. Rep., 1996, 269: 133.

[228] O'Hara K M, Hemmer S L, Gehm M E, et al. Observation of a strongly interacting degenerate Fermi gas of atoms[J]. Science, 2002, 298: 2179.

[229] Tung S, Schweikhard V, Cornell E A. Observation of vortex pinning in Bose-Einstein condensates[J]. Phys. Rev. Lett., 2006, 97: 240402.

[230] Zwierlein M W, Schirotzek A, Schunck C H, et al. Superfluidity with imbalanced spin populations[J]. Science, 2006, 311: 492.

[231] Regal C A, Ticknor C, Bohn J L, et al. Creation of ultracold molecules from a Fermi gas of atoms[J]. Nature (London), 2003, 424: 47.

[232] Klempt C, Henninger T, Topic O, et al. ^{40}K–^{87}Rb Feshbach resonances: modeling the interatomic potential[J]. Phys. Rev. A, 2007, 76: 020701.

[233] Stöferle T, Moritz H, Günter K, et al. Molecules of Fermionic atoms in an optical lattice[J]. Phys. Rev. Lett., 2006, 96: 030401.

[234] Strohmaier N, Takasu Y, Günter K, et al. Interaction-controlled transport of an ultracold Fermi gas[J]. Phys. Rev. Lett., 2007, 99: 220601.

[235] Köhl M, Moritz H, Stöferle T, et al. Fermionic atoms in a three dimensional optical lattice: observing Fermi surfaces, dynamics, and interactions[J]. Phys. Rev. Lett., 2005, 94: 080403.

[236] Chin J K, Miller D E, Liu Y, et al. Evidence for superfluidity of ultracold fermions in an optical lattice[J]. Nature (London), 2006, 443: 961.

[237] Stewart J T, Gaebler J P, Jin D S. Using photoemission spectroscopy to probe a strongly interacting Fermi gas[J]. Nature (London), 2008, 454: 744.

[238] Novoselov K S, Geim A K, Morozov S V, et al. Electric field effect in atomically thin Carbon films[J]. Science, 2004, 306: 666.

[239] Castro-Neto A H, Guinea F, Peres N M R, et al. The electronic properties of graphene[J]. Rev. Mod. Phys., 2009, 81: 109 – 162.

[240] Brinkman W F, Rice T M. Application of Gutzwiller's variational method to the metal-insulator transition[J]. Phys. Rev. B, 1970, 2: 4302.

[241] Gebhard F. The Mott metal-insulator transition: models and methods[M]. New York: Springer, 1997.

[242] Sorella S, Tosatti E. Semi-metal-insulator transition of the Hubbard model in the honeycomb lattice[J]. Europhys. Lett., 1992, 19 (8): 699 – 704.

[243] Coleman P. Lectures on the physics of highly correlated electron systems VI[M]. New York: American Institute of Physics, 2002: 79 – 160.

[244] Park H, Haule K, Kotliar G. Cluster dynamical mean field theory of the Mott

transition[J]. Phys. Rev. Lett., 2008, 101: 186403.

[245] Jafari S A. Dynamical mean field study of the Dirac liquid[J]. Eur. Phys. J. B, 2009, 68: 537.

[246] Tran M T, Kuroki K. Finite-temperature semimetal-insulator transition on the honeycomb lattice[J]. Phys. Rev. B, 2009, 79: 125125.

[247] Wu W, Chen Y H, Tao H S, et al. Interacting Dirac fermions on honeycomb lattice[J]. Phys. Rev. B, 2010, 82: 245102.

[248] Semenoff G W. Condensed-matter simulation of a three-dimensional anomaly[J]. Phys. Rev. Lett., 1984, 53: 2449.

[249] Dora B, Gulacsi M, Sodano P. Majorana zero modes in graphene with trigonal warping[J]. Phys. Status Solidi (RRL), 2009, 3: 169.

[250] Kechedzhi K, Falko V I, McCann E, et al. Influence of trigonal warping on interference effects in bilayer graphene[J]. Phys. Rev. Lett., 2007, 98: 176806.

[251] Ohashi T, Kawakami N, Tsunetsugu H. Mott transition in Kagomé lattice Hubbard model[J]. Phys. Rev. Lett., 2006, 97: 066401.

[252] 陈颖健. 量子霍尔效应[M]. 北京：科学技术文献出版社，1993.

[253] Avron J E, Osadchy D, Seiler R. A topological look at the quantum Hall effect[J]. Physics Today, 2003, 56: 38.

[254] Haldane F D M. Model for a quantum Hall effect without Landau levels: condensed-matter realization of the "parity anomaly"[J]. Phys. Rev. Lett., 1988, 61: 2015-2018.

[255] Kane C L. An insulator with a twist[J]. Nature Physics, 2008, 4: 348.

[256] Qi X L, Hughes T L, Zhang S C. Topological field theory of time-reversal invariant insulators[J]. Phys. Rev. B, 2008, 78: 195424.

[257] Konig M, Wiedmann S, Brüne C, et al. Quantum spin Hall insulator state in HgTe quantum wells[J]. Science, 2007, 318: 766-770.

[258] Weeks C, Hu J, Alicea J, et al. Engineering a robust quantum spin Hall state in graphene via adatom deposition[J]. Phys. Rev. X, 2011, 1, 021001.

[259] Liu C C, Feng W, Yao Y. Quantum spin Hall effect in silicene and two-Dimensional germanium[J]. Phys. Rev. Lett., 2011, 107: 076802.

[260] Qi X L, Zhang S C. The quantum spin Hall effect and topological insulators[J]. Physics Today, 2010, 63: 33.

[261] Zhang H, Liu C X, Qi X L, et al. Topological insulators in Bi_2Se_3, Bi_2Te_3 and Sb_2Te_3 with a single Dirac cone on the surface[J]. Nature Physics, 2009, 5: 438-442.

[262] Hsieh D, Xia Y, Wray L, et al. Observation of unconventional quantum spin textures in topological Insulators[J]. Science, 2009, 323: 919.

[263] Chen Y L, Analytis J G, Chu J H, et al. Experimental realization of a three-dimensional topological insulator Bi_2Te_3[J], Science, 2009, 325: 178.

[264] Shitade A, Katsura H, Kunes J, et al. Quantum spin Hall effect in a transition metal Oxide Na_2IrO_3[J]. Phys. Rev. Lett., 2009, 102: 256403.

[265] Singh Y, Gegenwart P. Antiferromagnetic Mott insulating state in single crystals of the

hexagonal lattice material Na_2IrO_3[J]. arXiv: 1006.0437.

[266] Yennie D R. Integral quantum Hall effect for nonspecialists[J]. Rev. Mod. Phys., 1987, 59(3): 781 - 824.

[267] Nagaosa N. A new state of quantum matter[J]. Science, 2007, 318: 758.

[268] Rachel S, LeHur K. Topological insulators and Mott physics from the Hubbard interaction[J]. Phys. Rev. B, 2010, 82: 075106.

[269] White S R, Chernyshev A L. Neél order in square and triangular lattice Heisenberg models[J]. Phys. Rev. Lett., 2007, 99: 127004.

[270] Sandvik A W. Finite-size scaling of the ground-state parameters of the two-dimensional Heisenberg model[J]. Phys. Rev. B, 1997, 56: 11678 - 11690.

[271] Gerber U, Hofmann C P, Jiang F J, et al. The constraint effective potential of the staggered magnetization in an antiferromagnet[J]. J. Stat. Mech., 2009, 03021.

[272] Hohenadler M, Lang T C, Assaad F F. Correlation effects in quantum spin-Hall insulators: a quantum Monte Carlo study[J]. Phys. Rev. Lett., 2011, 106: 100403.

[273] Anderson P W. Resonating valence bonds: A new kind of insulator? [J]. Mater. Res. Bull., 1973, 8(2).

[274] Wen X G. Quantum field theory of many-body systems[M]. USA: Oxford University Press, 2007.

[275] Jiang H C, Yao H, Balents L. Spin liquid ground state of the spin-1/2 square J_1-J_2 Heisenberg model[J]. Phys. Rev. B, 2012, 86: 024424.

[276] Yan S, Huse D A, White S R. Spin-liquid ground state of the S = 1/2 kagome Heisenberg antiferromagnet[J]. Science, 2011, 332: 1173 - 1176.

[277] Jiang H C, Wang Z H, Balents L. Identifying to pological order by entanglement entropy [J]. Nature Physics, 2012, 8: 902 - 905.

[278] Sorella S, Otsuka Y, Yunokis. Absence of a spin liquid phase in the hubbard model on the honeycomb lattice [J]. Scientific Reports, 2012, 2: 992.

[279] Lee D H. Effects of interaction on quantum spin hall insulators[J]. Phys. Rev. Lett., 2011, 107: 166806.

[280] Moessner R, Sondhi S L, Fradkin E. Short-ranged resonating valence bond physics, quantum dimer models, and Ising gauge theories[J]. Phys. Rev. B, 2001, 65: 024504.

[281] Lee S H, Kikuchi H, Qiu Y, et al. Quantum-spin-liquid states in the two-dimensional kagome antiferromagnets $Zn_xCu_{4-x}(OD)_6Cl_2$[J]. Nature Materials, 2007, 6: 853.

[282] Clark B K, Abanin D A, Sondhi S L. Nature of the spin liquid state of the Hubbard model on a honeycomb lattice[J]. Phys. Rev. Lett., 2011, 107: 087204.

[283] Limot L, Mendels P, Collin G, et al. Susceptibility and dilution effects of the kagomé bilayer geometrically frustrated network: a Ga NMR study of $SrCr_{9p}Ga_{12-9p}O_{19}$ [J]. Phys. Rev. B, 2002, 65: 144447.

[284] Wang M, Wang M Y, Li G N, et al. Antiferromagnetic order and superlattice structure in nonsuperconducting and superconducting $Rb_yFe_{1.6+x}Se_2$ [J]. Phys. Rev. B, 2011, 84: 094504.

[285] Mezzacapo F, Boninsegni M. Ground-state phase diagram of the quantum J_1-J_2 model on

the honeycomb lattice[J]. Phys. Rev. B, 2012, 85: 060402.

[286] Gonzalez M, Cervantes-Lee F, ter Haar L W. Structural and magnetic properties of the topologically novel 2-D material $Cu_9F_2(cpa)_6$: a triangulated kagome-like hexagonal network of Cu(II) trimers interconnected by Cu(II) monomers[J]. Mol. Cryst. Liq. Cryst. Sci Technol., 1993, 233: 317.

[287] Maruti S, ter Haar L W. Magnetic properties of the two-dimensional "triangles-in-triangles" Kagomé lattice $Cu_9X_2(cpa)_6$ (X=F, Cl, Br)[J]. J. Appl. Phys., 1993, 75: 5949.

[288] Mekata M, Abdulla M, Asano T, et al. Magnetic ordering in triangulated kagomé lattice compound, $Cu_9Cl_2(cpa)_6 \cdot nH_2O$[J]. J. Magn. Magn. Mater., 1998, 177: 731.

[289] Loh Y L, Yao D X, Carlson E W. Thermodynamics of Ising spins on the triangular kagome lattice: Exact analytical method and Monte Carlo simulations[J]. Phys. Rev. B, 2008, 77: 134402.

[290] Yao D X, Loh Y L, Carlson E W, et al. XXZ and Ising spins on the triangular kagome lattice[J], Phys. Rev. B, 2008, 78: 024428.

[291] Chang C C, Zhang S W. Spin and charge order in the Doped Hubbard model: long-wavelength collective modes[J]. Phys. Rev. Lett., 2010, 104: 116402.

[292] Yao W, Niu Q. Berry phase effect on the exciton transport and on the exciton Bose-Einstein condensate[J]. Phys. Rev. Lett., 2008, 101: 106401.

[293] Xiao D, Yao W, Niu Q. Valley-contrasting physics in graphene: magnetic moment and topological transport[J]. Phys. Rev. Lett., 2007, 99: 236809.

[294] Terletska H, Vucicevic J, Tanaskovi D, et al. Quantum critical transport near the Mott transition[J]. Phys. Rev. Lett., 2011, 107: 026401.

[295] Zhou F. Spin correlation and discrete symmetry in spinor Bose-Einstein condensates[J]. Phys. Rev. Lett., 2001, 87: 080401.

[296] DeLeo L, Civelli M, Kotliar G. T=0 Heavy-Fermion quantum critical point as an orbital-selective Mott transition[J]. Phys. Rev. Lett., 2008, 101: 256404.

[297] Damascelli A, Hussain Z, Shen Z X. Angle-resolved photoemission studies of the cuprate superconductors[J]. Rev. Mod. Phys., 2003, 75: 473.

2 冷分子物理

印建平

2.1 冷分子研究的科学意义及其应用前景

“冷分子物理”的研究主要包括低温下分子的电偶极子、冷分子碰撞物理、少体或多体物理、冷化学物理、精密测量物理、量子跃迁或量子相变(分子玻色-爱因斯坦凝聚与费米量子简并等)、量子分子物理、非线性分子物理、量子偶极气体与偶极-偶极相互作用、冷分子的激光排列或外场取向、冷分子摆动光谱等的基础物理问题研究;“冷分子技术”的应用主要包括冷分子在物质波干涉测量、冷分子光谱及其光谱精密测量、量子信息科学与量子模拟、集成分子光学及其分子芯片、冷分子刻蚀与纳米新材料制备等领域中的应用研究。冷分子的实验制备包括化学稳定分子(自然界存在的分子)的有效减速与冷却、激光冷却原子缔合的超冷分子制备。

在讨论“分子冷却”、“冷分子”或“超冷分子”的概念之前,我们有必要来首先回顾一下温度的定义。显然,当讨论冷分子时,必须搞清楚温度的概念。日常生活中温度的意义似乎很清楚,就是“以某种尺度进行衡量所得到的冷热程度”。在科学上,温度的概念并不总是那么清晰或明确。它的定义有好几种,但是使用的方式并不是完全正确的。困难在于,只有在热平衡的系统中,温度的定义才有意义。在这种情况下,能量的分配遵守麦克斯韦-玻耳兹曼分布:

$$n(E) \propto \mathrm{e}^{-E/kT} \tag{2-1}$$

式中,n 为能量为 E 的粒子数目,T 为温度,k 为玻耳兹曼常数。根据式(2-1),就可以定义振动或转动温度。对于粒子质心运动的平动动能,式(2-1)可以写成速度分布的形式:

$$F(v) \propto v^2 \mathrm{e}^{-mv^2/2kT} \tag{2-2}$$

式中,$F(v)$为速度分布,m 为粒子质量,v 为粒子速度。在冷原子或冷分子物理中,低温就是指低的平均速度和窄的速度分布。一个粒子波包的温度由粒子在内部能态上的分布来确定,或者由它在速度空间的分布来确定。对于充分热平衡的粒子来说,这两个温度一定是相等的。如果粒子没有达到热平衡,那么这两个温度就不相等,甚至在这种情况下不能讲它的温度是多少。然而,物理学家希望在任何情况下都给它一个温度“标签”,而不考虑它是否热平衡,并用式(2-2)来拟合波包的速度分布,从而得到它的平动温度。通常,由热平衡或式(2-1)给出的温度称为热力学温度，而由粒子运动速度的分布宽度或式(2-2)给出的温度称为热动力学温度。因此，在讨论粒子的平动温度(外态温度)时，人们通常采用热动力学温度，而在讨论粒子的振动与转动温度(内态温度)时，通常采用热力学温度。有了温度的概念后，我们可以来定义“冷分子”与“超冷分子”了。通常，人们将平动温度在 1 mK～1 K 范围内的分子称为冷分子，而将温度在 1 mK 以下的分子称为超冷分子。

自 20 世纪 90 年代初以来，中性原子激光冷却与囚禁的理论、实验及其技术得到了快速发展，并取得了巨大的成功和辉煌的成就，特别是原子气体中的玻色-爱因斯坦凝聚(BEC)、微阱 BEC、原子芯片、原子激光、光速减慢、原子物质波中的四波混频和原子孤子、超流中的 Vortex 等一系列实验的成功，导致了一门全新的“冷原子物理”和“原子光学”学科的诞生与发展[1-3]。有关“中性原子的激光冷却与囚禁”和“冷原子物理及其研究进展”可分别参阅王义遒教授的专著《原子的激光冷却与俘陷》、笔者编写的《激光冷却与囚禁》(上、下册)研究生教学讲义和本书第一专题刘伍明教授等编写的“冷原子物理”[4-6]等。

迄今为止，当“激光冷却、囚禁与量子操控技术”应用于“离子”与“中性原子”或者“单原子”与“单离子”时，在 23 年内已经获得了 4 次诺贝尔物理学奖。其中，因“激光冷却与囚禁技术”成功应用于“离子”及其“原子钟”，N. F. Ramsey, W. Paul 和 H. G. Dehmelt 三位科学家获得了 1989 年度诺贝尔物理学奖。8 年后，因“激光冷却与囚禁技术”成功应用于“中性原子”，突破多普勒冷却极限和亚反冲冷却极限，并获得约为 3 nK 的超冷原子样品，S. Chu，C. Cohen-Tannoudji 和 W. D. Phillips 获得了 1997 年度诺贝尔物理学奖。在 4 年后，因“激光冷却、囚禁与量子操控技术”成功应用于“原子气体中玻色-爱因斯坦凝聚(BEC)的实现”、“原子激光的输出”及其“非线性原子光学”与“量子原子光学”研究的开创，E. A. Cornell，W. Ketterle 和 C. E. Wieman 获得了 2001 年度诺贝尔物理学奖。最近，因“激光冷却、囚禁与量子操控技术”成功应用于单个原子或单个离子(包括少数离子)的量子操控与测量，S. Haroche 和 D. Wineland 获得了 2012 年度诺贝尔物理学奖。因此，人们不禁要问：当“激光冷却、囚禁与量子调控技术”成功应用于“化学稳定分子”及其“分子量子简并(分子 BEC 和分子费米量子简并)”的实现、“分子激光的输出”、“量子分子物理与非线性分子物理”的开创、“单分子或单分子离子的量子操控与测量”，甚至“冷分子化学与超冷量子化学”等时，将会发生什么？这是一个非常值得我们深思，且令人遐想的问题。

众所周知，“冷分子”或“超冷分子”可广泛应用于基本物理问题的基础研究(包括少体物理问题、多体物理问题、偶极量子气体、偶极晶体、复杂系统的量子动力学、量子跃迁或量子相变等)，基本物理定律的实验验证、基本物理常数的精密测量，分子波包动力学的相干操控，分子冷碰撞性质的实验研究，光学频标精度的改善，冷分子光钟，冷分子光谱学、光梳精密光谱学，冷分子化学与超冷量子化学，量子计算与量子信息处理，分子 BEC 的实现及其分子激光的输出，费米分子量子简并气体，量子分子物理与非线性分子物理，分子量子态(包括压缩态、纠缠态等)的实验制备，凝聚态物理现象的量子模拟，分子物质波的干涉计量，纳米分子束刻蚀及其纳米新材料的制备等[7]。此外，由于分子是保留物质化学属性的最小单位，也是跨接物理学和化学及其他交叉学科的桥梁，因此冷分子科学与技术及其超冷分子光谱学在化学、天文学、环境科学、材料科学，甚至生物科学等领域中也有着潜在的应用前景。

特别地，由于极性分子之间存在较强的偶极与偶极相互作用，这使得它可以作为良好的量子比特载体，并且强的比特相互作用有利于提高量子计算的速度。由此可见，极性冷分子作为一种新的量子系统，它综合了原子比特和离子比特的优点，并且可以搭建起凝聚态物理方法的桥梁，比如：分子芯片或微囚禁可与超导相联系。中性分子既具有中性原子一样长的相干时间，又具有囚禁离子一样强的相互作用。然而，与离子不同的是，分子的相互作用是可操控的，这个特征有利于实现量子相位门和减小消相干效应。此外，分子冷却和储存技术的发展使得精确操控单个分子成为可能。因此，采用极性冷分子的量子计算与量子信息处理必将成为量子信息科学领域中的前沿研究热点之一。

同样，冷分子或超冷分子(几乎没有多普勒效应)可以给出超高分辨的光谱结构，从而使我们可进一步研究分子内、分子间、分子与外场间的微弱相互作用，并精密测量一些基本物理常数，特别是六大世界科学难题之一："分子魔镜"的研究。因此，发展冷分子光谱技术及其光梳精密光谱术，可使我们更加深刻地认识低温条件下的微观世界。通常气相分子的排列无规而呈现各向同性，然而，由外电场、外磁场或激光场排列取向后的分子(特别是冷分子)，具有各向异性的特点，可以帮助我们研究分子间的冷碰撞或立体冷化学，可以增强分子的电离、高次谐波的产生，可以用于量子编码、量子计算等。外场中的冷分子，由于温度的冷却和较强的偶极-偶极相互作用，会使分子内部能级结构产生变化，甚至这种偶极相互作用不能看作微扰，它可能破坏分子内各角动量间的洪德耦合情形，其自由转动状态将转变为摆动态(pendular state)，其光谱呈现为摆动光谱的特征，从而为我们研究量子调控下的冷分子光谱学提供了新的历史性机会。

此外，由于分子是保持物质化学属性的基本单元及其分子内部结构(自由度数目、振动与转动能级等)的复杂性，与冷原子物理或原子光学相比，冷分子物理或分子光学还具有如下一些独特的物理研究内容与技术难点[8]。

首先,由于分子内部能级的复杂性,分子除了具有平动动能(速度)以外,还有振动与转动动能(速度),因而分子束或分子气体样品除了具有平动温度以外,还有振动与转动温度,这对于分子物质波的干涉与衍射及其超低温条件下的冷分子化学及其反应动力学将产生一定的影响,从而导致一个新的"超冷分子化学"研究分支的诞生,同时也增加了我们操控中性分子与测量分子速度及其温度的技术难度;其次,正是由于分子内部能级的复杂性及其独特的物理性质(如极性分子具有的永久电偶极矩等),使得中性分子冷却、囚禁与操控的物理机制在某些方面不同于原子冷却、囚禁与操控的机制,也给冷分子物理实验增加了技术难度;特别是中性原子的激光冷却机制、方法与技术无法照搬到中性分子的激光冷却中来,以至于中性分子激光冷却的普适方法或技术至今尚未在实验上取得突破性进展。另外,极性分子还有长程、各向异性的偶极-偶极相互作用,而且极性冷分子间的电偶极-电偶极相互作用要比冷原子间的磁偶极-磁偶极相互作用强得多,因而极性冷分子在基本物理问题研究、精密测量物理、量子计算与量子信息处理、凝聚态物质的量子模拟和超冷量子化学等领域中将有着更重要、更广阔的应用前景。最后,也是由于分子内部能级的复杂性,使得超冷分子光谱远比超冷原子的光谱丰富得多,它不仅具有紫外、可见和红外(振动-转动)吸收光谱,还有(振动-转动)Raman 散射光谱及其非线性光谱以及微波波段的冷分子转动光谱等,相应的超冷分子光谱实验技术也复杂得多。特别是超冷分子光谱具有无多普勒展宽的超高分辨率,而且其光谱信息十分丰富,具有广阔的应用前景。因此,冷分子物理的研究内容要比冷原子物理的内容丰富、有趣得多,相应的实验研究技术也要难得多。

此外,如果采用超冷原子替代光子进行精密测量,则在理论上其测量灵敏度

$$S\left(\frac{原子}{光子}\right)\propto\frac{Mc^2}{\hbar\omega}\approx10^{11} \tag{2-3}$$

可提高 11 个数量级。但是考虑到一些实际限制,目前实验上已提高了 2～3 个量级。人们相信经过实验条件与环境的改善以及实验技术的改进后,将来可望提高到 5～6 个量级。由于同种元素的冷分子质量比冷原子质量至少大 2 倍,有些大分子(如 C_{60},C_{70}等)要比同元素的 C 原子重几十倍,甚至上百倍(如$C_{60}F_{48}$),故采用同元素的冷分子进行精密测量,则测量灵敏度又可提高 2～100 倍。因此,冷分子物理与分子光学的研究有着更加重要、更加广阔的应用前景[8]。

综上所述,有关"冷分子物理"与"分子光学"的研究,如同"冷原子物理"与

"原子光学"的研究一样,有着十分重要的科学意义和广阔的应用前景。目前有关中性分子的各种冷却、囚禁与操控的理论与实验研究已得到了快速发展,并取得了一些可喜的实验结果与重要进展。与此同时,有关"冷分子物理及其应用"的研究也取得了重要的理论与实验进展。因此,本专题就"冷分子物理的基础研究与技术应用"及其最新进展作一系统介绍与综述,并就冷分子制备与研究的发展趋势,拟解决的重要科学问题与关键技术等进行简要的总结与展望,希望能起到抛砖引玉的作用。

2.2 冷分子物理的基础研究及其最新进展

2.2.1 引言

当分子与外部电场(或磁场)之间相互作用的大小与分子的热运动能量相当时,我们就把此时的分子称为冷分子。在通常实验室环境下,对于普通分子的电偶极矩,这个温度约为 1 K。这时分子的内部量子态分布相对于室温下的分布而言已被大大简化了。各个量子态展现出极为不同的碰撞特性,而它们的贡献将强烈影响到冷分子间的碰撞。在冷环境下,碰撞过程有多个不同分波的贡献。当温度降低到约 1 mK 时,即分子进入到超冷环境时,情况将发生显著的变化。此时分子间的碰撞可以完全用 s 波散射(即只有一个分波对散射过程有贡献)来描述。如果温度进一步降低,分子就会发生量子简并。这时,量子统计效应(例如泡利不相容原理)将决定分子间的相互作用。因此,冷分子或超冷分子在冷碰撞物理、少体物理与冷化学物理、偶极量子气体与偶极-偶极相互作用、分子气体的玻色或费米量子简并等的基础物理研究中有着重要的科学意义。

当一群粒子的温度被降到很低时,其与物质波相关的德布罗意波长将与粒子间距相比拟,甚至更大。在这种状态下,一些新的物理相变现象(如 BEC 和费米量子简并等)将会出现,与高温下的情况完全不同,并需要用量子力学的理论来解释。在这方面,冷原子领域是个很好的例证,并取得了巨大成功,包括:冷原子干涉,精密光谱测量,玻色-爱因斯坦凝聚(BEC),费米量子简并和原子激光等[9-12]。在过去的二十至三十年里,原子冷却和囚禁技术,特别是激光冷却和囚禁技术,使得原子物理发生了革命性的变化。人们期望在分子冷却和囚禁方面获得同样的成功,并在分子物理领域看到同样的变化。另一个有趣的性质就是,与原子相比,极性分子还具有固有电偶极矩。因此,超冷极性分子已成为当前分子物理领域中理论与实验研究的前沿热点课题之一。由于偶极-偶极相互作用的各向异性，人们期待在极性分子的玻色-爱因斯坦凝聚中看到新的物理现象。如果电偶极子首尾排列，这种长程偶极-偶极相互作用将为吸引势；反之，若电偶极子并肩排列，相互作用将为排斥势。在极化的玻色气体中，BEC的稳定程度将依赖于囚禁势阱的几何形状[13]。通过改变势阱的几何形状，我们可以改变气体分子间的相互作用，从而提供操控宏观量子态的可能[14]。此外，将极性冷分子囚禁在光学晶格中，可以研究奇异量子相位跃迁[15]以及量子计算[16]。超冷化学研究是另一个令人兴奋的冷分子应用领域。在（超）低温条件下，分子间的化学反应机制将受到量子隧穿以及量子谐振等的影响[17,18]。人们期望在低能量碰撞情况下出现新的现象。在低能量情况下，分子弹性和非弹性碰撞截面可能出现强烈的共振[19]。当碰撞的分子开始旋转时，它们可能缺乏足够的动能来摆脱相互间的范德瓦耳斯吸引，从而形成瞬间的谐振态。因此，在低温或超低温条件下，冷分子或超冷分子的研究必将展现或揭示许多新的物理与化学现象，并导致重要的技术应用。

此外，强的电场使得极性分子转动态混合，形成具有一定取向的混合态，实现分子的取向。极性冷分子的取向在冷碰撞、冷化学反应、分子与表面相互作用、量子信息科学等领域中有着重要应用。特别是，当分子转动温度足够低，外加静电场足够高时，极性冷分子转动态的混合将演化为摆动态，因而观测到摆动光谱。理论与实验已证明摆动光谱方法对于寻找新的振动能带、测量分子电偶极矩[20,21]和静电场矢量及其空间分布[22]等是一种非常有效的技术手段。因此，冷分子或超冷分子在激光排列与外场取向及其冷分子摆动光谱、精密测量等方面也有着重要的应用。本节将重点介绍冷分子物理的基础研究及其最新进展。

2.2.2 超低温下的电偶极子

2.2.2.1 概述

任何物体，只要一端有正电荷，另外一端有负电荷，那么它就具有电偶极矩[23]。通常，在经典电磁学中，偶极矩是矢量，可以指向任意的方向，是由电场力决定的，我们可以用非常简单的数学表达式来描述该电场力。尽管如此，对于量子力学物体，比如说原子或者分子，偶极矩的大小和方向在很大程度上取决于它的量子态。当分子样品温度很低时，这个课题就变得非常有意义了。因为在低温下，人们可以把分子制备到单个内态上。在这种情况下，相关的数学描述会更加详细，偶极相互作用甚至不需要考虑教科书中的经典形式。本节将主要讨论如何描述该偶极相互作用。

这里我们首先讨论量子力学体系中偶极子是怎样产生的；然后，讨论外场中的量子力学偶极子；最后，讨论我们关心的偶极-偶极相互作用问题。所讨论的内容主要包括偶极子可能具有的能级，产生的场以及两个偶极子之间的相互作用。尽管我们将分几节来讨论分子的偶极子，但是主要讨论的是基态具有 Λ 双分裂的极性分子。在适当的实验室场强条件下，这类极性分子最容易体现出它们的偶极性（至少是在双原子分子中）。具有 Λ 双分裂的分子还有另外一个特性，即它们的基态是简并的，甚至在电场中也是简并的。这就意味着不是只有一种方法可以通过场来排列分子；这两种可能性的特征是角动量量子数不同。单个分子偶极矩的取向以及偶极子之间的相互作用都会因为简并而表现出一些新的性质。文中涉及的量子力学角动量的数学理论和双原子分子的能级结构可分别参考 Brink 及 Satchaler 的经典专著[24]和 Brown 及 Carrington 最近发表的权威性专著[25]。

2.2.2.2 经典偶极子的描述

极性分子的行为很大程度上取决于它对电场的反应。经典地，当一个分子具有正电荷并与负电荷相距一段距离，就会产生电偶极子。偶极矩是一个矢量，具有方向和大小：

$$\boldsymbol{\mu} = \sum_{\xi} q_{\xi} \boldsymbol{r}_{\xi} \tag{2-4}$$

这里第 ξ 个电荷 q_{ξ} 放在距离特定的起点 $\boldsymbol{r}_{\xi}$ 处。因为我们关心的是分子所受到的力，所以将分子的质心作为起点。定义 $\boldsymbol{\mu} = 0$，并不能确定分子的电荷中心，这是完全不同的事情。按照惯例，偶极矩矢量的方向在分子内部是从负电荷指向正电荷的。分子内部具有很多电荷，它们非常复杂地分布在分子的量子态上。通常，有关分子静电特性的信息要比包含在偶极矩中的信息多得多。但是，在距离分子很远的地方（相对于分子的尺寸），这些信息都显得无关紧要了。在这个极限下，一个分子施加在另一个分子上的力主要取决于两个分子的偶极矩。同样在这个极限下，偶极矩起点的具体位置也不再重要，我们可以将分子看作是一个“偶极点”，它的大小为 μ，方向为 $\boldsymbol{\mu}$。在本节中，我们只考虑电中性的分子，这样就无需考虑分子之间的库仑力。

如果一个偶极子 $\boldsymbol{\mu}$ 处于电场 $\boldsymbol{E}$ 中，那么它的相互作用势取决于电场强度 $\boldsymbol{E}$ 和偶极矩 $\boldsymbol{\mu}$ 的方向，由下式给出：

$$V_{\mathrm{ep}} = -\boldsymbol{\mu} \cdot \boldsymbol{E} \tag{2-5}$$

这简单地遵循一个事实，即正电荷在电场中所受到的力是沿着电场线方向的，而负电荷所受到的力正好相反。因此一个方向与电场线方向相同的偶极子要比与电场线方向相反的偶极子的能量更低。在经典的静电学中，能量可以在这两个极限之间连续变化。

当物体具有电荷时，偶极子就会产生电场。通常情况下，这个电场由静电势能的梯度给出：$E_{\mathrm{mol}}=-\nabla\Phi(\boldsymbol{r})$。对于偶极点，势能 Φ 由下式给出：

$$\Phi(\boldsymbol{r})=\frac{\boldsymbol{\mu}\cdot\boldsymbol{r}}{r^2} \tag{2-6}$$

这里 $\boldsymbol{r}=r\boldsymbol{r}^0$ 表示空间中与偶极子相关的位矢，我们可以估算出该点处的电场[26]。式(2-6)中的点乘说明电场 Φ 与角度有很大的关系。由于球坐标可以非常明确地表示方向，因此采用球坐标来描述偶极子的物理非常方便。设球坐标中 $\boldsymbol{r}=(\theta,\ \phi)$，$\boldsymbol{\mu}=(\alpha,\ \beta)$，偶极子的势能为

$$\Phi=\frac{\mu}{r^2}(\cos\alpha\cos\theta+\sin\alpha\sin\theta\cos(\beta-\phi)) \tag{2-7}$$

对于最常见的情况，即一个偶极子沿着正 z 轴方向 ($\alpha=0$) 放置，这样就会产生大家所熟知的结果 $\Phi=\mu\cos\theta/r^2$。该势能在偶极子的轴向 ($\theta=0$ 或者 π) 上有最大值，在与偶极子相垂直的方向上 ($\theta=\pi/2$) 为 0。根据上述结果，我们可以估算两个偶极子之间的相互作用势。其中一个偶极子产生的电场作用在另外一个偶极子上。将一个偶极子的偶极矩与另外一个偶极子势能[见方程(2-7)]的梯度作点积，我们可以得到[26]

$$V_{\mathrm{pp}}(\boldsymbol{R})=\frac{\boldsymbol{\mu}_1\cdot\boldsymbol{\mu}_2-3(\boldsymbol{\mu}_1\cdot\boldsymbol{R})(\boldsymbol{\mu}_2\cdot\boldsymbol{R}^0)}{R^3} \tag{2-8}$$

式中，$\boldsymbol{R}=R\boldsymbol{R}^0$ 是偶极子的相对坐标位矢。对于任意方向的偶极子，以及任意相对位置的“偶极子对”这个公式都适用。在特殊的情况下，即两个偶极子都沿着 z 轴正方向排列时，连接两个偶极子质心的矢量与 z 轴成 θ 角，偶极-偶极相互作用势可以用一个简单的形式来表示：

$$V_{\mathrm{pp}}(\boldsymbol{r})=\mu_1\mu_2\,\frac{1-3\cos^2\theta}{R^3} \tag{2-9}$$

需要注意的是，这里所用到的 θ 角与式(2-7)中的 θ 角意义不同。这两个 θ 角在整个讨论中都会用到，希望不要混淆。式(2-9)所表示的相互作用对于描述大部分偶极-偶极相互作用来说都非常有用：如果两个偶极子首尾相接排成一行 ($\theta=0$ 或者 π)，那么 $V_{\mathrm{pp}}<0$，它们互相吸引；如果它们并排放置 ($\theta=\pi/2$)，那

么 $V_{pp} > 0$，它们互相排斥。

2.2.2.3　外场中的量子力学偶极子

尽管偶极子的经典能量在外场中可以在最小值与最大值之间连续变化，但是对于量子力学的分子而言，是不可以连续变化的。在本节中我们将通过一些简单的例子来给出电场中极性分子的能量谱。首先，定义实验室坐标 z 轴与外加电场的方向相一致，因此 $\boldsymbol{E} \rightarrow E\boldsymbol{z}^0$。这样，总角动量在 z 轴上的投影是一个守恒量。

这里我们主要讨论转动偶极子(也即主要讨论异核双原子分子)。为了防止电子被极化，我们只考虑弱电场的情况，因此，只需要考虑单个的电子态。在分子中两个原子之间有电荷分离，这样就会在分子的转动模式中产生电偶极矩 $\boldsymbol{\mu}$。我们假设分子是一个刚性转子，并且不考虑分子的振动，仅仅聚焦于分子的转动。

由于是初步的数学计算，我们需要注意以下几点：在处理分子时，我们要求能够熟练地在实验室坐标系和分子坐标系之间转换。从实验室坐标 (x, y, z) 到分子坐标 (x', y', z') 的转动由一组欧拉角 (α, β, γ) 来标记。前两个角度 $\alpha = \phi$, $\beta = \theta$ 与分子坐标系 z' 轴的球坐标 (θ, ϕ) 相一致。按照惯例，我们选取正 z' 轴的方向与电偶极矩 $\boldsymbol{\mu}$ 平行。第三个欧拉角 γ 旨在使 x' 轴指向所需要的方向，这个方向应当在分子坐标系内；因此它是围绕分子轴的转动方位角。

考虑一个给定的与实验室坐标有关的角动量态 $|jm\rangle$。一般来说，在实验室坐标系中，这个态只有一个好量子数 m。在分子坐标系中，方向与实验室坐标系不同，这个量子态将会是不同量子数 m 的线性叠加态，用 ω 表示，以示区分。此外，这个线性叠加是欧拉角的函数，该转换通常用矩阵 $\boldsymbol{D}$ 来标记：

$$
\begin{aligned}
\boldsymbol{D}(\alpha\beta\gamma)\,|\,j\omega\rangle &= \sum_m |\,jm\rangle\langle jm\,|\,\boldsymbol{D}(\alpha,\beta,\gamma)\,|\,j\omega\rangle \\
&\equiv \sum_m |\,jm\rangle \boldsymbol{D}^j_{m\omega}(\alpha,\beta,\gamma)
\end{aligned}
\tag{2-10}
$$

最后一行定义了 Wigner 转动矩阵，它的性质广泛地以表格形式给出。对于每一个 j，$\boldsymbol{D}^j_{m\omega}$ 是一个单一的转换矩阵。注意转动只能改变 m 型量子数，而不能改变总的角动量 j。对我们而言，$\boldsymbol{D}$ 矩阵一个很重要的特性是

$$
\begin{aligned}
&\int \mathrm{d}\alpha\,\mathrm{d}\cos(\beta)\,\mathrm{d}\gamma\,\boldsymbol{D}^{j_1}_{m_1\omega_1}(\alpha\beta\gamma)\boldsymbol{D}^{j_2}_{m_2\omega_2}(\alpha\beta\gamma)\boldsymbol{D}^{j_3}_{m_3\omega_3}(\alpha\beta\gamma) \\
&= 8\pi^2 \begin{pmatrix} j_1 & j_2 & j_3 \\ m_1 & m_2 & m_3 \end{pmatrix}\begin{pmatrix} j_1 & j_2 & j_3 \\ \omega_1 & \omega_2 & \omega_3 \end{pmatrix}
\end{aligned}
\tag{2-11}
$$

由于偶极子沿着分子轴的方向,分子轴与外场成 β 角,而外场决定了 z 轴的方向,偶极矩等于它的大小 μ 乘以一个极坐标为 (β,α) 的单位矢量,所以分子与外场相互作用的哈密顿量如下:

$$H_{\mathrm{el}} = -\boldsymbol{\mu}\cdot\boldsymbol{E} = -\mu E C_{10}(\beta\alpha) = -\mu E D_{q0}^{j*}(\alpha\beta\gamma) \tag{2-12}$$

为了方便使用,在下文中我们把 C_{10} 记为 D 函数;因为 D 的第二个角标为 0,这个函数实际上并不取决于 γ,因此,引入这个变量并不像它看起来那么重要。

为了利用量子力学来估算能量,我们需要选择一组基矢,并且选取矩阵元。Wigner 转动矩阵是刚性转子的量子力学本征函数。对其进行归一化,这些波函数为

$$\langle\alpha\beta\gamma \mid nm_n\lambda_n\rangle = \sqrt{\frac{2n+1}{8\pi^2}} D_{m_n\lambda_n}^{n*} \tag{2-13}$$

与处理氢原子的方法一样,这里没有考虑自旋。因此,n 是分子(或原子)围绕质心转动的量子数,m_n是角动量在实验室坐标上的投影,λ_n 是角动量在分子坐标上的投影。这样,Stark 相互作用势的矩阵元就可以由式(2-11)计算出来,即

$$\langle nm_n\lambda_n \mid -\boldsymbol{\mu}\cdot\boldsymbol{E} \mid n'm_n'\lambda'\rangle = -\mu E(-1)^{m_n-\lambda_n}\sqrt{(2n+1)(2n'+1)}\cdot \begin{pmatrix} n & 1 & n' \\ -m_n & 0 & m_n' \end{pmatrix}\begin{pmatrix} n & 1 & n' \\ -\lambda_n & 0 & \lambda_n' \end{pmatrix} \tag{2-14}$$

一种既特殊又很重要的情形,即处于 Σ 态的分子,意味着电子角动量在分子坐标上的投影 $\lambda_n=0$。在这种情形下,除去径向积分的部分,式(2-14)可以简化为与氢原子相同的表达式。确实本应如此:两个物体都是简单的一端带正电荷,另一端带负电荷,至于是分子还是原子并不重要。尽管如此,更为普遍的还是 $\lambda_n\neq 0$ 的情形,存在 Λ 双分裂的复杂效应,这里不作进一步的讨论。

转动偶极子的物理和氢原子的非常类似。式(2-14)还告诉我们,对于 Σ 态,$\lambda_n=0$,只有 n 和 n' 具有相反的宇称时,电场相互作用才不会消失。对于这样的一个量子态,宇称和 n 本身的宇称有关。因此,对于基态为 $^1\Sigma$ 的分子,$n=0$,电场只能将这个态与下一个 $n'=1$ 的转动态相混合。能级之间相差 $E_{\mathrm{rot}}=2B_{\mathrm{e}}$,这里 B_{e}是分子的转动常数。在零场中,转动量子数为 n 的能级,能量为 $B_{\mathrm{e}}n(n+1)$。

我们可以利用一个简单的 2×2 矩阵来描述这种情形,与氢原子的情形类似:

$$H = \begin{pmatrix} -E_{rot}/2 & -\mu E \\ -\mu E & +E_{rot}/2 \end{pmatrix} \tag{2-15}$$

电偶极矩阵元由简化符号 $\mu = \langle nm_n 0 \mid \mu_{q=0} \mid n'm_n 0 \rangle$ 给出。每一个 m_n 值对应一个这样的矩阵。当然这些能级也会与更多的转动能级耦合。另外，由于电子自旋和核自旋的存在，所有的能级都会更加复杂。

我们可以像处理氢原子哈密顿量的方法一样，将矩阵(2-15)进行对角化，并且可以应用相同的物理结论。也就是说，第一，尽管分子在分子坐标中存在电荷分离，但是处于特定的转动能级上的分子也没有永久电偶极矩。第二，弱场下的 Stark 效应是二次的，只有在强场下才是线性的，在“临界电场”下会出现二次 Stark 效应和线性 Stark 效应的过渡

$$E_{crit} = E_{rot}/2\mu \tag{2-16}$$

例如，NH 分子的基态为 $^3\Sigma$ 态。对于这个态，如果不考虑自旋，那么临界电场的大小为 7×10^6 V/cm。它要远远小于原子或分子中极化电子所需要的电场，但是对于实验室内所用的电场来说依然是很大的。对于转动常数很小的分子，比如说 LiF，相应的特定电场会小一些。无论如何，在临界电场下，忽略与分子其他转动态的耦合是非常粗糙的近似。如果是做精密的处理，这个耦合是必须要考虑的。在这里，我们就不作更进一步的讨论了。

2.2.2.4 偶极子所产生的电场

分子一旦被极化，每一个 Λ 双分裂的分子，其本身就是一个电场源。分子产生的电场已由式(2-6)中给出。下面我们以球形张量的形式来给出相互作用势：

$$\Phi(\boldsymbol{r}) = \frac{\boldsymbol{\mu}\cdot\boldsymbol{r}^0}{r^2} = \frac{\mu}{r^2}\sum_q (-1)^q C_{1q}(\alpha\beta)C_{1-q}(\theta\phi) \tag{2-17}$$

式(2-17)看起来非常复杂，但是在估算量子力学偶极子的势能时非常有用。

对于一个经典的偶极子，根据式(2-17)我们知道，一旦定义了偶极矩的方向 $(\alpha\beta)$ 就可以立即确定它所产生的静电势能。然而，在量子力学中，势能是通过对 μ 的取向在 $(\alpha\beta)$ 的整个分布取合理的平均得到的，它的权重是由分子波函数所决定的概率。为了估算该势能，我们需要估算式(2-17)在能量本征态的基矢下的矩阵元。利用式(2-11)以及简化的 $3j$ 符号公式，我们可以很容易得到这些矩阵元，结果为

$$\langle jm\omega \mid C_{1q} \mid jm'\omega' \rangle = \delta_{\omega\omega'} \frac{\omega}{j(j+1)} \begin{cases} -\sqrt{\dfrac{(j+m)(j-m')}{2}}, & q=+1 \\ m, & q=0 \\ +\sqrt{\dfrac{(j-m)(j+m')}{2}}, & q=-1 \end{cases} \tag{2-18}$$

其中量子数 m 和 ω 是带有符号的量。需要注意的是，这个积分是对式(2-17)中整个分子自由度 $(\alpha\beta)$ 进行积分的。在这里我们还没有考虑角度对 $(\theta\phi)$ 的依赖性，$(\theta\phi)$ 表征偶极子周围空间的电场。

通过表达式(2-18)，我们可以很清楚地看到，要使矩阵元改变符号，要么同时改变 m 和 m' 的符号，要么改变 ω 的符号。另外，因为 ω 在电场下是保守的，所以 $\langle jm\omega \mid C_{1q} \mid jm' -\omega \rangle = 0$。通过以上分析，接下来我们计算 Φ 在基矢

$$\begin{aligned} \mid jm\bar{\omega}\epsilon = + \rangle &= \cos\delta_m \mid jm\bar{\omega} \rangle + \sin\delta_m \mid jm - \bar{\omega} \rangle \\ \mid jm\bar{\omega}\epsilon = - \rangle &= -\sin\delta_m \mid jm\bar{\omega} \rangle + \cos\delta_m \mid jm - \bar{\omega} \rangle \end{aligned} \tag{2-19}$$

下的矩阵元。通常，采用以下的形式：

$$\langle jm\bar{\omega}\epsilon \mid \Phi(\vec{r}) \mid jm'\bar{\omega}\epsilon' \rangle = \mu \langle jm\bar{\omega}\epsilon \mid C_{1q} \mid jm'\bar{\omega}\epsilon' \rangle (-1)^q \frac{C_{1-q}(\theta\phi)}{r^2} \tag{2-20}$$

式(2-20)前面部分的矩阵元为偶极子取向的量子力学表示。这里定义 $\bar{\omega} = \mid \omega \mid$，宇称量子数 $\epsilon = \pm 1$。这些矩阵元是根据上述对本征态的定义式(2-19)得到的。具体为

$$\begin{aligned} \langle jm\bar{\omega}, \epsilon \mid C_{1q} \mid jm'\bar{\omega}, \epsilon \rangle &= \epsilon \cos(\delta_m + \delta'_m) \langle jm\bar{\omega} \mid C_{1q} \mid jm'\bar{\omega} \rangle \\ \langle jm\bar{\omega}, - \mid C_{1q} \mid jm'\bar{\omega}, + \rangle &= \langle jm\bar{\omega}, + \mid C_{1q} \mid jm'\bar{\omega}, - \rangle \\ &= -\sin(\delta_m + \delta'_m) \langle jm\bar{\omega} \mid C_{1q} \mid jm'\bar{\omega} \rangle \end{aligned} \tag{2-21}$$

在所有这些表达式中，q 的值是根据角动量守恒 $q = m - m'$ 得到的。

为了更好地理解这种表述形式，我们来具体讨论一个特定的能量本征态 $\mid jm\beta\bar{\omega} \rangle$。在这个态上，偶极子的平均静电势为

$$\langle \Phi(\boldsymbol{r}) \rangle \equiv \langle jm\bar{\omega}\epsilon \mid \Phi(\boldsymbol{r}) \mid jm'\bar{\omega}\epsilon \rangle = \left(\mu \frac{m\epsilon\omega}{j(j+1)} \cos 2\delta_m \right) \frac{\cos\theta}{r^2} \tag{2-22}$$

括号中的因子是对偶极矩大小的量子力学修正。$\cos 2\delta_m$ 表示极化度：在强场中，$\delta_m=0$，偶极子的强度最大；而在零场中，$\delta_m=\pi/4$，偶极子消失。注意，对于一个给定的 m 值，由 $\epsilon=\pm$ 的态所产生的势能只差一个符号。这是因为这些态所对应的是方向相反的偶极子。

式(2－20)中的非对角矩阵元也是很重要的。首先，我们需要建立不同能量本征态的叠加，计算这些矩阵元就需要非对角矩阵元。第二，当两个偶极子相互作用时，其中一个会受到另外一个偶极子所产生的电场作用，而这个电场并不一定是与 z 轴平行的。因此，个别偶极子的 m 量子数不再是保守的，我们需要用到式(2－20)中含有 $q\neq 0$ 的矩阵元。

2.2.2.5 偶极-偶极相互作用

以上我们研究了偶极子个体以及它们的量子力学矩阵元，现在我们来研究两个极性分子之间的偶极-偶极相互作用。该相互作用取决于每一个偶极子的取向，$\boldsymbol{\mu}_1$ 和 $\boldsymbol{\mu}_2$ 以及它们的相对位置 $\boldsymbol{R}$。根据式(2－8)，偶极-偶极相互作用由下式给出：

$$V_{\mathrm{pp}}(\boldsymbol{R})=\frac{\boldsymbol{\mu}_1\cdot\boldsymbol{\mu}_2-3(\boldsymbol{\mu}_1\cdot\boldsymbol{R}^0)(\boldsymbol{\mu}_2\cdot\boldsymbol{R}^0)}{R^3}$$
$$=-\frac{\sqrt{6}\mu_1\mu_2}{R^3}\sum_q(-1)^q[\mu_1\otimes\mu_2]_{2q}C_{2-q}(\theta\phi) \tag{2-23}$$

我们假设分子轴和实验室 z 轴的夹角为 θ，这样 $\boldsymbol{R}=(R,\theta,\varphi)$。角度 θ 和 ϕ 与上节中的定义稍有区别。式(2－23)中的第二行用一个张量符号来表示相互作用，这有利于进一步的理论计算。其中：

$$[u_1\otimes u_2]_{2q}=\sqrt{5}\sum_{q_1q_2}(-1)^q\begin{pmatrix}2 & 1 & 1\\ q & -q_1 & -q_2\end{pmatrix}C_{1q_1}(\beta_1\alpha_1)C_{1q_2}(\beta_2\alpha_2) \tag{2-24}$$

表示二阶张量，它由两个一阶张量(也就是矢量) $C_{1q_1}(\beta_1\alpha_1)$ 和 $C_{1q_2}(\beta_2\alpha_2)$ 组成，给出了分子轴的取向[24]。式(2－23)点出了一个重要的观点，即偶极子的取向与其相对运动密切相关：如果分子的内态发生了改变，没有了角动量，那么在分子围绕彼此做轨道运动中，该角动量有可能会出现。

有关具有 Λ 双分裂的分子在弱电场中的宇称混合、偶极子产生的电场以及偶极-偶极相互作用等问题的详细讨论可参阅文献[27　30]。

2.2.3 冷碰撞物理、少体物理与冷化学物理

2.2.3.1 低温下的冷碰撞物理

当分子相互作用时，由于分子转动产生的离心力会使分子在低温下的碰撞减弱。关于碰撞的总散射波函数可以分解为不同的转动角动量分波函数。超低温度大致定义为 $T<1$ mK，更为严格的定义是，在气相粒子的动力学碰撞中，单个散射分波占主导。为区分单个分波和多个分波散射的物理意义，假设没有通过外场对分波在内部进行调制的条件下，超低温度下的碰撞完全由单个散射分波决定：s 波对应玻色子或可区分粒子的散射，p 波对应于理想费米子的散射。因此，低温与超低温的区分便依赖于分子的质量和碰撞粒子间长程相互作用的幅度。处于外电场的极性分子，在极低温条件下才会发生超冷散射。低温区域的碰撞特征是有数个分波的贡献，这些分波可能引起多散射共振和分波相干现象。因此低温和超低温代表不同的散射范畴，每个范畴都为研究少体碰撞物理和化学过程提供独特的途径。

众所周知，将分子冷却下来后就可以研究分子的冷碰撞性质，从而了解分子间势能曲线的短程结构，而对分子间势能曲线更深入地了解将帮助我们更充分地认识化学反应动力学，为在量子水平控制化学反应迈出坚实的一步。分子物理不需要将分子冷却到 μK 就能从中受益。许多有趣的现象在几个开尔文时就已经开始出现了，例如冷分子展现出的奇异共振，这种共振受到量子隧穿效应的影响[18, 19]。此时，分子的德布罗意波长开始变得比分子本身或与它碰撞的物体尺寸还大。例如在 5K 时，氨分子的平均波长为 5 Å，而它的 N—H 键长为 1 Å。因此，在这个温度下的冷碰撞必须用量子力学来处理，而不能用牛顿力学来考虑分子在势能面上的运动。共振和隧穿成为这一温度下重要的物理现象。当分子的动能很小时，就会“感受”到势能面的细微影响。由于势能面的各向异性，当动能取某些值时，将被转移到碰撞系统的转动能量上，这时碰撞截面就会出现共振。Ronningen 等人在低于 7 K 的温度下研究了 He 和 HCN 之间的碰撞[31]，发现当温度低于 4 K 时，实验结果与基于三个势能面进行的散射计算结果明显不符(见图 2 - 1)。基于分子(原子)束碰撞的实验将会揭露更多细节，包括共振的位置和共振峰的高度，帮助理论物理学家建立更准确的势能面和更好的碰撞理论。

许多关于冷分子碰撞的研究是基于通过调节外场来改变分子偶极-偶极长程相互作用来实现的。因此，在低温下通过冷碰撞还能研究极性分子间各向异性的电偶极-偶极相互作用。在小碰撞能量极限下，弹性散射的能量由 Wigner

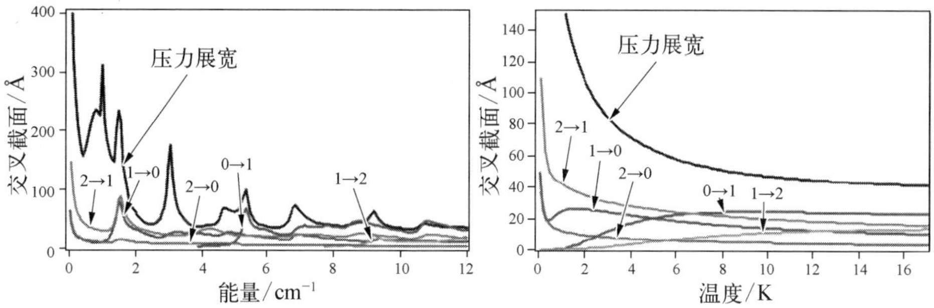

图 2-1　计算 CO—He 碰撞的非弹性碰撞截面造成不同的 $j \to j_0$ 转动跃迁和 $j=0 \to 1$ 光谱线的压强增宽[32, 33]

极限定律决定，该定律可以用长程相互作用比如偶极-偶极相互作用来修正。s 波碰撞的偶极-偶极相互作用平均为零，这表明从 vander Waals 系统得出的极限法则同样适用于极性分子 s 波碰撞的过程。也就是说偶极-偶极相互作用可以通过诱导 s 波和 p 波两碰撞的耦合来最终改变超冷 s 波散射的动力学过程。

John Bohn 小组开创了这一方面的理论研究工作，他们预测了极性分子所特有的新的碰撞动力学。实验发现极性冷分子间碰撞的特点是：外部电场只要发生很小的变化，碰撞速率就会上升几乎 3 个数量级，然后经历几次大幅度的调节。由于偶极-偶极相互作用是各向异性的，在一次碰撞中，分子要么相互排斥要么相互吸引，这取决于偶极矩与偶极矩的相对排列，而且其作用强度与碰撞分子的偶极矩成正比。并且由于偶极矩是电场的函数，相互作用力又依赖于电场，因此，实验中观测到的峰形结构可以理解为：当作用强度随着电场的增大而增强时，分子间势能曲线的吸引部分在阈值处形成束缚态，即发生散射共振。

2.2.3.2　少体物理

最近，实验上首次在冷的(10 nK)Cs 样品中探测到 Efimov 态[34]。Efimov 态是以俄罗斯科学家命名的，位于散射长度的 Borromean 区间(在这个区间内，两体束缚态不稳定)的三体束缚态。如果散射长度是负的，那么二聚物就不稳定，并且当 Efimov 态与连续阈值交叉时，稳定的三聚物与三个自由原子共振耦合。当散射长度为正时，Efimov 三聚物将与一个二聚物和一个自由原子耦合。由于这些耦合共振，当散射长度取某些值时，增加三体损失速率就探测到 Efimov 态[35]。冷分子碰撞另一个共振的例子是在 Cs_2 中观察到的类似于 Feshbach 共振的现象。当磁场强度调节到某些值时，由于非弹性碰撞形成了 Cs_4[36]。在电场中，即使动能为零，由于偶极-偶极相互作用，非弹性碰撞速率仍然较高。当分子速度比较低时，它们消耗更长的时间相互靠近，使得偶极-偶极相互之间排列而不是相对于外界电场进行排列，从而造成分子内部能级的改变[37]。当然，当分子间距离比较大时，仍以偶极分子与电场的相互作用为主，不会发生上述的情况。磁偶极之间的相互作用远远小于电偶极之间的相互作用，因此，磁偶极-偶极相互作用对非弹性碰撞速率的影响远小于电偶极-偶极相互作用对非弹性碰撞速率的影响。即便如此，磁场中的非弹性碰撞速率仍然很高。以分子与 He 原子的碰撞为例，即使碰撞的能量不足以将分子从某个转动态跳到更高的转动态上，这两个转动态之间依然存在耦合。由于自旋-转动耦合，在这些激发态上有可能发生自旋退极化[38]。在分子的碰撞中，因为分子相互之间的结合能大于分子与 He 原子的结合能，不再有转动态之间的耦合。可以预计：分子与分子碰撞的非弹性碰撞速率会比分子与 He 原子间非弹性碰撞速率更高。如果能增大转动态间的间距，或使自旋-转动耦合更小，就能减小非弹性碰撞的速率。

2.2.3.3 冷化学物理

分子反应动力学通常由反应系统的势垒决定。为了克服反应势垒促使化学反应发生，必须给反应物提供能量。对于冷分子而言，分子间碰撞能量转化所对应的温度约在 1 K，不足以克服反应势垒。尽管如此，科学家从理论上推测，由于量子力学隧穿效应，放热的化学反应仍然有可能发生，例如 $F+H_2 \rightarrow FH+H$[18]。Meijer 小组的 J. J. Gilijamse 等人测量了冷 OH 自由基分子和 Xe 原子之间的碰撞界面[37]，研究了转动激发对化学反应动力学的影响。在实验中，利用 Stark 减速技术制备了冷的 OH 分子之后，使之与 Xe 的超声原子束碰撞。在 33～700 m/s 之间精确调节 OH 分子的速度，可以控制碰撞能量。当碰撞能量超过 OH 分子最低转动激发的能量时，在非弹性碰撞中就会出现新的反应通道，正如观察到的 OH 分子在转动激发态上出现的布居一样。叶军小组的 B. C. Sawyer 等人也报道了类似的冷分子和超声原子束（或分子束）之间的碰撞研究[40]。在这个实验中，氦气的超声原子束或 D_2 的超声分子束与磁囚禁的 OH 分子进行碰撞。OH 分子在阱中的密度为 10^6 cm^{-3}，温度为 70 mK，囚禁时间为 430 ms。碰撞能量可以通过加热 He 或者 D_2 的脉冲阀，从而调节超声束的速度来进行控制。这样，He—OH（D_2—OH ）碰撞可以获得 60～230 (145～210）个波数的质心能量。当碰撞能量减小到低于 OH 转动激发所需的阈值能量时，发现阱中分子的损失速率突然下降，这表明当不存在非弹性碰撞通道时，碰撞截面变小。

如果观察包含离子的化学反应，人们可发现更多的冷化学反应例子。S. Willitsch 等人利用囚禁在线性 Paul 阱中的激光冷却的 Ca^+ 离子晶体，以及通过静电速度滤波和导引技术制备的 CH_3F 冷分子束[见图 2-2(a)],研究了 $Ca^+ + CH_3F \longrightarrow CaH^+ + CH_2F$ 反应[41-43]。叶军小组利用静电 Stark 减速产生的 OH 冷分子束和速度滤波产生的 ND_3 冷分子束[见图 2-2(b)],实验研究了 ND_3 分子与 OH 分子的冷碰撞与冷化学[44]。J. Mikosch 等人利用交叉分子束成像研究了亲核反应 $Cl^- + CH_3I \longrightarrow I^- + CH_3Cl$,从而澄清了反应路径[45, 46]。在冷碰撞实验中,分子与外界施加的电场(或磁场)之间的相互作用能量可以与碰撞能量相当。对 OH 自由基分子散射速率的计算表明:极性分子间的碰撞受长程的偶极-偶极相互作用所支配[47]。因此,人们推测可以通过施加合适的电场和磁场,改变甚至最终控制低能化学反应中的生成速率[48]。人们首先从理论上研究了反应 $H_2CO + OH \longrightarrow HCO + H_2O$ 中的氢提取通道。人们之所以对这个系统感兴趣,是因为它包含了甲醛分子和 OH 自由基分子,而这两种分子都可以被减速甚至被静电囚禁。在这个反应中,可以通过外界电场来调节反应势垒,从而观察到反应速率的减小。

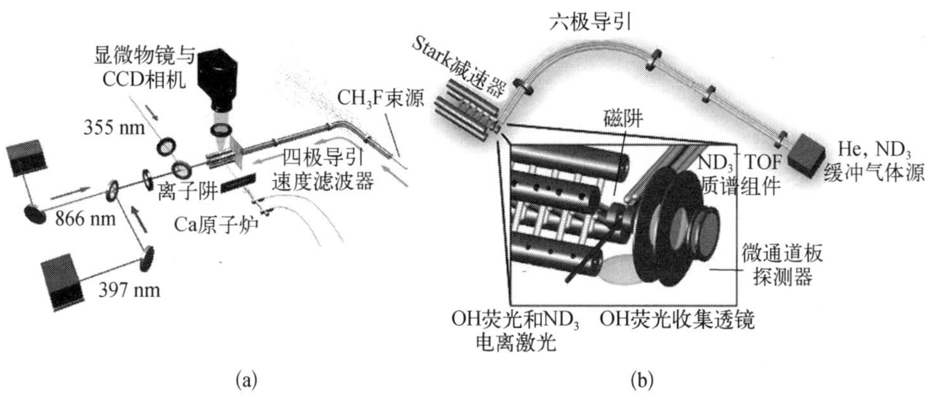

图 2-2 (a) CH_3F 分子与 Ca^+ 离子发生化学反应的实验装置[41-43];(b) ND_3 分子与 OH 分子碰撞的实验装置[44]

外界施加的场还会影响电阱或磁阱中分子的寿命。例如,计算显示合适的电场可以抑制非弹性碰撞所引起的囚禁损失[49]。另一个例子是缓冲气体冷却和磁囚禁实验中冷的 $^{17}O_2$ 和原子 ^3He 的碰撞。对于缓冲气体冷却和磁囚禁的 NH 分子,已经从实验上确认了其与 He 原子的非弹性碰撞是造成阱中分子损失的原因之一[50, 51]。此外,制备、冷却和囚禁冷分子的最新进展将让人们以更开放的角度来观察和探索在低温条件下的化学反应。在冷化学的领域中,一个基本的问题就是在超低温的环境下能否发生化学反应。化学家尤其对化学反应的效率和分子碰撞中的非弹性能量转移感兴趣。当动能很小时,量子效应将决定碰撞的原子和分子的动力学行为。在这个区域内，人们预测，由于碰撞界面与初始的相对速度成反比，非弹性过程将比弹性过程发生得更为频繁[52]。对化学反应的理论研究发现：由于长时间的碰撞，即使接近绝对零度，在排斥势阱之间也会发生隧穿[18]。在靠近隧穿的区域，有可能形成尖锐的范德瓦耳斯共振态，它将开创化学反应的一个全新的领域[53]。进一步的研究预言，当碰撞的分子开始旋转时，由于动能不足以克服它们之间的范德瓦耳斯吸引势，因而将会形成异常的共振态。由于这些共振是由转动能量的重新分配所造成的，因此在原子-原子的碰撞中观察不到这一现象。

在星际分子云中，分子密度非常低，气相的合成反应都是两体之间的反应。同时，由于温度很低，反应的粒子没有足够的能量穿过反应势垒[54]。计算得到的反应速率不能够解释观察得到的分子丰度，除非在计算中把隧穿效应考虑在内。目前已证实，由于隧穿效应，在低温下许多自由基-中性分子反应和原子-中性分子反应速率很快。我们需要对这些反应进行详细的研究，但是要了解反应的第一个步骤首先必须要得到低速的分子。

射频天文学家发现了大量的转动光谱线，许多是发射谱线。分子的激发有两种方式：吸收红外辐射（在热的星际区域）或者是通过碰撞[54]。人们也发现了星际 OH 的微波激射器。根据计算得到的 OH 和 H_2 的碰撞速率，Kylafis 和 Norman 证明了通过与 H_2 的碰撞将把 OH 泵浦到激发态并产生粒子数反转，而得到 OH 的微波激射器[55]，并从实验上证实理论计算得到的这些反应速率，将是理解星际微波激射的一个重要证据。

2.2.4 精密测量物理与时间反演不变性

超冷原子、超冷分子是高分辨光谱测量、量子测量和基本物理定律实验验证的理想系统。在超冷温度下分子的内在优点是易于控制，以及本身完备的量子态体系。比如：超冷原子物理已诞生了精密原子光钟[56, 57]和量子传感器[58]，实现了基本常数的精密测量[59-61]与广义相对论的验证，基本粒子和场的超标准模型的探测以及基本量子物理测量，包括真空结构、量子统计和量子测量过程的研究[62-64]。借助于其复杂而又富含信息的能级结构，冷分子或超冷分子必将承担起开拓冷原子物理在精确测量物理中的应用角色[65-67]。这一点被最近在分子自由度控制和分子单态的制备上的快速发展所肯定。超冷分子的制备和控制最终必将在精密测量中发挥重大作用。该领域的快速发展真正代表了现代测量科学的持续发展。此外，分子的参与将为精密测量物理带来更多、更新的研究内容。

2.2.4.1 时间反演不变性与电子 EDM 的精密测量

20 世纪中期,人们认为自然界的基本作用力在宇称变换、时间反演和电荷共轭等三种独特的对称下是不变的。然而 1956 年李政道和杨振宁提出,在弱相互作用中宇称破缺将造成不对称,即宇称不守恒[68]。而这一建议由吴健雄等人在极化的^{60}Co 的 β 衰变中观测到的不对称性所证实[69]。在第一次观察到宇称破缺之后,普遍认为时间反演下对称性仍然守恒。然而,1964 年在中性 K 介子系统的衰变中发现,在电荷和宇称的共同操作下,长寿命的中性 K 介子的对称性被破坏[70]。由于量子场论[71]的基础——CPT 原理要求在电荷、宇称和时间的共同操作下,系统是不变的,因此如果一个系统违反了时间对称性,那么它就违反了电荷和宇称的联合对称性[72]。迄今为止,唯一违反时间反演对称性的系统就是中性的 K 介子。在标准模型中,时间的对称性并不是绝对精确的。但是在电子、质子和中子等普通的物质中,它几乎可以说是精确的[73]。

时间反演对称性破缺的发现,推动了许多在其他系统中寻找时间破缺的实验活动。在这些实验中,最灵敏的就是寻找电子的永久电偶极矩。它可以理解为电荷相对于质心的平均位移。只有沿自旋轴向的位移才对偶极矩有贡献,因为其他的分量在自旋的作用下都相互抵消掉了。因此,自旋和偶极矩或者方向相同,或者方向相反。标准模型预测电子的电偶极矩小于 $10^{-38}\,e$ cm,其中 e 是电子的电荷,$e = 1.602 \times 10^{-19}$ C。这个值太小,在实验中不可能探测到。然而,许多标准模型之外的理论,预测这个值在 $10^{-25} \sim 10^{-26}\,e$ cm 范围内,非常接近目前实验的探测极限[74, 75]。因此,寻找电子偶极矩也就是寻找标准模型之外的新物理,而且寻找的结果将决定哪一种理论更加正确地描述了基本的相互作用。为了不违反时间反演对称性,电偶极矩必须为零。

根据图 2-3 中阐述的不同机制或者是混合机制,有可能在对应的不同系统中测量出电子的电偶极矩[76]。如果将一个电子放在一个外部电场 $\boldsymbol{E}$ 中,其电偶极矩与外电场的相互作用势为 $-\boldsymbol{\mu E}$。任何测量电子电偶极矩实验的基本想法就是,比较 $\boldsymbol{\mu}$ 与电场的方向相同和相反时的势能。这个实验可以在干涉仪中进行,即测量取向(或排列)相反的内态的相位差。显然,不可能对单个自由电子进行实验,因为它会立刻撞到电极上。解决的方法就是寻找中子或者是原子或分子中电子的永久电偶极矩[72, 77, 78]。P. G. H. Sanders 在 1967 年发现,与自由电子的电偶极矩[79, 80]相比,相对论效应将大大增强原子系统中电子的电偶极矩效应(增强因子$\propto\alpha^2 Z^3$,其中 α 是超精细常数,Z 是核电荷数)[81]。因此,迄今为止,对电子电偶极矩最精密的测量,是在如^{205}Tl[82]和^{199}Hg[83]等重原子的实验中进行的。这些实验给出了汞原子电偶极矩的上限 $\mu_e < 3\times10^{-29}\,e$ cm。

虽然粒子物理的标准模型预言电子的电偶极矩的值为 $10^{-38}\,e\,\mathrm{cm}$，但是标准模型之外的理论预测它的值 $< 10^{-26} \sim 10^{-28}\,e\,\mathrm{cm}$[84]。而在这些实验中，测量的灵敏度已经非常精密，足以对这些理论模型进行辨别。随着时间不断过去，人们在不同的实验系统中获得的电子电偶极矩的上限也在不断地推进。图中显示了介子、质子、中子、电子、汞原子和氟化镱分子实验的最好上限，并且画出了标准模型外的各种理论所预言的电子 EDM 范围[85]。

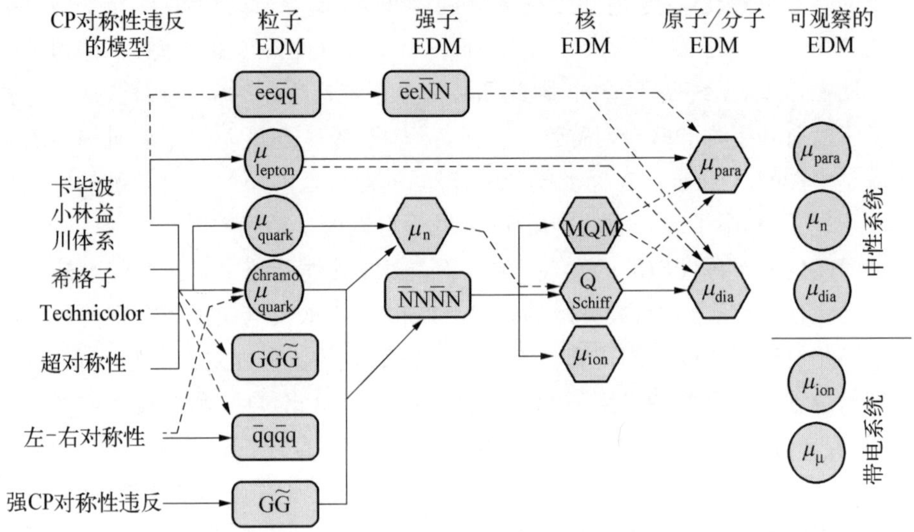

图 2-3 基本粒子和复合粒子中诱导出电偶极矩的理论猜想模型[76]

由于分子丰富的内部结构，分子是精密检测 CPT 对称性(C：电荷共轭，P：宇称变换，T：时间反演)极好的实验样品。因为重分子的电偶极矩要比电子的电偶极矩大得多，尤其是具有强离子键的极性分子，非常适合这类实验，因为它们在实验室能达到的电场下被完全极化。注意：不要将电子电偶极矩与电场的相互作用与分子电偶极矩与电场的相互作用(产生斯塔克移动)相混淆。掉转外电场 $\boldsymbol{E}$ 的方向，就可以辨别出这些效应，因为这将改变时间反演破缺相互作用的符号，而不会改变斯塔克效应的符号。由于电子的电偶极矩 μ_e，原子或分子在外界电场下能量的移动由 $\mu_e \cdot P\,(E_\mathrm{a}) \cdot E_\mathrm{int}$ 给出，其中 E_int 是与原子或分子结构有关的内部电场强度，而 $P(E_\mathrm{a})$ 是原子或分子的极化程度。尽管分子和重原子具有相似的内部电场强度，但是分子的极化程度远远大于重原子。在原子中，必须混合不同的电子能级才能诱导出极化率。而在极性分子中，化学键就把这些电子能级混合起来了。因此，只需要混合转动能级就能诱导出极化率。由于分子的转动能级距离非常近，施加相同大小的外部电场，诱导出的分子极化率比

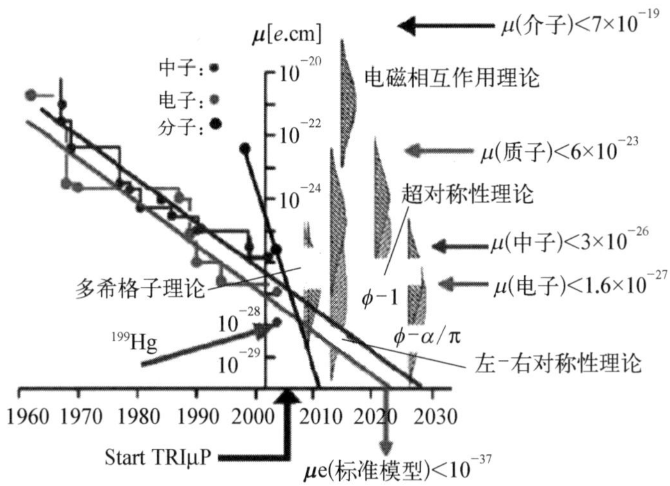

图 2-4 采用各种粒子实验测量获得的电子电偶极矩上限与各种理论预言的范围[85]

原子极化率要大得多。不仅如此，极性分子对杂散磁场的灵敏度更小。这促使科学家倾向于采用极性分子对电子电偶极矩进行精密测量[86-91]。E. A. Hinds 小组的 Hudson 等人首次尝试利用 YbF 分子来测量电子电偶极矩[92]，得出的上限为 $\mu_e < (-0.2 \pm 3.2) \times 10^{-26} e$ cm。2001 年哈佛大学的 J. M. Doyle 小组的 D. Egorov 等人预言：如果将 PbO 分子冷却到亚开尔文，实验的灵敏度将提高好几个数量级[93]。因此，如果能采用冷的、慢速的 YbF 分子束，由于分子束与探测光场相互作用时间更长，实验的灵敏度将更高，而其结果可以用来筛选出合适的理论模型[94]。更详细的内容，可以阅读参考文献[95, 96]。

2.2.4.2 弱相互作用与手性分子魔镜[97]

众所周知，生物学中存在着非常严重的不平等现象。很多分子具有“手性”(chiral)，这意味着分子中的原子存在两种互为镜像(mirror image)的排列方式，也即手性分子是与其镜像不能重叠的分子。如图 2-5 所示，手性分子与它的映像被称为对映异构体。尽管对映异构体通常的物理性质：如密度、熔点和沸点在实验误差范围内完全相同，但是给定手性分子的对映异构体却可以表现出显著不同的性质。例如，自然界所有的氨基酸都是左手性的分子。当化学家在实验室中合成此类分子时，往往得到的都是包含两种手性的混合物，为简单起见它们被命名为左手征(left-handed)分子和右手征(right-handed)分子。奇怪的是，生物细胞通常仅由左手征分子构成，没人知道这其中的缘故。

根据粒子物理学的标准模型预言，自然界中存在四种基本力，其中弱相互作

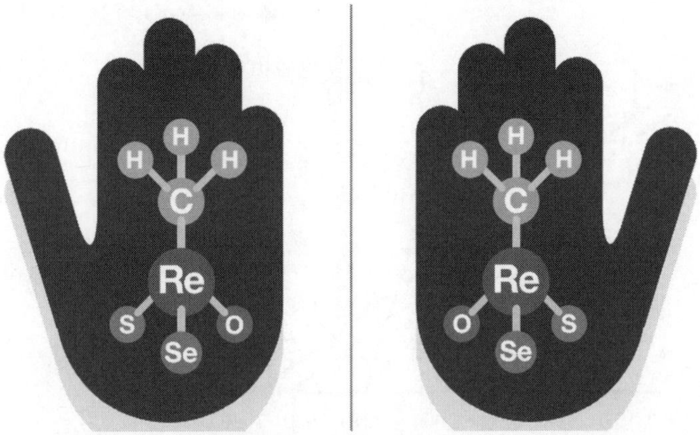

图 2-5 镜像分子在能量水平上的微小差异可能预示着弱相互作用的对称性破缺

用力是核子和电子间相互作用的传递者。因而，正是弱相互作用力对左手征和右手征分子的作用是不对称的，而其他三种基本力对两种手征分子而言都是对称的。物理学家的解释为，弱相互作用力可能导致手性分子的一种手征结构的能量状态比它的镜像手征结构的能量之差非常微小，约为 $10^{-15} \sim 10^{-20}$。如果假定左手征分子的振动频率为 30 THz(10^{12} Hz)，则作为其镜像的右手征分子的振动频率将相差几毫赫兹(mHz, 10^{-3} Hz)，甚至几微赫兹(μHz, 10^{-6} Hz)。

由此可见，对称性破缺的弱相互作用可能导致了两个对映异构体的微小能量差，从而造成这个左手性分子的"自然选择"，这也是为何自然界更喜欢左手性分子的原因所在。显然，对两种手征分子间如此微小能量差的测量将为破解生物偏好左手征之谜带来一线曙光，而且这样的测量甚至能为标准模型中弱相互作用力的理论部分提供某些参数的准确取值。

综上所述，有关手性分子弱相互作用的实验研究有着重大的科学意义(分子魔镜已被列为当今世界六大科学难题之一)。显然，实验成败的关键需要攻克两大难题：首先是建造一台极高分辨率的光谱仪，用于测量两种手性分子的能量差，并利用冷分子钟或冷原子钟精密测量分子振动的频率。另一个挑战是要合成出一种左、右手性分子间能量差尽可能大($\sim 10^{-15}$)的测试分子。这种分子需要有一个较大的中心原子，因为原子理论告诉我们大的中心原子能将手征结构造成的能量差异最大化。同时，这种分子在被加热到气态去拍摄光谱时还不能轻易破裂。例如：CH_3O_3Re(见图 2-5)或 CHFClBr(见图 2-6)分子。此外，如果采用冷的或超冷的手性分子样品，实验测量可能更加灵敏，进而观测到上述微弱的能量差。

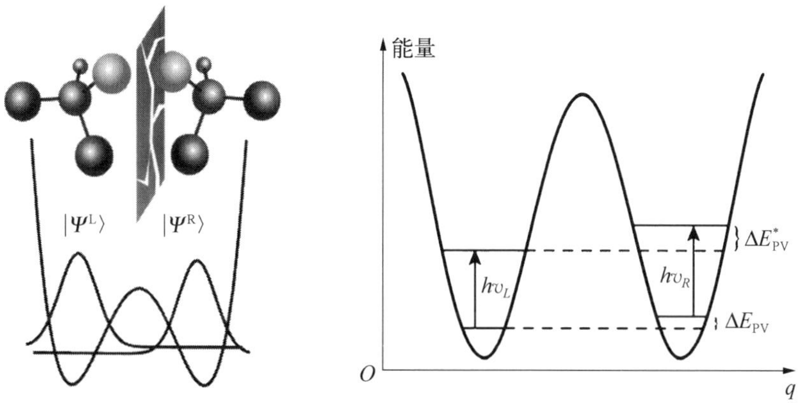

图 2-6 由于弱相互作用,左手性的 CHFClBr 和右手性的 CHFClBr 不再对称[98, 99]

综上所述,与冷原子相比,冷分子具有丰富的内部能级结构和许多独特的性质,因而在基本物理定律的实验验证和基本物理常数的精密测量方面有着重要的应用。此外,一些宇宙学测量表明:早期的宇宙常数与现在值相差 10^{-5},这对宇宙学和基本物理问题有深刻的影响[100-102]。精细结构和一些其他的基本物理常数随时间的演化,可以通过精密时钟或者精密光谱测量遥远的银河系的分子跃迁来实现,这是因为在广阔的银河系内部,存在许多冷分子,尽管温度是几开尔文。这将在 2.3 节详细介绍。

2.2.5 分子气体的玻色或费米量子简并

2.2.5.1 分子气体的玻色量子简并(分子 BEC)

另一个将受益于冷分子的研究领域是量子简并领域。1924 年,德布罗意提出实物粒子除了具有粒子性,也可以表现出波动性,即波粒二象性。在低温下能够将物质这种对立的两面性最为清楚地展现出来。每个粒子都有一个固有波长:

$$\Lambda = \sqrt{\frac{2\pi\hbar^2}{mk_B T}} \tag{2-25}$$

气体温度越低,德布罗意波长越大。在势阱中,玻色分子占据相同的囚禁态。一旦德布罗意波长大于粒子间的距离,所有粒子都将处于能量最低的囚禁态上。

这时不可能甄别出不同的粒子，所有粒子的行为就像它们是一个量子力学全同粒子一样。这个过程被称为玻色-爱因斯坦凝聚(BEC)。

2.2.5.2 激光冷却原子缔合分子的 BEC

当两个自由原子与准束缚分子态的能量一致时就发生 Feshbach 共振，在 Feshbach 共振附近调节磁场到可以强烈修正原子间的相互作用，因此这个机制可用来调谐原子的散射长度和正负号。近年来，人们采用全光学囚禁与冷却方法和 Feshbach 共振技术，实现了费米原子的量子简并及其超冷分子的产生，并在此基础上实现了全光型分子 BEC。2003 年 11 月，Grimm 小组首先采用全光学冷却与囚禁技术实现了^{6}Li 原子的费米量子简并；然后，通过聚焦 YAG 激光的光学势蒸发冷却和 Feshbach 共振技术实现超冷$^6Li_2$分子；最后，通过进一步的光学势蒸发冷却在 YAG 激光阱中实现了全光型$^6Li_2$分子的 BEC，获得了10^5个凝聚分子[103]。

2003 年 12 月，Ketterle 小组采用类似的单束聚焦的 YAG 激光囚禁及其光学势蒸发冷却和 Feshbach 共振技术也实现了全光型$^6Li_2$分子的 BEC，获得了 9×10^5 个凝聚分子，跃迁温度为 650 nK，$^6Li_2$分子 BEC 的寿命约为 400 ms[104]。实验结果如图 2-7 所示，从左向右分别是温度逐渐降低时的分子气体吸收成像图，椭圆暗斑标志分子 BEC 的出现。

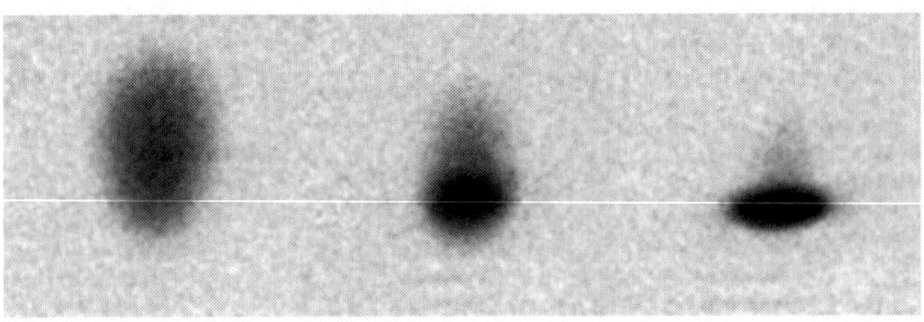

图 2-7 全光型$^6Li_2$分子 BEC 的实验结果

在实验中，所用 YAG 激光阱的参数分别为：波长 $\lambda = 1.06\ \mu m$，功率 $P = 7\ W$，束腰 $w = 20\ \mu m$，光学势 $U = 650\ mK$，横向和轴向振荡频率分别为 $w_r = 15\ kHz$ 和 $w_z = 175\ Hz$。分子数随激光阱功率变化的实验结果如图 2-8 所示。由图 2-8 可以看出，随着 YAG 激光阱功率从 8.9 mW 下降至 0.9 mW，也即随着光学势蒸发冷却的进行，一个热分子云逐步演化为一个纯的$^6Li_2$分子 BEC。

2003 年 11 月，Jin 小组首先采用全光学冷却与囚禁技术实现^{40}K 原子的费米量子简并；然后，通过单束聚焦 YAG 激光(w=15.5 mm)的光学势蒸发冷却和 Feshbach 共振技术实现超冷$^{40}K_2$分子；最后，通过进一步的光学势蒸发冷却在 YAG 激光阱实现了全光型$^{40}K_2$分子的 BEC，获得了 2×10^5 凝聚分子[105]。图 2-9 是分子云自由膨胀 20 ms 的时间飞行成像图。其中图 2-9(a)为共振吸收像，图 2-9(b)为相应的一维光学密度分布。在图 2-9(a)中，左边的图表示起始温度为 $T=0.19T_F$ 时的热分子云分布，右边的图对应于起始温度为 $T=0.06T_F$ 时的热分子云与分子 BEC 的双模分布；在图 2-9(b)中，左边的图表示温度为 $T=250\ nK=0.90T_C$ 时的一维热分布，右边的图为 $T=79\ nK=0.49T_C$ 时的一维双模分布，约 12%的费米原子处于分子凝聚状态。这里 T_F 和 T_C 分别为费米温度和分子 BEC 的临界跃迁温度。显然，在 $T=0.06T_F$ 情况下，磁场在 10 ms 内从 202.78 G 扫描到 201.54 G 时，分子 BEC 出现了。

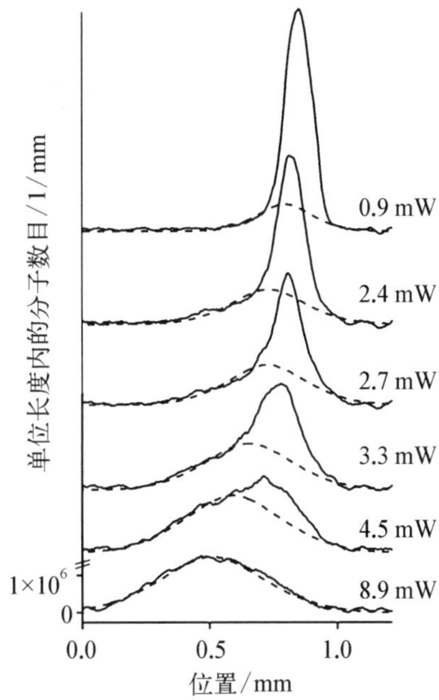

图 2-8　$^6Li_2$分子 BEC 的形成过程

显然，上述分子 BEC 是在同核双原子分子中观察到的玻色量子简并现象[103-105]。与原子和同核分子不同，异核分子具有永久电偶极矩。由于偶极-偶极相互作用的各向异性和长程相互作用的特征，预计它将显著地影响 BEC 的动力学行为。偶极-偶极相互作用是排斥的还是吸引的，取决于偶极子之间相互的排列状态。因此，BEC 的纵横比决定了它的正负和大小[14]。磁偶极-磁偶极相互作用与电偶极-电偶极相互作用有很多共同的特点，只是磁偶极-磁偶极相互作用要小很多。在 BEC 中观察到的第一个偶极-偶极相互作用本质上是磁偶极-磁偶极相互作用[106]。

2.2.5.3　化学稳定分子的 BEC 及其分子激光

由于化学稳定分子的寿命无限长，故化学稳定分子 BEC 的实现必将在量子分子物理、非线性分子物理、量子信息科学、精密测量物理和量子模拟领域中有着更加重要的应用。然而，由于化学稳定分子的 Sub-mK 冷却问题还没有完全解决，故有关化学稳定分子的 BEC 目前尚未实现。但是可以预言，随着特殊分子激光冷却实验的定点突破与快速发展，特殊的化学稳定分子 BEC 及其分子激光将在不久的未来被成功实现。

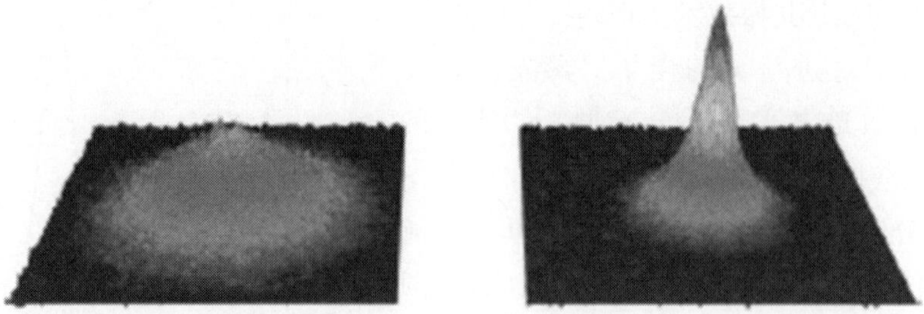

(a)

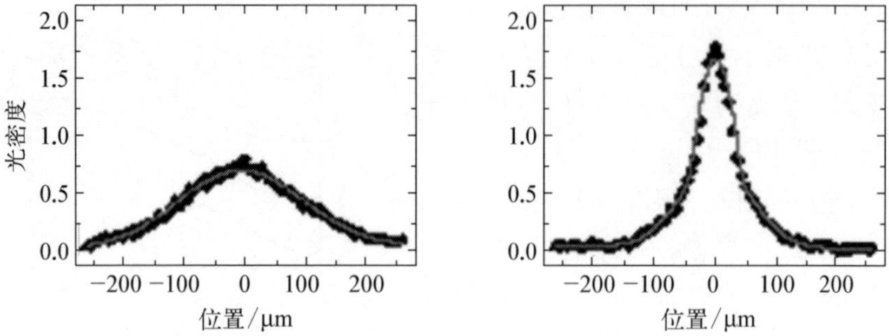

(b)

图 2-9 全光型$^{40}K_2$分子 BEC 的实验结果

2.2.5.4 分子气体的费米量子简并

由于分子具有丰富的内态结构和各向异性的强电偶极矩，因而费米量子简并的分子气体将比费米量子简并的原子气体具有更加丰富的物理研究内容和更广阔的应用前景。但是由于泡利不相容原理，费米分子的冷却在技术上可能要比玻色分子的冷却更难，故化学稳定分子的费米量子简并的实现也许还需更长的一段路要走。

2.2.6 量子偶极气体与偶极-偶极相互作用(多体物理问题)

2.2.6.1 量子偶极气体

超冷气体中的偶极-偶极相互作用曾经引起了人们极大的研究兴趣。两个偶极粒子之间的偶极-偶极相互作用势具有两个重要特性：各向异性和长程相互作用。如果偶极矩足够大，那么偶极-偶极相互作用力将影响玻色-爱因斯坦凝聚体(BEC)的性质。对囚禁的偶极粒子 BEC 稳定性的研究，揭示了它与普通的原子凝聚体之间惊人的不同。根据计算，在 BEC 中偶极-偶极相互作用的符号和大小都强烈地依赖于势阱的几何构造[13, 14]。在计算中，假定偶极粒子的 BEC 囚禁在一个圆柱形谐振势阱中，所有的偶极指向的方向都沿着阱的轴向。

在沿偶极指向的雪茄形势阱中，相互作用主要是吸引的，造成势阱中的 BEC 不稳定，这类似于具有负散射长度的玻色气体。相反地，在薄煎饼形状的势阱中，相互作用主要是排斥的，因此气体将很稳定。由此可见，修改势阱的形状就有可能调节粒子间的相互作用力。在碱金属的 BEC 中观察偶极-偶极相互作用极具挑战性，因为与 s 波赝势阱相比，偶极-偶极相互作用可以忽略不计。不仅如此，有人指出，即使在碱金属的 BEC 中，可以通过旋转磁场的方法，来观察磁偶极-偶极相互作用[107]。在所有实现玻色凝聚的元素当中，铬元素由于它高达 6 个玻尔磁子的磁矩，因而具有特殊的用途[108]。由于磁偶极-偶极相互作用与磁偶极矩的平方成正比，因此，铬原子的磁偶极-偶极相互作用是碱金属原子的 36 倍，因而有可能在铬的 BEC 中观察到偶极-偶极相互作用。最近，人们采用光学势蒸发冷却技术分别实现了^{168}Er 和^{164}Dy 原子的 BEC[109, 110]，它们的磁偶极矩分别为 7 个和 10 个玻尔磁子。显然，这样的玻色凝聚体在磁偶极-偶极相互作用中将有着重要的应用。在费米气体中，磁偶极-偶极相互作用将起到决定性的作用。根据泡利不相容原理，超低温下相同费米子之间的相互作用将消失。为了达到量子简并，必须同时囚禁至少两种不同种类或两个不同自旋量子态的费米子才能实现有效的碰撞冷却。然而，对于超冷极性气体，其偶极-偶极相互作用势与超冷极限无关[106]，因而有希望观察到单组分费米气体中粒子间的相互作用。

由于电偶极-偶极相互作用要比磁偶极-偶极相互作用大 2～3 个数量级，因此在超冷的里德伯原子或极性分子气体中最有可能观察到偶极-偶极相互作用[107]。为了使强相互作用的偶极系统保持稳定，通过改变势阱形状来调节粒子间相互作用的能力有可能成为一种关键技术。由此可见，目前用于研究偶极-偶极相互作用的系统主要有：具有较大磁偶极矩的顺磁原子系统（如^{52}Cr，^{168}Er 和^{164}Dy 等），超冷里德伯态原子系统和极性冷分子系统。

2.2.6.2 自组合偶极晶体

光晶格中自组合的极性冷分子链（即自组合偶极晶体）可为量子流体现象的研究提供一个新的技术手段，这里的自组合偶极晶体是一个最简单、最丰富的物理现象。如图 2-10(a)所示，一个沿 z 方向的弱直流电场在每一个分子的基态上诱导产生偶极矩 $\boldsymbol{\mu}$。这些分子的相互作用是根据其诱导偶极子产生有效的偶极相互作用 $V_{\mathrm{eff}}^{3\mathrm{D}}(r)=D(r^2-3z^2)/r^5$，其中 $D=\boldsymbol{\mu}^2$。对于局限于垂直电场的 (X, Y) 平面内的极性冷分子，这种分子间作用是互相排斥的；而对于 $z>r/\sqrt{3}$ 的分子间作用是相互吸引的，这导致了多体物理系统的不稳定性。这种不稳定可以通过一个足够强的沿着 z 轴的二维囚禁势 $V_{\mathrm{trap}}(z_i)$ 限制，例如非共振光场诱导产生的光偶极力[111]。

煎饼结构的二维动力学可以用如下的哈密顿量函数描述：

$$H_{\text{eff}}^{2\text{D}} = \sum_i \frac{\boldsymbol{p}_{\rho i}^2}{2m} + \sum_{i<j} V_{\text{eff}}^{2\text{D}}(\boldsymbol{\rho}_{ij}) \tag{2-26}$$

式(2-26)是(X, Y)平面的二维动能和二维排斥偶极相互作用的总和。

$$V_{\text{eff}}^{2\text{D}}(\rho) = D/\rho^3 \tag{2-27}$$

式中，$\boldsymbol{\rho}_{ij} \equiv (x_j - x_i,\ y_j - y_i)$是$(X, Y)$平面内的矢量[图 2-10(b)中的实线]。用哈密顿量函数[式(2-26)]描述的系统的显著特点是：调谐诱导偶极矩 $\boldsymbol{\mu}$，可以把系统从弱相互作用的气体(二维玻色子超流体)演化到强的排斥偶极相互作用极限下的晶相。但这种转变和晶相不存在与玻色气体相似的给定散射长度的赝势短程相互作用模型。

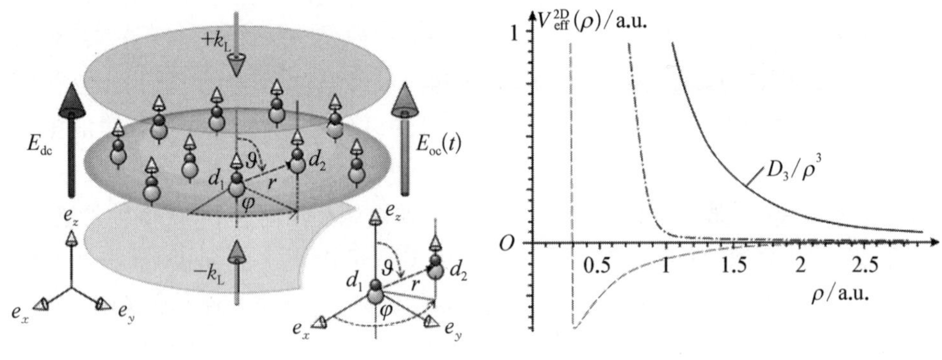

(a) (b)

图 2-10

(a) 系统装置。极性分子都被囚禁在(X, Y)平面内由两个传播方向相反的激光束(波矢$\pm\boldsymbol{k}_L = \pm k_L\boldsymbol{e}_z$)形成的光晶格中。偶极子在 z 方向沿着直流电场 $\boldsymbol{E}_{dc} \equiv E_{dc}\boldsymbol{e}_z$ 排列。采用了一个交流微波场。插图：极向角 (ϑ) 和方位角 (φ) 的定义，它们分别是分子间碰撞轴 $\boldsymbol{r}_{12}$ 与空间固定轴和 z 轴方向的相对取向。图(b)极性分子囚禁在二维(煎饼)几何结构的有效二维势阱 $V_{\text{eff}}^{2\text{D}}(\rho)$ 的定性关系。这里 $\rho = r_{12}\sin\vartheta(\cos\varphi,\ \sin\varphi,\ 0)$ 是在 $z=0$ 和 $\rho = r_{12}\sin\vartheta$ 平面的二维坐标(见图(a)的插图)。实线：直流电场诱导产生的排斥偶极势 $V_{\text{eff}}^{2\text{D}}(\rho) = D/\rho^3$。点虚线：由单一的交流微波场和一个弱的直流电场产生的"阶梯"势。虚线：由几个交流场与一个弱直流电场组合产生的吸引力势。$V_{\text{eff}}^{2\text{D}}(\rho)$ 势和间距 ρ 是任意单位的。

对应强排斥力极限的晶相是粒子围绕其平衡位置做小振荡，这是排斥长程偶极间力和一个额外(X, Y)平面的(弱)囚禁势之间平衡的结果。相关参数是：

$$r_d \equiv \frac{E_{pot}}{E_{kin}} = \frac{D/a^3}{\hbar^2/ma^2} = \frac{Dm}{\hbar^2 a} \tag{2-28}$$

这是处于平均粒子间距 a 的相互作用能和动能的比值。此参数是一个 d 的函数，因而是可调谐的，r_d 可以从小变到大。当相互作用占主导地位时，$r_d \gg 1$ 晶体形成。对于一个偶极晶体，这是大密度的极限，这里碰撞变成为有害的。不过，晶相将保护闭合相遇碰撞的极性冷分子系综。这一密度依赖关系与具有 $1/r$ 库仑相互作用的 Wigner 晶体是不同的，这可用激光冷却与囚禁离子所实现的离子晶体相拟[112, 113]。在后一种情况下，是在 $r_c = (e^2/a)/\hbar^2/ma^2 \sim a$ 和低密度处形成晶体。此外，电荷 e 是一个固定值，而 d 可作为直流场的函数而改变。

图 2-10(a)表示一个二维偶极玻色子分子气体作为 r_d 和温度 T 的函数的原理性相图。在弱相互作用极限下 $r_d < 1$，基态是一个具有有限的(准)凝聚体的超流态。在强相互作用的极限下 $r_d \gg 1$，极性分子处于温度在 $T < T_m$ 的晶格相中，其中 $T_m \approx 0.09D/a^3$ [114]。具有最小能量的结构是一个具有给定声子的激发的三角晶格。在文献[115]中，他们采用最近发展起来的路径积分蒙特卡罗技术(PIMC)研究了具有 $r_d \geqslant 1$ 的中等强相互作用区域[116]。他们验证了从晶体到超流态的量子熔化跃迁的临界相互作用强度：$r_{QM} = 18 \pm 4$。这一结果已获得许多量子蒙特卡罗技术的证实[117, 118]。

由于篇幅关系，有关冷极性分子的强相互作用体系(包括有效的多体哈密顿量函数、自组合晶体、蓝屏蔽和三体相互作用、Hubbard 晶格模型、晶格自旋模型和自结合偶极晶格中的 Hubbard 模型)，相互作用势的工程(包括分子哈密顿量函数、两个 $j = 1, 2$ 极性分子间的相互作用)和极性冷分子的多体物理(包括二维的自结合晶体、偶极移动晶格、三体相互作用、晶格自旋模型)的讨论可详见文献[119]。

2.2.7 冷分子的排列或取向

近年来，利用激光场对冷分子进行激光排列得到了快速的发展。然而，对于需要头尾区分的冷分子取向来说，仅利用正负电场对称的单色激光场是无法实现的。目前控制冷分子取向的方法主要有静电六极杆聚焦取向法[120]和强静电场取向法[121](也称强力法，brute force method)。最近的理论和实验研究表明：利用双色或者多色激光场[122-124]也可以实现冷分子取向。下面将首先简单介绍冷分子在外场中排列或者取向的基本原理；接着，重点介绍冷分子排列或取向的实验方案与结果；最后，简单介绍冷分子激光排列或静电取向研究的最新进展及其潜在应用。

2.2.7.1 在外场中冷分子排列或取向的基本原理

1) 冷分子激光排列的理论描述

这里我们仅考虑线性冷分子在线偏振激光场作用下的排列情形。此时，线性冷分子可以近似地看作刚性转子。冷分子排列的物理过程是激光电场和分子相互作用产生感应偶极矩，感应偶极矩反过来再和激光场作用，对分子产生一个扭力，正是这个扭力使得分子轴向沿着线偏振激光电场的方向排列。在电磁场（也即光场）$\boldsymbol{E}=\boldsymbol{e}_z E_0\cos\omega t$ 中，一个线性分子的 Hamilton 量由下式给出：

$$H=B\hat{J}^2-\boldsymbol{\mu}\cdot\boldsymbol{E} \tag{2-29}$$

式中，B 为分子的转动常量，$\hat{J}^2$ 是角动量平方算符，$\boldsymbol{\mu}$ 为分子偶极距，它包括分子永久偶极矩 $\boldsymbol{\mu}_0$ 和感应偶极矩 $\boldsymbol{\mu}'$ 的作用。如果电磁场是非共振的，并且以光频 ω 振荡，则光场与分子永久偶极矩相互作用的时间平均为 0。然而，光场与感应电偶极矩的相互作用项由 $\boldsymbol{\mu}\cdot\boldsymbol{E}$ 决定。对一个光学振荡周期的时间平均由下式给出[125, 126]

$$-\boldsymbol{\mu}\cdot\boldsymbol{E}=-\frac{1}{2}E_0^2[(\alpha_{/\!/}+\alpha_{\perp})\cos^2\theta+\alpha_{\perp}] \tag{2-30}$$

式中，θ 是电场偏振方向与分子轴之间的夹角。$\alpha_{\perp}$ 与 $\alpha_{/\!/}$ 分别为与分子轴垂直和平行的极化率分量。对于一个具有 $\alpha_{/\!/}>\alpha_{\perp}$ 的分子，式(2-30)表示在 $\theta=0°$ 和 $\theta=180°$ 附近，相互作用势为最小。如果相互作用项大于分子的转动能量，这将促使分子沿着电场的偏振方向排列。由于电场与分子的相互作用是非共振的，故所有分子将被排列。

在电场中分子的本征态称为摆动态[127]。如果电场被绝热地调谐，也即在远大于转动周期的时间内，每个摆动态可用无场作用下的自由转动态 $|\tilde{J}M\rangle$ 的量子数 $\tilde{J}$ 和 M 来表示，这一量子态与摆动态绝热相关。式(2-30)表明随着电场的增强，摆动态的能量减小。根据总能量的守恒，场的能量将相应增加，就像电容中的电介质一样。

对于一个给定的量子态，一般可用 $\cos^2\theta$ 的期望值 $\langle\cos^2\theta\rangle=\langle\boldsymbol{\Psi}_{JM}|\cos^2\theta|\boldsymbol{\Psi}_{JM}\rangle$ 来表征分子的排列程度，这可以利用球谐函数基中式(2-29)所示的哈密顿量通过求解 Schrödinger 方程得到

$$i\hbar \frac{\partial \mid \Psi(t)\rangle}{\partial t} = H(t) \mid \Psi(t)\rangle \tag{2-31}$$

其中所需的非零矩阵元可以从文献[126]中获得。

如果量子态展示出一个分子轴的各向同性分布，则 $\langle \cos^2\theta \rangle = 1/3$；而对于一个完全排列的量子态，有 $\langle \cos^2\theta \rangle = 1$。因此，对于一个激光排列的分子系统，其 $\langle \cos^2\theta \rangle$ 值应该是以 1/3 为基线，在 0 和 1 之间变化。假定转动态的一个初始分布为 Boltzmann 分布，通过与实验相比较，对一个分子气体的所有可能的初始转动态的 $\langle \cos^2\theta \rangle$ 取平均，则可得到：

$$\langle\langle \cos^2\theta \rangle\rangle = \sum_{\tilde{J}} w_{\tilde{J}} \sum_{M=-\tilde{J}}^{M=\tilde{J}} \langle \cos^2\theta \rangle_{\tilde{J},\,M} \tag{2-32}$$

式中权重因子为

$$w_{\tilde{J}} = \frac{\exp[-B\tilde{J}(\tilde{J}+1)/kT]}{\sum \tilde{J}(2\tilde{J}+1)\exp[-B\tilde{J}(\tilde{J}+1)/kT]} \tag{2-33}$$

由于初始转动能量 $B\tilde{J}(\tilde{J}+1)$ 与激光感应的光学势之间的竞争，最佳的排列态是那些最低 $\tilde{J}$ 值的量子态。因此，获得激光排列的关键是要求转动温度尽可能地低。

2) 冷分子静电取向的理论描述

与分子在激光场作用下产生的分子排列不同，分子在强静电场作用下产生的分子取向来源于静电场与分子永久电偶极矩间的相互作用。因此，冷分子的静电取向仅适合于具有永久电偶极矩的极性分子。根据式(2-29)所示的哈密顿量可知，要使分子的取向效果好，分子必须满足永久偶极矩大、转动常数小的条件。而对于很多永久电偶极矩比较小，转动常数又很大的分子来说，必须尽量增大电场强度以获得较大的分子取向值。对于直流静电场来说，这一点是很难做到的。通常，冷分子在静电场中的取向度可用 $\langle \cos\theta \rangle$ 来表征，即由下式计算：

$$\langle\langle \cos\theta \rangle\rangle = \sum_{\tilde{J},\,M}^{\tilde{J}+N,\,M} P_{\tilde{J}} \cdot \langle \tilde{J},\, M \mid \cos\theta \mid \tilde{J},\, M\rangle \tag{2-34}$$

这里 $P_{\tilde{J}}$ 是分子处于 $\mid \tilde{J},\, M\rangle$ 态上的概率。显然，取向度越高，分子处于摆动态的数目就越多。

我们计算了不同转动温度下 $(HCN)_3$ 分子系综取向度与电场强度的依赖关系，结果如图 2-11 所示。结果表明：极性冷分了的取向度不仅与电场强度有关，而且与分子的转动温度有关。特别地，当转动温度为 1 K，$(HCN)_3$ 分子在 20 kV/cm 的中等电场下，其取向度已超过 50%。

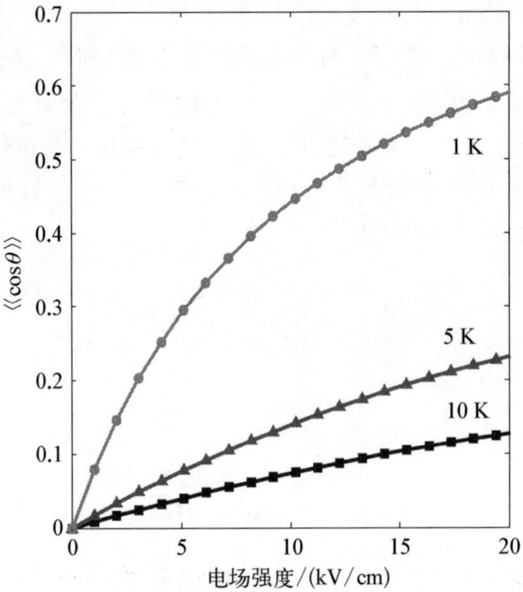

图 2-11　不同转动温度下$(HCN)_3$ 分子系综取向度与电场强度的关系

B. Friedrich 和 D. Herschbach 的研究发现[128]，当极性分子处于一个较弱的静电场和非共振激光场叠加而成的复合场时，激光场诱导的分子排列会转化为分子取向，从而使取向程度大大增加。这主要是由于激光场的双阱势会使分子产生宇称相反的隧道对(tunneling doublets)，而即使较弱的静电场都可以与处于隧道对中的量子态耦合，从而产生较大的分子取向。此时，哈密顿量具有如下形式：

$$\hat{H} = B\hat{J}^2 - \mu_0 E_S \cos\theta_S - \frac{1}{2}[\alpha_\perp E_L^2 + (\alpha_{/\!/} - \alpha_\perp) E_L^2 \cos^2\theta_L] \quad (2-35)$$

这里 θ_S 和 θ_L 分别为分子轴与静电场和激光场偏振方向之间的夹角。比较简单的是两个场共线的情形，如果静电场和激光场不共线，夹角为 β，它们满足如下关系式：

$$\cos\theta_S = \cos\beta\cos\theta_L + \sin\beta\sin\theta_L\cos\varphi_L \quad (2-36)$$

由此可见，采用弱的静电场和非共振激光场叠加而成的复合场也可实现冷分子的有效取向。

2.2.7.2 冷分子排列或取向的实验研究

1) 冷分子激光排列的实验装置与结果

早在20世纪90年代，人们发现足够强的非共振激光（包括超短脉冲激光）可用于实现冷分子的激光排列操控，并进行了一系列理论与实验研究，取得了很好的实验结果。其中最漂亮的实验工作有如下两个。

1999年，Larsen等人采用非共振的线偏振强激光实现了I_2，ICl和C_6H_5I分子的激光排列，实验装置如图2-12所示[129, 130]。在图2-12中，I_2分子束沿轴向射向一个离子成像探测系统，并且与Nd: YAG激光器输出的强脉冲在真空室内相互作用，两者成90°角。中性分子在非共振的线偏振强激光作用下沿激光偏振方向排列。由于YAG脉冲的上升时间（1.5 ns）比碘分子转动周期（0.3 ns）长得多，这就保证了排列激光场缓慢打开条件的满足，从而使得分子从无场转动态（field-free rotational states）到摆动态（pendular states）的跃迁能绝热地发生。

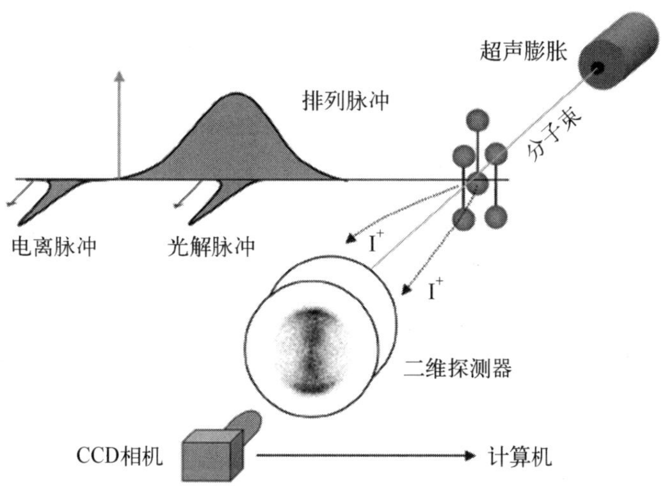

图2-12 分子激光排列的实验装置

通常分子的激光排列结果可采用光离解分子离子的2D成像技术进行探测，即当YAG脉冲打开时，首先利用一束飞秒激光脉冲打碎分子的化学键，再利用一质量选择的位置灵敏离子探测器对光致碎片的方向进行2D探测成像。对于I_2分子，采用第一个飞秒激光脉冲对I_2分子进行光致离解，接着利用第二个延迟的飞秒激光脉冲对I原子进行电离。对于其他分子，利用一个强的飞秒激光脉冲实现分子的多重离子化。分子对称轴的方向可通过观察由多重带电分子离子的库仑碎片产生的离子像得到确定。在实验中，他们用于I_2分了排列的激光场为单纵模 Nd: YAG 激光脉冲($\lambda=1.06\ \mu m$)，其持续时间为 35 ns；而用于产生光离解的飞秒脉冲激光的波长为 688 nm，其脉冲宽度为 100 fs，峰值强度为 $3\times10^{12}\ W/cm^2$，相应的激光能量低于 I_2分子的离解能；用于探测的飞秒脉冲激光的波长为 800 nm，其脉冲宽度为 200 fs。

Larsen 等人实验测量了分子排列程度 $\langle\langle\cos^2\theta\rangle\rangle$，并与理论结果进行了比较，结果如图 2 - 13 和图 2 - 14 所示。其中图 2 - 13 是 I_2分子在 Ar 和 He 气体中被 YAG 激光排列的结果。由图 2 - 13 可以看出：当 $I_{YAG}=1.4\times10^{12}\ W/cm^2$ 时，$\langle\langle\cos^2\theta\rangle\rangle$ 分别约为 0.85 和 0.75，并且理论与实验结果吻合得非常好。

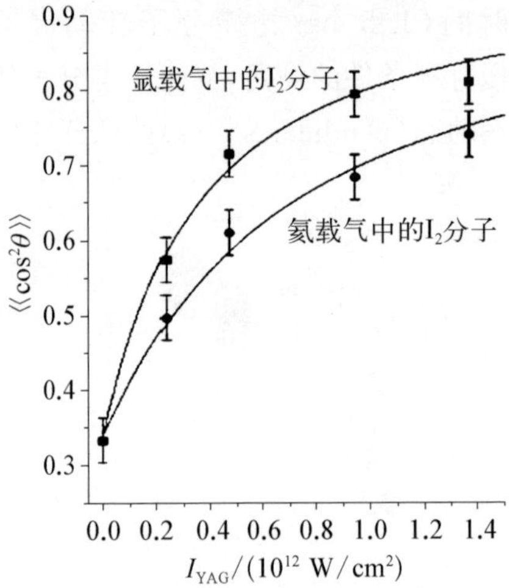

图 2 - 13　I_2分子在 Ar 和 He 气体中被 YAG 激光排列的程度$\langle\langle\cos^2\theta\rangle\rangle$

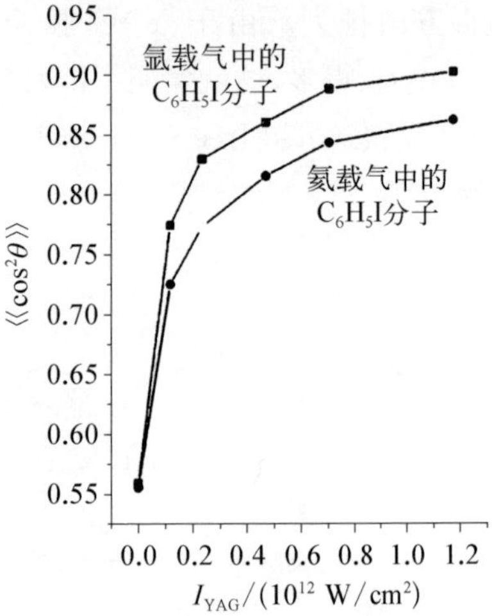

图 2 - 14　C_6H_5I 分子在 Ar 和 He 气体中被 YAG 激光排列的程度$\langle\langle\cos^2\theta\rangle\rangle$

图 2 - 14 是 C_6H_5I 分子在 Ar 和 He 气体中被 YAG 激光排列的结果。由图 2 - 14 可以看出：当 $I_{YAG}=1.2\times10^{12}\ W/cm^2$ 时，$\langle\langle\cos^2\theta\rangle\rangle$ 分别约为 0.90 和 0.86，并且理论与实验结果吻合得非常好。

图 2 - 15 是 C_6H_5I 分子在 Ar 气体中被 YAG 激光排列的检测过程中 I^+ 原子离子 2D 成像的实验结果。其中：图 2 - 15(a)为没有 YAG 激光，但飞秒激光为线偏振的结果。图 2 - 15(b)为没有 YAG 激光，但飞秒激光为圆偏振的结果。图 2 - 15(c)为 $I_{YAG}=1.2\times10^{12}\ W/cm^2$，飞秒激光为圆偏振的结果。有关离子成像花样的解释详见文献[126]。

此外，他们还计算了 ICI 和 CS_2 分子被 YAG 激光排列的结果，并发现：随着分子转动温度的降低，$\langle\langle\cos^2\theta\rangle\rangle$ 将显著增大。当转动温度低于 0.1 K

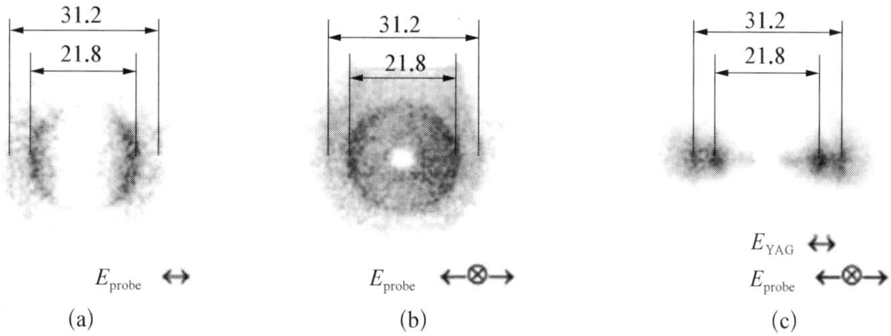

图 2－15 C_6H_5I 分子被 YAG 激光排列检测过程中 I^+ 原子离子 2D 成像的实验结果

(100 mK)时，$\langle\langle\cos^2\theta\rangle\rangle$ 分别约为 0.95 和 0.90。

2000 年，Larsen 等人采用 YAG 激光输出的椭圆偏振光实现了 DBT (3.4-dibromothiophene)分子的激光排列，实验原理与结果如图 2－16 所示[127]。

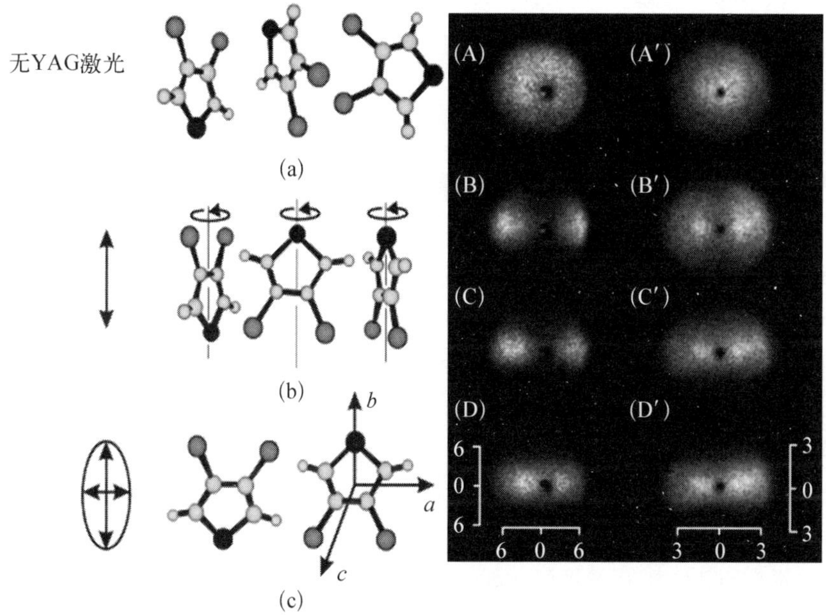

图 2－16 实现 DBT 分子三维取向控制的原理性方案(左)和实验结果(右)

图 2－16(左)中的黑色圆表示硫原子(S)，暗灰色圆表示 Br 原子。图 2－16(左)中(a)为没有 YAG 激光场排列的情形：所有的三维排列是各向同性的。图 2－16(左)中(b)为一个线偏振 YAG 激光场排列的情形：分子对称轴沿着由激光排列场定义(决定)的空间固定轴排列，但分子围绕该轴的转动是自由的。图 2－16(左)中(c)为一个椭圆偏振 YAG 激光场排列的情形：所有三个分子轴

被强逼排列。三个主要的转动惯量轴(a，b，c)被叠加在图 2-16(左)中(c)的右边模型上。研究表明：一个椭圆偏振光场可以强制一个多原子分子的所有三个欧拉角内的转动。

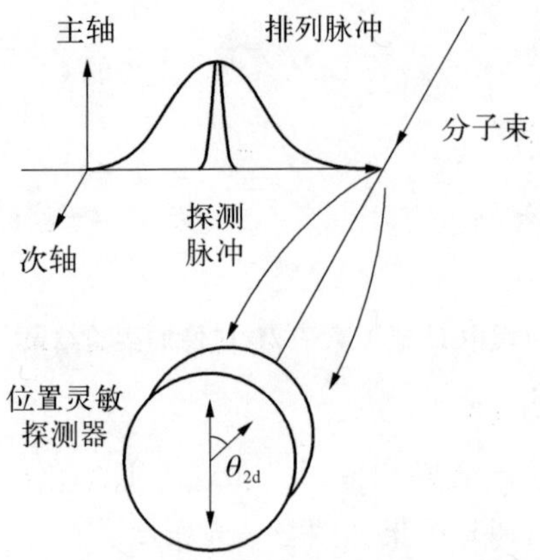

图 2-17 DBT 分子激光排列的实验装置

实现 DBT 分子一维和三维排列的实验装置如图 2-17 所示。一脉冲的单纵模 Nd：YAG 激光(Coherent Infinity 40-100,$\lambda=1\ 064$ nm,脉冲周期约为 3.5 ns)用于激光排列;一个 1/4 波片被用于逐渐改变 YAG 激光从线偏振到圆偏振的椭圆率。一束圆偏振的 20 fs 脉冲($\lambda=800$ nm)激光用于探测被激光排列的分子。这一脉冲来源于一自制的空心波导压缩器,其峰值光强为 5×10^{14} W/cm^2。S^+ 和 Br^+ 原子离子的方向被 2D 离子成像探测器(CCD 照相机)记录,实验结果如图 2-16 右边所示。

实验结果表明：① 没有 YAG 激光场时,对于 S^+ 的离子成像,实验观测到 $\langle\langle\cos^2\theta_{2d}\rangle\rangle=0.53\pm0.004$；对于 Br^+ 的离子成像,实验观测到 $\langle\langle\cos^2\theta_{2d}\rangle\rangle=0.51\pm0.004$,与各向同性的理论预言值 1/2 相符。② 加上线偏振 YAG 激光场 (5.4×10^{11} W/cm^2) 时,对于 S^+ 的离子成像,激光排列度增加到 $\langle\langle\cos^2\theta_{2d}\rangle\rangle=0.78\pm0.004$；对于 Br^+ 的离子成像,激光排列度仅增加到 $\langle\langle\cos^2\theta_{2d}\rangle\rangle=0.64\pm0.004$。这与理论计算的预言值是一致的。③ 加上椭圆偏振 YAG 激光场时,对于 S^+ 的离子成像,激光排列度与加上线偏振 YAG 激光场时的结果相同。特别地,激光排列度仍然为 $\langle\langle\cos^2\theta_{2d}\rangle\rangle=0.78\pm0.004$。这证实了理论预言：在一椭圆偏振排列光场中,DBT 分子将排列其 C_2 轴(最大极化率的轴)沿着椭圆偏振光场的主要分量。这表明：分子平面沿着 YAG 脉冲的偏振平面排列,也即分子的 C_2 轴将沿着 YAG 椭圆偏振的主轴方向排列。

2) 冷分子静电取向的实验装置与结果

1990 年,H. J. Loesch 和 A. Remscheid 首先提出了利用两块平行金属板组成的强直流均匀静电场对具有永久偶极矩的分子进行静电取向的方法[118]。该方法利用直流 Stark 效应产生的强力和低温下分子自由转动的作用对分子进行取向,所以这种分子取向的方法又称为“强力法”。

B. Friedrich 等人利用高分辨激光诱导荧光光谱研究了 ICl 分子在强直流静电场下的取向[132],实验装置如图 2-18 所示。静电场、分子束以及激光束三者方向互相垂直，在与激光束垂直方向收集荧光，通过测量电场作用导致的光谱跃迁频率以及强度的变化可以得到分子取向的大小。实验中所加最大电场强度为 36.4 kV/cm，最终获得的分子取向度 $\langle\cos\theta\rangle$ 大约在 0.01～0.02。考虑到 ICl 分子的转动常数 $B=0.011\ 389\ 1\ \text{cm}^{-1}$，偶极矩 $\mu=1.24$ D，可见一般情况下单纯利用强力方法所获得的分子取向度还是非常低的。后来，他们研究发现，利用一个弱的静电场和强激光场组成的复合场可以大大提高分子的取向度，并获得了较为广泛的实验研究，后面我们将对此作进一步的介绍。

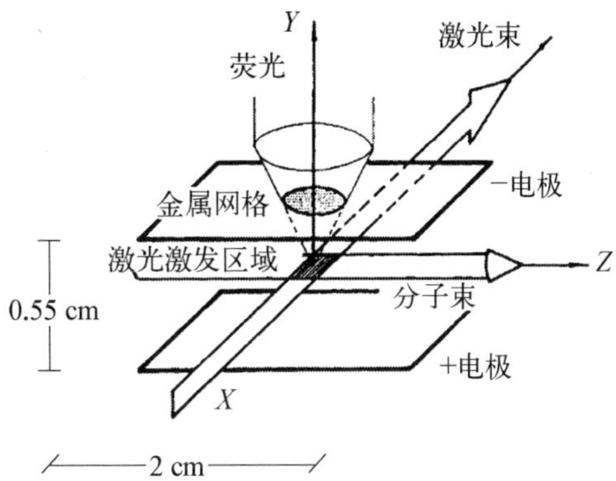

图 2-18 实现 ICl 分子强力取向的实验装置

2.2.7.3 *冷分子激光排列或静电取向研究的最新进展*

近二十多年来，分子排列取向的理论和实验都得到了快速的发展。例如：1992 年，D. Normand 等人首先利用脉宽为 30 ps 的线偏振 YAG 激光实现了 CO 分子的绝热排列[133]。随后，B. Friedrich 和 D. Herschbach 给出了其完整的理论描述[134]。1999 年，H. Sakai 和 J. J. Larson 等人首先利用 2D 离子成像探测技术直观地观测到了 I_2 分子的激光绝热排列现象[129,130]。如果激光脉宽远远小于分子的转动周期，还可以实现分子的非绝热排列，如图 2-19 所示。此时，当激光脉冲作用结束后，分子排列还会周期性重现，故称之为分子的无场(field-free)排列[134]。T. Seideman 给出了非绝热分子排列的模型和详细描述[135]。2001 年，Rosca-Pruna 和 Vrakking[136] 利用脉宽为 1～10 ps 的激光脉冲，第一次从实验上观测到了 I_2 分子的波包演化结构，实现了分子的非绝热排列。除了激光诱导的分子 1D 排列。2000 年，J. J. Larsen 等人还利用椭圆偏振激光实现了 3,4 DBT 分子的 3D 绝热排列[131]。紧接着，J. G. Underwood 等人理论描述[137] 并实验实现了 3D 非绝热排列[138]。

与分子排列不同，分子取向需要不对称光学势来打破分子波函数的奇偶宇称。因此，一般的单色激光脉冲无法实现头尾区分的分子取向。研究表明：可以利用复合场(静电场＋激光场)、双色或多色激光脉冲、太赫兹脉冲等来实现分子取向。

单纯的强静电场虽然可以实现分子取向，但是如前所述，在很多情况下，利

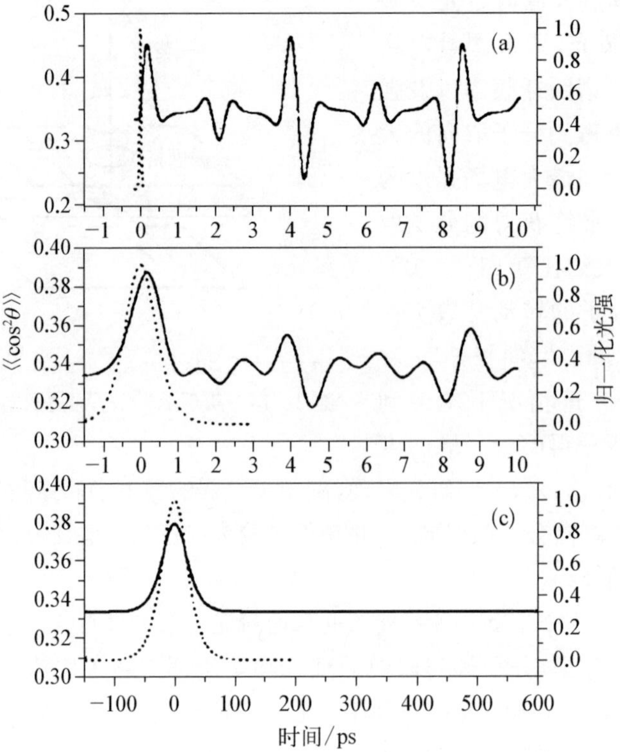

图 2-19 50 K 转动温度下 N_2 分子激光排列的时间演化

(a) 非绝热排列；(b) 非绝热排列到绝热排列的中间状态；(c) 绝热排列

用这种强力方法所得到的分子取向度是比较低的。同时，某些情况下强静电场的存在也会对取向后分子的应用造成影响。1999 年，B. Friedrich 和 D. Herschbach 理论研究发现，当利用弱静电场和非共振脉冲激光场对分子进行取向时，可以大大提高分子取向度[135]。2003 年，H. Sakai 等人成功实现了 OCS 分子的复合场绝热分子取向并验证了这一理论[139]。2008 年，H. Sakai 等人还提出了一种利用静电场和缓慢打开快速关闭的整形激光场组成的复合场来实现非绝热分子取向的方案[140]，并随之用 OCS 分子进行了实验验证[141]。2009 年，O. Ghafur 利用复合场实现了 NO 分子量子态选择的非绝热分子取向[142]。

1997 年，M. J. J. Vrakking 和 S. Stolte 首先提出了利用($\omega+2\omega$)叠加而成的双色场进行分子取向的方法[143]。2001 年，T. Kanai 和 H. Sakai 通过数值求解 Schrödinger 方程，研究了 FCN 分子双色场作用下的绝热取向演化过程[144]。2008 年，R. Tehini 和 D. Sugny 研究了非共振和准共振双色场激发下分子取向度的优化问题[122]。2009 年，S. De 等人首先实验上实现了双色场激发下 CO 分子的非绝热取向[145]。与此同时，H. Sakai 等人实现了 OCS 分子的双色场绝热取向[139]。最近，M. Spanner 等给出了双色场非绝热分子取向的两种机制[146]：超极化率机制和电离消耗机制。在激光光强比较低时，超极化率机制主导分子取向的产生；一旦激光强度达到电离区域，电离消耗机制就会占主导地位。

在双色激光场诱导的分子取向中，激光的强辐射容易产生一些不必要的分子激发，这对某些分子（比如损伤阈值较低的生物分子）的取向是不利的。此时，利用太赫兹脉冲进行分子取向是一个不错的方法。2001 年，M. Machholm 和 N. E. Henriksen[147] 以及 C. M. Dion 等人[148] 首先提出了利用太赫兹 HCP (half-cycle pulse) 进行分子取向的方法，并理论研究了取向的动力学过程。2003 年，A. Matos-Abiague 和 J. Berakdar[149] 提出了用连续的多个 HCP 脉冲进行分子取向，发现分子取向可以持续几百个皮秒。2009 年，C. Shu 等人[150] 提出了利用一对太赫兹 FCP(few cycle pulse) 脉冲实现分子的非绝热取向，并研究了载波相位对取向的影响。2011 年，S. Fleischer 等人首次实验上观察到了 OCS 分子的取向以及排列现象[151]。2012 年，M. Laperot 和 D. Sugny[152] 详细研究了转动温度对太赫兹脉冲诱导的非绝热分子取向动力学的影响，发现对某些热分子（如 OCS 和 CO 分子），利用太赫兹激发也能得到不错的分子取向度。

对于排列取向后分子的进一步应用来说，能够获得比较高的分子排列取向度其好处是显而易见的，研究者们也在努力寻求各种方法来对其作进一步的提高。其实，前面提到的复合场分子取向就是一种很好的提高分子取向度的方法。此外，通过降低转动温度或者提高激光强度都可以进一步提高排列取向度。然而，单纯依靠提高激光强度会有一个饱和极限，更高的光强会导致分子电离。研究表明：通过脉冲整形技术优化设计激光光场可以进一步提高分子的排列取向度[153, 154]。一种比较特殊的整形光场是所谓的“缓慢打开快速关闭”激光场，H. Sakai 等人[139] 以及 S. Guérin 等人[155] 的研究表明：这种特殊激光场的缓慢打开特性是排列取向度得以提高的重要原因。此外，2003 年，M. Leibscher 等人提出了利用两束或多束延时的激光脉冲提高分子排列度的方法[156]。随后，C. Z. Bisgaard 等人实验验证了这一理论方案[157]。

2.2.7.4 冷分子排列或取向的可能应用

众所周知，分子排列或取向在化学反应动力学[158] 以及多光子电离[159] 方面有着广泛的应用前景。特别是在化学反应动力学方面，已有研究结果表明，分子取向对化学反应速率、反应概率以及反应产物等都有着重要影响。研究化学反应过程中的分子排列取向，不仅可以实现人们一直以来控制化学反应的愿望，更有助于人们从分子层面来研究和理解化学反应过程。同样，在分子激光解离和电离过程中,不同光解离通道的分支比[160],光电子角分布[161]以及离化率[158]等都与分子排列激光的偏振方向密切相关。

作为一个强相干紫外辐射源,激光与原子相互作用产生的高次谐波(HHG)已经得到了广泛而深入的研究[162]。相对于中心对称的原子体系,分子体系的空间分布是各向异性的。由于分子轴向的随机分布,对于分子的 HHG 研究一直难以开展。排列取向了的分子使得人们对于分子的 HHG 研究成为现实。虽然分子的 HHG 行为机制更为复杂,它却引起了人们更大的兴趣。原因是:首先,用于操控分子 HHG 的光场参数可以用来控制谐波的强度;其次,谐波的光谱含有分子结构的相关信息,这预示着我们可以利用谐波信号研究核运动以及高次谐波辐射源的阿秒电子动力学[163]。理论和实验研究发现[164, 165]:相较于没有取向的分子,当激光的偏振方向垂直于分子轴时,取向了的分子可以极大地增强谐波产生的强度。

排列取向了的分子还可以用来产生超短光学脉冲[166, 167]。R. A. Bartels 等人实验采用了 CO_2 分子转动波包演化进行相位调制并自压缩产生超短脉冲。他们首先采用一束短泵浦脉冲激发产生带有时间调制折射率系数的分子转动波包,这样,延迟的探测脉冲就会受到相位调制进而受到压缩并产生超短脉冲。实验发现,探测脉冲的时间脉宽被压缩了近一个数量级。

需要指出的是,在激光与分子的极化相互作用中,不仅会产生分子排列取向,还会产生分子的偏转、聚焦以及囚禁等,而后者正是分子光学研究的内容。因此,排列取向与分子光学的结合将是一个非常有意义的研究课题。比如,在纳米表面处理方面,T. Seideman[168]提出将分子激光排列并聚焦,可以用于纳米材料的沉积、刻蚀以及掺杂中。后来,他们又探讨了利用激光聚焦分子束到材料表面制造纳米线的可能性[169]。此外,在分子分离技术以及分子波导方面[170],排列取向也有着重要的应用。

2.2.8 冷分子摆动光谱及其潜在应用

2.2.8.1 冷分子摆动光谱的理论模型与计算

极性分子在静电场中会产生 Stark 相互作用势,当电场达到一定大小,而分子转动温度又较低的情况下,Stark 势让处于较低转动态的分子运动被限制在围绕电场方向上的一定角度内摆动,并且电偶极矩都趋于电场方向,此时分子被取向。B. Friedrich 和 D. R. Herschbach 称这种态为摆动态[171],相应的分子光谱就称为摆动光谱。通常,采用一对平板电容器即可实现极性冷分子的静电取向,实现分子取向的原理性实验方案与分子摆动运动如图 2-20 所示。

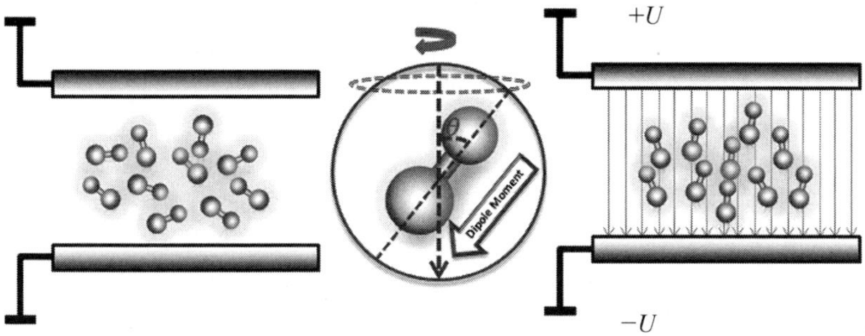

图 2-20 实现分子取向的原理性实验方案与分子摆动运动

下面我们采用线性分子来作为摆动光谱的计算范例。设无电场时分子的转动本征能量(原子单位)为 $BJ(J+1)$，本征波函数为 $|J, M\rangle = Y_M^J(\theta, \varphi)$，加入静电场后，其哈密顿量为 $H = BJ(J+1) - \mu E\cos\theta$。当电场较小时，我们可以用微扰论处理得很好，但是电场足够强时，必须采取标准的 Dressed-State 方法：即将哈密顿量放在转动态波函数基矢 $\sum_J a_{JM} | J, M\rangle$ 构成的空间中处理，在这个空间中写出分子在静电场中的哈密顿各项矩阵值，然后将这个矩阵对角化(相当于变换表象)，得到新的本征态(Dressed-State)和本征能量值。

通常，新的本征波函数可表示为

$$|\tilde{J}, M; \omega\rangle = \sum_J a_{JM}(\omega) | J, M\rangle, \ \omega = \boldsymbol{\mu}\cdot\mathbf{E}/B \tag{2-37}$$

它是无场下分子转动本征态的叠加，也称为态的杂化。式中 $\tilde{J}$ 和 M 为无电场时分子的转动量子数和在外场方向上的投影量子数，而 $\tilde{J}$ 是 Dressed-State 中分子的转动量子数。

相应的薛定谔方程可写为

$$(j^2 - \omega\cos\theta) | \tilde{J}, M; \omega\rangle = E | \tilde{J}, M; \omega\rangle \tag{2-38}$$

式中，j^2 是角动量算符的平方，θ 是分子轴与电场方向的夹角。

在电场很强的情况下，薛定谔方程的解，新的本征能量就相当于一个二维谐振子的解：

$$\omega \to \infty \ E(\tilde{J}, M; \omega) \to -\omega + (\nu_p + 1)(2\omega)^{1/2} \tag{2-39}$$

这里 ν_p 是振动量子数。在下面的计算中可能会用到矩阵元非零的公式

$$\langle J, M \mid j^2 \mid J, M\rangle = BJ(J+1) \tag{2-40}$$

$$\langle J+1, M \mid \cos\theta \mid J, M\rangle = \left[\frac{(J+1)^2 - M^2}{(2J+1)(2J+3)}\right] \tag{2-41}$$

从物理图像上来看：当电场强度增加时，分子的转动就变成绕着电场方向的进动，不再是原先的自由转动模型了；特别是，当场强足够大后，分子的运动就像绕着电场方向的一个摆动，此时整个分子的哈密顿量发生了很大改变，起主导作用的不是转动能，而是 Stark 相互作用势能，从而分子在这个模型下的本征态和本征能量都发生了很大改变。不过，我们还是可以很有信心地利用原来这个基矢空间来对问题进行求解。如果分子系综内态温度较低，Stark 势就能容易“捕获”较低转动态使之成为摆动态，所以为了在较低的电场下能使得大多数分子成为摆动态，我们就得让分子系综的内态温度降低。目前，采用脉冲超声分子束一般能让分子达到几个开尔文，这样可以让多数分子都处于最低的几个转动能级上。近年来分子冷却技术得到了飞速发展，如速度滤波，缓冲气体冷却，Stark 减速器，激光冷却可以使得分子冷却到 mK，甚至 μK。这时只需要很小的电场就可以出现很明显的摆动态，从而观测到摆动光谱。

在电场下任意两个转动态的跃迁强度为

$$\begin{aligned} \mid \tilde{J}'', M''; \omega''\rangle &= \sum_J a''_{J''M''}(\omega'') \mid J'', M''\rangle \to \mid \tilde{J}', M'; \omega'\rangle \\ &= \sum_J a'_{J'M'}(\omega') \mid J', M'\rangle \end{aligned} \tag{2-42}$$

$$\begin{aligned} S = \sum_{J'', J', q} & a^2_{J''M''}(\omega'') a^2_{J'M'}(\omega')(2J''+1)(2J'+1) \times \\ & \begin{pmatrix} J'' & 1 & J' \\ -M'' & q & M' \end{pmatrix}^2 \begin{pmatrix} J'' & 1 & J' \\ 0 & 0 & 0 \end{pmatrix}^2 \end{aligned} \tag{2-43}$$

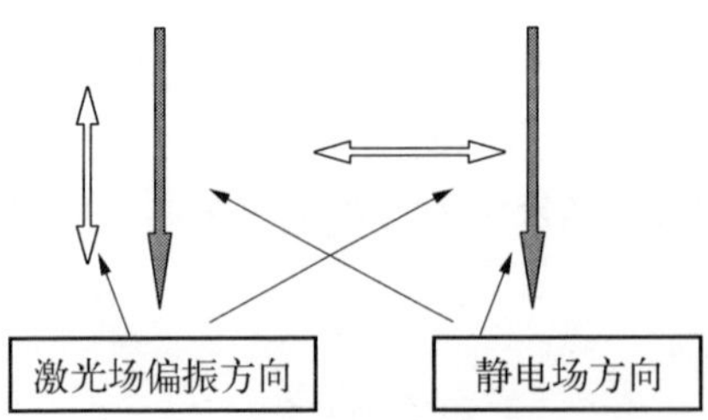

图 2-21 激光偏转方向与电场方向间的关系

这里 J'' 是下能级的转动量子数，J' 是上能级的转动量子数，$q=0, \pm 1$，其取值与激光偏振方向与电场方向平行或垂直相关。在计算中，利用如图 2-21 所示的选择定则，可以简化我们的计算。

根据式(2-41)，R. E. Miller 小组理论计算与分析了$(HCN)_3$ 分子振转光谱随着电场强度变化的摆动光谱,结果如图 2－22 所示[172]。

由图 2－22 可见：当电场方向和激光电场方向平行时,摆动光谱有一个重要的特点：光谱会演化成单一的峰,就是一个振动带会变成只有一个特征峰,这在很多研究中有着重要的应用。同时,我们也发现只有平行的时候在光谱带的零点位置才会出现 Q 支,这也是一个很显著的特点,可用于静电场矢量及其空间分布的高灵敏、宽量程测量,这将在下一节“冷分子的应用研究”中详细介绍。此外,他们还理论研究与分析了取向 ICl 线性分子的摆动光谱。当然,对称陀螺和非对称陀螺分子的摆动光谱计算要稍微复杂些[173],但是方法是相同的。

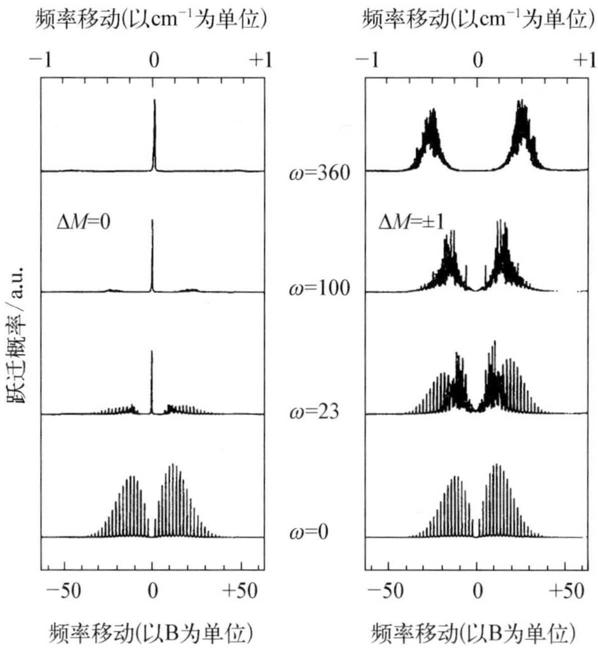

图 2－22　$(NCH)_3$ 分子摆动光谱的计算结果

左边是电场方向与激光场偏振方向平行的情况,右边是垂直的情况(计算参数为 $E=32\,kV/cm$,$\omega=\boldsymbol{\mu}\cdot\boldsymbol{E}/B=360$,$\boldsymbol{\mu}$ 是电偶极矩,$\boldsymbol{E}$ 是静电场强度,B 是分子的转动常数)

2.2.8.2　冷分子摆动光谱的实验研究

1992 年,J. M. Rost 等人开展了$(HCN)_3$ 线性冷分子摆动光谱的实验研究,相应的实验装置如图 2－23 所示[174]。

在实验中,$(HCN)_3$ 冷分子由超声分子束技术产生,外加电场由一对平板电极产生,当超声$(HCN)_3$ 分子束经过平板电极之间的静电场时将被取向;如果一

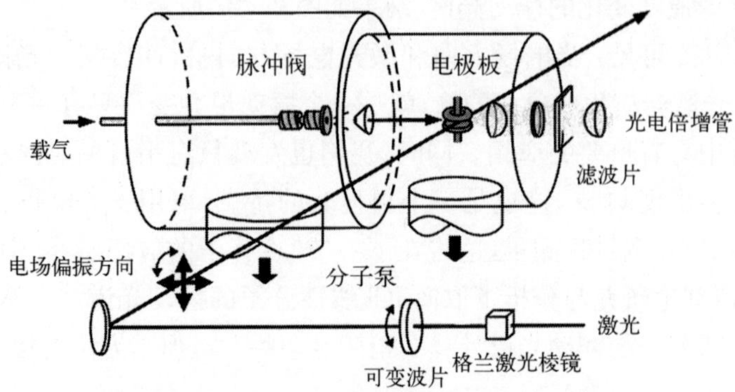

图 2-23 冷分子摆动光谱研究的实验装置

束可调谐近红外线偏振激光从分子束垂直方向照射(或泵浦)分子束,则在激光束垂直方向即可观测到线性冷分子的摆动光谱,实验结果与图 2-23 相一致,从而证实了 R. E. Miller 小组的理论计算结果与预言是正确的。在上述理论与实验研究[172, 174]中,他们为何采用线性的$(HCN)_3$冷分子,是因为它具有很大的电偶极矩(10.6 D)和很小的转动常数($B=0.0156$),于是不需太强的静电场(例如: 30 kV/cm)即可实现$(HCN)_3$冷分子的有效取向,并观测到典型的摆动光谱。因此,$(HCN)_3$是一个理想的用于摆动光谱研究的线性分子。1993 年,B. Friedrich 等人研究了 ICl 分子在 36 kV/cm 电场下 $A^3\Pi_1$, $v'=19 \leftarrow X^1\Sigma_0^+$, $v''=0$ 的摆动光谱,发现这两个电子态的电偶极矩发生了符号的改变[175]。随后,他们又研究了 ICl 分子在强电场和强磁场下 $A^3\Pi_1$, $v'=19 \leftarrow X^1\Sigma_0^+$, $v''=0$ 的高分辨激光诱导荧光光谱[176]。将 ICl 分子置于强的电场和磁场中,最高电场和磁场为: 50 kV/cm 和 0.7 T,这两个场都可使得处于 $A^3\Pi_1$ 态中的分子新的本征函数为转动态的叠加,即态的杂化。因为在这个电子态上,它们具有沿着分子轴方向的电偶极矩和磁偶极矩。但是在 $X^1\Sigma_0^+$ 这个基态上只有电场造成态的杂化,因为 ICl 分子是极性的,也是反磁性的,这种杂化轨道使得分子的运动被限制在沿场方向的一定角度内振动,成为摆动态。然而,对于极性顺磁电子态,比如说 A 态,平行的电场和磁场一起诱导了轨道的杂化,但是只有一半的分子被共同作用,而另外一半的分子,这两个场的作用却是相反的,因而两个场的作用效果相互抵消,但是这两个场诱导的超精细分裂还是存在的。1999 年,R. E. Miller 小组就非对称陀螺分子 $C_2H_2\cdots HF$ 的平行和垂直振动带在静电场下的摆动光谱进行了理论分析与实验研究[173],实验结果如图 2-24 所示。该分子是一个近似长椭球的非对称陀螺。实验采用光热探测器进行光谱探测,对于不同的振动带和偏振构型进行了实验光谱与理论模拟光谱的比较，得到了最佳的取向度，并准备用这种取向的分子来进行光解离研究。

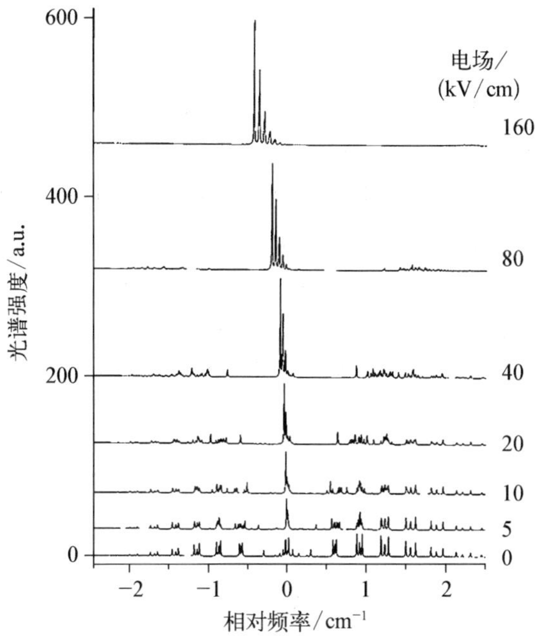

图 2-24 $C_2H_2\cdots HF$ 分子的 H—F 键在电场 0～160 kV/cm 内的光谱变化(电场与激光场平行)

当电场为 160 kV/cm，光谱的强度减小了四倍。

近年来，人们还就蒽烯腈(-Cyanoanthracene)分子 S_1-S_0 电子跃迁的摆动光谱[177]和摆动态分子的光电离碎片荧光[178]进行了理论与实验研究，或采用几何模型模拟了线性分子的摆动光谱[179]和采用对称群论与二维各向异性的谐振子模型研究了分子的摆动光谱[180]。

2.2.8.3 分子摆动光谱的潜在应用

实验已证明摆动光谱方法对于寻找新的、以前不能被很好观察的振动能级带是一种很有用的手段，在中等强度的电场下(1～4 kV/cm)，Stark 光谱可以提供对分子电偶极矩的精确测量。最近采用摆动光谱技术分析液氦超流粒子中形成的复合物比较常见，大都是利用摆动光谱中红外振转带塌缩为一个峰来做表征分子在液氦中形成的复合物。研究表明：摆动态中红外振转带塌缩为一个峰具有如下几个优点：

首先，使得整个振动带变得很小，这样很容易区别不同类型分子靠得很近的振动带。其次，Q 支强度远大于 P，R 支，不仅使得跃迁强度演变为单个线宽很窄的峰，而且使得分子取向在一个电场的方向上，这样增加了泵浦的效率。最后，这种与电场有关的摆动光谱能提供很多分子结构的信息，例如能区别这是极性分子还是非极性分子。

这方面的应用报道很多[181-185]，包括分子电偶极矩的测量[183, 184]和静电场矢量及其空间分布的高灵敏、宽量程测量[185]。由于篇幅关系，这里仅介绍两项工作。1999 年，R. E. Miller 小组研究了乙腈等分子在液氦超流液滴中的取向，用高精度的红外光谱作为探针研究了溶剂和溶质的相互作用。他们采用外部静电场来取向液氦中包裹的分子，用摆动光谱来分析这种分子与其复合物的特征，实验结果如图 2－25 所示[181]。图中那些带星号标注的是与乙腈-氦复合物有关的特征峰，这个复合物是在所用实验条件下的液氦液滴中形成的。研究结果表明：随着电场强度的增大，与乙腈-氦复合物有关的特征峰越来越强。

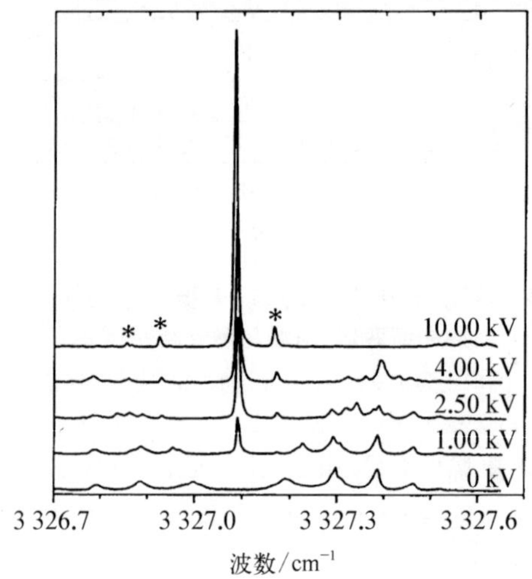

图 2－25　在不同电场强度下溶入液氦液滴中乙腈分子及其复合物的摆动光谱

2009 年，R. E. Miller 小组研究了 CH_3-H_2O 自由基复合物在液氦纳米粒子中的稳定性。在强电场下，复合物分子被强烈地取向，分子在红外光谱中的转动结构塌缩成单个摆动光谱峰，如图 2－26 所示。这种现象对寻找新的复合物时是非常有用的。在实验中，激光的偏振方向是与电场方向平行的，也就是 $\Delta M=0$ 的跃迁。研究表明：不同的摆动光谱特征峰对应于所产生的不同复合物。

最后，取向分子在量子计算与量子信息处理等量子信息科学[186]和生物医学[187]等领域中也有着重要的应用。

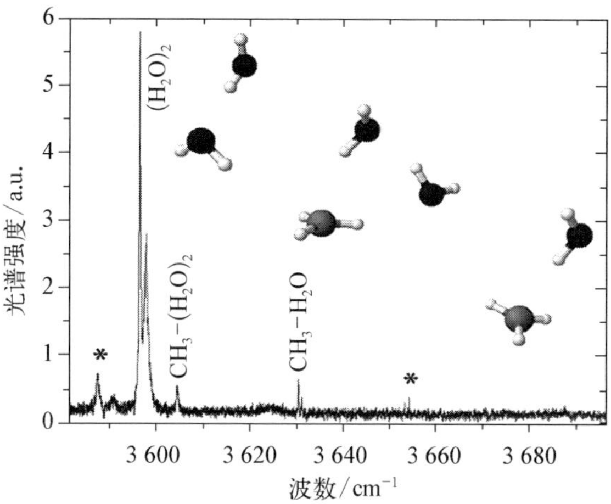

图 2-26 电场为 22.55 kV 时CH_3-H_2O自由基复合物的摆动光谱

2.3 冷分子技术的应用研究及其最新进展

2.3.1 引言

众所周知，超冷原子的制备已经给原子、分子和光物理(AMO)领域带来了革命性的变化。可以预期，超冷分子的产生也势必会带来同样深刻和巨大的影响。由于分子具有原子所没有的超精细结构(内态结构)和空间取向结构，利用冷分子可在 AMO、分子精密光谱与精密测量物理、量子信息科学等领域中做一些创新性，甚至原创新性的研究工作，使其达到一个前所未有的高度[188]。例如，在基础物理研究方面(如第 2.2 节所述)，极性分子的 BEC 可以提供粒子间强的各向异性相互作用形成的量子流，它极大地丰富了集体激发与新奇量子现象的研究内容，它可用来阐明稀薄气体中与液体中 BEC 的联系。对超冷费米分子的研究同样有趣，在超冷费米分子气体中因为电偶极相互作用可以产生分子超流。此外，光晶格中自组合的极性冷分子链(量子偶极晶体)可为量子流体现象的研究提供一个新的技术手段[189]。囚禁在光晶格中的冷分子为量子计算与量子信息处理提供了值得期待的研究平台。因为相对原子而言，分子具有更多可调的实验参数，例如分子在直流电场中可产生诱导电偶极矩，可以通过外界的微波场来激发分子内部转动态间的跃迁。与超冷原子相似，超冷分子的出现将极大地提高在基础物理、化学物理、多体物理领域的探测精度。分子自由度的增多一方面增加了实验控制的复杂性，但另一方面它也为精密测量和量子调控提供了一个新的实验平台。因为超冷分子的出现，也第一次使得制备处于单一量子态的分子成为可能，对分子内部结构和外部运动的控制将联系起来，精密光谱也将同高精度的量子调控联系起来[190, 191]。

另一方面，当冷分子的温度足够低时，其德布罗意波长越来越长，冷分子的波动性变得越来越明显，使得分子物质波的衍射与干涉现象变得十分显著，因而冷分子在物质波干涉实验及其精密测量中有着重要的应用。同样，随着分子运动速度及其温度的降低，由运动分子的多普勒效应引起的频移越来越小，探测光与分子的相互作用时间越来越长，冷分子光谱的灵敏度、分辨率和精确度将越来越高。我们知道，传统的分子光谱实验采用的是热分子样品，由于分子热运动速度很高，探测光与分子相互作用时间很短。如果采用囚禁的冷分子样品，光谱的分辨率将大大提高。同室温下的热分子样品相比，采用温度为 mK 量级的冷分子样品，在同样探测条件下的光谱分辨率可提高几个量级。这对详细研究分子内部能级与光谱结构非常重要。冷分子在基本物理常数测量方面也有重要应用。例如，目前大家认为对电子可能存在固有电偶极矩(EDM)，最灵敏的测量是在极性分子上进行的，因为分子内部的电场要远大于目前可能获得的外部电场。电子固有电偶极矩(EDM)的存在将对宇宙的演化产生深远影响，并将使得目前的标准模型得到检验[76]。在这方面，YbF 和 PbO 两类重分子最被看好[70, 96]。冷分子所带来的超高分辨光谱也可用于研究手征性分子(chiral molecule)对映异构体间(enantiomers)的差别，而这种差别可能是分子内部弱相互作用的一种表现[20, 21]，并将可能解释生化系统中左旋和右旋氨基酸分子间的不均衡。分子内部振转能级跃迁的精确测量强烈依赖于质子和电子间的质量比(m_p/m_e)，可用于测量基本常数随时间的演变，而这种演变正是宇宙膨胀的结果[22]。冷分子带来的探测光和样品相互作用时间长使得我们可以直接测量电子或振动激发态寿命[192]。采用传统的分子束技术，对这些量子态寿命的测量局限在几个毫秒。当一群粒子的温度被降到很低时，其与物质波相关的德布罗意波长将与粒子间距相比拟，甚至更大。在这种状态下，一些新的物理现象将会出现，与高温下的情况完全不同，并需要量子物理的理论来解释。此外，冷分子或超冷分子还可用于集成分子光学及其分子芯片、冷分子光刻与纳米新材料制备等技术应用领域。

因此，除了基础物理研究以外，冷分子还有着许多重要而又广阔的应用前景。例如，冷分子物质波的干涉及其应用、冷分子精密光谱学及其技术应用、量子计算与量子信息处理(量子信息科学)及量子模拟、集成分子光学与分子芯片、冷分子刻蚀与纳米新材料制备等，现分别简单介绍如下。

2.3.2 分子干涉仪及其应用研究

2.3.2.1 研究背景

早在80年代初，法国Borde等人首先采用超声SF_6分子束观测到了光学Remsey干涉条纹[193]。1995年，Pritchard小组采用机械光栅实验研究了超声Na_2分子束的衍射与干涉，观测到了较高的条纹对比度[194]；1999年，Zeilinger小组采用C_{60}大分子研究了物质波的波粒二象性[195]；近年来，人们分别采用行波场、驻波场和三光栅实验研究了K_2分子、C_{60}和C_{70}分子物质波的衍射与干涉[196-198]；最近，分子物质波的波包动力学及其相干操控[199]，生物大分子和宏观重分子的量子波动性[200]和分子物质波干涉仪中的消相干效应[201, 202]，已成为波动分子光学中的又一个研究热点。

随着分子冷却技术的不断发展，化学稳定分子的冷却温度已达到10 mK，甚至300 μK，分子的波动性变得越来越明显，使得分子衍射与干涉现象变得十分显著。由于分子与原子相比，在物质波干涉与衍射实验中可获得更高的探测灵敏度，因而分子波动光学在基本物理问题的研究，基本物理常数的精密测量，超冷分子凝聚体的研究，分子波包动力学的研究及其相干操控等领域中有着十分广阔的应用前景。本节重点介绍分子物质波的干涉仪及其应用研究。

2.3.2.2 分子物质波的干涉及其干涉仪

1) Na_2分子束的三光栅干涉

早在20世纪80年代初和90年代初，Borde等人首先开展了分子物质波干涉的实验研究[193, 195]。1995年，Pritchard小组利用选出的Na_2分子束（$\lambda_{dB^2}^{Na_2}=0.11$ Å）进行三光栅（$d=100$ nm，140 nm，200 nm）的分子干涉实验研究，并进行了气体折射率的干涉测量，实验装置如图2-27所示[194]。

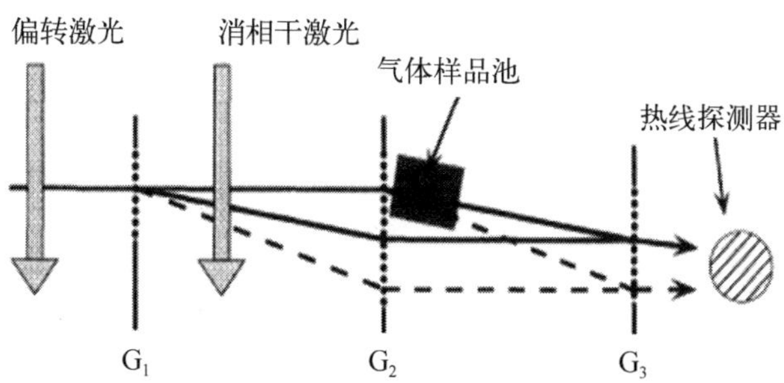

图2-27 Na_2分了丁涉的实验装置

在图 2-27 中，三个周期为 200 nm 的机械光栅(G_1，G_2 和 G_3)用于构成一 Mach-Zehnder 干涉仪(马赫-曾德尔干涉仪)；偏转激光(deflecting laser)用于向下偏转原子束，故图中实线为 M-Z 分子干涉仪的光路，虚线为 M-Z 原子干涉仪的光路；消相干激光(decoherence laser)通过散射共振光用于破坏原子束的相干性，以鉴别干涉条纹是来自 Na_2 分子的干涉还是来自 Na 原子的干涉。热线探测器(hot wire detector)用于测量干涉条纹的分布，气体样品池(gas cell)用于测量气体的折射率。

实验结果如图 2-28 所示。图中●表示没有偏转激光和消相干激光时的 Na-Na_2 混合束的干涉信号，符号×，△和○分别表示加上消相干激光，偏转激光和二束光同时加上时纯 Na_2 分子束的干涉信号，最大的分子干涉条纹对比度约为 30%。由于干涉条纹的周期和相位与粒子的德布罗意波长无关，三光栅几何产生了一白光干涉条纹，故分子干涉花样的周期和相位与原子干涉花样相同。此外，Pritchard 小组利用分子干涉仪测量了 Ne 气体折射率。

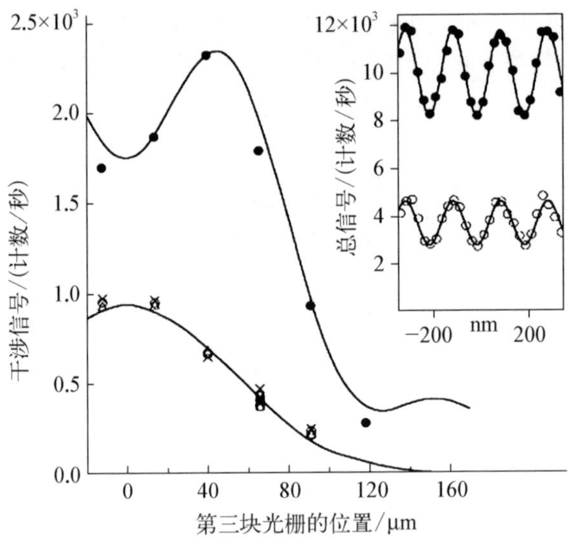

图 2-28 干涉信号随第三个光栅位置变化的曲线

在实验中，加上气体池，并充满 He 气。He 气对 Na_2 和 Na 都有吸收。分子束通过长度为 L 的样品池，分子束的变化为 $\exp[i(n-1)k_{lab}L]$，其中 L 为通过吸收池的长度，这里折射率为 $n-1=2\pi Nf(k,0)/k_{lab}k$，$N$ 为 He 气体的粒子数密度，$f(k,0)$ 为复的前向散射振幅，k_{lab} 及 k 分别为实验室坐标中的波矢和质心坐标中的波矢。通过测量干涉仪中分子束通过 He 气后的 $\mathrm{Re}[f(k,0)]/\mathrm{Im}[f(k,0)]=1.4(3)$，同时测量 Na_2 分子束通过 He 气体的总吸收 $(4\pi/k)\mathrm{Im}[f(k,0)]=$

57%。

在此实验中，他们研究了 Na_2 分子束的产生及其衍射，并发现由一超声 Na 原子束通过光栅产生的衍射结果可用于原子束组分的灵敏无破坏探测。此外，由三个光栅构成的分子干涉仪，可用于精确测得气体介质(如氖气)的折射率。

2) K_2 分子物质波的 Ramsey-Borde 干涉仪

2000 年，德国的 Lisdat 等人利用 K_2 分子在电子基态 $X^1\Sigma_g^+$ 和 $b^3\Pi(0_u^+)$ 之间的跃迁构成了 Ramsey-Borde 型分子干涉仪[196]，并进行了相应的实验研究。

Ramsey-Borde 型干涉仪的方案及其物质波干涉的基本原理如图 2-29 所示，图中细线表示分子的传输路径，粗线代表激光束；波包的实细线属于高频反冲分量，虚细线为低频反冲分量。

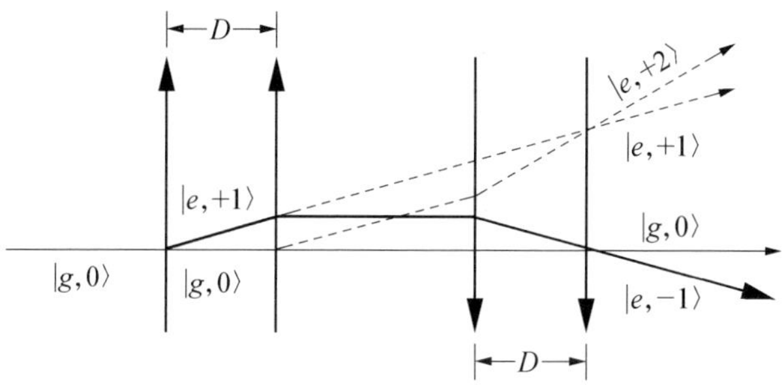

图 2-29 Ramsey-Borde 型干涉仪的基本方案与原理(π/2 脉冲)

Ramsey-Borde 干涉仪的基本原理如图 2-29 所示，分子束中一个运动粒子的波包通过一系列的四光子吸收与受激辐射(相应的分子将发生一个从基态 $|g\rangle$ 到亚稳态 $|e\rangle$ 的跃迁)首先被相干分裂、相干传输和相干合束(叠加)。在每一个相互作用区域通过应用合适的激光强度和相互作用时间(满足拉比振荡的 $\pi/2$ 条件)使得吸收与受激辐射的概率为 50%。例如，在左边的相干区域 D 产生了一个与激光有关相位 φ_L 的分子基态 $|g, n\rangle$ 和亚稳态 $|e, n\rangle$ 的叠加：$(1/\sqrt{2})(|g, 0\rangle + |e, 1\rangle e^{-i\varphi_L})$；这里 n 表示附加的光子反冲动量的数目。在粒子与光子之间的动量和能量交换导致了波包的相移 φ，这在闭合分子路径内引起了一干涉花样，可在干涉仪输出端通过观测激发态粒子的概率来检测这一干涉花样：

$$P_e \propto \cos(\varphi + \varphi_L) = \cos(2D/v(\Delta \pm \delta) + \varphi_L) \qquad (2-44)$$

这里 $\phi_L = \sum \varphi_L$ 表示吸收与辐射过程中从光场到粒子的相位转移，v 为粒子的速度，D 为两束同方向传播光束之间的距离，Δ 为激光频率相对于分子共振频率

的失谐量，$\delta = \hbar k^2/(2m)$ 为光子反冲能量。显然，式(2－44)仅仅对应于一个速度的粒子，故一个速度分布的存在将导致几个干涉花样的叠加，这仅对于 $\Delta \pm \delta = 0$ 成立。而对于大的失谐量，叠加干涉花样的周期结构将消失，通过扫描激光频率观测到的周期数目依赖于粒子的速度分布和激发态 $|e\rangle$ 的寿命。

构成 Ramsey-Borde 干涉仪的实验装置如图 2－30 所示。为了获得一束 K_2 分子束，将金属钾放在 650 K 的炉中蒸发，蒸气通过一个直径为 200 μm 的喷口绝热膨胀(以防止凝结，喷口被加热至 700 K)，产生一束超声 K/K_2 束，并进入一个超高真空室(UHV，1×10^{-6} Pa)。当超声束的准直率为 1 000 时，相应于 1 MHz 的剩余多普勒线宽。在真空系统中，一个典型的 Ramsey-Borde 干涉仪由四束行波激光束构成(见图 2－30)，一分子束先后穿过四束激光波。为了得到一个满意的干涉信号对比度，由于电子激发态寿命在 1 μs 的数量级，为了避免因自发辐射引起的相干性损耗，当 K_2 分子束的速度为 1 000 m/s 时，两束同方向传播的激光束之间的距离 D 应小于 1 mm。

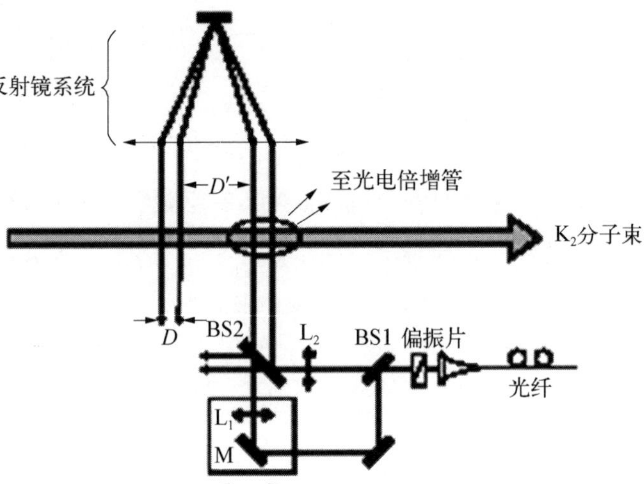

图 2－30　Ramsey-Borde 型干涉仪的实验装置

激光束由一个 50%的分束器 BS1 产生，并分别由焦距为 $f=500$ mm 的透镜 $L_{1,2}$ 聚焦在分子束上，产生直径为 160 μm 的两束激光束。然后，两个激光束在另一个 50%的分束器 BS2 上重合。黑区长度 D 可由平移台上的步进电机调节，这可同时移动反射镜 M 和透镜 L_1，反向传播的两对激光束由一个反射系统产生，这一反射系统由一个反射镜和一个 $f=300$ nm 的消色差透镜组成，区域 D' 的长度被选为 1 cm，以便分子的飞越时间可保证所有激发分子有足够的时间发生自发辐射。因此，在区域 D' 内，仅有相应于基态路径的高频率反冲分量对干涉有贡献，反冲分量将发生在低频端的 $2\delta\approx 50\ \mathrm{kHz}$，且不能被现有装置和信噪比所分辨。

根据式(2-41)，距离 D 的改变将导致干涉条纹频率 ν_{P} 的变化：

$$\nu_{\mathrm{P}}=\frac{v_0}{2D} \tag{2-45}$$

干涉条纹频率 ν_{P} 随距离 D 变化的实验测量结果如图 2-31 所示。图中实线为根据式(2-45)拟合的理论曲线（$v_0=970\ \mathrm{m/s}$)，数据点为实验测量结果。显然，理论计算与实验结果符合得非常好。

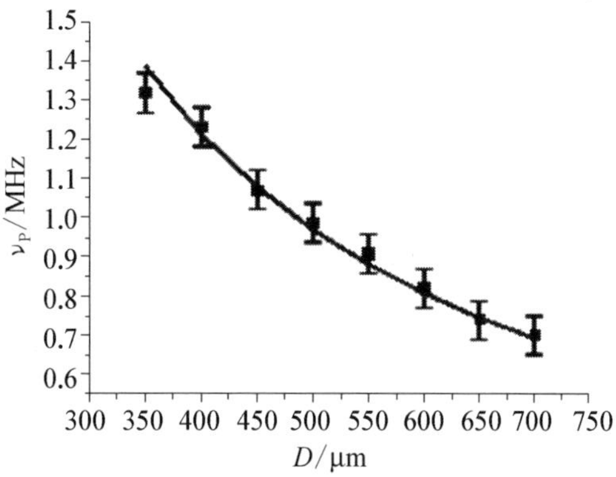

图 2-31　条纹振荡频率与距离 D 的依赖关系

实验观测到的干涉条纹如图 2-32 和图 2-33 所示。图中实线是模拟的干涉条纹（没有非相干背景）。

观察到的光谱质量（见图 2-32 和图 2-33）表明现有的实验装置能在干涉花样中精确地探测很小的相位移动，这可能是碰撞或外场或干涉路径中的其他相互作用引起的。根据图 2-31 和图 2-32 的实验结果，干涉条纹的变化由下式给出：

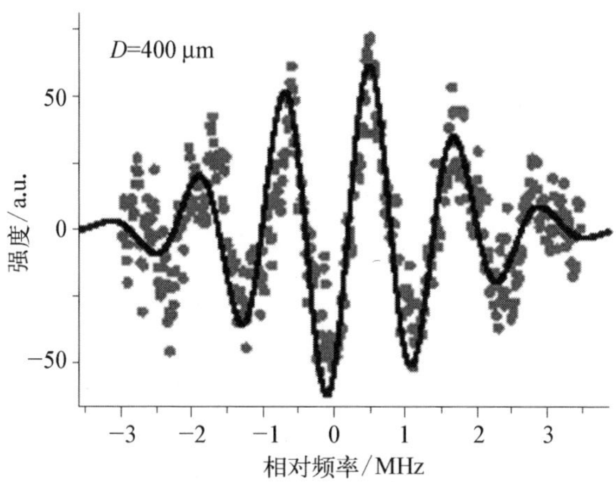

图 2-32　D=400 μm 时扣掉非相干背景后的干涉条纹

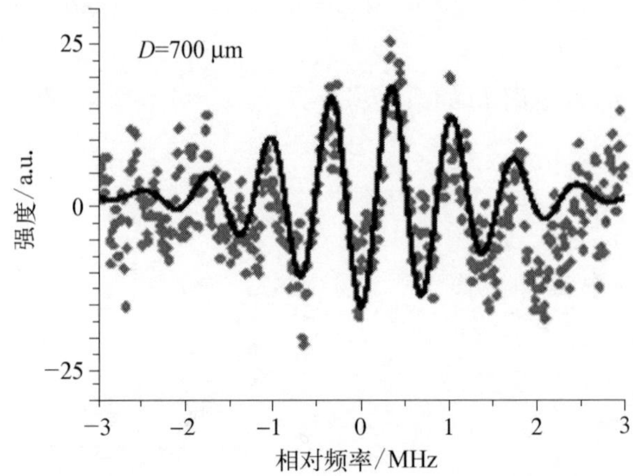

图 2-33　D=700 μm 时扣掉非相干背景后的干涉条纹

$$I(\nu) = A\exp\left(-\frac{(\nu-\nu_0)^2}{\nu^2 W}\right)\cos\left(\frac{2\pi}{\nu P}(\nu-\nu_0)+\phi\right) \tag{2-46}$$

由图 2-31 和图 2-32 中的不确定 25 mrad(D=400 μm)和 55 mrad(D=700 μm),人们可决定相位 ϕ。这里我们介绍了利用 K_2 分子在两个态 $X^1\Sigma_g^+$ 和 $b^3\Pi(0_u^+)$ 间的微弱扰动构成的 Ramsey-Borde 干涉仪。这种微扰在许多分子光谱中均出现,并可使得许多不同分子的物质波干涉成为可能。

3）大分子 C_{70} 的三光栅干涉

2002 年,奥地利 Zeilinger 小组采用近场三光栅 Talbot-Lau 干涉仪实现了大分子 C_{70} 的物质波干涉,获得了约 40%的条纹对比度[198]。到目前为止实验上已研究了两类分子干涉仪,即采用 I_2 分子的 Ramsey-Borde 干涉仪[205]和采用 Na_2 分子的机械 Mach-Zehnder 干涉仪[194]。然而,这些分子干涉仪对于大分子的应用是一个挑战。由于缺乏窄的共振跃迁,妨碍了 Ramsey-Borde 干涉仪对于复杂分子的直接应用;另一方面,如果将 Mach-Zehnder 干涉仪推广应用于重要的快速分子,则要求极端精细的光栅、好的准直度和大的距离。这是因为 Mach-Zehnder 干涉仪工作在 Fraunhofer 衍射区,那里衍射花样的特征尺寸正比于波长和衍射光栅与观测平面之间的距离。

为了解决这一问题,可以采用 Talbot-Lau 干涉仪。虽然这一干涉仪也由三块光栅构成,但是它工作在近场或 Fresnel 衍射区,那里衍射花样的特征尺寸正比于波长和衍射光栅到探测平面之间的距离的平方根。Talbot-Lau 干涉仪可以接受一束空间非相干的光束,这表示不需要准直,而且它与一个空间分布探测器一起工作。因此，Talbot-Lau 干涉仪的计数率将超过 Mach-Zehnder 干涉仪几个量级。

C_{60}和C_{70}分子通过机械光栅或光学光栅的成功衍射可用于实验探索宏观分子干涉术的限制。当一个周期性结构被一相干光束照明时，自成像现象即 Talbot 效应将发生。该光栅的像将在 Talbot 长度 $L_T = d^2/\lambda_{dB}$ 的分立倍数处被重构，这里 d 为光栅常数，λ_{dB} 为入射物体的德布罗意波长。

实验装置如图 2-34 所示。Talbot-Lau 干涉仪由三块具有相同周期(1 μm)的金光栅构成。第一块光栅用作消除互相干性的梳状光源，每个光源足够小以便在第二块光栅处获得所要求的横向相干性。于是第二块光栅通过 Talbot 效应被相干地成像在第三块光栅的平面上。来自所有光源的像是相同的，但是它们以光栅常数的倍数被平移，从而发生重叠，尽管它们缺乏互相干性。因此，可移动的第三块光栅根据它位置的不同可阻拦或透射分子的干涉花样。

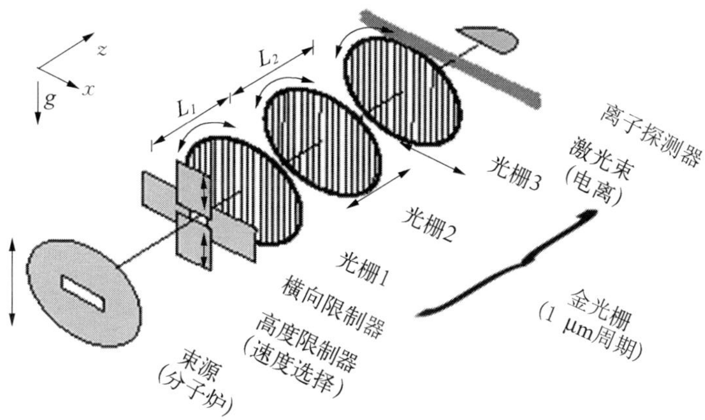

图 2-34 Talbot-Lau 干涉仪

在图 2-34 中，一束C_{70}分子从 650℃的分子炉中出射，其速度分布接近于一喷射源，最概然速度约为 200 m/s。三块自由支撑的金光栅周期为 d=991 nm，光栅缝宽与周期之比为 f=0.48，光栅之间的距离为 $L_1 = L_2 = 0.22$ m。在实验中引入一个可调的狭缝，它距分子炉为 1.38 m，而距离第一块光栅为 0.12 m，用于限制分子束高度至 150 μm，并可用于选择一个很窄的速度分布。分子束通过由三块光栅构成的 Talbot-Lau 干涉仪后被激光电离，并被离子推测器检测，实验结果如图 2-35 所示(分子束的中心速度为 115 m/s)。

由图 2-35 可看出，干涉条纹的最大值可达 38.5%，且干涉条纹对比度与正弦函数吻合得很好。这表明虽然C_{70}大分子内部具有较高的热态，但是高的条纹对比度说明分子黑体辐射引起的消相干并没有在分子干涉实验中扮演重要的角色。此外，实验中发现如果倾斜三块光栅，则干涉条纹对比度将减少，这是因为重力的作用；而且一块光栅的纵向位移也将影响干涉条纹的对比度。因此，在实验中必须仔细调节三块光栅的垂直度，并将它们固定在防震台上。

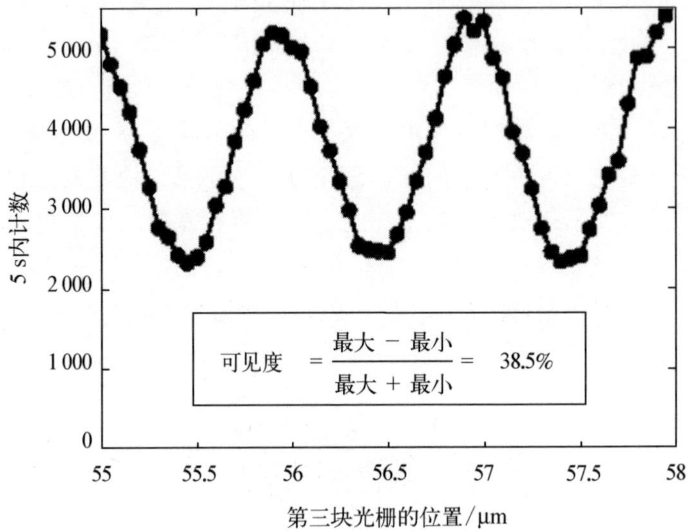

图 2－35 典型的干涉条纹

2.3.2.3 分子物质波干涉的最新研究进展

1) 复杂大分子和生物大分子的量子干涉

2003 年，Zeilinger 小组采用三光栅 Talbot-Lau 干涉仪实验研究了生物大分子(tetraphenylporphyrin, TPP)和 $C_{60}F_{48}$ 大分子(fluorofullerene)的量子干涉现象，分别获得了 34％和 27％的干涉条纹对比度，这远大于经典理论模型预言的对比度(14％和 12％)，并与量子理论模型预言的对比度完全一致[200]。

图 2－36 分别为生物大分子(tetraphenylporphyrin, TPP)和 $C_{60}F_{48}$ 大分子(fluorofullerene)的三维结构。TPP(m＝614 amu)由四个倾斜的四苯基环和一个平面 porphyrin 结构组成；$C_{60}F_{48}$ 大分子的质量为 m＝1 632 amu。

图 2－37 为近场 Talbot-Lau 干涉仪观测到的 TPP 生物大分子的干涉条纹。图中实线是拟合的正弦函数；TPP 生物大分子束的平均速度为 160 m/s，相应的速度分布(FWHM)为 $\Delta v/v = 30\%$。

图 2－38 为近场 Talbot-Lau 干涉仪观测到的 $C_{60}F_{48}$ 大分子的干涉条纹。图中实线是拟合的正弦函数；$C_{60}F_{48}$ 大分子束的平均速度为 105 m/s，相应的速度分布(FWHM)为 $\Delta v/v = 20\%$。

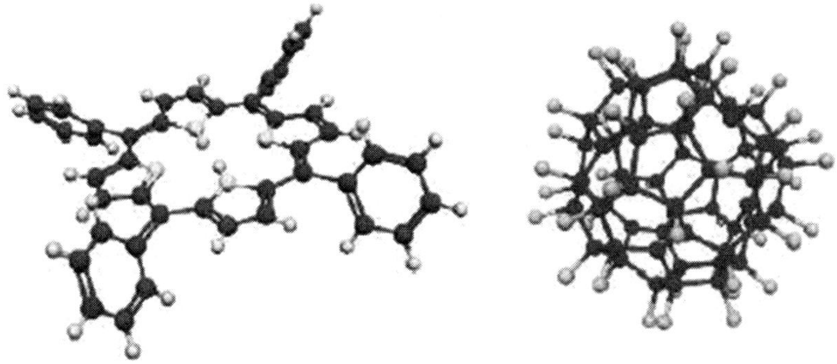

图 2-36 TPP 生物大分子(左边)和 $C_{60}F_{48}$ 大分子(右边)的三维结构

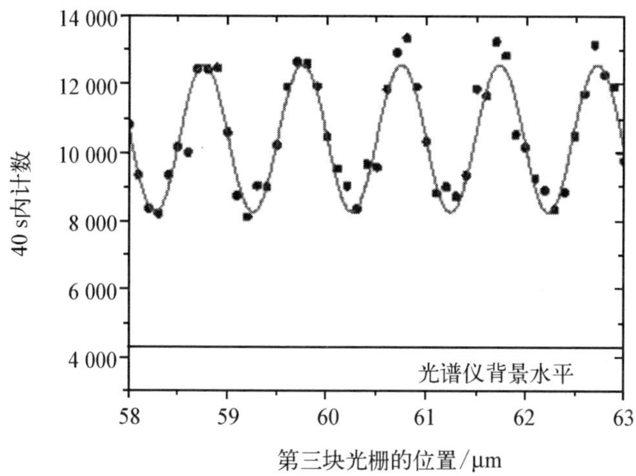

图 2-37 TPP 生物大分子的近场干涉条纹

2) 生物大分子量子干涉效应的实验研究

(1) 干涉条纹对比度与分子束平均速度的依赖关系：在实验中，Zeilinger 小组还研究了 TPP 生物大分子干涉条纹对比度与分子束平均速度的依赖关系，实验结果如图 2-39 所示。图中实线为量子力学预言的曲线，数据点为实验测量结果，虚线为经典模型预言的结果。研究结果表明：① 最大的干涉条纹对比度为 34%，相应的平均速度为 160 m/s；② 随着分子束平均速度的增大，条纹对比度急速下降；③ 实验测量结果与量子理论预言的结果相一致，而与经典模型预言的结果相差甚远(虚线)，而且经典模型预言的条纹对比度几乎与分子束平均速度无关。

上述实验说明：不仅复杂的宏观大分子可观测到量子干涉现象，而且复杂

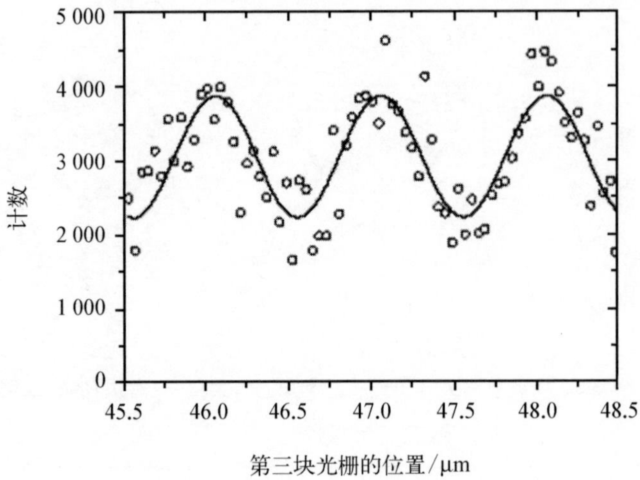

图 2-38 $C_{60}F_{48}$ 大分子的量子干涉条纹

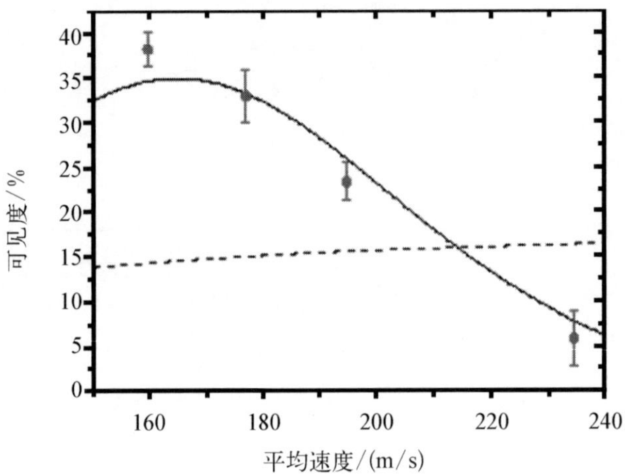

图 2-39 条纹对比度与分子束平均速度的依赖关系

的生物大分子也可展现出量子波动性。

(2) 干涉条纹对比度与背景气体压强的依赖关系：2003 年，Zeilinger 小组利用近场三光栅 Talbot-Lau 干涉仪实验研究了物质波干涉仪中的消相干效应，如背景气体热碰撞引起的消相干[201, 206, 207]和分子热辐射引起的消相干现象[202]。研究发现分子干涉条纹对比度 V 将随着背景气体压强 p 的增加而按指数规律下降[201]：

$$V(p) = V_0 e^{-p/p_0} \tag{2-47}$$

实验结果如图 2 - 40 所示[201]。图中实线为方程(2 - 44)预言的理论曲线，图中实验数据点 a 为 $p = 0.05 \times 10^{-6}$ mbar 的实验结果，图中实验数据点 b 为 $p = 0.6 \times 10^{-6}$ mbar 的实验结果；插图为观测到的干涉条纹，其中曲线 a 为 $P = 0.05 \times 10^{-6}$ mbar 时的干涉条纹；曲线 b 为 $P = 0.6 \times 10^{-6}$ mbar 时的干涉条纹，它们的条纹可见度分别与图中数据点 a 和 b 相对应。

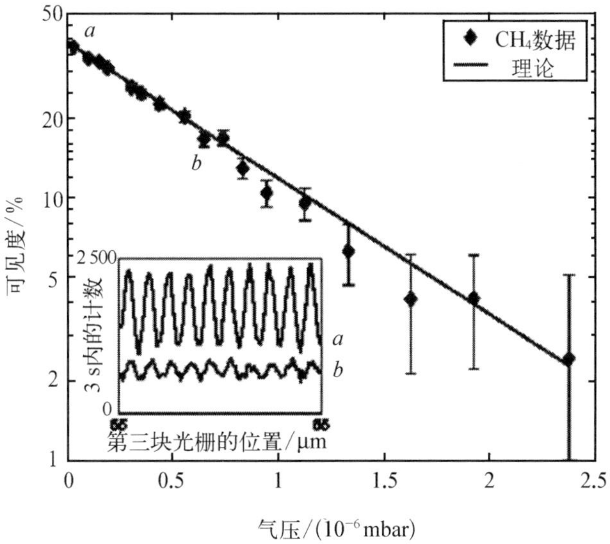

图 2 - 40 干涉条纹对比度与背景气体压强的关系

(3) 干涉条纹对比度与激光加热功率 P 的依赖关系：类似地，分子干涉条纹对比度 V 将随着激光加热功率 P 或分子热辐射温度 $T(t)$ 的增加而急速下降[202]：

$$V = V_0\left[-\int_0^{2L/v} \mathrm{d}t \int_0^{\infty} \mathrm{d}\lambda R_\lambda(\lambda,\ T(t))\left\{1 - \sin c\left(2\pi \frac{d}{\lambda} \frac{L - |\ vt - L\ |}{L_\mathrm{T}}\right)\right\}\right] \tag{2-48}$$

式中，V_0 是没有光辐射时的干涉条纹对比度，v 为分子束的平均速度，λ 为光子辐射波长，d 为光栅周期 ($d = 991$ nm)，L 和 L_T 分别为三光栅 Talbot-Lau 干涉仪中相邻光栅之间的距离和 Talbot 长度：$L_\mathrm{T} = d^2/\lambda_{\mathrm{dB}}$，典型的德布罗意波长 $\lambda_{\mathrm{dB}} = 2.6$ pm。Zeilinger 小组测量了不同激光加热功率下 C_{70} 分子的干涉条纹，实验结果如图 2 - 41 所示[202]。当分子束平均速度为 $v = 190$ m/s，激光加热功率分别为 $P_0 = 0$ W，3 W，6 W 和 10.5 W 时，观测到的干涉条纹对比度分别为 $V = 47\%$，29%，7% 和 0%。显然，随着激光加热功率的增大，C_{70} 分子干涉条纹对比度明显降低，特别是当 $P_0 = 10.5\ \mathrm{W}$ 时，分子干涉条纹完全消失，这表明 C_{70} 分子物质波的相干性完全消失。

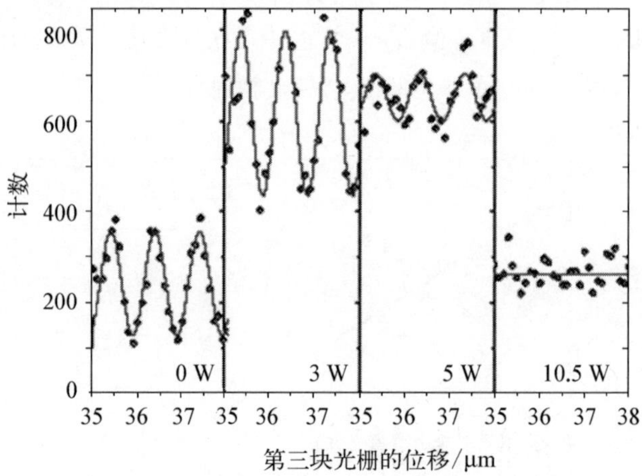

图 2-41　不同激光加热功率下的分子干涉条纹

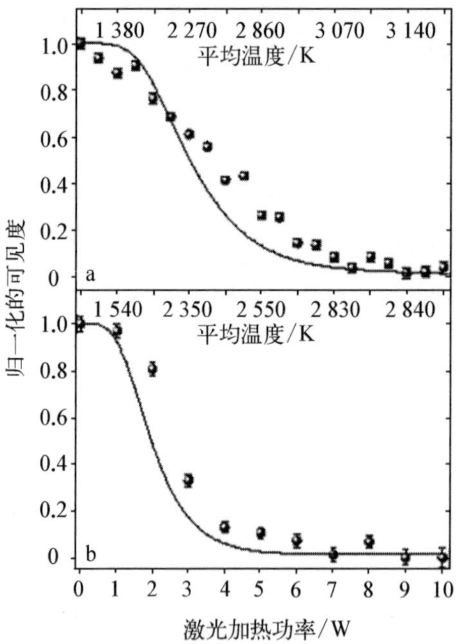

图 2-42　分子干涉条纹对比度的消相干曲线

此外，实验测量了 C_{70} 分子干涉条纹对比度与激光加热功率的依赖关系，实验结果如图 2-42 所示。图中实线为理论曲线，由式(2-48)给出。结果表明，实验测量结果与理论预言结果基本相符。

2.3.2.4　采用激光排列分子产生的高阶谐波中的量子干涉现象

2005 年，日本东京大学的 Sakai 小组采用激光排列 CO_2 分子实现了高阶谐波的产生，并观测了单个分子和单个光波周期中的量子干涉现象[208, 209]。研究发现，该实验方法可为分子系统瞬态结构观测提供一种新的具有亚飞秒分辨率的成像技术。同年，另一个意大利小组采用椭圆偏振激光实现了 CO_2 的激光排列和高阶谐波的产生，开展了类似的量子干涉实验研究。研究发现，通过改变椭圆偏振激光的椭圆率可实现这一量子干涉效应的相干控制[210]。由于时间关系，这里不作详细介绍，有兴趣的读者可参阅文献[208－210]。

近年来，人们采用 Talbot-Lau 近场干涉仪研究了大分子和团簇的量子干涉[211-216]。例如，2005 年 M. Arndt 小组研究了 C_{70} 分子温度对相干性的影响[211]。2007 年，M. Arndr 小组采用新颖的 Talbot-Lau 近场干涉仪详细研究了 C_{70} 分子的干涉条纹对比度与驻波光栅功率的依赖关系[212]。2009 年，M. Arndt 小组实验研究了 C_{60} 分子在量子干涉刻蚀中的粒子性与量子波动性[213]。2010 年，H. Ulbricht 等人实验研究了热激发的内部分子动力学对物质波相移的影响，并研究了 $C_{30}H_{12}F_{30}N_2O_4$ 分子的干涉条纹对比度与外加偏转电压和激光功率的依赖关系[214]。2011 年，S. Eibenberger 等人研究了各种极性与非极性大分子干涉条纹对比度与外加偏转电压的依赖关系，并测量了相应的极化率[215]。最近，M. Arndr 小组实验研究了各种有机大分子的量子干涉现象，获得了高达 50％的条纹对比度[216]。

此外，有关分子物质波干涉的理论与实验研究还可参阅其他文献[217－222]。有关分子波包动力学及其相干操控的理论与实验研究可参阅文献[223－230]和综述文献[199]。

2.3.3 冷分子光谱及其光谱精密测量

2.3.3.1 冷分子精密光谱技术

任何光谱实验的分辨率都受到被探测粒子与辐射场相互作用时间的限制。这个时间由相互作用区域的尺寸和被测量粒子的速度决定。由图 2－43(a)可以看到，分子群将穿越长度为 L 的微波腔。分子看到的辐射正如图 2－43(b)显示的一样。分子受到辐射的时间是 $\Delta t = L/v$。图 2－43(c)显示的是辐射的傅里叶

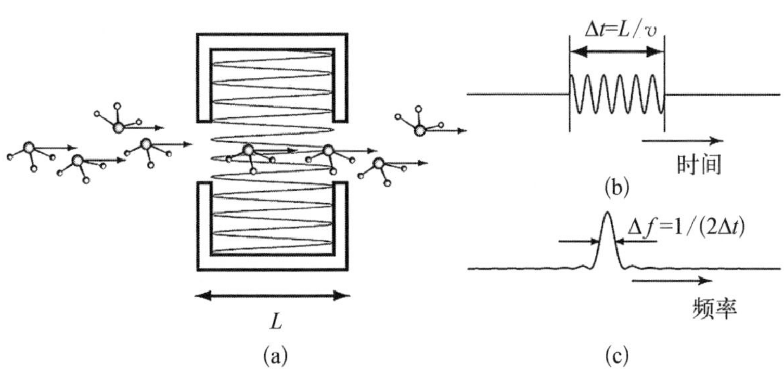

图 2－43 渡越增宽的基本概念

变换。分子感受到的辐射脉冲的线宽与相互作用时间成反比。这就是所谓的渡越增宽，增加相互作用时间，渡越增宽就变小。显然，要达到这个目的，只能是增大相互作用的区域，或者是将粒子速度减小。为了减小不同粒子具有不同速度所引起的增宽效应，分子的速度展宽也必须要小。因此，利用冷分子做光谱实验将极大地改善其光谱分辨率。

从本质上讲光谱实验的分辨率取决于粒子与光场的相互作用时间。比如室温下空气的速度为 500 m/s，25 mK 的重氨分子速度为 5 m/s。对于量级为 1 m 的实验设备，500 m/s 的气体分子的观察时间为几个毫秒量级，对应的观察谱线宽度约为几千赫兹，而对于温度为毫开量级的气体分子，谱线分辨率可以提高几个量级。

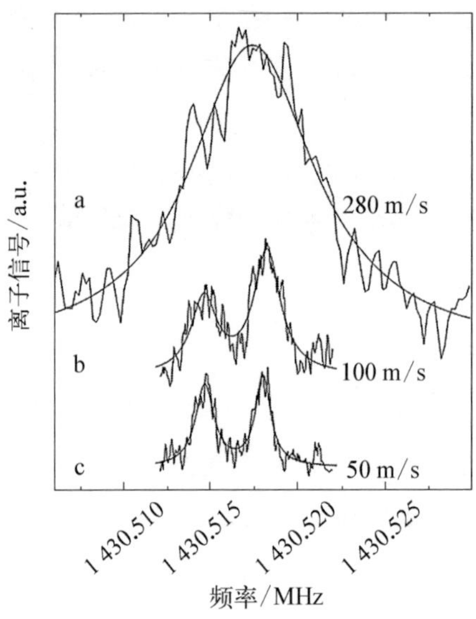

图 2-44　不同速度下 $^{15}ND_3$ 分子 20→3 以及 21→2 的跃迁谱线

分子束速度为 280 m/s 和 50 m/s 的谱线宽度分别为 10 kHz 和 1 kHz。

2004 年，J. van Veldhoven 等人用 Stark 减速器将 ^{15}ND3分子减速到 52 m/s 时，第一次观察到了该分子 $|J, K\rangle = |1, 1\rangle$ 态的反演分裂跃迁[231]，跃迁频率在 1.43 GHz 附近，可分辨的单个超精细跃迁的谱线宽度为 1 kHz[231]，如图 2-44 所示。

与此类似，E. RHudson 等人研究了 Stark 减速后 OH 自由基分子的基电子态基振转态的 Λ 双分裂微波跃迁，其精确度比前人提高了一个数量级以上[232]。2004 年，Meijer 小组首先采用静电 Stark 减速器实现了超声 ND_3 分子束的减速，获得了速度可调(280 m/s～0)的冷分子束，然后开展了处于 $|J, K\rangle = |1, 1\rangle$ 态的微波光谱研究，实验结果如图 2-45 所示[231]。

由图 2-45 不难发现：随着 ND_3 冷分子束的速度从 280 m/s 减速至 0 时，ND_3 分子越来越冷，因而其振动-转动基态布居数大幅增加，导致微波光谱结构大为简化，同时由于多普勒展宽、碰撞展宽大幅度减小，并且由冷碰撞引起的频移大幅度减小，导致光谱分辨率和光谱精度大大提高，同时信噪比和灵敏度大幅提高。因此，冷分子光谱具有更高的分辨率、更高的灵敏度和更高的光谱测量精度。

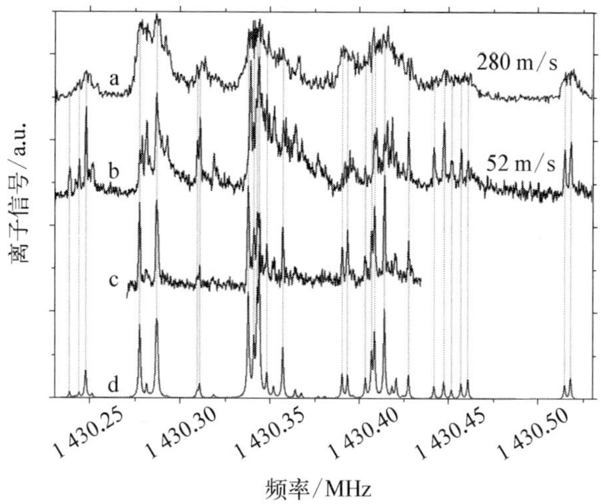

图 2-45 被减速$^{15}ND_3$冷分子在$|J, K\rangle = |1, 1\rangle$量子态的微波光谱

2.3.3.2 静电场矢量及其空间分布的摆动光谱测量

最近,我们首先计算了外加电场下线性$(HCCCN)_3$冷分子的摆动光谱[185],发现当分子转动常数B越小,电偶极矩越大时,线性冷分子越容易形成摆动态,而且摆动光谱Q支积分强度随着电场增大而增高。接着,我们研究了Q支积分强度与电场强度和分子转动温度的依赖关系,计算结果如图2-46所示。

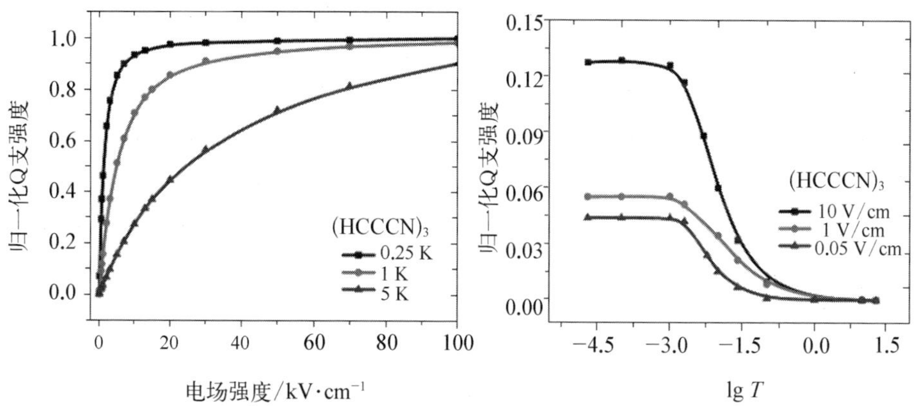

图 2-46 Q支积分强度与电场强度和分子转动温度的依赖关系

由图2-46可见,摆动光谱Q支积分强度不仅与外加电场强度和分子转动温度有关,而且电场强度越高,转动温度越低,Q支积分强度越大。显然,采用冷分子摆动光谱测量静电场的灵敏度越高。特别地,线性$(HCCCN)_3$冷分子可用于微弱电场的高灵敏测量。此外,我们还计算了$HCN-N_2$和HCl分子摆动光谱 Q 支积分强度与电场强度和分子转动温度的依赖关系，并发现它们分别适用于中等和强电场(10^5 kV/cm)的测量。如果改变入射聚焦激光束的偏转方向，即可实现静电场矢量及其空间分布的测量，而且测量范围可覆盖 10^{-5} ～ 10^5 kV/cm，可达 10 个量级[185]。此外，极性冷分子的摆动光谱还可用于测量其在静电场中的取向度。

2.3.3.3 精密光谱测量与冷分子频标

低温分子在以下几个方向有助于精确光谱测量。分子单态的控制可以彻底理解系统误差的产生，进而实现最精密的测量。在大多数情况下，相关的测量都可通过测定体系中两支能级间的频移 $\Delta\omega$ 来完成，这种测量的频率灵敏度的低噪声极限为 $\delta(\Delta\omega)=1/(2\pi\tau\sqrt{N})$，其中 τ 是测量的相干时间，N 是被测量的处于单一量子态的粒子数目。冷分子的应用有两个突出的优点：首先，在有限温度下，根据玻耳兹曼分布分子布居于大量的内态中，比如室温下，分子转动常数的典型值为：$B\sim 10$ GHz，仅有 10^{-3} 的分子布局于单个量子态，因此，冷却分子内部自由度可以让 N 的数目大大增加。同样，冷却分子外部(平动)自由度可以降低分子速度，因此可以增加相干时间 τ。假如分子足够冷，并被囚禁在势阱中，可进一步增加相干时间 τ，样品的温度越冷，所需阱越浅，这会减少测量过程中的干扰。

冷分子光谱可使我们准确了解原子和分子的能级结构，进而精确测量里德伯常数和 1S 兰姆移动[233-236]。极性分子内部巨大的电场可以使得测量灵敏度得到大大的增强，而且当分子中电子跃迁和振动跃迁被同时准确测量时，本质上可提供一个比对的原子钟，其频率测量的准确度可达到 10^{-15}，它从两个不同的基本相互作用来进行对比，一个起源于量子电动力学，另一个来自强相互作用。因此，冷分子高分辨光谱可以用来验证各种不同的基本理论。例如，对 YbF[96] 和 PbO[70] 分子的光谱测量就可以检测电子是否具有电偶极矩，从而证明时间反演对称性是否破缺，标准模型是否成立。测量手征性分子的跃迁可以研究宇称不守恒等问题[237-240]。

冷分子高分辨光谱还可以用于研究基本常数是否会随着时间变化[241, 242]，例如精细常数 α。最近的天文数据[103]显示 α 从宇宙大爆炸至今已经改变了 10^{-5}，假定宇宙是线性膨胀的话，它的变化率就是每年 10^{-15}。如果这是真的，就可以让人们深入地认识标准模型外的理论。因此，科学家们对验证、确认这些结果[243, 244]表现出极大的兴趣，开展了一系列基于原子钟的测试实验，因为原子跃迁对 α 的变化敏感。由于同样的原因，叶军小组测量了斯塔克减速后 OH 自由基分子的光谱[245]。实验室测量值与天文数据的比较，将得出 $\Delta\alpha/\alpha$ 在最近的

1 010 年中不超过 1×10^{-6}。

如果 $\Delta\alpha/\alpha$ 随时间变化，可以预测其他的常数也将随时间变化，例如电子与质子的质量之比(m_e/m_p)[246, 247]。最近，证据表明确实存在这种变化[248]。天文学家观测了距地球 120 亿光年的两个类星体吸收系统所发出的 H_2——宇宙中含量最丰富的分子谱线。在实验室中也以前所未有的精度测量了这些谱线。将这两组数据进行比较，并改进 K_i 系数的计算，得出电子与质子质量之比在过去的 120 亿年中变化了 $2.0\pm0.6\times10^{-5}$。而要知道它在今天是否仍在变化，只能完全依赖于实验室的光谱精密测量了。

如上所述，分子系统具有丰富的电子、振动、转动能级，因此分子可以提供一系列精确的频率或波长基准，其范围可以从微波、红外，一直到可见光谱。在历史上，分子在激光物理和高分辨非线性激光光学的发展过程中起到了决定性的作用，并第一次成功观察了光子塌缩分子光谱[249]。分子系统促进了早期自然共振基准频率的发展，第一个分子钟就是在 1949 年利用氨分子的微波跃迁制作的[250]。构造光频链可用于测量分子跃迁频率，加上精确的波长度量衡，使得光速这个重要的基本常量得到精确测量[251]。第二代分子频标的发展为大范围的光谱提供了重要波长参考，例如 I_2 分子光钟[252]或 CH_4 分子光钟[253]。直到现在，光学频率梳的发展为可见和红外光谱提供了高精度的参考信息[252]。有趣的是，正是为了得到更高的光谱分辨率和测量精度，人们第一次想到了冷分子的应用。

2.3.4 量子信息科学与量子模拟

2.3.4.1 采用极性冷分子的量子计算与量子信息处理

在量子信息科学中，一个重要的挑战就是找到能够进行快速门操作，在单个量子比特之间具有很强的、可以控制的耦合，同时具有很长的退相干时间的一个系统。近年来，采用极性分子系统实现量子计算与量子信息处理已成为原子与分子物理学和量子信息学领域中研究的一个重要方向[189, 254, 255]。极性分子不仅综合了中性原子和离子两方面的优势（例如长寿命的内态、较长的消相干时间、丰富的能级结构、强光学与微波跃迁以及成熟的光学和微波脉冲相干操控技术)，还具备量子点、超导体线路的优点(用静电场容易控制)[256-260]。因此，极性分子可兼容各种不同的结构，比如光晶格、静电晶格、微波、静电囚禁和交流电磁囚禁及固态系统等。极性分子具有永久的电偶极矩，这使得利用外加电场操控极性冷分子变得更容易；而且由于极性分子之间存在较强的偶极-偶极相互作用，这有利于提高量子计算的速度。特别地，分子通常具有丰富的内部能级结构,包括长寿命的转动态,看起来似乎可以对这些转动态进行量子信息的编码。D. DeMille 建议利用储存在合适电场中的极性分子列阵作为量子计算机的一种方案,如图 2-47 所示[16]。

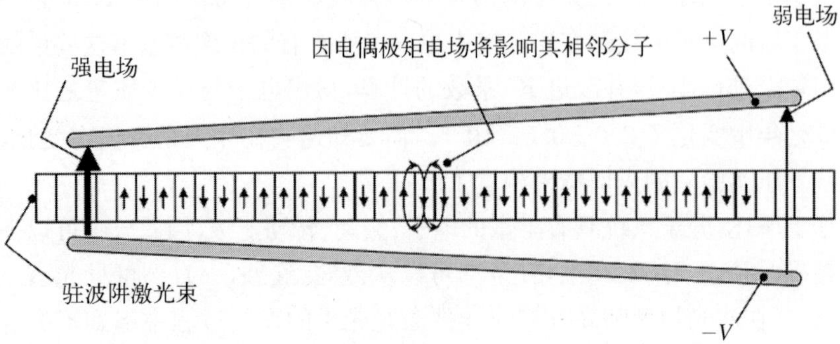

图 2-47 基于极性分子电偶极矩作为量子比特的量子计算方案[260]

在这一方案中,信息以分子偶极矩相对于外部电场的取向进行编码。同时,电偶极矩也增强了单个量子比特间的耦合。结合单个量子比特的转动,这些可控的耦合构成了大规模量子门操作的一个必要元素。

C. M. Tesch 和 R. de Vivie-Riedle 提出利用振动激发的分子实现量子信息处理的新方案[261]。在他们的方案中,可以将同一分子的不同振动模式作为量子比特,以驱动整形的飞秒激光脉冲进行量子逻辑操作。A. André 等人提出将极性分子耦合到一个带状的微波腔中[262, 263],利用分子的转动态来储存量子信息。通过分子与腔增强的电场之间的强偶极耦合作用能有效地将信息传递给共振腔。通过这种方法,量子比特就可以通过微波腔场与远处的另外一个量子比特耦合。Zoller 小组提出了一种新的量子计算与信息处理方案[264, 265],如图 2-48 所示。在此方案中,他们将量子信息编码在分子基态的转动激发态上,以分子体系作为量子信息的存储器,通过带状线腔场可实现极性分子系统与库珀对盒的强耦合。借助于光学和微波场的相干操纵,量子态可在分子系统和库珀对盒之间进行信息转移,并可实现杂化的量子计算。

采用库珀对箱体进行快速门操作,并采用具有长退相干时间的分子作为一个量子存储器。带状腔将这两者耦合,并将存储在分子样品中的信息转换成微波场中一个飞行的量子比特。利用耦合到这一带状腔的分子样品实现一个多比特系统。在这个系统中,信息既可以保存在样品的集体激发中[266],也可以保存在样品变化的空间相位中[267]。

量子纠缠是量子力学的最本质特性。相互作用的多体量子系统间一般会产

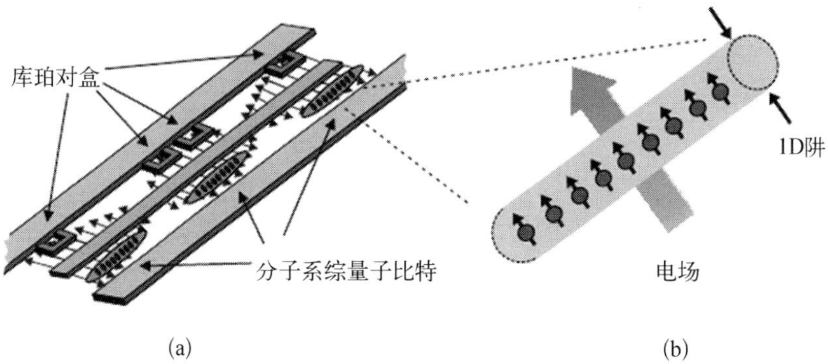

图 2-48 将量子信息编码在分子基态的转动激发态上，通过带状线腔场实现极性分子系统与库珀对盒强耦合的方案

生纠缠。随着原子、分子冷却和囚禁技术的快速发展，冷原子或冷分子被认为是模拟多体相互作用的理想选择。利用极性分子的偶极-偶极相互作用，极性分子阵列能够产生量子纠缠。Milman 等人[268, 269]分析了极性分子链中分子间距离、静电场强度和外界温度对线性链纠缠的影响，也通过引入 Bell-型不等式检验了两个异核冷分子的非局域性和纠缠。Milman 和 Keller[270]研究了 N 个具有偶极相互作用力的极性分子组成的线性链系统的纠缠特性。通过理论描述一维极性分子阵列的第一转动激发态之间的相互作用来研究系统的纠缠特性，研究发现，纠缠不仅与系统的取向、极化等物理特性有关，也可用来有效地传递量子信息。同时也研究了纠缠与温度的依赖关系，即升高温度可以增强纠缠。随后还讨论了分子链用作量子通信协议传输线的可行性。

最近，Wei 等人研究了两极性分子摆动量子比特的纠缠[271]，发现共生纠缠度是分子偶极矩、分子转动常数、外场强度、偶极-偶极耦合强度和周围温度的函数。同时也探讨了量子 CNOT 门的实现方案，即对一个量子比特的操作依赖于另一个量子比特的状态，而且状态的改变可用偶极-偶极相互作用引起的频移来描述，频移又可用来刻画控制量子位状态的改变导致的目标量子位跃迁频率的变化。Wei 等人还研究了对称陀螺分子系统的纠缠特性[272]，通过选择两种不同的量子比特态矢量分析了对称陀螺极性分子系统本征态的纠缠，同时也发现了利用共振脉冲可以诱导出更大的纠缠。Zhou 等人[273]提出了一种在极性冷分子系统中实现和控制自旋-自旋相互作用的方案。其中将两个长寿命的分子转动态编码为自旋态，它们通过与态有关的偶极-偶极作用力和晶格振动耦合起来。通过对诱导电偶极矩选择一个合适的时变调制，以产生的声子为媒介的相互作用将直接与偶极-偶极作用竞争，从而获得长程、可调的自旋-自旋相互作用模式。

由此可见,采用极性冷分子系统构造基本的量子门操作、完成量子编码、克服各种噪声导致的消相干,并最终实现可扩展的量子计算,已成为量子信息学中的一个重要研究方向。

2.3.4.2 采用冷分子实现凝聚态物理的量子模拟

极性冷分子的另一个重要应用是利用它们对凝聚态物理系统进行量子模拟。R. Feynman 首先提出利用可控的量子系统模拟其他量子系统的未知行为的新思想[274, 275]。囚禁在光学晶格中的超冷原子或超冷分子气体可以用来模拟由不同玻色-赫巴德模型描述的固体系统的行为[276],而极性分子是模拟这些系统哈密顿量的特别理想的工具。正如 A. Micheli 等人所提出的,利用光学晶格中的极性双原子分子就能实现晶格自旋系统,其中分子的自旋从分子的价电子读出[277, 278]。这样极性分子的偶极-偶极相互作用和微波激发,以及自旋-转动耦合就取代了各向异性的自旋-自旋相互作用。对分子偶极子进行合适的排列与取向,就可以模拟对应不同物理系统的哈密顿量了。

特别是,光晶格中的分子间偶极相互作用的长程和各向异性特点为量子模拟提供了一个新颖而有力的工具。例如,Barnett 小组描述了如何利用转动态间的角动量交换实现的长程相互作用来设计等同于量子磁化的相互作用。又如,Micheli 小组给出了如何利用具有内部自旋子结构的分子来模拟光晶格中相互作用自旋的任意哈密顿量[278]。这是目前凝聚态物理领域中人们非常关心与研究的问题。他们的方法是将微波诱导共振偶极相互作用和分子内部自旋-转动耦合相联合。接着,他们提出了一种关掉两体相互作用而导致三体相互作用为主导过程的方法[111]。这样的奇特相互作用可引起具有任意激发的拓扑相位。由此可见,这些例子表明:由于极性分子独特的偶极相互作用,采用极性冷分子可实现各种凝聚态模型或凝聚态物理现象的量子模拟。

综上所述,关于极性冷分子在量子信息科学中的应用方案已经有很多了,然而制备合适的极性冷分子样品仍然是一个挑战。对于前面所介绍的许多方案,必须将分子布居在一个设定好的量子态上,并将它们囚禁在光学偶极阱或光学晶格中。如要实现量子门操作,分子的内态必须与相位相干的光场很好地耦合在一起。

2.3.5 集成分子光学及其分子芯片

利用集成微电路形成的磁场来操控冷原子已是目前的热点研究之一。微电路应用的最初动机是试图通过减小电路的尺寸来提高磁场的强度和梯度,从而提高冷原子在磁场中的受力和磁阱深度。日益发展的微电路技术使得具有各种操控功能的微电路结构集成到芯片上组成一个综合的研究平台，这便是人们所称的原子芯片[279]。这些原子芯片已被用于制备原子玻色-爱因斯坦凝聚(BEC)、原子物质波干涉以及惯性场和重力场的精密测量等。同样地，将分子光学元器件(电场结构)表面化、微型化和集成化形成具有不同量子调控或精密测量功能的集成分子芯片，对于芯片表面极性冷分子的操控也有着广阔的应用前景。例如：各种集成分子光学实验、分子 BEC、分子物质波干涉、精密测量与采用极性冷分子的量子计算与信息处理等都能在分子芯片表面实现。本节首先介绍各种集成分子光学元器件的设计与研制；接着介绍目前已设计加工或研制成功的两种集成分子芯片；最后，简单介绍集成分子光学及其分子芯片的应用前景。

2.3.5.1 集成分子光学元器件

为了研制成功分子芯片，近年来各种可表面化、微型化和集成化的分子光学元器件已被相继研制成功或设计模拟成功，现分别介绍如下。

1) 表面导引

表面导引是一种最简单，也是最基本的冷分子操控功能，相应的表面导管是构成集成分子芯片的一种最简单，也是最基本的分子光学器件。近年来，我们小组相继提出或实验验证了如下几种冷分子静电表面导引方案：

单根载荷导线方案：2007 年我们提出了一种采用单根载荷导线实现极性冷分子静电表面导引的新方案[280]，2012 年我们完成了该静电表面导引方案的实验验证[281]。

实验装置如图 2 - 49 所示，半径为 r_0 的长直导线嵌在绝缘介质中(相对介电常数为 ε_r)，导线中心与介质表面齐平，电压为 u_1。导线上方和下方各置一平行金属板，下金属板紧贴绝缘介质，距离导线中心为 a(=14 mm)，并接地；上金属板距离导线中心为 b(=10 mm)，电压为 u_2。为便于探测，上方的金属板可采用透明电极材料。相对于平板电极与绝缘介质的宽度，载荷导线和平板电极在 z 方向的长度可近似认为无限长。由图 2 - 49 中的插图可见：当单根导线加上电压 u_1(=10 kV)，上极板加上电压 u_2(=15 kV)时，在单根导线上方将形成一个阱深约为 120 mK 的空心静电管道，如果弱场搜寻态的极性冷分子被耦合进入这一空心静电管道，则冷分子即可验证直导线方向被有效导引。

首先，当上极板电压 u_2 固定为 16 kV 时，我们从理论与实验上研究了导引中心位置、被导引冷分子数目及其横向温度与导引电压 u_1 的依赖关系，理论计算与实验结果如图 2 - 50 所示。研究发现：① 导引中心位置随着导引电压 u_1 的

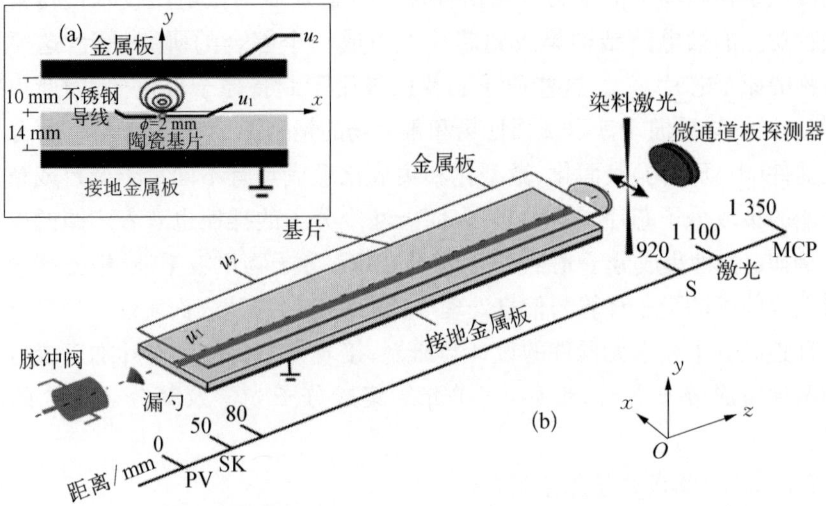

图 2-49 采用单根载荷导线实现极性冷分子静电表面导引的实验装置

升高而增大，特别是当导引电压 $u_1 \leqslant 12\,\text{kV}$ 时，导引中心离开芯片表面的距离将小于 1 mm。② 被导引冷分子数目随着导引电压 u_1 的升高先增加，然后达到最大值后降低，这是由于固定上极板电压 u_2 而仅仅改变导引电压 u_1，将导致入射分子束进入静电导引管道的耦合效率降低。显然，仅仅存在一对导引电压值 (u_1, u_2) 使得耦合效率最大，如图 2-50(a)中的相对分子数目峰值($u_1 = 13.5\,\text{kV}$, $u_2 = 16\,\text{kV}$)所示。③ 被导引冷分子束的横向温度随着导引电压 u_1 的升高而降低。这些结果表明：我们提出的采用单根载荷导线的极性冷分子静电表面导引

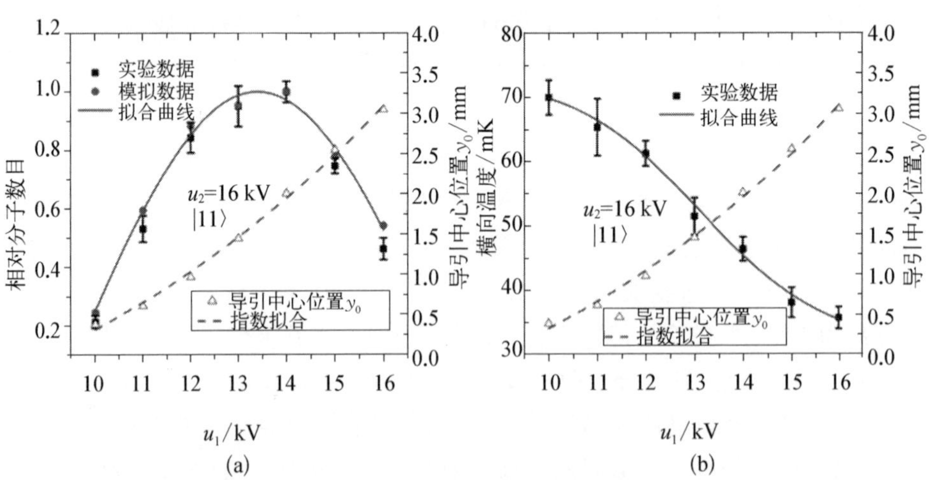

图 2-50 导引中心位置、冷分子数目及其横向温度与导引电压 u_1 的关系

方案可用于实现冷分子导引中心位置、冷分子数目及其横向低温的有效控制，而且为了实现入射分子束的有效耦合，导引电压对(u_1，u_2)必须同时改变，或者说：必须寻找最佳的导引电压对(u_1，u_2)。

接着，通过同时改变导引电压对，我们研究了不同量子态下导引效率和横向温度与导引电压对 $u_2(u_1)$的依赖关系，理论模拟与实验结果如图 2-51 所示。

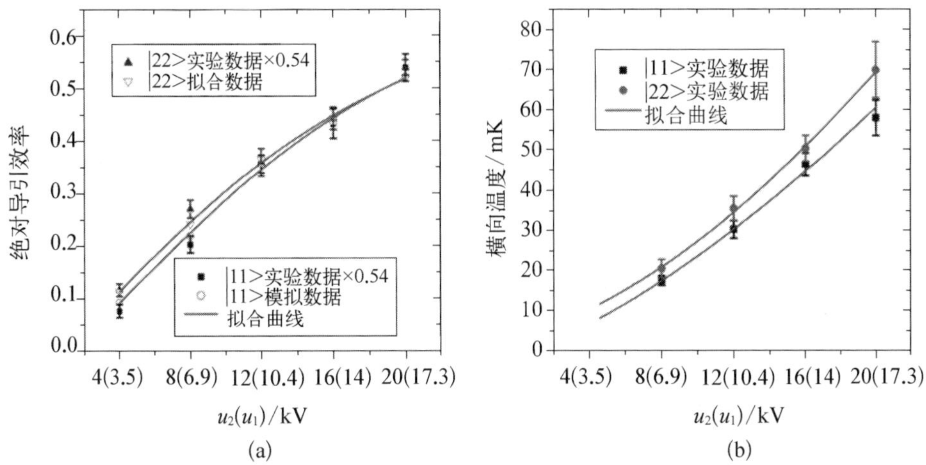

图 2-51　不同量子态下导引效率和横向温度与导引电压对 $u_2(u_1)$的依赖关系

由图 2-51 可见：① 随着导引电压对 $u_2(u_1)$的升高，处于两个不同量子态的冷分子导引效率将单调增加，而且两者的差异越来越小，并在 $u_2 = 20$ kV ($u_1 = 17.3$ kV)，处于两个不同量子态的冷分子导引效率几乎相同。② 被导引冷分子束的横向温度随着导引电压对 $u_2(u_1)$的升高而升高，而且处于两个不同量子态的冷分子束横向温度之差越来越大，这是因为处于$|2, 2\rangle$态的分子阱深随着导引电压对 $u_2(u_1)$的升高而变得更深，从而能被俘获的冷分子横向速度将变得更大，故相应的横向温度差更大。③ 最高的静电表面导引效率可达 50%以上。

最后，我们理论研究了被导引相对分子数目与导引距离的关系，结果如图 2-52 所示。结果表明：① 随着导引距离的增加，相对分子数目逐渐减小至一个稳定值，这是由于分子直导引的横向速度滤波效应造成的，此稳定值代表导引系统在相空间的可接受面积。② 导引电压越高，导引效率越高，稳定的导引距离越短，这是由于导引电压越高，阱深越深，被导引分子数目越多，达到最大导引效率的稳定导引距离越短。

此外，我们还研究了坐标空间与动量空间冷分子接受面积及导引电压的关系，结果如图 2-53 所示。结果表明：导引电压越高，阱深越深，坐标空间冷分子接受

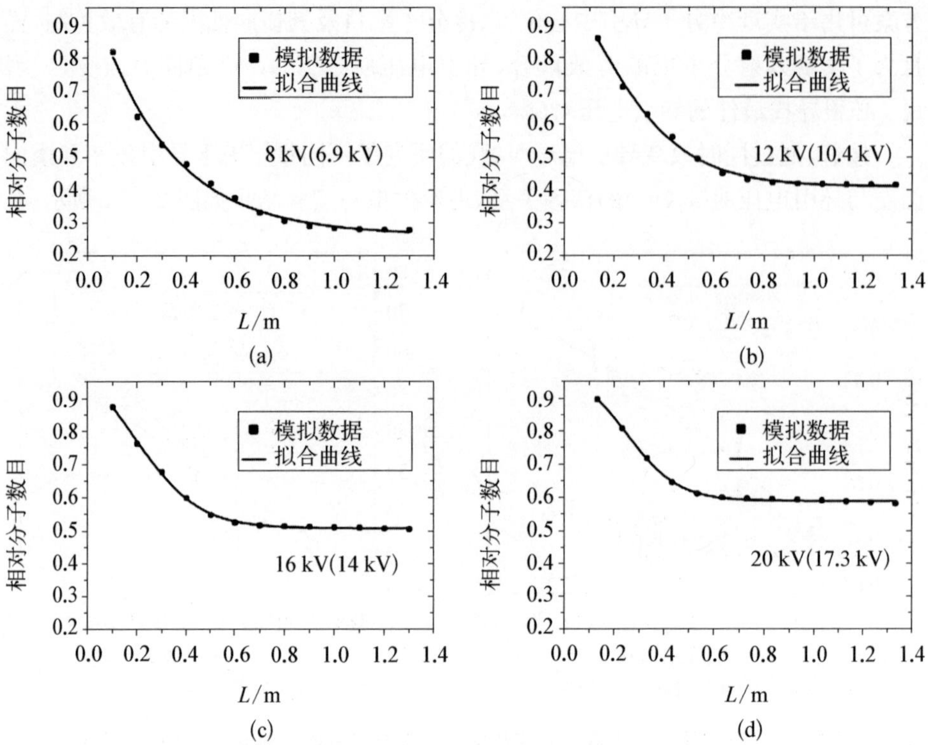

图 2-52　不同导引电压下相对分子数目与导引距离的关系

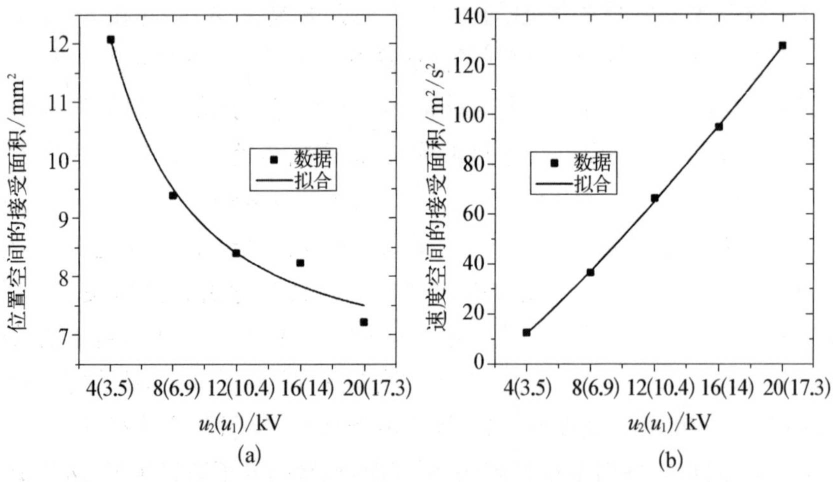

图 2-53　坐标空间(a)和动量空间(b)冷分子接受面积与导引电压的关系

面积越小，动量空间冷分子接受面积越大，这与刘维定理预言的结果一致。

显然，该可控制的高效导引方案在表面分子分束器[282]、表面速度滤波[283]、表面存储环[284]等分子光学元器件的研制与集成分子光学及其分子芯片、分子干涉与精密测量等实验中有着重要的应用。

二根载荷导线方案：2005 年，我们小组提出一种采用两根载荷导线实现极性冷分子静电表面导引的新方案[285]，并实验验证了该方案[286]。如图 2-54 所示，冷分子导引方案由两根在绝缘介质表面的平行载荷导线和一接地金属平板组成。在绝缘介质表面上方形成一个具有中心电场最小值的静电导管，可用来导引弱场搜寻态分子。实验分别以 D_2O 和 CH_3Br 超声分子束（载气为 Ar）为对象，研究了导引效率、被导引分子的横向温度与导线所加电压的关系，实验结果如图 2-55 所示。研究表明：该方案的绝对导引效率可达 30%～40%。

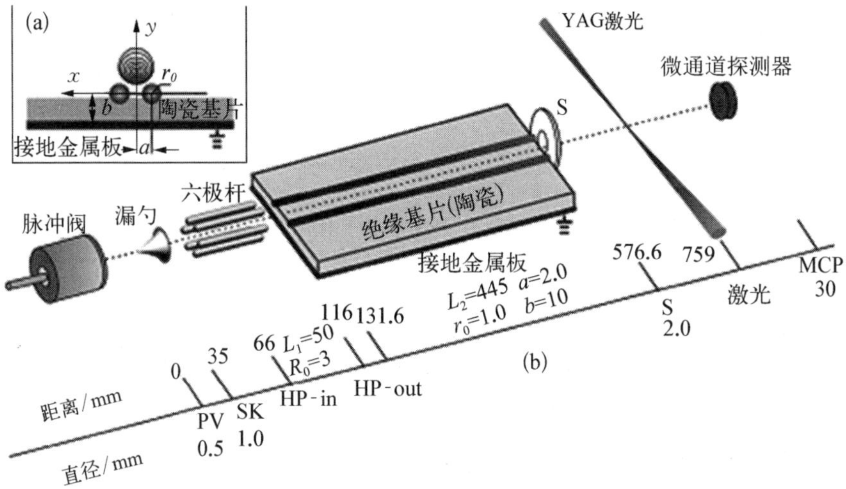

图 2-54 采用两根载荷导线实现极性冷分子静电表面导引的实验装置

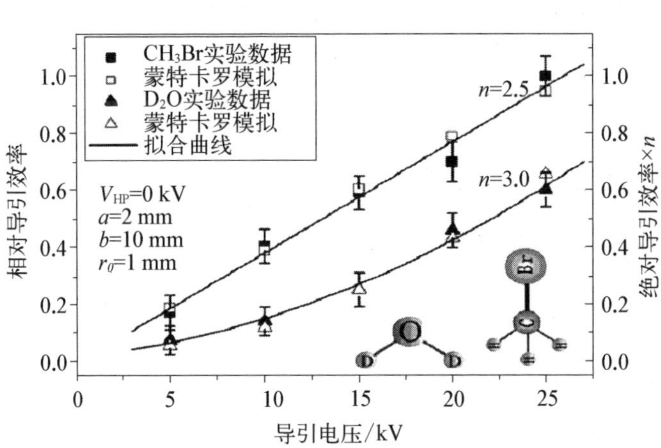

图 2-55 表面导引效率与导引电压的依赖关系

与其他导引方案相比,该方案的优点是可以微型化,并可集成在一块芯片上,从而实现冷分子的芯片操控。为了获得更高的分子导引效率,我们在导线上方增加了一块接地的金属板,并进行了相应的实验研究,获得了约 50%的导引效率[286]。

三根载荷导线方案: 2008 年,我们提出了一种采用三根载荷导线实现冷分子静电表面导引的新方案[287],如图 2-56 所示。我们计算了相应的静电场分布及其 Stark 势,研究了阱深与导引电压的依赖关系,并发现通过改变导引电压的大小,可有效地调控势阱的中心位置及其深度,从而实现冷分子数目与横向运动速度或横向温度的量子态操纵与控制。

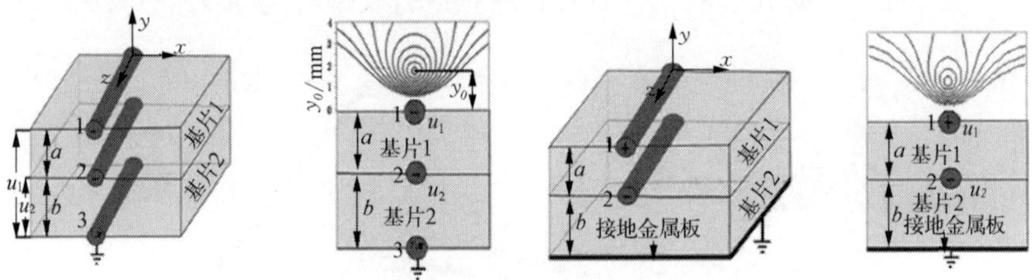

图 2-56 采用三根载荷导线的冷分子静电表面导引方案

此外,我们还计算了直导引与弯曲导引两种情况下冷分子的导引效率,并采用 Monte Carlo 方法模拟了冷分子导引的动力学过程,得到了两者一致的结果。研究表明:这样的导引方案不仅可用于构成各种新颖的集成分子光学的元器件,而且可用于产生连续的冷分子束。

四根载荷导线方案: 为了进一步提高导引效率,我们又提出了另一种采用四根载荷导线实现芯片表面冷分子静电导引的新方案(见图 2-57),计算了相应的静电场分布及其 Stark 势和直导引与弯曲导引两种情况下冷分子的导引效率,并采用 Monte Carlo 方法模拟了冷分子导引的动力学过程[288]。

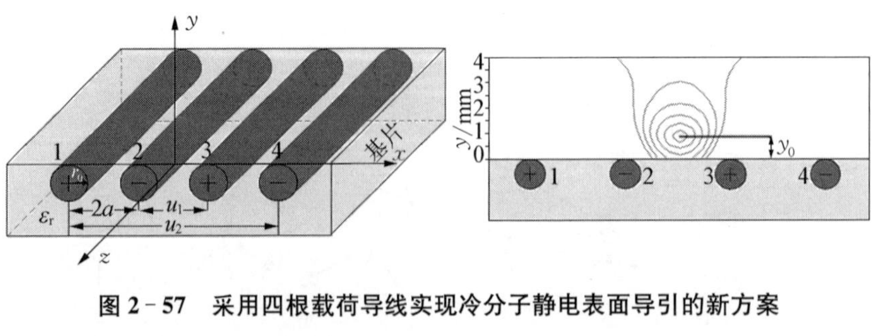

图 2-57 采用四根载荷导线实现冷分子静电表面导引的新方案

研究结果表明:该方案不仅导引效率更高,易于实现冷分子数目与横向温度的量子态操控,而且可用于构成各种新颖的集成分子光学元器件和产生连续的冷分子束。

2）表面分束器

2007 年，我们小组提出了一种采用单根 Y 型载荷导线实现分束比连续可调的分子分束器新方案[282]，开展了冷分子分束动力学过程的 Monte Carlo 模拟，并研究了导引分子束横向温度的动力学变化。研究发现当分束器两输出臂电压差 $\Delta U=\pm 10$ kV，可实现分束比为 5% ～ 95% 的连续可调。

2011 年，我们实验验证了采用单根 Y 型载荷导线和一对平板电极构成的冷分子静电表面分束器新方案，实验装置如图 2-58 所示[289]。我们首先开展了分子分束器的理论研究与 Monte Carlo 模拟，并发现如果 Y 型载荷导线的两个输出端电压差为 0 时，将获得 50%-50% 的分束比，而当两个输出端电压差从 -6 kV 变化到 $+6$ kV 时，将获得 10%～90% 连续可调谐的分束比，实验结果如图 2-59 所示。

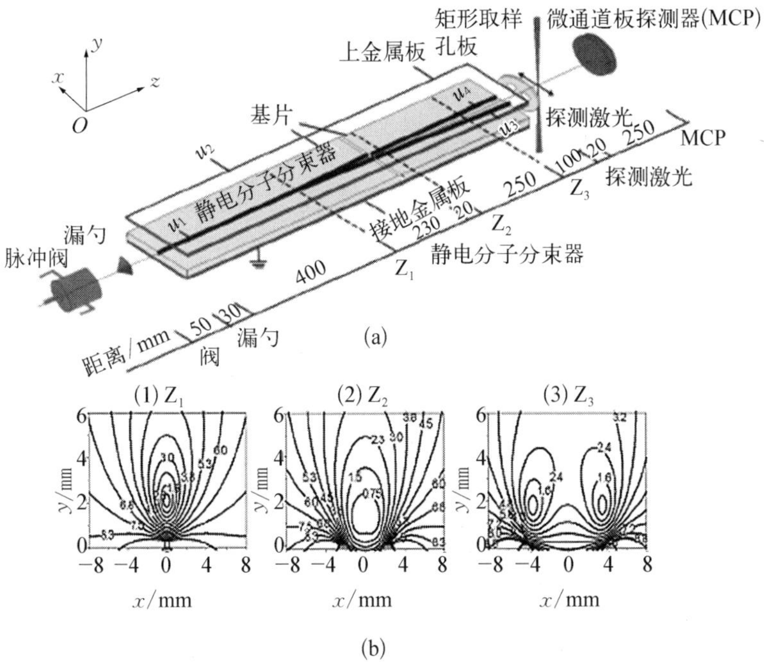

图 2-58 研究冷分子静电表面分束器的实验装置

接着，我们开展了冷分子静电表面分束器方案的实验验证，并研究了分子分束器的分束比与两输出端电压差、分束器导引效率及电压差、分子分束器的分束比与分子束平均速度等的依赖关系，首次观测到了分束器导引效率曲线上的“反常凹陷”现象，并给出了合理的物理解释。

实验结果表明：我们研制的可控制分束器的分束比可方便地实现从 10%到 90%的连续调谐，相应的绝对导引效率可达～50%，实验结果如图 2 - 59 所示。显然，这样的可控制高效分子分束器在冷分子物理、集成分子光学与分子芯片、分子物质波干涉及其精密测量科学等领域中有着重要的应用。

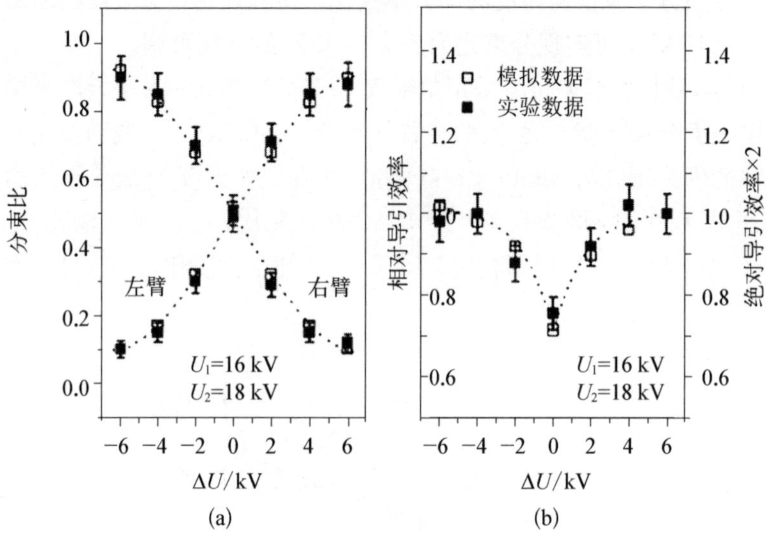

图 2 - 59　研究冷分子静电表面分束器的实验结果

3）表面速度滤波

为了在芯片表面产生一束脉冲的冷分子束以便开展集成分子光学及其分子芯片的实验研究，最近我们提出了一种采用单根载荷导线实现极性冷分子静电弯曲导引的表面速度滤波新方案，如图 2 - 60 所示[283]。

我们首先研究了速度滤波产生的冷分子束的横向和纵向温度与弯曲导引角度的关系，结果如图 2 - 61 所示。由图 2 - 61 可知：① 随着弯曲导引角度的增大，横向与纵向温度将首先快速降低，然后达到一个稳定值。② 最终稳定的横向温度与静电弯曲导引的曲率半径无关。③ 曲率半径越小，最终稳定的纵向温度越低；这些结果是由于横向与纵向速度滤波效应所致的。

其次，我们研究了因速度滤波产生的脉冲冷分子束的三维相对相空间密度与弯曲导引角度的关系，结果如图 2 - 62 所示。

研究结果表明：随着弯曲导引角度的增大，所产生的脉冲冷分子束的三维相对相空间密度首先从 0.2 增大到 1.0，达(最大值)后单调减小到 0.15。这里相对相空间密度的最大是由于横向与纵向速度滤波效应引起的，而随后的相对相空间密度减小是由于脉冲冷分子波包沿着弯曲导引轴向自由扩散时空间密度

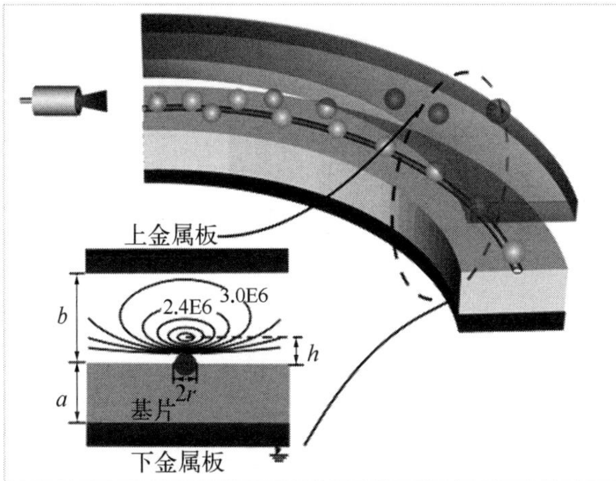

图 2-60 基于静电弯曲导引的表面速度滤波方案

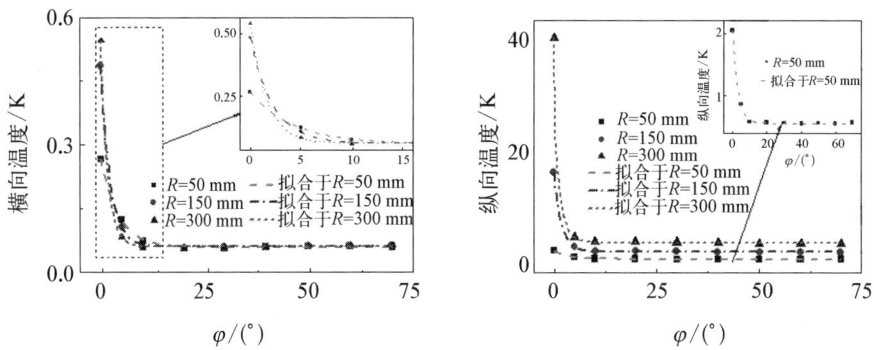

图 2-61 冷分子束的横向与纵向温度与弯曲导引角度的关系

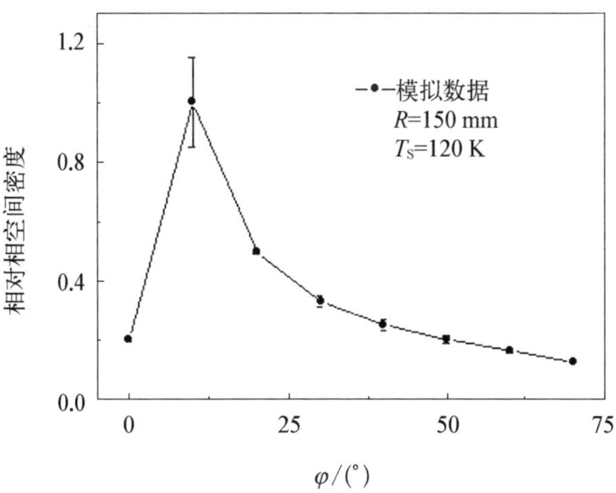

图 2-62 3D 相对相空间密度与弯曲导引角度的关系

降低所致。

4）表面囚禁与存储环

如果能在分子芯片的表面实现极性冷分子的囚禁，则为冷分子的量子调控与量子信息操控提供了一个新的研究平台。2006 年，我们小组提出了一种采用圆形载荷导线实现冷分子静电表面囚禁的新方案，如图 2－63(a)所示。一个不

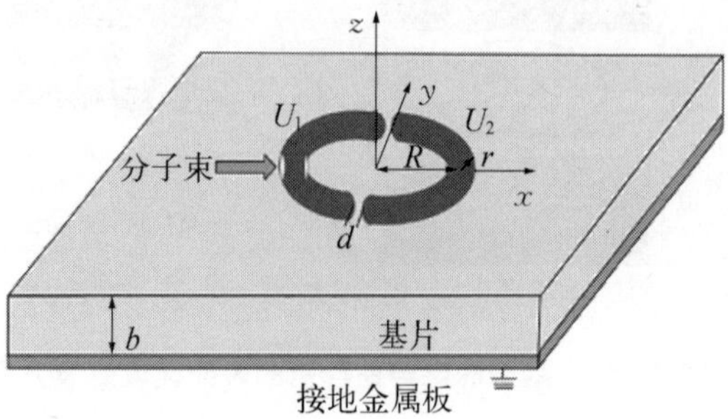

(a)

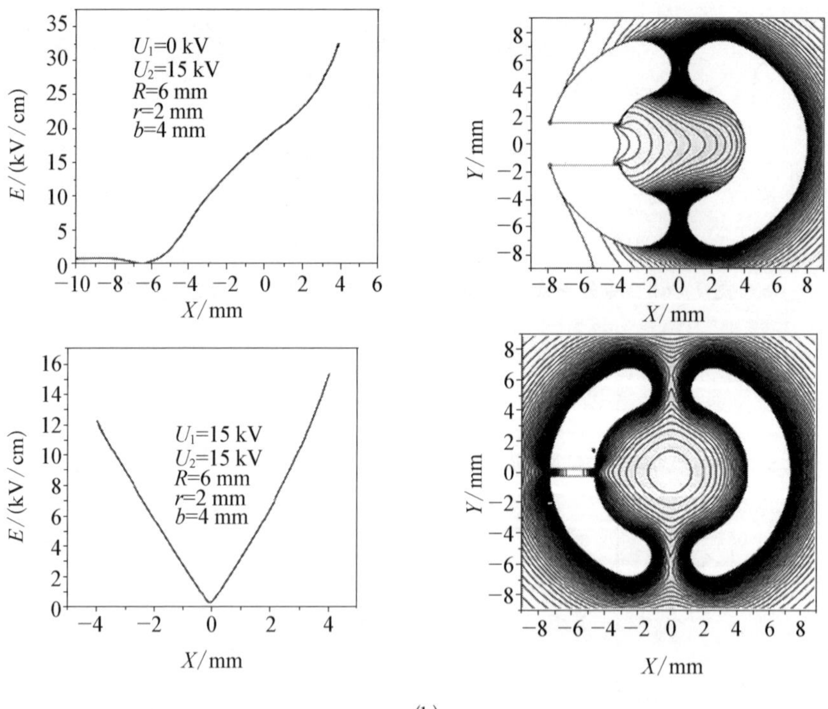

(b)

图 2－63　采用圆形载荷导线实现冷分子静电表面囚禁的原理性方案

(a) 原理方案；(b) 冷分子装载与囚禁时表面静电阱的一维与二维电场分布

锈钢的金属圆环放置在绝缘介质的上表面，一块金属接地板放在绝缘介质的下表面，这样在圆环的上方就形成了一个中心电场强度为最小的三维封闭的静电势阱，可用于极性冷分子的静电囚禁。

为了实现冷分子束的有效装载，我们提出一个实用的冷分子装载方案，如图 2 - 63(b)所示[290]。该方案由两个半圆形的不锈钢电极构成，通过对左侧和右侧的电极进行时序控制，在沿冷分子束进入装载区域时，形成一个具有一定电场梯度的电场，分子束受到电场偶极力的排斥使得分子束减速，当相对部分分子的速度被减速至 0 并反射回去时，我们在右侧电极突然加上高压，这时圆环中心区域将形成完整的囚禁势阱，冷分子就被关闭并囚禁在静电表面势阱中。

我们采用有限元法计算了相应的电场分布及其梯度与曲率分布，计算了相应的 Stark 囚禁势。研究表明：当电压为 20 kV 时，最大的囚禁势可达 100 mK 以上，这足以囚禁来自 Stark 减速的冷分子。此外，我们采用 Monte Carlo 方法模拟了冷分子的装载与囚禁动力学过程，研究了装载效率与装载时间的关系，并发现在合适的实验条件下，当入射冷分子束的纵向速度为 16 m/s 和装载时间约为 0.75 ms 时，装载效率可达最大(～5.5%)，相应的囚禁冷分子温度为 30 mK (见图 2 - 64)。

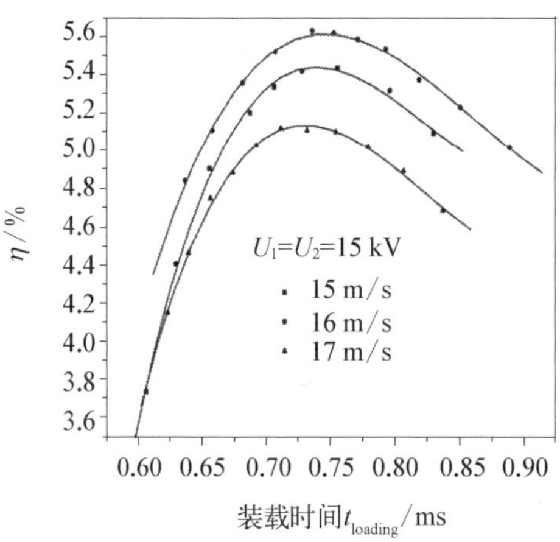

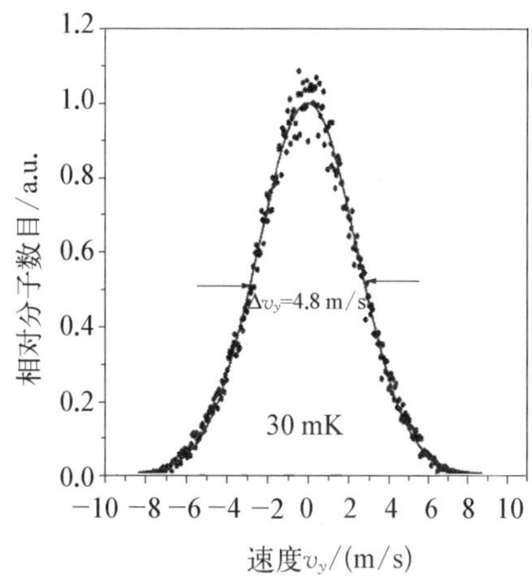

图 2 - 64　实现冷分子静电表面囚禁的 Monte Carlo 模拟结果

为了实现超声分子束的芯片 Stark 表面减速，2008 年 Meijer 小组提出了一种超声分子束的静电表面囚禁(运动势阱)与短距离传输方案[291]，实验装置如图 2 - 65 所示。在基板上刻蚀了 1 200 个平行电极，每个电极直径 10 μm，相邻电极中心间距 $d=40$ μm。在电极所在表面上方形成的电场分布是由电极上加的频率为 MHz 的正弦电压产生的，这些电压是通过平行电极边上的六组大电极提供的。

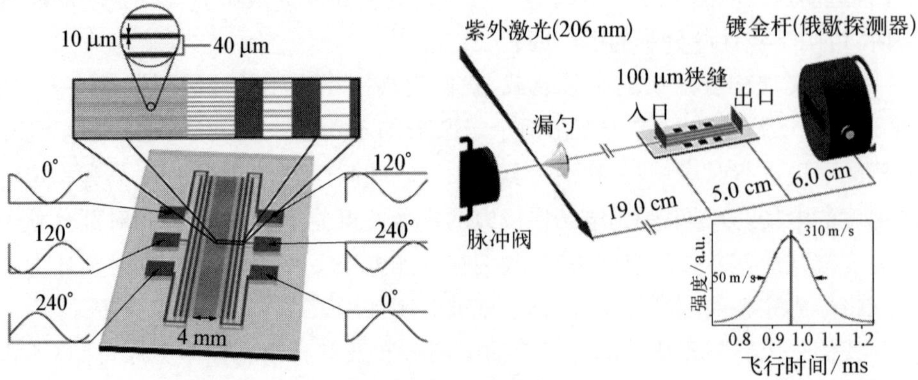

图 2-65　冷分子静电表面囚禁的实验方案

实验上所用的脉冲(10 Hz)超声 CO 分子束的平均速度为 310 m/s。在通过 skimmer 前，CO 分子被激光直接从基态激发到 $a^3\Pi_1(v'=0,\ J'=1)$ 的 Λ 双分裂能级上。脉冲激光(5 ns)弱聚焦(1 mm 直径)到分子束上，产生了一个很好定义的亚稳态 CO 分子(态制备)。通过 skimmer 的分子束经过一个狭缝进入长为 5 cm的芯片囚禁区域，此时分子被囚禁在 20 mm 运动管状的晶格静电场中，使 CO 分子相对静止在分子芯片的表面。囚禁一定时间后，被囚禁的 CO 分子可被运动的晶格电场加速到探测区域进行探测，实验结果如图 2-66 所示。

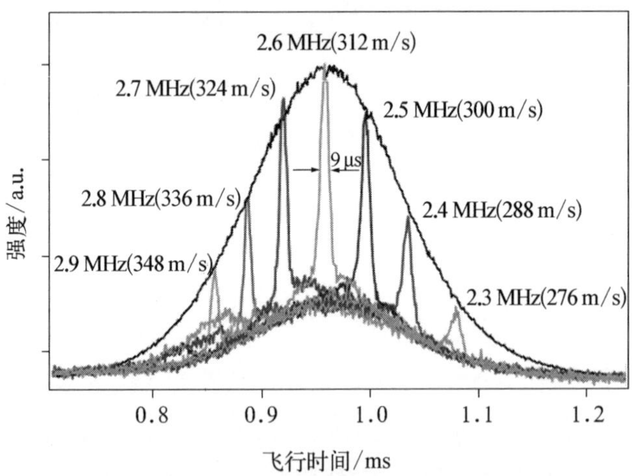

图 2-66　CO 分子静电表面囚禁的实验结果

图 2-66 给出了 7 个不同交变电场频率下(对应的势阱运动速度分别为 348，336，324，312，300，288 和 276 m/s)CO 分子到达的时间分布，图中的包

络线是自由飞行时分子到达的时间分布。这种装载分子和探测分子的技术可推广应用到其他极性分子，为冷分子的芯片表面实验提供一种技术手段。

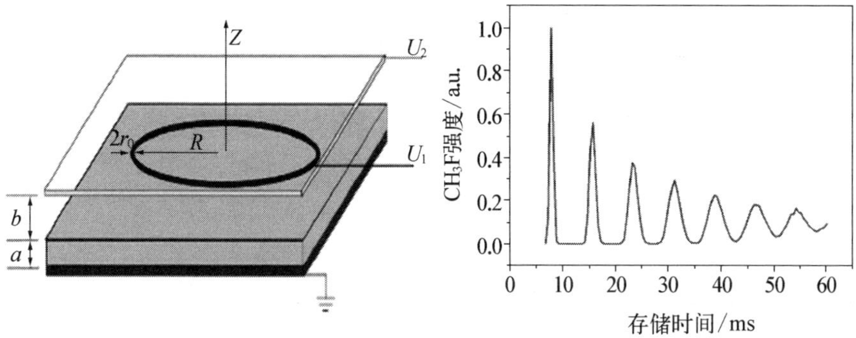

图 2-67　采用单根圆形载荷导线实现冷分子静电囚禁的表面存储环方案

最近，我们还提出了两种采用双有限载荷导线和三个圆形载荷导线实现极性冷分子静电表面导引的新方案，分别获得了约 14%和高达 85%的装载效率[292, 293]。冷分子静电囚禁方案的另一种方式是静电表面存储环。2010 年，我们小组提出了一种采用单根圆形载荷导线实现冷分子静电囚禁的表面存储环方案，如图 2-67 所示[284]。我们计算了相应的静电场分布和 Stark 囚禁势分布，并以 CH_3F 为分子样品，开展了冷分子装载与囚禁的 Monte Carlo 模拟。研究发现冷分子可在存储环内运转 8 圈，相应的冷分子存储时间约为 50 ms。如果压缩入射分子束的速度分布宽度，则可获得更多的冷分子波包运转圈数。显然，这样的静电表面存储环在冷分子碰撞、冷化学及分子的随机冷却等实验中有着重要的应用。

5) 表面静电晶格

为了实现冷分子量子计算与信息处理，我们提出了一种采用载荷金属网格实现冷分子二维囚禁阵列的表面静电晶格方案，计算了相应的电场分布，如图2-68所示[294]。计算结果表明：采用载荷金属网格可构成一个二维静电表面囚禁阵列（二维静电晶格），并且存在着严重的边缘效应。

为了实现一维或二维静电晶格的冷分子有效装载，我们提出了一种实用装载方案，如图 2-69 所示，也即在载荷金属网格上方放置另一块载荷金属网格。理论计算与模拟结果表明：当两块金属网格分别加上电压 U_1 和 U_2 时，即可实现冷分子的有效装载。我们研究了装载效率与装载时间的关系（见图 2-70），发现当入射冷分子束的纵向速度为 15 m/s 和装载时间约为 6.3 ms 时，装载效率可达最大（～15.5%）。

为了改善如图 2-68 所示的边缘效应，我们在载荷金属网格四周加上一个

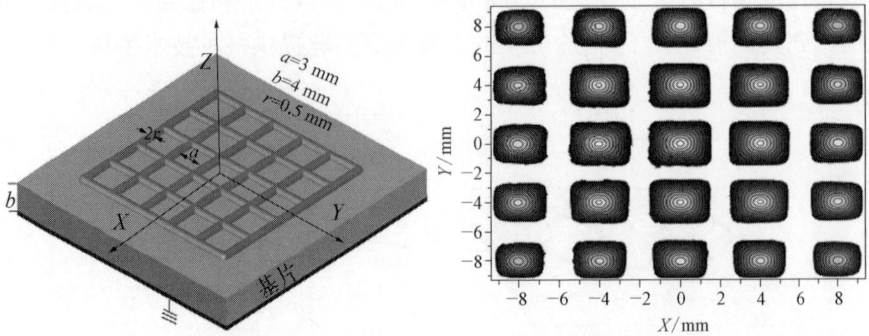

图 2-68 实现极性冷分子二维静电囚禁的表面晶格方案

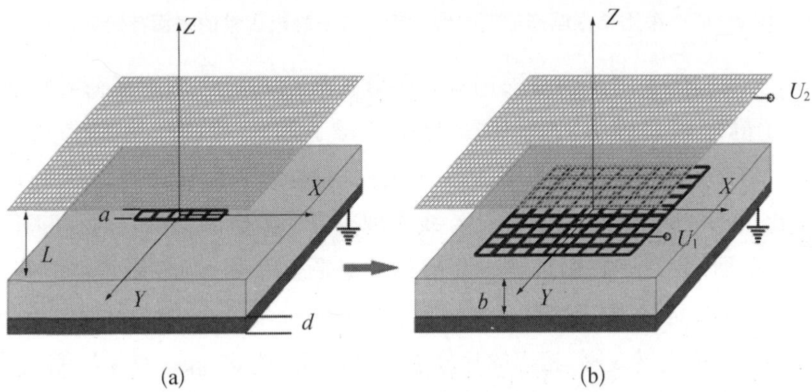

图 2-69 一维或二维静电晶格的冷分子装载方案

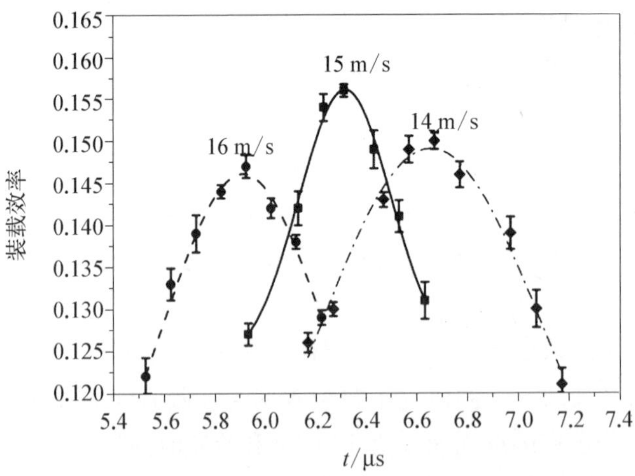

图 2-70 二维静电晶格装载效率与装载时间的关系

方形载荷导线，即可大为改善二维静电晶格的边缘效应，计算与模拟结果如图 2－71 所示。我们不难发现：采用方形载荷导线的电场补偿后，二维静电晶格的边缘效应几乎消失，每个晶格中装载的冷分子数目几乎差不多，特别是边缘晶格中的冷分子数目与中心晶格中的数目几乎相同。

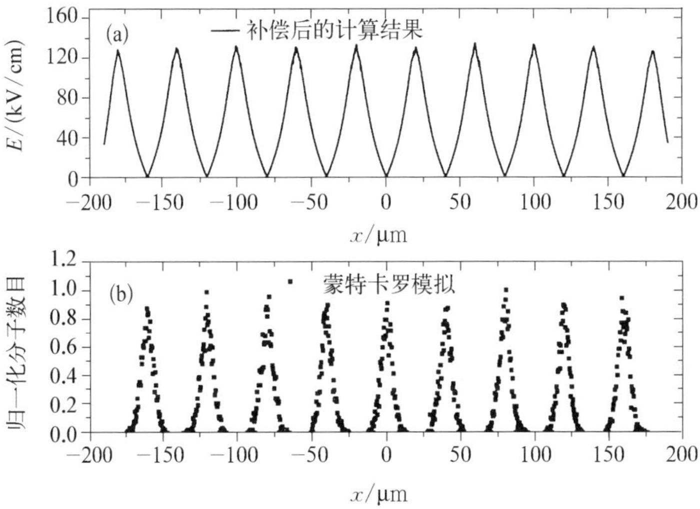

图 2－71　边缘补偿后的电场分布与冷分子数目分布

2.3.5.2　集成分子芯片

与原子芯片相比，实现分子芯片主要存在两个障碍：第一障碍是将冷分子装载到芯片上的技术没有冷原子装载技术(Mirror-MOT)的成熟。在芯片表面产生高密度的处于特定量子态的冷分子已非常不容易了，更何况还要将其装载到芯片上就更难了。为此，近年来人们分别提出并研究了产生芯片表面冷分子束的两种新方案，现介绍如下：

1) 芯片 Stark 减速实验

Meijer 小组在上述静电表面囚禁(运动势阱)研究的基础上，2009 年他们实验验证了一种芯片 Stark 减速器方案，在 5 cm 的距离内成功实现了^{13}CO 分子从 370 m/s 到 96 m/s 的减速[295]，相当于减少了^{13}CO 分子 92%的动能，并将冷分子波包囚禁在芯片表面上，实验装置与结果如图 2－72 所示。减速分子的势阱中心距离芯片表面 25 μm，芯片包含 1 254 级宽 10 μm、中心-中心间距 40 μm 的黄金电极，这些电极沉积在玻璃基底上。电极每隔两个互相连接在一起，所加电压为：$V_n(t)=\pm V_0[1+\cos(2\pi\nu t+\varphi_n)]$，于是在芯片表面产生间距为 120 μm 的管状电场，导引管最小值距表面 25 μm。导引管以 120 μm×ν(ν 以 MHz 为单位)的速度、25 μm 为恒定高度运动。导引管的尺寸为 20 μm,电压 V_0=80 V,深度为 4 kV/cm。对于亚稳态 $a^3\Pi_1(v'=0, J'=1)$,CO 分子该阱深为 50 mK。当频率 ν 设置为 2.6 MHz 时,分子波包保持 312 m/s 的速度不变,当频率变为 2.0,1.4 和 0.8 MHz 时,分子波包被减速到 240 m/s,168 m/s 和 96 m/s。阱中分子的密度在 $10^7/cm^{-3}$ 量级,这与经过减速囚禁在宏观阱中的分子数密度相当。这一表面减速技术为分子芯片的研制与应用奠定了实验基础。

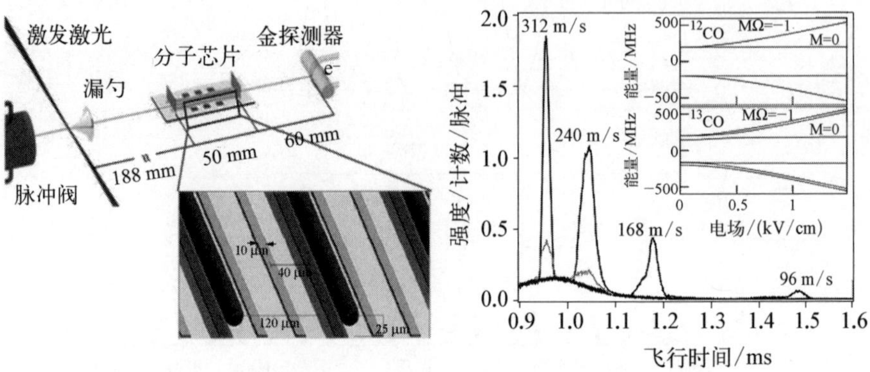

图 2-72 Meijer 小组的芯片 Stark 减速器与实验结果

2) 芯片 Stark 速度滤波、聚束与存储环研究

最近,我们分别提出了一种制备冷分子束的表面静电速度滤波和表面聚束方案及其操控与囚禁冷分子的表面存储环方案,并将这三种冷分子操控功能集成为一块集成分子芯片,原理性实验方案如图 2-73 所示[296]。

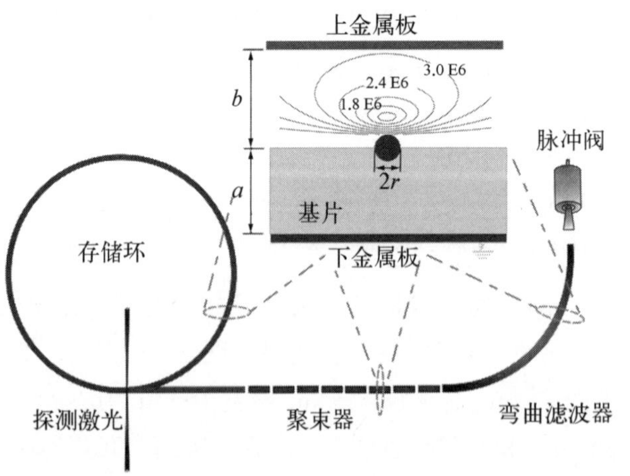

图 2-73 具有表面速度滤波、聚束和储存环囚禁三大功能的分子芯片

在如图 2-73 所示的方案中，一束射流分子束从脉冲阀喷出，经过静电表面速度滤波获得了低速分子束，获得了最概然速度为 59 m/s、平动温度为 900 mK 的冷分子束；然后经表面聚束器压缩后冷分子束的速度分布变得更窄，获得了平动温度更低(～3 mK)的冷分子束；最后冷分子束被耦合进入表面储存环，实现冷分子的表面操控与囚禁。在图 2-73 中，表面速度滤波器、聚束器及储存环电极的半径都是 r，为了方便起见，上金属板(TMP)没有画。插图是三个不同位置的截面图，图中电场等高线单位是 V/m。

由于聚束器有选态功能，因此模拟中只包含了 $|J, K, M\rangle = |1, -1\rangle$ 态的分子。储存环的结构参数和滤波器一致：$a = 5.0\,\text{mm}$，$b = 5.0\,\text{mm}$，$R = 125\,\text{mm}$，电极半径 $r = 0.5\,\text{mm}$，上金属板电压为 30 kV，储存环电极为 22 kV。分子束经速度滤波器之后，用聚束器获得了纵向中心速度为 89 m/s，速度展宽(FWHM)为2.7 m/s(～3 mK)的冷分子束，该分子束再经过 $L_{\text{guide}} = 100$ mm 的直导引被耦合进入储存环。我们以 ND_3 为样品分子，模拟了从静电速度滤波到聚束器再到储存环的分子轨迹，证明了该方案的可行性，模拟结果如图 2-74 所示。由图 2-74 可看到随着 ND_3 分子束在储存环中运动圈数超过了 20 圈，不过随着圈数增加，波包峰值强度逐渐减弱，而波包宽度逐渐变宽。注意模拟中并没有考虑分子间的碰撞或者与背景气体的碰撞。根据上述模拟结果，我们设计与研制了如图 2-75 所示的芯片实验装置，目前正在开展相应的实验研究。

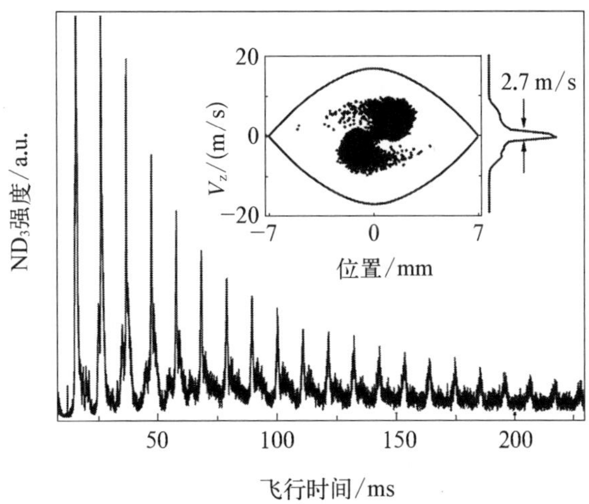

图 2-74 ND_3 分子束在储存环内运动的 Monte Carlo 模拟结果(TOF 谱)

分子束在进入储存环之前被 12 级聚束器压缩，波包宽度被压缩至 2.7 m/s。插图是分子束刚刚从聚束器出来后的相空间分布。

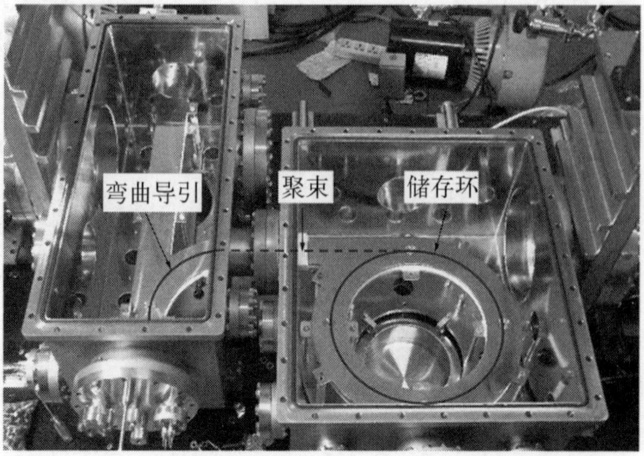

图 2 - 75　极性冷分子芯片表面操控的实验装置(照片)

左边矩形是弯曲导引腔，右边是储存环腔，两者连接处是分子聚束器。束源腔和储存环腔分别由一台抽速为 1 300 L/s 分子泵和一台抽速为 500 L/s 的分子泵来抽成真空。

显然，上述这些方案在表面分子碰撞、表面冷化学、表面分子囚禁与储存、高能量分辨光谱及量子计算科学等领域都有着广阔的应用前景。

2.3.6　冷分子刻蚀与纳米新材料制备

2.3.6.1　冷分子刻蚀的基本原理

冷分子刻蚀的基本原理与冷原子刻蚀的原理类似，根据交流斯塔克效应，原子、分子在光场中可以采用非共振光偶极力进行操控。原子、分子所受到的光场偶极力与光场的空间强度梯度有关。当分子在红失谐的激光场中运动时所具有的光学势用准静电光学势 $U(x, y, z)$ 的形式可以写成[297]

$$U(x, y, z) = -\frac{\alpha}{2\varepsilon_0 c} I(x, y, z) \tag{2-49}$$

式中，α 是分子的平均极化率，ε_0 是真空介电常数，c 是真空中的光速，$I(x, y, z)$ 为激光场的光强分布。分子通过该光场时所受到的光偶极力为

$$\boldsymbol{F}(x, y, z) = -\nabla U(x, y, z) \tag{2-50}$$

由式(2 - 50)可知，分子在红失谐的激光场中受到的光场偶极力指向光场强度最大位置处。若光场的强度分布为高斯型，那么分子就在光场的中心强度最大处聚集，分子的空间分布发生改变。对于分子来说，高斯光场好比一个圆透镜；若光场的强度分布为驻波型，那么分子就在光场的波幅处聚集，分子就会呈

现空间周期性分布。对于分子来说,驻波场的每个周期好比一个纳米柱透镜,它们将被聚焦或沉积在红失谐驻波场的波幅处。对于其他分布的激光场,分子在红失谐的激光场中运动时都向光场强度最大的位置聚集。当分子在蓝失谐的激光场中运动时,分子所受到的光场偶极力指向光场强度最弱处,于是分子将在蓝失谐激光场的光强最小处聚集。对于蓝失谐的驻波场而言,分子将被聚焦或沉积在驻波场的波节处。

2.3.6.2 冷分子刻蚀的研究进展

由于原子或者分子的德布罗意波长在皮米量级,原子、分子光刻的分辨率可以达到纳米尺度,从而突破传统光刻的衍射极限。此外,中性原子、分子具有质量,而且是电中性的,所以原子、分子光刻的分辨率在原理上也比传统光刻要高。最近,在中性分子的激光冷却与囚禁、采用静电场或者静磁场及激光场的中性分子的减速与囚禁方面取得了重要的进展,这些开辟了冷分子应用的新天地。中性分子束精确操控的一个很有魅力的应用就是利用光学掩膜实现的分子纳米尺度结构的沉积,从而实现分子刻蚀及纳米新材料的制备。

2003 年,美国 R. J. Gordon 等人提出一种简单的直写式分子刻蚀方案[298],如图 2-76 所示。一束分子束与一束激光束以一定的角度交叉相遇并受到强激光场的偶极相互作用。分子束在单束激光场的作用下发生聚焦,分子束的空间尺寸可以被聚焦成微纳米量级的椭圆形,然后在焦点位置放上基板将椭圆形的冷分子束直接沉积,制备出纳米线。理论计算表明:当连续激光器的功率为100 W时,可以将碘(I_2)分子束聚焦成宽度小于 50 nm,长度大于 100 μm 的纳米线。如果激光强度增强,纳米线的长度和细度还可以继续增加和压窄。该冷分子刻蚀方案虽然简单,但是能够刻蚀的纳米材料结构单一。

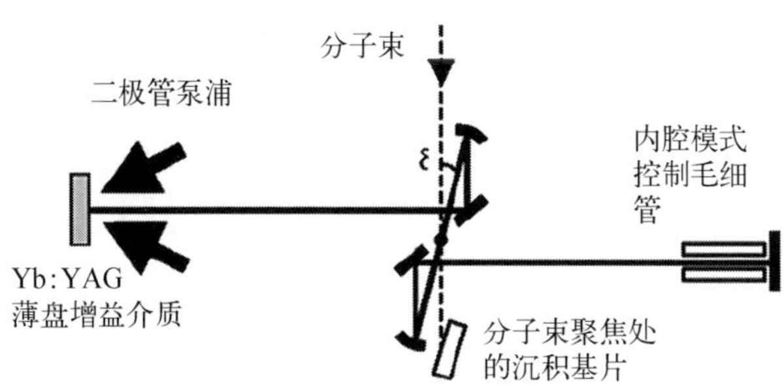

图 2-76 直写式冷分子刻蚀方案

采用原子在表面进行纳米结构的沉积是用光场偶极力实现的,该力是由表面的驻波光场的强度梯度产生的,该力作用的时候类似于一个掩膜板[299]。尽管原子的纳米光刻技术还有很大的发展空间，但是由于激光冷却技术只适用于很少一部分原子，所以原子光刻的种类有所限制。另外，原子刻蚀的激光光路系统在进行二维周期或者准周期形状的光刻时非常复杂。这些都限制了原子刻蚀技术的发展和应用，所以冷分子刻蚀技术的研究吸引了大家的兴趣，希望能够得到应用范围更广的刻蚀技术，希望其能够更容易地制作出复杂纳米结构，而且能够应用更多种类的分子进行光刻。到目前为止，已经有很多冷分子产生方面的研究，冷分子跟激光场之间的偶极相互作用可以用来进行纳米刻蚀及纳米新材料的制备。

2011 年，南京大学祝世宁小组提出一个基于表面等离子激元场的冷分子刻蚀方案[300]，采用带有双狭缝结构的金属表面激发的表面等离子激元相干光场进行分子沉积，得到的纳米沉积尺寸约为 10 nm，图 2－77 为该分子刻蚀方案示意图。该方案采用金属银膜表面激发的表面等离子激元(SPP)驻波场形成纳米透镜阵列，入射的冷分子束在纳米透镜的作用下实现聚焦，最后以纳米尺寸的分辨率沉积在金属银膜表面。图 2－77 中银膜表面的一维双狭缝可以将自由空间的激光耦合到银膜表面，形成沿着银膜表面向各个方向传输的 SPP 波。在两个双狭缝结构之间的银膜表面，两个相向传输的 SPP 波形成相干场[301]。他们数值计算了垂直入射的激发激光波长为 1 095 nm 时银膜与空气分界面的 SPP 强度分布，结果如图 2－77(b)所示。SiO_2 衬底表面的狭缝宽度为 260 nm，两个狭缝之间的距离为 800 nm。方案产生的 SPP 波的波长为 1 060 nm，在长度为 6 360 nm 的中间区域形成均匀的 SPP 干涉驻波场。该图表明 SPP 干涉场是周

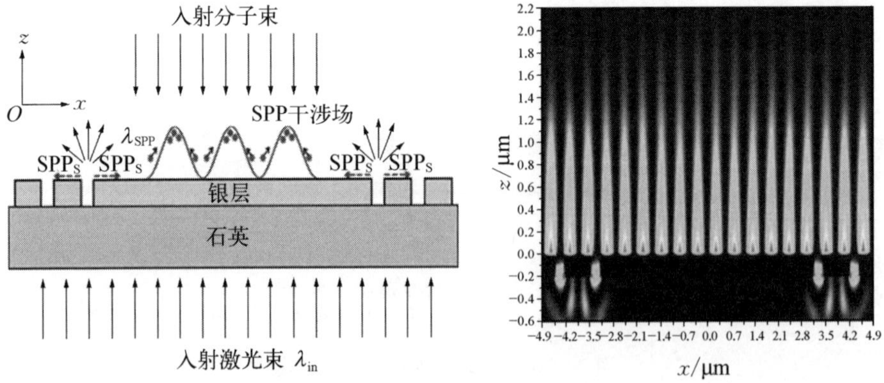

图 2－77 (a) 采用表面等离子激元(SPP)驻波场的分子刻蚀方案；(b) 理论计算的 SPP 干涉场二维光强分布

期性分布的，周期为SPP波波长的一半，约为530 nm。中性分子具有非共振的分子极化，当分子处于激光场中，就会产生与光场空间强度梯度有关的光偶极力。一束准直的分子束通过银膜表面的SPP相干场时，分子的轨迹在光场偶极力的作用下发生改变，最后沉积在银膜表面。

为了验证该方案，他们采用Monte Carlo方法详细研究了冷分子刻蚀的动力学过程。模拟时以甲醛(CH_2O)分子束为入射分子束。在该方案中，入射的CH_2O分子束横向发散角$\theta = 10\,\text{mrad}$，纵向速度为65 m/s±20 m/s[302]，入射光场强度取值为$I_0 = 2.8 \times 10^9\ \text{W/cm}^2$，$CH_2O$分子在表面光场中的势阱深度为0.62 K。图2-78(a)展示了一个SPP干涉场周期内一系列分子运动轨迹的模拟结果，并表明在红失谐的干涉光场中分子都往干涉光场的波幅位置处飞行，这与理论分析一致。分子束中的一些分子在波节处沉积，而另外一部分分子在波节附近沉积。因此，银膜表面沉积的分子在x方向具有一定的空间密度分布。模拟中追踪了250 000个分子的轨迹。图2-78(a)中线条是银膜表面沉积分子的归一化的空间强度分布，很明显分子密度分布峰出现了。图2-78(b)中的上图用圆圈描述了五个SPP干涉场周期范围内沉积的分子。很明显分子占据干涉场的所有波幅，所以分辨率(线宽)为纳米量级的阵列纳米线形成了。图2-78(b)中的下图是归一化后的沉积分子的空间密度分布曲线，该图反映沉积的纳米分子线几乎是平行的，且周期为530 nm，平均线宽W(半高全宽)仅有35.5 nm。详细研究表明：冷分子刻蚀线宽与光场强度及分子束发散角均有关系，合理调节这两个参数，可以将刻蚀线宽降到12 nm。

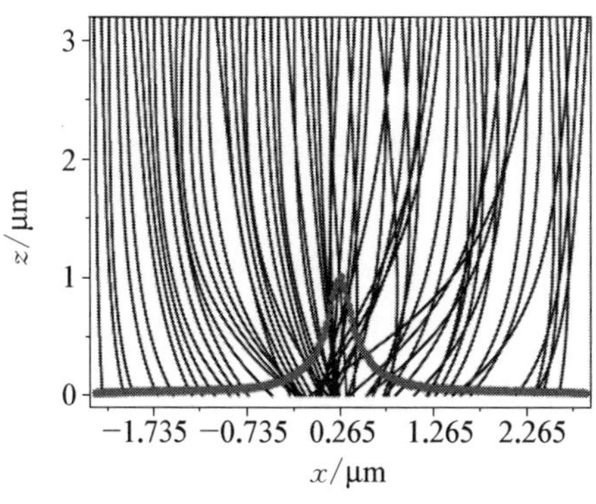

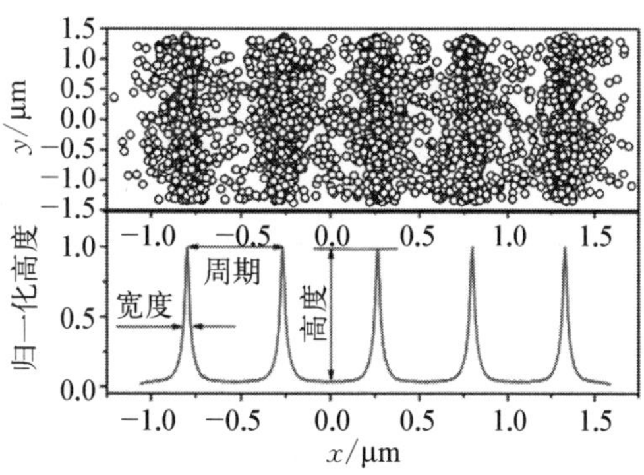

图2-78 (a) 黑色实线描述了不同位置的分子在SPP干涉光场中运动的轨迹，点实线为归一化的沉积分子的密度分布；(b) 上图为模拟的沉积分子的空间分布，下图为归一化的沉积分子在x方向的密度分布

在以前的光刻中，如果要刻蚀复杂一点的图案，则实现光刻的光路就会非常复杂，各束激光必须精确操控和相位锁定，而该冷分子刻蚀方案不需要面临这个问题，只要设计好银膜表面的狭缝结构就行了，或者改变入射激发激光的入射角及偏振方向[301]。另外，由于该方案不要额外的掩膜，所以该方案易于操控、移动或者修改便捷、集成度高。由于 SPP 干涉场是二维局域在金属表面的，所以它形成的干涉花样受二维金属狭缝结构分布控制。利用该方案不仅可以产生周期性的，还可以产生准周期性的甚至更加复杂的二维图形[301]。人们还可以通过调节入射激发激光的波长、入射角度及偏振来控制 SPP 干涉场的花样[303]。同样，还可以在同样的金属微结构上入射不同频率的激光，这样产生不同频率的 SPP 干涉场，形成的图案就会更加复杂有趣。

2.3.6.3 冷分子刻蚀技术的潜在应用

冷分子刻蚀技术在微小电子器件制作、高密度信息存储、新材料的开发等领域有广泛的潜在应用，利用该技术可以制备各种各样的具有特殊性质的微纳米结构样品，在光子、电子或者磁性结构的加工方面有一定的应用。冷分子刻蚀技术还可以用来沉积金属粒子、半导体粒子甚至生物分子[304]。由于分子极化率的各向异性，冷分子刻蚀技术还可以用来操控分子的运动，还可以控制分子的取向排列，这将是非常有趣的研究。沉积的取向排列分子可以用来形成具有新的电学、磁学和光学性质的微纳米结构。由于分子沉积后的分布取决于光场的分布情况，所以冷分子刻蚀技术还可以作为光场强度分布的一种探测方法，因此，它可以用来探测采用常规方法无法探测的表面近场光场分布。此外，产生的分子沉积结构还可以作为新的纳米结构的长度基准[305]。

2.4 冷分子的实验制备与冷分子研究的发展趋势

本节将首先简单介绍冷分子制备的实验技术及其最新研究进展，包括冷分子制备实验中存在的主要问题；接着重点展望冷分子科学研究的新方向与发展趋势，包括冷分子研究中拟解决的重要科学问题与关键技术难点。

2.4.1 冷分子的制备方法及其实验进展

既然冷分子实验蕴藏着如此丰富的研究成果及应用前景，而且原子激光冷却和囚禁获得如此巨大的成功，人们可能会感到奇怪：为何在制备冷分子样品方面的工作如此之少？分子冷却的实验进展是如此之慢？实际上，分子冷却领域发展缓慢的原因很简单，那就是分子是比原子复杂得多的系统，因而比原子更难操纵。分子复杂的内部结构使得它需要新的冷却机制与技术方案。制备超冷原子样品的激光冷却技术，依赖于闭合的循环跃迁和重复散射的光子[306]。通常而言，分子从电子激发态自发辐射弛豫的末态数量之多，使得常规的基于自发辐射力的激光冷却不能够简单地、轻易地从原子推广到分子。虽然如此，自然界可能存在一些具有特别有利的弗兰克-康登因子的特殊分子系统。在这些特殊的情况下，有可能将自发辐射后布居的电子基态内的振动态数目限制为少数的几个，从而使得化学稳定分子的激光冷却成为可能(定点突破)，这已被两个小组最近的实验结果证明[307, 308]。

由于直接利用激光冷却分子的难度非常大，因此近十多年来物理学家和化学家们为了获得冷分子样品，发展了许多制备冷分子或超冷分子的技术[189, 309, 310]。可以将它们分为两类：一种是超冷分子的冷原子缔合方法，即采用磁场调谐的 Feshbach 共振[311]或光子缔合技术[312]将超冷原子样品缔合成弱束缚的原子对，即缔合为超冷分子。由于这些分子是利用“可控的化学”通过超冷原子的碰撞形成的，在这个过程中没有释放动能，因此制备的这些分子通常具有与原子几乎相同的平动温度。因为在束缚的分子态和一对自由原子之间一定存在耦合，这些分子通常布居在很高的激发态能级上。另一种方法是将从超声分子束或热池子中喷出的“真实的分子”减速与冷却下来。这些技术的基本原理是利用可时序控制的电场[313-315]、磁场[316]或光场[317-319]对分子的外部运动进行减速与操控，而对内部运动的冷却可以通过超声膨胀[320]或通过与低温缓冲气体的碰撞[321, 322]来实现。此外，还可以将分子注入 He 的纳米液滴来制备冷分子[323, 324]。因此，目前冷分子的实验制备方法主要可分为：① 化学稳定分子的减速与冷却方法，② 超冷分子的冷原子缔合方法，现分别简单介绍如下：

1) 化学稳定分子的减速与冷却方法

德国马普柏林研究所 Meijer 小组是国际上首个从事中性分子静电 Stark 减速的科研小组[313]。自 1999 年报道了亚稳态 CO 分子的成功减速实验后，该小组先后实现了 ND_3，OH，NH 等分子的静电 Stark 减速和囚禁[325-327]。随后美国叶军小组、英国 Hinds 小组等相继实现了 OH，YbF，SO_2 等分子的 Stark 减速[326, 328, 329]。德国马普慕尼黑研究所 Rempe 小组和日本 Tsuji 等人利用静电场将热分子束中的低速分子筛选出来，从而获得温度约为几开尔文的连续或脉冲的低速冷分子束，并实现了低速冷分子的静电囚禁[302, 314, 330, 331]。随后，美国 Raizen 小组实现了脉冲超声顺磁分子束的 Zeeman 减速[316, 332]。英国 Barke 小组实现了脉冲超声束的光学 Stark 减速[317-319]，但由于这种单级光学 Stark 减速机制没有 Bunching 效应，无法给出冷分子波包的温度。最近，Buffer gas cooling 技术被广泛应用于冷分子束的产生[333-335]、冷分子化学反应[336-337]和特殊分子（SrF 和 YO 等）的激光冷却[338, 339]与纵向激光减速[340]。我们小组也成功实现了超声 ND_3 分子束的静电 Stark 减速[341]与射流 CH_3CN 分子束的 Stark 速度滤波[342]，获得了平动温度分别约为 8 mK 和 500 mK 的脉冲与连续冷分子束。由此可见，目前有关“化学稳定分子束的 Stark 减速与囚禁”仅局限于 CO[313]，$^{14}ND_3$[325]，OH[326]，NH[327]，YbF[328]和 SO_2[329]等极性分子样品[343-345]，其典型的冷却温度为几毫开尔文量级，而且这些减速方法仅仅适合于脉冲超声分子束的减速。对于特殊分子的激光冷却，虽然目前其横向温度已达 300 μK，但其纵向温度仍在 1 mK 以上。

因此，目前国际上有关分子减速与冷却主要存在如下几大问题：① 连续分子束的有效减速及其平动、振动与转动温度的精确测量问题；② 化学稳定分子的 sub-mK 激光冷却问题（包括内态冷却问题）；③ 非极性、非磁性分子的有效激光弯曲导引及其连续冷分子束的产生问题；④ 脉冲超声分子束的多级光学 Stark 减速与操控问题；⑤ 单分子或分子离子的冷却、囚禁与精密量子调控等。换句话说，目前国际上有关化学稳定分子的有效减速与 sub-mK 冷却问题还没有真正解决。

2）超冷分子的冷原子缔合方法

制备超冷分子还可以从激光冷却的超冷原子出发通过光子缔合光谱[346, 347]，Feshbach 共振技术[348, 349]或三体碰撞复合方法[350]获得。在超冷原子缔合超冷分子的过程中首先采用激光冷却原子技术在 MOT 或 BEC 中获得冷原子或超冷原子，然后采用光子缔合光谱或 Feshbach 共振技术和各种碱金属或碱土金属超冷原子等获得冷的或超冷的双原子或三原子分子。例如：美国 Nikalov 等人在钾蒸气中获得温度为 300 μK 的基态（$X^1\Sigma_g^+$）冷分子[351]，并用双色共振光电离方法进行了探测。美国两个研究小组采用光缔合方法分别得到了 Li 和 Na 冷分子[346, 352]。法国的 Pillet 研究小组对铯冷分子形成的机制进行了深入系统的研究，他们于 1998 年首次采用单光子缔合的方法，得到了温度为 200 μK、密度为 $10^{11}\ cm^{-3}$ 的冷分子[353]；此后又在磁四极分子阱中，得到了在 $a^3\Sigma_u^+$ 基态、温度为 30±10 μK 的铯冷分子[354]。迄今为止，采用光子缔合光谱技术制备了 Li_2[352]，Na_2[346]，K_2[351]，Rb_2[355]，Cs_2[353]，Sr_2[356]和 Ca_2[357]等同核分子，以及 NaCs[358]，KRb[359, 360]，RbCs[361]，LiCs[362]，YbRb[363]和 LiK[364]等异核分子。另一方面，美国 MIT 的 Ketterle 小组[365]，奥地利 Innsbruck 大学的 Grimm 小组[366, 367]、美国 JILA 的 Jin 和叶军研究组[368, 369]，耶鲁大学 DeMille

研究组[361, 370]在超冷原子或原子 BEC 中采用 Feshbach 共振技术获得了冷分子或超冷分子。到目前为止，采用 Feshbach 共振缔合技术已成功制备了超冷 Li_2[349]，Na_2[371]，K_2[372]，Rb_2[355]和 Cs_2[373]分子。不仅如此，人们还实验观察到了 K 和 Rb 之间[374]以及 Li 和 Na 之间[375]的异核 Feshbach 共振，并利用 Feshbach 共振缔合技术制备了异核的双原子分子 KRb [376, 377]，LiNa[378]，LiK[379]，LiRb[380]和 RbCs[381]等。国内山西大学贾锁堂小组采用光子缔合光谱技术在 MOT 中产生了超冷 Cs_2[382]和 RbCs[383]分子，并采用囚禁损耗光谱[384]测量了 Cs_2分子的转动常数[385]等。

虽然利用该超冷原子合成分子的技术路线已获得了振动基态的温度为 100 μK以下的超冷分子，但是目前还存在着如下几大问题：① 人工缔合冷分子或超冷分子的有限寿命问题，目前一般为 1 s 以下；② 合成分子的种类有限，仅限于能实现激光冷却的一些碱金属或碱土金属原子等；③ 合成分子的大小有限，目前仅限于双原子分子或三原子分子，如何合成三个原子以上的多原子分子是一个非常具有挑战性的课题；④ 超冷原子缔合冷分子的态选择和产率提高问题；⑤ 超冷原子合成的超冷分子在室温或高温环境下的物理与化学稳定性问题等。

2.4.2 冷分子研究的发展趋势及拟解决的重要科学与技术问题

虽然“冷分子科学与技术”领域内未来的发展趋势和拟解决的重要科学问题与关键技术难点非常多，但是今后 5～10 年内我们需要重点关注的冷分子研究的发展趋势以及急需解决的关键科学与技术问题可归结如下：

2.4.2.1 化学稳定冷分子的实验制备与精密操控

1) 化学稳定分子的亚 mK 冷却和深度普适激光冷却问题(包括内态冷却)

自 1999 年 Meijer 小组成功实现脉冲超声分子束的 Stark 减速[313]，并获得温度为几个 mK 的冷分子样品以来，许多科学家试图从理论和实验上解决化学稳定分子的亚 mK 冷却问题(包括内态冷却)。非常遗憾，迄今为止人们仅仅实现了特殊分子激光冷却与纵向激光激速的定点突破[338-340]，但还没有看到真正解决此问题的希望，特别是还没有看到真正解决化学稳定分子的深度普适激光冷却问题的希望。

由于分子具有复杂的内部能级结构和丰富的光谱信息，并且是保留物质化学属性的最小单位，是跨接物理学和化学及其他交叉学科的桥梁，故解决化学稳定分子的有效减速与冷却问题，并获得超冷的分子样品，不仅可为实现或研究化学稳定分子的 BEC、分子激光、费米分子量子简并、量子分子光学、非线性分子光学、冷分子化学、冷分子光谱学、冷分子芯片、冷分子光钟及冷分子量子计算和量子信息处理等奠定实验基础，而且可推动冷分子物理、凝聚态物理、精密测量物理、分子光学、分子光谱学、冷分子化学、量子光学和量子信息科学等学科的发展，带动相关学科的基础研究。

我们知道，激光冷却的基本条件是：① 必须存在一个简单的多能级系统（如二能级或三能级系统）；② 在这多能级系统中光子的“吸收-辐射”跃迁循环必须是封闭的；③ 这一跃迁循环过程必须是耗散的，并且是可以多次重复的。由于中性原子在共振或近共振光场中较为稳定，而且能级简单，采用一个或两个激光束就能满足上述激光冷却条件，在大量的跃迁循环过程中实现光子与原子间动量的有效交换，从而实现原子的有效激光冷却，目前原子的激光冷却温度已达～3 nK。然而，① 由于分子能级相当复杂，即使是最简单的双原子分子，除了电子能级外，还有分子的振动与转动能级，因而难以用一个、二个或三个激光束来满足上述激光冷却要求的重复跃迁条件；② 由于分子存在着 N 个自发辐射的衰减通道，特别是分子振动态之间的跃迁没有选择定则的限制，从分子激发态到电子基态的其他振-转能级的离子共振荧光跃迁是不可避免的，阻碍了分子与光子间动量的有效交换，从而导致分子激光冷却的跃迁循环很快终止；③ 由于分子基态的电子跃迁大部分在紫外波段，且其吸收截面非常小（通常比冷原子的吸收截面要小1～2 个量级），实现化学稳定分子的激光冷却目前缺乏高功率的紫外宽带（或白光）、可调谐激光器；此外，分子在近共振光场中容易被激光分解，导致分子的电离、解离或不稳定；因此，有关“化学稳定分子的深度激光冷却（普适技术）”至今尚未取得任何实验进展，目前仅停留在脉冲分子束的静电、静磁或光学Stark 减速、能量低通滤波技术、缓冲气体冷却和特殊分子激光冷却的层面上，目前所获得的冷分子数目十分有限，仅为10^4～10^6 量级，典型的分子冷却温度约为mK 量级。

显然，欲解决上述问题的关键是提出一些能获得亚 mK 温度波包的高效Stark，Zeeman 或光学减速新原理、新方案和一些实现一般分子的亚 mK（甚至sub-μK）激光冷却新思想、新方法（普适方法），研制高功率紫外（甚至宽带或白光）激光器，并解决这些研究课题中的许多重要科学问题与关键技术，包括 4～10 K 低温束源的研制、预冷分子束的有效纵向减速与冷却（多普勒激光冷却）、三维磁光囚禁、亚多普勒激光冷却以及激光冷却中的暗态消除、超高真空系统的机械振动减免问题等。此外，在分子激光冷却的理论研究中还存在着一些重要的基础物理与理论计算方法问题。例如，如何利用外场调控方法增大每次自发辐射带走的分子动能大小，以便在有限的自发辐射循环次数内实现分子的有效深度激光冷却；如何采用受激辐射力来实现分子的普适激光冷却；除了分子外态的激光冷却外，如何实现分子内态(振动与转动态)的有效激光冷却等。与此同时，如何解决分子自发辐射中电子激发态的弗兰克-康登因子的精确计算方法问题(需达到小数点后面 5 位以上)；如何解决氧化物分子激发态与基态能级之间的中间过渡态(通常为单重态、二重态或三重态，甚至多重态)的自发辐射弗兰克-康登因子的精确计算问题；除了双原子分子以外，如何解决多原子分子激发态、中间态的弗兰克-康登因子、激发态寿命、跃迁波长等基本参数的理论计算方法问题等。这些问题的解决对于寻找合适的激光冷却候选分子，并彻底解决化学稳定分子(包括多原子分子)的深度激光冷却问题有着重要的意义。

2）连续分子束的有效减速及其平动温度的精确测量问题

目前国际上实现超声分子束减速的静电 Stark 减速[213]、静磁 Zeeman 减速[316]和光学 Stark 减速[318]均只能适用于脉冲分子束，因而获得的冷分子数目十分有限(10^4～10^6)；如果能够实现连续超声分子束的有效光学 Stark 减速等，则在相同的实验条件下有望获得比常规脉冲束分子减速方案高出10^3 量级的冷分子数目。因此，实现连续分子束的有效光学 Stark 减速有着十分重要的科学意义。解决此问题的关键是不能采用脉冲激光场的时序控制与同步系统，而改用准周期调制的连续半高斯光束[386]与光学存储环[387]相结合的新方法。为了获得更高的激光功率(也即激光阱深)，还需采用腔强增强技术。为此，目前需要解决的重要科学问题与关键技术是如何获得阱深为几十 mK、宽度为 0.5～1 mm 量级的光学存储环？如何在高精细光学腔内产生增强的半高斯模式？我们知道在自由空间人们可以产生无衍射(即传播不变的)光束，那么在光学腔内是否可以产生无衍射的半高斯模式？此外，由于无法采用 TOF 方法精确测量连续分子束的纵向速度分布，从而获得连续分子束的纵向温度，人们还必须提出新的测量原理与方法，或者研制适用于超高真空环境下可时序控制的高速调制器，以实现连续分子束纵向温度的精确测量，这是目前国际上尚未解决的关键技术难点之一。

另一方面，传统的静电 Stark 减速(包括里德伯态分子的静电 Stark 减速[388])已成功实现了处于弱场搜寻态的脉冲分子束的高效减速，而用于强场搜寻态脉冲分子束的静电 Stark 减速器效果很差，不仅速度减得很少(仅几 10 m/s)，而且减速效率很低。也即强场搜寻态分子的有效减速问题还没有真正解决。然而，通常用于电子 EDM 测量的理想分子(如 PbO，YbF)质量很大，在中等强度(甚至较低强度)的静电场中它们几乎不存在弱场搜寻态，而仅存强场搜寻态的 Stark 频移，可见，实现强场搜寻态分子的有效静电 Stark 减速有多么的重要。

3）非极性、非磁性分子的有效激光弯曲导引及其连续冷分子束的产生问题

众所周知，采用静电或静磁弯曲导引也即速度低通滤波技术可非常方便地产生连续或脉冲的极性或顺磁冷分子束；如果再采用5～10 K的低温束源，则可简单方便地产生内态温度更低的连续极性或顺磁冷分子束。但是如何产生既非极性，又非磁性分子的连续或脉冲分子束？这是目前国际上还没有解决的重要科学问题与技术难题之一。解决此问题的关键是采用非极性、非磁性分子的激光弯曲导引技术，但问题是：① 光束是遵守直线传播定律的，如何让它弯曲传播？② 如果采用分子反射镜来改变分子束的传播方向，则分子反射镜如何构造？其反射效率如何提高？实验方案是否简单可行？③ 如果采用空心光纤来实现连续分子束的激光弯曲导引[389]，则空心光纤中的超高真空度问题如何解决？此外，连续高功率激光产生的光学导引势阱深度非常有限，如何进一步提高其阱深？显然，欲解决此问题，存在着许多重要的科学问题及技术难点。

4）脉冲超声分子束的多级光学Stark减速与时序同步控制问题

我们知道光学Stark减速可以适用于任意分子，因而是一种普适的有效减速方法。2006年，英国Barke小组首先采用脉冲的光学晶格实现了脉冲超声束的单级光学Stark减速，获得了较多的冷分子数目（10^6～10^7量级），但由于这种单级光学Stark减速方案没有Bunching效应，无法获得速度分布更窄、温度更低的冷分子波包，因而在实验中没有给出减速分子的波包温度[318-320]。显然，如果采用时序控制的准周期光学晶格实现超声分子束的多级光学Stark减速[297, 390, 391]，则既可获得较多的冷分子数目，又可获得温度更低的冷分子波包，甚至实现亚mK的分子冷却。解决此问题的关键是：① 高功率连续激光形成的光学晶格势阱深度有限，如何在有限的晶格长度下实现超声分子束的有效减速？② 如果从超声分子束出发，激光调制的初始频率将高达500 MHz～1 GHz，相应的频率调谐范围宽达3个量级。为此，除了采用高速的EOM以外，所有电子线路的最高频率响应都必须达到1 GHz以上，相应的带宽为1 MHz～1 GHz，这样高难度的时序控制与同步如何实现？③ 由于激光调制频率非常高，这里已无法采用腔增强技术进一步提高光学晶格的势阱深度，怎么办？此外，为了获得尽可能长的相互作用晶格长度，超声分子束与光晶格之间的夹角应该尽可能小，而实验中使用的光学元器件都具有一定的几何尺寸，该如何设计光路解决此矛盾？由此可见，欲解决这些问题，存在着许多重要的科学问题与技术难点需要解决。这是目前国际上尚未解决，且急需解决的难题之一。

5）冷分子静电或静磁囚禁中的黑体辐射问题

我们知道，在冷原子囚禁中其寿命主要由样品真空室中的真空度所决定。

通常原子 BEC 实验要求的真空度为 1.33×10^{-9} Pa，相应的原子囚禁寿命约为 100 s。然而，由于分子具有丰富的内部振动与转动能级，因背景黑体辐射激发的原因，将导致分子在红外至微波波段的自发辐射，从而导致囚禁态原子的损耗。实验研究结果表明[392]：因黑体辐射引起的冷分子囚禁寿命约为 10 s，与样品真空室的真空度无关。这就是所谓的冷分子静电或静磁囚禁中的黑体辐射问题，这不仅关系到化学稳定分子能否实现 BEC，而且直接关系到化学稳定分子的应用前景。解决此问题的关键是：① 能否寻找到一种克服或消除背景黑体辐射效应的新方法、新机制？② 采用低温环境(如液氦冷却，实验难度与成本都非常高)降低黑体辐射的频率范围，以部分消除黑体辐射效应的影响，效果如何？③ 可采用光学囚禁的方法来克服黑体辐射效应引起的冷分子损耗问题，但是由于黑体辐射引起的自发辐射，这种方法无法用于实现单量子态分子的 BEC。因此，这是冷分子囚禁中面临的一个新的科学难题。

6) 冷分子或超冷分子制备、冷碰撞效应[393, 394]与荧光探测问题

首先，在分子冷却中存在着许多基本物理问题需要进行理论研究。例如：有没有可能实现一般分子激光冷却(或直接冷却)的普适方法？欲实现这种激光冷却(或直接冷却)需要什么条件？对于复杂的多原子分子，采用蒸发冷却或协同冷却是否可行？需要什么条件？特别是对于极性分子，强的电偶极相互作用在蒸发冷却或协同冷却中扮演什么角色？在这些分子冷却中，冷分子或超冷分子之间的冷碰撞性质如何？碰撞交叉截面的阈值行为如何？避免化学反应发生的条件是什么？在低温或超低温条件下描述分子气体的经典 Boltzmann 方程需要作怎样的量子修正？

其次，在介观物理研究中，存在着许多物理问题需要解决。例如：我们能否利用超冷分子去影响介观量子力学系统？我们能否利用超冷分子去冷却纳米机械结构或纳米电子线路？我们能否获得超冷分子样品与纳米机械结构或纳米电子线路之间的强耦合，以便制备它们的量子相干叠加态？我们如何利用工程技术手段使得冷分子或超冷分子展现出更多新颖且诱人的性质？

最后，在冷分子或超冷分子的探测与应用中，分子的探测比原子复杂得多，也困难得多，因而需要解决的科学问题也很多。例如，由于分子具有复杂的内部能级结构，存在着许多的自发辐射通道，我们如何实现自发辐射荧光的长时间(或连续)测量？又如，我们能否同时监测分子的几个自由度(平动、振动、转动)及其三个温度的演化？我们能否实现分子的无损监测？我们能否实现单分子的高灵敏检测？我们能否实现单个分子离子的激光冷却、囚禁与量子调控？这些问题是非常具有挑战性的科学问题，这些技术的发展对于冷分子或超冷分子在

超冷化学的探测、多体物理系统动力学的监测、精密测量和量子信息科学等领域中的应用是非常重要的。

7）极性分子量子简并气体（偶极量子气体）[254, 395, 396]的实现与理论研究

在量子简并的极性分子气体研究中，由于极性分子之间存在较强的偶极-偶极相互作用和空间取向效应，故存在着一系列的科学问题[397-405]需要进行理论与实验研究。例如，对于玻色分子，在二次势阱中一个量子简并的超冷分子气体（特别是超冷相干的偶极气体）将能观测到怎样的多体性质？虽然人们做了许多有关超冷偶极量子气体的研究工作，但是我们几乎不知道在半经典或平均场区域分子转动、振动与其他电子自由度之间的耦合。因此，偶极气体的集体模式是如何耦合到分子的各个自由度的？哪个自由度或模式能清楚地展现分子气体量子简并的信息？当双流体模型需要使用时，在有限温度时将会发生什么？考虑到偶极相互作用和分子的多自由度，在偶极分子气体中是否存在正常的自由膨胀？怎样正确描述强相互作用的分子偶极气体？一个半经典理论是否可以有效地描述分子偶极气体？是否可能调谐偶极相互作用到一个系统的最大能量尺度，例如远大于转动态之间的能量差？哪一类多体理论可以描述这样的系统？在这样的环境中偶极崩塌动力学是如何发生与演化的？对于费米分子，在这样的环境中“分子对”是否也存在一个类似的 BCS 理论？这样的理论必须包含分子的转动模式和其他的分子内部自由度。类似于超冷原子光学晶格，我们能否在超冷分子光学晶格中制备最低能量（也即最低熵）态？对于超冷分子我们能否获得相同的实验控制水平？在相变过程中长程相互作用扮演怎样的角色？它如何影响超冷分子的有效装载？我们能够获得的分子最低温度是多少？有无物理限制？如果有物理限制，则其冷却极限为多大？电子-偶极畴和自发对称性破缺是怎样形成或发生的？是否在超冷分子气体的量子磁学性质与自然界存在的磁性材料间存在一定的关系？虽然目前化学稳定分子的 sub-mK 冷却问题还没有真正解决，相应的化学稳定分子 BEC 还无法实现，但是有关超冷分子及其量子简并气体的理论问题研究可以先走一步，从而为分子 BEC 或分子费米量子简并的实现、分子激光的输出、偶极量子气体、偶极晶体、少体或多体物理、量子与非线性分子物理等的实验研究提供可靠的理论依据。

8）集成分子芯片的微制作及冷分子波包的相干传输、分束与干涉问题

由于冷分子芯片在量子计算与量子信息处理，以及物质波干涉精密测量中有着十分重要的应用，故开展集成分子芯片的微制作，解决微导线之间的放电效应，导线与芯片表面之间的爬电效应和冷分子波包在相干传输过程中的消相干效应有着至关重要的意义；解决这些问题的关键是如何制作微米甚至纳米尺寸

的微电子线路或网络，如何进行微抛光以及如何进行辉光放电式的强电场老练等。此外，还必须考虑入射超冷分子物质波与导引管道形状及其横向尺寸的模式匹配问题，分子分束器的对称性以及物质波保持相干传输不变的条件是什么等问题。

此外，单分子或单分子离子的激光冷却[406]、囚禁与精密量子调控问题，冷分子的激光取向与排列[407, 408]及其应用[409]，分子光电离的阿秒控制[410]，分子取向度和静电场矢量及其空间分布的高分辨精密测量问题也是目前国际上关注的重要科学问题。

2.4.2.2 激光冷却原子缔合的超冷分子制备与外场操控

1）缔合超冷分子的冷碰撞与寿命问题

目前采用光子缔合光谱和 Feshbach 共振技术合成的超冷分子虽然温度很低，但是其寿命通常为 100 μs～100 ms 量级，极少数缔合分子的寿命可达数 10 s 量级；实验研究发现，同核双原子分子的寿命最短，约为 100 μs 量级；异核双原子分子或由费米原子形成的同核双原子分子的寿命可长达 100 ms，甚至 10 s 量级以上；但是由两个不同费米原子形成的异核玻色分子目前还没有合成，其寿命如何？这是可研究的课题之一。至于为何那些处于振动基态的缔合超冷分子的寿命那么短？除了与构成双原子分子的原子性质与分子结构有关外，也许还与超冷分子与剩余超冷原子之间的碰撞、超冷分子之间的冷碰撞有关，目前还没有完全搞清楚。因此，缔合超冷分子的冷碰撞与寿命问题已成为目前超冷分子研究及其潜在应用的重要课题之一。解决此问题的关键是：① 将制备在高振动激发态的超冷分子转移至振动基态；② 改变构成超冷分子的内部结构或原子组合；③ 改善超冷分子所处的环境；例如，如果影响分子寿命的主要因素是超冷分子与剩余超冷原子之间的碰撞，则可通过提高超冷分子制备效率并消除剩余超冷原子的方法提高超冷分子的寿命；如果是超冷分子之间的冷碰撞引起的，则可以通过将超冷分子装载到光学晶格的方法来隔离超冷分子间的冷碰撞，以提高超冷分子的寿命。例如，在光晶格中的 KRb 超冷费米分子的寿命已达 25 s[411]。但此时就无法用于蒸发冷却并难以实现分子 BEC、分子激光输出、费米分子的量子简并，以及许多需要冷分子系综间的相互作用才能产生并观测到的非线性或量子分子光学现象等。由此可见，寻找一些新的原子组合以获得冷碰撞性质好、寿命长的缔合超冷分子，并实现其量子简并是一个具有重大创新性、挑战性的前沿研究课题。

2）缔合超冷分子的种类与大小问题

目前能实现激光冷却的中性原子非常有限，如碱金属原子、一些碱土金属原子、少数金属原子与稀土原子等，因而能够缔合的超冷分子种类根据激光冷却原子的排列组合也是有限的。解决此问题的关键是如何实现尽可能多的原子激光冷却，但此事谈何容易？此外，能缔合的超冷多原子分子数目也是十分有限的，目前仅限于双原子分子或三原子分子，至于如何合成三个原子以上的多原子分子是一个非常具有挑战性的课题。虽然此课题的难度很高，但是仍然是一个值得去探索的重要方向之一，毫无疑问这里存在着许多需要解决的重要科学问题(包括物理与化学问题)与关键技术难点。此外，缔合的超冷分子在室温环境下的物理和化学稳定性也是一个十分重要的科学问题，这直接关系到这些分子的实际应用价值或应用前景。

3) 超冷原子合成冷分子的能态选择和产率提高问题

超冷原子合成超冷分子的能态选择是非常重要的问题，直接关系到制备超冷分子的效率、寿命及其应用。解决此问题的关键是：① 在超冷原子的混合系统中，通过 Feshbach 共振，使基态混合原子形成基态近离解限的分子；② 通过红外激光的受激激发，使分子从近离解限的振转能级跃迁到最低的振转能级，从而获得基态振转冷却的极性分子；③ 在光晶格中，通过微波和双光子 Raman 混合激发，制备振动冷却的基态异核超冷分子，以便有效提高超冷原子合成冷分子的寿命至数百秒。此外，如何提高由超冷原子合成超冷分子的产率也是一个尚待解决的重要科学问题。解决此问题的关键是：① 研究在外场调控下的电偶极-偶极相互作用对超冷极性分子非线性效应以及量子光学特性的影响；② 利用两态耦合和激发态电子隧穿特性研究基态冷分子产生的新机制及提高效率；③ 研究增强外场与超冷极性分子相互作用的物理机制等。

此外，长程束缚态里德伯分子的制备与操控也是超冷分子研究中的重要问题之一。长程束缚态里德伯分子是具有巨大偶极矩的同核分子，可以通过外场操控分子间的相互作用。这些激发态大分子具有很大的电偶极矩和长辐射寿命。束缚态里德伯分子有两种新奇的结构形式：一种是由基态原子和激发态里德伯原子形成极化的里德伯分子。通过里德伯电子的低能散射而产生吸引势制备超长寿命束缚态里德伯分子。另一种由两个处于长程作用区的里德伯原子形成里德伯分子。通过选择合适的长程势阱使得里德伯原子由长程相互作用势制备束缚态里德伯分子。

2.4.2.3 冷分子或超冷分子的技术应用

1) 冷分子量子调控光谱学与光梳精密光谱术

冷分子光梳精密光谱学[412-414]：由于分子具有丰富的内部能级结构，其光谱可以反映微观系统的内部微弱相互作用，而微弱相互作用所引起的能级位移或分裂非常小，通常为多普勒背景所掩盖。冷分子或超冷分子由于速度非常小，几乎消除了一级和二级多普勒增宽，同时也几乎消除了渡越增宽。因此，冷分子或超冷分子光谱可以用于研究这种弱相互作用，进行物理常数的精密测量。此外，光谱频率的精确测量，需要采用光梳技术，故基于光梳的冷分子光谱技术是冷分子光谱学研究的一个重要方向，至于如何将光梳技术与冷分子光谱学结合起来以及如何发挥冷分子光梳精密光谱学的优势，即如何获得更高的精度、更高的灵敏度，这里还有许多重要的科学问题与关键技术需要解决。

冷分子的激光排列与外场取向[415]：冷分子的激光排列取向（绝热过程）不同于热分子的飞秒激光排列（非绝热过程），它是在实验室空间上稳定的排列取向，有着很多重要的应用，比如高次谐波的增强、空间各向异性分子碰撞、化学键角及键能的精确直观测量、分子与表面相互作用以及多量子位的量子计算等。目前主要实现的是一些类似苯环大分子的排列取向，而小分子的排列取向尚未实现，而这些小分子具有更高的电离阈值和较大的固有电偶极矩，具有更好的应用前景，尤其它们是研究冷化学反应的载体；而在同等条件下，排列取向度的大小与分子转动惯量成正比。因此，实现小分子的高取向度是实验难点，拟采用更冷的（～100 mK，甚至亚 mK）分子束源进行排列取向，获得更高的取向度。尤其在极高排列取向度下，如果能够实现冷分子转动能级的激光冻结，那么也许会在化学稳定分子亚 mK 冷却中有新的应用。

量子调控下冷分子的摆动光谱：分子的（超）精细结构，是分子内部各角动量之间耦合的结果。外场中的分子，当外场较弱时，表现为通常的 Stark 和 Zeeman 效应。当外场较强时，分子内部的各角动量之间脱耦，而与实验室外场耦合，进入摆动状态（pendular state）。此时，不能仅仅在哈密顿量后面增加一项了事。因此，建立理论模型，解释实验摆动光谱（pendular spectrum）是一个具有挑战性的理论课题。同时，摆动光谱的结构与分子的取向度间存在对应关系，如何建立理论模型，建立起两者之间的关系，乃至与实验结果进行比较也是一个重要的理论难题。此外，是否可以利用摆动光谱的特征谱线强度实现冷分子外场取向度的精密测量，也是一个十分有趣的基本物理问题。

2）冷分子碰撞和超冷化学反应[254, 416, 417]

随着分子温度的降低，分子间或分子与原子间的低能碰撞（散射）及其在协同冷却中的应用将成为重要的研究课题[418-422]。通过分子的散射数据分析，可以获得分子内部能级的大量信息，同时也为调控分子量子气体的动力学性质，发展新的实验手段提供可靠依据。在过去近二十年里，原子低能散射已经有大量的理论与实验研究，这为冷分子的低能散射研究提供了很好的研究基础。但是，分子散射又为低能散射理论提供了新的研究课题。一方面,分子具备原子所没有的振动和转动能级,因此分子的低能散射过程将具有和原子低能散射不同的特征。另一方面,在低温条件下,量子隧穿效应可以克服化学反应势垒对化学反应的限制,从而实现超冷化学反应。和常规化学反应不同,在超冷化学反应过程中,量子隧穿效应起着主要作用,因此它可以克服振动转动及成键方向对化学反应的限制,为立体化学及新材料的制备开辟新的研究途径。此外,在冷分子化学或超冷化学[423-427]研究中,重点研究冷分子化学反应的动力学过程及其化学反应的精密控制,探索超低温条件下化学反应动力学的新现象、新机制和新规律,重点解决化学反应动力学过程的实时观测与反应速率、反应产物的光谱检测中的重要科学(包括物理与化学问题)及关键技术问题。

3) 基本物理定律的实验验证与基本物理常数的精密测量[254]

最近有理论认为,一些物理常数可能会随时间发生变化。例如,精细常数 α,但这种变化非常微小,要若干亿年才能观测到。又如 OH 分子 lambda 双分裂和转动分裂对精细常数具有不同的依赖关系,实验室精确测量结果与天文观测结果的比较,就可以验证精细常数是否随时间变化。因此,冷分子或超冷分子可用于基本物理定律和基本理论的实验验证,包括基本物理常数的时间依赖关系、基本对称性(如时间与宇称反演)的测试、真空结构的观测、光速的精密测量等。此外,因为非零的电子电偶极矩将导致时间反演的不对称,特别是重的冷分子(如 PbO 和 YbF)的研究可用于精密测量电子电偶极矩,以检验标准物理模型是否成立。通过电子 EDM 的精密测量或分子魔镜(手性分子)的实验研究也许可发现一些新物理、新效应甚至新应用。超冷分子已成为研究分子长程范围内高激发态超高分辨光谱的极好介质,能够有效地进行微弱相互作用与对称性等的精密测量。由于分子系统具有丰富的内部能级结构,冷分子可以提供一系列的精密频率或波长标准,甚至与光梳结合构成冷分子光钟。显然,在这些实验验证、精密测量与冷分子应用中存在着许多物理问题与关键技术需要解决。

4) 采用极性冷分子的量子计算与量子信息处理[254, 260]

目前用于实现量子计算与量子信息处理的冷分子系统有“光晶格束缚的极性冷分子系统”和“超导传输线腔囚禁或静电晶格囚禁的极性冷分子系统”。这两种体系(光晶格或静电晶格)囚禁极性分子系统的量子信息处理所面临的主要科学问题有:① 如何解决极性冷分子的有效装载问题,如何对单个分子进行寻址和灵敏测量;② 分子操作过程中光晶格位置的稳定性问题及低频电场涨落所诱导的消相干效应;③ 极性冷分子与囚禁光场或外操控场的相互作用引起的退相干的动力学演化问题，寻找有效抑制退相干过程的物理机制和方法等。利用光晶格和超导传输线腔束缚极性冷分子系统构造基本的量子门操作、完成量子编码、克服各种噪声导致的消相干，并最终实现成规模的量子计算，已成为量子信息学中一个新兴的重要研究方向。此外，从基础物理学本身的发展来看，这是一个隔离很好、参数可调性好的可控量子系统。探索利用极性冷分子进行量子计算与量子信息处理不仅在物理研究中具有重要的科学意义，而且能够拓展冷分子研究的新的应用领域。

5）凝聚态物理系统电学、磁学性质与相变的量子模拟[254]

光学晶格或静电晶格系统是将冷分子、光物理和凝聚态物理连接起来的一个重要纽带。由于极性冷分子之间存在着强的偶极-偶极相互作用，晶格（即周期势阱）中的极性冷分子系统能用于模拟多体系统的哈密顿量，无论在实验还是理论上，超冷分子可用于凝聚态物理体系的电学、磁学性质与相变过程（包括强关联电子体系、多体效应、超流和超导等）进行可控制的量子模拟研究。因此，极性冷分子体系在冷分子物理、多体理论研究以及凝聚态物理的量子模拟中有着重要的应用前景，并伴随着许多重要的理论物理问题需要研究或解决。

6）生物分子的冷却及其超低温研究

生物分子的超低温研究对于量子物理及生物物理的研究具有重要的意义。一方面，生物分子通常具有很大的分子量，因此，利用冷生物分子可以研究量子到经典的过渡。此外，超冷大分子还为探索生物活性的起源提供了重要的研究途径。具有生物活性的大分子一定具有左旋特征。对此，一种理论解释认为弱相互作用下的宇称不守恒是决定生物分子活性的重要物理基础。然而，弱相互作用对生物分子能级的影响在室温条件下很难精密测量。因此，制备超冷生物大分子是提高测量精度必要的一步。此外，生物大分子生物活性的超低温研究对于发展生物物理及生物制药具有重要的意义。为此，理论和实验需要解决如下问题：① 超冷生物大分子的冷却机制与方法。目前分子冷却的理论是基于简单的无机分子，由于生物大分子具有复杂的能级结构和空间构象及介观特征，这对冷却理论提出了新的问题。② 弱相互作用力对生物分子能级结构影响的精确计算。③ 弱相互作用力对生物分子能级结构影响的精密测量方法等。

2.4.3 拟重点关注的冷分子研究方向或热点研究课题

根据上述冷分子研究的发展趋势，我们需要重点关注的冷分子研究方向或热点研究课题可简单归纳如下：

（1）化学稳定分子的有效减速与 sub-mK 甚至 sub-μK 普适激光冷却。

(2) 激光冷却原子缔合的长寿命超冷分子(包括多原子分子)的高效制备。

(3) 单分子或单分子离子的激光冷却、囚禁、量子操控与灵敏测量的研究。

(4) 分子量子简并气体的实现与量子调控(包括内态效应、内态-外态耦合机制等)及其多体物理的理论与实验研究。

(5) 量子偶极气体、自组合偶极晶体等偶极相互作用的理论与实验研究。

(6) 冷分子碰撞、少体物理问题与冷化学立体化学或超冷量子化学的理论与实验研究。

(7) 采用极性冷分子的量子信息科学、量子模拟与精密测量物理的研究。

(8) 集成分子光学与分子芯片及相干操控技术的理论、实验和应用研究。

(9) 冷分子物质波干涉与精密测量、冷分子刻蚀及纳米新材料的实验制备。

(10) 冷分子排列取向、光梳精密光谱与量子调控摆动光谱的研究及应用。

综上所述,虽然目前国际上有关冷分子的实验制备与操控取得了重要的实验进展[315, 332, 335, 428-431],但是有关"冷分子科学与技术"的理论与实验研究刚刚起步,犹如一张白纸,存在着许多机会与挑战;国内有关"冷分子科学与技术"的研究刚刚开始,相应的基础与应用研究还存在着许多空白。坚持该方向的研究与积累不仅可推动冷分子物理[393, 395, 396, 432]、冷化学物理、冷分子光学、量子光学、精密测量科学、量子信息科学、超冷化学、冷分子精密光谱学,甚至凝聚态物理、核物理和天文物理等学科的发展,带动相关学科的基础研究,而且可发展出许多高新技术,推动人类社会和国民经济的快速发展。

以上总结与展望纯属本人目前的观点或看法,难免存在一些问题或遗缺,因此,如有不足、不妥甚至错误之处,恳请有关专家或学者批评指正,谢谢!

致谢: 在本专题即将面世之际,作者首先要感谢山西大学贾锁堂教授的有益讨论及其研究小组提供的有关激光冷却原子缔合的超冷分子制备与外场操控讨论的部分书面资料;感谢刘金明教授、邓联忠副教授、尹亚玲副教授、徐淑武讲师、刘泱博士和邓敏硕士等提供的部分资料;其次,还需感谢暴大小、冒飞、戴大鹏、杜向丽、陈琳、方银飞和程旭等研究生对参考文献的整理;最后,感谢国家自然科学基金委(10174050, 10674047, 10434060, 11034002, 11274114)、科技部(2006CB921604, 2011CB921602)和上海市科委(07JC14017)对我们小组研究工作的长期支持与资助。

参考文献

[1] Weidemuller M, Zimmermann C. Cold atoms and molecules[M]. Weinheim: WILEY-VCH, 2009.

[2] Meystre P. Atom optics[M]. New York: Springer Verlag, 2001.

[3] 印建平. 原子光学[M]. 上海：上海交通大学出版社，2012.

[4] Metcalf H J, van der Straten P. Laser cooling and trapping[M]. New York: Springer Verlag, 2001.

[5] 王义遒. 原子的激光冷却与俘陷[M]. 北京：北京大学出版社，2007.

[6] Cohen-Tannoudji c, Guery-Odelin. Advances in atomic physics [M]. World Sientific Publishing Company, 2010.

[7] 印建平. 分子光学及其应用前景[J]. 物理，2003，32(7)：449 - 454.

[8] 印建平. 原子分子光学(研究生教学讲义)[G]. 2004.

[9] Chu S. Nobel lecture: the manipulation of neutral particles[J]. Rev. Mod. Phys., 1998, 70: 685 - 706.

[10] Cohen-Tannoudji C N. Nobel lecture: manipulating atoms with photons[J]. Rev. Mod. Phys., 1998, 70: 707 - 719.

[11] Phillips W D. Nobel prize: laser cooling and trapping of neutral atoms[J]. Rev. Mod. Phys., 1998, 70: 721 - 741.

[12] Anderson M H, Ensher J R, Matthews M R, et al. Observation of Bose-Eistein condensation in a Dilute atomic vapor[J]. Science, 1995, 269: 198 - 201.

[13] Baranov M, Dobrek L, Goral K, et al. Ultracold Dipolar gases — a challenge for experiments and theory[J]. Physica Scripta, 2002, T102: 74 - 81.

[14] Santos L, Shlyapnikov G V, Zoller P, et al. Bose-Einstein condensation in trapped Dipolar gases[J]. Phys. Rev. Lett., 2000, 85(9): 1791 - 1795.

[15] Goral K, Santos L, Lewenstein M. Quantum phases of Dipolar Bosons in optical lattices [J]. Phys. Rev. Lett., 2002, 88(17): 170406 (4 pages).

[16] DeMille D. Quantum computation with trapped Polar molecules[J]. Phys. Rev. Lett., 2002, 88(6): 067901(4 pages).

[17] Herschbach D. Chemical physics: molecular clouds, clusters, and corrals[J]. Rev. Mod. Phys., 1999, 71(2): S411 - S418.

[18] Balakrishnan N, Dalgarno A. Chemistry at ultracold temperatures[J]. Chem. Phys. Lett., 2001, 341: 652 - 656.

[19] Balakrishnan N, Dalgarno A, Forrey R C. Vibrational relaxation of CO by collisions with ^{4}He at ultracold temperatures[J]. J. Chem. Phys., 2000, 113(2): 621 - 627.

[20] Rein D W. Some remarks on parity violeting effects of intermolecular interactions[J], J. Mol. Evol., 1974, 4: 15 - 22.

[21] Letokhov V S. On difference of energy levels of left and right molecules due to weak interactions[J]. Phys. Lett., 1975, 53A(4): 275 - 276.

[22] Uzan J P. The fundamental constants and their variation: observational and theoretical status[J]. Rev. Mod. Phys., 2003, 75: 403 - 455.

[23] Krems R V, Stwalley W C, Friedrich B. Cold molecules: Theory, Experiment, Applications[M]. New York: CRC Press Taylor and Francis Group, 2009.

[24] Brink D M, Satchler G R. Angular momentum [M]. Oxford: Oxford University Press, 1993.

[25] Brown J, Carrington A. Rotational spectroscopy of diatomic molecules[M]. Cambridge: Cambridge University Press, 2003.

[26] Jackson J D. Classical electrodynamics[M]. New York: Wiley, 1975.

[27] Bethe H A. Salpeter E E. Quantum mechanics of one-and two-electron atoms[M]. New York: Plenum Press, 1977.

[28] Hougen J T. The calculation of rotational energy levels and rotational line intensities in diatomic molecules [M]. Washington D. C.: United States Department of Commerce, 1970.

[29] Allen L, Eberly J H. Optical resonance and two-level atoms [M]. New York: Wiley, 1975.

[30] Avdeenkov A V, Bortolotti D C E, Bohn J L. Field-linked states of ultracold polar molecules[J]. Phys. Rev. A, 2004, 69(1): 012710(9 pages).

[31] Ronningen T J. Low temperature helium pressure broadening of HCN [M]. PhD dissertation, the Ohio State University, 2005.

[32] Ball C D. Rotational energy transfer in low temperature molecules[M]. PhD dissertation, the Ohio State University, 1998.

[33] Beaky M M, Goyette T M, De Lucia F C. Pressure broadening and line shift measurements of carbon monoxide in collision with helium from 1 to 600K[J]. J. Chem. Phys., 1996, 105(10): 3994 - 4004.

[34] Kraemer T, Mark M, Waldburger P, et al. Evidence for Efimov quantum states in an ultracold gas of cesium atoms[J]. Nature, 2006, 440: 315 - 318.

[35] Day C. Hybrid imaging system combines X rays and magnetic resonance to improve surgical procedures[J]. Physics Today, 2005, 58(6): 22 - 23.

[36] Chin C, Kraemer T, Mark M, et al. Observation of feshbach-Like resonances in collisions between ultracold molecules [J]. Phys. Rev. Lett., 2005, 94: 123201 (4 pages).

[37] Bohn J L. Inelastic collisions of ultracold polar molecules[J]. Phys. Rev. A, 2001, 63 (5): 052714(5 pages).

[38] Krems R V, Dalgarno A. Quantum-mechanical theory of atom-molecule and molecular collisions in a magnetic field: Spin depolarization[J]. J. Chem. Phys., 2004, 120(5): 2296 - 2307.

[39] Gilijamse J J, Hoekstra S, van de Meerakker S Y T, et al. Near-Treshold inelastic collisions using molecular beams with a tunable velocity [J]. Science, 2006, 313: 1617 - 1620.

[40] Sawyer B C, Stuhl B K, Wang D, et al. Molecular beam collisions with a magnetically

trapped target[J]. Phys. Rev. Lett., 2008, 101: 203203(4 pages).

[41] Willitsch S, Bell M T, Gingell A D, et al. Cold reactive collisions between laser-cooled ions and velocity-selected neutral molecules[J]. Phys. Rev. Lett., 2008, 100: 043203(4 pages).

[42] Willitsch S, Bell M T, Gingell A D, et al. Chemical applications of laser-and sympathetically-cooled ions in ion traps[J]. Phys. Chem. Chem. Phys., 2008, 10: 7200 - 7210.

[43] Bell M B, Gingell A D, Oldham J M, et al. Ion-molecule chemistry at very low temperatures: cold chemical reactions between Coulomb-crystallized ions and velocity-selected neutral molecules[J]. Faraday Discuss, 2009, 142: 73 - 91.

[44] Sawyer B C, Stuhl B K, Yeo M, et al. Cold heteromolecular dipolar collisions[J]. Phys. Chem. Chem. Phys., 2011, 13: 19059 - 19066.

[45] Mikosch J, Otto R, Trippel S, et al. Inverse temperature dependent lifetimes of transient S_N2 ion-dipole complexes[J]. J. Phys. Chem. A, 2008, 112: 10448 - 10452.

[46] Mikosch J, Trippel S, Eichhorn C, et al. Imaging nucleophilic substitution dynamics[J]. Science, 2008, 319: 183 - 186.

[47] Avdeenkov A. V, Bohn J L. Collisional dynamics of ultracold OH molecules in an electrostatic field[J]. Phys. Rev. A, 2002, 66: 052718(10 pages).

[48] Krems R V. Molecules near absolute zero and external field control of atomic and molecular dynamics[J]. Int. Rev. Phys. Chem., 2005, 24(1): 99 - 118.

[49] Bohn J L. Inelastic collisions of ultracold polar molecules[J]. Phys. Rev. A, 2001, 63 (5): 052714 (5 pages).

[50] Campbell W C, Tscherbul T V, Lu H, et al. Mechanism of collisional spin relaxation in $^3\Sigma$ molecules[J]. Phys. Rev. Lett., 2009, 102(1): 013003 (4 pages).

[51] Campbell W C, Tsikata E, Lu H, et al. Magnetic trapping and zeeman relaxation of NH ($X^3\Sigma^-$)[J]. Phys. Rev. Lett., 2007, 98(21): 213001 (4 pages).

[52] Bodo E, Gianturco F A. Features of chemical reactions at vanishing kinetic energy: the presence of internally "hot" reagents[J]. Eur. Phys. J. D, 2004, 31: 423 - 427.

[53] Takayanagi T, Kurosaki Y. van der Waals resonances in cumulative reaction probabilities for the $F + H_2$, D_2, and HD reactions[J]. J. Chem. Phys., 1998, 109(20): 8929 - 8934.

[54] Herbst E. Chemistry in the interstellar medium[J]. Annu. Rev. Phys. Chem., 1995, 46: 27 - 53.

[55] Kylafis N D, Norman C A. Collisional pumping of OH masers in the $^2\Pi_{1/2}$ ladder[J]. Astrophys. J., 1990, 350: 209 - 215.

[56] Ludlow A D, Zelevinsky T, Campbell G K, et al. Sr lattice clock at 1×10^{-16} fractional uncertainty by remote optical evaluation with a Ca clock[J]. Science, 2008, 319: 1805 - 1808.

[57] Rosenband T, Hume D B, Schmidt P O, et al. Frequency ratio of Al^+ and Hg^+ single-ion optical clocks; metrology at the 17th decimal place[J]. Science, 2008, 319: 1808 - 1812.

[58] Fixler J B, Foster G T, McGuirk J M, et al. Atom interferometer measurement of the Newtonian constant of gravity[J]. Science, 2007, 315: 74 - 77.

[59] Peters A, Chung K Y, Chu S. Measurement of gravitational acceleration by dropping atoms[J]. Nature, 1999, 400: 849 - 852.

[60] Cadoret M, de Mirandes E, Clade P, et al. Combination of bloch oscillations with a Ramsey-Borde interferometer: new determination of the fine structure constant[J]. Phys. Rev. Lett., 2008, 101: 230801(4 pages).

[61] Salomon C, Dimarcq N, Abgrall M, et al. Cold atoms in space and atomic clocks[J]. C. R. Acad. Sci. Paris-Series IV, 2001, 2(9): 1313 - 1330.

[62] Raimond J M, Brune M, Haroche S, et al. Colloquium: manipulating quantum entanglement with atoms and photons in a cavity[J]. Rev. Mod. Phys., 2001, 73: 565 - 582.

[63] Mabuchi H, Ye J, Kimble H J. Full observation of single-atom dynamics in cavity QED [J]. Appl. Phys. B, 1999, 68: 1095 - 1108.

[64] McKeever J, Boca A, Boozer A D, et al. Deterministic generation of single photons from one atom trapped in a cavity[J]. Science, 2004, 303: 1992 - 1994.

[65] Hudson E R, Lewandowski H J, Sawyer B C, et al. Cold molecule spectroscopy for constraining the evolution of the fine structure constant[J]. Phys. Rev. Lett., 2004, 96: 143004(4 pages).

[66] Kawall D, Bay F, Bickman S, et al. Precision Zeeman-Stark spectroscopy of the metastable a(1)[$^3\Sigma_1^+$] state of PbO[J]. Phys. Rev. Lett., 2004, 92: 133007(4 pages).

[67] Koelemeij J C J, Roth B, Wicht A, et al. Vibrational spectroscopy of HD^+ with 2-ppb accuracy[J]. Phys. Rev. Lett., 2007, 98: 173002(4 pages).

[68] Lee T D, Yang C N. Question of parity conservation in weak interactions[J]. Phys. Rev., 1956, 104: 254 - 258.

[69] Wu C S, Ambler E, Hayward R W, et al. Experimental test of parity conservation in beta decay[J]. Phys. Rev., 1957, 105: 1413 - 1415.

[70] Christenson J H, Cronin J W, Fitch V L, et al. Evidence for the 2π Decay of the K_2^0 meson[J]. Phys. Rev. Lett., 1964, 13(4): 138 - 140.

[71] Pauli W, Rosenfeld L, Weisskopf V, et al. The development of the interpreta-tion of the quantum theory in Niels Bohr and the Development of Physics[M]. New York: Mc. Graw-Hill, 1955.

[72] Hunter L R. Tests of time-reversal invariance in atoms, Molecules, and the Neutron[J]. Science, 1991, 252: 73 - 79.

[73] Hinds E A. Testing time reversal symmetry using molecules[J]. Physica Scripta, 1997, T70: 34 - 40.

[74] Commins E D. Electric dipole moments of leptons[J]. Adv. At. Mol. Opt. Phys., 1999, 40: 1 - 55.

[75] Jungmann K. International conference on low energy antiproton physics (LEAP'05)[M]. Germany: Bonn, 2005.

[76] Jungmann K, Searching for electric dipole moments[J]. Ann. Phys. (Berlin), 2013,

525: 550 - 564.

[77] Purcell E M, Ramsey N F. On the Possibility of Electric Dipole Moments for Elementary Particles and Nuclei[J]. Phys. Rev., 1950, 78: 807.

[78] Bolokhov P A, Pospelov M, Romalis M. Electric dipole moments as probes of CPT invariance[J]. Phys. Rev. D, 2008, 78: 057702(4 pages).

[79] Sandars P G H. The electric dipole moment of an atom[J]. Phys. Lett., 1965, 14: 194 - 196.

[80] Commins E D, Jackson J D, DeMille D P. The electric dipole moment of the electron: An intuitive explanation for the evasion of Schiff's theorem[J]. Am. J. Phys., 2007, 75: 532 - 536.

[81] Sandars P G H. Measurability of the proton electric dipole moment[J]. Phys. Rev. Lett., 1967, 19: 1396 - 1398.

[82] Regan B C, Commins E D, Schmidt C J, et al. New limit on the electron electric dipole moment[J]. Phys. Rev. Lett., 2002, 88(7): 071805(4 pages).

[83] Griffith W C, Swallows M D, Loftus T H, et al. Improved limit on the permanent electric dipole moment of ^{199}Hg[J]. Phys. Rev. Lett., 2009, 102: 101601(4 pages).

[84] Hudson J J, Kara D M, Smallman I J, et al. Improved measurement of the shape of the electron[J]. Nature, 2011, 473: 493 - 496.

[85] Jungmann K. Proceedings INPC04[M]. Sweden: Goeteborg, 2004.

[86] DeMille D, Bay F, Bickman S, et al. Investigation of PbO as a system for measuring the electric dipole moment of the electron[J]. Phys. Rev. A, 2000, 61: 052507(8 pages).

[87] Kozlov M G, DeMille D. Enhancement of the electric dipole moment of the electron in PbO[J]. Phys. Rev. Lett., 2002, 89(13): 133001 (4 pages).

[88] Meyer E R, Bohn J L. Prospects for an electron electric-dipole moment search in metastable ThO and ThF^+[J]. Phys. Rev. A, 2008, 78: 010502(4 pages).

[89] Meyer E R, Bohn J L. Electron electric-dipole-moment searches based on alkali-metal-or alkaline-earth-metal-bearing molecules[J]. Phys. Rev. A, 2009, 80: 042508(7 pages).

[90] Tarbutt M R, Hudson J J, Sauer B E, et al. Prospects for measuring the electric dipole moment of the electron using electrically trapped polar molecules[J]. Faraday Discuss, 2009, 142: 37 - 56.

[91] Hinds E and Sauer B. Electron dipole moments[J]. Physics World, 1997, 10: 37 - 40.

[92] Hudson J J, Sauer B E, Tarbutt M R, et al. Measurement of the electron electric dipole moment using YbF molecules[J]. Phys. Rev. Lett., 2002, 89(2): 023003(4 pages).

[93] Egorov D, Weinstein J D, Patterson D, et al. Spectroscopy of laser-ablated buffer-gas-cooled PbO at 4K and the prospects for measuring the electric dipole moment of the electron[J]. Phys. Rev. A, 63: 030501 (4 pages).

[94] Sauer B E, Ashworth T H, Hudson J J, et al. Probing the electron EDM with cold molecules[J]. Atomic Physics, 2006, 20: 44 - 52.

[95] Fortson N, Sandars P, Barr S. The search for a permanent electric dipole moment[J]. Physics Today, 2003, 56: 33 - 39.

[96] Ramsey N F. Electric Dipole Moments of Particles[J]. Annu. Rev. Nucl. Part. Sci.,

1982, 32: 211 - 233.

[97] Jones N. Tough Science: five experiments as hard as finding the Higgs[J], Nature, 2012, 481: 14 - 17.

[98] Daussy Ch, Marrel T, Amy-Klein A, et al. Limit on the parity nonconserving energy difference between the enantiomers of a chiral molecule by laser spectroscopy[J]. Phys. Rev. Lett., 1999, 83(8): 1554 - 1557.

[99] Darquié B, Stoeffler C, Shelkovnikov A, et al. Progress toward a first observation of parity violation in chiral molecules by high-resolution laser spectroscopy[J]. Chirality, 2010, 22: 870 - 884.

[100] Webb J K, Murphy M T, Flambaum V V, et al. Further evidence for cosmological evolution of the fine structure constant[J]. Phys. Rev. Lett., 2001, 87(9): 091301(4 pages).

[101] Quast R, Reimers D, Levshakov S A. Probing the variability of the fine-structure constant with the VLT/UVES[J]. Astrophysics, 2004, 415: L7.

[102] Reinhold E, Buning R, Hollenstein U, et al. Indication of a cosmological variation of the proton-electron mass ratio based on laboratory measurement and reanalysis of H_2 spectra [J]. Phys. Rev. Lett., 2006, 96: 151101(4 pages).

[103] Jochim S, Bartenstein M, Altmeyer A, et al. Bose-Einstein condensation of molecules [J]. Science, 2003, 302: 2101 - 2103.

[104] Zwierlein M W, Stan C A, Schunck C H, et al. Observation of Bose-Einstein condensation of molecules[J], Phys. Rev. Lett., 2003, 91(25): 250401(4 pages).

[105] Greiner M, Regal C A, Jin D S. Emergence of a molecular Bose-Einstein condensate from a Fermi gas[J]. Nature, 2003, 426: 537 - 540.

[106] Stuhler J, Griesmaier A, Koch T, et al. Observation of Dipole-Dipole interaction in a degenerate quantum Gas[J]. Phys. Rev. Lett., 2005, 95: 150406(4 pages).

[107] Giovanazzi S, Görlitz A, Pfau T, et al. Tuning the dipolar interaction in quantum gases [J]. Phys. Rev. Lett., 2002, 89(13): 130401(4 pages).

[108] Griesmaier A, Werner J, Hensler S, et al. Bose-Einstein condensation of chromium[J]. Phys. Rev. Lett., 2005, 94: 160401(4 pages).

[109] Aikawa K, Frisch A, Mark M, et al. Bose-Einstein condensation of erbium[J]. Phys. Rev. Lett., 2012, 108: 210401(5 pages).

[110] Lu M, Burdick N, Youn S, et al. Strongly dipolar Bose-Einstein condensate of dysprosium[J]. Phys. Rev. Lett., 2011, 107: 190401(4 pages).

[111] Buchler H P, Demler E, Lukin M D, et al. Strongly correlated 2D quantum phases with cold polar molecules: Controlling the shape of the interaction potential[J]. Phys. Rev. Lett., 2007, 98: 060404 (4 pages).

[112] Wineland D J, Monroe C, Itano W M, et al. Experimental issues in coherent quantum-state manipulation of trapped atomic ions[J]. J. Res. Natl. Inst. Stand. Tech., 1998, 103(3): 259 - 328.

[113] Wigner E. On the interaction of electrons in metals[J]. Phys. Rev., 1934, 46: 1002 - 1010.

[114] Kalia R K, Vashishta P. Interfacial colloidal crystals and melting transition[J]. J. Phys. C, 1981, 14: L643-L648.

[115] Buchler H P, Demler E, Lukin M D, et al. Strongly correlated 2D quantum phases with cold polar molecules: Controlling the shape of the interaction potential[J]. Phys. Rev. Lett., 2007, 98: 060404 (4 pages).

[116] Boninsegni M, Prokof'ev N, Svistunov B, Worm algorithm for continuous -space path integral Monte Carlo simulations[J]. Phys. Rev. Lett., 2006, 96: 070601(4 pages).

[117] Astrakharchik G E, Boronat J, Kurbakov I L, et al. Quantum phase transition in a two-dimensional system of dipoles[J]. Phys. Rev. Lett., 2007, 98: 060405(4 pages).

[118] Mora C, Parcollet O, Waintal X. Quantum melting of a crystal of dipolar bosons[J]. Phys. Rev. B, 2007, 76: 064511(9 pages).

[119] Krems R V, Stwalley W C, Friedrich B, Cold molecules: theory, experiment and applications[M]. New York: CRC Press, 2009.

[120] Parker D H, Bernstein R B. Oriented molecule beams via the electrostatic hexapole: Preparation, Characterization, and reactive sacttering[J]. Annu. Rev. Phys. Chem., 1989, 40: 561 - 595.

[121] Loesch H J, Remscheid A. Brute force in molecular reaction dynamics: A novel technique for measuring steric effects[J]. J. Chem. Phys., 1990, 93: 4779 - 4790.

[122] Tehini R, Sugny D. Field-free molecular orientation by nonresonant and quasiresonant two-color laser pulses[J]. Phys. Rev. A, 2008, 77: 023407(8 pages).

[123] Zhang S, Shi J, Zhang H, et al. Field-free molecular orientation by a multicolor laser field[J]. Phys. Rev. A, 2011, 83: 023416(5 pages).

[124] Oda K, Hita M, Minemoto S, et al. All-optical molecular orientation[J]. Phys. Rev. Lett., 2010, 104: 213901(4 pages).

[125] Friedrich B, Herschbach D. Alignment and trapping of molecules in intense laser fields [J]. Phys. Rev. Lett., 1995, 74(23): 4623 - 4626.

[126] Zare R N. Angular momentum: Understanding spatial aspects in chemistry and physics [M]. New York: John Wiley & Sons, 1988.

[127] Friedrich B, Herschbach D. Polarization of molecules induced by intense nonresonant laser fields[J]. J. Phys. Chem., 1995, 99: 15686 - 15693.

[128] Friedrich B, Herschbach D. Enhanced orientation of polar molecules by combined electrostatic and nonresonant induced dipole forces[J]. J. Chem. Phys. 1999, 111(14): 6157 - 6160.

[129] Sakai H, Safvan C P, Larsen J J, et al. Controlling the alignment of neutral molecules by a strong laser field[J]. J. Chem. Phys., 1999, 110(21): 10235 - 10238.

[130] Larsen J J, Sakai H, Safvan C P, et al. Aligning molecules with intense nonresonant laser fields[J]. J. Chem. Phys., 1999, 111(17): 7774 - 7781.

[131] Larsen J J, Hald K, Bjerre N, et al. Three dimensional alignment of molecules using elliptically polarized laser fields[J]. Phys. Rev. Lett., 2000, 85(12): 2470 - 2473.

[132] Friedrich B, Herschbach D R, Rost J M, et al. Optical spectra of spatially oriented molecules: ICI in a strong electric field[J]. J. Chem. Soc. Faraday Trans., 1993, 89

(10): 1539 - 1549.

[133] Normand D, Lompré L A, Comaggia C. Laser-induced molecular alignment probed by a double-pulse experiment [J]. J. Phys. B: At. Mol. Opt. Phys., 1992, 25: L497 - L503.

[134] Torres R, de Nalda R, Marangos J P. Dynamics of laser-induced molecular alignment in the impulsive and adiabatic regimes: A direct comparison[J]. Phys. Rev. A, 2005, 72: 023420(8 pages).

[135] Seideman T. Revival structure of aligned rotational wave packets[J]. Phys. Rev. Lett., 1999, 83(24): 4971 - 4974.

[136] Rosca-Pruna F, Vrakking M J J. Experimental observation of revival structures in picosecond laser-induced alignment of I_2[J]. Phys. Rev. Lett., 2001, 87(15): 153902 (4 pages).

[137] Underwood J G, Sussman B J, Stolow A. Field-free three dimensional molecular axis alignment[J]. Phys. Rev. Lett., 2005, 94: 143002(4 pages).

[138] Lee K F, Villeneuve D M, Corkum P B, et al. Field-free three-dimensional alignment of polyatomic molecules[J]. Phys. Rev. Lett., 2006, 97: 173001(4 pages).

[139] Sakai H, Minemoto S, Nanjo H, et al. Controlling the orientation of polar molecules with combined electrostatic and pulsed, nonresonant laser fields[J]. Phys. Rev. Lett., 2003, 90(8): 083001(4 pages).

[140] Sugawara Y, Goban A, Minemoto S, et al. Laser-field-free molecular orientation with combined electrostatic and rapidly-turned-off laser fields[J]. Phys. Rev. A, 2008, 77: 031403(4 pages).

[141] Goban A, Minemoto S, Sakai H. Laser-field-free molecular orientation[J]. Phys. Rev. Lett., 2008, 101: 013001(4 pages).

[142] Ghafur O, Rouzée A, Gijsbertsen A, et al. Impulsive orientation and alignment of quantum-state-selected NO molecules[J]. Nature Phys. 2009, 5: 289 - 293.

[143] Vrakking M J J, Stolte S. Coherent control of molecular orientation[J]. Chem. Phys. Lett., 1997, 271: 209 - 215.

[144] Kanai T, Sakai H. Numerical simulations of molecular orientation using strong, nonresonant, two-color laser fields[J]. J. Chem. Phys., 2001, 115(12): 5492 - 5497.

[145] De S, Znakovskaya I, Ray D, et al. Field-Free orientation of CO molecules by femtosecond two-color laser fields[J]. Phys. Rev. Lett., 2009, 103: 153002(4 pages).

[146] Spanner M, Patchkovskii S, Frumker E, et al. Mechanisms of two-color laser-induced field-free molecular orientation[J]. Phys. Rev. Lett., 2012, 109: 113001(5 pages).

[147] Machholm M, Henriksen N E. Field-free orientation of molecules[J]. Phys. Rev. Lett., 2001, 87(19): 193001(4 pages).

[148] Dion C M, Keller A, Atabek O. Orienting molecules using half-cycle pulses[J]. Eur. Phys. J. D, 2001, 14: 249 - 255.

[149] Matos-Abiague A, Berakdar J. Controlling the orientation of polar molecules by half-cycle pulses[J]. Chem. Phys. Lett., 2003, 382: 475 - 480.

[150] Shu C, Yuan K, Hu W, et al. Carrier-envelope phase-dependent field-free molecular

orientation[J]. Phys. Rev. A, 2009, 80: 011401(4 pages).

[151] Fleischer S, Zhou Y, Field R W, et al. Molecular orientation and alignment by intense single-cycle THz pulses[J]. Phys. Rev. Lett., 2011, 107: 163603(5 pages).

[152] Lapert M, Sugny D. Field-free molecular orientation by terahertz laser pulses at high temperature[J]. Phys. Rev. A, 2012, 85: 063418(6 pages).

[153] Dion C M, Haj-Yedder A Ben, Cancés E, et al. Optimal laser control of orientation: The kicked molecule[J]. Phys. Rev. A, 2002, 65: 063408 (7 pages).

[154] Renard M, Hertz E, Guérin S, et al. Control of field-free molecular alignment by phase-shaped laser pulses[J]. Phys. Rev. A, 2005, 72: 025401 (4 pages).

[155] Guérin S, Rouzée A, Hertz E. Ultimate field-free molecular alignment by combined adiabatic-impulsive field design[J]. Phys. Rev. A, 2008, 77: 041404(4 pages).

[156] Leibscher M, Averbukh I Sh, Rabitz H, Molecular alignment by trains of short laser pulses[J]. Phys. Rev. Lett., 2003, 90: 213001 (4 pages).

[157] Bisgaard C Z, Poulsen M D, Peronne E, et al. Observation of enhanced field-free molecular alignment by two laser pulses[J]. Phys. Rev. Lett., 2004, 92(17): 173004 (4 pages).

[158] Stapelfeldt H, Seideman T. Colloquium: Aligning molecules with strong laser pulses [J]. Rev. Mod. Phys., 2003, 75: 543 - 557.

[159] Litvinyuk I V, Lee K F, Dooley P W, et al. Alignment-dependent strong field ionization of molecules[J]. Phys. Rev. Lett., 2003, 90(23): 233003(4 pages).

[160] Larsen J J, Wendt-Larsen I, Stapelfeldt H. Controlling the branching ratio of photodissociation using aligned molecules [J]. Phys. Rev. Lett., 1999, 83: 1123 - 1126.

[161] Kjeldsen T K, Bisgaard C Z, Madsen L B. Role of symmetry in strong-field ionization of molecules[J]. Phys. Rev. A, 2003, 68: 063407(4 pages).

[162] Sauères P, L'huillier A, Antoine P, et al. Study of the spatial and temporal coherence of high order harmonics[J]. Adv. At. Mol. Opt. Phys., 1999, 41: 83 - 142.

[163] Madsen C B, Madsen L B. High-order harmonic generation from arbitrarily oriented diatomic molecules including nuclear motion and field-free alignment[J]. Phys. Rev. A, 2006, 74: 023403(10 pages).

[164] de Nalda R, Heesel E, Lein M, et al. Role of orbital symmetry in high-order harmonic generation from aligned molecules[J]. Phys. Rev. A, 2004, 69: 031804 (4 pages).

[165] Velotta R, Hay N, Mason M B, et al. High-order harmonic generation in aligned molecules[J]. Phys. Rev. Lett., 2001, 87(18): 183901(4 pages).

[166] Kalosha V, Spanner M, Herrmann J, et al. Generation of single dispersion precompensated 1-fs pulses by shaped-pulse optimized high-order stimulated Raman scattering[J]. Phys. Rev. Lett., 2002, 88(10): 103901(4 pages).

[167] Bartels R A, Weinacht T C, Wagner N, et al. Phase modulation of ultrashort light pulses using molecular rotational wave packets[J]. Phys. Rev. Lett., 2002, 88: 013903 (4 pages).

[168] Seideman T. Molecular optics in an intense laser field: A route to nanoscale material

design[J]. Phys. Rev. A, 1997, 56: R17 - R20.

[169] Gordon R J, Zhu L, Schroeder W A. Nanolithography using molecular optics[J]. J. Appl. Phys., 2003, 94: 669 - 676.

[170] Seideman T. Manipulating external degrees of freedom with intense light: Laser focusing and trapping of molecules[J]. J. Chem. Phys., 1997, 106: 2881 - 2892.

[171] Friedrich B, Herschbach D R. Spatial orientation of molecules in strong electric fields and evidence for pendular states[J]. Nature, 1991, 353: 412 - 414.

[172] Block P A, Bohac E J, Miller R E. Spectroscopy of pendular states: The use of molecular complexes in achieving orientation[J]. Phys. Rev. Lett., 1992, 68: 1303 - 1306.

[173] Moore D T, Oudejans L, Miller R E. Pendular state spectroscopy of an asymmetric top: Parallel and perpendicular bands of acetylene-HF[J]. J. Chem. Phys., 1999, 110: 197 - 208.

[174] Rost J M, Griffin J C, Friedrich B, et al. Pendular states and spectra of oriented linear molecules[J]. Phys. Rev. Lett., 1992, 68(9): 1299 - 1302.

[175] Friedrich B, Herschbach D R, Rost J. Optical spectra of spatially oriented molecules: ICI in a strong electric field[J]. J. Chem. Soc. Faraday Trans., 1993, 89 (10): 1539 - 1549.

[176] Friedrich B, Slenczka A, Herschbach D R. Spectroscopy of pendular molecules in strong parallel electric and magnetic fields[J]. Can. J. Phys., 1994, 72: 897 - 908.

[177] Kanya R and Ohshima Y. Pendular-state spectroscopy of the S1 - S0 electronic transition of 9-cyanoanthracene[J]. Journal of Chemical Physics. 2004, 121: 9489 - 9497.

[178] Friedrich B and Herschbach D R. On the possibility of orienting rotationally cooled polar molecules in an electric field[J]. Z. Phys. D: Atoms, Molecules and Clusters, 1991, 18: 153 - 161.

[179] Slenczka A. Electric linear dichroism with a simple interpretation in terms of molecular pendular states[J]. Physical Review Letters, 1998, 80: 2566 - 2569.

[180] Kanya R and Ohshima Y. Pendular-limit representation of energy levels and spectra of symmetric- and asymmetric-top molecules[J]. Physical Review. A, 2004, 70: 013403 (19 pages).

[181] Nauta K, Moore D T, Miller R E. Infrared laser spectroscopy of diacetylene and cyclopropane in helium nanodroplets[J]. J. Mol. Spectrosc., 1999, 113: 261 - 278.

[182] Rudic S, Merritt J M, Miller R E. Study of the $CH_3...H_2O$ radical complex stabilized in helium nanodropletsw[J]. Phys. Chem. Chem. Phys., 2009, 11: 5345 - 5352.

[183] Paul L S, Nauta K, Miller R E. Dipole moments of molecules solvated in helium nanodroplets[J]. Phys. Rev. Lett., 2003, 90(13): 5301(4 pages).

[184] Durand A, Loison J C, Vigu J. Spectroscopy of pendular states: Determination of the electric dipole moment of ICl in the $X^1\Sigma^+$ ($V''=0$) and $A^3\Pi^1$ ($V'=6-29$) levels[J]. J. Chem. Phys., 1997, 106: 477 - 484.

[185] Deng M, Wang H, Yin J. Measurement of electric-Field vector and its spatial distribution with an ultrawide range of $10^{-5} \sim 10^5$ kV/cm using pendular-state

spectroscopy of cold linear molecules[J]. Submitted to New J. Phys. (2014)

[186] Wei Q, Kais S, Friedrich B, et al. Entanglement of polar molecules in pendular states [J]. J. Chem. Phys., 2011, 134: 124107(14 pages).

[187] Shvartsburg A A, Noskov S Y, Purves R W, et al. Pendular proteins in gases and new avenues for characterization of macromolecules by ion mobility spectrometry[J]. PNAS, 2009, 106: 6495 - 6500.

[188] Doyle J, Friedrich B, Krems R V, et al. Editorial: Quo vadis, cold molecules? [J]. Eur. Phys. J. D, 2004, 31: 149 - 164.

[189] Wang D W, Lukin M D, Demler E. Quantum fluids of self-assembled chains of polar molecules[J]. Phys. Rev. Lett., 2006, 97: 180413(4 pages).

[190] Pe'er A, Shapiro E A, Stowe M C, et al. Precise control of molecular dynamics with a femtosecond frequency comb[J]. Phys. Rev. Lett., 2007, 98: 113004(4 pages).

[191] Shapiro E A, Pe'er A, Ye J, et al. Piecewise adiabatic population transfer in a molecule via a wave packet[J]. Phys. Rev. Lett., 2008, 101: 023601(4 pages).

[192] van de Meerakker S Y T, Vanhaeckel N, van der Loo M P J, et al. Direct measurement of the radiative lifetime of vibrationally excited OH radicals[J]. Phys. Rev. Lett., 2005, 95: 013003 (4 pages).

[193] Borde C J, Avrilier S, van Lerberghe A, et al. Nonlinear spectroscopy[J]. Appl. Phys. B, 1982, 28: 81 - 91.

[194] Chapman M S, Ekstrom C R, Hammond T D, et al. Optics and interferometry with Na_2 molecules[J]. Phys. Rev. Lett., 1995. 74: 4783 - 4786.

[195] Arndt M, Nairz O, vos-Andreae J, et al. Wave-particle duality of C_{60} molecules[J]. Nature, 1999, 401: 680 - 682.

[196] Lisdat C, Frank M, Knockel H, et al. Realization of a Ramsey-Borde matter wave interferometer on the K_2 molecule[J]. Eur. Phys. J. D, 2000, 12: 235 - 240.

[197] Nairz O, Brezger B, Arndt M, et al. Diffraction of complex molecules by structures made of light[J]. Phys. Rev. Lett., 2001, 87(16): 160401 - 1(4 pages).

[198] Brezger B, Hackermuller L, Uttenthaler S, et al. Matter-wave interferometer for large molecules[J]. Phys. Rev. Lett., 2002, 88(10): 100401 - 1(4 pages).

[199] Garraway B M, Suominen K A. Wave packet dynamics in molecules[J]. Contemporary Phys., 2002, 43 (2): 97 - 114.

[200] Hackermuller L, Uttenthaler S, Hornberger K, et al. Wave nature of biomolecules and fluorofullerenes[J]. Phys. Rev. Lett., 2003, 91: 090408 - 1 (4 pages).

[201] Hornberger K, Uttenthaler S, Brezger B, et al. Collisional decoherence observed in matter wave interferometry[J]. Phys. Rev. Lett., 2003, 90: 160401 - 1 (4 pages).

[202] Hackermuller L, Hornberger K, Brezger B, et al. Decoherence of matter waves by thermal emission of radiation[J]. Nature, 2004, 427: 711 - 714.

[203] Schollkopf W and Toennies J P. Nondestructive mass selection of small van der Waals clusters[J]. Science, 1994, 266: 1345 - 1348.

[204] Boustimi M, Baudon J, Ducloy M, et al. Metastable rare gas atoms scattered by nano- and micro-slit transmission gratings[J]. Europhys. Lett., 2001, 56(5): 644 - 647.

[205] Borde C J, Courtier N, Burck F D, et al. Molecular interferometry experiments[J]. Phys. Lett. A, 1994, 188: 187 - 197.

[206] Hackermuller L, Hornberger K, Brezger B, et al. Decoherence in a Talbot-Lau interferometer the influence of molecular scattering[J]. Appl. Phys. B, 2003, 77: 781 - 787.

[207] Nairz O, Arndt M, Zeilinger A. Experimental challenges in fullerene interferometry[J]. J. Mod. Opt., 2000, 47 (14 - 15): 2811 - 2821.

[208] Kanai T, Minemoto S, Sakai H. Quantum interference during high-order harmonic generation from aligned molecules[J]. Nature, 2005, 435: 470 - 474.

[209] Marangos J P, Molecular structure in an instant[J]. Nature, 2005, 435: 435.

[210] Vozzi C, Calegari F, Benedetti E. Controlling two-center interference in molecular high harmonic generation[J]. Phys. Rev. Lett., 2005, 95: 153902 (4 pages).

[211] Hornberger K, Hackermüller L, Arndt M. Influence of molecular temperature on the coherence of fullerenes in a near-field interferometer[J]. Phys. Rev. A, 2005, 71: 023601 (10page).

[212] Gerlich S, Hackermüller L, Hornberger K. A Kapitza-Dirac-Talbot-Lau interferometer for highly polarizable molecules[J]. Nature Phys., 2007, 3: 711 - 715.

[213] Juffmann T, Truppe S, Geyer P, et al. Wave and particle in molecular interference lithography[J]. Phys. Rev. Lett., 2009, 103 (26): 263601 (4 pages).

[214] Gring M, Gerlich S, Eibenberger S, et al. Influence of conformational molecular dynamics on matter wave interferometry[J]. Phys. Rev. A, 2010, 81 (3): 031604 (4 pages).

[215] Eibenberger S, Gerlich S, Arndt M, et al. Electric moments in molecule interferometry [J]. New J. Phys., 2011, 13: 043033.

[216] Gerlich S, Eibenberger S, Tomandl M, et al. Quantum interference of large organic molecules[J]. Nature Commun., 2011, 2: 263 (5 pages).

[217] Nairz O, Arndt M, Zeilinger A. Experimental verification of the Heisenberg uncertainty principle for fullerene molecules[J]. Phys. Rev. A, 2002, 65: 032109 (4 pages).

[218] Brezger B, Arndt B, Zeilinger A. Concepts for near-field interferometers with large molecules[J]. J. Opt. B, 2003, 5: 82 - 89.

[219] Nairz O, Arndt M, Zeilinger A. Quantum interference experiments with large molecules [J]. AAPT, 2003, 71: 319 - 325.

[220] Hornberger K, Sipe J K. Collisional decoherence reexamined[J]. Phys. Rev. A, 2003, 68: 012105 (16page).

[221] Arndt M, Nairz O, Arndt M, et al. High contrast interference with C_{60} and C_{70}[J]. C. R. Acad. Sci. Paris, 2001, 2: 581 - 585.

[222] Hornberger K, Gerlich S, Haslinger P, et al. Colloquium quantum interference of clusters and molecules[J]. Rev. Mod. Phys., 2012, 84 (1): 157 - 173.

[223] Minns R S, Patel R, Verlet J R, et al. Optical control of the rotational angular momentum of a molecular rydberg wave packet[J]. Phys. Rev. Lett., 2003, 91 (24): 243601 - 1(4 pages).

[224] Ohmori K, Sato Y, Nikitin E E, et al. High-precision molecular wave-packet interferometry with HgAr dimers[J]. Phys. Rev. Lett., 2003, 91 (24): 243003-1 (4 pages).

[225] Niikura H, Legare F, Hasbant F, et al. Probing molecular dynamics with Attosecond resolution using correlated wave packet pairs[J]. Nature, 2003, 421: 826-829.

[226] Sorgues S, Mestdagh J M, Visticot J P, et al. Wave packet movements near the conical Intersection between two excited potential surfaces may create observable molecular oscillations[J]. Phys. Rev. Lett., 2003, 91(10): 103001-1 (4 pages).

[227] Bhardwaj V R, Corkum P B, Rayner D M. Internal laser-induced dipole force at work in C_{60} molecule[J]. Phys. Rev. Lett., 2003, 91 (20): 203004-1(4 pages).

[228] Krems R V. Breaking van der Waals molecules with magnetic fields[J]. Phys. Rev. Lett., 2004, 93 (1): 013201-1(4 pages).

[229] Niikura H, Légaré F, Hasban R, et al. Sub-laser-cycle electron pulses for probing molecular dynamics[J]. Nature, 2002, 417: 917-922.

[230] Bhardwaj V R, Rayner D M, Villeneuve D M, et al. Quantum Interference in double ionization and fragmentation of C_6H_6 in Intense Laser Fields[J]. Phys. Rev. Lett., 2001, 87: 253003-1(4 pages).

[231] van Veldhoven J, Küpper J, Bethlem H L, et al. Decelerated molecular beams for high-resolution spectroscopy[J]. Eur. Phys. J. D, 2004, 31: 337-349.

[232] Hudson E R, Lewandowski H J, Ye J, et al. Cold molecule spectroscopy for constraining the evolution of the Fine Structure Constant[J]. Phys. Rev. Lett., 2006, 96: 143004 (4 pages).

[233] Niering M, Holzwarth R, Reichert J, et al. Measurement of the hydrogen 1S-2S transition frequency by phase coherent comparison with a microwave cesium fountain clock[J]. Phys. Rev. Lett., 2000, 84: 5496-5499.

[234] Udem T, Huber A, Gross M B, et al. Phase-Coherent measurement of the hydrogen 1S-2S transition frequency with an optical frequency interval divider chain[J]. Phys. Rev. Lett., 1997, 79: 2646-2649.

[235] de Beauvoir B, Nez F, Julien L, et al. Absolute frequency measurement of the 2S-8S/D transitions in hydrogen and deuterium: New determination of the rydberg constant [J]. Phys. Rev. Lett., 1997, 78: 440-443.

[236] Schwob C, Jozefowski L, de Beauvoir B, et al. Optical frequency measurement of the 2S-12D transitions in hydrogen and deuterium: Rydberg constant and lamb shift determinations[J]. Phys. Rev. Lett., 1999, 82: 4960-4963.

[237] Arimondo E, Glorieux P, Oka. T. Observation of inverted infrared lamb dips in separated optical isomers[J]. Opt. Comm., 1977, 23: 369-372.

[238] Crassous J, Monier F, Dutasta J P, et al. Search for resolution of chiral fluorohalogenomethanes and parity-violation effects at the molecular Level[J]. Chem. Phys. Chem., 2003, 4: 541-548.

[239] Quack M. How important is parity violation for molecular and biomolecular chirality? [J]. Angew. Chem. Int. Ed. English, 2002, 41: 4618-4630.

[240] Bonner W A. Parity violation and the evolution of biomolecular homochirality[J]. Chirality, 2000, 12: 114 - 126.

[241] Karshenboim S D. Some possibilities for laboratory searches for variations of fundamental constants[J]. Can. J. Phys., 2000, 78: 639 - 678.

[242] Uzan J P. The fundamental constants and their variation: observational and theoretical status[J]. Rev. Mod. Phys., 2003, 75: 403 - 455.

[243] Cowie L L and Songaila A. Astrophysics the inconstant constant? [J]. Nature, 2004, 428: 132 - 133.

[244] Srianand R, Chand H, Petitjean P, et al. Limits on the time variation of the electromagnetic fine-structure constant in the low energy limit from absorption lines in the spectra of distant quasars[J]. Phys. Rev. Lett., 2004, 92: 121302 (4 pages).

[245] Hudson E R. Experiments on cold molecules produced via stark deceleration[M]. PhD dissertation, University of Colorado, 2006.

[246] Thompson R I. The determination of the electron to proton inertial mass ratio via molecular transitions[J]. Astrophys. Lett. and Comm., 1975, 16: 3 - 4.

[247] Ubachs W and Reinhold E. Highly accurate H2 lyman and werner band laboratory measurements and an improved constraint on a cosmological variation of the proton-to-electron mass ratio[J]. Phys. Rev. Lett., 2004, 92: 101302(4 pages).

[248] Reinhold E, Buning R, Hollenstein U, et al. Indication of a cosmological variation of the proton-electron mass ratio based on laboratory measurement and reanalysis of H_2 spectra [J]. Phys. Rev. Lett., 2006, 96: 151101 (4 pages).

[249] Hall J L, Bordé C J, Uehara K. Direct optical resolution of recoil effect using saturated absorption spectroscopy[J]. Phys. Rev. Lett., 1976, 37: 1339 - 1342.

[250] Townes C H. Atomic clocks and frequency stabilization on microwave spectral lines[J]. J. Appl. Phys., 1951, 22: 1365 - 1372.

[251] Evenson K M, Wells J S, Petersen F R, et al. Speed of light from direct frequency and wavelength measurement of the methane-stabilized laser[J]. Phys. Rev. Lett., 1972, 29: 1346 - 1349.

[252] Ye J, Ma L S and Hall J L. Molecular iodine clock[J]. Phys. Rev. Lett., 2001, 87: 270801(4 pages).

[253] S. M. Foreman, A. Marian, J. Ye, et al, Demonstration of a He - Ne/CH_4-based optical molecular clock, Opt. Lett., 2005, 30 (5): 570 - 572.

[254] Carr L D, DeMille D, Krems R V, et al. Cold and ultracold molecules: science, technology and applications[J]. New. J. Phys., 2009, 11: 055049 (87 pages).

[255] Dulieu O and Gabbanini C. The formation and interactions of cold and ultracold molecules: new challenges for interdisciplinary physics[J]. Rep. Prog. Phys., 2009, 72: 086401 (35 pages).

[256] Yelin S F, Kirby K, and Cotel R. Schemes for robust quantum computation with polar molecules[J]. Phys. Rev. A, 2006, 74: 050301 (R) (4 pages).

[257] Lee C and Ostrovskaya E A. Quantum computation with diatomic bits in optical lattices [J], Phys. Rev. A, 2005, 72: 062321 (5 pages).

[258] Charron E, Milman P, Keller A, et al. Quantum phase gate and controlled entanglement with polar molecules[J]. Phys. Rev. A, 2007, 75: 033414 (9 pages).

[259] Kuznetsova E, Côté R, Kirby K, et al. Analysis of experimental feasibility of polar-molecule-based phase gates[J]. Phys. Rev. A, 2008, 78: 012313 (11 pages).

[260] André A, DeMille D, Doyle J M, et al. A coherent all-electrical interface between polar molecules and mesoscopic superconducting resonators[J]. Nature Physics, 2006, 2: 636 - 642.

[261] Tesch C M and de Vivie-Riedle R. Quantum computation with vibrationally excited molecules[J]. Phys. Rev. Lett., 2002, 89: 157901(4 pages).

[262] André A, DeMille D, Doyle J M, et al. A coherent all-electrical interface between polar molecules and mesoscopic superconducting resonators[J]. Nature Phys., 2006, 2: 636 - 642.

[263] Côté R. Quantum information processing: Bridge between two lengthscales[J]. Nature Phys., 2006, 2: 583 - 584.

[264] Rabl P, DeMille D, Doyle J M, et al. Hybrid quantum processors: Molecular ensembles as quantum memory for solid state circuits[J]. Phys. Rev. Lett., 2006, 97: 033003 (4 pages).

[265] Rabl P and Zoller P. Molecular dipolar crystals as high fidelity quantum memory for hybrid quantum computing[J]. Phys. Rev. A, 2007, 76: 042308 (23 pages).

[266] Tordrup K and Mølmer K. Quantum computing with a single molecular ensemble and a cooper-pair box[J]. Phys. Rev. A, 2008, 77: 020301 (5 pages).

[267] Tordrup K, Negretti A, Mølmer K. Holographic quantum computing[J]. Phys. Rev. Lett., 2008, 101: 040501 (4 pages).

[268] Milman P, Keller A, Charron E, et al. Bell-Type inequalities for cold heteronuclear molecules[J]. Phys. Rev. Lett., 2007, 99: 130405 (4 pages).

[269] Milman P, Keller A, Charron E, et al. Molecular orientation entanglement and temporal Bell-type inequalities[J]. Eur. Phys. J. D, 2009, 53: 383 - 392.

[270] Milman P and Keller A, Entanglement in a molecular chain: Characterization and applications[J]. Phys. Rev. A, 2009, 79: 052303 (5 pages).

[271] Wei Q, Kais S, Friedrich B, et al. Entanglement of polar molecules in pendular states [J]. J. Chem. Phys., 2011, 134: 124107 (13 pages).

[272] Wei Q, Kais S, Friedrich B, et al. Entanglement of polar symmetric top molecules as candidate qubits[J]. J. Chem. Phys., 2011, 135: 154102 (10 pages).

[273] Zhou Y L, Ortner M, and Rabl P. Long-range and frustrated spin-spin interactions in crystals of cold polar molecules[J]. Phys. Rev. A, 2011, 84: 052332 (10 pages).

[274] Feynman R. Simulating physics with computers[J]. Int. J. Theor. Phys., 1982, 21: 467 - 488.

[275] Buluta I and Nori F. Quantum simulators[J]. Science, 2009, 326: 108 - 111.

[276] Lewenstein M, Sanpera A, Ahufinger V, et al. Ultracold atomic gases in optical lattices: mimicking condensed matter physics and beyond[J]. Adv. Phys., 2007, 56: 243 - 379.

[277] Lewenstein M. Polar molecules in topological order[J]. Nature Phys., 2006, 2: 309-310.

[278] Micheli A, Brennen G K, Zoller P. A toolbox for lattice-spin models with polar molecules[J]. Nature Phys. 2006, 2: 341-347.

[279] Reichel J, and Vuletic V. Atom chips[M]. Weinheim, Germany: Wiley-VCH Verlag GmbH & Co. KGaA, 2011.

[280] Deng L, Xia Y, and Yin J. Electrostatic surface guiding of cold polar molecules with a single charged wire[J]. Chin. Phys., 2007, 16 (3): 707-717.

[281] Gu Z X, Guo C X, Hou S Y, et al. A controllable high-efficient electrostatic surface guide for polar molecules with a single charged-wire[J]. Phys. Rev. A, 2013, 87: 053401(6 pages).

[282] Deng L and Yin J. Beam splitter for guided polar molecules with a Y-shaped charged wire[J]. Opt. Lett., 2007, 32 (12): 1695-1697.

[283] Hou S Y, Wang Q, Deng L Z, et al. Controllable surface electrostatic velocity filtering for polar molecules[J]. Submitted to J. Phys. B, 2013.

[284] Deng L, Xia Y, and Yin J. Electrostatic surface storage ring for cold polar molecules [J]. J. Opt. Soc. Am. B, 2010, 27 (6): 88-92.

[285] Xia Y, Deng L, and Yin J. Electrostatic guiding of cold polar molecules on a chip[J]. Appl. Phys. B, 2005, 81: 459-464.

[286] Xia Y, Yin Y L, Chen H, et al. Electrostatic surface guiding for cold polar molecules: Experimental demonstration[J]. Phys. Rev. Lett., 2008, 100(4): 043003 (4 pages).

[287] Sun M, and Yin J. Controllable electrostatic guiding for cold polar molecules on the surface of a chip[J]. Phys. Rev. A, 2008, 78(3): 033426 (10 pages).

[288] Sun M, and Yin J. Controllable surface guiding for cold polar molecules with four charged wires[J]. J. Opt. Soc. Am. B, 2008, 25 (7): 1214-1222.

[289] Deng L Z, Liang Y, Gu Z X, et al. Experimental demonstration of a controllable electrostatic molecular beam splitter[J]. Phys. Rev. Lett., 2011, 106: 140401 (4 pages).

[290] Ma H, Zhou B, Yin J, et al. Electrostatic surface trap for cold polar molecules with a charged circular wire[J]. Chin. Phys. Lett., 2007, 24(5): 1228-1230.

[291] Meek S A, Bethlem H L, Meijer G, et al. Trapping molecules on a chip in traveling potential wells[J]. Phys. Rev. Lett., 2008, 100(15): 153003 (4 pages).

[292] Wang Q, Li S, Yin J, et al. Electrostatic surface trap for cold polar molecules on a chip [J]. Submitted to Chin. Phys. B, 2013.

[293] Li S, Xu L, Yin J, et al. A controllable high-efficient electrostatic surface trap for cold polar molecules on a chip[J]. Submitted to Appl. Phys. B, 2013.

[294] Gu Z X, Wang Z X, Wang Q, et al. A controllable 1D or 2D electrostatic lattices for polar molecules on a chip[J]. submitted to Phys. Rev. A, 2013.

[295] Meek S A, Conrad H, Meijer G. Trapping molecules on a chip[J]. Science, 2009, 324: 1699-1702.

[296] Hou S, Wang Q, Yin J, et al. Manipulating cold molecules on a chip by surface velocity

filtering, bunching and storage ring[J]. Submitted to Phys. Rev. A, 2013.

[297] Yin Y, Zhou Q, Yin J, et al. Multistage optical Stark decelerator for a pulsed supersonic beam with a quasi-cw optical lattice[J]. Opt. Express, 2009, 17: 10706-10717.

[298] Gordon R J, Zhu L C, Seideman T, et al. Nanolithography using molecular optics[J]. J. Appl. Phys., 2003, 94: 669-676.

[299] McClelland J J, Scholten R E, Celotta R J, et al. Laser-focused atomic deposition[J]. Science, 1993, 262: 877-880.

[300] Yin Y L, Li T, Zhu S N, et al. Nanometer-scale molecular deposition using the surface Plasmon polariton interference field on a metal film[J]. Appl. Phys. Lett., 2011, 98: 093105 (4 pages).

[301] Liu Z W, Wang Y, Zhang X, et al. Broad band two-dimensional manipulation of surface plasmons[J]. Nano Lett., 2009, 9(1): 462-466.

[302] Buuren L D, Sommer C, Rempe G, et al. Electrostatic extraction of cold molecules from a cryogenic reservoir[J]. Phys. Rev. Lett., 2009, 102: 033001 (4 pages).

[303] Liu Z, Wei Q, Zhang X. Surface plasmon interference nanolithography[J]. Nano Lett., 2005, 5(5): 957-961.

[304] Quidant R, Girard C. Surface-plasmon-based optical manipulation[J]. Laser & Photon. Rev., 2008, 2: 47-57.

[305] Gonda S, Doi T, Hisata N, et al. Real-time, interferometrically measuring atomic force microscope for direct calibration of standards[J]. Rev. Sci. Instrum., 1999, 70: 3362-3368.

[306] Metcalf H J, Straten P. Laser Cooling, Trapping[M]. Springer, New York, 1999.

[307] Rosa M D. Laser-cooling molecules[J]. Eur. Phys. J. D, 2004, 31: 395-402.

[308] Stuhl B K, Sawyer B C, Ye J, et al. Magneto-optical trap for polar molecules[J]. Phys. Rev. Lett., 2008, 101: 243002 (4 pages).

[309] Dulieu O, Raoult M, Tiemann E, Cold molecules: a chemistry kitchen or physicists? [J]. J. Phys. B, 2006, 39(19): (12 pages).

[310] Carr L D, DeMille D, Ye J, et al. Cold and ultracold molecules: science, technology and applications[J]. New J. Phys., 2009, 11: 055049 (82 pages).

[311] Köhler T, Göral K, Julienne P S, Production of cold molecules via magnetically tunable Feshbach resonances[J]. Rev. Mod. Phys., 2006, 78: 1311-1361.

[312] Jones K M, Tiesinga E, Julienne P S, et al. Ultracold hotoassoci- ation spectroscopy: Long-range molecules and atomic scattering [J]. Rev. Mod. Phys., 2006, 78: 483-535.

[313] Bethlem H L, Berden G, Meijer G, Decelerating neutral dipolar molecules[J]. Phys. Rev. Lett., 1999, 83: 1558-1561.

[314] Rangwala S A, Junglen T, Rempe G, et al. Continuous source of translationally cold dipolar molecules[J]. Phys. Rev. A, 2003, 67: 043406 (4 pages).

[315] Meerakker S Y T, Bethlem H L, Meijer G. Taming molecular beams[J]. Nature Phys., 2008, 4: 595-602.

[316] Narevicius E, Libson A, Raizen M G, et al. Stopping supersonic oxygen with a series of pulsed electro- magnetic coils: A molecular coilgun[J]. Phys. Rev. A, 2008, 77: 051401 (4 pages).

[317] Fulton R, Bishop A I, Barker P F. Optical stark decelerator for molecules[J]. Phys. Rev. Lett., 2004, 93: 243004 (4 pages).

[318] Fulton R, Bishop A I, Barker P F, et al. Controlling the motion of cold molecules with deep periodic optical potentials[J]. Nature Phys., 2006, 2: 465 - 468.

[319] Fulton R, Bishop A I, Barker P F, et al. Optical stark deceleration of nitric oxide and benzene molecules using optical lattices[J]. J. Phys. B, 2006, 39: S1097 - S1109.

[320] Pauly H. Atom, Molecule, and Cluster Beams I: Basic Theory, Production and detection of thermal energy beams[M]. Springer, Berlin, 2000.

[321] Weinstein J D, de Carvalho R, Doyle J M, et al. Spectroscopy of buffer-gas cooled vanadium monoxide in a magnetic trapping field[J]. J. Chem. Phys., 1998, 109: 2656 - 2661.

[322] Weinstein J D, de Carvalho R, Doyle J M, et al. Magnetic trapping of calcium monohydride molecules at milli Kelvin temperatures[J]. Nature, 1998, 395: 148 - 150.

[323] Toennies J P, Vilesov A F. Spectroscopy of atoms and molecules in liquid helium[J]. Annu. Rev. Phys. Chem., 1998, 49: 1 - 41.

[324] Stienkemeier F, Vilesov A F. Electronic spectroscopy in He droplets[J]. J. Phys. Chem., 115: 10119 - 10137.

[325] Bethlem H L, Berden G, Meijer G. Electrostatic trapping of ammonia molecules[J]. Nature, 2000, 406: 491 - 494.

[326] Bochinski J R, Hudson E R, Ye J, et al. Phase space manipulation of cold free radical OH molecules[J]. Phys. Rev. Lett., 2003, 91: 243001 (4 pages).

[327] Meerakker S Y T, Labazan I, Meijer G, et al. Production and deceleration of a pulsed beam of metastable $NH(a^1\Delta)$ radicals[J]. J. Phys. B, 2006, 39: S1077 - S1084.

[328] Tarbutt M R, Bethlem H L, Hinds E A, et al. Slowing heavy, Ground-state molecules using an alternating gradient decelerator[J]. Phys. Rev. Lett., 2004, 92: 173002 (4 pages).

[329] Jun S, Tiemann E, Lisdat C. Cold atoms and molecules from fragmentation of decelerated SO_2[J]. Phys. Rev. A, 2006, 74: 040701(R) (4 pages).

[330] Rieger T, Junglen T, Rempe G, et al. Continuous loading of an electrostatic trap for polar molecules[J]. Phys. Rev. Lett., 2005, 95: 173002 (4 pages).

[331] Tsuji H, Okuda Y, Sekiguchi T, et al. Velocity distribution of the pulsed ND_3 molecular beam selected by a quadrupole Stark velocity filter[J]. Chem Phys. Lett., 2007, 463: 331 - 334.

[332] Narevicius E, Raizen M G. Toward cold chemistry with magnetically decelerated supersonic beams[J]. Chem. Rev., 2012, 112: 4879 - 4889.

[333] Lu H I, Rasmussen J, Doyle J M, et al. A cold and slow molecular beam[J]. Phys. Chem. Chem. Phys., 2011, 13: 18986 - 18990.

[334] J. F. Barry, Shuman E S, DeMille D. A bright, slow cryogenic molecular beam source

for free radicals[J]. Phys. Chem. Chem. Phys., 2011, 13: 18936 - 18947.

[335] Hutzler N R, Lu H I, Doyle J M. The buffer gas beam: An intense, Cold, and slow source for atoms and molecules[J]. Chem. Rev., 2012, 112: 4803 - 4827.

[336] Singh V, Hardman K S, Weinstein J D, et al. Chemical reactions of atomic lithium and molecular calcium monohydride at 1 K[J]. Phys. Rev. Lett., 2012, 108 (20): 203201 (5 pages).

[337] Tariq N, Taisan N A, Weinstein J D, et al. Spectroscopic detection of the LiHe molecule[J]. Phys. Rev. Lett., 2013, 110 (15): 153201 (5 pages).

[338] Shuman E S, Barry J F, DeMille D. Laser cooling of a diatomic molecule[J]. Nature, 2010, 467: 820 - 823.

[339] Hummon M T, Yeo M, Ye J, et al. 2D Magneto-Optical trapping of diatomic molecules [J]. Phys. Rev. Lett., 2013, 110: 143001 (5 pages).

[340] Barry J F, Shuman E S, Norrgard E B, et al. Laser radiation pressure slowing of a molecular beam[J]. Phys. Rev. Lett., 2012, 108 (10): 103002 (5 pages).

[341] Hou S, Li S, Yin J, et al. Dependences of slowing results on both decelerator parameters and the new operating mode: taking ND_3 molecules as an expample[J]. J. Phys. B, 2013, 46: 045301 (9 pages).

[342] Liu Y, Yun M, Yin J, et al. Experimental generation of a cw cold CH_3CN molecular beam by a low-pass energy filtering[J]. Phys. Chem. Chem. Phys., 2010, 12: 745 - 752.

[343] Tokunaga S K, Dyne J M, Tarbutt M R, et al. Stark deceleration of lithium hydride molecules[J]. New J. Phys., 2009, 11: 055038 (15 pages).

[344] Wall T E, Kanem J F, Tarbutt M R, et al. Stark deceleration of CaF molecules in strong- and weak-field seeking states[J]. Phys. Chem. Chem. Phys., 2011, 13: 18991 -18999.

[345] Wohlfart K, Grätz F, Küpper J, et al. Alternating-gradient focusing and deceleration of large molecules[J]. Phys. Rev. A, 2008, 77: 031404 (R) (5 pages).

[346] Lett P D, Helmerson K, Phillips W D, et al. Spectroscopy of Na_2 by photoassociation of laser-cooled Na[J]. Phys. Rev. Lett., 1993, 71: 2200 (4 pages).

[347] Miller J D, Cline R A, Heinzen D J. Photoassociation spectrum of ultracold Rb atoms [J]. Phys. Rev. Lett., 1993, 71: 2204 (4 pages).

[348] Donley E A, Claussen N R, Thompson S T, et al. Dynamics of collapsing and exploding Bose Einstein condensates[J]. Nature, 2002, 417: 529 - 532.

[349] Strecker K E, Partridge G B, Hulet R G. Conversion of an atomic fermi gas to a long-lived molecular bose Gas[J]. Phys. Rev. Lett., 2003, 91: 080406 (4 pages).

[350] Takekoshi T, Patterson B M, Knize R J. Observation of optically trapped cold cesium molecules[J]. Phys. Rev. Lett., 1998, 81: 5105 (4 pages).

[351] Wang H, Gould P L, Stwalley W C. Photoassociative spectroscopy of ultracold ^{39}K atoms in a high-density vapor-cell magneto-optical trap[J]. Phys. Rev. A, 1996, 53: R1216 (4 pages).

[352] Abraham E R I, Ritchie N W M, Hulet R G, et al. Photoassociative spectroscopy of

long-range states of ultracold $^6Li_2$ and $^7Li_2$[J]. J. Chem. Phys., 1995, 103: 7773-7778.

[353] Fioretti A, Comparat D, Crubellier A, et al. Formation of cold Cs_2 molecules through photoassociation[J]. Phys. Rev. Lett., 1998, 80: 4402-4405.

[354] Viteau M, Chotia A, Allegrini M, et al. Optical pumping and vibrational cooling of molecules[J]. Science, 2008, 321: 232 (8 pages).

[355] Nagel S B, Mickelson P G, Saenz A D, et al. Photoassociative spectroscopy at long range in ultracold strontium[J]. Phys. Rev. Lett., 2005, 94: 083004 (4 pages).

[356] Zelevinsky T, Boyd M M, Ludlow A D, et al. Narrow line photoassociation in an optical lattice[J]. Phys. Rev. Lett., 2006, 96: 203201 (4 pages).

[357] Zinner G, Binnewies T, Riehle F, et al. Photoassociation of cold Ca atoms[J]. Phys. Rev. Lett., 2000, 85: 2292-2295.

[358] Haimberger C, Kleinert J, Bhattacharya M, et al. Formation and detection of ultracold ground-state polar molecules[J]. Phys. Rev. A, 2004, 70: 021402 (4 pages).

[359] Mancini M W, Telles G D, Caires A R L, et al. Observation of ultracold ground-state heteronuclear molecules[J]. Phys. Rev. Lett., 2004, 92: 133203 (4 pages).

[360] Wang D, Qi J, Stone M F, et al. Photoassociative pro-duction and trapping of ultracold KRb molecules[J]. Phys. Rev. Lett., 2003, 93: 243005 (4 pages).

[361] Kerman A J, Sage J M, Sainis S, et al. Production and state-selective detection of ultracold RbCs molecules[J]. Phys. Rev. Lett., 2004, 92: 153001 (4 pages).

[362] Kraft S D, Staanum P, Lange J, et al. Formation of ultracold LiCs molecules[J] J. Phys. B, 2006, 39: S993-S1000.

[363] Nemitz N, Baumer F, Munchow F, et al. Production of heteronuclear molecules in an electronically excited state by photoassociation in a mixture of ultracold Yb and Rb[J]. Phys. Rev. A, 2009, 79: 061403 (4 pages).

[364] Ridinger A, Chaudhuri S, Salez T, et al. Photoassociative creation of ultracold heteronuclear $^6Li^{40}K^*$ molecules[J]. Eur Phys Lett., 2011, 96: 33001(7 pages).

[365] Zwierlein M W, Stan C A, Schunck C H, et al. Observation of Bose-Einstein Condensation of Molecules[J]. Phys. Rev. Lett., 2003, 91: 250401 (4 pages).

[366] Jochim S, Bartenstein M, Altmeyer A, et al. Bose-Einstein condensation of molecules [J]. Science, 2003, 302: 2101-2103.

[367] Jochim S, Bartenstein M, Altmeyer A, et al. Pure gas of optically trapped molecules created from fermionic atoms[J]. Phys. Rev. Lett., 2003, 91: 240402 (4 pages).

[368] Ospelkaus S, Pe'er A, Ni K K, et al. Efficient state transfer in an ultracold dense gas of heteronuclear molecules[J]. Nature Phys., 2008, 4: 622-626.

[369] Ospelkaus S, Ni K K, Ye J, et al. Ultracold polar molecules near quantum degeneracy [J]. Faraday Discuss, 2009, 142: 351 (6 pages).

[370] Sage J M, Sainis S, Bergeman T, et al. Optical production of ultracold polar molecules [J]. Phys. Rev. Lett., 2005, 94: 203001 (4 pages).

[371] Xu K, Mukaiyama T, Abo-Shaeer J R, et al. Formation of quantum-degenerate sodium molecules[J]. Phys. Rev. Lett., 2003, 91: 210402 (4 pages).

[372] Regal C A, Ticknor C, Bohn J L, et al. Creation of ultracold molecules from a Fermi gas of atoms[J]. Nature, 2003, 424: 47 - 50.

[373] Herbig J, Kraemer T, Mark M, et al. Preparation of a pure molecular quantum gas[J]. Science, 2003, 301: 1510(7 pages).

[374] Inouye S, Goldwin J, Olsen M L, et al. Observation of heteronuclear feshbach resonances in a mixture of bosons and fermions[J]. Phys. Rev. Lett., 2004, 93: 183201 (4 pages).

[375] Stan C A, Zwierlein M W, Schunck C H, et al. Observation of feshbach resonances between two different atomic species[J]. Phys. Rev. Lett., 2004, 93: 143001 (4 pages).

[376] Ni K K, Ospelkaus S, de Miranda M H G, et al. A high phase- space-density gas of polar molecules[J]. Science, 1978, 322: 231 (21 pages).

[377] Ni K K, Ospelkaus S, Nesbitt D J, et al. A dipolar gas of ultracold molecules[J]. Phys. Chem. Chem. Phys., 2009, 11: 9626 - 9639.

[378] Stan C A, Zwierlein M W, Schunck C H, et al. Observation of feshbach resonances between two different atomic species[J]. Phys. Rev. Lett., 2004, 93: 143001 (4 pages).

[379] Wille E, Spiegelhalder F M, Kerner G, et al. Exploring an ultracold fermi-fermi mixture: Interspecies feshbach resonances and scattering properties of ^{6}Li and ^{40}K[J]. Phys. Rev. Lett., 2008, 100: 053201 (4 pages).

[380] Deh B, Marzok C, Zimmermann C, et al. Feshbach resonances in mixtures of ultracold ^{6}Li and ^{87}Rb gases[J]. Phys. Rev. A, 2008, 77: 010701(4 pages).

[381] Pilch K, Lange A D, Prantner A, et al. Observation of interspecies Feshbach resonances in an ultracold Rb-Cs mixture[J]. Phys. Rev. A, 2009, 79: 042718(7 pages).

[382] Ma J, Wang L, Zhao Y, Zhao Y, et al. High sensitive photoassociation spectroscopy of the Cs molecular O_u^+ and 1_g long-range states below the $6S_{1/2}+6P_{3/2}$ limit[J]. J. Mol. Phys., 2009, 255: 106 - 110.

[383] Ji Z, Zhang H, Wu J, et al. Photoassociative formation of ultracold RbCs molecules in the $(2)^3\Pi$ state[J]. Phys. Rev. A, 2012, 85: 013401 (8 pages).

[384] Wu J, Ma J, Zhang Y, et al. High sensitive trap loss spectroscopic detection of the lowest vibrational levels of ultracold molecules[J]. Phys. Chem. Chem. Phys., 2011, 13: 18921 - 18925.

[385] Ma J, Wu J, Zhao Y, et al. Determination of the rotational constant of the Cs_2 0_g^- $(6s+6p_{3/2})$ state by trap loss spectroscopy [J]. Opt. Express, 2010, 18 (16): 17089 - 17095.

[386] Yin Y, Xia Y, Yin J. A neat semi-Gaussian laser beam with no diffraction fringes: Theoretical analysis[J]. Opt. Commun., 2008, 281: 5511 - 5514.

[387] Ji X, Yin Y, Yin J. Multistage optical Stark decelerator for a CW molecular beam by using a semi-Gaussian beam and an all optical storage ring[J]. submitted to Opt. Express, 2013.

[388] Hogan S D, Seiler C, Merkt F. Rydberg-State-Enabled deceleration and trapping of cold molecules[J]. Phys. Rev. Lett., 2009, 103 (12): 123001 (4 pages).

[389] Liu R, Zhou Q, Yin Y, et al. Laser guiding of cold molecules in a hollow photonic bandgap fiber[J]. J. Opt. Soc. Am., 2009, B26 (5): 1076 - 1083.

[390] Ji X, Zhou W, Yin J, et al. Decelerating a pulsed subsonic molecular beam by a quasi-cw traveling optical lattice[J]. Opt. Express, 2012, 20 (7): 7792 - 7803.

[391] Ji X, Yin Y, Zhou Q, et al. Decelerating a pulsed subsonic molecular beam by a quasi-cw optical lattice: 3D Monte-Carlo simulations [J], Opt. Commun., 2013, 287: 128 - 136.

[392] van de Meerakker S Y T. Vanhaecke N, van der Loo M P J, et al. Direct measurement of the radiative lifetime of vibrationally excited OH radicals[J]. Phys. Rev. Lett., 2005, 95: 013003 (4 pages).

[393] Quemener G, Julienne P S. Ultracold molecules under control[J]. Chem. Rev., 2012, 112: 4949 - 5011.

[394] Ni K K, Ospelkaus S, Wang D, et al. Dipolar collisions of polar molecules in the quantum regime[J]. Nature, 2010, 464: 1324 - 1328.

[395] Lahaye T, Menotti C, Santos L, et al. The physics of dipolar bosonic quantum gases [J]. Rep. Prog. Phys., 2009, 72: 126401 (41 pages).

[396] Baranov M A, Dalmonte M, Pupillo G, et al. Condensed matter theory of dipolar quantum gases[J]. Chem Rev, 2012, 112: 5012 - 5061.

[397] Pupillo G, Griessner A, Micheli A, et al. Cold atoms and molecules in self-assembled dipolar lattices[J]. Phys. Rev. Lett., 2008, 100: 050402 (4 pages).

[398] Pollet L, Picon J D, Buchler H P, et al. Supersolid phase with cold polar molecules on a Triangular Lattice[J]. Phys. Rev. Lett., 2010, 104(12): 125302 (4 pages).

[399] Gapogrosso-Sansone B, Trefzger C, Lewenstein, et al. Quantum phases of cold polar molecules in 2D Optical Lattices[J]. Phys. Rev. Lett., 2010, 104(12): 125301 (4 pages).

[400] Dalmonte M, Zoller P, Pupillo G. Trimer liquids and crystals of polar molecules in coupled wires[J]. Phys. Rev. Lett., 2011, 107(16): 163202 (5 pages).

[401] Lemeshko M, Krems R V, Weimer H. Nonadiabatic preparation of spin crystals with ultracold polar molecules[J]. Phys. Rev. Lett., 2012, 109(3): 035301 (5 pages).

[402] Peter D, Muller S, Wessel S, et al. Anomalous behavior of spin systems with dipolar interactions[J]. Phys. Rev. Lett., 2012, 109(2): 025303 (5 pages).

[403] Danzl J G, Haller E, Gustavsson M, et al. Quantum gas of deeply bound ground state molecules[J]. Science, 2008, 321: 1062 - 1066.

[404] Li W, Pohl T, Rost J M, et al. A homonuclear molecule with a permanent electric dipole moment[J]. Science, 2011, 334: 1110 - 1114.

[405] Akoury D, Kreidi K, Jahnke T, et al. The simplest double slit: Interference and entanglement in double photoionization of H_2[J]. Science, 2007, 318: 949 - 952.

[406] Staanum P F, Højbjerre K, Skyt P S, et al. Rotational laser cooling of vibrationally and translationally cold molecular ions[J]. Nature Phys., 2010, 6: 271 - 274.

[407] Gershnabel E, Averbukh I Sh. Deflection of field-free aligned molecules[J]. Phys. Rev. Lett., 2010, 104(15): 153001 (4 pages).

[408] Oda K, Hita M, Minemoto S, et al. All-optical molecular orientation[J]. Phys. Rev. Lett., 2010, 104(21): 213901 (4 pages).

[409] Rupenyan A, Bertrand J B, Villeneuve D M, et al. All-optical measurement of high-harmonic amplitudes and phases in aligned molecules[J]. Phys. Rev. Lett., 2012, 108 (3): 033903 (5 pages).

[410] Kelkensberg F, Siu W, Pérez-Torres J F, et al. Attosecond control in photoionization of hydrogen molecules[J]. Phys. Rev. Lett., 2011, 107(4): 043002(4 pages).

[411] Chotia A, Neyenhuis B, Moses S A, et al. Long-lived dipolar molecules and Feshbach molecules in a 3D optical lattice[J]. Phys. Rev. Lett., 2012, 108: 080405 (5 pages).

[412] Marian A, Stowe M C, Lawall J B, et al. United time-frequency spectroscopy for dynamics and global structure[J]. Science, 2004, 306: 2063 - 2068.

[413] Sinclair L C, Cossel K C, Coffey T, et al. Frequency comb velocity-modulation spectroscopy[J]. Phys. Rev. Lett., 2011, 107: 093002 (4 pages).

[414] Foltynowicz A, Ban T, Mastlowski P, et al. Quantum-noise-limited optical frequency comb spectroscopy[J]. Phys. Rev. Lett., 2011, 107: 233002 (5 pages).

[415] Holmegaard L, Nielsen J H, Nevo I, et al. Laser-induced alignment and orientation of quantum-state-selected large molecules[J]. Phys. Rev. Lett., 2009, 102: 023001 (4 pages).

[416] Bell M T, Softley T P. Ultracold molecules and ultracold chemistry[J]. Molecular Phys., 2009, 107 (2): 99 - 132.

[417] Nesbitt D J. Toward state-to-state dynamics in ultracold collisions: Lessons from high-resolution spectroscopy of weakly bound molecular complexes[J]. Chem. Rev., 2012, 112(9): 5062 - 5072.

[418] Gilijamse J J, Hoekstra S, van de Meerakker S Y T, et al. Near-threshold inelastic collisions using molecular beams with a tunable velocity[J]. Science, 2006, 313: 1617 - 1620.

[419] Hummon M T, Tscherbul T V, Klos J, et al. Cold N+NH collisions in a magnetic trap phys[J]. Phys. Rev. Lett., 2011, 106 (5): 053201 (4 pages).

[420] Parazzoli L P, Fitch N J, Zuchowski P S, et al. Large effects of electric fields on atom-molecule collisions at millikelvin temperatures[J]. Phys. Rev. Lett., 2011, 106 (19): 193201 (4 pages).

[421] Tong X, Winney A H, Willitsch S, et al. Sympathetic cooling of molecular ions in selected rotational and vibrational states produced by threshold photoionization[J]. Phys. Rev. Lett., 2010, 105(14): 143001(4 pages).

[422] Tscherbul T V, Yu H-G, Dalgarno A. Sympathetic cooling of polyatomic molecules with S-State atoms in a magnetic trap[J]. Phys. Rev. Lett., 2011, 106(7): 073201(4 pages).

[423] Brahms N, Tsherbul T V, Zhang P, et al. Formation of van der Waals molecules in buffer-gas-cooled magnetic traps[J]. Phys. Rev. Lett., 2010, 105 (3): 033001 (4

pages).

[424] Ospelkaus S, Ni K-K, Wang D, et al. Quantum-state controlled chemical reactions of ultracold potassium-rubidium molecules[J]. Science, 2010, 327: 853 - 857.

[425] Daranlot J, Jorfi M, Xie C, et al. Revealing atom-radical reactivity at low temperature through the N+OH reaction[J]. Science, 2011, 334: 1538 - 1541.

[426] Hall F H J, Aymar M, Bouloufa-Maafa N, et al. Light-assisted ion-neutral reactive processes in the cold regime: Radiative molecule formation versus charge exchange[J]. Phys. Rev. Lett., 2011, 107 (24): 243202 (5 pages).

[427] Yang X, Minton T K, Zhang D H. Rethinking chemical reactions at hyperthermal energies[J]. Science, 2012, 336: 1650 - 1651.

[428] Schnell M, Meijer G. Cold molecules: preparation, applications and challenges[J]. Angew. Chem. Int. Ed., 2009, 48: 6010 - 6031.

[429] Dulieu O, Gabbanini C. The formation and interactions of cold and ultracold molecules: new challenges for interdisciplinary physics[J]. Rep. Prog. Phys., 2009, 72: 086401 (35 pages).

[430] van de Meerakker S Y T, Bethlem H L, Vanhaecke N, et al. Manipulation and control of molecular beams[J]. Chem. Rev., 2012, 112(9): 4828 - 4878.

[431] Ulmanis J, Deiglmayr J, Repp M, et al. Ultracold molecules formed by photoassociation: Heteronuclear dimers, inelastic collisions, and interactiona with ultrashort laser pulses[J]. Chem. Rev., 2012, 112(9): 4890 - 4927.

[432] Blume D. Few-body physics with ultracold atomic and molecular systems in traps[J]. Rep. Prog. Phys., 2012, 75: 046401 (37 pages).

3 激光光谱

陈扬骎　汪海玲　邓伦华

3.1 引言

自 1960 年激光问世以来，光谱测量技术已经发生了根本的变化。随着激光光源的更新以及非线性光学的发展，各种新的激光光谱技术不断出现，使光谱测量的灵敏度、光谱的频率和波长分辨率、时间和空间的分辨本领都提高了几个数量级。光谱测量技术不仅极大地推动了微观物理学，如原子分子物理学的发展，还渗透到化学、生物学、光电子学、医学、环境科学、材料科学、等离子体物理学、天文学和计量科学等方面的研究中以及工农业和国防的现代化建设中。各学科间的交叉渗透，反过来又促进了激光光谱技术的不断发展。近 30 年来，采用激光光谱技术实现了对原子分子的冷却和囚禁；采用锁模激光形成的光学频率梳可以对光学频率进行精密测量，同时又促进了光学频率段的原子分子时间频率标准的迅速发展；采用超快飞秒脉冲激光的瞬态光谱技术开创并不断更新了化学反应动力学的研究；采用腔衰荡光谱技术结合分子束技术可以高灵敏地对各类瞬态分子光谱进行研究；采用零动能光谱技术可以对离子分子和分子里德伯态进行研究；采用高分辨光谱技术可以对超流现象进行微观机理的解释等，都说明了激光光谱技术已经成为科学研究中普遍采用的一种实验手段。

本专题将给出激光光谱技术方面的简要综述，尤其是近几十年的发展。由于激光光谱覆盖面很广，发展又日新月异，本专题只能给出基本的内容和粗略的轮廓供读者参考。这方面已有许多重要的论著[1-9]，读者可以根据自己的需要选择阅读。

3.2 高灵敏激光光谱

激光的出现为高灵敏光谱技术的发展奠定了基础。与传统光谱技术相比，高灵敏激光光谱技术可以对更多的特殊原子分子对象进行研究。例如，可以对生成率很低的自由基分子、激发态分子、离子分子、团簇分子和范德瓦耳斯分子实施光谱测量；可以给出更详细的原子分子内在信息，可以研究分子的禁戒跃迁、泛频跃迁和非线性光谱等现象；还可以观测到细微的原子分子间的相互作用和给出更精确的能级结构和原子分子常数，为许多相关领域提供重要的科学依据。

3.2.1 基于对透射光探测的激光光谱

对透射光探测的激光光谱也称为吸收光谱，它是基于介质对光吸收的比尔-朗伯(Beer-Lambert)定律

$$I_{\mathrm{T}} = I_0 \mathrm{e}^{-\alpha L} \tag{3-1}$$

式中，I_{T}是被探测的透射光强，I_0是入射光强，L是样品吸收程长，α是吸收系数(单位为 cm^{-1})。α与跃迁上下态的粒子布居数差值以及吸收介质的跃迁矩有关，可以表述为

$$\alpha = \frac{8\pi^3}{3hc}\nu(N'' - N') \mid \langle \varphi' \mid \boldsymbol{\mu} \mid \varphi'' \rangle \mid^2 \tag{3-2}$$

式中，ν为跃迁频率，$\boldsymbol{\mu}$为原子分子的电偶极矩，N'和φ'为跃迁上态的粒子布居数和对应的波函数，N''和φ''为跃迁下态粒子布居数和对应的波函数，$\langle \varphi' \mid \boldsymbol{\mu} \mid \varphi'' \rangle$为跃迁矩。图 3-1 给出了吸收光谱最基本的原理图。

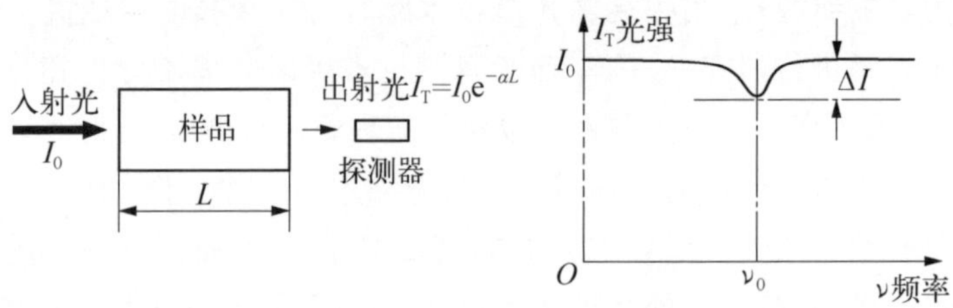

图 3-1 吸收光谱的原理图

当被测样品的吸收率很小时，透射光强可以近似为

$$I_{\mathrm{T}} \approx I_0(1 - \alpha L) \tag{3-3}$$

被样品吸收的光强为

$$\Delta I = I_0 - I_{\mathrm{T}} = \alpha L I_0 \tag{3-4}$$

在入射光强不很强时，吸收系数α近似为常数，称为线性吸收，即被吸收的光强与入射光强呈线性正比。

相对吸收率可记为

$$\frac{I_0 - I_{\mathrm{T}}}{I_0} = \frac{\Delta I}{I_0} = \frac{I_0 \alpha L}{I_0} = \alpha L \tag{3-5}$$

从式(3-4)可以看到，被吸收的光谱信号ΔI与入射光强I_0、样品的吸收系数α

和样品的吸收长度L成正比。光谱测量的灵敏度可以用最小相对吸收率来表征，除了上述影响光谱信号的因素外，还直接与测量系统的信噪比(S/N)有关。为了增强吸收信号，可以采用多种技术。例如，采用激光腔内吸收的方法，把被测样品直接放在激光腔内，由于激光腔内的光功率要比腔外高出将近两个数量级，激光光子在腔内往返传播数百次，相当于吸收程L增加了两个数量级，因而增大了吸收。另一种常用的方法是采用激光腔外的多程吸收池（multipass absorption cell）来增长吸收程L，即在激光腔外将吸收样品放置在两片反射镜之间，让光束多次反射往返通过样品，然后再引出到探测器上进行透射光的探测。例如，经常用的怀特池(White cell)可以将吸收光程增加几十倍。最近几十年中发展了腔衰荡和腔增强高灵敏激光光谱技术，从本质上讲也是利用了光学谐振腔来增长样品的吸收光程。此外，为了提高样品的吸收系数，可以通过对样品温度的调控，增加吸收态的粒子布居数；也可以利用激光束对样品的抽运或者利用等离子体放电的方法制备特定态的粒子布居来提高吸收光谱信号。

由式(3－3)透射光强度的表达式和图3－1可知，采用简单的吸收光谱方法，透射光强中包含有很强的入射激光本底信号及激光幅度涨落噪声的叠加。例如采用染料激光器作为光源，它的相对幅度涨落噪声可以达到5×10^{-2}左右。当样品相对吸收率低于5×10^{-2}时，被测光谱信号将完全淹没在光源的噪声中而无法被探测到。然而很多被研究对象的相对吸收率会远低于10^{-2}，对一些瞬态分子(如自由基分子、离子分子等)光谱的测量，由于它们的化学活性很强、寿命很短，生成浓度就很低，使样品吸收率非常低。这样，必须考虑把入射激光的本底信号消除，以及让激光幅度噪声和系统测量噪声尽量降低。为了解决这个问题，可以采用各种调制技术结合弱信号检测技术，如锁相技术和信号平均技术来获得无本底的吸收信号，并且对噪声作进一步的抑制，才可能实现高灵敏度的光谱测量。我们将在下面对一些重要的高灵敏光谱测量技术进行介绍。

吸收光谱技术广泛地应用于基础和应用研究领域，在很多场合吸收光谱方法成为首选。例如，在大分子光谱的研究中，由于激发态能级的快速弛豫和经常发生的解离和预解离现象，荧光辐射效率很低；又如，光频较低的红外光谱测量时，荧光辐射强度也很弱，在这些情况下采用吸收光谱方法更为合适。

3.2.1.1　差分检测激光光谱技术

差分光谱方法(differential spectroscopy)是吸收光谱常用的一种检测方法(见图3－2)，它将入射激光分成两束相等强度的光，一束通过吸收池后被探测器A接收，作为对被测对象光谱的探测，另一束直接由探测器B接收，作为参考光强的探测，两个探测器的输出信号在差分放大器中进行相减。由于两路光束的共模特性，差分后可以把激光本底信号消除，同时在很大程度上对噪声进行抑制，从而提高了光谱测量的灵敏度。

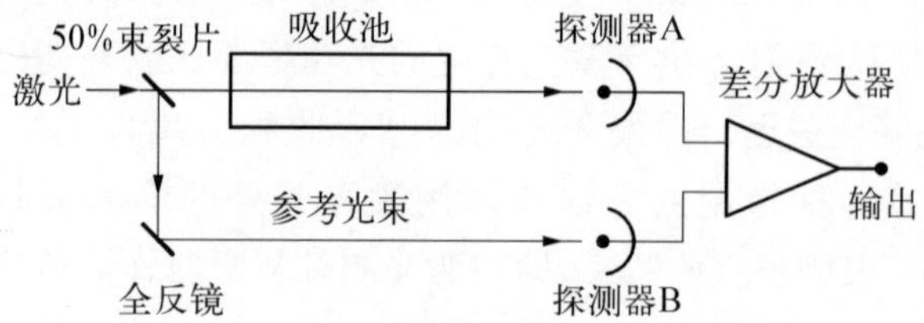

图 3-2 差分检测吸收光谱原理图

图 3-3 为采用差分检测技术对碘分子(I_2)$B^3\Pi_{0u}^+ \leftarrow X^1\Sigma_g^+$ 电子态之间跃迁光谱测量的实例，探测器前的可变衰减片用于调节两路光强，使其保持一致。碘分子光谱的跃迁谱线经常作为光谱测量中的绝对波长标准，即在测量未知分子光谱的同时，记录作为标准样品的碘分子光谱。法国 CNRS 的 Gerstenkorn 等人公布了碘分子的光谱表[10, 11]，精度可达 0.001 cm^{-1}。采用碘分子光谱作为参考，可以保证光谱测量的准确度，已成为国际分子光谱学界经常采用的方法之一。碘分子在可见光波段有很强的吸收光谱，但在近红外波段上光谱强度急剧下降，需要将碘样品池加热到 200℃以上，以增加碘的蒸气压；同时采用差分检测技术配合锁相放大技术就可以获得高信噪比的光谱。

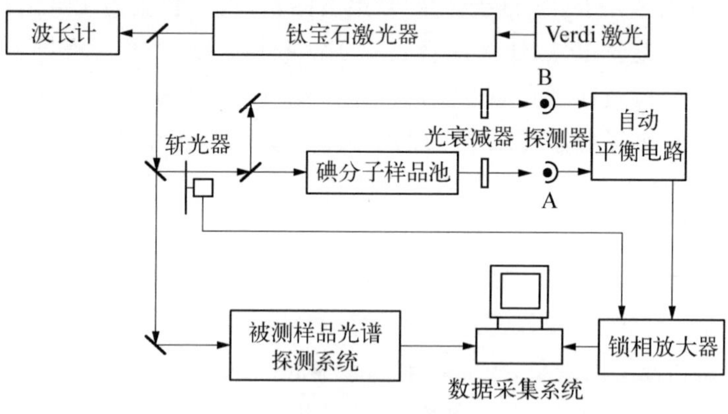

图 3-3 差分检测激光光谱测量方框图

在采用差分检测技术中，当激光在一段波长范围内进行扫描时，由于光束在空间位置上的微小变化，很难保持两束光强始终一致，因此会出现本底信号飘移的问题，导致信噪比降低。为了解决这个问题，发展了自动平衡差分检测光谱技术[12]，即通过自动平衡电路保持两路光强的一致，从而克服本底飘移的问题，以及可以更好地抑制激光幅度涨落噪声。

图 3－4 是利用 WaveReader 软件[13]获得的 I_2分子差分检测的光谱图，上迹线代表未知分子的光谱，下迹线为标准碘分子光谱，光谱测量的准确度为 0.006 cm^{-1}。

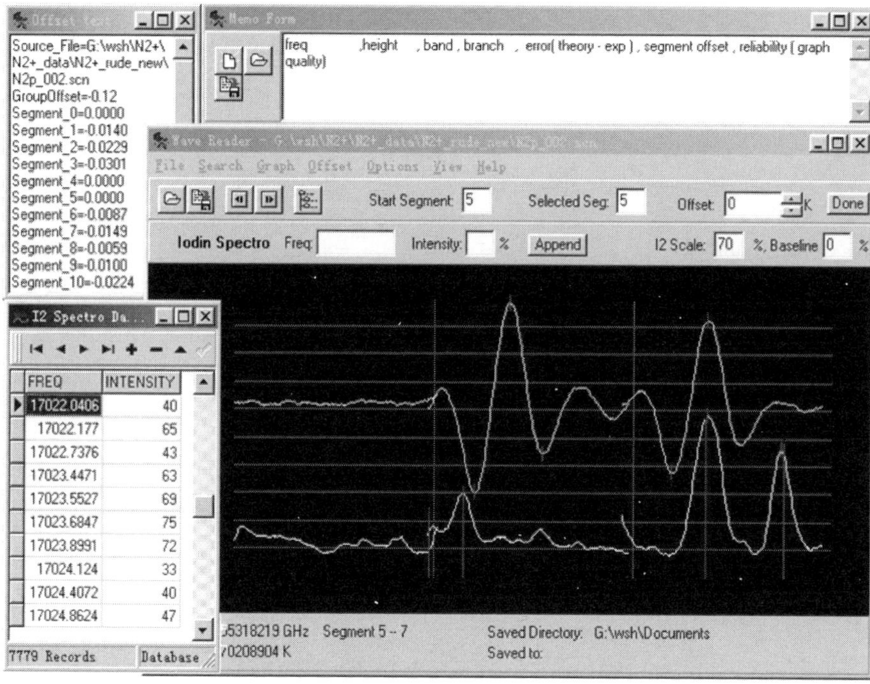

图 3－4　采用差分检测技术获得的光谱图

3.2.1.2　调频激光光谱

调频激光光谱(frequency modulation spectroscopy)是灵敏度很高的一种光谱测量技术。它的原理方框图如图 3－5 所示。

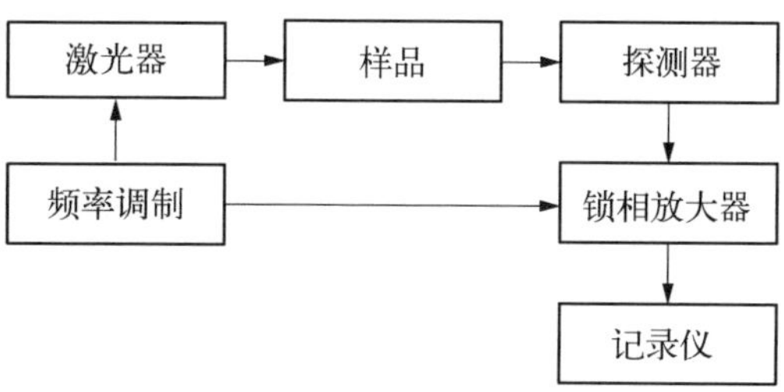

图 3－5　调频激光光谱原理方框图

一个圆频率为 ω_L 的单模连续激光器，对它进行频率调制，调制圆频率为 ω_m，激光的圆频率为 $\omega_L(t)=\omega_L+b\sin\omega_m t$。经过调频后激光频率在 $\omega_L\to\omega_L+\Delta\omega_L$ 之间以 ω_m 做周期性扫动。当激光与原子分子跃迁频率共振时，透射光强的变化为 $I_T(\omega_L+\Delta\omega_L)-I_T(\omega_L)$。对透射光强作 Taylor 级数展开

$$I_T(\omega_L+\Delta\omega_L)-I_T(\omega_L)=\frac{dI_T}{d\omega}\Delta\omega_L+\frac{1}{2!}\frac{d^2I_T}{d\omega^2}\Delta\omega_L^2+\cdots \tag{3-6}$$

其中第一项为主要贡献项，其他高阶项可以忽略，透射信号可写为

$$I_T(\omega_m)=aL\frac{d\alpha(\omega)}{d\omega}\sin\omega_m t \tag{3-7}$$

式中，L 为吸收程长，$\alpha(\omega)$ 为样品吸收系数，a 为比例系数。可以看出调频激光光谱信号与原子分子跃迁谱线的斜率 $\frac{d\alpha(\omega)}{d\omega}$ 成正比，在没有吸收谱线处信号为零，因此是一种无本底的光谱技术。透射光强经锁相放大器在调制频率 ω_m 上解调后获得一次微分线型的吸收谱线，如图 3-6 所示。由于锁相放大器在特定的调制频率 ω_m 上解调，且测量带宽非常窄(锁相放大器的测量带宽正比于时间常数的倒数)，与调制频率无关的杂散光和噪声可以有效地被抑制。

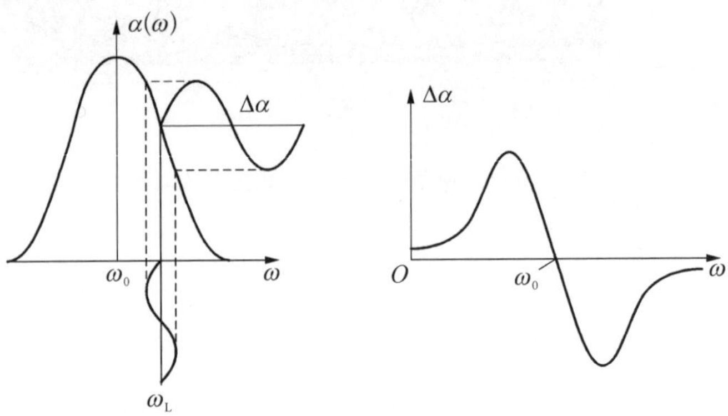

图 3-6 调频光谱的信号

提高光谱测量灵敏度的关键在于提高实验系统的信噪比，这就需要分析和判断实验过程中各种噪声的来源和影响信号大小的各种因素。通常，在吸收光谱测量过程中，噪声最大的来源是激光光源自身的幅度涨落噪声，它的频谱分布与频率的倒数成正比，即为 $1/f$ 的闪烁噪声(flicker noise)。图 3-7 是染料激光器噪声频谱的典型分布图，从图中可知采用的调制频率越高，闪烁噪声的幅度越小。根据激光器噪声的频谱分析，当调制频率高于 1 MHz 时，闪烁噪声几乎

可以忽略,达到散粒噪声(shot noise)的水平。散粒噪声是指探测器对不连续光子计数的统计涨落,也称为量子噪声。选用高质量的探测器,其自身的噪声通常可以忽略。也就是说,一个好的光谱测量系统,在采用比较高的工作频率时,可以实现散粒噪声(或者说是量子噪声)的极限测量。

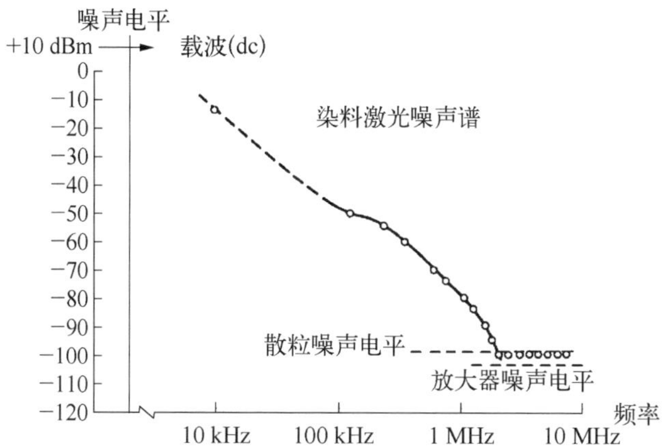

图 3-7 染料激光器噪声的频谱分布图[19]

在上述的调频光谱中,由于锁相放大器的最高工作频率通常只有 100 kHz,还不足以完全抑制闪烁噪声。图 3-8 的测量方案中采用了平衡混频器取代锁相放大器,采用电光调制器(EOM)对激光进行频率调制,调制频率可以提高到 500 MHz~1 GHz,在这个调制频率上工作就可以完全消除闪烁噪声达到散粒噪声的测量极限。

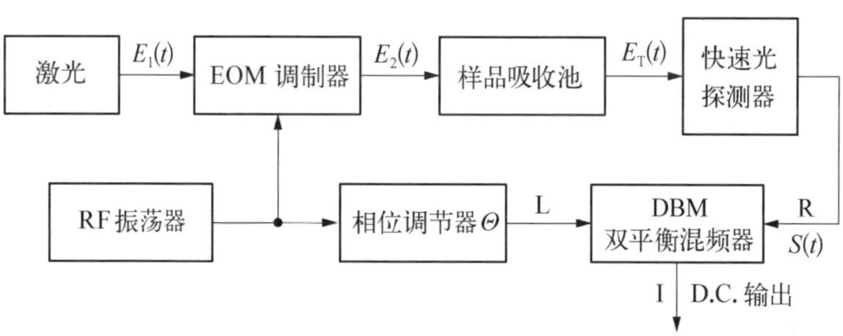

图 3-8 光外差光谱测量方框图

DBM 上的 L、R 和 I 分别为本地振荡、射频输入和中频输出

这个实验方案类似电子学的外差测量,因而也称为光外差光谱(optical heterodyne spectroscopy)。Bjorklund 等人[14]从频谱分析的角度对光外差信号

作了详细的推导。经过调频后的光场除了具有载波频率 ω_L 成分外，还包含 $\omega_L \pm \omega_m$ 的正负一阶边频。当调频光经过长度为 L 的吸收样品后，由快速光电探测器检测载频与两个边频的拍频信号，这个拍频信号的频率即为调制频率 ω_m。如果只取调制频率 ω_m 的一阶拍频信号，光外差光谱的透射光强 I_T 的表达式为

$$I_T(t) = \frac{CE_0^2}{8\pi} e^{-2\delta_0} [1 + (\delta_{-1} - \delta_1) M \cos \omega_m t + (\phi_1 + \phi_{-1} - 2\phi_0) M \sin \omega_m t] \tag{3-8}$$

式中，$\delta_i = \frac{\alpha_i L}{2}$，$\phi_i = n_i L(\omega_L + i\omega_m)/c$，$\alpha_i$ 和 n_i 分别为样品的吸收系数和折射率，下标 i 取 0，−1 和 +1 分别代表载波、负边频和正边频，M 为频率调制度。透射光强 $I_T(t)$ 经过双平衡混频器(double balance mixer，DBM，其原理类似一个高频的锁相放大器)检相后可以分别取出式(3-8)中的吸收项 $(\delta_{-1} - \delta_{+1})$ 或者色散项 $(\phi_1 + \phi_{-1} - 2\phi_0)$。在测量中，通过改变相位调节器的相位 Θ 可以选择吸收项或色散项作为输出信号。如果采用吸收项 $(\delta_{-1} - \delta_{+1})$ 作输出，当激光与样品没有共振吸收时，由于正负边频的吸收信号具有幅度相等、相位相反的对称特性，使 $\delta_{-1} - \delta_{+1} = 0$，激光本底可以相消，噪声大幅度下降；当激光与样品产生共振吸收时，这种对称性将被破坏，$\delta_{-1} - \delta_{+1} \neq 0$，因而产生输出信号。为此，光外差测量方法是一种没有测量本底、可以达到散粒噪声测量极限的高灵敏度吸收光谱方法，与普通吸收光谱技术比较，它可以将灵敏度提高 $10^3 \sim 10^5$ 倍以上。

光外差光谱的测量线型取决于调制频率 ω_m 与原子分子跃迁谱线宽度 $\Delta\nu_0$ 的比值，Bjorklund 给出了在各种比值情况下的线型。除此之外，还与相位调节器的相位 Θ 选择有关。当 $\Theta = 0$ 时为纯吸收项 $(\delta_{-1} - \delta_{+1})$，当 $\Theta = 90°$ 时为纯色散项 $(\phi_1 + \phi_{-1} - 2\phi_0)$，处于其他相位时为吸收项和色散项两者的合成。图 3-9 是用计算机对 He_2 分子 $c^3\Sigma_g^+ - a^3\Sigma_u^+$ 电子态跃迁光外差光谱信号的模拟结果，He_2 分子的多普勒谱线宽度为 $\delta\nu = 2.4$ GHz，采用 $\omega_m = 500$ MHz 的调制频率，从图中可以看出光谱线型与相位 Θ 的关系。

光外差光谱测量过程中经常会产生剩余幅度调制(residual amplitude modulation，RAM)，叠加在调频光谱信号上，引起噪声的增加。例如，采用等离子放电的方法生成瞬态分子样品时，在放电管中折射率和温度都会随放电频率变化，引起透射光的幅度调制；另外，光学元件对激光的退偏也会造成电光调制器(EOM)调制过程中的剩余幅度调制。为了减少这种噪声，经常将光外差测量技术与其他调制技术联合使用，实现灵敏度的进一步提高。

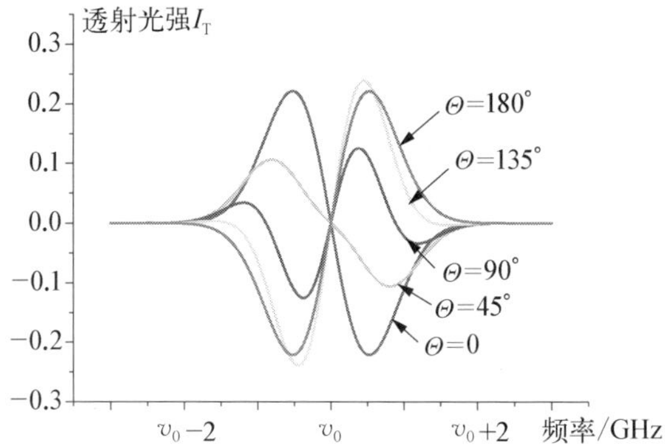

图 3－9　光外差输出线型与相位的关系

3.2.1.3　对原子分子特性调制的光谱技术

除了对入射光束的直接调制外，在光谱测量中也可以对原子分子跃迁谱线的特性进行调制，从而达到对光束的间接调制，有些文献将这种方法称为内调制光谱(internal spectroscopy)。只有当激光与原子分子跃迁频率共振时，这种调制才是有效的，因此形成一种没有测量本底的光谱方法，对激光的幅度涨落噪声也可以有效地抑制。这里我们主要介绍速度调制光谱技术和外场调制光谱技术。

速度调制光谱 (velocity modulation spectroscopy, VMS)技术是 1983 年由 Saykally 等人[15]提出的，专门用于对分子离子吸收光谱的测量。分子离子光谱的测量是非常困难的，因为在实验室条件下分子离子的生成浓度非常低，又容易与其他原子分子复合，其次是它们的谱线经常受到同波段很强的中性分子光谱线的干扰。Saykally 采用频率为 f_m的交流辉光放电，在样品池内对载气(通常为氦气)和被测样品气体进行放电，生成被测的分子离子。带有电荷的分子离子在交流电场作用下产生交变的漂移运动，从而实现了对分子离子速度的调制。从探测器的角度看，由于多普勒效应，这种速度调制等效于跃迁谱线的频率调制，利用锁相放大器进行同频相检即可获得光谱信号(见图 3－10)。在测量中锁相放大器的参考信号频率应采用与放电频率 f_m一致。因为在放电波形的一个周期内，速度引起的频移有正和负，产生的信号与放电波形同相。从图 3－11 可以看到，当激光频率固定在 ω_A 处，透射光强随放电波形在 A 和 B 之间变化。当激光频率扫过分子的跃迁谱线时，可以获得一次微分型的光谱线。若将锁相放大器的解调参考信号频率由 f_m改为 $2f_m$，就变成了浓度调制光谱(population modulation spectroscopy，或者称 concentration modulation spectroscopy) 测量方法。放电频率为 f_m时，一些瞬态分子(如自由基分子或激发态分子)的生成浓度随调制信号幅度的绝对值变化，与调制信号的正负极性无关，即浓度变化的频率为 $2f_m$，因此采用 $2f_m$ 的参考信号解调后，可以获得样品的浓度调制光谱信号。当被测分子的寿命 τ 满足 $\tau \ll \frac{1}{2f_m}$，才可能获得较高的浓度调制度。浓度调制光谱通常用于对中性瞬态分子吸收光谱的测量，由于它也是对被测分子特性(生成浓度)的调制，因而也有很高的测量灵敏度，所获得的谱线线型为吸收型。因此在光谱实验中可以通过改变锁相放大器参考信号的频率(f_m或 $2f_m$)来判别所获得的信号是来自离子分子还是中性分子。

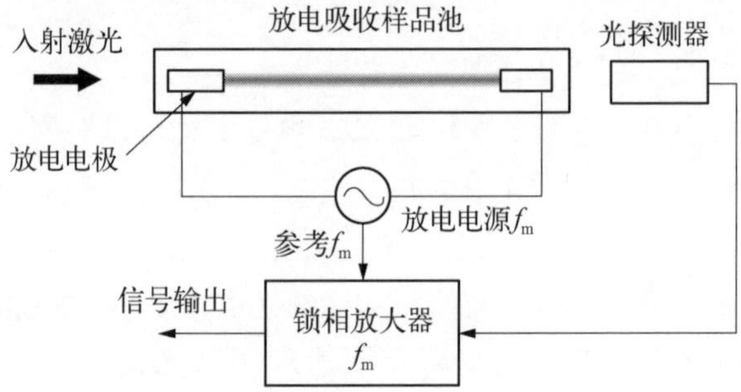

图 3-10　速度调制光谱测量方框图

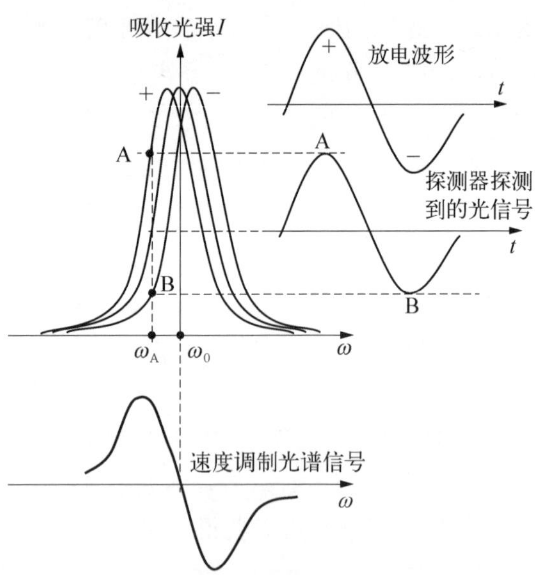

图 3-11　速度调制光谱信号的获得

分子离子在电场中的平均飘移速度为

$$v_d = KE \tag{3-9}$$

式中，K 是离子迁移率，E 是电场强度。由 v_d 可以导出离子的多普勒频移 $\delta\nu_D$。离子速度的调制度取决于多普勒频移 $\delta\nu_D$ 和跃迁谱线线宽 $\Delta\nu_0$ 的比值，它与电场强度 E 成正比。调制度越大，离子光谱信号越强。

速度调制光谱的特点：

(1) 对分子离子具有选择性的测量，避免了很强的中性分子谱线的干扰。

(2) 利用谱线自身的多普勒频移进行调制，消除了激光源的背景信号，提高了测量信噪比。

外场调制光谱是将原子分子置于交变的外磁场或外电场中，利用塞曼效应或斯塔克效应对原子分子跃迁谱线进行调制。图 3-12 所示的方法就是采用磁场调制的光谱方法。将原子分子样品吸收池置于一个纵向螺线管音频交流磁场中，通过对原子分子塞曼跃迁谱线的调制引起透射光强的变化，经光电探测器探测，再由锁相放大器进行解调获得光谱信号。

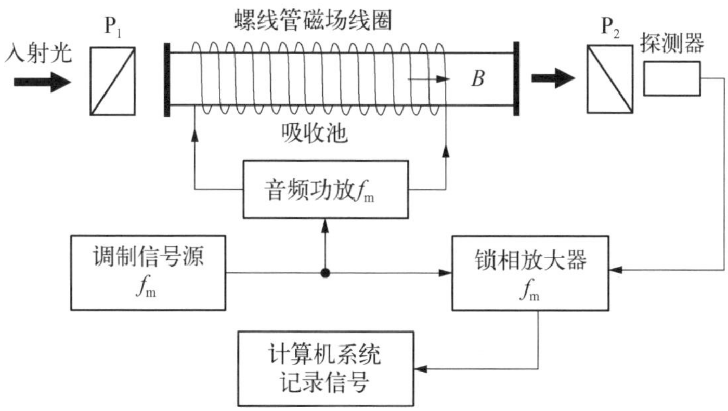

图 3-12　塞曼调制磁旋转光谱测量方框图

为了进一步提高光谱测量灵敏度，可以结合磁旋光效应形成塞曼调制磁旋转光谱测量技术[16]。图 3-12 中，由于采用了纵向螺线管磁场，磁场中的顺磁性分子因为双折射效应和二向色性效应会改变入射线偏振光的偏振状态，使入射光的偏振面产生旋转或椭偏，即法拉第效应。只要在吸收池前后加上一对接近正交的偏振片(P_1 和 P_2)，就可以检测这种磁旋转效应。磁旋转光谱的透射光强可以表示为

$$I_{\mathrm{T}}=I_0\{\varphi^2-\varphi^2k_0L(\alpha_{+}+\alpha_{-})+\varphi k_0L(n_{+}-n_{-})\} \tag{3-10}$$

式中，k_0为传播系数，L 为吸收程长，α 和 n 分别为样品的吸收系数和色散系数，$\pm$代表左旋和右旋光，也就是 $\Delta m=+1$ 和 $\Delta m=-1$ 的塞曼跃迁(m 为磁量子数)。φ 是偏振片 P_1 和 P_2 偏离正交的小角度。式(3-10)的第一项为透射光本底信号，它的大小取决于偏振片的消光系数，第二和第三项分别是吸收和色散项。由于 φ 角非常小，与 φ^2 成正比的本底信号得到很大的抑制，使探测器在近乎暗背景下工作。磁旋光效应的贡献主要来自第三项，即 $\Delta m=+1$ 和 $\Delta m=-1$ 的塞曼跃迁色散信号差。经过锁相放大器解调后可以获得一个二次微分型的吸收谱线。

外场调制光谱技术的特点：

(1) 外场调制是通过原子分子的内在特性(塞曼效应或斯塔克效应)来实现的，是对原子分子谱线的自身调制。只有当激光频率与原子分子的跃迁频率共振时，这种调制才起作用；在远离共振频率时调制对光谱信号没有贡献，因此是一种无本底的高灵敏度光谱测量技术。

(2) 利用外场调制可以对特定的分子进行选择性的测量，塞曼(磁场)调制光谱只选择顺磁性分子(paramagnetic molecule) 进行测量，斯塔克(电场)调制光谱只选择具有电偶极矩的极性分子(polar molecule) 进行测量，这样可以避免其他分子谱线的干扰。

(3) 外场调制技术在一定程度上可以简化分子的转动光谱结构。这是因为分子转动量子数越大的能级，外场效应越小，谱线强度就越弱。在对一些复杂分子转动光谱测量时，可以减少谱线的重叠，对光谱线的指认和分析是很有利的。

在光谱测量过程中，经常采用多种技术综合应用。McCarthy[17]等人将调频光谱与磁旋转光谱结合成灵敏度更高的调频-磁旋转增强光谱技术(frequency-modulation enhanced - magnetic rotation spectroscopy, FME - MRS)。他们采用电光调制器(EOM)和斩光器对激光同时进行频率调制和幅度调制，再结合直流磁场中的磁旋光效应，形成一种无本底双调制的光谱技术，频率调制和磁旋转技术可以分别提高灵敏度 $10^3\sim10^5$ 和 $10^2\sim10^3$ 数量级，首次获得在 4 200～4 600 cm^{-1} 波段的 PdH 分子的光谱。华东师范大学王荣军等人和芝加哥大学 Oka 小组[18, 19]分别采用调频光谱技术和速度调制光谱技术相结合，前者还结合了磁旋光技术形成针对开壳层离子分子测量的高灵敏光谱技术，称为光外差-磁旋转-速度调制光谱技术(optical heterodyne - magnetic rotation - velocity modulation spectroscopy, OH - MR - VMS)。

光外差-磁旋转-速度调制光谱技术的测量原理如图 3-13 所示。线宽小于 1 MHz 的钛宝石单模稳频激光器作为光源，激光束经过电光调制器(EOM)进行 500 MHz 的频率调制，入射到放电样品吸收池中。在样品池中采用频率为 20 kHz 的交流音频等离子放电生成被测的分子离子，同时实施对分子离子的速度调制。放电吸收池置于一个直流螺线管纵向磁场中，利用磁旋转效应来增强顺磁性分子的光谱信号和抑制本底和噪声。整个测量方案是一种双调制(激光的频率调制和样品分子的速度调制)的光谱技术，可以达到散粒噪声测量极限和对分子离子选择性测量的特点。在测量未知分子离子光谱的同时，采用差分吸收光谱方法同步测量碘分子光谱作为绝对波长的校正，保证波长测量的准确性。采用这种光谱技术对 N_2^+ 分子离子光谱进行测量，相对吸收灵敏度可以达到 10^{-9}左右。OH-MR-VMS 技术还具有谱线相位鉴别的特性，例如，图 3-14 是对 H_2O^+ 光谱测量所获得的谱图，分子的两个自旋转动成分 F_1 和 F_2 的谱线具有相反的相位。这些相位特性来源于磁旋转效应，取决于分子的塞曼能级结构，利用这个相位特性可以帮助对分子转动光谱线的成分进行正确指认和分析。

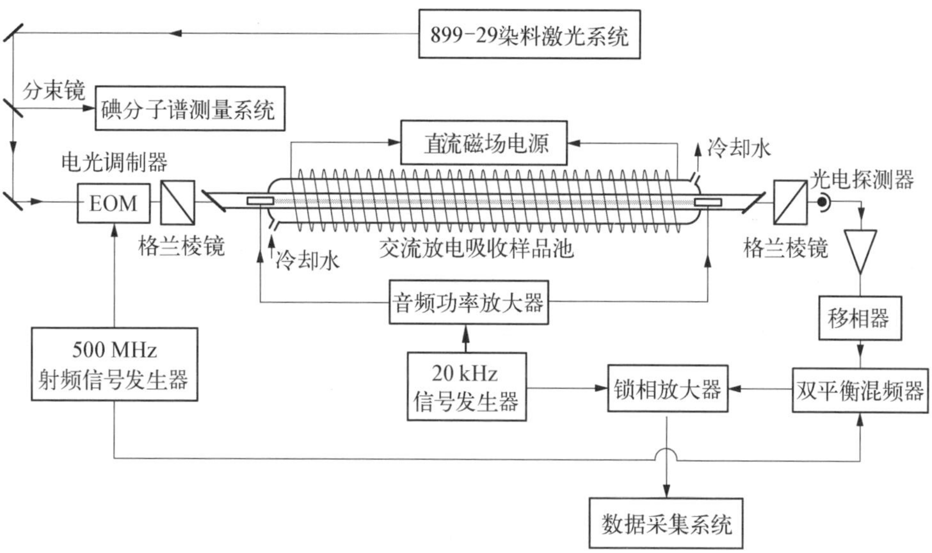

图 3-13 光外差-磁旋转-速度调制光谱技术的原理图

OH-MR-VMS 光谱测量所获得的谱线线型为复杂的四次微分型，有时又有相反的相位，在谱线相互重叠时中心频率难以确定。在这种情况下，可以去掉图 3-13 中的直流磁场和格兰棱镜形成光外差-速度调制光谱(OH-VMS)技术。图 3-15 就是采用 OH-VMS 对 I_2^+ 分了离子电子态跃迁光谱 $A^2\Pi_{3/2,u}$ ←

$X^2\Pi_{3/2,g}$的测量[20]。在12 065～13 062 cm^{-1}范围内I_2^+分子离子光谱线分布非常密集[见图3-15(a)],中性碘分子光谱在这个波段也有非常密集的谱线。由于速度调制光谱的特点,这一波段中的中性I_2分子光谱完全被抑制掉了,可以选择性地对I_2^+光谱进行测量,获得具有转动结构的高分辨I_2^+光谱[见图3-15(b)],同时保持很高的测量灵敏度。

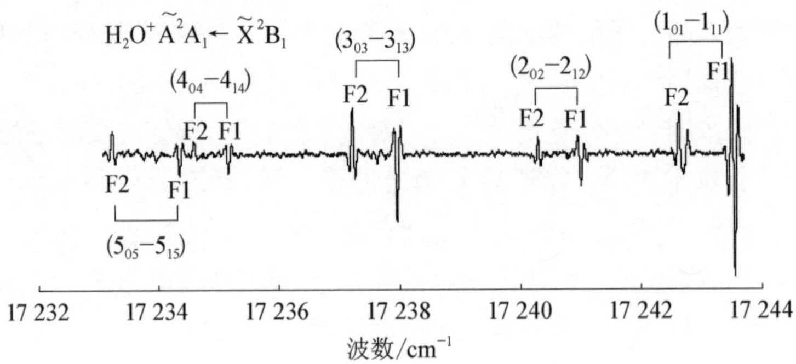

图3-14 采用OH-MR-VMS技术对水分子离子光谱的测量谱图

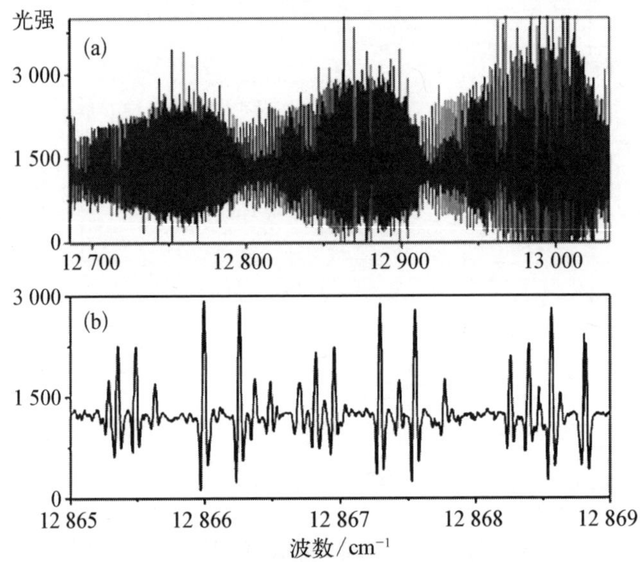

图3-15 采用OH-VMS对I_2^+分子光谱的测量结果

(a) 多个振动带重叠的I_2^+部分光谱;(b) I_2^+分子离子的部分转动分辨光谱

3.2.1.4 腔衰荡光谱(cavity ring-down spectroscopy,CRDS)

腔衰荡光谱是基于对透射光强检测的高灵敏度光谱方法,它采用外部光学谐振腔来增强吸收信号，是 20 世纪 80 年代后期发展起来的高灵敏度吸收光谱技术[21, 22]。腔衰荡光谱起源于对高反射率镜片的测量，是一种测量光子衰荡时间的特殊吸收光谱，可以应用于气相样品的高灵敏度光谱检测。

采用脉冲激光光源测量吸收光谱时，由于激光单脉冲的幅度涨落噪声很大，通常为 5%～10%，因此限制了透射光探测的信噪比。如果将吸收对象置于高 Q 光学谐振腔中，透射光强度会因为腔内微小的吸收而灵敏地变化。我们可以通过测量透射光强在激光脉冲激发后随时间的衰荡，相当于测量光子在高 Q 腔内的衰荡时间(cavity decay time)来获得吸收的信息。

CRDS 的工作原理如图 3 - 16 所示。功率为 P_0 的超短脉冲激光束入射到一个高 Q 光学谐振腔中，谐振腔由一对高反射率的镜片组成，假设反射率为 $R_1 = R_2 = R$，透射率 $T = 1 - R - A \ll 1$，A 代表镜片的散射、衍射等损耗，镜间距离为 L。L_1 和 L_2 代表光学匹配系统，保证激光与腔模的匹配，以便有最大的耦合光强进入腔内。进入腔内的光脉冲会在两个镜面间来回反射，每次往返后经端镜 M_2 输出一小部分光强并由快速光电探测器探测(见图 3 - 16)。

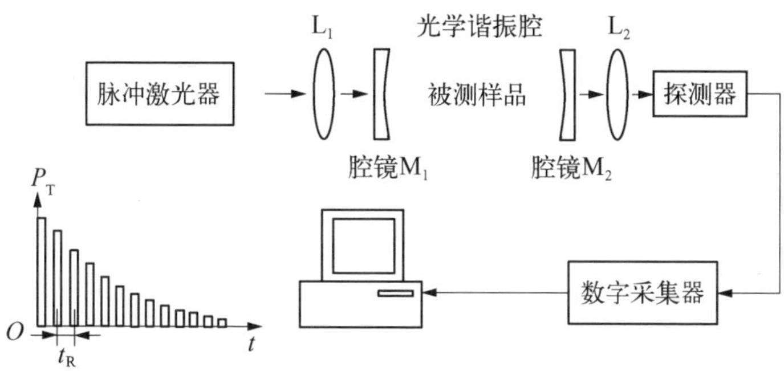

图 3 - 16　腔衰荡光谱原理图

第一个透射光脉冲功率为

$$P_1 = T^2 e^{-\alpha L} P_0 \tag{3-11}$$

式中，α 为腔内样品的吸收系数。光脉冲在腔内往返一次的时间为 $t_R = 2L/c$，每次往返后功率将减少 $R^2 \exp(-2\alpha L)$。如果探测器的时间常数比 t_R 短，在每次激光脉冲过后，可以探测到一个指数衰荡的脉冲串(见图 3 - 16)。如果探测器的时间常数比 t_R 长得多，相当于对输出脉冲光强度作积分平均，可以获得一个指数型的脉冲包络信号，透射光强 P_t 可以表示为

$$P_t(t) - P_1 \mathrm{cxp}(\quad t/\tau_1) \tag{3-12}$$

其中 τ_1 为腔的衰荡时间

$$\tau_1 = \frac{L/c}{T + A + \alpha L} \tag{3-13}$$

如果腔内无吸收样品，则 $\alpha = 0$，此时的衰荡时间为

$$\tau_2 = \frac{L/c}{T + A} \tag{3-14}$$

τ_2 和 τ_1 两者之差为

$$\Delta\tau = \tau_2 - \tau_1 = \frac{\alpha L^2/c}{(T + A)(T + A + \alpha L)} = \frac{\alpha L^2/c}{(1 - R)(1 - R + \alpha L)} \tag{3-15}$$

由上式可知，如果可以测出 $\Delta\tau$，即有吸收和无吸收时的衰荡时间差，就可以定出吸收系数 α

$$\alpha = \left(\frac{1}{\tau_1} - \frac{1}{\tau_2}\right)\frac{1}{c} \tag{3-16}$$

探测器的输出经波形数字采集器（waveform digitizer）或高频数字示波器处理，在计算机中与指数曲线拟合可以获得吸收系数 α。

腔衰荡光谱的特点是：

(1) 脉冲光在腔内往返传播可达数千米，使介质有效吸收程大大增加，增加因子与 $1/(1-R)$ 成正比，反射率越高的腔镜，有效吸收程越长，测量灵敏度就越高。反射率为 $R=99.99\%$ 的腔镜，最小相对测量灵敏度可达 10^{-10}。反射率提高一个量级，灵敏度可提高两个量级。目前镀膜技术可以获得 99.999 9%的高反射率镜片，使腔衰荡光谱测量灵敏度大为增加。

(2) 衰荡时间与激光脉冲幅度无关，从而避免了激光脉冲幅度涨落噪声的影响，可以达到散粒噪声的测量极限。

(3) 利用腔衰荡光谱可以准确测量样品的绝对吸收强度。

(4) 实验装置相对简单，容易实现。

在实验中还需注意以下几点：激光线宽要远小于吸收介质的线宽，才能符合 Beer-Lambert 定律获得单指数衰荡曲线；激光的相干长度要短于腔长，避免干涉效应的出现。另外，激光的强度要恰当选择以避免引起样品的吸收饱和效应。

1988 年，O'Keefe 等人[23]首先实现了利用腔衰荡技术测量了 O_2 分子650 nm

附近的 $b^1\Sigma_g^+ \leftarrow X^3\Sigma_g^-$ 电子态禁戒跃迁光谱。采用氮分子激光器泵浦染料激光作光源，脉宽为 10 ns，重复频率为 15 Hz，谐振腔的镜片透射率为 $10^{-4} \sim 10^{-5}$，腔长为 1 m，腔内有效吸收程长相当于 10 km。对 O_2 分子光谱的测量结果表明相对灵敏度可达 1×10^{-6}。激光和腔经过模式匹配，在腔内的束腰直径可以小于 1 mm，为此 O'Keefe 预言腔衰荡技术可以和超声分子束光谱结合应用。

在测量分子光谱时，需要对激光波长进行扫描，为了保证激光与谐振腔模的频率匹配，可以在腔镜上加装压电陶瓷伸长器(PZT)，并加载一个几百至一千赫兹的调制电压，使腔镜产生抖动。这样，在激光扫描时对任何一个激光频率，总有机会与腔模频率产生共振，经多次平均后可以获得腔衰荡光谱信号。

在瞬态分子光谱测量时，样品分子生成过程(例如采用放电或溅射生成)容易污染谐振腔的高反镜片，造成反射率的下降，限制了腔衰荡光谱的使用。O'Keefe 等人[24]提出采用超声分子束和激光消融(laser ablation)生成瞬态分子的技术与腔衰荡光谱技术相结合，首次实现在超声束条件下对团簇分子吸收光谱的测量。图 3-17 是采用这种方法对铜分子(Cu_2)光谱测量的实验方框图。样品分子通过准分子激光束对铜金属棒的消融溅射生成，经源气压为 2 MPa 的氩气通过脉冲阀喷射进入真空腔体，形成铜的团簇分子。脉冲阀门的喷嘴直径为 1 mm，重复频率为 20 Hz，开启时间为 500 μs，腔体内平均气压为 26 Pa。真

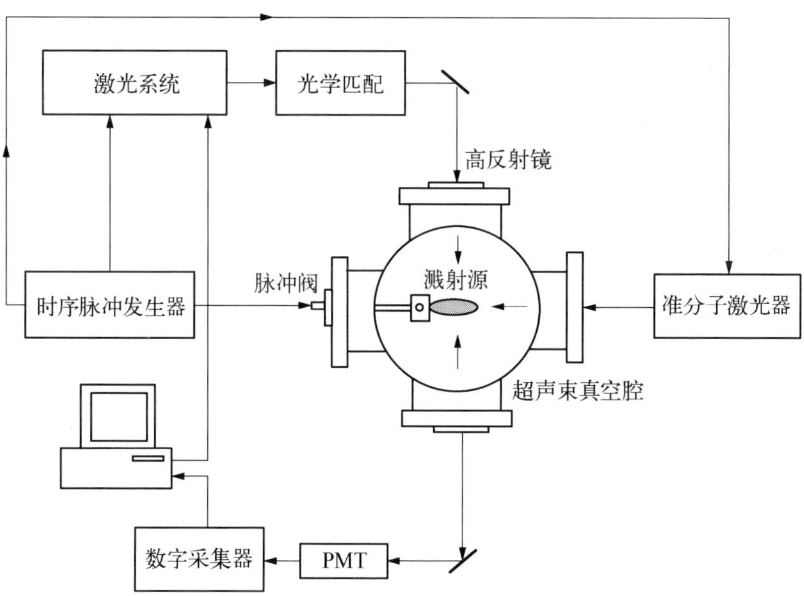

图 3-17 腔衰荡超声分子束实验方框图

空腔的两个窗片由 $R=99.99\%$的高反射镜组成，既作真空密封，又作为腔衰荡的腔镜，两镜间距为 55 cm。由于腔体内的高真空抽速，以及超短的脉冲开启时间，就不容易对两侧的高反镜片造成污染。氮分子脉冲激光器泵浦染料激光作为激励光源，激光脉宽为 10 ns，线宽为 1 cm^{-1}。激光束在离喷嘴下游 5 mm 处与分子束相交，透射光经衰减后由光电倍增管接收，再由快速数字采集系统获得腔衰荡信号。调节激光脉冲和脉冲阀开启时间之间的延迟，可以获得最大的光谱信号。尽管在超声分子束中的截面只有 1 mm^2 左右，但采用腔衰荡光谱技术增长了吸收程，通过计算机模拟一次指数衰减曲线，仍然可以得到高灵敏的 Cu_2 分子吸收光谱信号。

超声分子束与腔衰荡光谱技术相结合，可以增加有效吸收程长，又避免脉冲幅度涨落噪声的影响，实现了在超声分子束中高灵敏吸收光谱的测量。超声分子束可以产生转动温度极低的分子，可以形成气相团簇分子或自由基分子，这是其他方法难以获得的。由于非常低的转动温度，导致转动光谱结构大为简化，很容易确定分子的振动光谱结构，尤其对一些较重的金属团簇分子和多原子分子振动光谱的测量和分析是非常有效的。O'Keefe 等人采用这种方法对 Cu_2 分子在 540 nm 附近的 C←X 电子态跃迁光谱以及 Cu_3 团簇的 $^2A_1'\leftarrow{}^2E'$ 电子态跃迁光谱进行了测量，还观察到 Cu_3 分子激发态的预解离现象，这种现象用荧光光谱技术是无法观察到的。综合超声分子束和腔衰荡两种光谱技术的特点，形成了对瞬态分子高灵敏吸收光谱测量的有效工具，它被广泛地应用和进一步发展。

脉冲腔衰荡光谱尽管有很高的测量灵敏度，但脉冲激光的线宽较宽，使光谱测量的分辨率受到限制。另外，脉冲激光的重复频率通常为 10～100 Hz，而腔衰荡时间只有 1～100 μs，因此在一次激发周期内，只有 1/100 左右的时间可以利用，获取信号的效率较低。提高光脉冲重复频率，又受到采样速率的限制。为了进一步提高腔衰荡光谱测量的灵敏度和分辨率，以及改善激光与腔模的耦合效率，20 世纪 90 年代后期各种类型的连续激光腔衰荡光谱技术发展起来了。基本方法是：采用窄线宽连续激光与高 Q 腔进行耦合，腔内的光功率可以逐渐累积起来，达到甚至超过入射激光的功率，然后用电光调制器(EOM)或声光调制器(AOM)突然快速遮挡激光，产生衰荡信号。利用这种技术，Romanini 等人[25]采用 CR－699 连续染料激光对 C_2H_2 分子的泛频跃迁光谱进行了测量，吸收灵敏度可达 10^{-9}/cm。这种方法可以有较高的衰荡重复频率，对激光的功率要求可以降低，采用毫瓦级的半导体激光器也可以开展腔衰荡光谱实验，使实验装置进一步简化，实验成本降低。以下我们将介绍几种典型的连续光腔衰荡光谱方法。

Engeln 等人[26]在 1996 年提出相移式的连续激光腔衰荡光谱方法(phase shift cavity ring-down spectroscopy,PSCR - DS),采用电光调制器对稳频染料激光(线宽 1 MHz,功率 1 mW)进行正弦波调制,调制频率为 $f_m=1$ MHz。激光束入射到一个置放吸收样品的高 Q 光学谐振腔中,腔长为 45 cm,腔镜反射率为 0.998 5。由于光子在腔内具有衰荡时间(即光子的寿命),出射光相对入射光会产生一定的相位移Θ,它与衰荡时间 τ 之间的关系为 $\tan\Theta=-\omega_m\tau$,ω_m 是调制圆频率。通过腔的透射光由光电倍增管探测,再由快速锁相放大器检测同相信号(in phase)和正交信号(out of phase)之比,即可测量出衰荡时间 τ,精度可达 1%。采用这种方法对 $^{18}O_2$ 分子在 635 nm 处 $b^1\Sigma_g^+(\upsilon'=2)\leftarrow X^3\Sigma_g^-(\upsilon''=0)$ 的禁戒电子态跃迁光谱进行测量,可以给出高分辨转动谱带结构。实验中腔和激光没有互锁,依靠随机耦合,在 30 μs 时间内只有 5%的时间可以实现耦合。为此,建议将腔频锁定在激光频率上,可以进一步提高腔衰荡光谱的灵敏度。

1998 年 Paldus 等人[27]采用锁腔技术,将激光频率始终锁定在谐振腔的共振峰频率上,提高透射光强度,实验原理如图 3 - 18 所示。采用外腔式半导体激光器作激励光源,经束裂片分成两束光,其中一束光经 $\lambda/2$ 波片,形成偏振面正交的两束光。一束光(PPL)经相位调制后,由一个腔镜反射到探测器上,经锁相伺服电路控制另一个腔镜上的压电陶瓷伸长器(PZT),使激光频率连续与谐振腔峰值频率锁定,锁定后激光线宽小于 100 kHz。另一束光(SPL)经 AOM 声光调制后入射到一个三镜高 Q 环形腔中,通过 AOM 的快速开关,产生腔衰荡信号。采用环形腔结构,可以避免反射光反馈到半导体激光器中而引起激光器工作的不稳定。Paldus 等人用这种连续激光的腔衰荡技术,对 H_2O 水分子833.4~834.5 nm 的和频和泛频振动光谱进行测量,样品的测量灵敏度可达 5×10^{-6} 的水平,相对吸收率为 $10^{-12}\,cm^{-1}\sim10^{-13}\,cm^{-1}$,达到散粒噪声测量极限,光谱分辨率为几百赫兹,形成既有很高灵敏度又有高分辨率的吸收光谱测量系统。

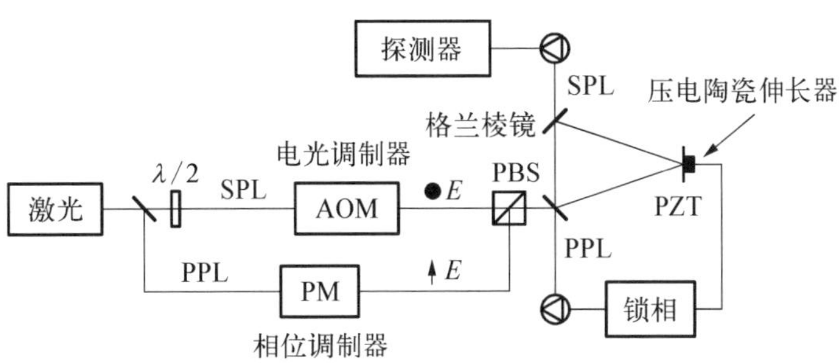

图 3 - 18　连续型腔衰荡光谱技术

如果用连续激光结合高 Q 谐振腔进行光谱测量，直接探测透射光强取代对衰荡时间的测量，就形成腔增强光谱技术（cavity-enhanced absorption spectroscopy，C－EAS）。将腔增强技术和超声分子束技术结合，可以开展瞬态分子光谱测量并获得高灵敏度的转动分辨光谱。Berden 等人[28]用连续半导体激光器作为光源，激光功率为 5 mW，线宽为 5 MHz，通过对激光频率快速扫描，每次扫描范围为 1 cm^{-1}，扫描速率为 30 Hz，以便在每个激光波长上都有机会与谐振腔耦合。超声分子束的喷嘴为 40×0.03 mm 狭长形，激光沿喷嘴长轴方向在下游几个毫米处与分子束垂直相交，在腔内的有效吸收程可达 100 m。透射光强由半导体光电二极管接收，对光强作时间的积分，每 4 000 次扫描作一次平均，通过数据采集系统获取光谱信号。实验方框图如图 3－19 所示。Berden 等人用这种方法获得 1.5 μm 附近氨分子（NH_3）的和频和泛频光谱，显示了清晰的转动光谱线。由于超声分子束制冷的效果，使分子转动结构大为简化，只观测到转动态的 $J''=0$ 或 1 的转动吸收谱线，导致每个振动跃迁谱带中只有为数很少的转动谱线，因此，很容易识别和分析振动光谱结构。

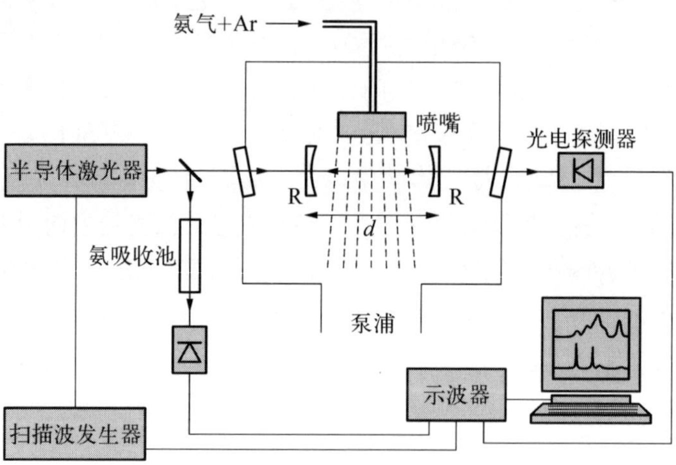

图 3－19　超声束腔增强光谱实验方框图

为了进一步提高吸收光谱的灵敏度，马龙生和叶军等人[29, 30]将外置高 Q 腔增强光谱技术与调频光谱技术相结合。由于高 Q 腔的透射峰线宽很窄，例如，一个细度为 10 000 的腔，透射峰线宽只有几十千赫兹，形成对激光频率的高灵敏鉴频器，激光频率的抖动将会在透射光中引起较大的幅度噪声。另外，为了达到散粒噪声测量极限，在调频光谱中要采用高的调制频率。这样，当载频与腔共振时，边频处于腔透射峰之外而不能与腔共振。为了解决调频激光与腔的耦合，采用调制频率恰好等于腔的自由光谱区(FSR),使调频激光的载频和两个边频成分可以分别与相邻的三个腔模进行匹配耦合。当激光频率有位移时,载频和边频具有相同的相位移动,经解调后激光和腔之间频率抖动引起的噪声可以消除,形成频率噪声免疫的光谱技术。如果腔的长度为几十厘米,自由光谱区大致为几百兆赫兹,就要求调制频率也为几百兆赫兹,利用了调频光谱的特性就可以达到散粒噪声的测量水平。与此同时,利用腔的高 Q 特性,作为激光频率的高灵敏鉴频器,通过 PDH 伺服系统可以将激光紧锁在腔的共振频率上,使激光频率稳定度大大提高,噪声可以下降 3～4 个数量级[31]。这种光谱技术被定名为"噪声免疫腔增强光外差分子光谱"(noise immune cavity-enhanced optical heterodyne molecular spectroscopy, NIC - EOHMS)技术。实验方框图如图 3 - 20 所示。采用两个 EOM 对激光进行频率调制,EOM2 产生频率较低的 δ 调频光,利用腔的反射光通过 PDH 伺服系统将激光频率紧锁在腔的透射峰上,见参考文献[29];另一个 EOM1 对激光的调制频率为 Δ,且 Δ=FSR,用于光外差探测。腔的细度为 100 000,腔长为 49.6 cm,取调制频率 Δ=319 MHz。透射的光外差拍频信号(319 MHz)由快速光电二极管探测器接收,经解调后获得腔增强的光外差信号。当波长不同时,腔的自由光谱区频率会有微小的变化,通过激光和一个稳定参考频率的比较给出补偿,保证激光扫描时 FSR 与调制频率 Δ 始终一致。

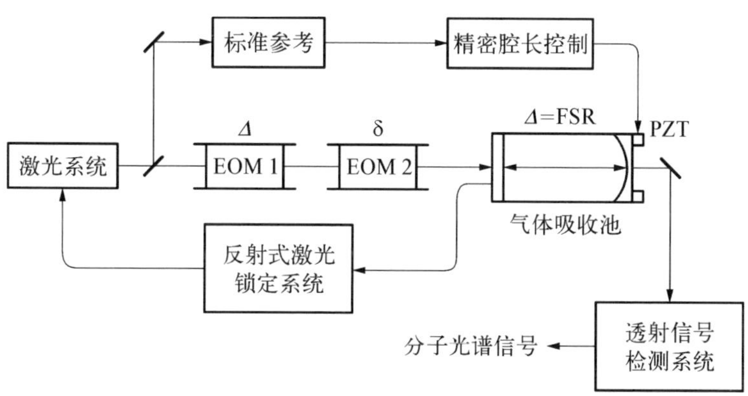

图 3 - 20　NICEOHMS 光谱方框图

采用 NIC - EOHMS 技术对 1.064 μm 处的 $C_2HD(\nu_2+3\nu_3)P(5)$ 振转谱线进行测量,在 1 s 时间常数内,噪声等效探测灵敏度可达 3×10^{-11}。这个技术不仅可以用于极微弱分子光谱的测量,如泛频跃迁谱的研究,还可以提供用于原子分子频率标准的弱分子谱线特性的精密研究。

3.2.2 非透射光强探测的激光光谱

3.2.2.1 激光诱导荧光光谱

激光诱导荧光光谱(laser induced fluorescence, LIF)是极其重要又广泛应用的光谱技术,是分子光谱和反应动力学研究的强有力的光谱方法,该方法广泛应用于不稳定分子和自由基的光谱研究,化学反应中反应物、中间物及产物的内态分布和浓度测定,环境污染的监测,化工生产过程和燃烧、核聚变、等离子体过程的诊断应用等[32-38]。

激光诱导荧光谱方法的基本原理是:用特定波长的激光辐照被测的原子分子体系,使之发生由低电子态向高电子态的共振激发跃迁,随后处于激发态的原子分子经过自发辐射回到较低的电子态,同时发射各向同性的荧光(见图 3-21)。该光谱方法通过对荧光的探测来获得原子分子能级的信息,取代了对透射光直接测量的光谱技术。

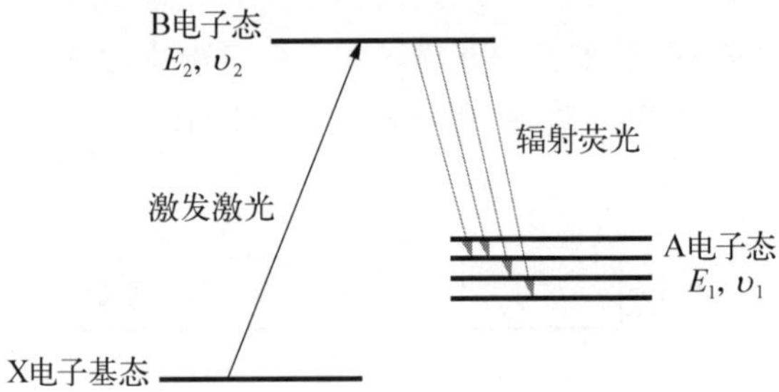

图 3-21 激光诱导荧光光谱原理图

荧光辐射强度可以通过自发辐射概率来导出。采用激光将分子由电子基态激发到电子激发态 B 的 υ_2 振动能级上,随后分子通过自发辐射从 B 电子激发态的 υ_2 振动能级跃迁到 A 电子态的 υ_1 振动态上,υ_1 和 υ_2 是分子的振动量子数,同时辐射荧光。荧光强度可以由下式表示

$$I = \frac{64}{3}\pi^4 c N_{\mathrm{B},\upsilon_2} \nu^4 \overline{R_{\mathrm{e}}^2} q_{\upsilon_1,\upsilon_2} \tag{3-17}$$

式中,$N_{\mathrm{B},\upsilon_2}$ 是由于激光的激发在 B 电子态的 υ_2 能级上的粒子布居数,ν 是自发辐射荧光的频率

$$\nu = \frac{E_{\mathrm{B}}(\upsilon_2) - E_{\mathrm{A}}(\upsilon_1)}{h} \tag{3-18}$$

R_e是B和A电子态之间的跃迁偶极矩，$q_{\upsilon_1,\upsilon_2}$是电子振动态之间跃迁的Franck-Condon因子。如果荧光谱可以达到转动谱线分辨时，式(3-17)还要增加一个$S(J', J'')$因子，即Hönl-London因子，反映转动谱带的强度分布。由式(3-18)可知荧光的波长与原子分子本身的能级结构有关，通过荧光谱线可以对荧光物质进行定性分析鉴别。荧光强度与跃迁频率的四次方成正比，即频率越高，荧光辐射越强，因此激光诱导荧光光谱方法最适合于在可见光和紫外光波段的测量。另外，从式(3-17)可以看到，荧光强度只与跃迁上态的粒子数成正比，照射光越强，激发态上的分子布居数越多，产生的荧光强度越强，测量时灵敏度就越高。激光诱导荧光光谱方法测量的结果比由普通光源诱导荧光所测量的结果灵敏度要提高几个数量级。

荧光的探测通常是在与激发激光不同方向、不同波长上进行的，探测与激光垂直方向上的荧光是经常采用的方法。在克服激光散射背景干扰的前提下，这种方法是没有本底的光谱技术，因而具有很高的光谱测量灵敏度。由于激光技术和荧光探测技术的不断更新，激光诱导荧光光谱技术近年来得到了快速的发展，已有报道该光谱方法可以检测出密度为$100/cm^3$以下的原子分子光谱，而对于大多数分子，则可以很容易检测到密度为$10^6/cm^3$的原子分子体系。通过对激光波长的调节，可以选择激发跃迁的初始状态和终了状态，因此可以解析十分复杂的分子谱带。采用脉冲激光作为光源还可以测定时间分辨的荧光光谱，实现对原子分子的荧光寿命、量子脉冲频谱、弛豫现象的研究。

激光诱导荧光光谱方法由于采用激光作为激发光源，决定了它具有很高的分辨率；而荧光探测仪器的高灵敏度以及激光的高光强特性，又决定了它具有高灵敏度；另外，荧光测量可以只将激发空间的某一特定区域的荧光成像到光学面阵探测元件上，这就可以获得很好的空间分辨光谱。

按照测量方式的不同，激光诱导荧光光谱方法分为两类。

一类是发射(或者色散)荧光谱(laser dispersion fluorescence spectrum)，即通过测量荧光的发光通量(荧光强度)随着荧光波长的变化而获得的光谱。其测量方法是：激光波长固定在被测物质的某一吸收线上，所产生的荧光由透镜聚焦进入单色仪的输入狭缝，经过单色仪对荧光的色散分光后聚焦在输出狭缝后面由光电倍增管进行探测，对单色仪进行波长扫描就可以获得发射荧光光谱，如图3-22(a)所示。对激光诱导荧光发射光谱而言，被激发到高激发态的分子，经过快速的振动弛豫以及内部转移跃迁迅速回到振动基态能级上，再发出荧光信号。因此，分子的激光诱导发射荧光光谱中经常只有一个发射带，即从激发电子态的振动基态回到较低电子态的各个振动能级所产生的荧光谱带。因为是从特定上能级发出的荧光谱，它只与分子跃迁下能级的结构有关，所以比较容易进行谱线的指认和分析。它的分辨率主要由单色仪来决定，通常可以分辨分子的振动谱带结构。

另一类激光诱导荧光谱是激发荧光谱（laser excitation fluorescence spectrum），即通过测量荧光体的发光通量随着激发激光波长的变化而获得的光谱。其测量方法是：通过变化激发激光的频率（即扫描激光波长），在被测样品上产生的辐射荧光直接由光电倍增管接收，或者先经过特定波长范围的滤光片滤光后，选择探测从上态到某个下态的分支荧光，记录获得的荧光强度随激光波长变化的关系曲线，所获得的光谱等效于吸收光谱测量的结果[见图 3－22(b)]。该方法的分辨率由激光的线宽或者样品分子谱线的线宽决定，很容易实现对分子的转动谱线进行分辨。

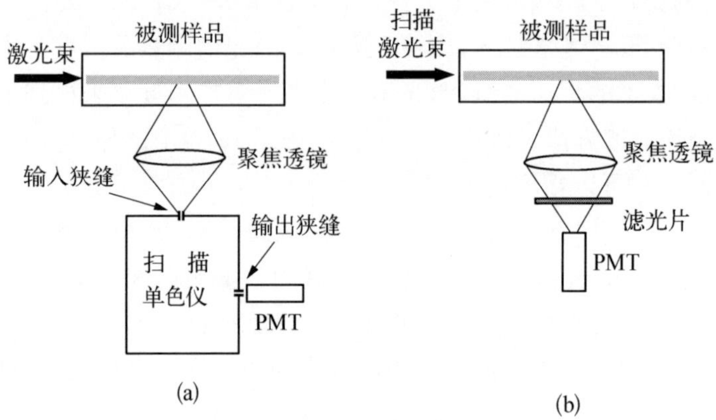

图 3－22　采用荧光探测的测量

(a) 发射荧光谱；(b) 激发荧光谱

激光诱导荧光光谱方法经常与超声分子束技术[39, 40]相结合，在超声分子束中可以制备各种特殊的自由基分子、团簇分子和范德瓦耳斯分子[41]，并且可以获得温度极低的分子样品，使复杂光谱的转动结构大为简化，光谱分析工作变得容易。另外，荧光方向与超声分子束方向相互垂直，可以获得亚多普勒增宽的光谱线，提高了光谱的分辨本领。随着光电技术的发展，对荧光的探测器件也在不断更新，除了采用光电倍增管外，可以和光子计数技术结合实现单光子探测，对强度极弱的荧光光谱进行测量。目前，各类高灵敏度的二维面阵 CCD 探测器也可以达到对单光子的探测，并可以给予荧光很好的空间二维分辨特性，实现对荧光的空间成像探测，使激光诱导荧光光谱技术得到更广泛的应用。

图 3－23 是一个典型的激光溅射/激光诱导荧光激发光谱实验装置，主要由

四个部分组成：分别为激光光源系统、时序控制系统、反应系统、信号检测和处理系统。图 3－23 实验装置中所用的光源系统主要包括激光溅射光源和激发光源。通常用小功率的 Nd：YAG 的基频(1 064 nm)或者二倍频(532 nm)或者三倍频(355 nm)输出聚焦在金属样品上，通过溅射来产生被测的气态原子或分子。激发激光是一个氩离子激光器泵浦的连续染料激光器，输出波长可以连续调谐。时序控制系统主要是调节溅射激光、反应气体及激发激光之间的时间延迟。反应系统包括实验所用气体的储存装置、脉冲阀及金属样品转动所用的步进电机。信号检测和处理系统由光电倍增管、高压电源、光子计数器、示波器及计算机等组成。由于荧光非常微弱，并且是各向同性发射的，实验中必须注意增加对荧光的收集效率，以及尽量减少强激光的背景散射对荧光探测的干扰，解决的办法可以在激光通道上放置多个光阑限制激光的散射。

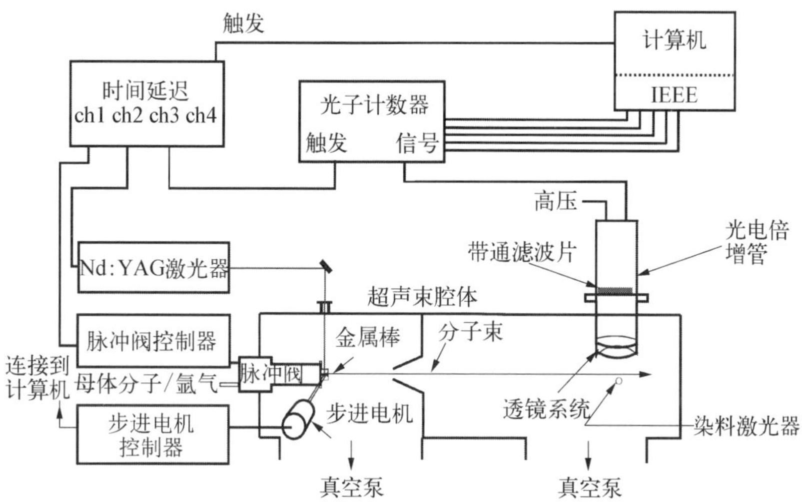

图 3－23　激光诱导荧光激发谱实验装置图

激光诱导荧光发射谱实验装置与图 3－23 类似，只是在光电倍增管之前先经过单色仪色散，通过单色仪的波长扫描获得光谱，它是用来观测和测量分子振动能级结构的一种非常有用的光谱方法。如前所述，在测量分子的色散谱时，激光波长调到被测分子的一个已知激发态电子跃迁谱线上，产生的荧光通过单色仪色散分光后由光电倍增管探测并记录光谱，从而可以获得分子下电子态振动能级的信息。

图 3－24 和图 3－25 是分别采用荧光发射谱方法和荧光激发谱方法测量的 TiO_2 分子的电子态 $\tilde{A}^1B_2 \leftarrow \tilde{X}^1A_1(000-000)$ 之间的跃迁谱[42]，发射谱是通过单色仪的波长扫描获得的，激发谱是通过激光波长的扫描并采用 650±70 nm 带

通滤光片滤去杂散光后所获得的。发射谱的特点是可以在很宽的波长范围内扫谱，分辨率由单色仪决定，很容易获得振动分辨的光谱(见图 3-24)。激发谱的分辨率由激光线宽决定，从图 3-25 中可以看到各支转动谱线清晰可分。两种方法相辅相成，可以给出比较完整的光谱分析。

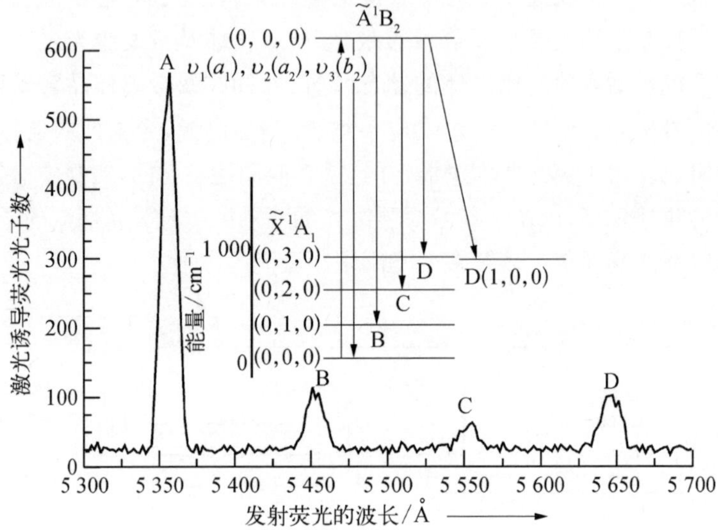

图 3-24 TiO_2 分子的激光诱导荧光发射光谱

激光诱导荧光光谱实验经常被用于原子分子体系微观参数的检测。采用激发激光把所研究的物质泵浦到某一固定的能级，收集其向下跃迁时的发射荧光，由荧光强度确定粒子的数密度，它们的关系如下[43]：

$$N(\upsilon'', J'') = A\frac{I(\upsilon', J'-\upsilon'', J'')g(J'')}{S(J', J'')F(\upsilon', \upsilon'')} \tag{3-19}$$

式中，$N(\upsilon'', J'')$ 是下能态的粒子数，A 为包含仪器响应在内的常数，$I(\upsilon', J'-\upsilon'', J'')$ 为测到的荧光强度，$g(J'')$ 为下能级的转动简并度，$S(J', J'')$ 是 Hönl-London 因子，$F(\upsilon', \upsilon'')$ 是 Franck-Condon 因子，υ' 和 υ'' 是上下态的振动量子数，J' 和 J'' 是上下态的转动量子数。由此，我们可以通过测量分子的荧光强度来获取粒子数在不同能级上的布居、测量分子不同能级间的跃迁概率和得到分子能级跃迁的 Frank-Condon 因子。Frank-Condon 因子的精确测量在冷分子的研究中尤其重要。例如：在激光冷却实验中，被冷却分子的选定振动能级间的 Frank-Condon 因子需要精确到 10^{-5} 以上。此外，由式(3-19)可知，自由基分子的浓度与荧光强度成正比，因此在分子反应动力学的实验过程中，测量荧光强度

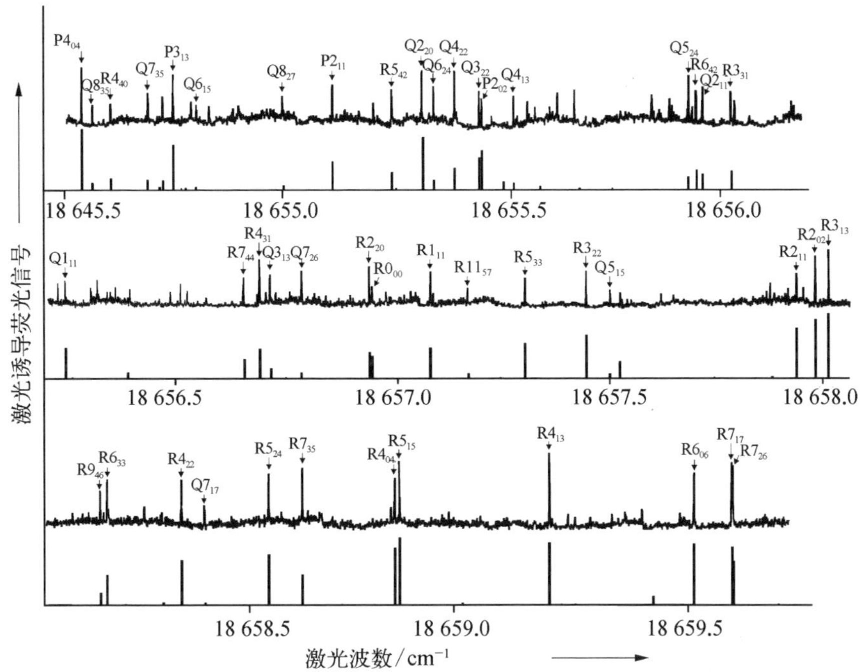

图 3-25　TiO_2 分子的 $\tilde{A}^1B_2 \leftarrow \tilde{X}^1A_1$ (000—000)跃迁的激光诱导荧光激发光谱

随时间的变化直接反映了自由基浓度随时间的变化，即测量时间分辨的荧光光谱。在准一级近似的条件下，对荧光强度随反应时间的变化进行单指数拟合，可以得到准一级速率常数，将准一级速率常数对反应物浓度进行线性拟合，可以得到双分子的反应速率常数[44, 45]。

反过来，由于在 Born-Oppenheimer 近似下，分子的振动带系列中谱线的强度与 Frank-Condon 因子成正比，因此通过计算分子的电子振动跃迁的 Frank-Condon 重叠积分，得到 Frank-Condon 因子，可以进一步地根据谱线强度得到电子振动态相对布居的信息。

处于激发态分子的去激发主要通过两种过程，一种是无辐射跃迁过程，另一种是辐射跃迁过程，只有辐射跃迁过程才能发射荧光。通常，人们用荧光效率或者荧光产率来表示激发态分子所能发射荧光的比率：

$$\text{荧光效率} = \frac{\text{发射的光量子数}}{\text{吸收的光量子数}} = \frac{\text{发射荧光的分子数}}{\text{吸收荧光的分子数}} \tag{3-20}$$

需要注意的是：几乎所有物质的分子都有吸收光谱，但不是所有物质都能发射荧光。产生荧光必须具备以下条件：① 该物质分子必须具有与所照射的光线相同的吸收频率，这与分子的能级结构密切相关。② 物质分子吸收了与本身特征频率相同的光能量之后，必须具有高的荧光发射效率。

许多吸光物质并不产生荧光，主要是因为激发态分子的去激发过程中，除发射荧光外，还有无辐射跃迁过程的竞争，它们将所吸收能量消耗于与溶剂分子或与其他分子之间的相互碰撞中，还可能消耗于一次光化学反应中，因而无法发射荧光，即荧光效率很低。

在此需要简单阐述一下荧光淬灭的概念。从广义上来说，荧光淬灭是指任何可以使给定的荧光物质的荧光强度降低的作用，或者指任何使荧光强度与荧光物质的浓度不呈线性关系的作用。而在物理化学或动力学研究中，荧光淬灭主要是指荧光物质分子与溶剂分子或者其他分子间的相互作用而导致荧光强度降低的现象。这一现象在化学动力学研究中可被用来获取化学反应的速率、化学反应中的能量转移等信息。荧光淬灭的形式很多，机理也相当的复杂。一般来说，荧光淬灭主要分为：碰撞淬灭、生成化合物的淬灭（见图 3-26）、能量淬灭、氧的淬灭、转入三重态的淬灭和荧光物质的自淬灭等，在此不一一描述。

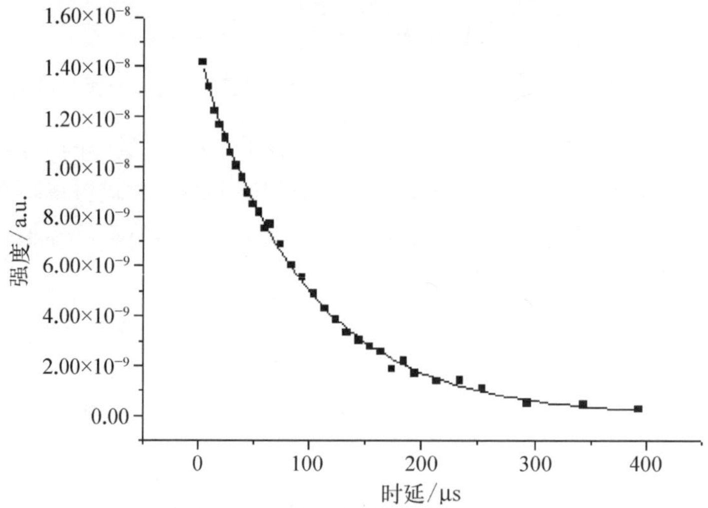

图 3-26 在总压强为 1.33 kPa、温度为 298 K 时，CCN（电子态为 $\tilde{X}^2\Pi_i$）与 CH_3OH 反应过程中，CCN 自由基的相对浓度曲线

CCN 自由基的初始浓度为 $1.420\,53\times10^{15}$ molcule cm^{-3}。实线是最小二乘法拟合实验数据而获得的曲线。

激光诱导荧光光谱技术近些年来得到了快速发展，成为生物、化学、医学等高灵敏检测领域的首选技术之一[46, 47]。在生命科学、材料科学、微电子技术等相关领域的推动下，激光诱导荧光技术的发展更加迅猛，应用前景更为宽广。在物理学和化学方面，激光诱导荧光技术在不稳定分子和自由基的光谱研究、分子离子的研究、光解离的研究、辐射寿命的研究、燃烧过程及等离子体的研究和大气测量等方面都有非常重要的应用，同时还广泛应用于时域高分辨激光光谱研究化学反应动力学过程（见 3.4 节）。但是，激光诱导荧光还有一定的局限性。例如，并非所有的分子与激光相互作用都能发射荧光；要观察到分子的荧光，要求分子的弛豫、淬灭以及分子间的能量转移速率相对荧光辐射速率来说要小；对于浓度在 10^{-6} 量级以下的物质，其荧光光谱测量比较难；对于自由基分子的绝对浓度测量必须经过仔细而复杂的标定。

3.2.2.2 光电离光谱

光电离光谱技术是研究分子和离子的能级结构和电离特性的重要技术手段之一，分子光电离的研究主要是通过获取和分析光电离谱来进行的。传统的光电离谱可分为两类：光离子谱（photoinization spectroscopy，PIS）和光电子谱（photoelectron spectroscopy，PES），它们分别是光电离后的离子产率随激励光的波长变化的谱图和在固定波长激发下光电子的产率随光电子的动能变化的谱图。简单而言，光电离光谱和光电子光谱都是通过激光对原子分子激发并电离，随后探测电离过程中所产生的离子或电子来获取原子分子能级的信息。这种光谱测量随探测技术的发展可以有很高的灵敏度和分辨率，甚至可以对每个吸收光子给出一个离子或电子信号。本专题将简单介绍光电离光谱的发展，并主要介绍零动能光谱的原理和实例。

光离子谱是通过改变电离光源的波长，获得离子的产率随着光子能量变化的关系曲线，即光电离效率曲线（photoionization efficiency，PIE）[48, 49]。真空紫外光电离质谱是一种非常常用的测量光离子谱的方法。它通过测量和分析离子的 PIE 来获得相应分子或自由基的电离能、解离能、能级结构和相应的里德伯态等信息。由于离子的能带间隔很小，早期技术所获得的光离子谱呈现连续型（见图 3－27），要研究分子的相关光物理和光化学性质就非常困难。图3－27是 SO 分子在单光子能量为 82 960～83 110 cm^{-1} 范围内母体离子 SO^+ 的光电离效率曲线[50]。从图中可以得到该分子的电离出现势在 83 000～83 030 cm^{-1} 的范围内，这是 $SO^+(X^2\Pi_{1/2};\upsilon^+=0) \leftarrow SO(X^3\Sigma^-;\upsilon=0)$ 态的电离能。这一出现势与 SO 分子的第一电离能相关，在出现势之下的 SO 自由基处于 X 电子态的基振动态。由该 PIE 曲线可以得到 $X^2\Pi_{1/2}$ 的电离能 $IE(X^2\Pi_{1/2})=83\ 025\pm5\ cm^{-1}$。

光电子谱（PES）技术是在 20 世纪 60 年代出现的[51, 52]，是研究分子离子能级结构非常有效的常用方法。与 PIE 测量方法的区别在于：在 PES 的测量中，照射在目标样品上的光子能量是固定的，即激发光频率固定，在样品产生光电离

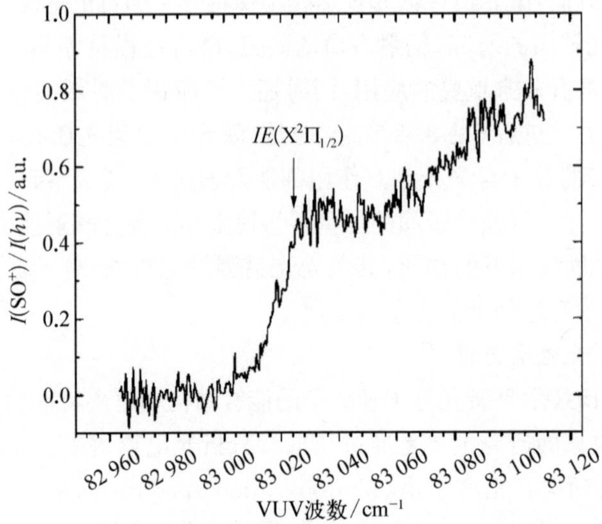

图 3-27　$SO^+(X^2\Pi_{1/2})$在真空紫外单光子能量范围82 960～83 110 cm^{-1}内的 PIE 谱[50]

后，用电子能量探测器探测光电子的动能，获得光电子产率(离子电流)随光电子动能变化的谱图。光电子谱涉及分子与高能量光子相互作用产生电离，可以通过电子动能的测量，获得离子态的相关信息，如电离势(IP)、离子结构及分子振动结构等。

在激发光对样品产生电离过程中，根据能量守恒[53]有如下表达式：

$$\begin{aligned} h\nu &= IE(\mathrm{M}) + E_{\mathrm{i}}(\mathrm{M}^+) + E_{\mathrm{k}}(\mathrm{M}^+) + E_{\mathrm{k}}(\mathrm{e}^-) \\ &\approx IE(\mathrm{M}) + E_{\mathrm{i}}(\mathrm{M}^+) + E_{\mathrm{k}}(\mathrm{e}^-) \end{aligned} \tag{3-21}$$

式中，$h\nu$ 是光子的能量，$IE(\mathrm{M})$是中性分子的电离能(ionization energy，IE)，$E_{\mathrm{i}}(\mathrm{M}^+)$ 是离子的内能，$E_{\mathrm{k}}(\mathrm{M}^+)$是离子的动能，$\mathrm{M}^+$ 代表相应于中性分子 M 的离子，$E_{\mathrm{k}}(\mathrm{e}^-)$ 是光电子的动能。由于离子质量远大于电子质量，根据动量守恒条件，$E_{\mathrm{k}}(\mathrm{M}^+) \approx 0$。式(3-21)中的 $h\nu$ 和 $IE(\mathrm{M})$是已知的，因此只要测量得到光电子的动能，就可以获得离子能级结构方面的信息。

图 3-28 是苯分子的真空紫外光电子谱[54]，图中的谱带分别是正价苯离子的基态和其电子激发态。

PES 谱提供了一种研究离子的电子态和振动态的简单方法，可以从中获得分子的电离能、分子离子的电子结构和振动结构等数据。但传统的光电子光谱最大的缺点是电子动能无法准确测定，因此其能量分辨率不够高。一般来说用

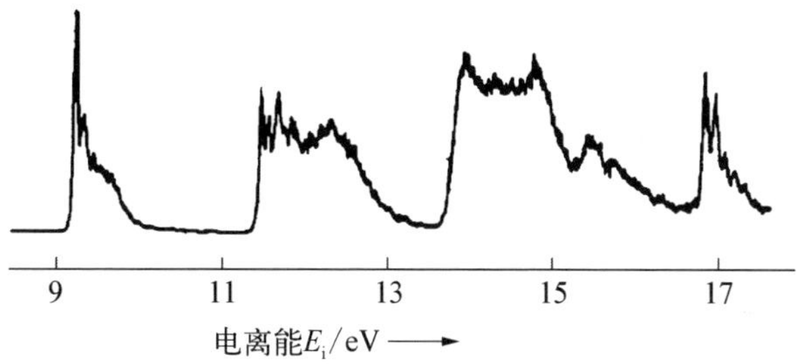

图 3-28 苯分子的 VUV 光电子谱[54]

PES 光谱获得的光谱分辨只能达到 40～80 cm^{-1}(5～10 meV)的量级，因此所能够提供的光谱信息较少，难以达到分子离子转动能级的分辨率及测量团簇分子间的振动模式，也无法精确测量分子的电离能。

为了提高传统的光电子光谱的分辨率，科学家们在 20 世纪 60 年代末发展了阈值光电子光谱技术(threshold photoelectron spectroscopy, TPES)[55, 56]，这种方法类似于 PIE 谱的测量方法，改变光子的能量，与 PIE 谱测量离子电流强度不同的是这一技术是测量电离时动能为零或者动能比零略微高一点的电子。简单地说，这一技术就是以比较低能量的光子作用在所研究的分子体系上，并调整电离激光的能量至刚好大于分子的电离能。因此，这种光谱技术被称为 TPES 光谱技术。根据式(3-21)可知，当光电子的 $E_k(e^-) \approx 0$ 时，改变光子的能量就可以获得离子能级结构 $E_i(M^+)$ 方面的信息。

图 3-29 给出了 PES 和 TPES 在机理上的区别。从图中可以看到这两种谱图都可以用单光子电离、非谐振或者谐振多光子电离方式产生。对于光电子谱来说，其激发光的频率是固定的，可以测量各种动能的光电子。而 TPES 谱则是改变激光频率，测量 $E_k(e^-) = 0$ 的电子。由于这种 TPES 光谱方法所产生的光电子能量比较低，因此所得到的光谱分辨率比较高，一般来说可达到 10 cm^{-1} 左右。虽然用阈值光电子光谱技术所获得的光谱分辨率有所提高，但是还不足以进行更高精度的分子振动模式的测量。

为了解决 PES 和 TPES 两种光谱技术的局限性，1984 年德国化学家 Schlag 和 Müller-Dethlefs[57-61]提出了一种新的光谱方法——零动能光电子光谱方法[zero kinetic energy (ZEKE) photoelectron spectroscopy]。这种技术是从上述的 PES 和 TPES 谱演变而来的。在实验中他们采用外电场延迟脉冲引出技术，只接受零动能的光电子，将分辨能力提高到 4 cm^{-1}。这一新技术开拓了研究离子振动和转动光谱的一个新方向。随着零动能光谱技术的发展和改进，目前最好的分辨率可以达到 0.2 cm^{-1}，可以用来解析小分子的转动光谱结构和大分子

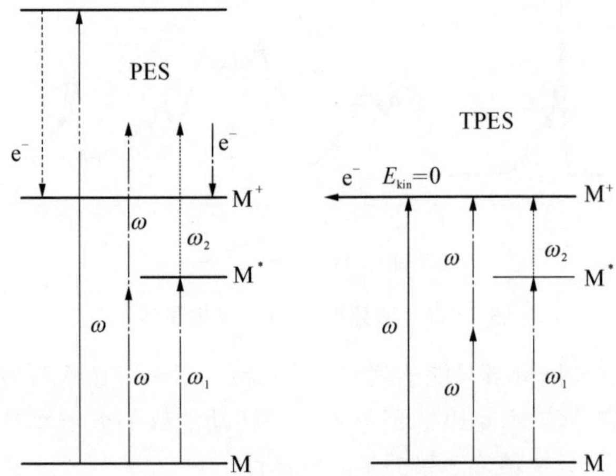

图 3-29 PES 谱和 TPES 谱的能级原理比较图

的振动光谱结构。由于该项技术可以提供极高分辨精度的电离势和离子光谱，它已经成为研究离子振动转动光谱的重要方法之一，在分子科学研究中有很多重要的应用。图 3-30 是二氟代苯的传统电子谱(PES)和其零动能谱(ZEKE)的对比图[62]，从图中可以看出零动能谱的分辨率和精度有了很大的提高，完全可以分辨分子的振动光谱结构。

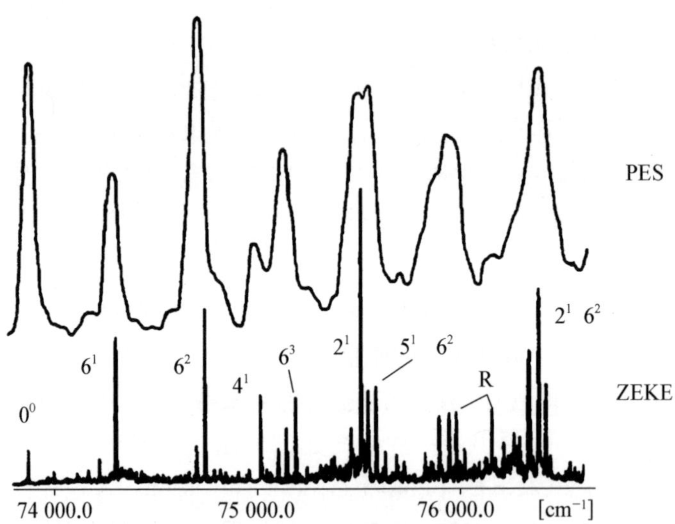

图 3-30 二氟代苯的中间态 $S_1 6^1$ 的 PES 谱和 ZEKE 谱[62]

零动能光谱技术的产生是基于 ZEKE 态的发现。巧妙的实验设计和偶然的巧合导致 Resier 等人的重要发现[63]：在分子的电离势(IP)下约 8 cm^{-1} 的能带范围中，分子的里德伯态的主量子数 $n > 150$，这些里德伯态有着非常长的能级寿命，我们称这些态为 ZEKE 态。这样的里德伯系列不仅存在于分子的电离势附近，而且存在于电离连续区的每一个态附近。例如对于每一个 $\upsilon^{+} = n$ 的离子振动态，在其下面都有一个完整的分立的里德伯系列。

零动能光电子光谱方法能够得到高分辨光谱的关键在于分子处于里德伯态时的寿命很长。一般情况下，主量子数 n 比较小的里德伯态的寿命与 n^3 成正比，其数量级大约在纳秒范围。但在主量子数 n 很大时，实验中发现里德伯态的寿命与 n^5 成正比，其寿命可长达数十微秒。因此，此时处于高主量子数的里德伯中性分子可以被看成一个电子以近乎圆形轨道绕着离子核运动。最外层电子处于高主量子数里德伯能级时，由于在这个区域内能级的密度非常高，并受到外加脉冲电场及四周直接电离的离子和电子的影响，这些能级相互混合，从而造成角动量量子数 l 和磁量子数 m 的混合。因此，电子能停留较一般能级多三个数量级以上的时间，通常可达到数个到数十个微秒，因此有足够时间能用脉冲电场来将分子电离而得到零动能电子。在分子吸收光子被激发至高里德伯态的过程中，外围电子的角动量 l 起初很小，电子绕行的轨道是椭圆形的。当电子靠近离子核时，将会受到离子核的扰动而容易发生衰变，这种里德伯态的寿命比较短。当里德伯态的分子受到电离区内电场的影响，电子会由原来低 l 的轨道转变到高 l 的轨道，电子的轨道也变成几乎是圆形。在此状态下，电子与核的相互作用非常小，里德伯态的寿命变得非常长。此时，只要施加很小一点能量就足够将分子电离。因此，可以用一束激光将分子激发到高里德伯态区域，然后加一个小的脉冲电场使其电离。这时由于脉冲电场的加入会产生 Stark 位移，使得分子的电离能下降，从而造成了里德伯态分子的电离。电离能下降的量为 $\Delta = c\sqrt{E}$，c 是位移常数(取值一般为 6)，E 是脉冲电场的强度。图 3 - 31 显示的是处于里德伯态的中性分子势能在脉冲电场影响下的变化[64]。

零动能光电子光谱技术的测量可以概括为以下几步：① 利用一定频率的激光将目标分子激发到高主量子数里德伯态，即将分子布居到 ZEKE 态，其能级大约在分子真实的电离能临界值(ionization threshold)以下 8 cm^{-1} 处。这可以利用共振增强多光子电离光谱技术(resonance enhanced multiphoton ionization，REMPI)，或者 VUV 和 XUV 单光子电离的方法将粒子布居到 ZEKE 态上。② 由于处于 ZEKE 态的分子是电中性的，必须外加一个脉冲电场使分子电离才能得到 ZEKE 信号。但是由于存在直接电离和快衰变的电子和离子，如果外加的脉冲电场相对激光没有延时，得到的就是电离效率曲线(PIE)。要得到纯的 ZEKE 信号就必须将直接电离产生的电子和离子分离出去。这可以通过在特定

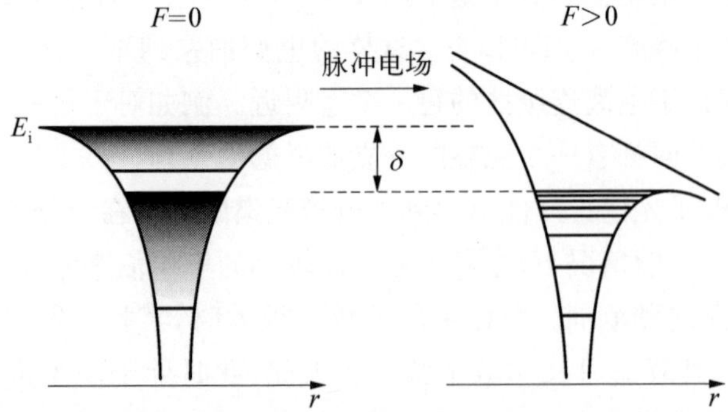

图 3-31 脉冲电场对分子里德伯态能级的影响[57]

延时后加一个反向的破坏电场使直接电离和自电离的电子或离子与中性的 ZEKE 态分子分离。这一反向破坏电场可在激光作用后100 ns 左右再加上，这样有利于增加 ZEKE 态的布居，同时使带有能量的直接电离的离子和电子呈辐射状散开消失。破坏电场也会破坏掉部分处于 ZEKE 态的分子，但所占比例很小。③ 延迟 10～20 μs 后，施加一个微小的脉冲直流电场使得动能为零的长寿命高主量子数的里德伯态中性分子电离。②和③两个过程称为脉冲场电离(pulsed field ionization，PFI)，再加上拉出场就可以将处于 ZEKE 态的电子或离子拉到飞行时间质谱仪中，并由探测器(一般为多通道板 MCP)收集电子所形成的信号，就可以得到高分辨的光谱。零动能光谱的完整名称也被称为零动能光电子-脉冲场电离技术(zero kinetic energy-pulsed field ionization，ZEKE-PFI)。

Zhu 和 Johnson 在 1991 年提出了与零动能谱相类似的质量分辨阈值电离光谱技术(mass analyzed threshold ionization spectroscopy，MATI)[65]，它与零动能光谱技术两者原理相同。不同的是前者是探测与 ZEKE 电子相应而生成的离子，而后者探测 ZEKE 电子。MATI 光谱技术具有质量选择特性，能提供质量方面的信息，因而广泛应用于同位素和团簇分子光谱的研究。

典型的 ZEKE 或者 MATI 实验经常在超声分子束系统中进行，实验系统主要由 4 个部分组成：电离激光光源系统、分子束源腔、电离腔、信号检测和记录系统。图 3-32 是典型的 VUV-ZEKE-PFI 和 VUV-MATI-PFI 实验装置图。电离激光光源系统由一台 Nd：YAG 激光器和其同步泵浦的可见区域的染料激光器和另外一台紫外区域的染料激光器组成，用来作为电离源的可调谐 VUV 激光是利用这两束可见区域和紫外区域的激光通过在非线性介质 Kr 或者 Xe 气体中的共振增强四波混频的差频方法 ($\omega_{VUV} = 2\omega_1 - \omega_2$) 获得的，$\omega_1$ 和

ω_2 分别代表紫外激光和可见激光的频率。按照一定体积比例混合的母体分子和载气是通过超声分子束的脉冲阀导入束源腔体中，母体分子被聚焦后的紫外激光(通常用 193 nm 的 ArF 准分子作为光解光)进行光解产生实验中所研究的目标自由基分子。光解所产生的自由基分子将通过一个分离器(skimmer)进入光电离腔并由 VUV 激光电离。电离后的离子或者电子信号在飞行时间质谱仪中被多通道板或者 CCD 照相机探测并收集后以电信号的形式输入信号存储系统和记录系统。

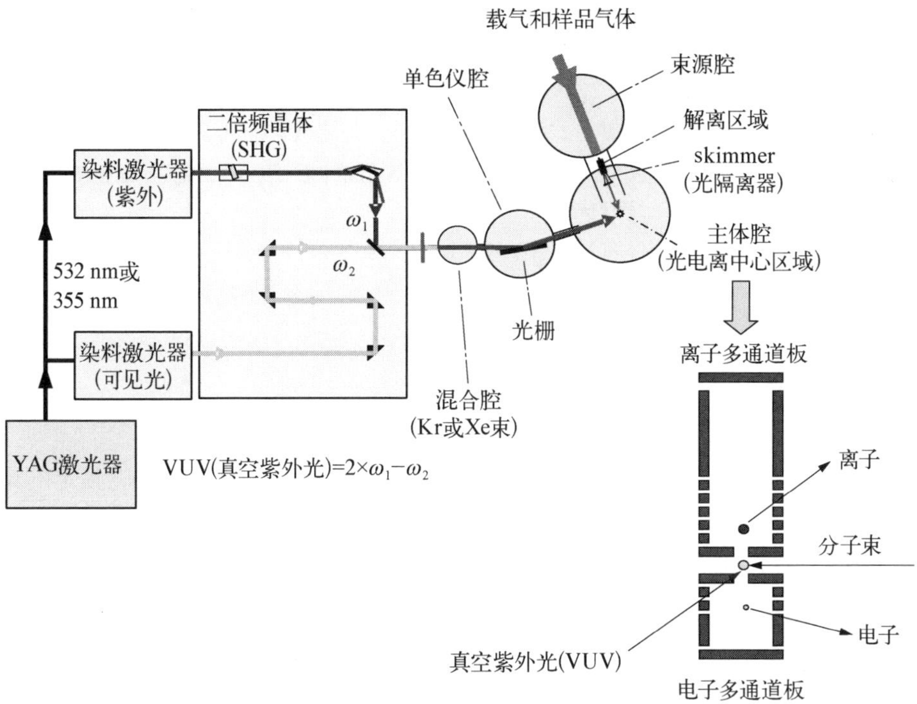

图 3-32　VUV-ZEKE 或 MATI-PFI 实验装置示意图

图 3-33 是转动分辨的 $NH_3(X^1A_1, \upsilon_2''=0, N_{K''}'') \rightarrow NH_3^+(\tilde{X}^2A_2'', \upsilon_2^+, N_{K^+}^+)$ 单光子电离 VUV-ZEKE-PFI 光谱[66]。在具体的实验中可以通过改变脉冲电场的上升斜率和形状，提高该电离光子谱的分辨能力。

为了进一步提高光谱分辨，有几种新的方案被提出来，然而目前所得到的最高分辨光谱的方法是由 Dietrich 等人于 1996 年提出来的[60]，他们利用成系列的两个正负相反的延迟脉冲电场，来选择性地电离斯塔克子能级，以获得高分辨的零动能光电子光谱。零动能光谱技术既可以通过测量光电子产率随激励光波长的变化关系获得谱图，也可以通过测量光电离后的离了产率随激励光波长的变化关系获得谱图。零动能光谱技术是一种新的高分辨离子光谱学的方法，其分辨率比传统的电离光谱方法提高了近千倍，在离子态、自由基、团簇、反应过渡态的研究中得到广泛的应用。

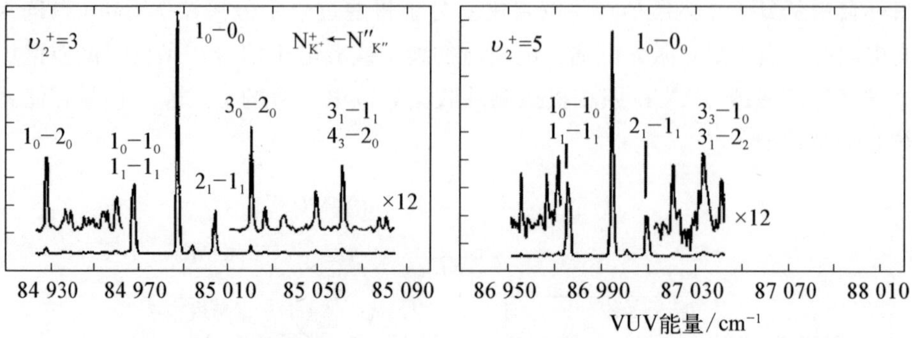

图 3-33 转动分辨的 $NH_3(X^1A_1,\ \upsilon''_2=0,\ N''_{K''})\rightarrow NH_3^+(\tilde{X}^2A''_2,\ \upsilon_2^+,\ N^+_{K^+})$ 单光子电离 VUV-ZEKE-PFI 光谱

图中的 $N^+_{K^+}$ 和 $N''_{K''}$ 分别为离子分子和中性分子的转动态符号。

3.3 频域高分辨激光光谱

分辨率是光谱测量的重要指标之一，反映了两条光谱线可以准确测定的最小波长间隔，分辨率越高，这个波长间隔越小。高分辨的光谱可以给出更细致的光谱结构，可以研究原子分子的精细结构、超精细结构、塞曼能级之间的跃迁以及同位素频移、兰姆位移和压力增宽等物理常数的精密测量等，使人们能更深入地了解原子分子的能级特性。

通常气态原子分子激光光谱的波长分辨率是由样品的多普勒线宽决定的。多普勒线宽是一种非均匀增宽效应，来源于样品中原子分子的速度分布。由于多普勒增宽与跃迁谱线的频率成正比，因此它是从紫外到近红外光谱测量中影响线宽的重要来源。采用单模稳频激光器作激励光源的无多普勒增宽的激光光谱(Doppler-free spectroscopy) 在 20 世纪 70 年代就发展起来了，它是基于非线性饱和吸收的概念来实现高分辨的光谱测量的。如果被测样品(如气态原子分子)的跃迁谱线属于非均匀增宽的多普勒线形，它可以被看成是由许多不同速度分子群的共同贡献，每个速度群的贡献是一个均匀增宽(相当于自然线宽、压力增宽等的合成)，合成的线形就是 Voigt 卷积线形。采用频率为 ν_L 、线宽足够窄的连续波单模稳频激光(其线宽通常小于 1 MHz，远比多普勒线宽要窄)与样品作用时，只对某个速度群的分子产生作用。当激光强度足够强时，由于饱和吸收效应，这个速度群的分子吸收系数要降低，因此分子在 ν_L 处的吸收系数会出现一个凹陷，这个现象被称为激光的烧孔效应，这个凹陷称为饱和拉姆凹（Lam dip），如图 3－35 所示。烧孔的宽度为

$$\Delta\nu_{Lam} = \Delta\nu_h\sqrt{1+\frac{I}{I_S}} \tag{3-22}$$

式中，$\Delta\nu_h$ 为均匀增宽的线宽，相当于一个速度群的分子所产生的线宽，I 为入射激光的光强，I_S 为介质的饱和光强。但是，仅由一束激光无法观察到这个烧孔效应，如果它的频率扫过被测样品的吸收谱线时，观察到的吸收谱线是图 3－34(a)中虚线的轨迹。

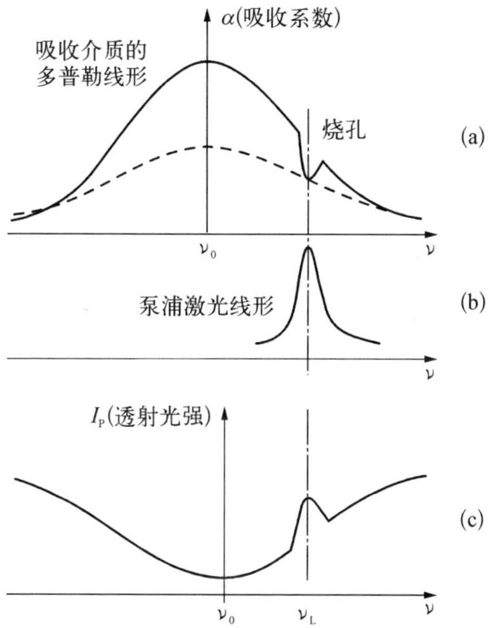

图 3－34　饱和激光光谱原理图

(a) 样品的吸收系数；(b) 泵浦激光；
(c) 用另一束弱光通过样品后的透射光强

如果我们用一束频率固定为 ν_L 的单模强激光作为泵浦光来激发样品，并在 ν_L 处使样品产生饱和吸收，同时采用另一束弱光强激光作为探测光入射到样品中，并扫描该激光频率(见图 3－35)，透过样品后的探测光强 I_P 如图 3－34(c)所示。在泵浦光频率 ν_L 处，由于样品的吸收系数变低，透射光强变强，形成一个向上的小峰，称为反拉姆凹(anti Lam-dip)，宽度仍由式(3－22)决定。由于拉姆凹陷的宽度为均匀线宽，比非均匀的多普勒线宽要窄 1～2 个数量级。当有多条谱线相互重叠，又由于多普勒增宽而无法分辨时，可以利用饱和拉姆凹陷对这些重叠的谱线实现高分辨的测量。

通常在实验中只采用一台激光器作为光源，用它的反射光作为弱探测光。图 3－36 给出一个高分辨饱和吸收激光光谱的实例。用束裂片 S_1 将入射激光束分成两束，分别作为泵浦光和探测光，以相反的方向入射到吸收池中。当激光频率 ν_L 不等于跃迁谱线中心频率 ν_0 时，由于多普勒频移使反向传播的泵浦光和探

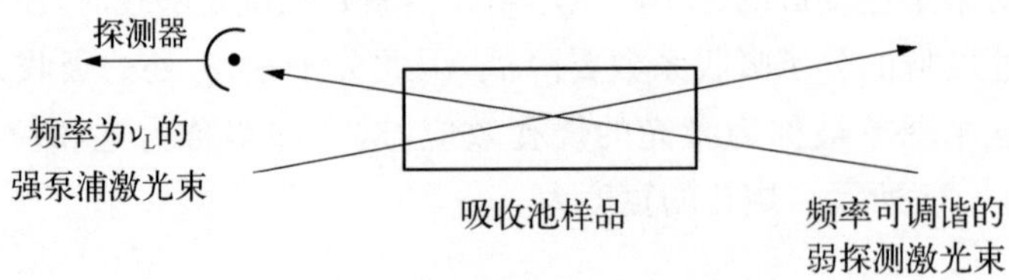

图 3-35 采用弱激光束探测饱和烧孔效应

测光分别在以 ν_0 为中心的两个镜像频率 $\nu_0 \pm \nu_L$ 上分别与两个速度群的分子作用；只有当激光频率等于 ν_0 时，泵浦光和探测光同时与 ν_0 处的一个速度群的分子作用(这个分子群的轴向速度为零，即这群分子运动方向与光束方向垂直)，在 ν_0 处产生深度饱和。实际上也只有在 ν_0 处探测光和泵浦光相遇，才能观测到泵浦光对样品的饱和作用。因此，在吸收谱线中心 ν_0 处的吸收率降低[见图 3-36(b)]，透射光强增加，出现了反拉姆凹陷[见图 3-36(c)]。实验中采用了斩光器对激光束进行强度调制并配合锁相检测来提高测量信噪比。声光调制器起隔离的作用，避免激光束原路返回到激光器中引起激光工作的不稳定。这种方法比较简单，但探测信号中有多普勒线形的背景，在对非常弱的光谱测量时，拉姆凹

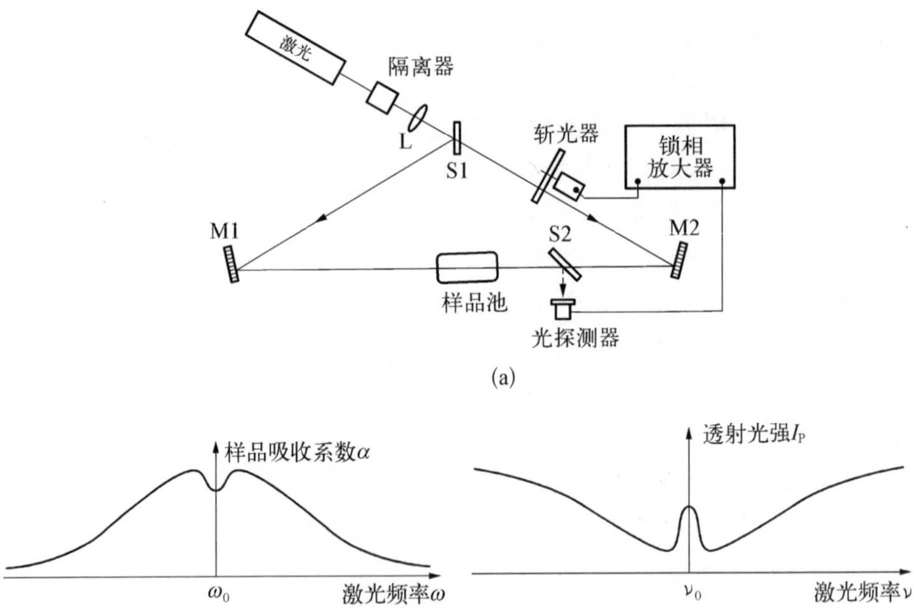

图 3-36 饱和吸收激光光谱实例

(a) 实验方框图；(b) 具有饱和拉姆凹的吸收系数；(c) 探测器探测到的透射光强

陷会埋没在多普勒背景的噪声中而不易被探测到。

为了消除信号中的多普勒吸收背景，Sorem 等人[67]提出内调制荧光探测技术(intermodulated fluorescence technique)，用荧光探测取代对透射光的探测，实验方框图如图 3-37(a)所示。束裂片将激光束分成两束相向传播的光通过样品池，用斩光器对两束光进行不同频率的强度调制，分别可记为 $I_1 = I_{10}(1 + \cos\omega_1 t)$ 和 $I_2 = I_{20}(1 + \cos\omega_2 t)$。由于非线性吸收效应，荧光强度为

$$I_{FL} = C[\Delta N^0(I_1 + I_2) - a\Delta N^0(I_1 + I_2)^2] \tag{3-23}$$

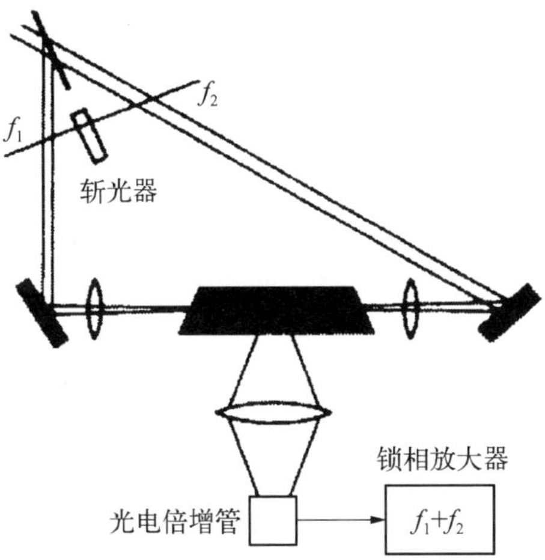

(a)

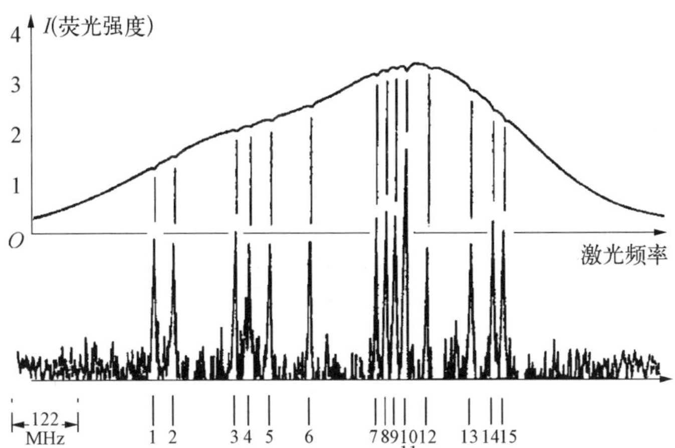

(b)

图 3-37 共调制荧光探测的无多普勒光谱方法

式中，C 为与跃迁概率、荧光探测效率有关的常数，ΔN^0 为无光时上下态粒子数差值。式中的线性项为多普勒背景信号，二次项代表两束光共同作用的饱和信号。探测器所接收到的荧光信号，由锁相放大器在两个斩光频率的和频（$\omega_1+\omega_2$）上进行解调，可以获取二次信号中的交叉项，即饱和拉姆凹陷的信号

$$I_{10}I_{20}\cos\omega_1 t\cdot\cos\omega_2 t=\frac{1}{2}I_{10}I_{20}[\cos(\omega_1+\omega_2)t+\cos(\omega_1-\omega_2)t] \tag{3-24}$$

图 3-37(b)为采用这种方法得到的碘分子的电子态之间振转跃迁 $B^3\Pi_{uo}$ ($\upsilon'=58$, $J'=99$)$\rightarrow X^1\Sigma_g^+$ ($\upsilon''=57$, $J''=98$)的 15 个超精细成分的光谱线。斩光器的两个频率分别为 $f_1=900$ Hz 和 $f_2=600$ Hz，锁相放大器的解调频率为 $f_1+f_2=1.5$ kHz，得到如图 3-37(b)下半部分的高分辨光谱，多普勒吸收背景完全消除了；上半部分为用 $f_1=900$ Hz 单频解调的多线重叠的多普勒增宽谱线。内调制荧光探测技术不仅具有无多普勒增宽的高分辨特性，而且可以抑制多普勒背景信号。这种方法可以用于低浓度的自由基分子光谱的高分辨测量。

饱和偏振吸收光谱也是高分辨光谱的一种[68]，原理如图 3-38 所示。

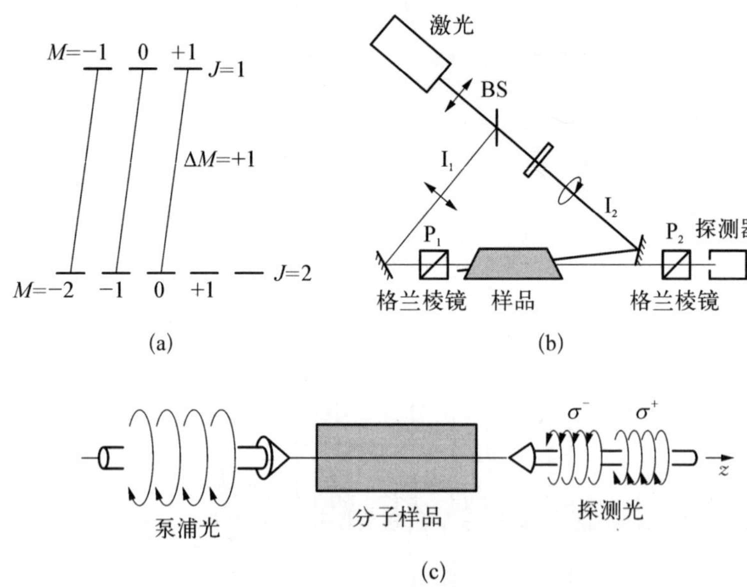

图 3-38 饱和偏振无多普勒高分辨光谱方框图

将单模窄线宽激光束分成反向传播的弱探测光 I_1 和强泵浦光 I_2。I_2 光通过

$\lambda/4$ 波片变成圆偏振光，入射到样品池中，产生$(J',\ m=\pm1)\leftarrow(J'',\ m)$的跃迁，±号取决于入射光为左旋还是右旋。由于磁子能级跃迁的选择定则，会导致样品分子在 m 子能级上的布居不同，因而产生样品的各向异性，使样品的折射率和吸收系数发生变化。例如，用左旋光只能产生 $\Delta m=+1$ 的跃迁，即 $(J'=1,\ m+1)\leftarrow(J''=2,\ m)$ 的 P 支跃迁谱线（见图 3-38），因此下态 $J=2,\ m=1$ 的能级无法吸收左旋光跃迁到上态，然而上能级通过自发辐射可以返回到该能级上，在这个子能级上的粒子布居数就会累积起来，导致在塞曼子能级上粒子数分布不均。这种各向异性样品对入射线偏振光具有二向色性，使 I_1 探测光的偏振面产生旋转，通过起偏器 P_1 和正交的检偏器 P_2 就可以探测到这种旋光效应。泵浦光和探测光只有在跃迁谱线中心频率上对同一个速度群的分子作用，产生饱和拉姆凹陷信号，而在其他频率上探测光被正交的 P_1 和 P_2 偏振片（格兰棱镜）所阻挡，透射光强度大幅度下降，其强度由偏振片的消光比决定。这种高分辨的光谱方法比一般的饱和吸收方法灵敏度要高 1～2 个数量级，同时有很好的多普勒背景抑制效果。

高分辨饱和吸收光谱技术可以有很多变种，但总体上是采用两束相向传播的强泵浦光和弱探测光对样品中同一个速度群的分子产生非线性吸收，获得具有均匀线宽的饱和拉姆凹陷，实现无多普勒增宽的光谱测量。进行高分辨饱和吸收激光光谱测量时，需要注意以下几点：

(1) 必须采用窄线宽的单模稳频激光器作激励光源，即激光的线宽远小于样品原子分子的多普勒线宽，才能获得饱和拉姆凹陷。

(2) 泵浦激光应有足够的功率，以便在样品中产生饱和吸收效应。但也要注意过高的功率引起功率增宽效应，导致拉姆凹陷变宽而探测不到。

(3) 泵浦激光束和探测激光束的交角要尽量小，甚至完全重合，如图3-36(a)的方案。但在完全重合时要采取措施防止激光束原路返回激光器而引起激光工作的不稳定。

(4) 为了消除吸收谱线的多普勒本底，可以采用各种调制技术，例如频率调制、内调制或者外场调制等方法。在采用频率调制时，需注意调频宽度要与拉姆凹陷的宽度相匹配。

(5) 可以采用对透射光强进行探测，也可以对荧光光强进行探测，或者根据情况对其他参量（如光电流等）进行探测。

(6) 采用过高的样品气压会产生压力增宽，使拉姆凹陷模糊。

(7) 由于拉姆凹陷的幅度比多普勒跃迁谱线的幅度要小得多，要求实验系统的测量信噪比非常高，否则来自拉姆凹陷的信号会淹没在噪声中。

(8) 拉姆凹陷的深度与被测样品分子的饱和光强参量有关，不同的被测对象饱和吸收光谱测量的难易程度会有很大的不同。

饱和吸收高分辨光谱从 20 世纪 70 年代发展以来已有四十多年了。这个光谱技术仍然被用于原子分子特性的精密测量，技术也在不断地发展。近期，美国 Brookhaven 国家实验室的研究小组将调频光谱技术与饱和吸收光谱相结合，利用调频光谱的优点形成高灵敏度的无多普勒增宽光谱技术，并应用于一些瞬态分子，例如 CN，CH_2 等分子的光谱测量，给出基态或激发态超精细结构的信息[69, 70]。图 3－39 为该方法的原理图。

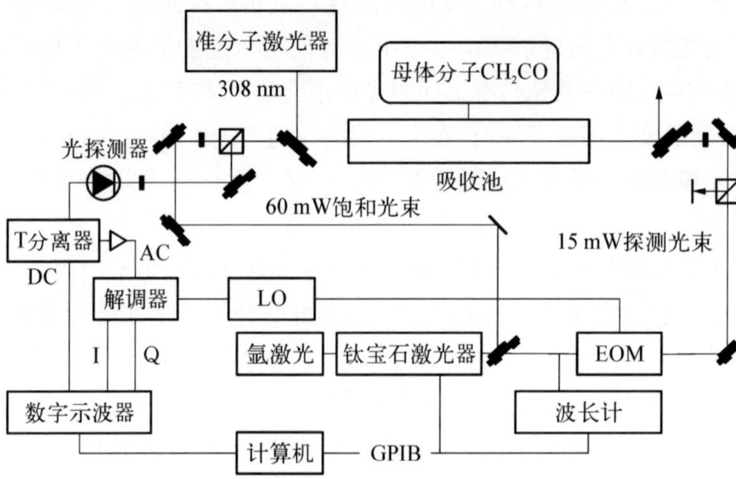

图 3－39　高分辨调频-饱和吸收光谱方框图

实验中采用单模稳频 CR899 钛宝石激光器作光源，输出光分成两束，泵浦光为 60 mW，直接入射到 2 m 长的吸收池里。探测光为 15 mW，经过电光调制器(EOM)进行频率调制(调制频率为 $\nu_m = 191$ MHz)，反向入射到吸收池中，再由格兰棱镜反射到探测器上。探测器的输出信号由一个 T 型分离器分出直流和交流成分，直流成分作为本底信号的监测。交流成分经过一个混频器在 $\nu_m = 191$ MHz 上解调后得到一个同相信号和一个正交信号，经过数字滤波器滤波后由数字采集系统获得光谱波形。探测光经过调频后，除了具有与泵浦光同频的成分 ν_L 外，还有两个边频成分 $\nu_L \pm \nu_m$。这样会在谱线上产生三个拉姆凹陷，一个是由 ν_L 的成分在谱线的中心 ν_0 处产生的，相应于轴向速度为零的分子群；另外两个是由边频成分 $\nu_L \pm \nu_m$ 与泵浦光 ν_L 在 $\nu_0 \pm \nu_m /2$ 处产生的，由于两者的频率不同，相应于对轴向速度为 $c\nu_m/2\nu_0$ 但方向并不在轴向的分子群产生作用。得到的谱线如图 3－40 所示，调节解调的相位可以分别获得式(3－8)中的吸收

光谱 $(\alpha_{-1}-\alpha_1)$ 或色散光谱 $(\phi_1+\phi_{-1}-2\phi_0)$。边频和载频产生的拉姆凹陷频率间隔准确等于调制频率的一半，即 $\nu_m/2$（图 3-40 中的 95.5 MHz），可以作为频率标度，由此可以精确获得超精细间隔频率为 9.6 MHz。

除了饱和吸收高分辨光谱外，双光子吸收技术也可以实现无多普勒增宽的高分辨光谱测量，图 3-41 是它的原理方框图。

由于多普勒效应，运动着的原子分子的吸收谱线圆频率为

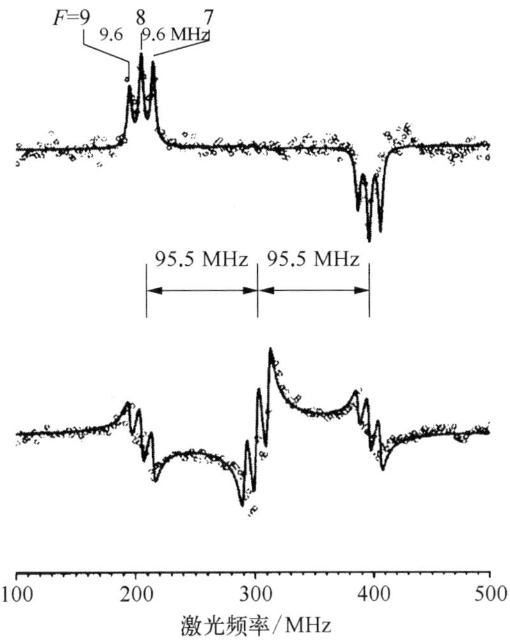

图 3-40 高分辨调频-饱和吸收光谱测量结果

$$\omega_a=\omega_0+\boldsymbol{k}\cdot\boldsymbol{v} \tag{3-25}$$

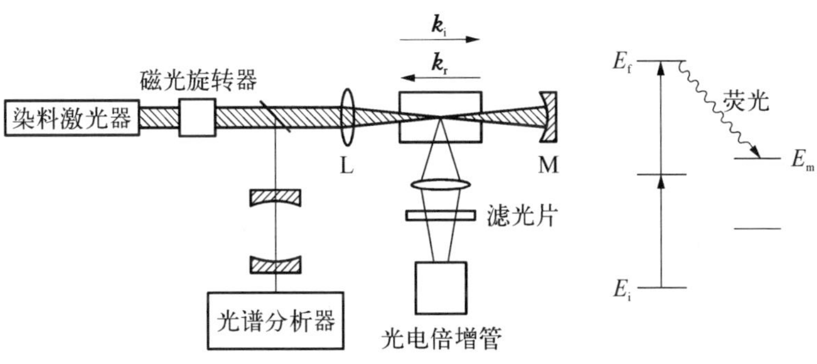

图 3-41 双光子无多普勒增宽的高分辨光谱

式中，ω_a 是从原子分子的坐标上看到的跃迁频率，ω_0 为光波的频率，$\boldsymbol{k}$ 为光波的波矢，v 为原子分子的运动速度。当样品吸收两个光子产生双光子跃迁 $E_f \leftarrow E_i$ 时，其共振条件为

$$(E_f-E_i)/\hbar=(\omega_{a1}+\omega_{a2})=(\omega_{01}+\omega_{02})+\boldsymbol{v}\cdot(\boldsymbol{k}_1+\boldsymbol{k}_2) \tag{3-26}$$

如果两个相向传播的光子具有相同的频率，则 $\omega_{01}=\omega_{02}=\omega_0$，以及 $\boldsymbol{k}_1-$

$-\boldsymbol{k}_2$，上式中的多普勒频移项被抵消掉了，跃迁频率与原子分子的速度无关。通过荧光信号的探测，可以获得无多普勒增宽的吸收谱线。这个方法与饱和吸收方法相比，饱和吸收光谱只是对一个速度群的原子分子产生作用；双光子方法中所有速度的原子分子都对谱线有贡献。尽管双光子跃迁概率比单光子跃迁要小，但由于吸收态上所有原子分子都能参与对跃迁的贡献，信号幅度可能比饱和吸收光谱信号还要大。图 3－42 为采用双光子无多普勒增宽的高分辨方法对 Pb 同位素频移测量的结果。

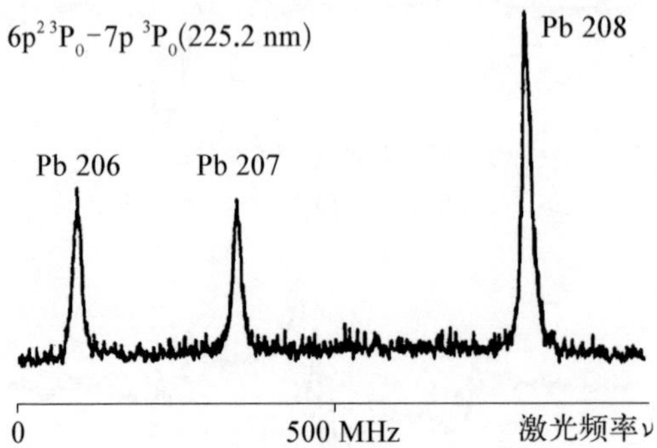

图 3－42　双光子光谱测量 Pb 的同位素频移

除上述的高分辨光谱技术外，超声分子束光谱技术也可以实现亚多普勒增宽的光谱测量，因为激光入射的方向与分子束的方向垂直，由于分子束的横向速度分布很窄，因此无论做吸收光谱或者荧光光谱都可以获得亚多普勒增宽的高分辨光谱，又由于超声分子束的致冷效应，转动光谱结构被简化，成为测量研究一些复杂分子和大分子高分辨振动光谱的重要手段。

由于分子的多普勒线宽与跃迁频率成正比，如果采用光-微波（或射频）双共振光谱技术，用一束激光将分子激发到某个激发态上，再结合微波或射频共振，也可以获得高分辨的激发态微波或射频的高分辨光谱，提供原子分子激发态的精细或超精细结构的信息。

3.4　时域高分辨激光光谱

自 20 世纪 90 年代飞秒激光器出现后，时间高分辨的激光光谱技术迅速发展起来，科学家们开展了物理学、化学、生物学和材料科学中的超快现象和超快过程的研究。从光谱的角度看，人们可以对原子分子激发态辐射寿命做精确的测量，可以研究分子的形成、碰撞、解离、电离、同分异构化等过程以及化学反应动力学的瞬态过程。当激光脉冲短于 10^{-10} s 时，几乎所有光电探测器和电子学线路都没有足够快的速度进行探测和处理，超短激光脉冲测量技术应运而生，如条纹照相机技术、延时-复合技术和光学相关检测技术等。目前可以实现 10^{-15} s

的时间分辨测量。这里我们将着重介绍激光光谱中的寿命测量和动力学研究。

3.4.1 原子分子激发态寿命的测量

激发态寿命是原子分子的重要参数，由寿命可以给出跃迁概率、跃迁偶极矩、碰撞截面以及优化原子分子中电子分布的模型。

延迟-复合技术(delayed-coincidence technique)，有的文献称之为时间相关单光子计数方法(time-correlated single photon counting, T-CSPC)，可以用于对原子分子激发态寿命的测量，即测量荧光辐射强度随时间的变化，是目前时间分辨光谱方法中测量灵敏度最高的一种。它起源于20世纪60年代，真正的发展是在70年代末纳秒和皮秒激光出现之后。它的原理是基于单光子探测和计数的统计特性，方框图如图3-43所示。入射激光束由束裂片分成两束光，一束光由快速光电探测器A接收用于启动时-幅转换器(time-amplitude converter, TAC)，在$t=t_0$时触发产生快速上升的锯齿波电压；另一束光用于激发样品，样品发出的荧光由光电倍增管B接收，去终止TAC的锯齿波电压。使用衰减器D的目的是保证探测器B接收到的是单光子荧光信号，再结合光子计数技术进行探测。由于原子分子激发态寿命的原因，荧光光子相对于激发光子总有一定的延时，光电倍增管B接收到的荧光光子在$t=t_i$时产生的输出脉冲去终止TAC锯齿波电压，TAC的输出幅度V_i正比于延迟时间(t_i-t_0)，这样将时间的测量就转换为脉冲电压幅度的测量。对大量单光子所转换成的脉冲电压幅度进行统计，在多通道脉冲幅度分析器(multichannel pulse height analyzer, MCPHA)中进行分析，按照脉冲电压幅度量化后，依次送入各个通道进行累加存储，最后给出不同延迟时间上的光子计数，它相应于荧光的强度随时间的演变。

在延时-复合测量中，理想的光源为波长连续可调的皮秒或飞秒锁模染料(或钛宝石)脉冲激光器，它既有较窄的脉宽，又有很高的重复频率，可以提高测量信噪比和缩短测量时间，分辨率可优于10^{-11} s，非常适合于原子分子激发态寿命的测量。

Demtröder等人[71]采用锁模氩离子激光器作光源，对上述的复合-延时测量技术做了一些修改(见图3-44)。采用荧光信号作为TAC的启动触发(start)，用激光脉冲做终止触发(stop)，测量结果是用$[T_P-(t_i-t_0)]$来取代(t_i-t_0)，T_P是激光脉冲的重复周期。这是因为TAC的上限工作频率受到电子学线路死时间的限制，比锁模激光器的重复频率低得多。为了保证单光子测量的水平，荧光脉冲的发射率要保持为激光重复频率的$10^{-3}\sim10^{-4}$倍，尽管采用这样的方案激光脉冲的重复频率很高，例如锁模激光器的重复频率为42 MHz，荧光的单光

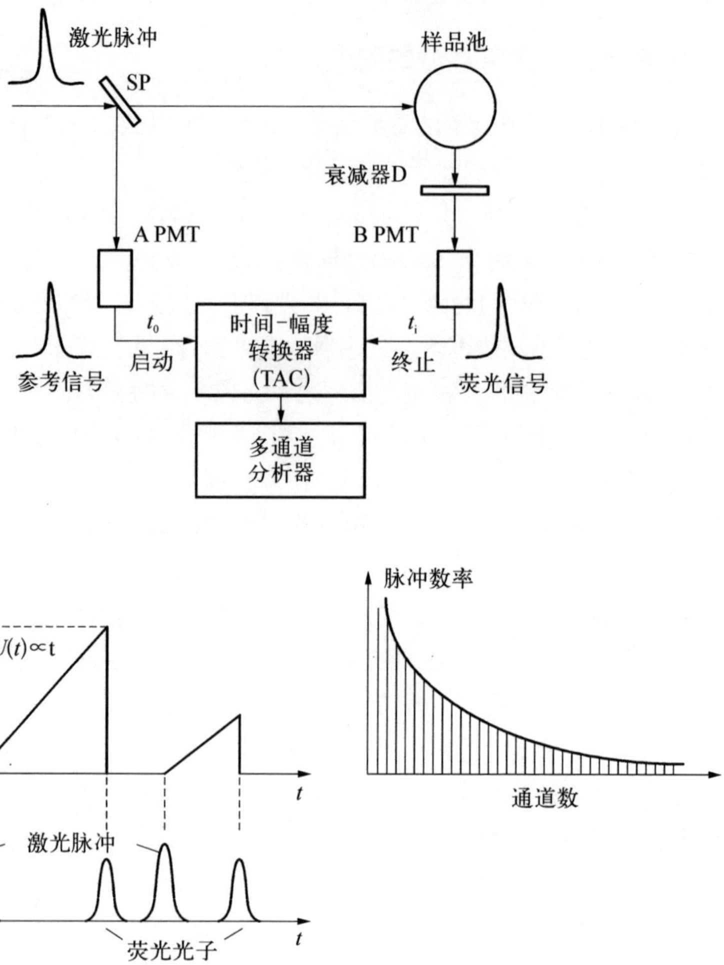

图 3-43　时间相关单工作光子记数技术的方框图

子计数率只有几到几十千赫兹，TAC 仍然能正常工作，脉冲堆积效应也可以完全消除；又由于锁模激光的重复周期 T_P 非常稳定，使测量精度可达 10^{-7}。Demtröder 等人用复合-延时技术对 Na_2 分子 $B^1\Pi \rightarrow X^1\Sigma_g^+$ 的电子态跃迁寿命（约为几个纳秒的范围）测量，准确度可达 1%。由于激光脉冲重复频率很高，测量信噪比就比较高，一次测量时间也只需 5 min。

测量中还要考虑仪器的响应时间函数 $E(t)$ 的影响。实验上测得的荧光脉冲是一个卷积函数 $L(t)=\int_0^t E(t')F(t-t')\mathrm{d}t'$，它是荧光衰减函数 $F(t)$ 和仪器响应函数 $E(t)$ 的卷积。因此，需要通过实验测量结果和卷积函数进行拟合来提

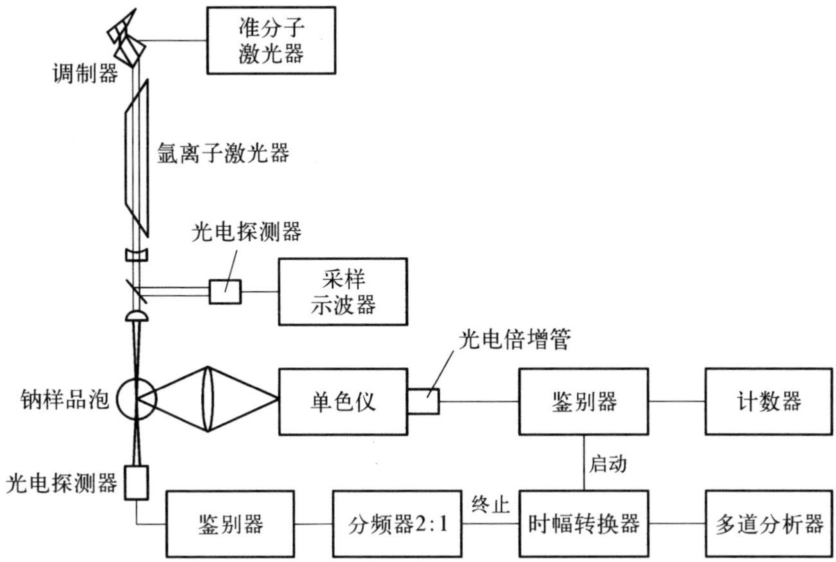

图 3-44 复合-延时技术测量原子分子激发态的寿命

取 $F(t)$。仪器的响应时间函数 $E(t)$可以通过实验测定,如采用无荧光的介质产生的散射光来测定。

复合-延时技术经常与超声分子束技术结合,可以消除原子分子碰撞对寿命的影响。Chornay 等人[72]用几百电子伏特的电子束与垂直方向上的原子分子束产生非弹性碰撞,取代用激光束的激励,可以测量深紫外(真空紫外)范围的荧光辐射寿命,形成电子-光子复合-延时技术。Chornay 等人采用这种技术对多种原子分子高激发态寿命做了测量,分辨率可以优于 6 ns。

原子分子辐射寿命的测量还有多种方法,如光快门法(light-gating method)、频率上转换方法(up-conversion)、相位调制方法等。光快门方法是利用 Kerr 或 Pockles 晶体材料,构成超快光学快门,快门的开启时间为皮秒量级。在快门瞬间打开时荧光可以通过,由光电倍增管测量透射光强随时间的变化即可测出寿命。频率上转换方法是采用非线性晶体作为一个快门,当泵浦激光脉冲和辐射荧光同时入射到晶体中,在满足相位匹配条件时产生上转换和频信号,测量正比于荧光强度的和频信号随时间的变化,即可获得寿命值,通常可以测量皮秒级的辐射寿命。

3.4.2 原子分子动力学研究

飞秒泵浦-探测技术(pump-and-probe techniquc)是当前最重要的时间分辨

瞬态光谱技术，除了可以测量原子分子激发态寿命外，还可以用于气相、液相和凝聚态的飞秒级超快动力学过程的研究。例如分子的振动过程、分子键的断裂或组成过程，都是在飞秒时间尺度。泵浦-探测技术的实验原理是(见图 3-45)：采用一束飞秒超快激光作为泵浦光产生 $|1\rangle \leftarrow |0\rangle$ 的跃迁，再用另一束超快飞秒激光在相对泵浦激光脉冲的不同延迟时间 τ 上探测激发态能级 N_1 上的粒子数 $N_1(t)$ 随时间的演变过程，例如可以监测 N_1 或者 N_2 能级在不同时刻荧光的发射强度。延迟时间 τ 是通过改变两束光的光程差来实现的。时间分辨率由两个脉冲的脉宽决定，而与探测器的时间常数无关。监测信号除了采用荧光探测外，还可以监测吸收信号、电离信号、受激拉曼散射信号等。飞秒泵浦-探测技术可以研究原子分子的激发、衰变和电离、解离过程，进而研究光化学过程和化学反应动力学。在飞秒激光出现之前这方面的研究很少，20 世纪 90 年代后飞秒动力学的研究逐渐发展起来，Zewail 等人做了许多开创性的工作[73]，逐渐形成一门新的交叉性很强的前沿学科，被称为飞秒化学(femtochemistry)。

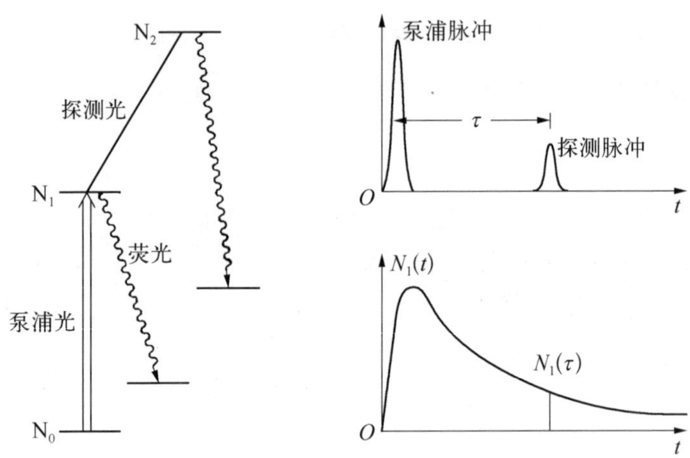

图 3-45　泵浦-探测激光光谱原理

这里我们将介绍 Baumert 等人[74]采用飞秒泵浦-探测技术，结合超声分子束光谱技术、多光子电离技术和飞行时间质谱技术对 Na_2 分子振动波包运动的实时观测。选择 Na_2 分子为研究对象是因为人们对它的能级结构和势能曲线已有清楚的了解。波包的概念就是相干重叠态波函数的合成，在飞秒激光瞬态光谱出现之前，只有理论上的研究。由于测不准原理，飞秒激光的脉宽越短，它的频谱分布越宽，可以对分子的多个振动态产生相干激发形成波包。实验方框图如图 3-46 所示。超声分子束产生处于基电子态振动能级为 $v''=0$，转动能级为 J'' 的冷 Na_2 分子，泵浦激光和探测激光的脉宽为 85 fs(频谱宽度大致为

100 nm)，能量为 0.2 μJ，中心波长为 627 nm，带宽为 10 nm，两者的延迟时间由类似迈克尔逊干涉仪的移动臂来改变。激光在与分子束垂直方向上激发 Na_2 分子，并产生多光子电离。飞行时间质谱仪(TOF)可以测量电离后的离子质量和离子碎片所释放的动能。

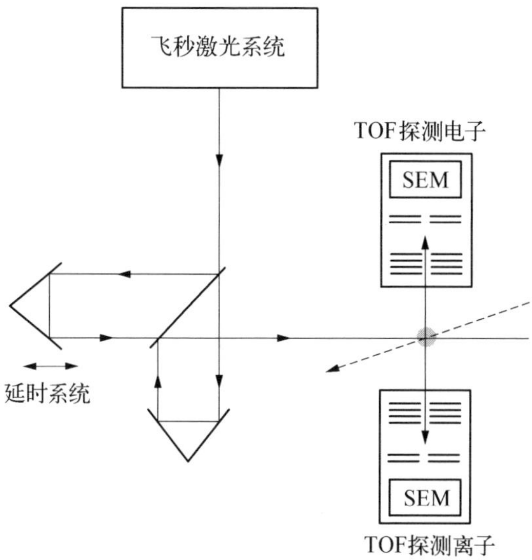

图 3-46 飞秒泵浦-探测实验方框图(SEM 是扫描电镜)

实验结果表明 Na_2 分子多光子电离的途径可以有以下两种。一种是由泵浦光激发到 $A^1\Sigma_u^+$ 态电子态，产生 $\upsilon'=10\sim14$ 的振动态相干激发(见图 3-47 的右半部分)，形成振动波包，并在势阱中以 3×10^{12}/s 做往返周期运动。探测光经过延迟时间 τ 后作用于 Na_2 束，通过 $2^1\Pi_g$ 里德伯电子态产生共振增强双光子电离，由飞行时间质谱仪(TOF)测量 Na_2^+ 在不同延迟时间上的离化率。由于 A 态势能曲线核距小的拐点处比核距大的拐点处具有较大的 Frank-Condon 因子，因此离化率要大。TOF 的测量结果可以观察到离化率随延迟时间有周期性的变化，反映了振动波包在 A 态上的往返运动，周期为 309 fs(见图 3-48 的上半部分的谱线)。另一个电离通道是由泵浦光产生双光子跃迁到 $2^1\Pi_g$ 里德伯电子态(见图 3-47 的左半部分)，对 $\upsilon'=11\sim18$ 的振动态进行了相干激发，经探测光在核距大的拐点上激发到二重电子激发态上并自解离为 Na^+ 碎片，由 TOF 探测 Na^+ 的发射率随 τ 的变化，结果如图 3-48 的下半部分，与第一种途径相比，运动周期为 372 fs，并有 180°的相位差，反映了波包在 $2^1\Pi_g$ 态势阱中的运动，而且激发是在核距大的拐点上产生的，这个实验清楚地证明了 Na_2 分子具有不同的多光子电离过程。

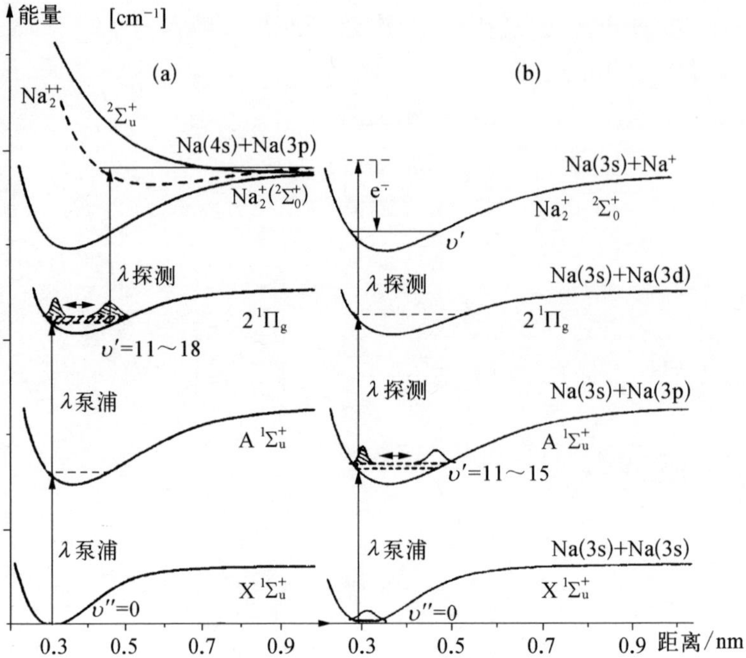

图 3-47 Na_2 分子势能曲线图

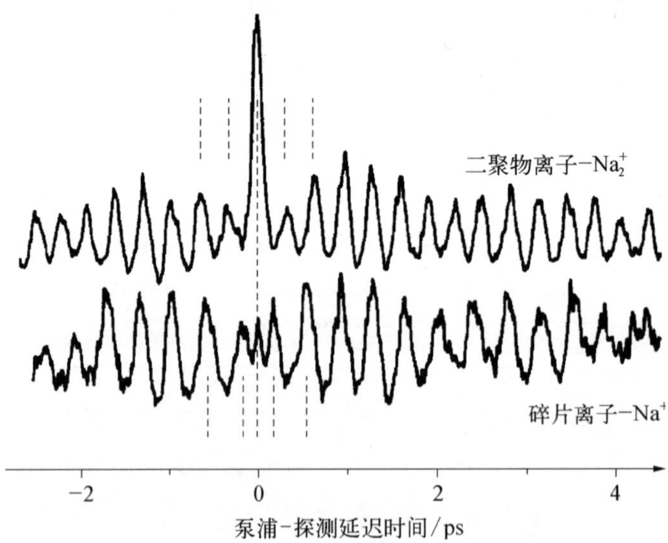

图 3-48 实时观测 Na_2 分子波包运动的结果

在超快激光光谱出现之前，大部分光谱是研究原子分子的稳态光谱，即频域光谱，它是光谱测量长时间的平均结果，理论处理是对应于不含时的稳态薛定谔方程。超快瞬态激光光谱技术就可以开展时域光谱的研究，即可以对光谱随时间演变的过程进行研究，形成了分子反应动力学的学科，进而为化学反应的操控奠定基础，成为物理化学的重要前沿研究领域。时域光谱的研究需要频域光谱提供分子能级和分子势能曲线或势能面等方面的信息，两者相辅相成。泵浦-探测飞秒激光技术是研究瞬态时域光谱的重要工具，目前除了研究双原子分子外，也发展到对多原子分子进行研究，甚至对凝聚态对象的研究。实验技术上也日趋先进，通常采用两套波长可调的飞秒锁模激光器作光源，重复频率为几十兆赫兹，单脉冲能量在纳焦数量级，根据需要可以放大到微焦或毫焦量级，波长覆盖从深紫外到红外，适合于各种原子分子动力学的研究，同时结合超声分子束技术、质谱技术、各种光谱技术，以及先进的列阵光探测技术发展成时间空间高分辨的瞬态激光光谱技术。

3.5 光梳光谱

基于连续激光源的吸收光谱技术具有高分辨率和高灵敏度的优点，但是连续光吸收光谱技术通常需要通过扫频的方式获取光谱信息，因此，需要占用较长的数据采集时间，扫频范围也会受到激光光源光谱覆盖范围的限制。采用傅里叶变换光谱技术可以同时采集较宽波段的光谱信号，但是这种技术的灵敏度经常不能满足应用的需要。

20 世纪 90 年代飞秒激光光学频率梳（或称光梳，optical comb）发明之后，很快被应用到光谱测量中，形成极有发展前景的光谱技术——光梳光谱技术。光梳光谱技术兼顾了连续激光吸收光谱和傅里叶变换光谱的优点。飞秒光梳光源具有高亮度的特性，在整个光学光谱频段都有很好的时间和空间相位相干性，采用光梳光谱能够短时间内在很宽的波段范围对不同分子进行高分辨率、高灵敏度地测量。因此，在大气化学动力学、污染控制、呼吸气体医疗诊断等领域，光梳光谱已经有成功的应用。

3.5.1 光梳

光梳系统的核心是飞秒锁模脉冲激光器。如图 3－49 所示，从时域角度看，激光的输出是一系列等时间间隔的超短脉冲，这个时间间隔正好是脉冲在激光腔内往返一次的时间，脉冲的时间宽度约为几个到几十飞秒。从频域角度看，光梳的光谱是由一系列频率间隔相等的光谱线（或称为梳齿）组成，每个梳齿之间的频率间隔等于飞秒脉冲激光器的重复频率。由于腔内群速度和相速度相位差的随机起伏，使光梳的梳齿间隔频率不稳定，并有随机的频移。在光谱测量的应用中，需要把光梳的梳齿频率稳定下来。这可以通过将光梳锁定在高稳定度的微波频率或者锁定于某个高稳定的激光频率上，例如可以锁定于窄线宽的稳频激光器的频率上，使激光器的频率稳定度和窄线宽特性传递给光梳，形成一个梳齿频率稳定的光学梳。此时每个梳齿频率可以精确表示为：$f_n = nf_r + f_0$，其中 n 为正整数，f_r 为激光重复频率，f_0 为系统频移（或称为零频）。光梳的出现不仅实现了光学频率与微波频率的连接，而且实现了对光学频率的精密测量，为光梳光谱学的发展奠定了基础。

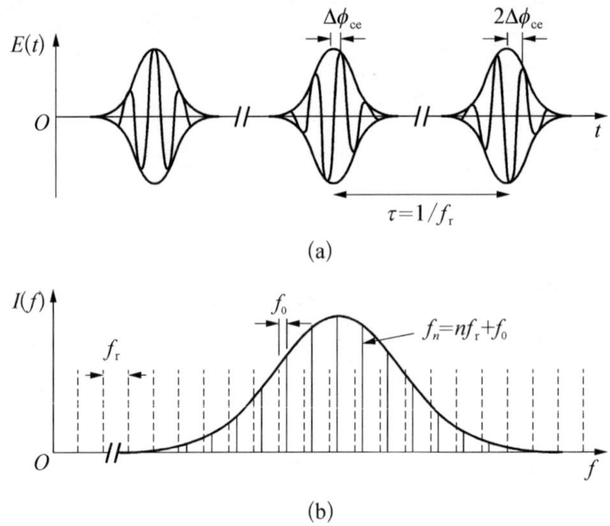

图 3-49 (a) 锁模激光器的时域脉冲；(b) 与时域相对应的频域光谱[86]

现有光梳已经可以覆盖极紫外到中红外波段。在极紫外区域，利用腔内高次谐波技术得到了 40 nm 的极紫外光梳[75]，并且成功测量了 Ar 原子的绝对跃迁频率。紫外光梳得益于飞秒脉冲激光极高的峰值功率密度，可以利用非线性频率转换技术获得传统连续光源无法达到的波长。在 100 nm 以下，极紫外光梳是做超高分辨率光谱的唯一光源。在 800 nm 的附近，有基于钛宝石激光的光梳[76, 77]。这类光梳典型的光谱覆盖宽度为 30～50 nm。钛宝石光梳具有很高的脉冲重复频率，使用自参考光梳的重复频率可以达到 10 GHz。在输出功率给定的情况下，高的重复频率可以使每个梳模获得更多的能量。在 1～2 μm 区域，有基于掺铒或掺镱光纤激光的光梳。这些激光器可以直接由激光二极管泵浦，因此电光转换效率要远高于钛宝石激光器。同时，光纤激光器的固有稳定性使得激光操作极为简便。基于掺铒光纤激光的光梳，中心波长在 1 550 nm，可以覆盖 1 000～2 000 nm 的光谱宽度，典型的重复频率为 250 MHz，输出功率约几百毫瓦[78]。这类激光可以比较容易地倍频到可见-近红外波段。掺铼光纤激光的工作波长在 1 040 nm 附近，脉冲重复率可以达到 1 GHz。基于掺铼光纤激光的频率梳的输出功率可达到 10 W。在 2 μm 以上的中红外区域，有利用 Cr_2^+：ZnSe 作为增益介质，工作于 2.5 μm 的宽带光梳[79]。此外，还有利用差频技术或者光学参量放大技术产生的中红外光梳系统。利用差频技术，产生的光梳功率通常比较低，最大可以获得百毫瓦量级的差频光梳[80]。利用光学参量放大技术，得到的光梳功率相对比较高[81]。

在光梳光谱的应用中，光梳被用来精确控制或准确测量连续激光的频率，这类应用可称为频率梳辅助光谱；在另一些应用中，光梳直接用于光谱测量，称为直接频率梳光谱。

3.5.2 光梳辅助光谱

频率梳辅助光谱的应用涉及光学原子钟、基本物理常数测量以及分子结构研究等领域。飞秒光梳加速了高精度光学原子钟的发展，与微波原子钟相比，光学原子钟具有更高的频率稳定度和复现性。飞秒光梳可以直接测量光学原子钟的频率，并且有很高的光学频率测量准确性。

伴随着频率测量精度的提高，对基本物理常数的测量也得到较大的发展。例如，对氢原子和氘原子光谱的精密测量可以用于确定里德伯常量[82]。由于氢原子是一个最简单的原子系统，可以通过比较跃迁频率的实验值和理论值来验证量子电动力学理论。

精确测量分子的振转跃迁频率可以获得它们的能级结构信息。Chen 和 Ye[83]利用光梳校准的钛宝石激光器测量了碘分子127 在 500～530 nm 的饱和吸收光谱，他们的实验获得了 $B0_u^+(^3\Pi_u)$电子态超精细相互作用受到的微扰信息。

频率的精确测量在环境监测等应用领域也很重要。Amy-Klein[84]等人使用了一个飞秒激光梳准确地测量了 CO_2 激光器的频率，获得了 CO_2 分子的精确分子常数，利用这些常数计算得到的参考频率比以前的结果在精度上提高了两个量级。

光梳还可以用来研究跃迁谱线线型的压力增宽参数。例如，McRaven[85]等人通过把外腔半导体激光器锁定在一个飞秒光梳上，获得了乙炔振动能级 υ_1 +

υ_3合频带 P(11)吸收线在一系列温度下压力依赖的线型参数。所获得的压力加宽、压力变窄、压力频移参数比此前的结果在精度上提高 2～3 个数量级。

3.5.3 直接光梳光谱

光梳也可以作为光源,直接用于原子和分子的光谱测量。直接光梳光谱技术相当于用成千上万个频率已知并且稳定的窄线宽激光同时进行光谱的测量,每个梳齿的线宽大约为几十千赫兹,可以进行高分辨的光谱测量;光梳又具有很大的光谱覆盖范围,可以同时测量多个原子分子的光谱。

采用光梳作光源的荧光光谱测量是比较简单的方案,该方案已经成功地测量了原子跃迁谱线。然而,这种方法并不适用复杂的分子体系,因为会产生难以分辨、重叠严重的光谱。因此,光梳光谱主要应用于吸收型的光谱测量中。

在测量相对复杂的分子光谱时,当光梳与原子分子样品相互作用后,可以采用一个高分辨率光谱仪来分辨梳齿。一个具有阵列光电探测器的光栅光谱仪可以在几十个 GHz 的分辨率条件下获得几十纳米带宽的光谱,然而,这种分辨率仍不足以分辨梳齿结构。为了提高对每个梳齿的分辨本领,比较好的解决方案是使用两个交叉色散器件将频率梳的模转换成光谱仪输出成像平面上的二维阵列光谱,采用这种检测方案能够分辨不同频率的梳齿[86]。

光梳与傅里叶变换光谱技术结合,可以实现在较大的光谱范围内,以较高的分辨率和较高的采集效率,对不同浓度的多组分气体分子光谱进行测量。飞秒激光相对于传统光源具有更高的光谱亮度,在较短的时间内,采用傅里叶变换光谱技术在宽频范围内测谱,和以高重复频率的激光脉冲进行数据采集,可以较好地抑制低频噪声,获得具有理想信噪比的光谱。

图 3-50 是一个典型的光梳-傅里叶变换光谱实验框图[87]。光源采用一个光纤激光泵浦的 OPO 光梳,光梳工作于 2 100～3 700 cm^{-1}(2.8～4.8 μm)中红外波段。单次测量的光谱覆盖范围从 50～400 cm^{-1}。泵浦激光器稳定在一个标准微波参考源上可以使光梳获得长期的频率稳定性。OPO 输出的光经过 Herriott 多程吸收池后,送入傅里叶变换光谱仪(由快速扫描迈克尔逊干涉仪构成)并由快速光电探测器探测,最后经计算机采集数据以及做傅里叶变换后获得光谱。图 3-51 是利用光学频率梳-傅里叶变换光谱技术测量的氮气氛下甲烷气体的吸收谱线,测量光谱的分辨率是 0.005 6 cm^{-1}。在图(b)中给出了实际测量的数据点,谱线的展宽主要来自氮气的压力加宽。利用该测量系统,对很多重要的气体分子,比如甲烷、二氧化碳、一氧化氮等的探测灵敏度均达到 10^{-6} 量级。

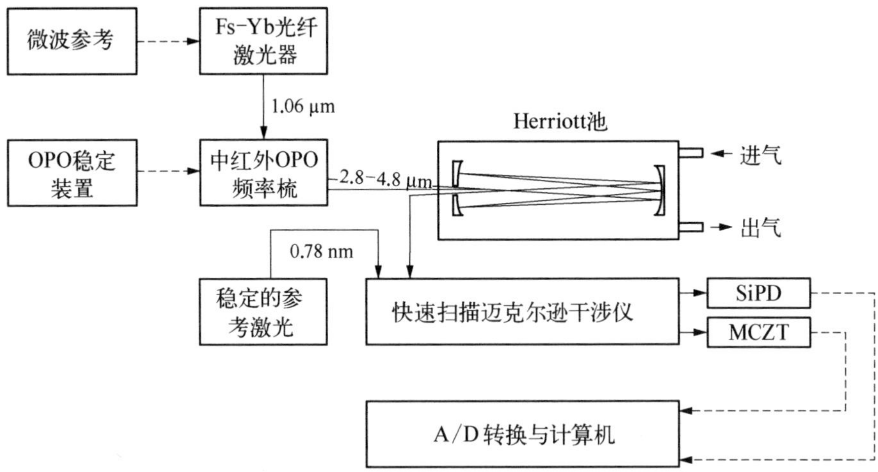

图 3-50 光梳-傅里叶变换实验框图

SiPD：硅光二激光；MCZT：中红外 HgCdZnTe 探测器。

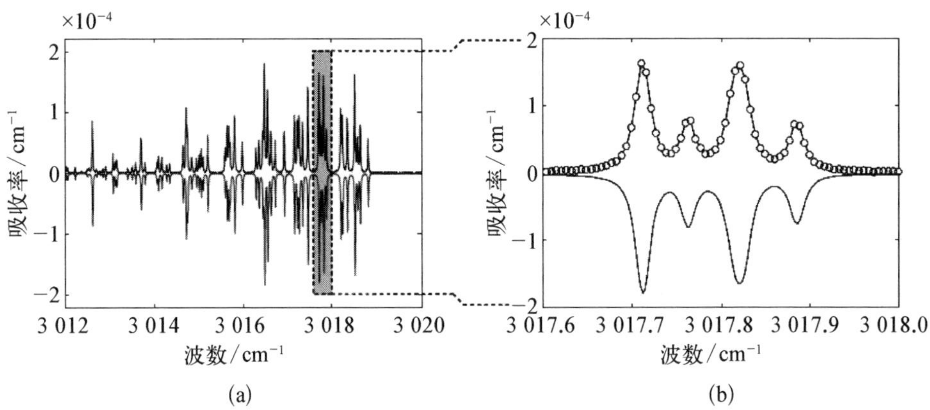

图 3-51 (a) 甲烷气体在 13.3 kPa 氮气环境下的吸收光谱(上半图)；(b) 利用 HITRAN 数据库数据模拟结果(下半图)的比较(甲烷的浓度为 10×10^{-6})

飞秒激光梳光谱的一个缺点是每个梳模的功率很低，因为总的激光功率通常分布在 $10^5\sim10^6$ 个梳齿上，导致在每个梳齿模式的功率不超过 1 μW，往往只有几纳瓦，有限的功率导致在光谱应用的灵敏度通常受到限制。这种缺陷可以通过光梳结合高精细度的光学增强腔来克服[88]。把样品放入光学谐振腔中，大大增加了激光与样品的有效相互作用长度。把连续单频激光耦合进谐振腔相对比较容易，只要把激光频率与某个腔模频率互相锁定就行。对飞秒激光光梳来说，要使每个梳模都与腔的谐振频率共振，必须满足以下几个条件：首先，光梳的重复频率要等于谐振腔的自由光谱区或者为它的整倍数，使得梳模间隔和腔模间隔相匹配而达到功率的耦合；其次，在梳模和腔模之间，没有频率偏移，这个可以通过调节零频 f_0 来控制；最后，谐振腔必须要有较低的色散，否则会在梳模和腔模之间产生走离效应。腔增强频率梳吸收光谱通过测量腔内有无样品时的光强透过率来获得光谱。这种技术在痕量气体检测、医疗诊断、气相样品纯度分析等领域有很广泛的应用前景。此外，利用腔增强光梳光谱技术测量分子束源光谱也取得了较好的成果。例如，测量了乙炔束源的速度和内态分布[89]。

除了基于腔增强的光梳光谱技术外，直接光梳光谱还有腔衰荡-频率梳光谱技术。在腔衰荡方案中，通过测量高精细度光学谐振腔内激光强度的衰荡时间来获取光谱信号，因此是一种对激光功率噪声免疫的测量方法。然而，在腔衰荡测量中，需要很高的采样速率，特别是对光梳这类光谱覆盖范围很大的光源来说，需要成千上万个通道同时采集，数据采集的挑战很大。腔衰荡-频率梳光谱已经成功用于测量乙炔、水气与氨气在 800 nm 附近的泛频光谱及氧气的弱禁戒跃迁光谱[90]。

最近，Sinclair 等人[91]又将腔增强光梳技术与速度调制吸收光谱结合，可以对分子离子光谱进行选择性、高灵敏、宽光谱范围的测量。他们采用连续稳频钛宝石激光对光梳进行频率锁定，同时作为测量过程中的标准频率，经过稳频的光梳梳齿频率精度优于 1 MHz。一米长的速度调制放电吸收池放置在增强光学谐振腔内，用以提高测量灵敏度。透射光经过交叉色散系统形成二维光信号面阵列，由锁相照相机(lock-in camera)接收，可以分辨每个梳齿的信号，并可以对探测器上的每个像素点进行在速度调制频率上的解调，来获得分子离子信号。采用这种技术在 800 nm 附近对 HfF^+ 离子光谱，以 0.001 cm^{-1} 的分辨率实现了在 30 min 内对 150 cm^{-1} 范围内光谱的测量，单程相对吸收灵敏度可达 3×10^{-7}。

光梳光谱技术以它的高分辨率、高灵敏度的特点，以及在宽波段范围内高效率地对被测对象进行高精度的测量，必将成为新一代重要的光谱技术和发展为新一代的光谱仪器。

参考文献

[1] Demtroder W. Laser spectroscopy, basic concepts and instrumentation[M]. 3rd ed. Springer-Verlag, 2003.

[2] Demtroder W. Laser spectroscopy, technology [M]. 4th ed. Springer-Verlag, 2008.

[3] Abramczk H. Introduction to laser spectroscopy [M]. Elsevier, 2005.

[4] Svanberg S. Atomic and molecular spectroscopy: basic aspects and practical applications

[M]. Springer, 2001.

[5] Menzel E R. Laser spectroscopy: techniques and applications, pratical spectroscopy series [M]. Vol. 18 Marcel Dekker Inc., 1995.

[6] Andrews D L. Applied laser spectroscopy, techniques, instrumentation and applications [M]. VCH Publichers, Inc., 1992.

[7] 沃尔夫冈·戴姆特瑞德. 激光光谱学(原书第四版)第1卷：基础理论,第2卷：实验技术[M]. 姬扬,翻译. 北京：科学出版社,2012.

[8] 陈扬骎，杨晓华. 激光光谱测量技术[M]. 上海：华东师范大学出版社,2006.

[9] 陆同兴，路铁群. 激光光谱技术原理及应用[M]. 合肥：中国科技大学出版社,2006.

[10] Gerstenkorn S, Luc P. Atlas du Spectre d'Absoption de la Molecule d'Iode[M]. Paris: CNRS, 1978.

[11] Gerstenkorn S, Verges J, Chevillard J. Atlas du spectre d'Absorption de la Molecule d'Iode ($12,000\ cm^{-1}$ - $14,000\ cm^{-1}$)[M]. Paris: CNRS, 1982.

[12] Hobbs P C D. Reaching the shot noise limit for $10[J]. Opt. Photon. News, 1991, 2(4): 17-23.

[13] 吴升海,庄华,杨晓华,等. 高分辨分子吸收光谱中的波长校准方法[J]. 光谱学与光谱分析,2002,22(4): 569-572.

[14] Bjorklund G C, Levenson M D, Lenth W, et al. Frequency modulation (FM) spectroscopy — theory of lineshapes and signal-to-noise analysis[J]. Appl. Phys., 1983, B32: 145-152.

[15] Gudeman C S, Saykally R J. Velocity modulation infrared laser spectroscopy of molecular Ions[J]. Ann. Rev. Phys. Chem., 1984, 35: 387-418.

[16] Hinz A, Pfeiffer J, Bohle W, et al. Mid-infrared laser magnetic resonance using the faraday and voigt effects for sensitive detection [J]. Mol. Phys., 1982, 45(6): 1131-1139.

[17] McCarthy M C, Field R W. Frequency-modulation enhanced magnetic rotation spectroscopy of PdH, PdD, NiH, and CuH [J]. J. Chem. Phys., 1994, 100(9): 6347-6358.

[18] Wang R, Chen Y, Cai P, et al. Optical heterodyne velocity modulation spectroscopy enhanced by a magnetic rotation effect[J]. Chem. Phys. Letts., 1999, 307: 339-342.

[19] Lindsay C M. Highly-sensitive and efficient infrared spectroscopy of molecular ions[D]. Chicago: The University of Chicago, 2002.

[20] Deng L, Zhu Y, Li C, et al. High-resolution observation and analysis of the I_2^+ $A^2\Pi_{3/2,u}$-$X^2\Pi_{3/2,g}$ system[J]. J. Chem. Phys., 2012, 137: 054308(1-6).

[21] Scherer J J, Paul J B, O'Keefe A, Saykally R J. Cavity ringdown laser absorption spectroscopy: history, development, and application to pulsed molecular beams [J]. Chem. Rev., 1997, 97: 25-51.

[22] Busch K W, Busch M A. ACS symposium series 720, Cavity-ringdown spectroscopy, Anultratrace-absorption measurement techniques[M]. ACSbooks department, 1999.

[23] O'Keefe A, Deacon D A G. Cavity ring-down optical spectroscopyfor absorption measurements using pulsed laser sources[J]. Rev. Sci. Instrum., 1988, 52(12): 2544-

2551.

[24] O'Keefe A, Scherer J J, Cooksy A L, et al. Cavity ring-down dye laser spectroscopy of jet-cooled metal clusters: Cu2 and Cu3 [J]. Chem. Phys. Lett., 1990, 172(3, 4): 214 - 218.

[25] Romanini D, Kachanov A A, Sadeghi N, et al. CW cavity ring down spectroscopy[J]. Chem. Phys. Lett., 1997, 264: 316 - 322.

[26] Engeln R, VonHelden G, Berder G, et al. Phase shift cavity ring down absorption spectroscopy[J]. Chem. Phys. Lett., 1996, 262: 105 - 109.

[27] Paldus B A, Harb C C, Spence T G, et al. Cavity-locked ring-down spectroscopy[J]. J. Appl. Phys., 1998, 83(8): 3991 - 3997.

[28] Berden G, Peeters R, Meijer G. Cavity-enhanced absorption spectroscopy of 1.5 μm band system of jet-cooled ammonia[J]. Chem. Phys. Lett., 1999, 307: 131 - 138.

[29] Ye J, Ma L, Hall J L. Ultrasensitive detections in atomic and molecular physics: demonstration in molecular overtone spectroscopy[J]. J. Opt. Soc. Am. B, 1998, 15: 6 - 15.

[30] Ma L, Ye J, Dube P, et al. Ultrasensitive frequency-modulation spectroscopy enhanced by a high-finesse optical cavity: Theory and application to overtone transitions of C_2H_2 and C_2HD[J]. J. Opt. Soc. Am. B, 1999, 16: 2255 - 2268.

[31] Drever R W P, Hall J L, Kowalski F V, et al. Laser phase and frequency stabilization using an optical resonator [J]. Appl. Phys. B, 1983, 31: 97 - 105.

[32] Moore C B. Laser in chemistry [J]. Ann. Rev. Phys. Chem., 1971, 22: 387 - 428.

[33] Weita E, Flynn G. Laser studies of vibrational and rotational relaxation in small molecules [J]. Ann. Rev. Phys. Chem., 1974, 25: 275 - 315.

[34] Berry M J. Laser studies of gas phase chemical reaction dynamics[J]. Ann. Rev. Phys. Chem., 1975, 26: 259 - 286.

[35] Kinsey J L. Laser-induced flourescence [J]. Ann. Rev. Phys. Chem., 1977, 28: 349 - 372.

[36] 马兴孝,孔繁敖. 激光化学[M]. 合肥：中国科学技术大学出版社,1990.

[37] 蔡继业,周士康,李书涛. 激光与化学动力学[M]. 合肥：安徽教育出版社,1992.

[38] Schultz A, Cruse H W, Zare R N. Laser-induced flourescence: A method to measure the internal state distribution of reaction products [J]. J. Chem. Phys., 1972, 57: 1354 - 1355.

[39] Kantrowitz A, Grey J. A High intensity source for the molecular beam. Part I. Theoretical [J]. Rev. Sci. Instrum., 1995, 22: 328 - 332.

[40] Kistiakowsky G B, Slichter W P. A high instensity source for the molecular beam. Part II. Experimental[J]. Rev. Sci. Instrum., 1951, 22: 333 - 337.

[41] Legon A C. Pulsed-nozzle, Fourier-transform microwave spectroscopy of weakly bound dimmers [J]. Ann. Rev. Phys. Chem., 1983, 34: 275 - 300.

[42] Wang H L, Steimle T C, Apetrei C, et al. Characterization of the $\tilde{X}^1A_1$ and $\tilde{A}^1B_2$ electronic states of titanium dioxide, TiO_2 [J]. Phys. Chem. Chem. Phys., 2009, 11: 2649 - 2656.

[43] Houston P L. Chemical kinetics and reaction dynamics[M]. Mc. Graw-Hill, 2001.

[44] Huang C S, Zhu Z Q, Wang H L, et al. The kinetics of the reactions of $C_2(a^3\Pi_u)$ with alcohol [J]. J. Phys. Chem. A, 2005, 109(17): 3921 - 3925.

[45] Huang C S, Zhu Z Q, Xin Y, et al. Kinetics of $C_2(a^3\Pi_u)$ radical reactions with alkanes by LIF[J]. J. Chem. Phys., 2004, 120 (5): 2225 - 2229.

[46] Schomacker K T, Frisoli J K, Compton C C, et al. Ultraviolet laser-induced fluorescence of colonic tissue: Basic biology and diagnostic potential [J]. Laser in Surgery and Medicine, 1992, 12: 63 - 78.

[47] Sweeslow H, Zhang J Z, Chen D Y, et al. Three DNA sequecing methods using capillary gel electrophoresis and laser-induced fluorescence[J], Ann. Chem., 1991, 63(24): 2835 - 2841.

[48] Ng C-Y. Vacuum ultraviolet photoionization and photodissociation of molecules and clusters [M]. World Science, Singapore, 1991.

[49] Fenn P T, Chen Y J, Stimson S, et al. Dissociation of CH_3SH^+ by collisional activation: Evidence of nonstatistical behavior[J]. J. Phys. Chem. A, 1997, 101(36): 6513 - 6522.

[50] Lam C-S, Wang H L, Xu Y T, et al. A vacuum-ultraviolet laser pulsed field ionization-photoelectron study of sulfur monoxide (SO) and its cation (SO^+)[J]. J. Chem. Phys., 2011, 134: 144304(1 - 7).

[51] Turner D W, Joboury M I Al. Determination of ionization potentials by photoelectron energy measurement[J]. J. Chem. Phys., 1962, 37: 3007 - 3008.

[52] Turner D W. Molecular photoelectron spectroscopy[J]. Phil. Trans. Roy. Soc. Lond. A, 1970, 268: 7 - 31.

[53] 盛六四,俞书勤,伍灼耀. 高分辨脉冲场致电离光电子谱[J]. 化学进展,1999,11(2): 153 - 162.

[54] Kimura K, Katsamuta S, Achiba Y, et al. Handbook of HeI-photoelectron spectra of fundamental organic molecules [M]. Tokyo: Japan Science Society Press, 1981.

[55] Villarejo D, Herm R R, Inghram M G. Measurement of threshold electrons in the photoionization of Ar, Kr, and Xe [J]. J. Chem. Phys., 1967, 46: 4995 - 4996.

[56] Ng C-Y. Vacuum ultraviolet photoionization and photoelectron studies in the new millennium: recent developments and applications[J]. Int. J. Mass Spectrosc., 2000, 200(1 - 3): 357 - 386.

[57] Muller-Dethlefs K, Schlag E W. High-resolution zero kinetic energy (ZEKE) photoelectron spectroscopy of molecular systems[J]. Annu. Rev. Phys. Chem., 1991, 42: 109 - 136.

[58] Merkt F, Softley T P. Rotational line intensities in zero kinetic energy photoelectron spectroscopy (ZEKE-PES)[J]. Int. Rev. Phys. Chem., 1993, 12(2): 205 - 239.

[59] Müller-Dethlefs K, Schlag E W, Grant E R, et al. ZEKE Spectroscopy: High-resolution spectroscopy with photoelectrons, Adv. in chemical physics[M]. England: Wiley, 2007, 90: 1 - 104.

[60] Dietriech H-J, Muller-Dethlefs K. Fractional stark state selective electric field ionization of very high-n rydberg states of molecules[J]. Phys. Rev. Lett., 1996, 76(19):

3530 - 3533.

[61] Held A, Schlag E W. Zero kinetic energy spectroscopy[J]. Accts. Chem. Res., 1998, 31: 467 - 473.

[62] Rieger D, Reiser G, Muller-Dethlefs K, et al. Zero kinetic energy photoelectron spectroscopy of p-Difluorobenzen[J]. J. Phys. Chem., 1992, 96: 12 - 14.

[63] Reiser G, Habenicht W, Muller-Dethlefs K, et al. The ionization energy of nitric oxide [J]. Chem. Phys. Lett., 1988, 152(2 - 3): 119 - 123.

[64] Muller-Dethlefs K, Schlag E W. Chemical applications of Zero Kinetic Energy (ZEKE) photoelectron spectroscopy[J]. Angew. Chem. Int. Ed., 1998, 37: 1346 - 1374.

[65] Zhu L, Johnson P. Mass analyzed threshold ionization spectroscopy[J]. J. Chem. Phys., 1991, 94: 5769 - 5771.

[66] Niu B, White M G. Geometry changes in molecular photoionization: The $NH_3^+(\tilde{X}^2A_2'')\leftarrow NH^3(X^1A_1)$ transition[J]. J. Chem. Phys., 1996, 104: 2136 - 2145.

[67] Sorem M S, SchawlowA L. Saturation spectroscopy in molecular iodine by intermodulated fluorescence[J]. Opt. Commun., 1972, 5: 148 - 151.

[68] Wieman C, Hansch T W. Doppler-free polarization spectroscopy[J]. Phy. Rew. Lett., 1976, 36: 1170 - 1173.

[69] Chang C, Hall G E, Sears T J. Sub-Dopplerspectroscopy of mixed state levels in CH_2[J]. J. Chem. Phys., 2010, 133: 144310(1 - 6).

[70] Hause M L, Hall G E, Sears T J. Sub-Doppler laser absorption spectroscopy of the $A^2\Pi_i - X^2\Sigma$ CN[J]. J. Mol. Spect., 2009, 253: 122 - 128.

[71] Demtroder W, Stetzenbach, Stock M, et al. Lifetimes and Frack-Condon factors for the $B^1\Pi\rightarrow X^1\Sigma_g^+$ system of Na_2[J]. J. Mol. Spectrosc., 1976, 61: 382 - 394.

[72] Chornay D J, King G C, Buckman S J. Lifetime measurements of VUV emitting levels in He, Ne, Ar and CO using the inelastic electron-photon delayed coincidence technique[J]. J. Phys. B: At. Mol. Phys., 1984, 17: 3173 - 3182.

[73] Dantus M, Janssen M H M, Zewail A H. Femtosencond probing of molecular dynamics in a molecular beam[J]. Chem. Phys. Letts., 1991, 181(4): 281 - 287.

[74] Baumert T, Buhler B, Grosser M, et al. Femtosecond time-resolved wave packet motion in molecular multiphoton ionization and fragmentation[J]. Phys. Chem., 1991, 95: 8103 - 8110.

[75] Cingöz A, Yost D C, Allison T K, et al. Direct frequency comb spectroscopy in the extreme ultraviolet [J]. Nature, 2012, 482: 68 - 71.

[76] Jones D J, Diddams S A, Ranka J K, et al. Carrier-envelope phase control of femtosecond mode-locked lasers and direct optical frequency synthesis[J]. Science, 2000, 288: 635 - 639.

[77] Holzwarth R, Udem T, Hänsch T W, et al. Optical frequency synthesizer for precision spectroscopy [J]. Phys. Rev. Lett., 2000, 85: 2264 - 2267.

[78] Tauser F, Leitenstorfer A, Zinth W. Amplified femtosecond pulses from an Er: fiber system: Nonlinear pulse shortening and selfreferencing detection of the carrier-envelope phase evolution [J]. Opt. Express, 2003, 11: 594 - 600.

[79] Sorokin E, Sorokina I T, Mandon J, et al. Sensitive multiplex spectroscopy in the molecular fingerprint 2.4 μm region with a Cr^{2+}: ZnSe femtosecond laser [J]. Opt. Express, 2007, 15: 16540 - 16545.

[80] Neely T W, Johnson T A, Diddams S A. High-power broadband laser source tunable from 3.0 μm to 4.4 μm based on a femtosecond Yb: fiber oscillator[J]. Opt. Lett., 2011, 36: 4020 - 4022.

[81] Reid D T, Sun J, Lamour T P, et al. Advances in ultrafast optical parametric oscillators [J]. Laser Phys. Lett., 2011, 8: 8 - 15.

[82] Mohr P J, Taylor B N, Newell D B. CODATA recommended values of the fundamental physical constants: 2006[J]. Rev. Mod. Phys., 2008, 80: 633 - 730.

[83] Chen L, Ye J. Extensive, High-resolution measurement of hyperfine interactions: precise investigations of molecular potentials and wave functions[J]. Chem. Phys. Lett., 2003, 381: 777 - 783.

[84] Amy-Klein A, Vigué H, Chardonnet C. Absolute frequency measurement of $^{12}C^{16}O_2$ laser lines with a femtosecond laser comb and new determination of the $^{12}C^{16}O_2$ molecular constants and frequency grid[J]. J. Mol. Spectrosc., 2004, 228: 206 - 212.

[85] McRaven C P, Cich M J, Lopez G V, et al. Frequency comb-referenced measurements of self- and nitrogen-broadening in the $\nu_1 + \nu_3$ band of acetylene[J]. J. Mol. Spectrosc., 2011, 266: 43 - 51.

[86] Margolis H S. Spectroscopic applications of femtosecond optical frequency coms[J]. Chem. Soc. Rev., 2012, 41: 5174 - 5184.

[87] Adler F, Maslowski P, Foltynowicz A, et al. Mid-infrared Fourier transform spectroscopy with a broadband frequency comb[J]. Optics Express, 2010, 18(21): 21861 - 21872.

[88] Foltynowicz A, Maslowski P, Fleisher A J, et al. Cavity-enhanced optical frequency comb spectroscopy in the mid-infrared application to trace detection of hydrogen peroxide [J]. Appl. Phys. B, 2012, 110: 163 - 175.

[89] Thorpe M J, Adler F, Cossel K C, et al. Tomography of a supersonically cooled molecular jet using cavity-enhanced direct frequency comb spectroscopy[J]. Chem. Phys. Lett., 2009, 468: 1 - 8.

[90] Thorpe M J, Moll K D, Jones R J, et al. Broadband cavity ringdown spectroscopy for sensitive and rapid molecular detection[J]. Science, 2006, 311: 1595 - 1599.

[91] Sinclair L C, Cossel K C, Coffey T, et al. Cornell. Frequency comb velocity-modulation spectroscopy[J]. Phys. Rev. Lett., 2011, 107: 093002(1 - 4).

4 因禁离子光频标

高克林　管　桦　黄　垚

4.1 引言

原子频标(原子频率标准的简称)是利用量子力学原理制成的高稳定度和高准确度频率、时间信号产生系统(成为一个装置时又称为原子钟)。原子标准是人类生产和科学活动的基本条件。在人们目前所涉及的物理常数中,时间频率作为最精密、最准确的计量单位,决定着其他许多物理量和基本物理常数的定义和精度,每一次时频精度的提高,都使人们在更深的层次上对物质世界的认识得到新的发展。

时间频率是人类生产和科学活动的基本条件。同时,频率和时间的研究对精密和准确的不断追求,是推动物理科学发展的动力。原子分子频率的精密测量不但可以为基础科学研究和先进技术应用的发展提供所需的高精度原子分子数据,而且也可以为检验物理学基本理论和定律、测量物理常数提供精密的实验手段。近二十多年间有五次(分别为 1989 年、1997 年、2001 年、2005 年和 2012 年)Nobel 物理学奖授予与原子频率和时间研究相关的科学发现。

原子频标是原子频率/时间测量的最主要的应用,已广泛应用于国民经济的各个领域,如时间基准、全球定位系统(GPS)、信息高速公路(通信、网络)和城市交通管理等方面。原子频标在国防和国民经济中起着至关重要的作用。随着原子频标的准确度和稳定度的提高,以此为基础的卫星导航、精确定位武器以及高码率通信同步系统等的性能都将得到提高。

"秒"的定义是时间标准的基础,它在人类生活和科学探索中有着举足轻重的地位。20 世纪 60 年代前,"秒"定义是建立在地球自转或公转的时间上的。1967 年第 13 届国际计量大会上,科学家第一次由原子时间来定义"秒",即铯原子 133 同位素基态的两个超精细能级之间跃迁(其跃迁频率在微波波段)所对应辐射周期的 9 192 631 770 倍的时间,这为"秒"的定义迈出了崭新的一步。

基于时间频率研究的发展,目前在所有的物理量中,时间频率的测量精度最高。人们正在努力通过将其他物理量的测量转换为对时间频率的测量,以实现对其他物理量更高精度的测量。目前已经完成了长度、电流、电压、发光强度和温度等物理量单位的定义或测量的转换。原则上所有物理量都可以通过时间频率进行直接或间接测量。

随着冷原子光频标向最高精度的时间/频率测量的挑战,促进了精密测量物理科学的发展。精密频率测量在基本物理研究中起着非常重要的作用。我们可以在更高的精度上测量物理常数、探索物理常数的变化及验证基本物理理论。

目前，许多物理学家正在致力于研究精细结构常数随时间的变化。

根据爱因斯坦广义相对论，依照等效原理，基本物理常数是不随时间和空间演变的。而近年来类星体的吸收谱表明精细结构常数 α 可能是随时空变化的，而且还在改变中。目前，对此进行检验的卓有成效的方案是利用原子频标的比对实验来检验局域基本常数随时间的变化。

高精度时间频率系统广泛地应用于科学研究、工程技术和国防建设等领域，为科学技术发展、创新型国家建设提供一定的知识基础和技术支撑。

冷原子技术和飞秒光梳技术的发展推动了冷原子光频标的飞速进展。冷原子光频标就是利用原子在光波波段的跃迁来定义的时间/频率标准。由于光学频率($10^{14}\sim10^{15}$ Hz)比微波频率(10^{10} Hz)高出 4～5 个数量级，这样可以通过增加谱线的 Q 值来提高频标的稳定度和准确度，同时通过缩短测量时间来提高测量的相对精确度，因此光频标的精度和稳定度将优于微波频标 100～1 000 倍，可达到 $10^{-17}\sim10^{-18}$，所以科学家们一直期盼着建成高精度的光频标[1]。

光频标的发展基于好的原子体系和精密的探测系统。随着囚禁冷离子光频标和光晶格冷原子光频标的出现，光频标取得了突破性进展。

冷原子的实现和发展给光频标发展提供了很好的量子体系。而实现光波与微波的连接和传递是光频标领域的一个重要研究方向。人们做了许多尝试，将光频率和微波频率连接起来。光频链技术是方案之一，但所需设备极其复杂而庞大，不可能实用。1998 年德国马普量子所(MQI)和美国国家技术标准局/美国天文联合实验室(NIST/JILA)利用飞秒激光锁模技术[2, 3]，得到覆盖范围很宽的等间隔梳状标准频率信号(称为飞秒激光梳状频率发生器)，用简单的装置实现了微波与光频的连接。飞秒光梳在很大程度上解决了光波的频率计量问题，大大推进了光频标的实用化进程，因而被认为是频率计量领域的革命性事件，许多专家认为光频标时代已经到来。

在众多的光频标的候选离子(Ba^+，Sr^+，Ca^+，Hg^+，Yb^+，In^+，Tl^+，Ga^+ 和 Al^+ 等)中，Hg^+[4]，Sr^+[5, 6]，Yb^+[7, 8]，Al^+[9] 和 Ca^+[10] 作为光钟的窄光学跃迁的测量已取得了很好的进展。英国国家物理实验室(NPL)的 Sr^+ 离子[5]和奥地利的 Ca^+ 离子[10]光频跃迁测量的不确定度及系统不确定度均达到 10^{-15} 的水平，最近德国技术物理研究院(PTB)的 Yb^+ 离子光频标的系统不确定度达到光频标 7.0×10^{-17}[7]，加拿大国家研究院(NRC)的 Sr^+ 离子光频跃迁的系统不确定度评定进入 2.2×10^{-17}[6]，还有美国国家技术标准局(NIST)的 Hg^+ 离子光钟的系统不确定度达到 1.9×10^{-17} 的水平[4]。NIST 的 Al^+ 离子光频跃迁的系

统不确定度达到 8.6×10^{-18} 的水平[9]。

而冷中性原子体系中大家选择了 Sr[11, 12]，Yb[13]，Ca[14]，Mg[15] 和 Hg[16]。目前 NIST、PTB、NPL、NRC、法国巴黎天文台、JILA、日本东京大学和日本通信研究所(NICT)等都在开展激光冷却的 Sr 原子光频标的探索。JILA 经过详细研究各种系统效应，所研制的 Sr 原子光钟的系统不确定度为 6.4×10^{-18}，稳定性达到 3×10^{-18}(10 000 s)[12]；NIST 小组研制的 Yb 原子光频标的稳定度也达到 1.6×10^{-18}(25 200 s)[13]。

随着冷原子、稳频激光和飞秒光梳的发展，已利用冷原子体系和飞秒光梳技术对若干原子的光钟跃迁频率进行了精确测量。实验表明原子光频标的不确定度和稳定度均可达到 $10^{-17}\sim10^{-18}$ 量级。在 2006 年召开的国际计量委员会(CIPM)上第一次确定了 Hg^+，Sr^+，Yb^+ 和 Sr 的光学跃迁频率作为国际单位制“秒”的次级定义[17]。2009 年 CIPM 又确定了两种离子(Sr^+，Yb^+)和一种原子(Sr)的光学跃迁频率作为“秒”定义的次级标准[18]。2012 年 CIPM 又确定了三种离子(Sr^+，Yb^+ 和 Al^+)和两种原子(Sr 和 Yb)的光学跃迁频率作为“秒”定义的次级标准[19]。为此随着新一代频标技术的发展，科学家们可能在 2019 年考虑重新讨论秒的定义。

光频标的实现使人们可以在高精度下开展相关的物理实验。JILA 利用 Sr 原子光频标测量的最好结果将精细结构常数变化推进到 $(-3.3\pm3.0)\times10^{-16}$/年[20]，NIST 利用两个不同的囚禁离子($Hg^+/Al^+$)光频的连接和比对测量了基本物理常数随时间的变化[4]。新近 NIST 还利用两台 Al^+ 离子光频标比对实验进一步验证了相对论效应[21]。

在中国，新型原子光频标的研究得到各方面的重视。我们及时开展了光频标的研究，如中国科学院武汉物理与数学所(Ca^+ 离子、Al^+ 离子和 Yb 原子)、华东师范大学(Yb 原子)、中国计量科学研究院(Sr 原子)、中国科学院国家授时中心(Sr 原子)、清华大学(Ba^+ 和 In^+ 离子)，新近开展这方面研究的中国科学院上海光机所(Hg 原子)、国防科技大学(Hg^+ 离子)、华中科技大学(Al^+ 离子)等。当前，中国科学院武汉物理与数学所的 Ca^+ 离子光频标已实现了闭环锁定和离子光频的精密测量[22]；中国计量院的 Sr 原子光频标和华东师范大学的 Yb 原子光频标已获得了光频跃迁谱线，并开展了初步锁定实验。中国科学院国家授时中心的 Sr 原子光频标和中国科学院武汉物理与数学研究所的 Yb 原子光频标，已经建立了用于制备超冷原子的超高真空系统、实现了原子的一级和二级激光冷却，并正在开展冷原子三维光晶格实验；为获得冷原子光频标及开展光频比对实验打下坚实基础。

综上所述，目前实验数据表明光频标的精度可达到 $10^{-17}\sim10^{-18}$ 量级，而要达到极限，还需要在实验和理论方面付出更多努力。如研究突破限制激光线宽的机制，进一步减小激光线宽；研究新的更细微的频率漂移机理，发现更合适的原子跃迁能级和消除频率漂移的新方法。利用电磁场囚禁离子或光晶格囚禁原子等建立完整的原子频标系统；解决影响原子频标不确定度和稳定度性能的物理和技术问题，如减小精密测量原子运动及其相互作用对量子跃迁谱线的影响、高品质因子量子跃迁谱线的精密探测、减小精密测量量子投射噪声对原子频标性能的影响、抑制精密测量环境因素对原子频标性能的影响、突破标准量子极限提高原子频标性能等；研究如何将全球各地的光频标连接起来，进行精确的频率比对。实现不确定度和稳定度极限的原子频标研究。

由此是否可能建立以光频为基准的“秒”的新定义？目前囚禁冷原子（高信噪比）和单离子光频标都在发展和突变中，是否可开展囚禁冷却单离子光频标和原子光频标各自优点的结合和借鉴研究？现有的原子光频标的极限可能突破吗？在如此高的精度下，有什么新的更细微的物理效应？这都是有待研究的问题。

4.2 光频标的基本组成部分

光频标同微波频标一样，由物理系统、振荡器和计数器两个基本部分组成。

物理系统由不受相互碰撞及外界环境干扰的原子、离子或分子体系组成。目前的光频标主要参考两种物理体系：一是囚禁冷却的原子团；二是囚禁冷却的单离子。

振荡器由超窄线宽超稳激光源组成。

计数器实现了光波与微波的连接和传递，由飞秒光梳系统和微波频标基准组成。

4.2.1 冷原子体系

在冷原子光频标中，中性原子体系是光晶格中囚禁的冷原子团，而离子体系是囚禁于离子阱中的冷却单离子。

实现单个离子的有效囚禁和冷却是制备精密光频标的重要组成部分。在此主要介绍囚禁冷却的单离子体系的原理和制备过程。

4.2.1.1 离子囚禁

离子阱装置利用在阱体区域内特定构型的静电、静磁或射频场将带电离子约束在阱内，并处于超高真空环境中，可使被研究的原子体系处于几乎孤立的不受“干扰”的环境；并有很长的囚禁时间以便“观察”，是研究原子特性的理想手段。由于在精密测量方面的突出成就，奠基人 Paul 和 Dehmelt 教授获得 1989 年诺贝尔物理学奖，Wineland 教授获得 2012 年诺贝尔物理学奖。

离子阱的种类很多，有 Paul 阱、Penning 阱、联合阱以及其他特殊的离子阱等。它们的基本原理相似，都是在特定构型的电极上加上静电场、交变电场或磁场的适当组合，囚禁离子用于实验。而用于单个离子囚禁的主要是 Paul 阱[23] 和 Penning 阱[24, 25]。

由于单个离子光频跃迁的测量是在低磁场下完成的，在此主要描述 Paul 阱的囚禁原理。

标准的 Paul 阱如图 4-1 所示，由一个绕 z 轴的旋转双曲面电极和一个以 $x-y$ 平面为对称切面的双曲环形电极组成。阱中的电势由加在环极相对帽极的电压 $U_0 - V_0 \cos \Omega t$ 所产生，其中 U_0 为直流电压，V_0 为射频电压，Ω 为射频场频率。

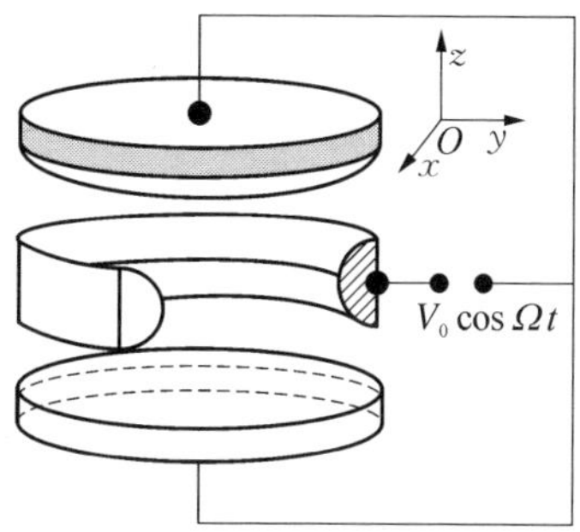

图 4-1 标准离子阱的结构

离子仅在一定的稳定区运动。稳定区依赖于离子的质量、阱的尺寸、所加电势的电压幅度和频率。离子在阱中受到一个指向阱心的平均囚禁力的作用。离子在阱中的运动为囚禁力驱动下的简谐振动，主要包括两种特征频率的运动：即频率为 $\omega_r(\omega_z)$ 的径向(轴向)宏运动，加上具有较高频率 Ω 而幅度相对较小的微运动。

Paul 阱的特点是用与时间相关的射频场产生囚禁势，在一定的条件下可用赝势模型描述。由于没有外加强磁场所引起的塞曼效应的影响，因此常被用于研究与离子内部能级结构有关的物理问题，并在原子频标方面得到了广泛的应用。该阱的缺点是存在“射频加热”效应，只有中心一个点的电势最低。

囚禁单个离子，应使阱的尺寸尽量小，标准离子阱的尺寸为 cm 量级，而有效的单离子囚禁实验所需的阱尺寸为 mm 量级。在如此小尺寸阱的环上打孔是不可能的，并且当激光通过标准阱的帽和环的间隙时，散射光将严重阻碍实验的进行，因此发展了各种非标准阱。例如，在金属片上钻一个洞作为阱的环、把两帽极移到无限远处的 Paul-Straubel 阱[23]，此阱中心为一个内径 1 mm 的小圆环，在环的周围较远处有补偿电极。Washington 大学的 Mg^+ 光频标和目前德国的 Max-Planck 研究所的 In^+ 光频标以及法国 Provence 大学的 $^{40}Ca^+$ 光频标等实验均采用了这种阱型。此外，还有帽极阱(见图 4-2)。帽极阱是由两个对

图 4-2 英国国家物理实验室的帽极阱

称的帽电极组成，帽的周围有补偿电极，后来发展为每根帽电极分为内外两个部分，内部的芯加射频电压，外部加直流电场来补偿离子的微运动。这种结构的离子阱的好处在于它比 Paul 阱的结构开放，离子能够感受到光的范围增大，可以很好地实现离子的三维冷却[26]。英国国家物理实验室和加拿大国家物理实验室目前的 $^{88}Sr^+$ 以及德国 PTB 和英国国家物理实验室的 Yb^+ 光频标实验均采用这种阱结构。这些阱的特点是使冷却激光无阻碍地达到阱中心，从而可对离子进行有效的冷却和共振荧光的测量。由于阱的势偏离了理想的描述，须进行补偿。同通常的 Paul 阱比较，囚禁电压要高出 2～10 倍。同时采取一定的措施尽量克服由原子沉积于阱表面产生的附加势对信号的影响。

4.2.1.2 离子的激光冷却

通常离子阱的囚禁势阱深大约为几个到几十个电子伏特，囚禁离子的动能应该小于离子阱阱深才能实现离子的有效囚禁。所以为了有效地捕获离子和在光谱测量中减小由离子运动 Doppler 效应引起的展宽，需要降低它们的动能。使囚禁离子从最初的热运动(典型的几千开尔文量级)到 mK 量级。常用的冷却方法有缓冲气体碰撞冷却、电磁辐射冷却、交叉离子束碰撞冷却和激光冷却等。

激光冷却是最有力的冷却手段，特别是用此可以克服二阶 Doppler 效应造成的微波谱和光谱的谱线移动和增宽。目前实验上常用的囚禁离子的激光冷却方式有 Doppler 冷却、可区分边带(Sideband)冷却和协同冷却(Sympathetic cooling)。

激光冷却原子的思想首先由 Hänsch 和 Schawlow，Wineland 和 Dehmelt 于 1975 年同时提出[27, 28]。其基本思想是光子带有的动量可以用于减小原子和离子的动量。

对一个两能级系统的离子，当离子的宏运动频率 ω_z 小于离子激发态的自发辐射的频率 ω_0 时，可根据 Doppler 冷却的机理利用散射力进行冷却。如图 4-3 所示，当冷却用的单色激光频率略低于离子跃迁共振频率，离子向着激光方向运动时，由于 Doppler 效

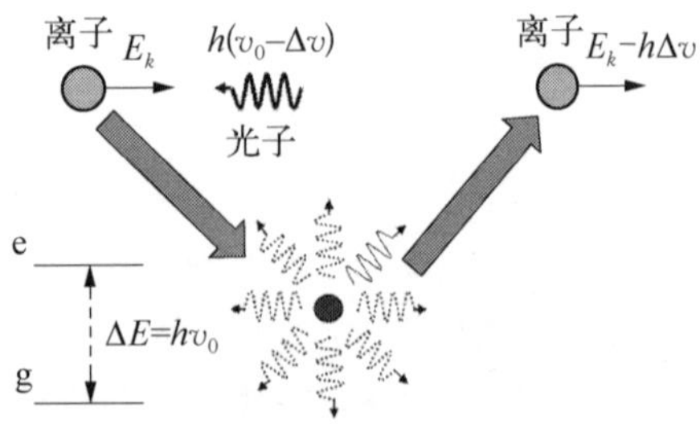

图 4-3 Doppler 冷却的原理示意图

应使离子与激光共振发生跃迁，即离子从基态跃迁到激发态。而处于激发态的离子会自发辐射回到基态(频率 ω_0)，自发辐射的光子的发生方向是各向同性的，沿着离子运行的方向，平均而言动量减小，因此总的结果是离子减速。

一般而言，若要实现三维冷却需要三束冷却激光，但是，在离子阱实验中通常只采用一束激光进行冷却，原因是离子被阱电场束缚，是一个受迫振子运动的激光冷却；另外，将帽极之间的方向定为 $\hat{z}$，环平面两个互相垂直的方向为 $\hat{x}$ 和 $\hat{y}$，当激光的波矢方向与 $\hat{x}$，$\hat{y}$，$\hat{z}$ 的方向各成一定角度时，激光的波矢和离子的速度均可以分解成三个方向的分量，从而可以实现离子三维方向上的冷却。

在 Doppler 冷却情况下，由于离子会受到光子的反冲动量，因此它的动量不能无限小，温度不能无限降低。Doppler 冷却的极限温度由跃迁的自然线宽决定，其值为

$$T_{\min} = \frac{\hbar\Gamma}{2k_B} \tag{4-1}$$

式中，Γ 为冷却跃迁的自然线宽，k_B 为 Boltzmann 常数。

当离子的宏运动频率 ω_z 小于跃迁的自然线宽 Γ 时，宏运动边带不能分辨，此时称为弱囚禁条件。当离子的宏运动频率 ω_z 大于离子激发态的自发辐射线宽 Γ 时(强囚禁条件)，可以观察到由 Doppler 效应引起的边带 $\omega = \omega_0 + n\omega_z$($n = \pm 1, \pm 2, \cdots, \pm n$)(见图 4-4)，如果激光频率调谐为运动的红边带，$\omega = \omega_0 - \omega_z$，离子吸收能量 $\hbar(\omega_0 - \omega_z)$ 跃迁到上激发态，然后自发辐射 $\hbar\omega_0$ 因而损失能量，导致离子能量每次减少 $\hbar\omega_z$，由于离子的运动态是量子化的，则每次辐射的结果是离子的主量子数减少一个，这样反复多次可得到 $\langle n_0 \rangle \ll 1$，使冷却离子处于运动基态。

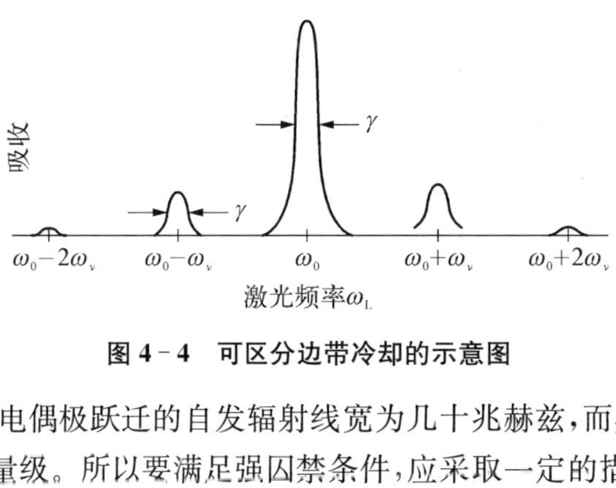

图 4-4　可区分边带冷却的示意图

通常选用的电偶极跃迁的自发辐射线宽为几十兆赫兹，而典型的离子运动频率是 MHz 的量级。所以要满足强囚禁条件，应采取一定的措施，已有的解决

方案如下所述。

利用特殊形式的阱构型或提高囚禁场的频率和幅度，以达到提高 ω_z 的目的。通常用微型阱加上高频和高压囚禁势，但这往往是非常困难的。这样需要采用一些特殊构型的阱，如 NIST 使用的是共轴共振驱动的射频离子阱[29]。

另外的方法是寻找合适的冷却跃迁以减小等效的跃迁线宽，因此往往采用离子跃迁线宽很窄的电偶极禁戒跃迁，从而在常规阱囚禁参数下达到可分辨边带的目的。如：NIST 利用 Hg^+ 离子的电四极跃迁(S－D)完成了在二维离子处于基态的冷却实验[30]。对于 $^{40}Ca^+$，由于 $4S_{1/2}$—$3D_{5/2}$ 跃迁的自然线宽小于 1 Hz，这个值远远小于实验中的运动频率 ω_z (其值为 $2\pi\times1$ MHz 左右)，因此边带是完全可区分的，这时候采用 $4S_{1/2}$—$3D_{5/2}$ 跃迁进行边带冷却是合适的。

通过边带冷却可以得到的最低温度比 Doppler 冷却极限温度低很多。由于边带冷却采用的跃迁是电四极跃迁，所以冷却过程非常微弱。因此，在进行边带冷却之前，总是先通过 Doppler 冷却将离子冷却到 Doppler 极限。

同时还可以采用其他方法实现更进一步冷却，如 EIT 冷却[31]。

由于激光冷却依赖于所选原子体系的能级，而有的原子体系的能级跃迁处于紫外，目前还没有激光可用，所以只能采用协同冷却的方案。通过在阱中同时囚禁两种不同的离子，采用激光冷却其中一种离子，通过相互作用和耦合，使另一离子冷却下来。目前最高精度的 Al^+ 离子光频标中的 Al^+ 离子冷却采用此方法[9]。

对于光频标实验而言，只需要将离子运动范围控制在 Lamb-Dicke 区域(离子的运动幅度小于探测激光的波长)即可。因此，往往只需采用 Doppler 冷却，此时二级 Doppler 频移已低于 10^{-17} 量级。

4.2.1.3 离子的产生和信号的检测

离子阱中离子的产生方法很多，最常见的是碰撞电离。碰撞电离一般是采用电子枪发射的电子流轰击气态原子或分子产生离子，这种方法可以产生各种以气态存在的单质或化合物的离子。通过对电子流大小和电子能量的控制，很容易控制电离过程和产物的选择，得到所需的离子。

而目前采用更多的是光电离。由于通过碰撞电离产生离子的方法往往需要气态原子数较多，这样会有很多原子沉积在阱的电极上，同时，电子枪发生的电子也会附着在阱电极上，改变阱的囚禁势，使离子的微运动发生变化，增加补偿的困难。为此采用光电离，所需的原子数少，效率高，是产生单离子的较好选择。

一旦离子产生并被囚禁在离子阱中后，对离子的研究便牵涉到各种离子信号的探测方法，常用的离子探测方法有射频共振吸收检测[32]、激光诱导荧光检测[33]和离子的抛出质谱检测[34]。

荧光探测方法由于能给出离子的内部能级结构等信息，是最常用的离子检测方法。通过检测离子在激光作用下所发出的荧光可以监测阱中离子的运动，研究囚禁离子的动力学特性。此外，可用激光-微波双共振和光-光双共振的光谱测量离子的能级精确谱结构。

量子跳跃方法通常用来判断离子阱中囚禁离子的数量，并可用于测量离子的量子态。对于一个三能级体系的原子，往往存在激发态和亚稳态，并有共同的基态。而它们到基态的跃迁概率大不相同，从激发态到基态的跃迁为强跃迁，激发态的寿命往往是 10^{-8} s，即在 1 s 的间隔中跃迁 10^8 个光子；而亚稳态的寿命约为秒量级，这是相当微弱的跃迁。实验中，往往通过观察从激发态到基态的跃迁判断微弱跃迁的发生，如果用激光驱动离子的微弱跃迁，一旦离子被激发到亚稳态，所观察的强跃迁信号马上消失。这样即便是较低的光子接收效率也可实现量子效应近于 100%地测量原子的亚稳态跃迁。

离子的量子跳跃可起到对光子的放大作用。单个和多个离子的量子跳跃是显然不同的，一是荧光强度的大小不同，二是往往多离子不可能同时发生量子跳跃。所以利用量子跳跃可以非常确定地证明单离子的存在。同时可能用于微波-光学双共振实验，以及完成单离子的禁戒跃迁的测量等。

4.2.2 激光稳频

4.2.2.1 激光稳频技术

激光稳频的方法很多，如兰姆凹陷稳频、塞曼稳频、饱和吸收稳频和无源腔稳频等。对于前三种方法，主要应用于原子光谱实验中，因为前三种方法都要求有合适的原子谱线作参考，通过稳频，激光器线宽一般可以压窄到 1 MHz 以下，长期漂移也能够得到有效的控制。第四种方法是将外部参考腔的谐振频率作为参考频率去锁定激光器，外部参考腔一般为 Fabry-Perot 干涉仪(简称 F－P 腔)。这种方法主要在以下两种情况下使用：① 没有合适的原子谱线用作参考；② 需要将激光的线宽压到非常窄。根据误差信号的来源，外腔稳频又分为两种：一种是探测腔的透射信号得到误差信号反馈到激光器；另外一种方法是采用 PDH 方法，也称边带调制(frequency modulation, FM)锁频，是探测从腔反射回来的光得到误差信号。对于离子钟而言，一般激光稳频采用 Pound-Drever-Hall 方法(见图 4－5)[35]。

Pound-Drever-Hall 方案如下：由电光调制器(EOM)对激光输出进行频率调制，调制后的光信号入射到一高稳定度光学谐振腔并产生反射信号。用该反

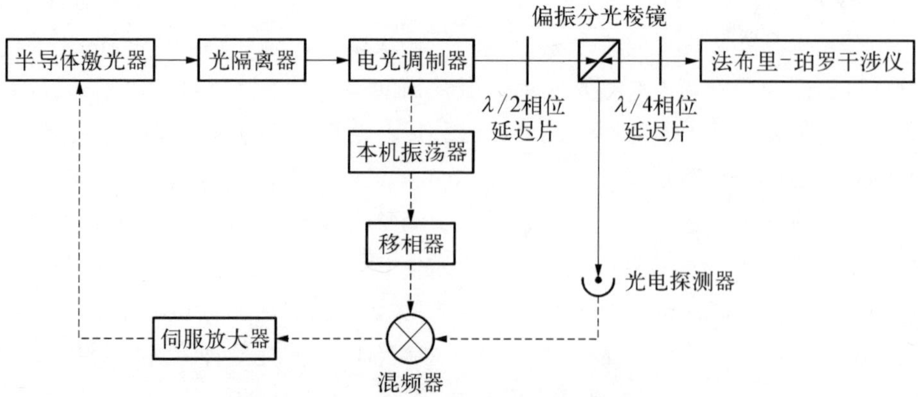

图 4-5 Pound-Drever-Hall 稳频方法原理图

射信号将激光频率锁定在一定精细度的谐振腔的超窄谐振峰上。激光器的频率调整可通过用 PZT 改变激光腔长和外加声光调制器移频来完成。对于半导体激光器,还可通过改变激光二极管电流来调整激光频率。最后通过反馈控制电路对反馈信号进行滤波放大等处理后再传给相应的频率调整机构。

4.2.2.2 用于光频跃迁探测的超窄线宽激光

离子钟跃迁的探测光的稳定度和线宽是离子光钟的关键技术。一般选择的光频跃迁的自然线宽在 Hz 量级,这样对探测激光的线宽和稳定度提出了要求:Q 值为 10^{15} 的量级。

目前普遍使用 Pound-Drever-Hall 方法,把囚禁离子光谱跃迁的探测光稳频在超低膨胀(ULE)高细度腔上,使其满足探测钟跃迁的要求。

激光稳频需要一台精细度很高、稳定性很好的参考腔,这种参考腔通常是用超低膨胀系数材料制成,一种为 Zerodur 材料,另外一种是 ULE 材料。Zerodur 材料是一种低膨胀系数的材料,在 0～50℃时其热膨胀系数是 $\pm 2\times 10^{-8}$/℃;在 5～35℃的情况下,ULE 材料的热膨胀系数是$(0\pm 30)\times 10^{-9}$/℃。两种材料的热膨胀系数相差不大。但是 ULE 材料在 5～35℃中有一个膨胀系数为 0 的点,也就是通常所说的"拐点",因此 ULE 材料的性能要更好一些。腔镜通过光胶合(optical contact)粘在 spacer 上,形成 Fabry-Perot 干涉仪。

超稳腔应放置在超高真空环境,并进行温度控制和振动隔离。

通常有两种方法用于评估稳频激光器的线宽,第一种是测量两台窄线宽激光器的拍频信号;第二种方法是利用激光器作为探测光去探测离子/原子的钟跃迁谱线,通过钟跃迁谱线的线宽来推测激光器的线宽。

目前几乎所有进行光频标研究的小组的钟跃迁激光器都达到了 Hz 水平。

4.2.3 光频精密测量

对于任何一台频标而言，对钟跃迁绝对频率的测量都是非常关键的一步。如果未能进行钟跃迁绝对频率的测量并在国际上有多家实验室复现这一测量结果(多家实验室测量结果一致)，就不会成为频率标准。而现今秒定义是基于 Cs 原子的微波频率，所以要基于 Cs 原子的微波频率对原子钟跃迁绝对频率进行测量。

4.2.3.1 光频测量技术

1) 光频传递

在光频标中，需要搭建实现光波与微波的连接和传递的计数器。光频链技术是方案之一。

过去，人们需要将待测的激光频率经过差频、和频和拍频等手段与微波联系起来，从而需要许多激光器组成一台频率链[36]，使用起来非常麻烦。世界上只有少数实验室有这样极其复杂而庞大的设备，并且每一个频率链只能测量一个激光频率，限制了它的广泛应用。

随着 20 世纪 90 年代初钛宝石激光器中 Kerr 棱镜的锁模技术以及超短脉冲钛宝石激光系统的发展，促成了飞秒光梳的诞生[2, 3]。1998 年 MQI 和 NIST/JILA 利用飞秒激光锁模技术，得到覆盖范围很宽的等间隔梳状标准频率信号，用简单的装置实现了微波与光频的连接[2, 3]。它可以精确地将光频的精度传递到微波波段，从而实现记录和显示，飞秒光梳在相当程度上解决了光波的频率计量问题，大大推进了光频标的实用化进程，因而被认为是频率计量领域的革命性事件。

飞秒光梳是基于自锁模超短脉冲(fs 量级)激光器(飞秒激光器)来实现的。从时域上看，飞秒激光器发出的激光是一个个等时间间隔的超短脉冲[见图 4-6(a)]；而从频域上看，激光光谱则是等频率间隔的几十万条的谱线，谱线可以覆盖较宽的频率段(一般为几百纳米)，就像梳子一样[见图 4-6(b)]，故被称为飞秒光学频率梳，简称飞秒光梳。如图 4-6 所示，时域中的飞秒脉冲间隔为 t_{rt}，刚好是脉冲在激光器腔内传播一周所用的时间，每秒钟激光器发出的脉冲数 f_{rep} 被称为重复频率，则：

$$f_{rep} = 1/t_{rt} = c/L \tag{4-2}$$

式中，c 表示光速，L 表示激光器谐振腔的腔长。

通过傅里叶变换，发现飞秒激光在频域下为很多个纵模，像梳子一样等频率

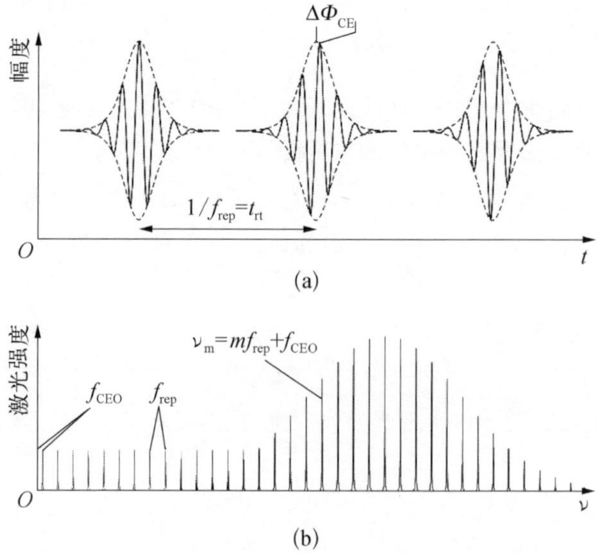

图 4-6 时域下的飞秒激光和频域下的飞秒激光[36]

(a) 时域;(b) 频域

间隔排布,频率间隔为 f_{rep}。在自锁模情况下,如果在时域下用 Φ_{CE} 表示载波与包络之间的相位差,那么在频域下会得到一个光谱的频移 f_{CEO}。对于自锁模的激光器,每一个纵模的频移 f_{CEO} 一致,这样每条纵模的频率 ν_m 满足方程[2, 3]:

$$\nu_m = mf_{rep} + f_{CEO} \tag{4-3}$$

式中,m 为整数,这样每条纵模(光梳梳齿)的频率就只由激光器的重复频率 f_{rep} 以及载波与包络之间的相位差引起的载波频移(carrier offset)频率 f_{CEO} 所决定,而以上这两个频率都处在微波频段。因此,飞秒光梳就实现了可见光频段和微波频段之间的相互频率传递。

2) 基于 Cs 喷泉的测量

国际上精度最高的一级频标为 Cs 喷泉钟,通常对光频标钟跃迁绝对频率的测量都是参考 Cs 喷泉钟来完成。一般利用一台稳定度很高的氢钟作为频率参考,对光频标钟跃迁频率进行测量;与此同时用 Cs 喷泉钟来实时校准氢钟,从而完成对光频标钟跃迁频率的测量。但是氢钟输出的频率在微波频段,而光频标的输出在光学频段,需要利用飞秒光梳作为频率转换的工具。

在实验中,Cs 喷泉钟一般与光频标处在同一实验室,这样传输距离较近,抗干扰能力较强。由于实验条件的限制,一些开展光频标实验的单位并没有 Cs 喷泉钟,所以法国巴黎天文台研制出了可搬运的 Cs 喷泉钟,实现了对欧洲多个实验室的光学绝对频率的测量[37]。

3）基于 GPS 的测量

目前有的实验室找不到合适的可搬运 Cs 喷泉钟来对原子钟跃迁绝对频率进行测量，所以选择了利用 GPS 系统参考国际秒定义进行远程测量的办法。

GPS 系统是一个定位导航系统，也可以用来发布时间与频率信号。GPS 系统主要由空间卫星、地面控制系统以及用户设备三部分构成。其中在空间，系统拥有至少 24 颗卫星（截至目前空间中的 GPS 卫星数目已达 31 个），它们位于距地表 20 200 km 的上空围绕地球转动，卫星的分布使得在全球任何地方、任何时间都可观测到 4 颗以上的卫星（见图 4－7）。每颗卫星上都载有基于铷原子（24 颗星）或铯原子（7 颗星）的原子微波钟。GPS 系统通过卫星向地面的用户设备（GPS 接收机）发送 GPS 时间信号，用户设备可以测量出各个 GPS 卫星发送时间信号的时间差，结合 GPS 地面控制系统提供的校正数据通过计算得出定位信息。所以 GPS 卫星所载钟的精度越高，定位精度就越高。事实上，要达到1 m的定位精度，就要求星载钟的天稳（24 小时）优于 1×10^{-13}。GPS 星载钟再通过美国海军天文台（U. S. Naval Observatory）的时间标准（UTC（USNO））进行定期校准。美国海军天文台的时间标准 UTC（USNO）与国际计量局 BIPM 计算得出的世界协调时 UTC 相当接近，因此 GPS 星载钟的准确度也很高。

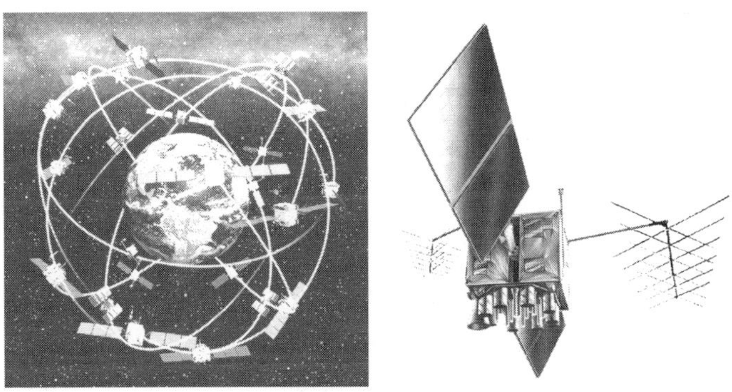

图 4－7　GPS 系统的空间卫星[39]

通过共视法利用 GPS 系统实现频率校准的示意图如图 4－8 所示。A，B 两地的两台钟 Clock A 和 Clock B 各自独立自由运转，空间中的 GPS 卫星 S 通过星载钟向地面发送的频率信号被 A 和 B 两地的两台 GPS 接收机分别接收，两台 GPS 接收机同时分别接收地面钟 Clock A 和 Clock B 的时间频率信号，与空间钟 S 的时间频率信号比对并通过时间间隔计数器（time interval counter）来记录时间间隔。A 和 B 两地记录的两组时间间隔分别为 Clock A－S 和 Clock B－S；A，B 两地将记录的时间间隔数据交换并相减，就可以得到两地地面钟 Clock

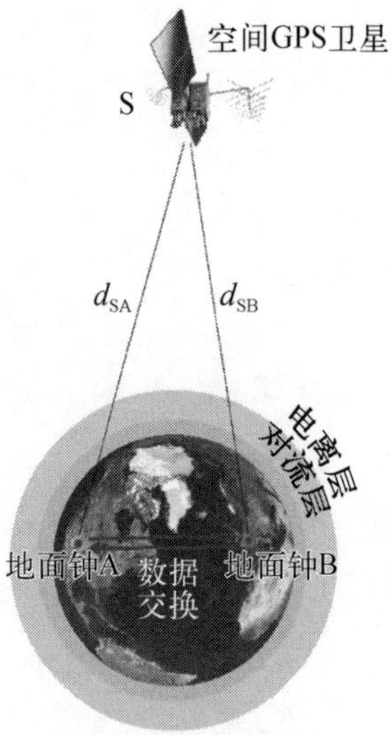

图 4-8 GPS 系统实现频率校准

A 和 Clock B 的时间差：

$$(\text{Clock A}-S)-(\text{Clock B}-S)$$
$$=(\text{Clock A}-\text{Clock B})+(d_{SA}-d_{SB}) \tag{4-4}$$

从式中可以看到，考虑到 A，B 两地到 GPS 卫星 S 的距离不同，加入了修正项 $d_{SA}-d_{SB}$，d_{SA} 和 d_{SB} 分别表示由于信号在空间传播造成的时间延迟，时间上延迟的不确定度就造成了测量上的不确定度。事实上，两地的接收机可以同时接收 7～13 颗卫星的信号，加上 GPS 系统本身对时间延迟的校准，使得时间上的延迟造成的测量上的不确定度比较小。

利用共视法进行频率校准并不依赖于 GPS 星载钟的精度，频率校准参考仍为地面钟，GPS 星载钟仅相当于一个传播媒介做了时间上的传递，因此地面钟精度多高，理论上的频率校准精度就能有多高，事实上 UTC(NIM) 参考的精度可以达到 10^{-15} 量级，理论上经过频率校准后，测量的准确度可以达到 10^{-15} 量级。然而，频率传递时引入的干扰等会影响频率传递的稳定度，较利用光纤进行频率传递与校准而言稳定度更差，而由于稳定度是满足与测量时间成递减关系的，所以用 GPS 共视法需要更长时间的平均才能达到预期的校准精度。

4.2.3.2 系统误差评估

系统误差的评估对光频标而言是一个非常重要的环节。

准确测量单个离子体系的钟跃迁频率，需要考虑的系统频移主要有：二阶 Doppler 频移、电四极频移、Stark 频移、黑体辐射频移、ac Stark 频移、二阶 Zeeman 频移、引力红移等。

1) 热运动引起的二阶 Doppler 频移及 Stark 频移

离子在 Paul 阱中是不停运动的，囚禁在 Paul 阱中的离子的运动可以进一步分为宏运动和微运动。离子的运动引起 Doppler 频移，对频率测量造成一定影响。

为了评估 Paul 阱中的单离子的冷却效果，在实验中根据离子的宏运动(Secular motion)的边带与载波大小，对单离子的温度的有效值进行了计算。通过扫描光频跃迁激光的频率，由观察到的量子跳跃的数量得到宏运动边带与载波的强度比值。

对于单个囚禁的离子，可以求解下面方程组来计算得出离子温度[38]：

$$\left[\frac{\sigma_1}{\sigma_0}\right]_i \approx \left(1+\frac{h\nu_i}{2k_B T}\right)\frac{I_1(u)}{I_0(u)} \tag{4-5}$$

$$u=\left(\frac{k_i^2 h}{4\pi^2 m\nu_i}\right)\left(\frac{k_B T}{h\nu_i}-\frac{1}{2}\right) \tag{4-6}$$

式中，σ_1/σ_0为一阶边带与载波的强度比值，h 为 Planck 常量，k_B为 Boltzmann 常量，T 为离子温度的有效值，ν_i 为离子宏运动频率，k_i为钟跃迁激光波矢在i 方向上的分量，m 为离子的质量，$I_n(u)$为 n 阶的修正贝塞尔函数，其具体表达式为

$$I_0(u)=\sum_{i=0}^{\infty}\frac{(u/2)^{2i}}{(i!)^2} \tag{4-7}$$

$$I_1(u)=\frac{u}{2}\sum_{i=0}^{\infty}\frac{(u/2)^{2i}}{(i+1)(i!)^2}=\frac{\partial}{\partial u}I_0(u) \tag{4-8}$$

通过求解方程，估算出单离子温度。

通过上述估算得到的离子温度，热运动引起的二阶多普勒频移公式[39]如下：

$$\left(\frac{\Delta\nu_{D2}}{\nu}\right)_{\text{therm}}=-\frac{3k_B T}{2mc^2} \tag{4-9}$$

式中，c 为光速，T 为离子温度的有效值，m 为离子的质量，k_B为 Boltzmann 常量。计算得出热运动引起的二阶多普勒频移和相对频移。

热运动还会将离子推至阱中均方电场(mean-square electric field)非零(非鞍点)的位置，将会产生 Stark 频移，也就是说，离子阱的囚禁电场将会导致离子能级的移动。热运动引起的 Stark 频移可由以下公式计算得到[39]：

$$(\Delta\nu_S)_{\text{therm}} \approx \gamma_S\frac{3m\Omega^2}{q^2}k_B T \tag{4-10}$$

式中，Ω 为囚禁场频率，T 为离子温度的有效值，m 为离子的质量，k_B为 Boltzmann 常量，q 为离子所带电荷电量，γ_S 为 Stark 频移率(the Stark shift rate)，可以表示为[39]：

$$\gamma_S=\frac{\partial\nu}{\partial E^2}=\frac{1}{h}\left\{-\alpha_0-\frac{1}{2}\alpha_2(3\cos^2\theta-1)\frac{3m_J^2-J(J+1)}{J(2J-1)}\right\} \tag{4-11}$$

式中，J 是能级的总角动量量子数，m_J 是总角动量的磁量子数，α_0 与 α_2 分别为标量极化率与张量极化率。

2) 微运动引起的二阶 Doppler 频移及 Stark 频移

在囚禁场中，离子除了宏运动外，常常还含有附加的微运动，同样会产生 Doppler 效应，造成二阶 Doppler 频移。与宏运动一样，微运动也会将离子推离阱中鞍点位置而产生 Stark 频移。实验中通过观察离子的射频光子关联信号来估算微运动的大小，从而计算得出微运动引起的频移。

对于微运动引起的二阶 Doppler 频移，可以通过如下公式计算得出[40]：

$$\frac{\Delta\nu_{D2}}{\nu} \approx -\frac{1}{4}\left(\frac{\gamma}{ck\cos\theta_{\mu k}}\frac{\Delta R_d}{R_{max}}\right)^2 \tag{4-12}$$

式中，γ 表示激发跃迁的线宽，k 表示波矢量的大小，$\Delta R_d/R_{max}$ 表示微运动幅度比，c 表示光速，$\theta_{\mu k}$ 表示微运动方向与波矢量 $\boldsymbol{k}$ 的夹角。

对于微运动引起的 Stark 频移，可以通过如下公式计算得出[40]：

$$(\Delta\nu_S)_{micro} = \frac{1}{2}\gamma_s\left(\frac{m\gamma\Omega}{qk\cos\theta_{\mu k}}\frac{\Delta R_d}{R_{max}}\right)^2 \tag{4-13}$$

式中，γ_S 为 Stark 频移率，m 为离子的质量，q 为离子所带电荷量。

3) ac Stark 频移

无论是进行激光冷却，还是进行钟跃迁频率的探测，离子都会与激光发生作用。在这些过程中，激光会使离子的能级发生移动，称为光频移，或称 ac Stark 频移。要提高光频标的精度，就要想办法消除或者控制 ac Stark 频移。在实验中，为了尽可能地减小 ac Stark 频移采用了激光时序，当利用探测光对钟跃迁谱线进行探测时，所有其他激光都用 AOM 或者机械快门挡住。然而，由于这些挡光的方法还是有可能不能把光完全关断，也会引起 ac Stark 频移，所以必须测量估算各激光造成频移的大小。用 AOM 作为光开关时，通过实测，关掉 AOM 驱动射频，仍然可以有光通过，挡光效果大于 40 dB(仅小于原功率万分之一的光通过)；而利用机械快门作为光开关时，挡光效果会好很多，以至于无法观测到有光通过。

对于 Paul 阱中的单离子，激光产生的光频移可以用公式[39]

$$(\Delta\nu_S)_{ac} = \kappa I_0 \tag{4-14}$$

来表述。从式中可以看出，ac Stark 频移的大小与照射到离子上的有效激光强度成正比关系。

4）Zeeman 频移

囚禁离子钟跃迁的基态子能级以及激发态子能级在外磁场中都会受到一阶 Zeeman 效应的影响，形成一阶 Zeeman 频移。一阶 Zeeman 频移的计算公式为

$$\Delta\nu_{\mathrm{lin\,Z}} = m_J g_J \frac{\mu_{\mathrm{B}} B}{\hbar} \tag{4-15}$$

除了一阶 Zeeman 频移外，由于 D 态间的耦合作用，还存在微小的二阶 Zeeman 效应，引起二阶 Zeeman 频移。一般二阶 Zeeman 效应相比较于一阶 Zeeman 效应要小得多。应用二阶微扰理论，二阶 Zeeman 频移为[39]：

$$\Delta\nu_{\mathrm{Z2}} = K \frac{\mu_{\mathrm{B}}^2 B^2}{h^2 \nu_{\mathrm{DD}}} \tag{4-16}$$

式中，ν_{DD} 是精细结构的分裂值，h 是 Planck 常数，K 是常数且决定于子能级[39]：

$$\begin{aligned} &K = \frac{6}{25}; \quad m_J = \pm\frac{1}{2} \\ &K = \frac{4}{25}; \quad m_J = \pm\frac{3}{2} \\ &K = 0; \quad m_J = \pm\frac{5}{2} \end{aligned} \tag{4-17}$$

5）电四极频移

由于离子在离子阱中运动时，其电四极矩会与阱中存在的电场梯度作用，从而产生电四极频移。对于离子亚稳态 $^2\mathrm{D}_{5/2}$ 的一个 Zeeman 子能级 $|\mathrm{D}_J, \mathrm{D}_m\rangle$，电四极频移的表达式为[39, 41]

$$\Delta\nu_{\text{elect-quadr}} = -\frac{1}{4}\frac{\mathrm{d}E_z}{\mathrm{d}z}\Theta(D, J)\frac{[3m_J^2 - J(J+1)]}{J(2J-1)}(3\cos^2\beta - 1) \tag{4-18}$$

式中，$\mathrm{d}E_z/\mathrm{d}z$ 是电场梯度，β 为量子化轴与电势梯度方向的夹角，$\Theta(D, J)$ 代表电四极矩。

由于电场的梯度难以得到精密控制，电四极矩 $\Theta(D, J)$ 不容易精确测定，所以在光频测量时通常不直接由式(4-18)计算电四极频移，而是通过同时测量不同 m_J 的三对 Zeeman 峰，得到三组中心频率值。通过计算不同对峰平均频率的差值就可以估算出电四极频移的误差。

6) 黑体辐射引起的频移

即使离子囚禁于阱中，由于环境还是处于温度场中，黑体辐射也会对离子钟跃迁频率产生影响，这就是所谓的黑体辐射频移。

黑体辐射引起的频移公式[42]如下：

$$\Delta\nu_{BB}=-\frac{1}{2}(831.9\ \mathrm{V/m})^2\left(\frac{T_B(\mathrm{K})}{300\ \mathrm{K}}\right)^4(\alpha_0(3\mathrm{d})-\alpha_0(4\mathrm{s}))\qquad(4-19)$$

式中，$\alpha_0(3\mathrm{d})$ 和 $\alpha_0(4\mathrm{s})$ 分别是激发态和基态的标量极化率，T_B是背景温度。由于离子很小，阱的四周较空旷，因而对离子产生黑体辐射影响的主要是真空室的内表面。而真空室处在室温条件下，由于室温相对比较稳定且真空室由金属构成，为热的良导体，可以认为真空室温度与室内环境温度相当。然而，由于离子囚禁的射频场加在离子阱上，会对离子阱的电极造成加热效应，因此要精确地得到黑体辐射引起的频移，除了精确计算激发态和基态的标量极化率、精确控制和测量真空室温度外，还需要减小射频场对离子阱电极上加热效应，并且精确测量离子阱电极的温度。

7) 引力红移

目前的秒定义为位于大地水准面上的铯原子(^{133}Cs)基态的两个超精细能级在零磁场中跃迁辐射振荡为 9 192 631 770 周期所持续的时间，称为国际制秒(SI 秒)[43]。实验室所用的频标要想溯源到国际单位制秒，首先应将频标的高度修正到大地水准面上。处在大地表面上不同高度的频标由于受到的重力场的大小不同而导致的频移就是所谓的重力频移。

对于地面附近的频标，相对重力频移公式为[21]：

$$\frac{\delta f}{f_0}=\frac{g\Delta h}{c^2}\qquad(4-20)$$

式中，g 表示重力加速度，c 表示光速，Δh 表示频标到大地水准面的高度。

4.3 囚禁离子光频标的发展

随着离子阱技术、超窄线宽激光技术和飞秒光梳技术的发展，单离子光频标作为一种新型频标在许多实验室获得了成功。目前，光频标的候选离子有 Hg^+，Yb^+，In^+，Sr^+，Al^+，Ca^+，Ba^+ 等。这些离子中，除了 In^+ 和 Al^+ 外，其余候选离子的核外都只有一个价电子，均为类氢离子，能级结构比较简单(见

图 4-9)。对于 In^+,由于钟跃迁 5^1S_0—5^3P_0 的基态和激发态的电子的总角动量 J 都等于 0,因此在边带冷却极限的情况下 ac Stark 频移和二阶 Doppler 频移非常小,这是它与其他候选离子相比的优越之处。Al^+ 的情况和 In^+ 的情况相似。而 $^{171}Yb^+$ 的 $6s^2F_{7/2}$ 的自然寿命约为 3 700 天,因此,电八极钟跃迁 $6s^2S_{1/2}(F=0)-6s^2F_{7/2}(F=3)$ 的谱线的 Q 值高达 10^{24},此 Q 值在已知的所有光频标参考谱线中是最高的。

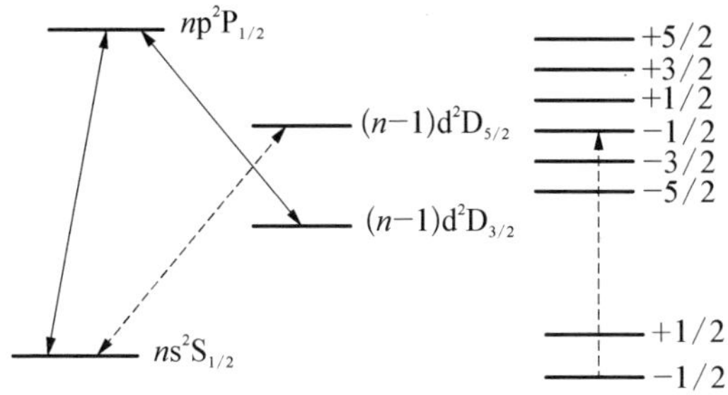

图 4-9 碱土族元素的能级(能量最低的几个能级),Ba^+,$n=6$;Sr^+,$n=5$;Ca^+,$n=4$,右边为 Zeeman 子能级[44]

现就离子频标的进展叙述如下。选择不同特征的离子进行描述:在碱土族元素的离子中,较详细叙述 Ca^+ 离子光频标的进展;然后给出量子逻辑 Al^+ 离子光频标的进展。

4.3.1 Ca^+ 离子光频标

^{40}Ca 原子与其他碱土金属原子类似,最外层有 2 个价电子,被电离成 $^{40}Ca^+$ 离子的过程中丢失一个电子,从而最外层仅剩一个价电子,结构上与氢原子类似。图 4-10 显示的是与光频标相关的能量最低的几个能级,其中 $4^2S_{1/2}$ 态为离子的基态,3^2D 态为能量最低的离子激发态,同时也是亚稳态,寿命约为 1 s,对应的 $4^2S_{1/2}$—3^2D 跃迁的自然线宽约为 0.16 Hz[45]。3^2D 态由于自旋轨道耦合发生劈裂产生精细结构,分离成为两个子能级态 $3^2D_{3/2}$ 和 $3^2D_{5/2}$,其总角动量分别为 $J=3/2$ 和 $J=5/2$,两个子能级间频率间隔约为 1.8 THz。两个 $4^2S_{1/2}$—3^2D 的电四极跃迁可以分别由波长为 732 nm 及 729 nm 的激光器所激发。能量更高的一个能级为 4^2P 能级,4^2P 能级也存在精细结构,同样被劈裂为两个子能级,两个子能级间频率间隔约为 16.7 THz。4^2P 能级态的两个子能级的寿命都约为 7 ns[46],对应 $4^2S_{1/2}$—4^2P 跃迁的自然线宽约为 20 MHz,由于 4^2P 能级态寿命很短,很适合激光冷却,所以利用 $4^2S_{1/2}$—4^2P 跃迁来进行激光冷却。实验中选择对应激光波长为 397 nm 的 $4^2S_{1/2}$—$4^2P_{1/2}$ 的电偶极跃迁来作为激光冷却的跃迁。由于离子在 $4^2P_{1/2}$ 态上有一定的概率(约 1/17[47])会跃迁到 $3^2D_{3/2}$ 亚稳态,且离子处于该亚稳态时激光冷却循环中止,因此需要波长为 866 nm 的回泵

光将离子从 $3^2D_{3/2}$ 态泵浦回 $4^2P_{1/2}$ 态来维持冷却循环。在钟跃迁的探测过程中，为了减少离子在 $3^2D_{5/2}$ 态上的停留时间，提高反馈速度，使用波长为 854 nm 的激光将离子由 $3^2D_{5/2}$ 态泵浦到 $4^2P_{3/2}$ 态，从而继续进行激光冷却。

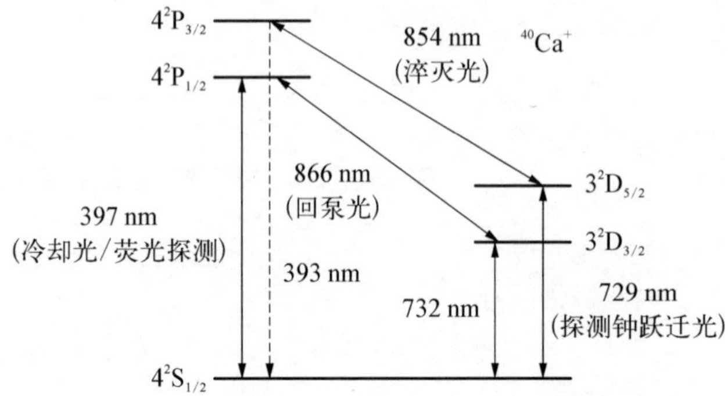

图 4-10　与光频标相关的 $^{40}Ca^+$ 离子各能级及相关跃迁对应的激光波长

在离子的能级跃迁中，$4^2S_{1/2}$—3^2D 的两个跃迁为禁戒跃迁，上能态的寿命相对于电偶极跃迁的上能态寿命而言要长得多。由于跃迁的自然线宽与上能级的寿命成反比，$4^2S_{1/2}$—3^2D 跃迁拥有的长寿命(窄自然线宽)使得这些跃迁成为理想的光频标参考跃迁。在实验中选择 $4^2S_{1/2}$—$3^2D_{5/2}$ 跃迁作为光频标的参考跃迁。

在一定的静磁场条件下，由于一阶 Zeeman 效应，跃迁谱线会发生频移；另外，离子所在位置由于电极不规则、杂散电场的存在或接触电势的影响，会存在电场梯度，与 $4^2S_{1/2}$ 和 $3^2D_{5/2}$ 态作用从而引起电四极频移。一般情况下，这两项是电磁场引起 $4^2S_{1/2}$—$3^2D_{5/2}$ 跃迁频移的主要因素。$^{40}Ca^+$ 离子的核自旋为 0，因此该同位素离子不具有超精细结构，$4^2S_{1/2}$—$3^2D_{5/2}$ 跃迁在静磁场下分裂为 10 条谱线(见图 4-11)。选取图中用数字标出的 6 条谱线进行频率测量后进行平均，就能有效消除上述两项频移。

Ca^+ 离子除了具有其他碱土族离子所共有的能级结构简单的优点之外，它的突出优点是激光冷却和光频跃迁探测所需的激光都可以利用固体激光器(半导体激光器或者钛宝石激光器)得到。因此，Ca^+ 离子光频标和量子信息的研究工作在国际上得到了广泛的重视[10, 22, 48]。近年奥地利 Innsbruck 大学在线形阱中对 Ca^+ 离子的光频测量的不确定度达到 2.4×10^{-15}[10]，日本 NICT 在 Paul 阱中对 Ca^+ 离子的光频测量的不确定度精度达到了 2.2×10^{-15}[48]，2009 年 CIPM 根据两个单位的测量值[10, 48]推荐了 Ca^+ 离子的光频值[18]。

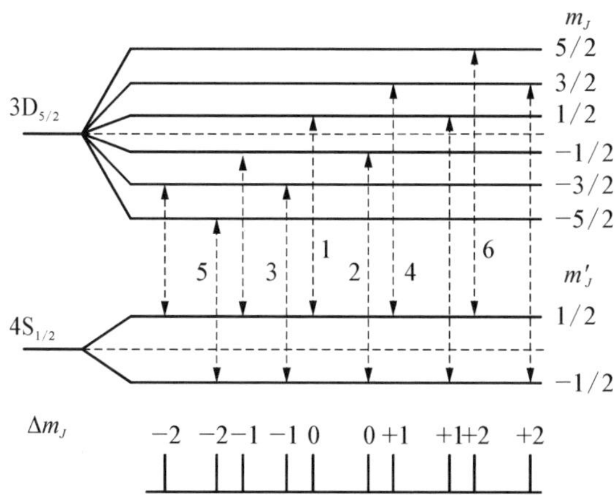

图 4-11 $4^2S_{1/2}$—$3^2D_{5/2}$跃迁对应各个子能级间的跃迁示意图

$4^2S_{1/2}$—$3^2D_{5/2}$跃迁在静磁场下分裂为 10 个子能级，选取其中 6 个能级按顺序依次进行测量并平均，就能较为有效地获得$^{40}Ca^+$离子$4^2S_{1/2}$—$3^2D_{5/2}$跃迁的中心频率。

中国科学院武汉物理与数学研究所利用 Paul 阱稳定地囚禁了单个离子[24]，成功将 729 nm 钟跃迁探测光的频率锁定到细度为 350 000 的超稳腔上[25]，实现了光频标的锁定，进行了光频的初步测量[26]，光频测量的系统不确定度达到 6.5×10^{-16}，而光频绝对值测量的不确定度也达到了 3.9×10^{-15}[21]。而且于 2012 年同日本 NICT 新近测量的光频跃迁[49]一起被 CIPM 采纳，修正了 Ca^+ 离子的光频推荐值[19]。

要实现一台$^{40}Ca^+$离子光频标，首先需要对离子的运动加以控制，使其能够被稳定地囚禁；然后加以激光冷却，将离子的温度降低到 mK 量级；实验中需要对离子感受到的磁场加以控制，使磁场的变化尽可能小，这样可以减小磁场变化对离子能级间跃迁频率的影响；还需要一台 Hz 量级线宽的探测光来探测单个囚禁离子的钟跃迁谱线；与此同时，还需要进行激光稳频，实现光频标的长时间不间断运行；最后用计算机来实现对光时序的控制，保证整个光频标的连续良好运行。我们以中国科学院武汉物理与数学研究所 Ca^+ 离子光频标的工作进行较详细的描述。

整个囚禁$^{40}Ca^+$离子光频标的实验如图 4-12 所示：主要部分有囚禁离子阱装置及离子荧光成像系统、光电离激光系统、冷却激光系统、窄线宽探测光系统、飞秒光梳系统及计算机控制系统。

实验所用到的离子阱真空系统如图 4-13 所示。系统为长方体真空室，具

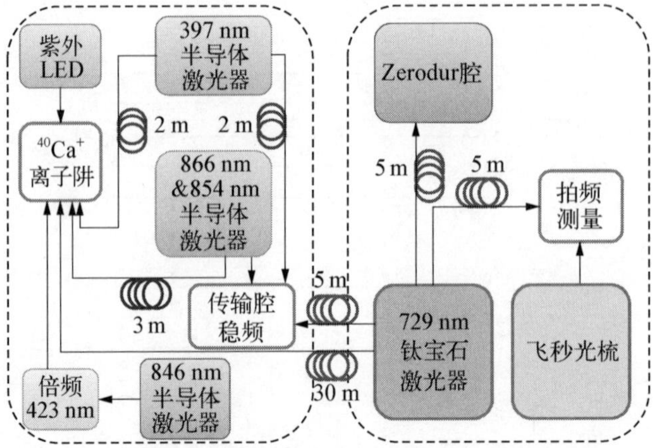

图 4-12 囚禁$^{40}Ca^{+}$离子光频标实验示意图

中三个 35 mm 口径的玻璃窗作为通光窗口，其中一个连接 Brewster 窗，用于减小激光照射时由于窗口反射而形成的杂散光。系统真空度优于 3×10^{-8} Pa。

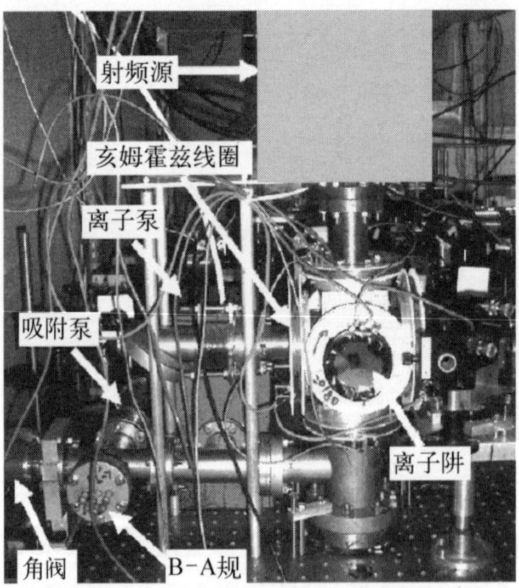

图 4-13 囚禁离子阱真空系统实物图

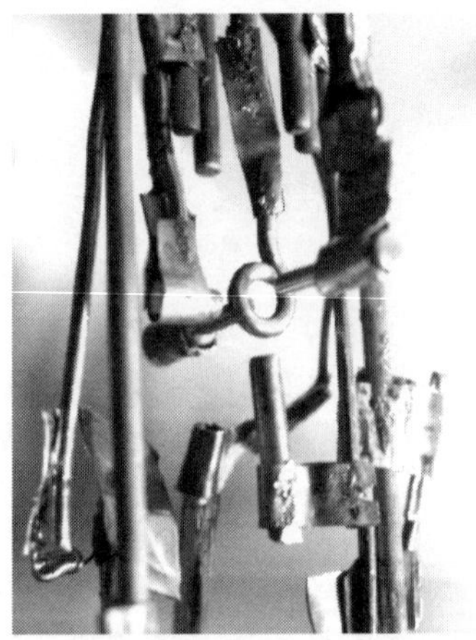

图 4-14 微型 Paul 囚禁离子阱实物图

实验中采用一种微型结构的 Paul 阱（见图 4-14），用直径为 1 mm 的不锈钢丝弯成环构成环电极，环的内径约为 1.6 mm；两个帽电极也由不锈钢丝制成，帽的端面为近似球面，两个帽电极的间距约为 1.4 mm。在环平面上离阱中心大约 5 mm 处加了两个互相垂直的补偿电极以补偿离子的附加微运动。Ca 原子炉由一块薄的不锈钢片裹成筒状制成，长度约为 10 mm，内径约为 2 mm，里面装有纯度约为 99%的钙粉。

射频囚禁场的频率为 $\Omega_{\text{Trap}}/2\pi \approx 10$ MHz。输入射频囚禁场幅度(峰峰值)在 500～1 000 V 之间可以连续可调;通常情况下输入到射频源电路的电压约为 800 V,帽极所加电压不超过 3 V,补偿极电压不超过 70 V。实验测得帽电极方向(轴向)的宏运动频率为 $\omega_z/2\pi \approx 1.5$ MHz,而环平面的两个方向(径向)的宏运动频率为 $\omega_x/2\pi \approx \omega_y/2\pi \approx 700$ kHz。

在 $^{40}Ca^+$ 离子光频标实验中,由于一阶 Zeeman 效应,每条钟跃迁 Zeeman 谱线的频率都与磁场强度近似成正比关系。由此可见磁场的变化与抖动可以对光频标锁定的实现造成很大的影响,尤其是磁场的快速抖动(ac 磁场),会造成谱线的增宽,从而影响到光频标的频率稳定度。因此需要对离子所在位置的磁场进行有效的控制,最有效的方法就是采用磁屏蔽。首先在囚禁离子真空系统外安装了三对相互垂直的线圈。通过调节三台精密直流电流源的输出电流就实现了对离子所感受到磁场强度的控制。同时采用了 μ 金属作为磁屏蔽材料,对离子阱所在的真空腔体上加了双层磁屏蔽来屏蔽外界磁场(见图 4-15)。在地磁场下,利用高斯计对双层磁屏蔽的屏蔽效果进行了测量,对 dc 磁场的屏蔽效果达 200 倍。

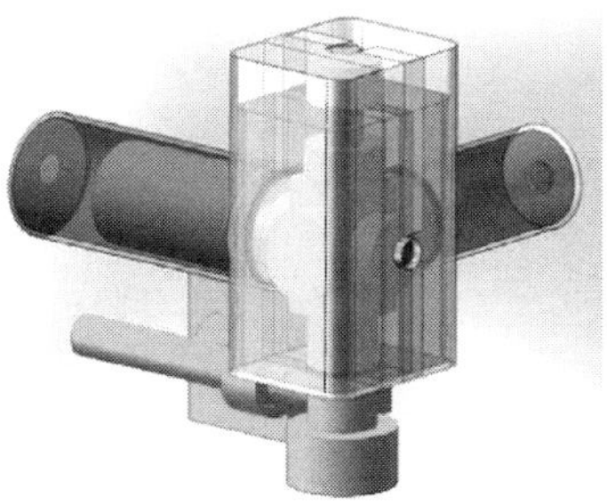

图 4-15 磁场线圈及磁屏蔽

实验中,我们选择半导体激光器来完成 $^{40}Ca^+$ 离子的产生以及激光冷却。激光冷却需要的激光(397 nm)线宽在 MHz 量级,用于冷却的 397 nm 激光是 Toptica 公司的 DL-100 直接蓝光半导体激光器。866 nm 回泵光及 854 nm 淬灭光与 397 nm 冷却光一样,实验中对激光线宽的要求是 MHz 量级,所以均采用商用 Toptica 公司 Littrow 结构的 DL-100 半导体激光器。

用于探测 $^{40}Ca^+$ 离子光频标钟跃迁 $4s^2S_{1/2}$—$3d^2D_{5/2}$ 的 729 nm 窄线宽激光器系统是实现光频标的技术核心所在。实验中,第一套窄线宽激光系统是基于钛宝石激光器(Coherent, MBR110)完成的:钛宝石激光器由一台 532 nm 半导体泵浦源(Coherent, Verdi－10)泵浦,可以输出约 700 mW 的 729 nm 激光,线宽约为 100 kHz。利用 AOM 作快反馈部件对其进行激光稳频,单步锁定到一台超稳腔后,成功实现了对其线宽的压窄及长稳的控制[50]。第二套窄线宽激光系统是基于 Littman 结构的半导体激光器来完成的,稳频及线宽的压窄同样是单步直接锁定来完成,快反馈的方式由反馈到 AOM 驱动频率改为了反馈给激光管的电流。两套窄线宽激光系统均采用 PDH 方法将激光器锁在超稳腔上。

实验中使用的 Zerodur 超稳腔的长度为 200 mm,两个腔镜均为曲率半径 500 mm 的凹面镜,腔镜的反射率高于 99.997%(ATF Films 公司)。通过观察激光在腔里的衰减信号,测得腔的细度约为 350 000,通过换算得到腔的线宽约为 2 kHz。将超稳腔放置在一个真空系统中(见图 4－16)。在 46℃的温度下,真空度为 2×10^{-6} Torr(1 Torr$=1.333\times10^{2}$ Pa)。真空系统的外表面被贴上加热薄膜,通过自制的温控电路来实现超稳腔真空系统的控温。温控电路可以实现对真空系统腔体温度在 25～55℃连续可调。光学平板放在一个主动隔振平台上(TableStable,TS－150),再将整个上述系统放在一个大的气浮光学平台上,气浮光学平台的共振频率小于 1.5 Hz。最后,在超稳腔系统外加上了一个厚约 6 mm 的铝盒以阻止空气的对流以及进一步减少热传导。当室温波动小于 1℃时,超稳腔真空系统的温度可以被控制到波动小于 5 mK。将超稳腔的温度设定在 46℃附近后。经过前后三年多的监测,发现超稳腔的基模频率有一个 3 Hz/s 左右的长期漂移。

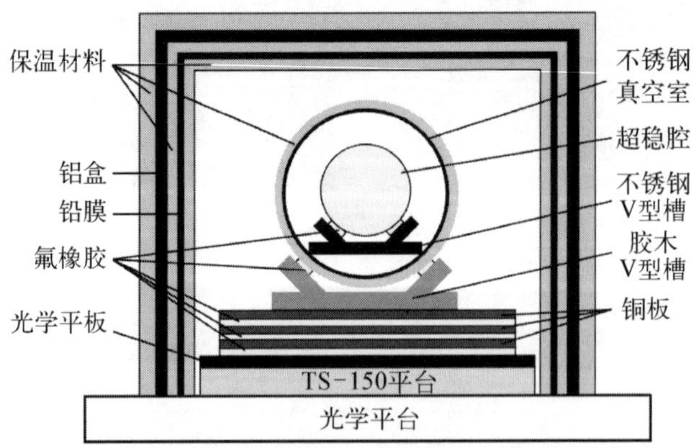

图 4－16 Zerodur 材料超稳腔真空系统

激光稳频系统中,用到了多套光纤。环境空气的气压变化、温度变化、地面及平台振动等对光纤造成干扰,引起光纤中传播激光的相位变化,从而引入激光频谱的展宽。在普通实验室环境下,一根 30 m 长的光纤引入的频率展宽可达

20 Hz，当有明显气流扰动或振动时，该展宽可达 100 Hz 以上。因此，为了达到更好的效果，必须搭建多套光纤噪声消除系统(见图 4-17)。

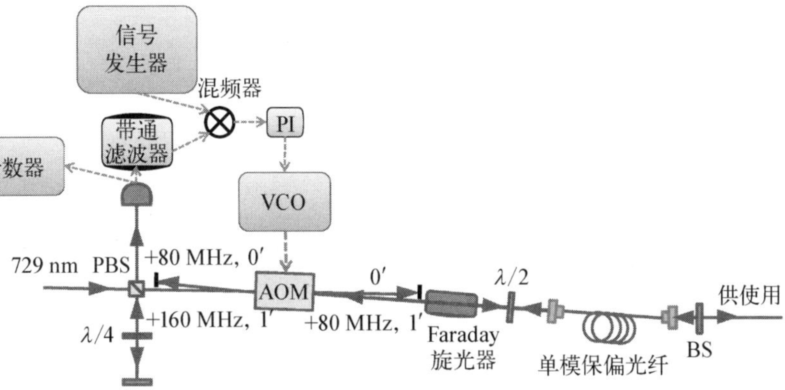

图 4-17 光纤噪声消除实验示意图

PI—比例积分电路；VCO—压控晶振；AOM—声光调制器；PBS—偏振分光棱镜；λ/2—半波片；λ/4—四分之一波片；0′—声光调制器衍射 0 级光；1′—声光调制器衍射 1 级光；BS—分束片

为了评估窄线宽激光器的线宽，我们用半导体激光器和钛宝石激光器进行测量。得到小于 10 Hz 的拍频信号(见图 4-18)。通过 Lorentz 拟合，得出拍频信号的线宽约为 7 Hz。

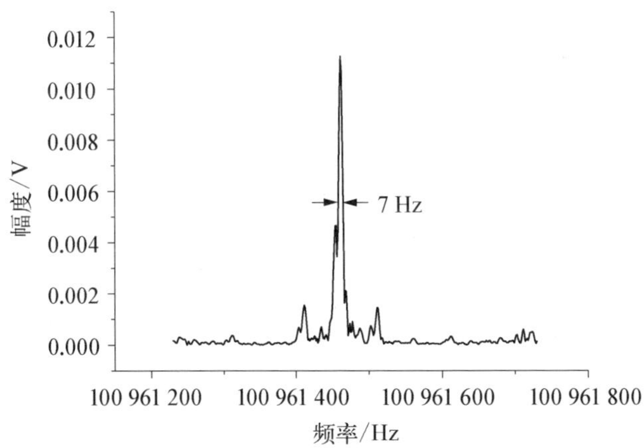

图 4-18 优化后的半导体激光器和钛宝石激光器拍频结果

因禁离子系统的光路安排如图 4-19 所示。各不同波长的激光分别用不同焦距的透镜聚焦在环中心，一般将激光的束腰聚焦到 100 μm 以内，光电离第一级激光的功率约为 15 μW、冷却光约 10 μW、回泵光约 600 μW、淬火光约 1 μW、探测光约 1～2 nW。

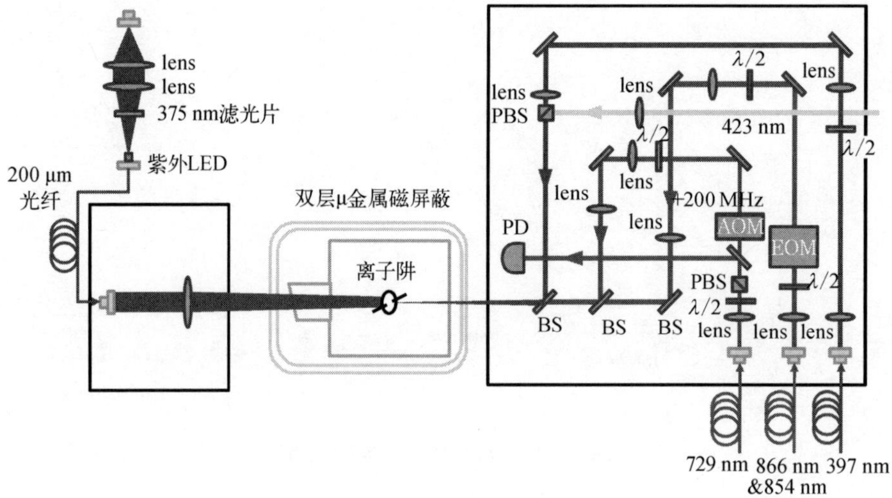

图 4-19 离子阱光学系统

lens—透镜；LED—发光二极管；PBS—偏振分光棱镜；PD—光电探测器；λ/2—半波片；AOM—声光调制器；EOM—电光调制器

在实验中时序的发生是由计算机完成的。计算机通过 LabVIEW 程序控制数模转换卡发出 TTL 电平脉冲信号，驱动 AOM 和机械快门来完成对各路激光的时序控制（见图 4-20）。

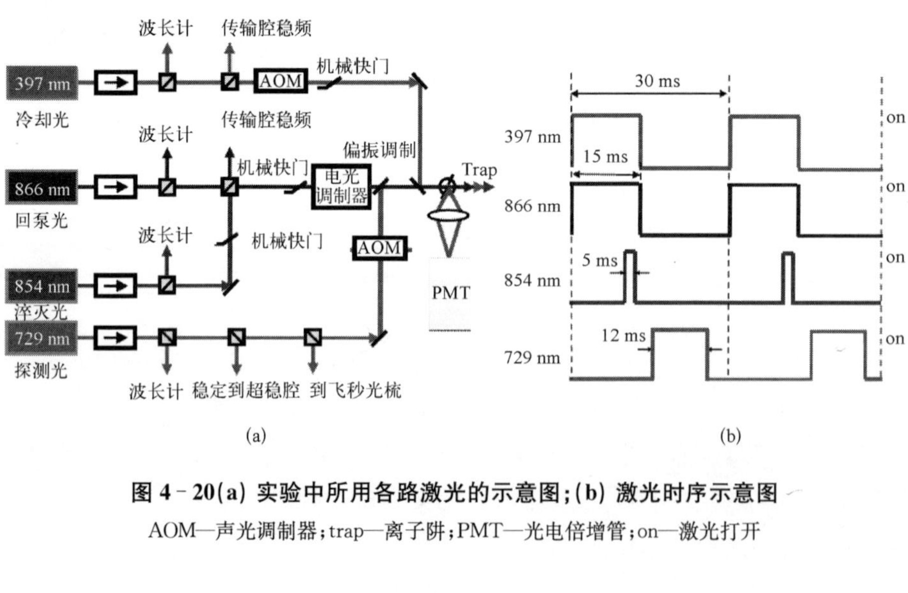

图 4-20(a) 实验中所用各路激光的示意图；(b) 激光时序示意图

AOM—声光调制器；trap—离子阱；PMT—光电倍增管；on—激光打开

实验中，为了得到离子，首先加热原子炉产生^{40}Ca 原子。在此基础上产生离子，实验中可以用到以下两种方法：第一种是通过电子枪轰击产生离子：将钍钨丝通电发热以产生电子，然后使用约 60V 的直流电压将电子加速，电子轰击^{40}Ca 原子使之电离而产生^{40}Ca^{+} 离子。第二种是采用光电离的方案。图 4－21 为^{40}Ca 原子的能级图，从图中可以看出，实现^{40}Ca 原子的光电离有几种方案，第一种方案为[51]：第一步实现 $4s^{2}\,{}^{1}S_{0}$—$4s5p\,{}^{1}P_{1}$ 跃迁，对应波长 272 nm；第二步实现 $4s5p\,{}^{1}P_{1}$ 至电离域的跃迁，对应波长小于 365 nm 即可，而 272 nm 激光同样能提供足够能量。第二种方案为：第一步实现 $4s^{2}\,{}^{1}S_{0}$—$4s4p\,{}^{1}P_{1}$ 跃迁，对应波长 423 nm；第二步实现 $4s4p\,{}^{1}P_{1}$ 至电离域的跃迁，对应波长小于 390 nm 即可[52-54]。在我们的实验中，早期工作都是采用电子枪轰击的方案获取离子的，目前我们采用了光电离的方案，具体采用 423 nm 激光器加 390 nm 的紫外 LED 共同作用来产生离子。采用光电离的方案后，获取离子的过程对环境电场的影响小很多，更加有利于实验工作的进行。

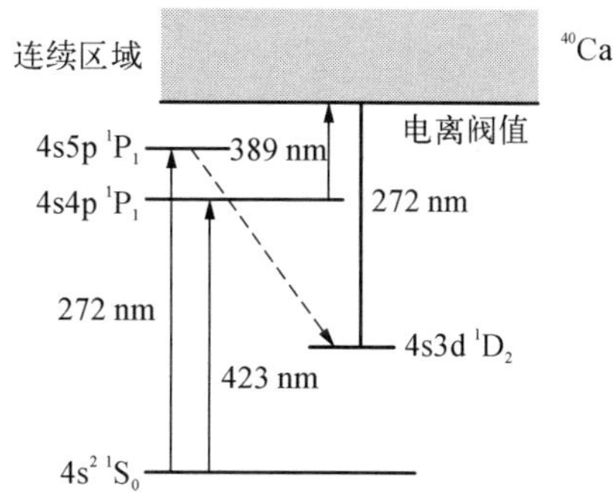

图 4－21　^{40}Ca 原子相关能级示意图

一般情况下，产生的离子并非一个（事实上，光电离直接产生单个离子的概率不到 20％），而要进行光频标的锁定实验，必须得到单个^{40}Ca^{+} 离子。通过观测到“量子跳跃”（quantum jumps）（见图 4－22）判断是否为单个。一旦发现离子并非单离子，就必须使多余的离子逃离阱使得仅有一个离子被囚禁。通过挡住冷却激光以停止离子的激光冷却来实现多余离子的逃离。

一旦实现了对单个离子的囚禁及冷却，在进行离子钟跃迁谱线的探测之前要先进行对电场及磁场的控制。控制电场实现对离子附加微运动的减小，实现对磁场的精密控制，测量钟跃迁的 Zeeman 谱。

为了实现对单个囚禁离子的运动状态控制，使之能实现长期囚禁并且产生的频移（二阶 Doppler 频移和 Stark 频移）较小，必须有效控制离子的微运动。首先用优化荧光信号的方法进行补偿实验；然后通过建立灵敏的射频-光子关联测量方法，进行了细致和更有效的补偿实验（见图 4－23）。在一维探测方向抑制了微运动的影响，得到优化的离子信号。

通过优化单离子的微运动，得到了优化的单离子荧光光谱（宽度大约为 30 MHz，由于 $4S_{1/2}$　$3D_{3/2}$跃迁的自然线宽为 22.3 MHz，所以离子的温度约为

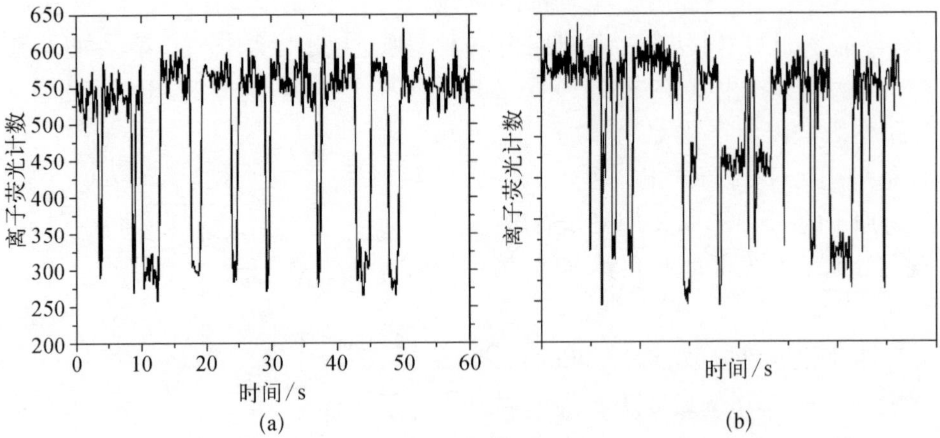

图 4-22 (a) 单个离子的量子跳跃;(b) 两个离子的量子跳跃

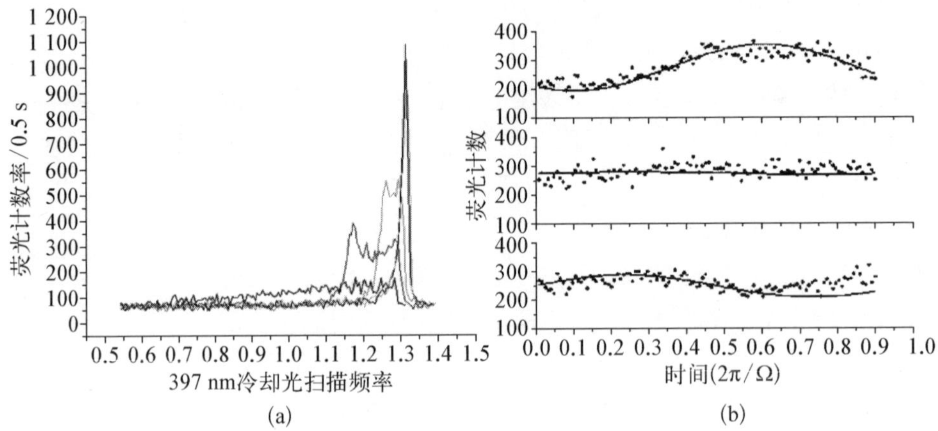

图 4-23 单离子微运动的优化

(a) 荧光信号;(b) 射频-光子关联信号

5 mK)(见图 4-24)。利用光频跃迁的激光开展了离子的量子跃迁测量,信噪比(S/N)达到了 50∶1。通过实验参数的进一步优化(射频幅度、帽极补偿极电压等),得到稳定囚禁并冷却的单离子信号(连续囚禁时间增加到最长半个月以上)。

实验中用三对对称结构的六个线圈在三维方向建立可控的磁场。采用改变控制电流观测某个特定方向囚禁离子荧光的大小,利用 Hanle 效应得到该磁场的大小。进一步用囚禁离子的 Zeeman 谱精确确定磁场的大小。采用 866 nm 回泵光的快速偏振调制来实现微弱磁场下的 Doppler 冷却循环。继续通过调节

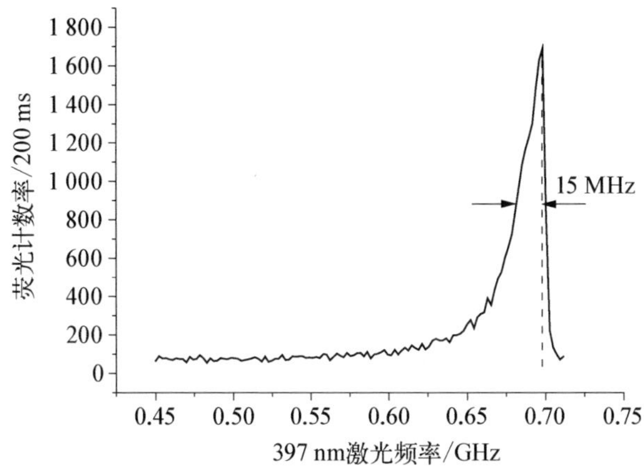

图 4-24 单离子的荧光信号

线圈电流进行磁场补偿,可以将剩余磁场缩小到小于 100 nT。$S_{1/2}$—$D_{5/2}$态的全部 Zeeman 分量如图 4-25 所示,其中一条 $\Delta m_j=0$ 的谱线线宽约 20 Hz(见图 4-26)。

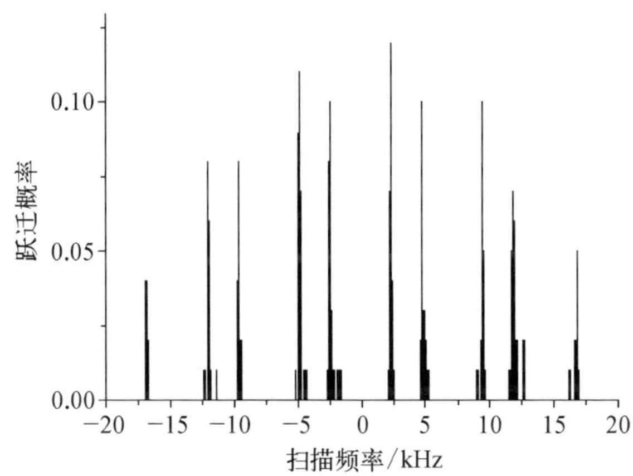

图 4-25 $^{40}Ca^+$ 钟跃迁的 Zeeman 谱
(磁场 750 nT, 729 nm 功率: 700 nW)

利用$^{40}Ca^+$ $4S_{1/2}$—$3D_{5/2}$的 Zeeman 谱线中 $\Delta m_j=0$ 的两个峰对 729 nm 钟跃迁激光器进行了四点锁定实验(见图 4-27)。通过与氢钟比对,2 000 s 的 Allan 方差已经进入 10^{-15}量级,30 000 s 的 Allan 偏差小于 2×10^{-15}(见图 4-28)[22]。

同时,建立了基于 GPS 的光频测量系统(见图 4-29)。

为了开展对$^{40}Ca^+$钟跃迁频率测量的工作,利用飞秒光梳(参考于氢钟)通过

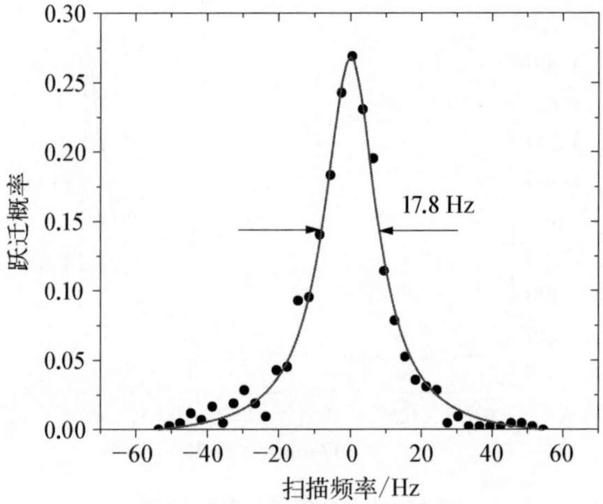

图 4-26 $^{40}Ca^+$ 钟跃迁的 $\Delta m_j=0$ 的其中 1 条 Zeeman 谱,线宽约为 20 Hz

该图为 20 次扫描平均而得到,729 nm 激光脉冲长度约 50 ms

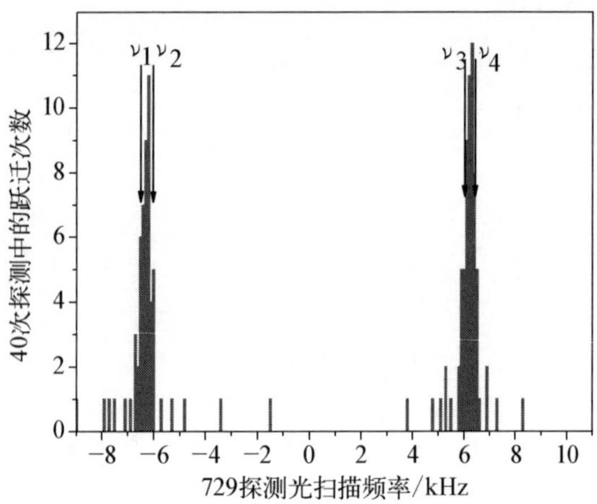

图 4-27 $^{40}Ca^+$ 钟跃迁的 $\Delta m_j = 0$ 的 Zeeman 谱

公式 $f_c = n\times f_{rep} \pm f_{CEO} \pm f_b$ 可以计算出 729 nm 激光的频率,整数 n 可以使用一台精度优于 100 MHz 的波长计算出,正负号可以通过观察拍频信号变化来确定。图 4-30(a)为参考在氢钟的光频测量结果 $f_c(i)$。

利用参考在氢钟的光频测量结果[见图 4-30(a)]及 AOM 测得的激光与谱线中心的频率差值 $\Delta f(i)$[见图 4-30(b)],钟跃迁频率为 $\nu_0(i) = f_c(i) + \Delta f(i)$, $i = 1, 2, i_{max}$, i_{max} 为总的测量次数[见图 4-30(c)]。图 4-30 中总的测量次数约为 3 500,计算出的频率平均值 $\nu_0 = 411\,042\,129\,776\,490.7$ Hz。

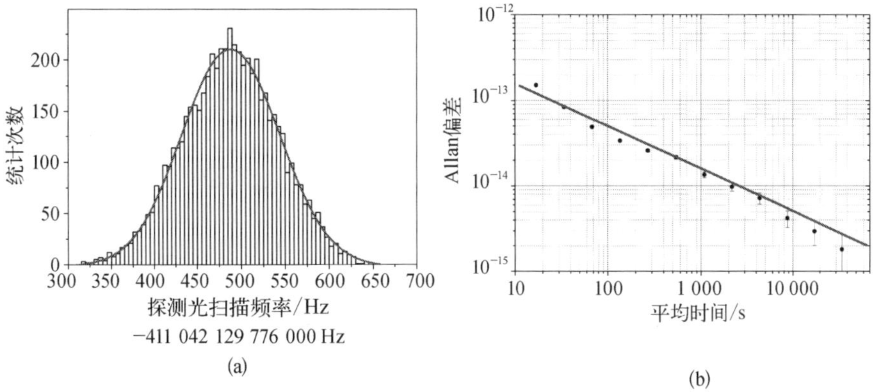

图 4-28 $^{40}Ca^+$ 光频标的锁定信号

(a) 参考氢钟的飞秒光梳光频标钟频测量的频率分布图，粗黑线为高斯拟合。总的测量次数约为 3 500，频率平均值 $\nu_0 = 411\,042\,129\,776\,490.7$ Hz。$\nu_0(i)$的统计分布满足正态分布，平均值的标准差约为 3.5 Hz(2011 年 6 月 14 日)；(b) $^{40}Ca^+$ 光频标与氢钟比对的 Allan 偏差：$5\times10^{-13}\times\tau^{-1/2}$。整个数据组有 696 次频率测量(每个频率测量时间20 s)，用高斯拟和标准频差为47(2)Hz。

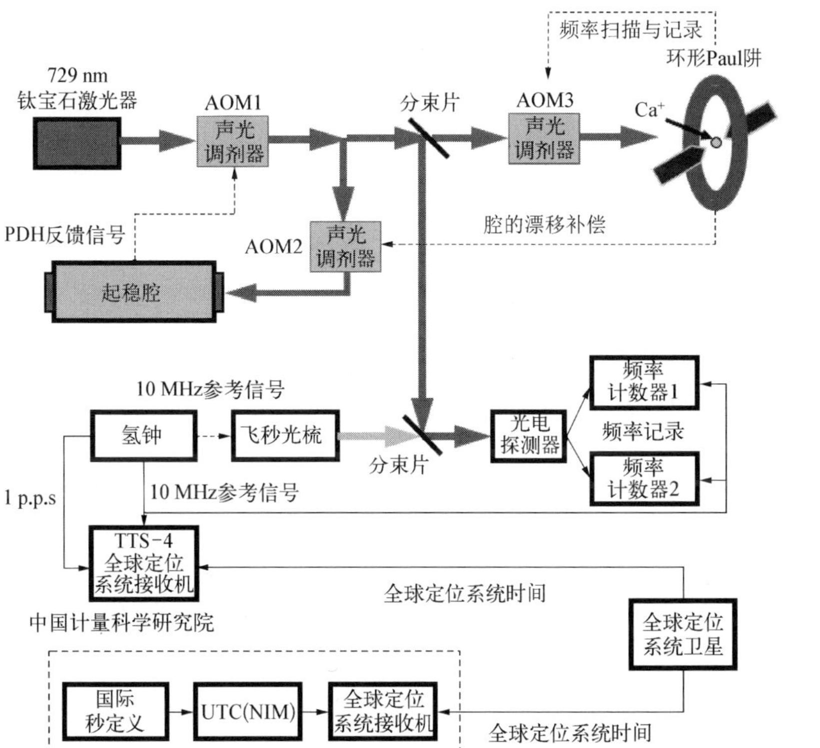

图 4-29 实验系统示意图

AOM1 用于钟跃迁激光器的 PDH 锁定，作为将激光器锁在超稳腔上的快反馈端口；AOM2 用于补偿超稳腔的长期频率漂移，AOM3 用于扫描 Zeeman 谱以及将激光器锁到离子谱线上。

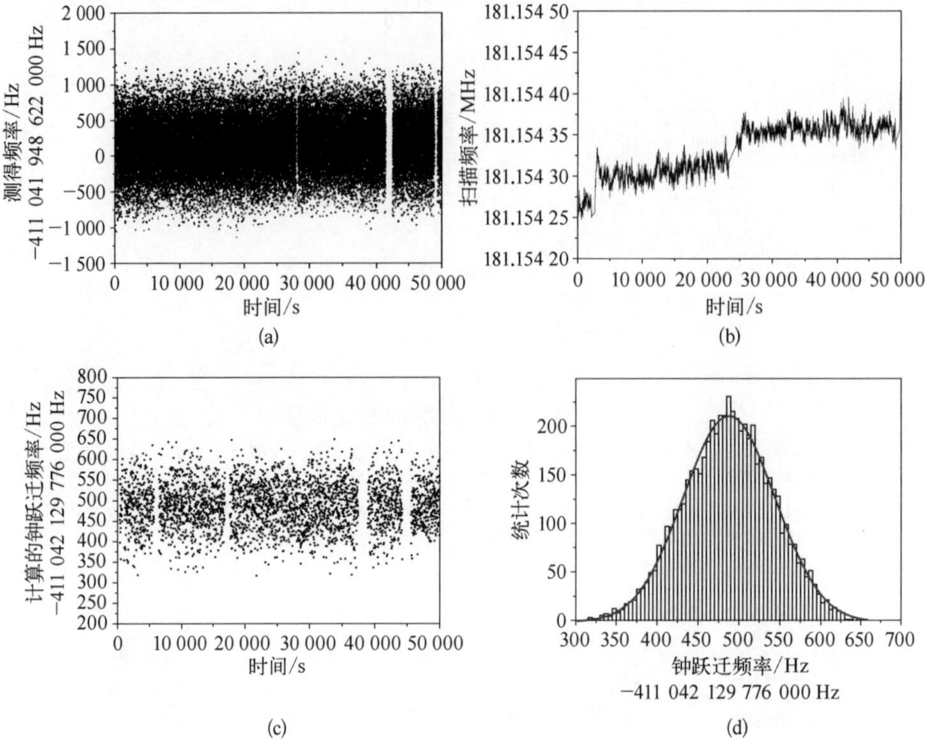

图 4-30 (a) 参考在氢钟的光频测量结果 $f_c(i)$；(b) 利用 AOM 测得的激光与谱线中心的频率差值 $\Delta f(i)$；(c) 通过 $\Delta f(i)$ 和 $f_c(i)$ 计算出的钟跃迁频率 $\nu_0(i)$；(d) $\nu_0(i)$ 的统计直方图及其高斯拟合

图 4-30(d)为 $\nu_0(i)$ 的统计分布，从图中看出，统计较好地满足正态分布，平均值的标准差 $\sigma/\sqrt{i_{max}}$ 约为 3.5 Hz[22]。参考氢钟的跃迁谱线测量如图 4-31 所示。

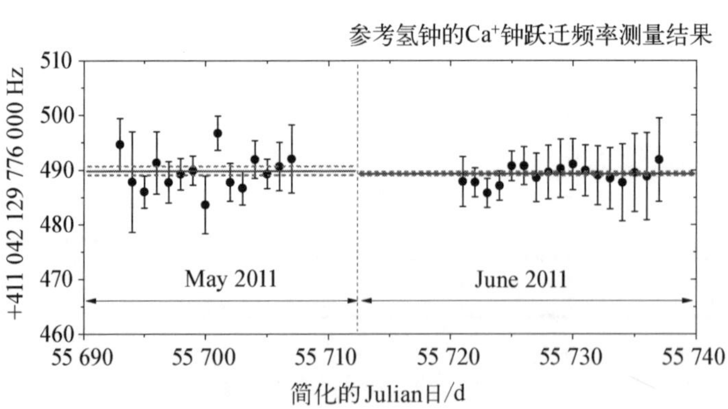

图 4-31 参考氢钟的 $^{40}Ca^+$ $4S_{1/2}$—$3D_{5/2}$ 钟跃迁谱线的测量

为了得到 Ca^+ 离子光频测量的准确结果，我们首先开展了 Ca^+ 离子光频标的系统误差分析实验。

通过测量囚禁离子的边带（见图 4-32），可精确得到离子的温度为 10 mK，由此得到二级 Doppler 频移为 0.02 Hz（<0.01 Hz）。

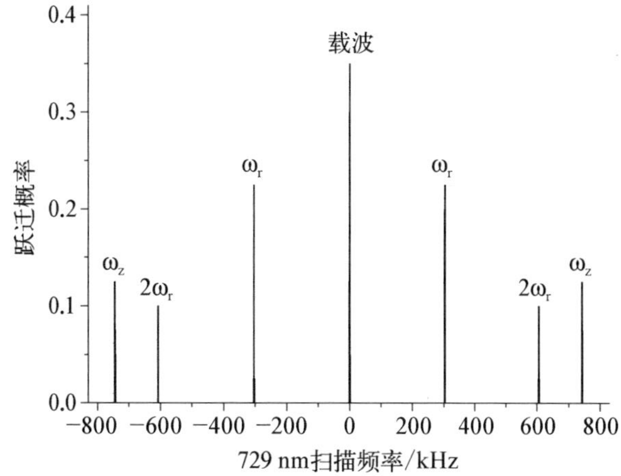

图 4-32 囚禁 Ca^+ 的边带谱

采用同时锁定三对光频跃迁 Zeeman 分量的方法消除电四极频移。在射频场 $V_{pp}=450$ V，帽极电压分别为（−1.56，0）V，补偿极电压分别为（32.9，33.3）V时，通过同时锁定 $\Delta m_j=0$，$\Delta m_j=\pm1$ 和 $\Delta m_j=\pm2$ 得到中心频率的值（见图 4-33）。

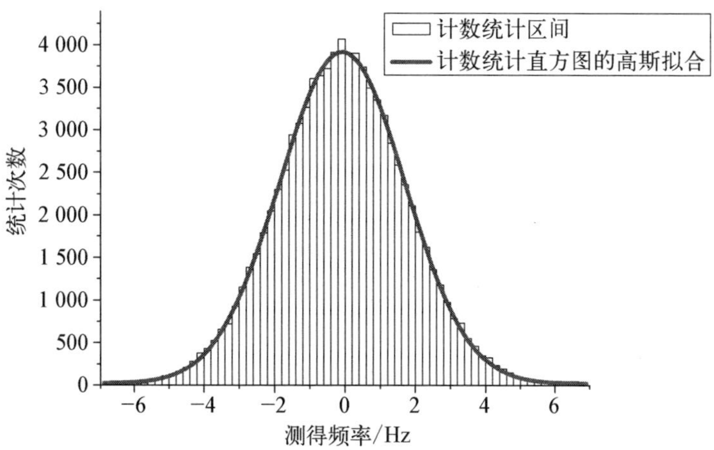

图 4-33 三对峰同时锁定的电四极频移测量

$|M|=1/2$，$|M|=3/2$，$|M|=5/2$ 对应的频移及误差分别为 −0.33（0.03）Hz，−0.08（0.01）Hz，0.41（0.03）Hz

测量了在不同 729 nm 激光功率下的中心频率，得到 729 nm 激光的 ac Stark 频移为 0.04(0.06) Hz。黑体辐射环境温度约为 300 K，对应的频移为 0.4 (<0.1) Hz。测量时的磁场为 0.3 μT，抖动小于 0.002 μT，对应的二阶 Zeeman 频移为 0.001 Hz(不确定度<0.000 1 Hz)。

综上所述，考虑各种频移，得到的误差分析表如表 4-1 所示。

表 4-1 光频锁定的系统频移和不确定度

效应	5月		6月	
	频移/Hz	相对误差/10^{-16}	频移/Hz	相对误差/10^{-16}
二级 Doppler 频移(热运动)	−0.004	0.10	−0.004	0.10
二级 Doppler 频移(微运动)	−0.02	0.49	−0.02	0.49
Stark 频移(热运动和微运动)	0	0.04	0	0.04
ac Stark 频移 (397 nm，866 nm 和 854 nm)	0	0.04	0	0.04
ac Stark 频移(729 nm)	0.04	1.46	0.04	1.46
黑体辐射频移	0.35	0.27	0.35	0.27
线性 Zeeman 频移	0	4.52	0	6.23
二级 Zeeman 频移	0	0.01	0	0.01
电四极频移	0	0.72	0	0.51
引力频移	1.58	1.10	1.58	1.10
总的频移	1.95	5.0	1.95	6.5

除了对各项系统误差进行评估外，还需要对参考源氢钟的输出频率准确度进行评估。由于实验室没有一级频标，采用 GPS 远程比对的方案对氢钟进行了评估。GPS 接收机(WIPM)接收氢钟的 10 MHz 信号及 PPS 信号，同时接收 6～10个 GPS 卫星的 GPS 时间信号。与此同时，中国国家计量研究院(NIM)的 GPS 接收机接收 UTC(NIM)频率参考信号以及 GPS 时间信号(见图 4-34)。利用精确单点定位技术(precise point positioning technique，PPP)，计算出两台氢钟的频率差异。将上述相对频率偏移量进行加权平均，得到氢钟参考相对于 UTC(NIM)的频差。UTC(NIM)和 SI 秒定义之间的频率差值来自 BIPM 网站。

由系统误差和通过 GPS 系统对氢钟的校准，给出最后的频率测量误差表(见表 4-2)。

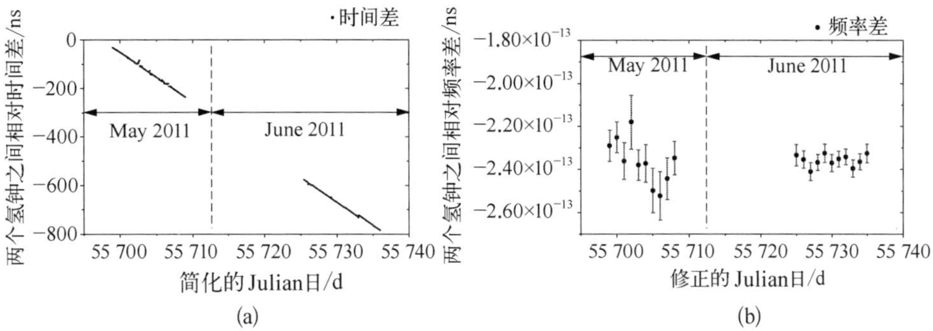

图 4-34 (a) 频率参考的氢钟(WIPM)与 UTC(NIM)1 PPS 信号之间的时间间隔;(b) 按天统计的上述两频率间相对频率偏移量,误差棒代表平均值的标准差

表 4-2 绝对频率测量误差表

来　　源	5 月		6 月	
	频移/Hz	相对误差/10^{-15}	频移/Hz	相对误差/10^{-15}
系统频移(Table I)	1.95	0.50	11.95	0.65
统计	0	2.19	0	0.97
氢钟(由 UTC(NIM)修正)	97.21	3.37	96.93	0.83
UTC(NIM)	−2.3	2.1	−2.5	2.1
总和	96.9	4.6	96.4	2.6

由此平均得到$^{40}Ca^+$钟跃迁 $4S_{1/2}$—$3D_{5/2}$的中心频率为：

5 月 12 日—26 日(15 天)

411 042 129 776 393.3(1.9) Hz

相对不确定度为 4.6×10^{-15}

6 月 9 日—25 日(17 天)

411 042 129 776 392.7(1.1) Hz

相对不确定度为 2.6×10^{-15}

综合测量结果：

411 042 129 776 393.0 Hz

相对误差为 3.9×10^{-15}

稳定度是一台频标的重要指标。前面已经提到,用光频标同氢钟进行比对得到了一个稳定度指标，结果显示同典型的氢钟稳定度指标相当接近。该结果不能真实反映光频标的稳定度。为了确切得到光频标的稳定度，最直接的方案是建立另一台光频标相互进行比对。为此搭建第二套光频标系统，并进行了初步比对，比对结果如图 4 - 35 所示。从图中可以看出，光频标的稳定度确实明显优于氢钟，但同国际先进水平相比(1 s 对应的频率稳定度进入 10^{-15} 量级)还有较大差距，也是下一步需要改进的地方。通过分析，问题根源在于 729 nm 窄线宽激光器的稳定度不够高，提高 729 nm 窄线宽激光器的稳定度就是下一步工作的方向。

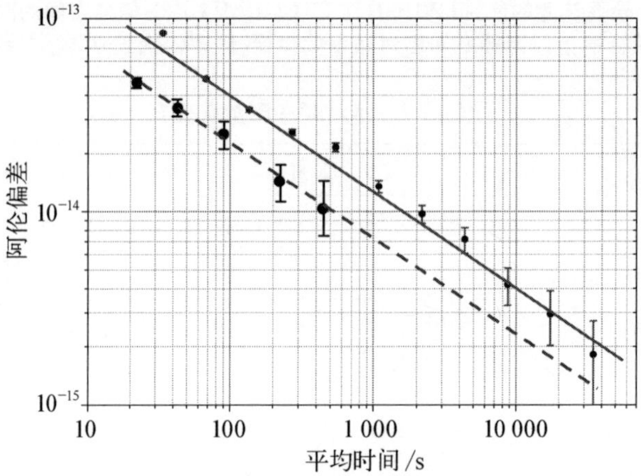

图 4 - 35　两套光频标的比对(虚线)以及光频标与氢钟的比对(实线)

4.3.2　$^{138}Ba^{+}$ 离子光频标

$^{138}Ba^{+}$是最先用于激光冷却观察的单离子体系。主要原因是该离子的冷却光的跃迁波长处于可见光波段。

光频跃迁为 $6s^2 S_{1/2}$—$5d^2 D_{5/2}$，波长为 1.76 μm，$5d^2 D_{2/3}$—$5d^2 D_{5/2}$，波长为 12.48 μm。

1.76 μm 的 S - D 跃迁具有 5 mHz 的自然线宽。美国华盛顿大学用了一个腔稳定的色芯激光器作为参考激光源。测量得到线宽为 600 Hz 的谱线[55]。已完成该离子的 Stark 频移参数以及 m=134，136，138 之间的同位素位移实验。

12.48 μm 的 D - D 跃迁具有小于 0.02 Hz 的自然线宽。用 493 nm 的激光，将离子泵浦到寿命为 80 s 的 $D_{5/2}$态。加拿大国家研究中心(NRC)采用了稳频的光泵浦的 NH_3激光，分辨率达到了 5 kHz。用以 Cs 基准的频率链测量了 D - D跃迁。其结果为 24 012 048 317 170 Hz，不确定度为 ± 440 Hz 或

2×10^{-11}[56]。

4.3.3 $^{88}Sr^+$ 离子光频标

光频标参考跃迁为 $5s^2S_{1/2}$—$4d^2D_{5/2}$(见图 4-36):波长为 674 nm。

选择 Sr^+ 离子系统是基于可达到的最终的精确度和技术的简易性的一种综合考虑。S-P 的 422 nm 和 P-D 的 1 092 nm 激光都能够用固体激光器直接得到。光频跃迁的 674 nm 激光具有 0.4 Hz 的线宽,也能够采用商业的半导体激光源来实现。加拿大 NRC 和英国 NPL 开展了基于此离子体系光频标的研究。

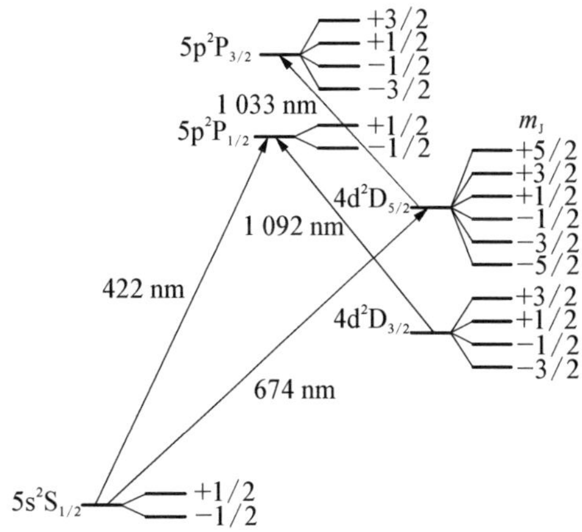

图 4-36 Sr^+ 的能级图[5]

最初 674 nm 通过 ULE 材料做成的超稳腔稳频后,其分辨率可以达到几百赫兹的量级,NRC 使用探测激光源与熟知的 474 THz 的 $HeNe/I_2$ 光频标外差耦合,精细测量了 Sr^+ 的 674 nm 的参考跃迁的绝对频率。其结果为 444 779 044 095 400 Hz,不确定度为±200 Hz 或者 5×10^{-13}。通过对离子系统漂移的抑制使这些漂移在 10^{-15} 的量级[57]。

NPL 在 Sr^+ 光频标方面除了应用飞秒激光测量光参考跃迁的绝对频率之外,还测量了光跃迁频率的稳定性与复现性,在三套不同的 Paul 阱中囚禁 Sr^+,在不同系统中的测量显示了小于 10^{-13} 的复现性。2004 年,NPL 参考 Cs 喷泉钟,结合飞秒光梳,对 Sr^+ 光频标钟跃迁绝对频率进行了测量,系统不确定度达 2.7×10^{-15},频率测量的不确定度达到 3.4×10^{-15}[5]。

NRC 在 2005 年通过探询三对 Zeeman 子能级跃迁的方法有效抑制了电四极频移,将该频移控制在 5×10^{-18}[58]。

2005—2010 年,两家单位均提高了各自激光器的性能。2007 年,NPL 的激光器 1 s 稳定度达到了 3×10^{-15},得到了 9 Hz 的 Zeeman 谱线[59]。NRC 在 2006 年也得到了约 5 Hz 的 Zeeman 谱线[60],并在 2009 年得到了长稳很好的激光器,漂移速率很低,达到了 13.9 mHz/s,扣除线性漂移后 2 000 s 频率稳定度达到了 5×10^{-16}[61]。

2012 年,NPL 对其光频标系统进行了进一步优化,实现了频标锁定过程中的自动控制，大大提高了稳定性，频标能够连续运行超过 60 h。4 000 s 的稳定度达到了 2.5×10^{-16}[62]。同年，NRC 对其光频标进行了系统误差的优化，系统误差达到了 2×10^{-17}，并且利用 GPS 对频率进行了测量，测量不确定度达 2×10^{-15}[6]。

4.3.4 Yb^+ 离子光频标

从能级图(见图 4-37)可知，其候选的光频标参考跃迁有四条：$^2S_{1/2}$—$^2D_{3/2}$，波长为435 nm；$^2S_{1/2}$—$^2D_{5/2}$，波长为 411 nm；$^2S_{1/2}$—$^2F_{7/2}$的电八极跃迁，波长为 467 nm；及$^2F_{7/2}$—$^1D_{5/2}$跃迁，波长为 638 nm。

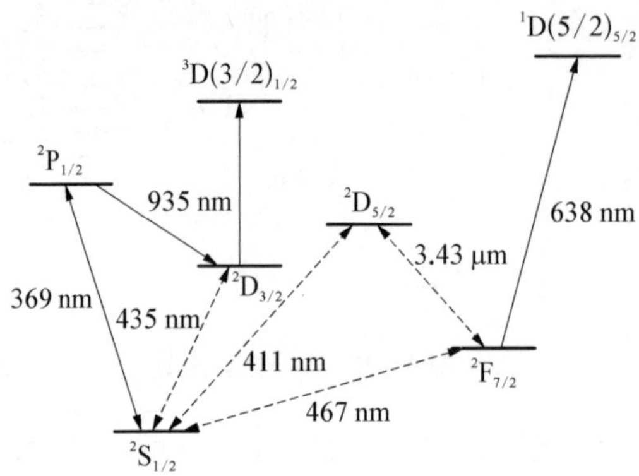

图 4-37 Yb^+的能级图[44]

Yb^+具有寿命很长、能量低的亚稳态$^2D_{3/2}$与$^2D_{5/2}$和$^2F_{7/2}$；这些高 Q 值的跃迁谱线都适合作为光频标的参考。此外，Yb^+的核自旋 $I=1/2$，因此使得 $m_F=0$到$m_F=0$的不受一阶磁场影响的跃迁可能有相当简单的超精细结构。其中，467 nm 的$^2S_{1/2}$—$^2F_{7/2}$电八级跃迁可能是现今在单离子光谱的分辨中最具挑战性的。据估计$^2F_{7/2}$的寿命为 3 700 天。

目前，国际上进行 Yb^+ 光频标研究的主要有德国 PTB 和英国 NPL 两家[7, 8]。两家单位对 Yb^+光频标的电四极跃迁及电八极跃迁均进行了研究，其中，电四极跃迁$^2S_{1/2}$—$^2D_{5/2}$的 411 nm 跃迁的自然线宽为 22 Hz，电四极跃迁$^2S_{1/2}$—$^2D_{3/2}$的自然线宽更窄。$^2F_{7/2}$—$^1D_{5/2}$波长为 3.43 nm 的跃迁通过 411 nm S-D激光源将离子泵浦到 F 态($^2D_{5/2}$态自发辐射到$^2F_{7/2}$态的分支比为 0.83 ± 0.3)，再用 3.43 μm 探测源将离子激发到$^2D_{5/2}$态，再自发辐射到基态。

PTB 于 2006 年对两台 Yb^+光频标的电四极跃迁$^2S_{1/2}$—$^2D_{3/2}$频率进行了比对，频率相差达到 $3.8(6.1)\times10^{-16}$[63]，并于 2006 年成功实现了 1 Hz 线宽的半导体激光器，1 s 稳定度达到 2×10^{-15}[64]。2010 年，PTB 对 Yb^+ 电八极跃迁$^2S_{1/2}$—$^2F_{7/2}$谱线进行了探测，所用激光器做到了 1 s 稳定的 2×10^{-15}，得到了 13Hz 线宽的 Zeeman 谱[65]。2011 年与俄罗斯的理论小组合作，论证了利用 Yb^+的两个钟跃迁谱线可以对黑体辐射频移进行有效抑制，室温环境下能将

Yb^+的黑体辐射频移抑制到10^{-18}量级[66]。2012年对电八极跃迁$^2S_{1/2}$—$^2F_{7/2}$频率进行了测量，系统误差评估高达7.1×10^{-17}，频率测量不确定度达到8×10^{-16}[7]。

NPL在近期致力于电八极跃迁$^2S_{1/2}$—$^2F_{7/2}$的工作，2008年获得了频率稳定度小于2×10^{-15}的钟跃迁激光器，并与2009年对该电八极跃迁频率进行了测量，探测到的Zeeman谱线线宽小于50 Hz，测量不确定度为2×10^{-14}；2012年，NPL提高了对该跃迁的探测精度，得到了11 Hz线宽的Zeeman谱线，并提高了系统误差的评估精度，系统误差达5.5×10^{-16}，频率测量不确定度达1.0×10^{-15}[8]，且测量结果与PTB2012年的测量结果相差1 Hz以内。

4.3.5 Hg^+离子光频标

其候选的光频标参考跃迁为：$5d^{10}6s^2S_{1/2}(F=0,\ m_F=0)-5d^96S^{22}D_{5/2}(F=2,\ m_F=0)$，波长为282 nm。

美国NIST在近二十年开展了Hg^+光频标的工作。最初的工作进展是测量了Hg^+的282 nm的不受一阶磁场影响的跃迁(见图4-38)，这个跃迁的自然线宽为2 Hz。近年来，563 nm探测源用一个超稳定、高精细度参考腔(ULE)稳定，得到了达到0.1 Hz的极窄线宽的探测激光。用这个激光源在Hg^+的S-D跃迁导致S-D跃迁(282 nm)的线宽观察小到6.7 Hz。对应的频率分辨率达到6.3×10^{-15}[67]。2006年NIST将Hg^+离子光频标的不确定度提高到7.2×10^{-17}，频率测量的不确定度提高到9.1×10^{-16}[68]；达到如此精密的不确定度后，可以在较高精度验证超精细常数是否随时间变化，2007年NIST通过与Cs喷泉比对，得到超精细常数随时间的变化率小于1.3×10^{-16}/年[69]。2008年NIST进一步优化了Hg^+光频标的性能，系统不确定度达1.9×10^{-17}；通过与Al^+光频标比对，比对的总不确定度高达5.2×10^{-17}；通过比对得到超精细常数随时间的变化率为$-1.3\pm2.3\times10^{-16}$/年[4]。

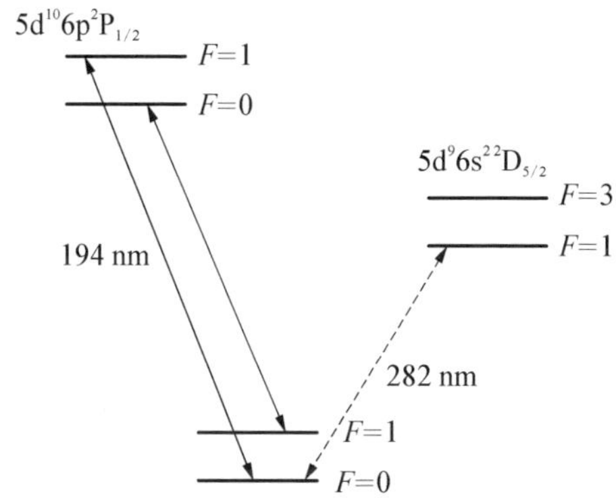

图4-38 Hg^+离子的能级图[44]

4.3.6 In^+离子光频标

其候选的光频标参考跃迁为5^1S—$5^3P(J=0)$，波长为236 nm。

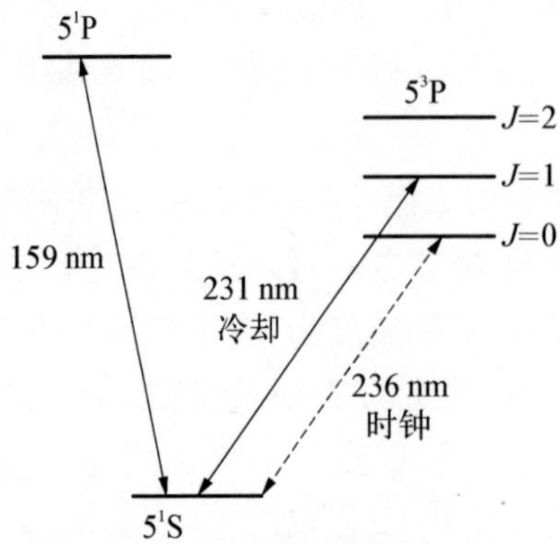

图 4-39 In^+的能级图[44]

In^+系统有非常小的系统偏移，因此是很有前景的光频标之一。但是冷却跃迁 5^1S_0—5^3P_1很微弱，因此荧光探测比较困难，从而影响收集信号的强度，而且冷却光 230.6 nm 和钟跃迁激光 236.5 nm 都处于深紫外波段，均需要四倍频产生，因此对激光技术也是一个很大的挑战。

Max Plank 量子光学研究所(MPQ)[后来叫 Max Plank 光学、信息和光子研究组(MPF)]和华盛顿大学已经将单个 In^+用激光冷却至强的约束区。

MPQ 测量了 236 nm $^1S_0$—$^3P_0$钟跃迁，结果显示了其无一阶多普勒跃迁线宽小于 400 Hz，离子温度小于 100 μK。另外，MPQ 还进行了绝对频率的测量，不确定度为 3.3×10^{-11}[70]。最新的结果为 10^{-13}[71]量级。

4.3.7 $^{27}Al^+$离子光频标

Al^+的情况和 In^+的情况相似。$^{27}Al^+$离子的核自旋为 $I=5/2$，光频跃迁 $^1S_0$—$^3P_0$ 的波长为 267 nm，Q 值高达 2×10^{-17}。

可选择($^1S_0$, $m_F=0$)-($^3P_0$, $m_{F'}=0$)的跃迁，同时改变 ($m_F=-5/2$)-($m_F=5/2$) (用此方法，基态和激发态的平均 Zeeman 态严格为 0，通过光泵($^3P_1$, $F=7/2$)，可以得到比内态更容易的 $m_F=\pm5/2$ 态的输出)。用此 Zeeman 分裂可以测量钟跃迁的四极 Zeeman 频移。其钟跃迁的自然线宽为 8 mHz，对磁场和电场梯度不敏感，且在室温下黑体辐射移动较前面的离子体系都小。

但由于目前激光的发展水平，离子不便于直接冷却。美国 NIST 小组采用了新的量子逻辑光谱方法[4,9]。

在线形阱中，同时囚禁 Be 和 Al 离子(电子束轰击)，两离子的通常模为：2.62 MHz，纵向模 (Al^+)3.8～4.9 MHz，离子间的耦合是库仑相互作用。通过协同冷却，利用辅助的 Be^+冷却 Al^+离子。

Al^+离子光跃迁为 267.4 nm(四倍频光纤激光)，线宽为 3 Hz，得到的光谱线宽为 6 Hz。

采用态的制备和测量时序为：

(1) 光泵 π 脉冲($^1S_0$, $F=5/2$, $m_F=3/2$)-($^3P_1$, $F=7/2$, $m_F=5/2$)(4 μs)。

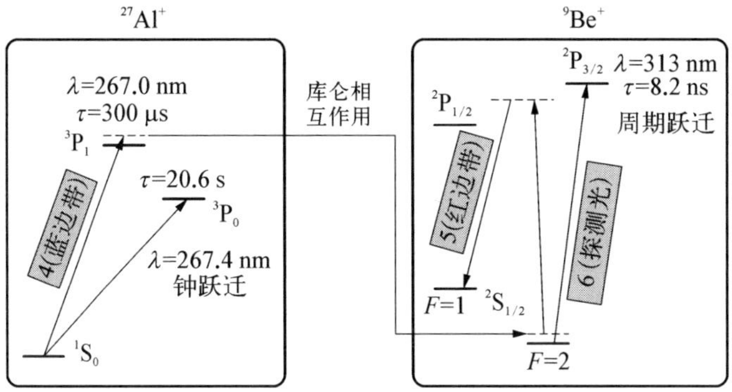

图 4-40 $^{27}Al^+$离子钟态和$^9Be^+$离子态的传输图示[44]

(2) 同步 Doppler 冷却(600 μs)。

(3) 基态冷却(1 ms)$\bar{n}<0.05$。

(4) 蓝边带(BSB)Al^+ π 脉冲(30 μs)。

(5) 红边带(RSB) Be^+。

(6) 通过 Be^+的周期跃迁进行测量(200 μs)。

2005 年,NIST 成功利用上述方案得到了$^1S_0$—$^3P_1$钟跃迁的 Rabi 光谱[72],并于 2007 年成功将该光谱的测量线宽减小到 8.4 Hz,完成了$^1S_0$—$^3P_0$钟跃迁频率的初步测量,测量精度达 5×10^{-15}[73];2008 年 NIST 进一步优化了 Al^+光频标的性能,系统不确定度达 2.3×10^{-17};通过与 Hg^+光频标比对,比对的总不确定度高达 5.2×10^{-17};通过比对得到超精细常数随时间的变化率为$-1.3\pm2.3\times10^{-16}$/年[4]。2010 年 NIST 进一步优化了 Al^+光频标的性能,主要是在对离子微运动的控制方面的优化,系统不确定度提高到 8.6×10^{-18},并且搭建了第二套通过 Mg^+协同冷却 Al^+的光频标系统,通过两个 Al^+光频标的比对,得到了$2.8\times10^{-15}\tau^{-1/2}$的稳定度,且两台钟的频率差为$-1.8(0.7)\times10^{-17}$,频率比对的统计误差小于单台光频标的系统不确定度[9]。该结果是目前离子光频标的最好结果。

4.4 光频标的应用

目前,原子频标已广泛应用于国民经济各个领域,如时间基准、全球定位系统(GPS)、卫星的发射及信息高速公路(通讯、网络)和城市交通管理等方面。原子频标在国防和国民经济中起着至关重要的作用。随着原子频标的准确度和稳定度的提高，以此为基础的卫星导航、精确定位武器及高码率通信同步系统等的性能都将得到提高。因此，原子频标的发展关系到国家计量标准、国家信息和国防建设等重大国家需求。

4.4.1 时间/频率的定义

时间/频率是基本物理量之一。人类研究和掌握自然规律，需要平均流逝的时间和恒定不变的标尺，时间标准是人类探测和研究物质的运动和变化的标尺。作为表征物质运动的最基本物理量，时间单位是以物质运动的周期进行定义的，运动频率和运动周期互为倒数关系。频率有往复运动物体的周期计数。而典型的原子频标是以原子分子的周期运动为基础的时间/频率标准。

1967 年，第 13 届国际计量大会把铯原子 133 同位素基态的两个超精细能级之间跃迁(其跃迁频率在微波波段)所对应辐射周期的 9 192 631 770 倍的时间定义为“秒”——原子时间，目前世界的时间和频率基准(实验室型原子钟)的原子频标——冷铯原子喷泉的准确度达到 3.3×10^{-16}，对科学的发展起到了举足轻重的作用。

而由于新近冷原子和稳频激光和飞秒光梳的发展，目前实验数据表明原子光频标的精度已超过冷原子微波频标，现已达到 $10^{-17}\sim10^{-18}$。由此是否可能建立以光频为“秒”的新定义?

4.4.2 计量科学

时间频率是人类生产和科学活动的基本条件。

基于时间频率研究的发展，目前时间频率的测量精度最高，比其他物理量测量精度高几个量级以上。为此人们在努力通过将其他物理量的测量转换为时间频率的测量，以实现对其他物理量测量精度的提高。目前已经完成了长度、电流、电压、发光强度和温度等物理量单位的定义或测量的转换。原则上所有物理量都可以通过时间频率进行直接或间接测量。

4.4.3 物理学

在人们目前所涉及的物理常数中，时间频率作为最精密、最准确的计量单位，决定着其他许多物理量和基本物理常数的定义和精度，频率和时间的研究对精密和准确的不断追求，是推动物理科学发展的动力。精密测量不但可以为基础科学研究(如物理、化学、生物)和先进技术应用(如原子分子、等离子体诊断、天文学观测、激光通信、量子信息)等领域的发展提供所需的高精度原子分子数据，而且也可以为检验物理学基本理论和定律（如量子力学、相对论、宇宙学等）、测量物理常数（如精细结构常数 α、郎德因子 g 等）提供精密的实验手段。

因为利用目前准确度最高的时间频率单位，可以通过有关的基本物理常数来定义其他的物理单位，从而推动物理学的进展和突破。

近年来，时间/频率测量研究的革命性突破为里德伯常数和精细结构常数测量精度的提高提供了可行的基础。应用高精度的时间频率系统和技术，可以实现对里德伯常数 R、朗德因子 g、荷质比 e/m、质子与电子质量比 m_p/m_e 等相关物理常数的精密测量，在更高精度上检验量子理论；可以实现对精细结构常数变化、引力红移、光速不变性、时间膨胀、引力波等物理现象的精密测量，验证本地位置不变性（LPI）和洛仑兹不变性（LLI），高精度检验相对论的正确性，检验大统一理论的科学性。

目前，许多物理学家还正在致力于研究精细结构常数随时间的变化。

原子频标是目前最准确的计量工具。它是利用某些原子在两个相邻的能级间跃迁时发射或吸收具有确定频率这一特征，通过共振技术来获得极其稳定的振荡频率，其精度可以达到十万亿分之一。根据量子电动力学，原子频标的振荡频率可以表示为精细结构常数的幂级数形式。如果精细结构常数随时间发生变化，原子频标的频率也将随着时间而发生漂移。而精细结构常数对原子频标频率的影响，还与原子核的带电量，即原子序数有关。原子序数越大，精细结构常数的变化对频率的影响也越大。这样，只要比较用不同的原子制成的原子频标的频率漂移情况，就能够探测出精细结构常数的变化情况。

4.4.4 精密测量技术、科学仪器

原子频标已发展成一个种类很多、相关技术覆盖面很广的集基础研究和应用技术研究为一体的领域。

高精度光频标的研制随着科学和技术的发展而发展，同时又将带动时间频率学科及相关理论和技术的发展。高精度的光频率标准是最前沿的物理理论和最先进的技术成果的结晶，其研制涉及原子分子、光物理、无线电物理、凝聚态物理、核物理、天文等领域。同时与计量、电子技术、微波技术、真空技术、自动控制和光学等高技术密切相关。

近年来，随着光与物质相互作用理论、激光技术、电子技术、光频测量技术的发展，原子频标及相关时间频率测量仪器性能指标在迅速提高。

4.4.5 空间科学

利用高精度的原子钟可以更精确测量空间时间的性质。验证广义相对论的基本预言，引力的量子效应。

原子频标在空间已得到较好的应用。而随着空间科学的发展，对时间、频率测量从不同角度提出了比现有频标更高的要求。例如，超高频和极高频通信要求频标有更高的频率稳定度和通讯网的同步精度，以保证在增大容量和提高速度的同时减少误码率；深空跟踪和星座定位精度的提高，也转换为对频标稳定度更高的要求；其中高精度的深空跟踪、全球高精度时间同步及相对论重力测量等都要求频标的准确度和稳定度优于 1×10^{-15}。如频标的准确度优于 1×10^{-16}，在相对论效应的进一步验证时，对引力红移的测量精度比目前的水平可提高 25 倍，精细结构常数随时间的变化可达到 1×10^{-16}/年，比现在提高 100 倍，而光速的各向异性的测量精度也提高 10 倍。

光频有相当高的频率，是微波的 100 000 倍：由此可增加频率的精度和带宽(携带信息的能力)。可以预计，发展空间光频标可以对现有的 GPS 系统进行改进，加强深空通讯和导航的能力。

通过建立高精度的频标体系，可开展在不同地点和不同原子钟的比较实验，利用光钟精确测量时空特性。例如，空间钟在远地点(Apogee)和近地点(Perigee)处的反复比较；地面和空间(在远地点)钟的绝对比较；地面钟的比较。可在更高精度上研究 Lorentz 不变性：如光的各向同性等；进一步验证 Einstein 的相对论理论：与位置相关的重力红移(如地球引力时间膨胀和太阳引力时间膨胀及重力时间膨胀)等；基本物理常数在时间和空间的变化及量子场标准模型的物体(matter)的反常耦合等。

感谢在中国科学院武汉物理与数学研究所囚禁离子物理研究组的同仁和学生们(如黄学人、朱熙文、黄贵龙、李交美、冯芒、舒华林、佘磊、郭彬、陈亮、刘曲、曹健、刘培亮、边武、邵虎、钱源、范浩权等)的长期工作和讨论。

感谢国内、外专家(如叶朝辉、李家明、李天初、王育竹、王义遒、马龙生、詹明生、魏志义、叶军、李瑛、H. Klein、J. Bergquist 等)的长期关心和帮助。

感谢国家科技部"973"项目"原子频标物理与技术基础"(NO：2005CB724500)与"光频标关键物理问题与技术实现"(NO：2012CB821300)，基金委重大项目"新一代光学频标物理与技术的基础研究"(NO：60490280)和中国科学院的资助。

参考文献

[1] Bergquist J C, Jefferts S R, Wineland D J. Time measurement at the millennium [J]. Physics Today, 2001, 54(3): 37 - 42.

[2] Udem T, Holzwarth R, Hänsch T W. Optical frequency metrology [J]. Nature. 2002, 416(6877): 233 - 237.

[3] Cundiff S T, Ye J. Colloquium: Femtosecond optical frequency combs [J]. Reviews of Modern Physics, 2003, 75(1): 325 - 342.

[4] Rosenband T, Hume D B, Schmidt P O, et al. Frequency ratio of Al^+ and Hg^+ single-ion optical clocks; Metrology at the 17th decimal place [J]. Science, 2008, 319(5871): 1808 - 1812.

[5] Margolis H S, Barwood G P, Huang G, et al. Hertz-level measurement of the optical clock frequency in a single $^{88}Sr^+$ ion [J]. Science, 2004, 306(5700): 1355 - 1358.

[6] Madej A A, Dubé P, Zhou Z, et al. $^{88}Sr^+$ 445-THz Single-Ion reference at the 10^{-17} level via control and cancellation of systematic uncertainties and its measurement against the SI second [J]. Physical Review Letters, 2012, 109(20): 203002.

[7] Huntemann N, Okhapkin M, Lipphardt B, et al. High-accuracy optical clock based on the octupole transition in $^{171}Yb^+$ [J]. Physical Review Letters, 2012, 108(9): 090801.

[8] King S A, Godun R M, Webster S A, et al. Absolute frequency measurement of the $2S_{1/2}$—$2F_{7/2}$ electric octupole transition in a single ion of $^{171}Yb^+$ with 10^{-15} fractional uncertainty [J]. New Journal of Physics, 2012, 14: 013045.

[9] Chou C W, Hume D B, Koelemeij J C J, et al. Frequency comparison of two high-accuracy Al^+ optical clocks[J]. Phys. Rev. Lett., 2010, 104(7): 070802.

[10] Chwalla M, Benhelm J, Kim K, et al. Absolute frequency measurement of the $^{40}Ca^+$ $4s^2 S_{1/2}$—$3d^2 D_{5/2}$ clock transition [J]. Phys. Rev. Lett., 2009, 102(2): 023002.

[11] Takamoto M, Takano T, Katori H. Frequency comparison of optical lattice clocks beyond the Dick limit [J]. Nat Photon, 2011, 5(5): 288 - 292.

[12] Bloom B J, Nicholson T L, Williams J R, et al. An optical lattice clock with accuracy and stability at the 10^{-18} level [J]. Nature, 2014, 506: 71 - 75.

[13] Hinkley N, Sherman J A, Phillips N M, et al. An atomic clock with 10^{-18} instability [J]. Science, 2013, 341(6151): 1215 - 1218.

[14] Sherman J A, Oates C W, et al. Stability limits of an optical frequency standard based on free Ca atoms[M]. 2011 Joint Conference of the Ieee International Frequency Control Symposium/European Frequency and Time Forum Proceedings, New York: Ieee, 2011: 340 - 344.

[15] Friebe J, Riedmann M, Wuebbena T, et al. Remote frequency measurement of the $^1S_0 \rightarrow {}^3P_1$ transition in laser-cooled ^{24}Mg[J]. New Journal of Physics, 2011, 13: 125010.

[16] McFerran J J, Yi L, Mejri L, et al. Neutral atom frequency reference in the deep ultraviolet with fractional uncertainty$=5.7\times10^{-15}$ [J]. Phys. Rev. Lett., 2012, 108

(18): 183004.

[17] Recommendation 2(c2—2006)—(CIPM),The 17th Consultative Committee for Time and Frequency (CCTF).

[18] Recommendation 2(c2—2009)—(CIPM),The 18th Consultative Committee for Time and Frequency (CCTF).

[19] Recommendation 2(c2—2012)—(CIPM),The 19th Consultative Committee for Time and Frequency (CCTF).

[20] Blatt S, Ludlow A D, Campbell G K, et al. New limits on coupling of fundamental constants to gravity using ^{87}Sr optical lattice clocks[J]. Phys. Rev. Lett., 2008, 100 (14): 140801.

[21] Chou C W, Hume D B, Rosenband T, et al. Optical clocks and relativity [J]. Science, 2010, 329(5999): 1630 - 1633.

[22] Huang Y, Cao J, Liu P, et al. Hertz-level measurement of the $^{40}Ca^{+}$ 4s $^{2}S_{1/2}$—3d$^{2}D_{5/2}$ clock transition frequency with respect to the SI second through the Global Positioning System [J]. Phys. Rev. A, 2012, 85(3): 030503.

[23] Paul W, Osberghaus O, Fischer E. Forschungsberichte des wirtschaft and verkehrministeriums nordrhein westfalen[J], 1958, 415: 1.

[24] Dehmelt H G. Radiofrequency spectroscopy of stored ions I: Storage [J]. Advances in Atomic and Molcular Physics, 1968, 3: 53.

[25] Dehmelt H G. Radiofrequency spectroscopy of stored Ions II: Spectroscopy [J]. Advances in Atomic and Molcular Physics, 1969, 5: 109.

[26] Yu N, Nagourney W, Dehmelt H, Demonstration of new paul-straubel trap for trapping single ions [J]. Journal of Applied Physics, 1991, 69(6): 3779 - 3781.

[27] Hänsch T W, Schawlow A L. Cooling of gases by laser radiation [J]. Optics Communications, 1975, 13(1): 68 - 69.

[28] Dehmelt H. Proposed $10^{14}\Delta\nu < \nu$ laser spectroscopy on Tl^{+} mono-ion oscillator II (spontaneous quantum jumps) [J]. Bulletin of the American Physical Society, 1975, 20: 60.

[29] Jefferts S R, Monroe C, Bell E W, et al. Coaxial-resonator-driven rf (Paul) trap for strong confinement [J]. Phys. Rev. A, 1995, 51(4): 3112.

[30] Diedrich F, Bergquist J C, Itano W M, et al. Laser cooling to the zero-point energy of motion [J]. Phys. Rev. Lett., 1989, 62(4): 403.

[31] Roos C F, Leibfried D, Mundt A, et al. Experimental demonstration of ground state laser cooling with electromagnetically induced transparency [J]. Phys. Rev. Lett., 2000, 85(26): 5547.

[32] Loch R, Stengler R, Werth G, et al. Spin dependence of low energy charge exchange between H^{2+} and Na [J]. Zeitschrift für Physik D Atoms, Molecules and Clusters, 1987, 7: 189.

[33] Ifflander R, Werth G, Optical detection of ions confined in a Rf quadrupole trap [J]. Metrologia, 1997, 13(3): 167 - 170.

[34] Lawson G. Quadrupole mass spectrometry and its application [M]. New York: Elsevier,

1976.

[35] Drever R W P, Hall J L, Kowalski F V, et al. Laser phase and frequency stabilization using an optical-resonator [J]. Applied Physics B-Photophysics and Laser Chemistry, 1983, 31(2): 97 - 105.

[36] Hall J L. Laser absolute wavelength standard problem [J]. IEEE Journal of Quantum Electronics, 1968, QE 4(10): 638.

[37] Bize S, Laurent P, Abgrall M, et al. Cold atom clocks and applications [J]. Journal of Physics B-Atomic Molecular and Optical Physics, 2005, 38(9): S449 - S468.

[38] Urabe S, Watanabe M, Imajo H, et al. Observation of Doppler sidebands of a laser-cooled Ca^+ ion by using a low-temperature-operated laser diode [J]. Applied Physics B-Lasers and Optics, 1998, 67(2): 223 - 227.

[39] Madej A A, Bernard J E, Dubé P, et al. Absolute frequency of the $^{88}Sr^+$ $5s^2S_{1/2}$—$4d^2D_{5/2}$ reference transition at 445 THz and evaluation of systematic shifts [J]. Phys. Rev. A, 2004, 70(1): 012507.

[40] Berkeland D J, Miller J D, Bergquist J C, et al. Minimization of ion micromotion in a Paul trap [J]. Journal of Applied Physics, 1998, 83(10): 5025 - 5033.

[41] Itano W M. External-field shifts of the $^{199}Hg^+$ optical frequency standard [J]. Journal of Research of the National Institute of Standards and Technology, 2000, 105 (6): 829 - 837.

[42] Arora B, Safronova M S, Clark C W. Blackbody-radiation shift in a $^{43}Ca^+$ ion optical frequency standard [J]. Phys. Rev. A, 2007, 76(6): 064501.

[43] Diddams S A, Bergquist J C, Jefferts S R, et al. Standards of time and frequency at the outset of the 21st century [J]. Science, 2004, 306(5700): 1318 - 1324.

[44] Alan A, Madej A A, Bernard J E. Single-ion optical frequency standards and measurement of their absolute optical frequency[J]. Topic in Applied Physics, 2001, 79: 153 - 195.

[45] Sahoo B K, Islam M R, Das B P, et al. Lifetimes of the metastable $2D_{3/2,\ 5/2}$ states in Ca^+, Sr^+, and Ba^+ [J]. Phys. Rev. A, 2006, 74(6): 062504.

[46] Jin J, Church D A. Precision lifetimes for the Ca^+ $4p^2P$ levels: Experiment challenges theory at the 1% level [J]. Phys. Rev. Lett., 1993, 70(21): 3213.

[47] Liaw S S. Ab initio calculation of the lifetimes of 4p and 3d levels of Ca^+ [J]. Phys. Rev. A, 1995, 51(3): R1723.

[48] Matsubara K, Li Y, Nagano S, et al. Absolute frequency measurement of the $^{40}Ca^+$ clock transition using a LD-based clock laser and UTC(NICT) [M]. 2009 Joint Meeting of the European Frequency and Time Forum and the IEEE International Frequency Control Symposium, Vols 1 and 2. New York: IEEE, 2009: 751 - 755.

[49] Matsubara K, Hachisu H, Li Y, et al. Direct comparison of a Ca^+ single-ion clock against a Sr lattice clock to verify the absolute frequency measurement [J]. Optics Express, 2012, 20(20): 22034 - 22041.

[50] Guan H, Liu Q, Huang Y, et al. A 729 nm laser with ultra narrow linewidth for probing $4S_{1/2}$—$3D_{5/2}$ clock transition of $^{40}Ca^+$ [J]. Optics Communications, 2011, 284 (1):

217 - 221.

[51] Kjaergaard N, Hornekaer L, Thommesen A M, et al. Isotope selective loading of an ion trap using resonance-enhanced two-photon ionization [J]. Applied Physics B-Lasers and Optics, 2000, 71(2): 207 - 210.

[52] Gulde S, Rotter D, Barton P, et al. Simple and efficient photo-ionization loading of ions for precision ion-trapping experiments [J]. Applied Physics B-Lasers and Optics, 2001, 73(8): 861 - 863.

[53] Lucas D M, Ramos A, Home J P, et al. Isotope-selective photoionization for calcium ion trapping [J]. Phys. Rev. A, 2004, 69(1): 012711.

[54] Rotter D. Photoionisation von Kalzium [M]. Innsbruck: Universitat Innsbruck, 2003.

[55] Yu K, Wu L, Gou B, et al. Calculation of the hyperfine structure constants in $^{43}Ca^{+}$ and $^{87}Sr^{+}$ [J]. Phys. Rev. A, 2004, 70(1): 012506.

[56] Whitford B G, Siemsen K J, et al. Absolute-frequency measurement of the narrow-linewidth 24-Thz D-D transition of a single laser-cooled barium ion [J]. Optics Letters, 1994, 19(5): 356 - 358.

[57] Barwood G, Gao K L, et al. Development of optical frequency standards based upon the $2S_{1/2}$—$2D_{5/2}$ transition in $^{88}Sr^{+}$ and $^{87}Sr^{+}$ [J]. Ieee Transactions on Instrumentation and Measurement, 2001, 50(2): 543 - 547.

[58] Dubé P, Madej A A, Bernard J E, et al. Electric quadrupole shift cancellation in single-ion optical frequency standards [J]. Phys. Rev. Lett., 2005, 95(3): 033001.

[59] Barwood G P, Gill P, Huang G, et al. Observation of a Sub - 10 - Hz linewidth $^{88}Sr^{+}$ $2S_{1/2}$—$2D_{5/2}$ clock transition at 674 nm clock transition at 674 nm [J]. IEEE Transactions on Instrumentation and Measurement, 2007, 56(2): 226 - 229.

[60] Dube P, Madej A A, Bernard J E, et al. $^{88}Sr^{+}$ single-ion optical frequency standard [M]. Proceedings of the 2006 IEEE International Frequency Control Symposium and Exposition, Vols 1 and 2. New York: IEEE, 2006: 409 - 414.

[61] Dube P, Madej A A, Bernard J E, et al. A narrow linewidth and frequency-stable probe laser source for the $^{88}Sr^{+}$ single ion optical frequency standard [J]. Applied Physics B-Lasers and Optics, 2009, 95(1): 43 - 54.

[62] Barwood G P, Gill P, Huang G, et al. Automatic laser control for a $^{88}Sr^{+}$ optical frequency standard [J]. Meas. Sci. Technol., 2012, 23: 055201.

[63] Schneider T, Peik E, Tamm C. Sub-hertz optical frequency comparisons between two trapped $^{171}Yb^{+}$ ions [J]. Phys. Rev. Lett., 2005, 94(23): 230801.

[64] Stoehr H, Mensing E, Helmcke J, et al. Diode laser with 1 Hz linewidth [J]. Optics Letters, 2006, 31: 736 - 738.

[65] Sherstov I, Okhapkin M, Lipphardt B, et al. Diode-laser system for high-resolution spectroscopy of the $2S_{1/2} \rightarrow 2F_{7/2}$ octupole transition in $^{171}Yb^{+}$ [J]. Phys. Rev. A, 2010, 81(2): 021805.

[66] Yudin V I, Taichenachev A V, Okhapkin M V, et al. Atomic clocks with suppressed blackbody radiation shift [J]. Phys. Rev. Lett., 2011, 107(3): 030801.

[67] Oskay W H, Itano W M, Bergquist J C, et al. Measurement of the 199Hg+5d96s22D5/

2 electric quadrupole moment and a constraint on the quadrupole shift [J]. Phys. Rev. Lett., 2005, 94(16): 163001.

[68] Oskay W H, Diddams S A, Donley E A, et al. Single-atom optical clock with high accuracy [J]. Phys. Rev. Lett., 2006, 97(2): 020801.

[69] Fortier T M, Ashby N, Bergquist J C, et al. Precision atomic spectroscopy for improved limits on variation of the fine structure constant and local position invariance [J]. Phys. Rev. Lett., 2007, 98(7): 070801.

[70] von Zanthier J, Abel J, et al. Absolute frequency measurement of the $^{115}In^+$ $5s^2\,^1S_0$-$5s5p^3P_0$ transition [J]. Optics Communications, 1999, 166(1-6): 57-63.

[71] von Zanthier J, Becker T, et al. Absolute frequency measurement of the In^+ clock transition with a mode-locked laser [J]. Optics Letters, 2000, 25(23): 1729-1731.

[72] Schmidt P O, Rosenband T, Langer C, et al. Spectroscopy using quantum logic [J]. Science, 2005, 309(5735): 749-752.

[73] Rosenband T, Schmidt P O, Hume D B, et al. Observation of the $^1S_0$ to $^3P_0$ clock transition in $^{27}Al^+$ [J]. Phys. Rev. Lett., 2007, 98(22): 220801.

5 基于原子分子光物理的精密测量

王 谨 詹明生

5.1 引言

何谓精密测量？精密测量就是在物理量的测量过程中追求测量数据最多有效位的方法和技术。精密测量有效数字每增加一位，往往预示着物理效应或自然规律新的发现和认识，现代物理学就是在不懈地追求精密中发展起来的。

精密测量物理是指在精密测量中所涉及的物理问题。"精密"一词的概念包含两层意思，一是"精"，即精确；二是"准"，即准确。"精"与"准"相互关联、相互依存，有"精"才可能"准"，"准"是标准，是"精"的应用。衡量一个测量过程是否精密的标准很多，主要有精确度、准确度、不确定度、稳定度、灵敏度、复现度。精确度是指在相同条件下对同一物理量测量值之间的互相符合程度；准确度是指测量值与真实值的接近程度；不确定度指测量数据误差的大小程度；稳定度是指仪器的某单项指标随时间的变化程度；灵敏度是指在白噪声背景下仪器对待测量的敏感程度；复现度指在相同条件下对同一物理量测量值的重复性的好坏。

精密测量物理涉及基本物理常数的精密测量、重要物理参量的精密测量、基本物理规律的检验，以及相关精密测量技术的应用，是多学科交叉的基础，同时也是科学前沿问题，对科学发展能提供有力的支撑。基于原子分子光物理学科的精密测量物理，是近年来随着离子阱、磁光阱、原子喷泉、原子干涉仪、窄线宽激光等相关实验技术的发展而逐渐成熟起来的一个新的研究领域，在整个物理学的发展中发挥着越来越重要的作用。

离子阱是利用带电离子在电场中受力的原理来囚禁离子的，结合激光冷却技术，离子阱已广泛应用于离子阱微波频标（钟）、单离子光频标（钟）等时间/频率的精密测量领域。磁光阱技术开辟了冷原子物理研究的新领域。利用冷原子喷泉构建的碱金属原子喷泉频标（钟），是目前稳定度最好的微波频率标准；利用超冷碱土金属原子及光晶格技术研制的光频标，则是目前精度最高的光学频率标准。时间/频率是所有物理量中测量精度最高的，也是计量单位的源头，在全球定位系统中起着关键作用。高精度的原子/离子光钟，非常适合用来研究精细结构常数可能的变化。时间/频率的精密测量也对里德伯常数的测量带来了新的机遇。基于冷原子相干操控技术的冷原子干涉仪可以用于微弱作用力的测量；也可用于基本物理常数和参量，如引力常数、精细结构常数的精密测量；还可用于基本物理定律（如弱等效原理）的实验检验。原子干涉仪也是一种惯性敏感器，利用原子干涉环路的萨格奈克效应可制成高精度原子陀螺仪，用于导航、地震预报和高精度转动测量等。原子干涉仪对地球的重力场十分敏感,可用于精密测量重力加速度的绝对值及其变化,可研制成原子重力仪和原子重力梯度仪,应用于资源勘探、地球物理研究、地震监测等领域。窄线宽激光稳频技术,除直接用于光学频率的精密测量外,也可为单离子光频标、中性原子光频标、喷泉微波频标、原子干涉仪等提供必要的精密测量技术基础。

精密测量物理是现代物理学发展的基础、着力点和前沿,是科学问题探索与精密测量技术相互融合的结果。过去几十年,精密测量物理与方法取得了一系列重要突破,拓展和提高了人类对客观物理世界的认识。与此同时,精密测量物理与技术在不同领域的广泛应用正逐步改变着人们的生活。可以预计,精密测量物理还将继续取得更大的进展,从而将在认识客观物理世界和推动技术进步方面开创新的局面。

本专题介绍了与精密测量相关的几种基本实验技术及现状,总结了基于原子分子光物理的精密测量的最新成果,归纳了精密测量技术的应用,对涉及精密测量的原子分子光物理学科未来的发展也做了展望。

5.2 原子分子光物理基本实验技术

精密测量物理的进展是建立在先进实验技术之上的,新的实验结果往往伴随着新实验技术的发明。精密测量相关的实验技术较多,其中涉及原子分子光物理的基本实验技术有离子阱、磁光阱、单原子操控、原子干涉仪、激光稳频等。

5.2.1 离子阱

中性原子在电场中不受力,然而原子一旦被电离之后,带电的离子将在电场中受到作用力,于是人们想到了可以利用电场和磁场组成势阱来囚禁离子。最早的离子阱——保罗(Paul)阱[1]由 Paul 提出,并以他的名字命名,也称射频阱。保罗阱用射频场沿径向囚禁离子,用静电场提供轴向约束(见图 5-1)。Fortson 等人利用离子阱测量氦离子的光谱[2],Jefferts 等人[3]利用离子阱测量了氢分子离子的

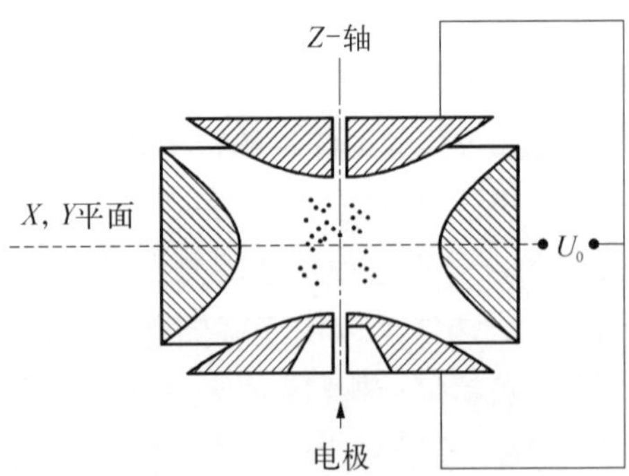

图 5-1 保罗阱结构示意图

光谱，Brown 等人[4]在保罗阱的基础上设计出第一个潘宁(Penning)阱，潘宁阱与保罗阱的不同之处在于用磁场取代射频场沿径向囚禁离子。Paul 和 Dehmelt 因发展了离子阱技术而共同获得 1989 年的诺贝尔物理学奖。

在离子阱中进行微波谱、光谱的精确测量时，由于存在二阶多普勒(Doppler)效应导致的谱线移动和加宽，所以需要对离子进行有效的冷却。1975 年，Wineland 和 Dehmelt 提出激光冷却囚禁离子的方案[5]。1978 年，Wineland 等人在潘宁阱中首次演示了镁离子(Mg^+)的激光冷却方案[6]。同年，Neuhauser 等人在保罗阱中实现了钡离子(Ba^+)的激光冷却[7]，继而在 1980 年首先实现囚禁单个 Ba^+离子并用激光将其冷却到几十毫开尔文[8]。1989 年，Wineland 等人[9]囚禁单个汞离子(Hg^+)，又将离子冷却到兰姆-迪克(Lamb-Dicke)极限，温度只有几毫开尔文。现在激光冷却已成为离子阱物理基础与应用研究的重要技术手段。Allcock 等人[10]于 2010 年演示了一种新的保罗阱，他们设计了一个对称的表面电极并在阱中应用了双光子过程。Zhang 等人[11]研究了改变高阶多极组件的效应，其幅度和扫描速度可以影响质量分辨率，质量分辨率可以在一定条件下达到最大值。得益于离子阱的技术优势，$^{171}Yb^+$[12]，$^{199}Hg^+$[13]，$^{43}Ca^+$[14]和$^{88}Sr^+$[15]已用于离子阱频率标准。2010 年，Wineland 的铝离子($^{27}Al^+$)钟的精度小于 10^{-17}[16]，他因找到了能够测量和操控单个量子系统的突破性实验方法，而与 Haroche 共同获得了 2012 年的诺贝尔物理学奖[17]。离子阱不仅可以提供所需离子源，而且还可以作为精密测量微观粒子质量的质谱计。

5.2.2 磁光阱与单原子光阱

5.2.2.1 磁光阱

1) 激光冷却原子

设动量为 mv 的原子，吸收动量为 $\hbar\boldsymbol{k}$ 的光子后，原子动量改变，相应的速度变化为 $\Delta v=\hbar\boldsymbol{k}/m$。若 v 与 $\boldsymbol{k}$ 同向，则原子加速；反之，原子减速。原子吸收光子后通过自发辐射回到基态，释放光子是各向同性的，多次自发辐射平均起来，原子动量变化为零。这样原子在每一次光子的吸收和发射过程中平均得到 Δv 的净速度变化。速度为 v 的原子在频率为 ω 的激光束中运动，若原子顺光而行，由于多普勒效应它所感受到的激光的频移量为 $(-v/c)\omega$；若原子逆光而行，它所感受到的激光的频移量为 $(v/c)\omega$。为克服多普勒效应，激光频率应略低于原子的共振频率 ω_0，这样，原子逆光而行时散射光子的概率就比顺光而行时大得多。原子在减速过程中因吸收反向光子而损失动量，而在各向同性的自发辐射中动量变化为零，这是统计平均的结果。实际上每次具体发射时的原子还是有动量变化的。这种变化的轴向分量最终导致纵向速率涨落，而横向分量会无规则地不断积累，最后使原子获得一横向速度 $v_{\perp}$，这就是横向加热。设减速过程中发生了 n 次吸收和发射光子的元动作，则 $\bar{v}_{\perp}=\sqrt{n}\Delta v$，$\Delta v$ 为每个元动作引起的原子速度变化；平均横向加速度为 $\bar{a}_{\perp}=a/\sqrt{n}$。

2）光学黏胶

一束激光只能在一个方向减速原子，如果用三对光束交汇于空间，共同照射原子，就能组成“光学黏胶”，如图 5－2 所示。三对光束的偏振方向是相互垂直的，激光频率调谐到低于原子的共振频率，即失谐 $\delta=\omega-\omega_0<0$。当原子迎着某一光束运动时，因多普勒效应原子感受到的激光频率上升而更接近共振频率，原子吸收光子的速率增高。相反，与光束同向运动的原子由于多普勒频移而远离共振频率，从而使吸收光子的速率减小。因此，在光强不高的条件下，可忽略原子同时与两个光束或多个光束作用，原子主要受到迎面传播光束的阻力。光学黏胶可以很有效地冷却气体原子。激光冷却原子时的光抽运效应则可以通过施加回泵光来解决。

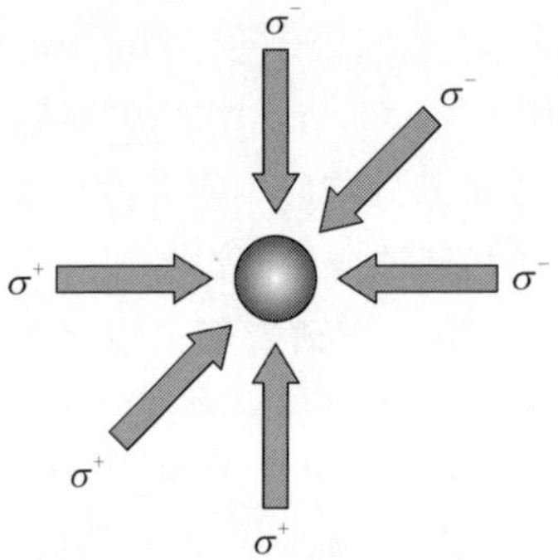

图 5－2 “光学黏胶”示意图

3）磁光阱

磁光阱(magneto-optical trap, MOT)是利用磁场和激光的散射力组合而成的一种势阱，其原理如图 5－3 所示。装有样品的真空气室的三个坐标方向，分别是三对相向的激光束，三对激光束交汇于气室中心。每对激光束是偏振方向相反的 σ^+ 和 σ^- 光。气室外沿 Z 轴方向有两个线圈，两线圈中通以方向相反的电流，产生大小与坐标位置有关的非均匀磁场，坐标中心处，磁场为零。设原子处于基态时自旋 $J=0$，处于激发态时自旋 $J=1$。在上述磁场中，激发态的能级分裂成三个：$m=0$，±1。能级分裂的程度与坐标位置有关。激光频率 ω 调谐到略低于原子的跃迁频率。根据选择定则，σ^+ 光只对 $\Delta m=+1$ 的跃迁起作用，σ^- 光只对 $\Delta m=-1$ 的跃迁起作用。$B<0$ 时，原子更多吸收 σ^+ 光，受到指向中心的力；$B>0$ 时，原子更多吸收 σ^- 光，也受到指向中心的力。三维情况与一维有点类似，如图 5－3(b)所示。

磁光阱在冷原子物理研究中具有不可替代的作用。自从 1985 年第一次实现磁光阱[18]以来，中性原子的激光冷却和囚禁技术发展迅速。物理学家一直在

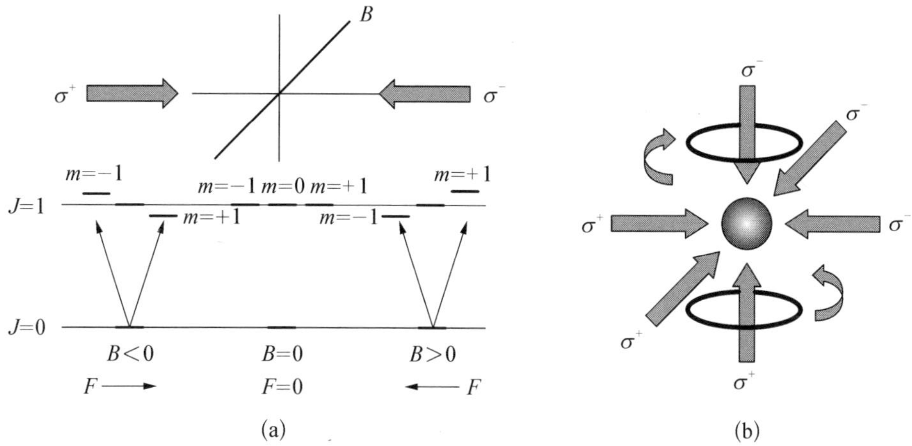

图 5-3 磁光阱原理图

(a) 一维磁光阱示意图，F 代表原子受到的力；(b) 三维情况

努力改善和优化磁光阱的性能[19]。优化磁光阱的目的主要有两个：一是尽可能多地制备冷原子；二是尽可能降低原子的温度。为发挥磁光阱的优势并满足特殊的应用需求，对原子种类的选择也十分关键。有些种类的原子可以直接从背景蒸气中捕获，而较轻的原子，需要被加热以形成原子束，再由红失谐激光束减速[20-22]，然后囚禁在磁光阱中。一种新的灰色黏胶(gray molasses)技术被用到磁光阱中轻原子的深度冷却中，用这种技术可以制备温度为 60 μK[23] 的^{7}Li 原子。如今，大多数碱金属、碱土金属和稀有气体原子可以成功地被囚禁在磁光阱中。其他一些曾经难以冷却的原子也实现了激光冷却和囚禁。2010 年，Sukachev 等人[24]实现了铥(Tm)原子磁光阱，Youn 等人[25]实现了镝(Dy)原子磁光阱。铥和镝很适合于偶极-偶极相互作用的研究。铥原子的冷却循环不是完全封闭的，因此磁光阱中囚禁的原子数量只有 7×10^4。由于镧系元素原子的能级结构更为复杂，镝原子的冷却能级跃迁不闭合，磁光阱中囚禁的镝原子不超过 10^6，需采用复杂的光学系统来补偿能级不闭合引起的亚稳态原子的损失。为优化磁光阱，有必要研究可能影响磁光阱性能的因素，也有必要发展评价磁光阱参数的新方法。Villwock 等人[26]实现了中性汞(Hg)原子的冷却。Albrecht 等人[27]提出了用激光耦合和磁场梯度组合囚禁离子和原子的激光冷却方案。Feldker 等人[28]实现了氖同位素和它们的混合物的磁光阱。Moon 等人[29]对激光强度施加外部周期扰动后发现，可以用激光束的横向分布来解释磁光阱参数的测量值和理论计算值之间的差异。van Dongen 等人[30]用残余气体的碰撞来确定磁光阱的阱深。Liebisch 等人[31]在磁光阱装载过程中采用受激发射，原子

仅在一个给定的方向发射光子，使磁光阱中装载原子的数量比以前多 13 倍，装载速率增加了近 20 倍。Mckay 等人[32]用 405 nm 的激光驱动非封闭跃迁 $4S_{1/2} \rightarrow 5P_{3/2}$，实现了低温高密度钾原子磁光阱。与之前采用封闭跃迁的磁光阱相比，原子的温度要低几倍、原子密度高 20 倍。

双组分原子磁光阱是研究不同原子之间相互作用很好的实验平台，同时也是实现非碱金属原子玻色-爱因斯坦凝聚(BEC)的替代方案。双组分碱金属原子磁光阱，如铷-铯[33]、钠-钾[34]、锂-铯[35]、钠-铯[36]、钠-铷[37]、铷-铯[38]、钾-铷[39]、铷同位素(^{85}Rb-^{87}Rb)[40]、铯同位素(^{135}Cs-^{137}Cs)[41]和氦-铷[42]磁光阱的研究都有实验报道。双组分费米原子磁光阱可以用于 s 波的相互作用[43]、费米子间 g 因子比值[44]，以及费许巴赫(Feshbach)共振宽度[45]的实验研究。2011 年，Ridinger 等人[46]实现了锂-钾磁光阱，他们用塞曼减速器提供^{6}Li 原子束，用二维磁光阱提供^{40}K 原子束，使双组分磁光阱的装载速率达到 10^9/s。这种双组分磁光阱对进一步研究费米子混合物非常有用。

5.2.2.2 单原子阱

自由中性的单原子是用于存储和处理量子信息最有前途的候选者之一。目前用于囚禁中性原子的作用力主要有三种：激光辐射压力(磁光阱)、光场与原子感应电偶极矩的作用力(偶极阱)和磁场与原子固有磁偶极矩的相互作用力(磁阱)。磁光阱的势深不超过 1 K，偶极阱的势深不超过 10 mK，而磁阱的势深不超过 1 K[47]。实现单个中性原子的囚禁方案主要依靠激光辐射压力和电偶极矩力的作用。

1) 单原子磁光阱

采用磁光阱囚禁单个中性原子主要有两种不同方法：主动反馈技术囚禁和增大四极磁场梯度的囚禁。Hill 等人[48]采用主动反馈技术实现了单个铬(Cr)原子的囚禁：当磁光阱中无原子时，使用光辐射压力从铬源中快速推载出铬原子束流(约 5 ms)到囚禁区，以每秒 10 次左右的频度得到原子数目为 90%以上的概率为 1。Frese 等人[49]则采用增大四极磁场梯度和提高真空度的方法，降低从背景装载原子的速率，直到与背景碰撞导致的损失速率相当，从而获得少数的原子。其磁场梯度达到 367 G/cm，真空度达到 10^{-10} mbar(1 bar$=10^5$ Pa)，获得的原子数通过荧光台阶判读为 1 或 2。磁光阱形成的势场是耗散性势场，其囚禁的单个原子退相干严重，不能制作为原子量子比特，一般作为向偶极阱或磁阱中装载的原子源。

2) 单原子自由空间偶极阱

虽然单个原子可以用磁光阱捕获，但磁光阱的耗散势会导致单个原子的严重消相干;另外,由于中性原子与外界的相互作用较弱,中性原子磁光阱的势阱较浅。磁光阱囚禁原子主要靠辐射压力,偶极阱囚禁原子主要依赖于偶极力。因此,普通磁光阱适用于囚禁数以百万计的一团原子,但它不适合用于囚禁和操纵单个原子,而光学偶极阱则更适用于囚禁单个原子。偶极阱最早由Ashkin[50, 51]于1970年提出,基于原子电偶极矩与远红失谐激光的相互作用实现对原子的囚禁。当原子处于大失谐非均匀光场中时,其所受偶极力正比于光场梯度,因此利用强聚焦的高斯光场或驻波场即可实现中性原子的囚禁。第一个单原子阱是由Frese等人[49]在2000年实现的,他们结合红失谐激光和四极磁场,增加四极磁场的梯度,降低了磁光阱的装载率并最终捕获单个原子。Kuhr等人[52]采用1.06 μm对射的聚焦Nd: YAG激光束形成驻波场,光强达到几瓦,光束聚焦到10～30 μm形成了阱深为1 mK左右的偶极阱,最终实现了在偶极阱中的单个原子的囚禁。采用类似方案的还有山西大学王军民小组[53]。用蓝失谐光形成的驻波场,原子则被囚禁于波谷处[54]。

Schlosser等人[55]通过强聚焦远红失谐高斯光束实现了焦点处单个铷原子的囚禁。他们采用数值孔径为0.7的透镜将810 nm的激光聚焦到1 μm左右形成势阱深度为1 mK的偶极阱,并与磁光阱中心相重合。当磁光阱中经过冷却的原子被装载到偶极阱中时,调节磁光阱参数,使偶极阱的装载速率适中,则碰撞阻塞效应导致偶极阱中只能存在一个原子或没有原子,从而实现了单原子囚禁。Weber[56]和Yavuz[57]采用类似方案实现了单原子囚禁。偶极阱采用的远失谐的激光保证了阱中囚禁原子的低激发率,从而能够很好地保持原子内态,延长原子的相干时间[49]。因此偶极阱囚禁的单原子是实现量子比特、单光子源的候选载体。得益于空间光调制器,囚禁激光束可以被调制为任何设计图案。詹明生研究组于2009年利用空间光调制器实现了单个铷原子光阱,并对光阱中单原子进行了旋转操纵[58],所采用的实验装置如图5-4所示,实验结果如图5-5所示。Poulin等人[59]将单个原子囚禁于一个蓝失谐空心光束漏斗中。

除了研究单个原子的特性,人们还可以同时囚禁两个原子[60]来研究两体问题,或者在环形光晶格中囚禁几个原子[61, 62],为研究少体问题提供便利。环形光晶格势阱的设计图案及实际照片如图5-6所示。詹明生组实现了单原子双色远失谐偶极阱[63],通过蓝失谐与红失谐光偶极势的叠加形成光偶极阱(见图5-7),使微型光阱中单个原子经亚多普勒冷却后进入兰姆-迪克区,随后将Carr-Purcell-Eiboom-Gill脉冲序列引入实验中,通过在两个π/2脉冲间的特定时刻加入一系列的π脉冲,使单原子相干时间得到延长,首次在中性单原子体系

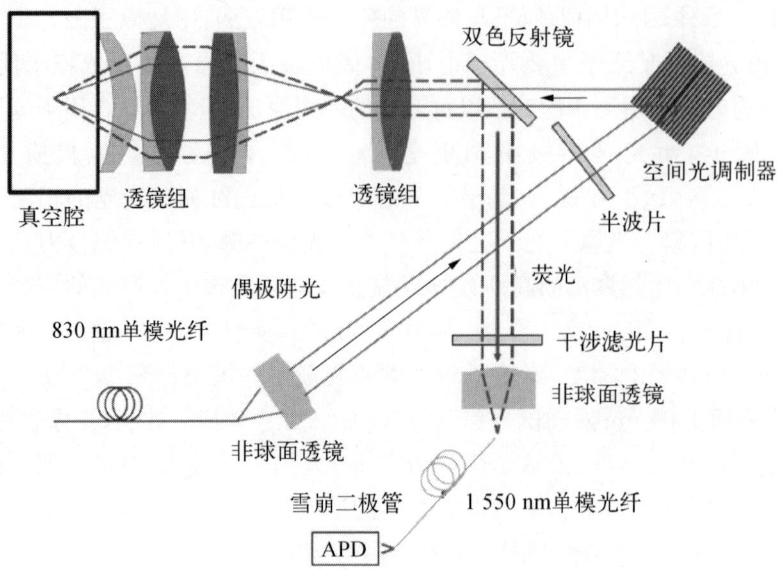

图 5-4 囚禁和旋转单原子的实验装置示意图[58]

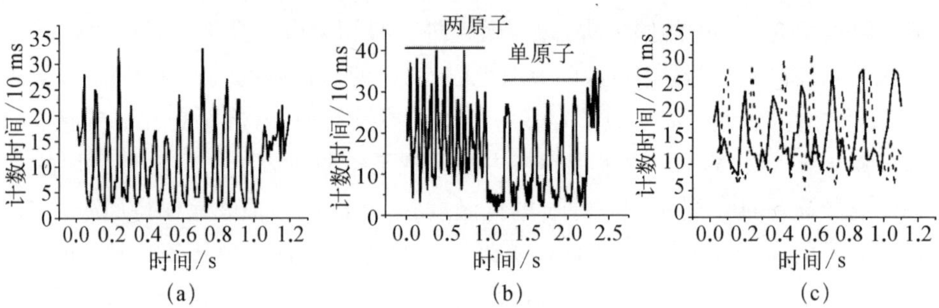

图 5-5 单原子在环型晶格中旋转的调制荧光信号

(a) 频率为 15 Hz 的单原子旋转信号;(b) 第 1 秒钟为 6 Hz 的单原子旋转信号,第 2 秒钟为12 Hz 的双原子旋转信号;(c) 环形晶格中不同空间位置探测到的单原子旋转信号[58]

中实现了动态退耦操作[64]。

3) 单原子光学腔阱

光学腔内形成的远失谐驻波场尺度小、光强变化剧烈,有更强的偶极俘获作用。特别是由于高精细度微腔内光场的共振增强作用,使得腔内光密度得到很大的提高,因而在同等光功率下,腔内偶极阱深度远大于自由空间的光阱深度[65]。1999 年,Ye 等人[66]首次采用腔内光偶极阱实现单个铯原子的激光囚禁,他们采用两级磁光阱装载、冷却、自由获放,最后使原子装载入腔内偶极阱中。2000 年,Pinkse 等人[67]采用单光子实现了单原子的光学囚禁,他们将磁光

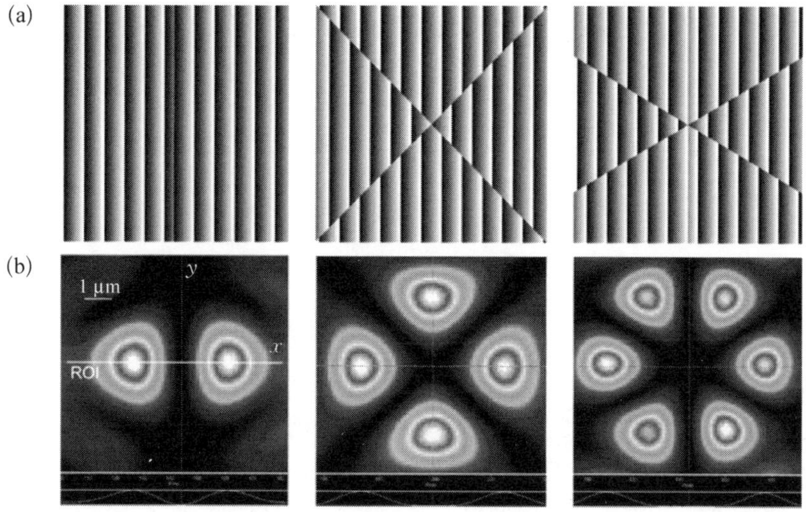

图 5-6 (a) 产生环状光晶格的全息设计图案;(b) CCD 相机拍摄到的光阱对应的光强度分布[62]

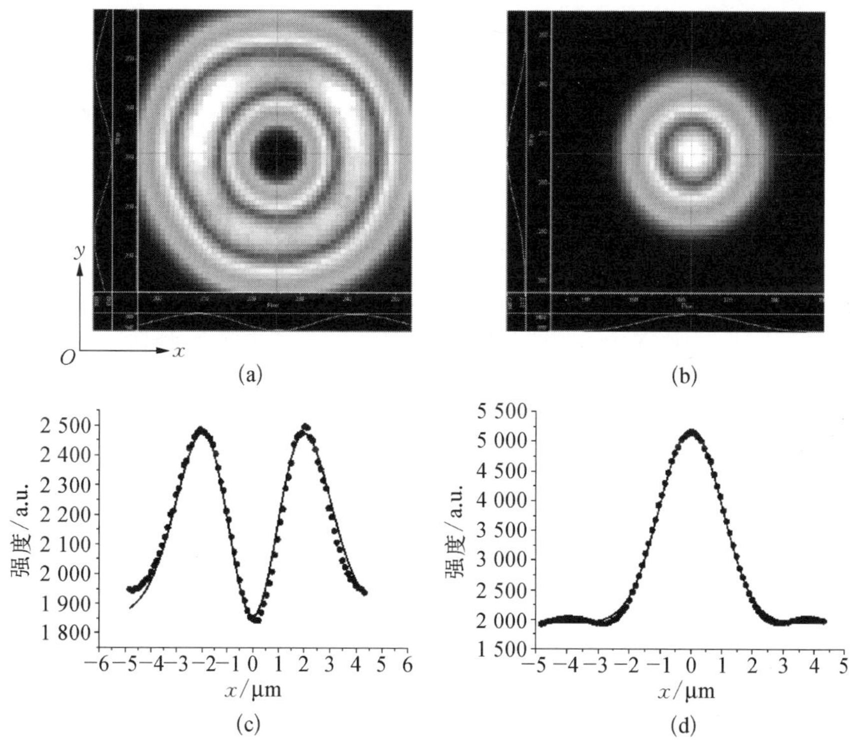

图 5-7 (a) 聚焦后的面包圈状势阱;(b) 径向对称高斯势阱的图像;(c) 势阱的 LG10 线轮廓拟合;(d) 高斯线型拟合曲线[63]

阱中的铷原子通过喷泉向上喷入高精细腔中，控制原子束流量使得腔内偶极阱中仅有一个原子，腔内囚禁的单原子与腔模的高度耦合，为单原子量子态、量子纠缠态和单光子源的制备及实验研究提供了条件。

由于不存在原子之间的相互作用，单原子阱不仅在量子信息和量子模拟中有应用前景，还为原子物理研究提供了理想的实验体系。

5.2.3 原子干涉仪

干涉是波的本质特性。光是一种电磁波，光的干涉现象早已被人们认识。根据量子理论，任何微观粒子(如电子、中子、原子、分子)都具有波粒二象性，微观粒子的波动性(称为物质波或德布罗意波)由波函数描述，服从薛定谔方程。物质波同样满足线性叠加原理，具有相干性。随着原子操控技术的成熟，原子物质波干涉的研究得到了快速的发展。类似于光波干涉仪，原子干涉仪是通过对原子波包相干操作而实现的。原子干涉仪的实现一般分为几个步骤：原子初态制备、原子波包相干分束、原子波包自由演化、原子波包相干合束、原子内态布居数的探测和原子外态信息的提取。在原子干涉仪中要对原子波包相干地分束和合束，并保证原子波包在自由演化过程中保持其特性。操作原子波包的方式有微结构的光栅[68]、激光驻波衍射光栅[69]、狭缝[70]和受激拉曼(Raman)跃迁[71]等。

1924 年，Hanle 在原子蒸气中实现了可持续几十纳秒的原子相干叠加态[72]。1930 年，Esterman 和 Stern[73]首次观察到钠原子束在氯化钠的表面衍射时物质波包的分离。1938 年，Rabi 采用射频共振技术实现了原子内部量子态的改变[74]。1949 年，Ramsey 实现了原子内部量子态的相干叠加，用分离场振荡技术实现了原子内部量子态的相干操作[75]，为实际应用奠定了基础。第一个热原子束干涉仪是由 Chebotayev 等人[76]于 1985 年实现的，他们采用微结构光栅来分离原子束，Keith 等人[68]用热钠原子束作为工作物质波，用微结构的光栅作为“光学元件”，当原子通过这种微结构的光栅时，原子束发生衍射。他们首先使用第一个微结构光栅将原子在空间上分开，形成两束。当原子经过第二个和第三个微结构光栅时，两束不同路径的原子会合束，并在空间上干涉。这是一种典型的马赫-曾德尔(Mach-Zehnder，M－Z)型原子干涉仪，原子束在空间上分开，并包围了一定的环路面积。Rasel 等人[77]用亚稳态的氩(Ar)原子和激光驻波场演示了另一种形式的 M－Z 型原子干涉仪，原子波包经过驻波光场时，衍射产生相干的零级和一级的原子波包，第二束驻波光场再将原子波包合束，第三束驻波光场使合束后的原子波包产生干涉。1991 年，

Carnal 和 Mlynek[70]用热的氦原子束演示了杨氏双缝原子干涉实验。通常情况下，热原子的德布罗意波长在微米量级甚至纳米量级，干涉花样的间距非常狭窄，难以呈现波动性。

冷原子和超冷原子的德布罗意波长稍长，利用冷原子可以增大原子干涉条纹的间距，易于呈现物质波的干涉特性。激光冷却、囚禁和操纵原子的技术使原子干涉仪及其应用研究取得了长足的进展。1992 年，Shimizu[78]使用塞曼(Zeeman)冷却和激光冷却的方法将氖原子的温度降低到 80 μK，实现了更加清晰的杨氏双缝干涉条纹，条纹间距接近 1 mm。Bordé[79]提出利用共振的激光场来操控原子内态，同时控制原子外态的动量，采用光学拉姆齐(Ramsey)条纹来实验演示原子波包的干涉特性。这一原子干涉实验构想于 1991 年得以实现[80]。Kasevich 等人[71]通过双光子受激拉曼光操控激光冷却的钠原子实现波包分离较大的冷原子干涉仪，他们利用双光子受激拉曼跃迁过程将原子的内态和外态耦合到一起。当原子与第一束拉曼光脉冲($\pi/2$)相互作用时，原子被分裂成两个内外态都独立演化的波包；第二个拉曼光脉冲(π)充当反射镜，从而将两个波包的内态互换，并交换两个波包的动量；最后一束拉曼光脉冲($\pi/2$)将两个波包合并，产生干涉。在这之后，激光场的其他技术，如布拉格衍射、布洛赫振荡也被用来操纵冷原子，激光场也可以用于选择原子内态或外态干涉。在另一方面，激光驻波光栅比人工纳米光栅更容易形成。

冷原子干涉信号，是众多单个原子干涉效应的集中呈现。因此让尽可能多的原子参与干涉过程，可以提高干涉信号的噪声比，而原子之间任何差异都会影响干涉测量的结果。参与干涉过程的原子也是越冷越好。但是，不管原子有多少、有多冷，干涉现象仍然是单粒子的干涉特性的集中体现。2002 年，Gupta 等人[81]用玻色-爱因斯坦凝聚体(Bose-Einstein Condensate, BEC)实现原子干涉仪。2004 年，费米子也被用于原子干涉仪[82]，由于无相互作用，费米子干涉测量更有优势。2002 年，一个命名为空间超精密冷原子干涉测量(HYPER)[83]的项目在欧洲被提出。根据 HYPER 的计划，原子干涉仪将用于在空间中观测伦斯-瑟林(Lense-Thirring)效应。2006 年，Weel 等人[84]分析了磁场梯度对原子干涉仪的影响，原子轨迹上磁场的不均匀性会导致不同干涉路径二阶塞曼频移的差异，并且这种差异会导致原子干涉条纹的相移。2009 年，Amelino-Camelia 等人[85]利用原子干涉仪测量原子的反冲，在地面实验室研究了普朗克尺度的色散关系。

自 1991 年以来，原子干涉仪已经被广泛地应用于大地测量、惯性导航、广义相对论检验、基本物理常数确定等。所有这些应用得益于冷原子的特性，也促进了原子干涉仪精密测量技术的发展。

目前常见的原子干涉仪是拉曼跃迁型原子干涉仪，通过受激拉曼过程实现对原子波包的相干操作。根据拉曼光脉冲序列的不同，冷原子干涉仪可分为拉姆齐-伯德(Ramsey-Bordé)型和 M－Z 型两类，其他类型的原子干涉仪均可看成是这两类原子干涉仪的演变。

5.2.3.1 受激拉曼跃迁

受激拉曼跃迁过程可以用三能级原子模型来说明。如图 5－8 所示，单模激光场 ω_1和 ω_2耦合原子的两个基态$|1\rangle$，$|3\rangle$和一个激发态$|2\rangle$，形成相干受激拉曼跃迁。通过受激拉曼跃迁，可以实现原子布居数在不同基态的转移，态之间布居数的转移由等效拉比(Rabi)频率(Ω_R)、双光子失谐(δ)和相互作用时间(τ)共同决定，这个过程类似于微波场与一个两能级系统的拉比振荡过程。初始态在基态$|1\rangle$的原子，经受激拉曼跃迁过程跃迁到基态$|3\rangle$，原子在$|3\rangle$态的布居数 P_3可用公式表示为[86]

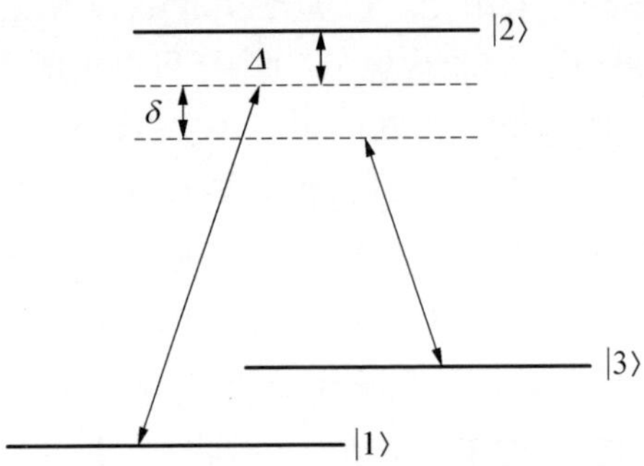

图 5－8 三能级原子受激拉曼跃迁过程

$$P_3(\tau) = \frac{\Omega_R^2}{\Omega_R^2 + \delta^2} \sin^2\left(\sqrt{\Omega_R^2 + \delta^2}\ \frac{\tau}{2}\right) \tag{5-1}$$

扫描拉曼光光强时，布居数呈现拉比振荡，它是一个正弦曲线，拉比振荡的衰减是由于不均匀的拉曼光光强分布和原子速度分布导致的，拉比振荡的周期依赖于磁场的方向。有一半原子的布居到$|3\rangle$态时对应的受激拉曼跃迁的脉冲为 $\pi/2$，原子全部布居到$|3\rangle$态时对应的脉冲为 π。图 5－9[87]是一个典型的铷原子基态 $5S_{1/2}$，$F=3$，$m_F=0$ 布居数拉比振荡的实验曲线。

在受激拉曼跃迁过程中，伴随原子布居数转移的是原子反冲动量的改变[88]。在单光子跃迁过程中，原子每吸收一个光子就发生自发辐射，自发辐射的光子是沿着各个方向的，原子获得的等效反冲动量是吸收一个单光子的反冲动量；但在受激拉曼跃迁过程中，原子吸收光子时伴随着受激辐射，受激辐射光子的方向与两个拉曼光的方向有关。如图 5－10 所示，相向传播的拉曼光光子动量分别是$|\hbar k_1|$和$|\hbar k_2|$，原子吸收第一个光子的同时获得一个光子的反冲动量$|\hbar k_1|$，吸收第二个光子的同时获得一个光子的反冲动量$|\hbar k_2|$，原子在受激辐射两个

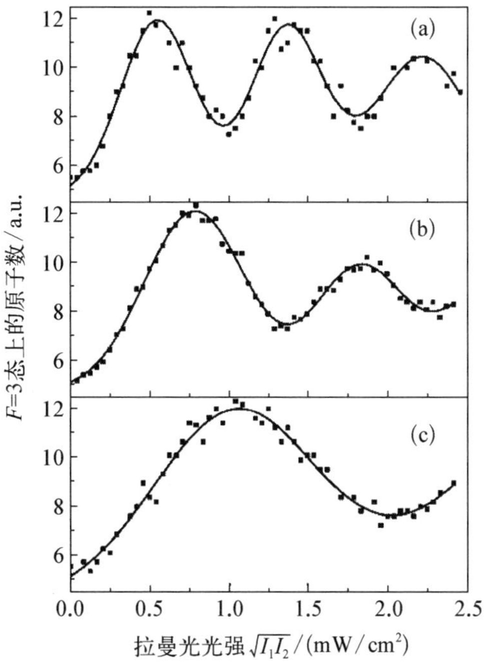

图 5-9　典型的拉比振荡曲线

$F=3$ 态原子布居数依赖于拉曼光强度，而周期依赖于磁场的方向。(a)，(b)，(c)是拉曼光与磁场的夹角为 0°，40°和 60°的数据[87]

光子 2 | $\hbar k_2$ | 的同时获得两个光子的反冲动量 | $\hbar k_1$ |+| $\hbar k_2$ |。

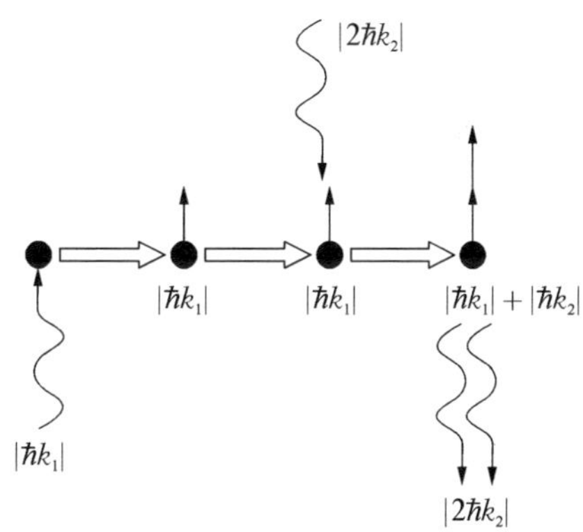

图 5-10　受激拉曼跃迁中双光子反冲动量[88]

5.2.3.2　拉姆齐-伯德型原子干涉仪

Ramsey 早在 1950 年就提出了拉姆齐干涉光谱学方法[89, 90]。1989 年，Bordé 基于拉姆齐干涉测量法提出了拉姆齐-伯德型原子干涉仪的方案[79]，并于 1991 年用染料激光与钙原子束作用演示了这一实验方案[80]，观察到了原子束拉姆齐干涉条纹，干涉条纹的相移与实验装置的转速有关。准直的钙原子束依次通过两对等距传播的激光场，通过光电倍增管监测原子束荧光信号，改变激光的频率即可获得拉姆齐光谱信号(见图 5-11)。

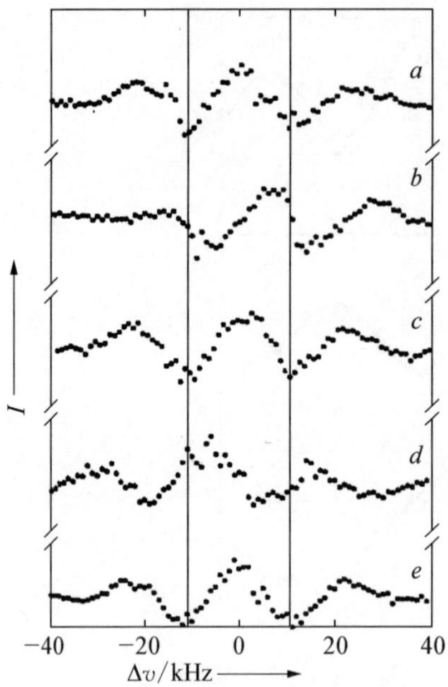

图 5-11 钙原子束的拉姆齐干涉条纹

曲线 a,c,e 为平台静止时($\Omega=0$) 的信号,曲线 b 是平台顺时针旋转($\Omega=-0.09$ rad/s) 时的信号,曲线 d 是平台逆时针旋转($\Omega=-0.09$ rad/s) 时的信号,曲线 b,d 有明显的相移[80]。

冷原子拉姆齐-伯德干涉仪可采用受激拉曼跃迁过程、利用 π/2—π/2 拉曼光脉冲序列来实现。一个典型的拉姆齐-伯德型原子干涉仪的实验方案如图 5-12 所示,处于初态|1⟩的原子,先受到 π/2 脉冲的拉曼光作用,自由演化 T 时间后,再受到第二个 π/2 脉冲的拉曼光作用,则|3⟩态原子布居数呈现出拉姆齐-伯德干涉条纹。冷^{85}Rb 原子首先被制备在 $F=2$,再受到 π/2—π/2 拉曼光脉冲序列操作。两个 π/2 拉曼光脉冲光束由同一台激光器提供,π/2 脉冲宽度为 50 μs,两个 π/2 脉冲的时间间隔$T=5.7$ ms。当第一个 π/2 拉曼光脉冲作用结束后,原子被制备到两个基态的相干叠加态,经过 5.7 ms 的自由演化后和第二个 π/2 拉曼光脉冲相互作用,扫描第二个 π/2 拉曼光脉冲的相对频率得到拉姆齐-伯德型原子干涉条纹[91]如图5-13所示,条纹的半高宽为 88 Hz(实验中频率扫描的中心频率为 1.5 GHz,所以拉曼光脉冲的双光子矢谐为扫描频率值的 2 倍)。

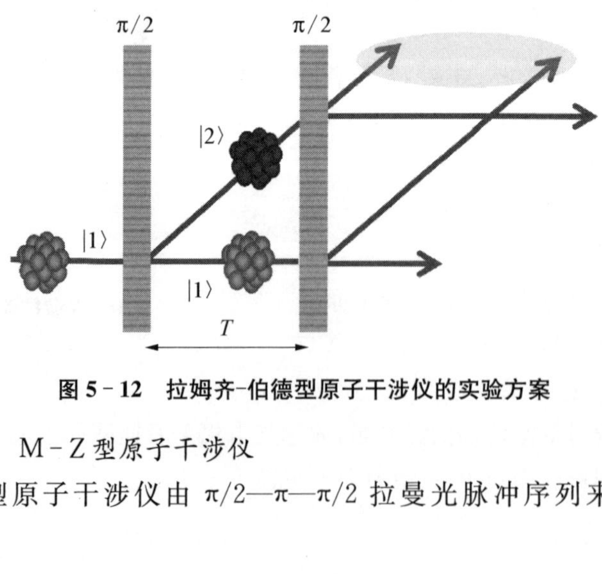

图 5-12 拉姆齐-伯德型原子干涉仪的实验方案

5.2.3.3 M-Z 型原子干涉仪

M-Z 型原子干涉仪由 π/2—π—π/2 拉曼光脉冲序列来完成[92]。如

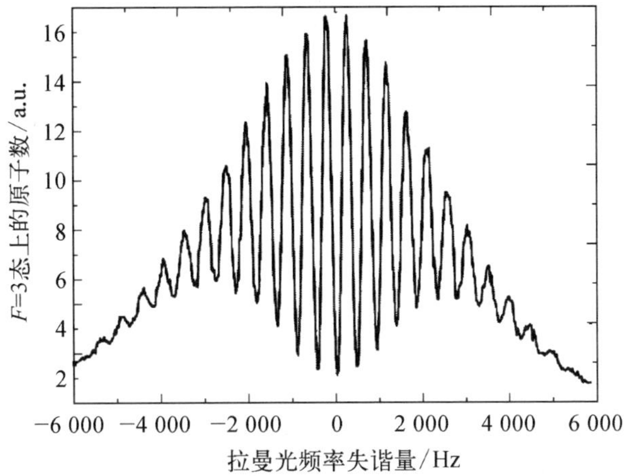

图 5-13 ^{85}Rb 原子的拉姆齐-伯德干涉条纹[91]

图 5-14 所示，初始态$|1\rangle$的原子经过第一个拉曼光脉冲实现分束时，原子有一半的概率继续处在$|1\rangle$态，有一半的概率发生跃迁而处在$|3\rangle$态，在$|3\rangle$态的原子同时获得激光的相位 ϕ_1，形成一个相干叠加态 $\frac{1}{\sqrt{2}}\,|1\rangle+\frac{-\mathrm{i}}{\sqrt{2}}\mathrm{e}^{-\mathrm{i}\phi_1}\,|3\rangle$；当原子与第二个拉曼光脉冲作用时，原子正好感受到一个 π 的跃迁，原子布居数发生交换的同时均获得激光的相位 ϕ_2，原子内态为 $-\mathrm{i}\,\mathrm{e}^{-\mathrm{i}\phi_2}\left(\frac{-\mathrm{i}}{\sqrt{2}}\mathrm{e}^{-\mathrm{i}\phi_1}\right)\Big|1\rangle-\mathrm{i}\,\mathrm{e}^{-\mathrm{i}\phi_2}\left(\frac{1}{\sqrt{2}}\right)\Big|3\rangle$；当原子与第三个拉曼光脉冲作用时，$|1\rangle$态的原子有一半的概率继续待在$|1\rangle$态，有一半的概率发生跃迁而待在$|3\rangle$态，同样，$|3\rangle$态的原子有一半的概率继续待在$|3\rangle$态，有一半的概率发生跃迁而待在$|1\rangle$态，均获激光的相位 ϕ_3，因此，原子经过三个拉曼光脉冲作用后原子内态为 $-\frac{1}{2}\mathrm{e}^{\mathrm{i}(\phi_2-\phi_1)}(1+\mathrm{e}^{\mathrm{i}(\phi_3-2\phi_2+\phi_1)})\,|1\rangle-\frac{\mathrm{i}}{2}\mathrm{e}^{-\mathrm{i}\phi_2}(1-\mathrm{e}^{-\mathrm{i}(\phi_3-2\phi_2+\phi_1)})\,|3\rangle$，原子在$|1\rangle$态和$|3\rangle$态的布居数分别为

$$P_{1,3}=\frac{1}{2}[1\pm\cos(\phi_3-2\phi_2+\phi_1)] \tag{5-2}$$

从式(5-2)可以看出，原子内态布居数的变化与拉曼光的相位有关，当扫描

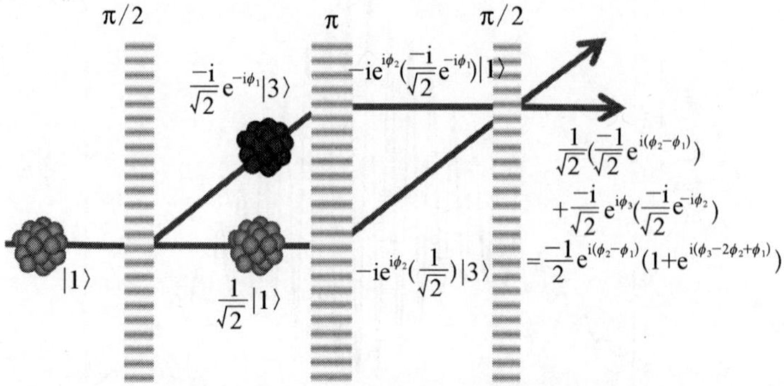

图 5-14 M-Z 型原子干涉仪示意图

任意一个拉曼光相位时，可以得到原子干涉条纹。具体实验中，三对拉曼光由同一激光器提供，拉曼光相位的扫描一般用电光调制器(EOM)来完成，磁场的分布对受激拉曼跃迁过程有着很大的影响[93]，所以需要在原子干涉区沿着三对拉曼光的方向加一固定的磁场以保证量子化轴的方向，同时采用三对亥姆霍兹线圈对原子干涉区的剩余磁场进行补偿。当严格定义了 π/2—π—π/2 的拉曼光脉冲序列以后，扫描第三个拉曼光脉冲的相位，得到的典型的 M-Z 型原子干涉条纹如图 5-15 所示[92]。

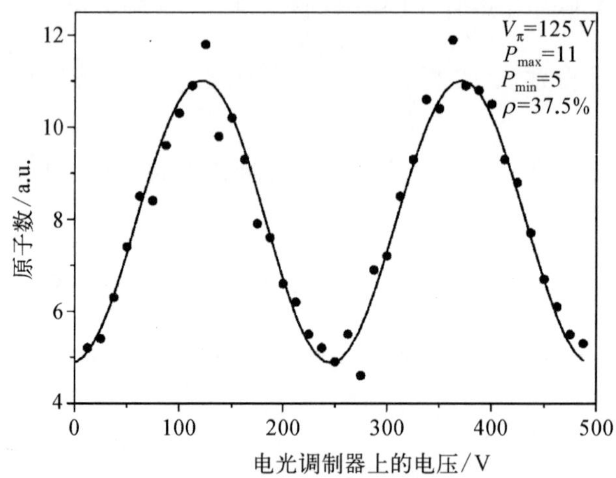

图 5-15 M-Z 型原子干涉条纹[92]

5.2.4 激光稳频

高分辨率激光光谱、光频标、原子干涉仪等精密测量物理实验研究对激光器的频率稳定性和线宽要求很高。外腔半导体激光器有较宽的发射光谱，其线宽的波动范围在几十到几百兆赫兹，通过恒温、隔振、隔声等被动稳频措施，可在一定程度上减小线宽，满足一般的实验需求。磁光阱、离子阱冷却等实验要求激光的线宽在 MHz 水平，原子干涉仪中对拉曼光的线宽需求为几十到几百千赫兹，而离子阱光钟、超冷原子光钟等时间频率精密测量实验要求"钟跃迁"探测激光器的线宽小于 1 Hz。因此，如何获得窄线宽、超窄线宽的激光器以满足精密测量的不同需求是十分重要的问题。围绕这些问题逐渐发展起来的激光稳频技术，可以满足或正在逐步满足精密测量物理实验对窄线宽激光器的需求。

激光稳频技术借助一个稳定的参考频率，通过反馈控制方法将激光频率锁定到参考频率上。根据所选参考频率的不同，激光稳频的技术方案可分为两种，一种是以原子或分子的跃迁谱线的中心频率作为参考，一种是以法布里-珀罗(F-P)腔的谐振峰作为参考。以原子或分子谱线为参考的稳频方法，有饱和吸收光谱稳频[94, 95]、偏振光谱与塞曼光谱稳频[96]、调制转移光谱稳频[97, 98]，以及碘分子光谱稳频等。以 F-P 腔为参考[99, 100]的比较有特色的稳频方法有 PDH (Pound-Drever-Hall)[101]稳频技术。

1) 饱和吸收光谱稳频

一束强的泵浦光和一束弱的探测光以相反的方向会聚于原子或分子吸收泡中，利用光电二极管探测原子或分子的吸收光谱。通过饱和吸收探测方法可消除多普勒增宽，探测到原子或分子超精细光谱[102-104]，这些消多普勒光谱可以用于激光的稳频参考。饱和吸收稳频方法的频率稳定度主要取决于原子分子吸收谱线宽度。饱和吸收稳频方法的频率稳定度和复现性较高，但输出波长受限于吸收介质，波长覆盖范围有限。Macadam 等人[105]用饱和吸收法对光栅外腔反馈式二极管激光器进行稳频和移频，但误差信号只选在饱和吸收峰的一侧，容易造成正反馈。采用饱和吸收和声光调制器(AOM)相结合对半导体激光器进行稳频的方法，分别在铯[106]、钠[107]、铷[108]原子的冷却实验中得到了应用。图5-16是^{87}Rb 原子 D_1 线的典型饱和吸收光谱，其中吸收峰 P[2, 1]对应 $5S_{1/2}$，$F=2$ 态到 $5P_{3/2}$，$F'=1$ 态的跃迁；P[2, 2]对应 $5S_{1/2}$，$F=2$ 态到 $5P_{3/2}$，$F'=2$ 态的跃迁；P[2, 3]对应 $5S_{1/2}$，$F=2$ 态到 $5P_{3/2}$，$F'=3$ 态的跃迁；Co[2, 1-2]，Co[2, 1-3]，Co[2, 2-3]分别是前三个跃迁之间的交叉峰。可根据具体的实验需求，将激光频率锁定在相应的谱线上，激光器的线宽可压窄到1 MHz[109]。

2) 偏振光谱稳频

偏振光谱稳频方案由 Wieman 和 Hänsch 首先提出[110]，后来被广泛用于激

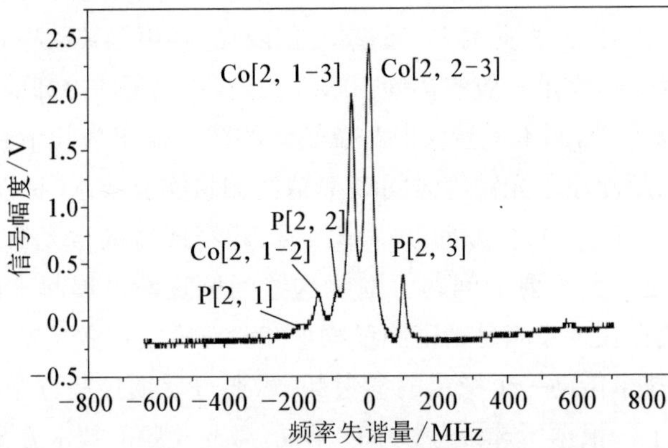

图 5-16 ^{87}Rb 原子 D_1 线的饱和吸收光谱

光稳频[111-115]。偏振光谱稳频实验的光路与饱和吸收光谱基本相似，只是在探测光进入样品泡前加一个起偏器，在样品泡之后加一个检偏器。另外，在泵浦光路上加一个四分之一波片，使线偏振光变成圆偏振光。典型的偏振光谱稳频方案如图 5-17 所示。激光束经过一个分束器(BS)分作强、弱两束，弱光作为探测光，经过一个二分之一波片后进入铷泡，然后用偏振分束棱镜(PBS)分束，并被两个探测器接收；强光经过四分之一波片后被反射进入铷泡，用来作泵浦光。激光经过四分之一波片后，变成圆偏振光，因此对原子来说，跃迁选择定则是 $\Delta m_F = +1$ 或者 $\Delta m_F = -1$。探测光是线偏振光，它可以分解为两种正交圆偏振光的相干叠加；当探测光经过原子介质的时候，两个正交圆偏振光分量与泵浦光的耦合是不一样的。经过介质后，探测光被 PBS 分束，由于两束光偏振垂直，它们之间有相位差。两束出射光相减，就得到类色散曲线，图 5-18 是 ^{87}Rb 原子 D_1 线的典型偏振光谱。由于偏振光谱线型是色散线型和洛伦兹线型的叠加，可适当调整二分之一波片、选择最优化的夹角，以得到最好的色散线型，使得误差信号最

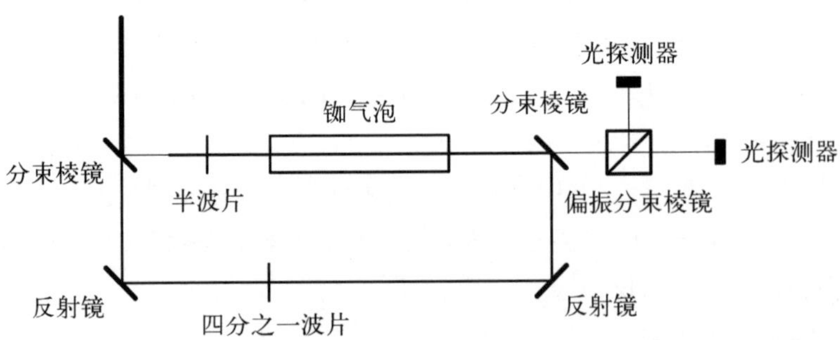

图 5-17 偏振光谱光路

大。在铷泡外边加上磁屏蔽罩，可以有效抑制塞曼分裂引起的谱线加宽，偏振谱的宽度大约为 10 MHz[112]，以这个谱线作为参考，就可以有效地将激光频率稳定在 MHz 量级。

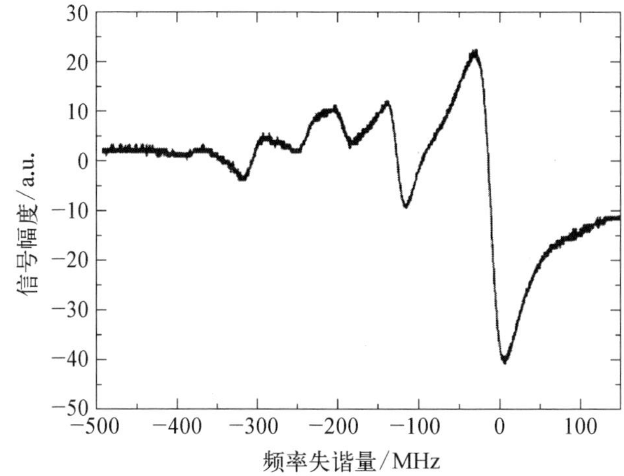

图 5-18 ^{87}Rb 原子 D_1 线的典型偏振光谱

3) 塞曼光谱稳频

塞曼频移光谱稳频方法[115]的依据是塞曼效应和跃迁选择定则。图 5-19 是塞曼频移光谱稳频光路图。中性原子的超精细结构在磁场下会发生塞曼分裂，σ^+ 光和 σ^- 光激发原子在塞曼分裂能级间的跃迁选择定则分别为 $\Delta m=+1$ 和 $\Delta m=-1$，σ^+ 和 σ^- 光对应的相位变化不一样，跃迁频率会错开，将两个跃迁分量相减得到零磁场条件下原子共振吸收峰的差分信号，将此差分信号反馈到激光器压电陶瓷的扫描电压上就能对激光器进行稳频。用这种方法可以使激光线宽达到 1 MHz。原子吸收谱峰的偏移量之和，与饱和吸收谱峰半高宽相等时，稳频效果最好[116]。

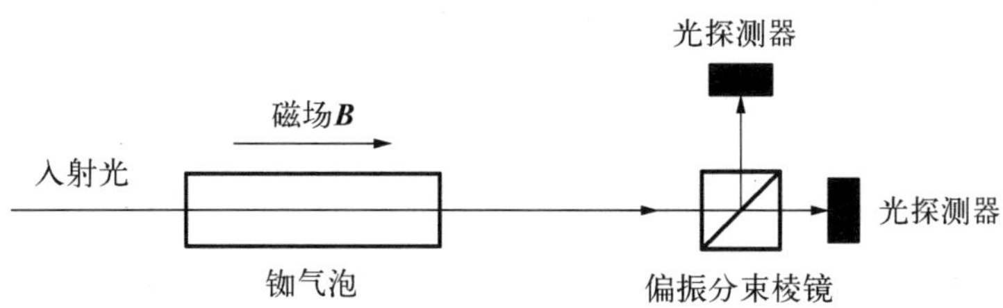

图 5-19 塞曼频移光谱稳频光路图

4) 碘分子光谱稳频

碘分子(I_2)在可见光到近红外波段(500～900 nm)存在丰富的吸收谱线，这些谱线可方便地作为参考频率并应用于激光稳频和波长定标等。碘分子的势能曲线及能级结构如图 5－20 所示，(υ'', J'')和(υ', J')分别为基态 X 和激发态 B 的振转能级[117]，一个振转跃迁包含多个超精细结构，碘分子 B－X(16－1)带的两组典型谱线[118]如图 5－21 所示。由于碘分子的吸收谱线强，碘吸收池温度可降低至零下 10℃，对应的碘分子蒸气压小于 1 Pa，这将有效减小碰撞导致的压力增宽、位移及多普勒背景对稳频基线的干扰，获得更窄的谱线。另一方面，碘分子的质量较大，最概然速率相对较小，谱线的二阶多普勒漂移小。例如，$^{127}I_2$ 碘分子的最概然速率仅为 140 m/s，对应的二阶多普勒漂移仅为 1.1×10^{-13}。这种低漂移特性使得碘分子谱线十分适合作为激光频率的参考。

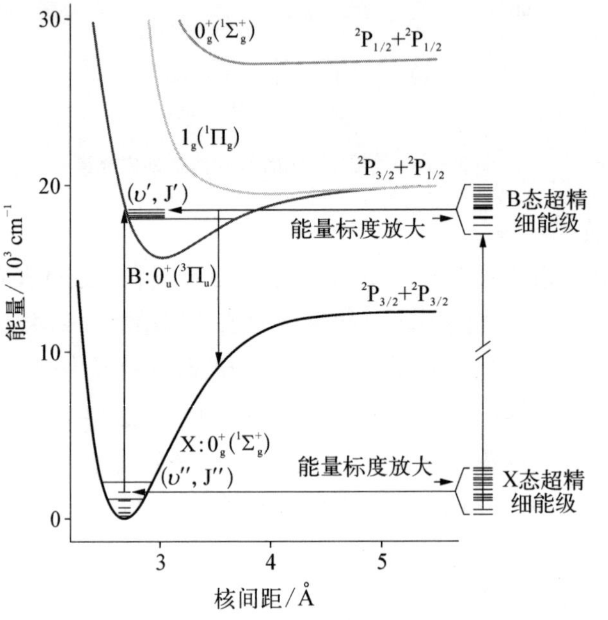

图 5－20 碘分子(I_2)的势能曲线及能级结构[117]

以碘分子的超精细谱线为基准的碘稳频激光，广泛应用于激光光谱学和频率/波长计量标准研究。国际计量局长度咨询委员会于 1997 年将碘稳频的 532 nm Nd：YAG 激光作为复现米定义的推荐基准之一。Ye 等人[119]于 1999 年建立了 532 nm 固体激光频率标准，1 s 频率稳定度达到 10^{-14} 量级，左爱斌等人[120]于 2005 年建立了 1 s 稳定度为 10^{-14} 的可搬运碘稳频 532 nm 固体激光频率标准。

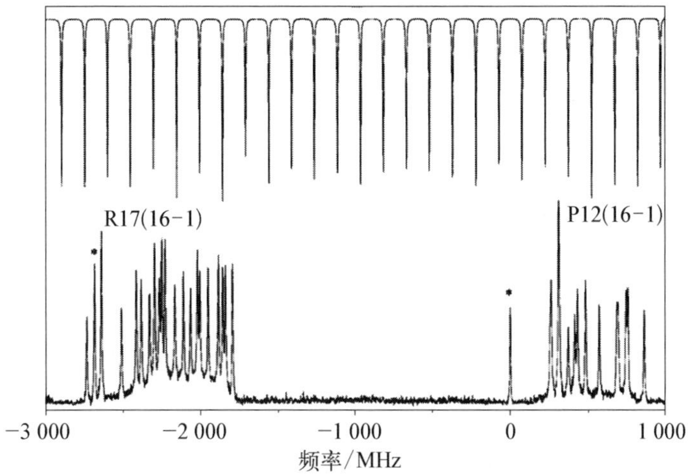

图 5-21 碘分子 B-X (16-1)带 R17 和 P12 两组谱线，上部为标准具输出的参考谱线[118]

5）光学腔 PDH 稳频

光学腔的谐振峰线宽较窄，锁定在超稳光学腔上的激光具有极低的频率噪声和极高的短期频率稳定性，在超高分辨激光光谱、原子光频标、引力波探测和基本物理定律检验等研究领域有着重要的应用。Pound-Drever-Hall (PDH)[101] 稳频是由 Pound，Drever 和 Hall 三人发展完善的一种利用 F-P 腔的稳频技术，以高稳定 F-P 腔的谐振峰作为频率参考，对激光进行电光相位调制后，利用光外差探测技术得到信噪比较高的鉴频信号，再通过反馈控制将激光频率锁定在光学谐振腔的谐振峰上。PDH 稳频技术具有信噪比高、鉴频特性好和伺服响应快等优点，可大大压窄激光线宽、减小激光频率噪声。PDH 稳频方案还可根据待稳频激光器的输出频率来选择光学腔腔镜的镀膜波长，能满足几乎所有波段的激光稳频的需求。

1983 年，Drever 等人[99]首次利用 PDH 稳频技术将激光锁定在光学腔上，获得线宽小于 100 Hz 的窄线宽激光器。2008 年，Alnis 等人[121]利用精细度为 400 000 的 F-P 腔将中心波长为 972 nm 半导体激光器的线宽压窄到 0.5 Hz，0.1～10 s 平均不稳定度为 2×10^{-15}，接近理论热噪声极限。1992 年，Day 等人[122]利用精细度为 27 500 的 F-P 腔将 Nd: YAG 激光器的线宽压窄到 300 mHz。1999 年，Young 等人[123]利用光学腔将 563 nm 的染料激光器的线宽压窄到 600 mHz，激光频率的稳定度达到 3×10^{-16}。2011 年，Jiang 等人[124]实现了线宽优于 1 Hz 的腔稳定激光系统并用于光晶格镜原子光频标的研究。

Tarallo 等人[125]通过两步稳频技术将激光器锁定在高精细度的光学腔上，获得频率噪声为 2～ 11 Hz 的激光器。2012 年，Kessler 等人[126]成功地将 1.5 μm 的激光锁定在单晶硅光学腔上，将激光线宽压窄至 40 mHz，激光的频率稳定度达到了 1×10^{-16}，这是目前国际上线宽最窄的激光器。

PDH 稳频的基本实验装置如图 5 - 22 所示[101]。激光器输出的线偏振光先通过光隔离器然后经电光相位调制器(EOM)调制产生边带，再经光隔离器进行偏振控制后进入光学腔，本地振荡器产生的射频信号用于驱动 EOM。腔输出的谐振光信号经光隔离器反射到光电探测器上，光电探测器输出的鉴频信号与移相后的本地振荡信号经混频器混频，再经低通滤波器输出至伺服放大器，最后反馈至激光器的频率控制单元，使激光的频率锁定在腔的谐振峰上。

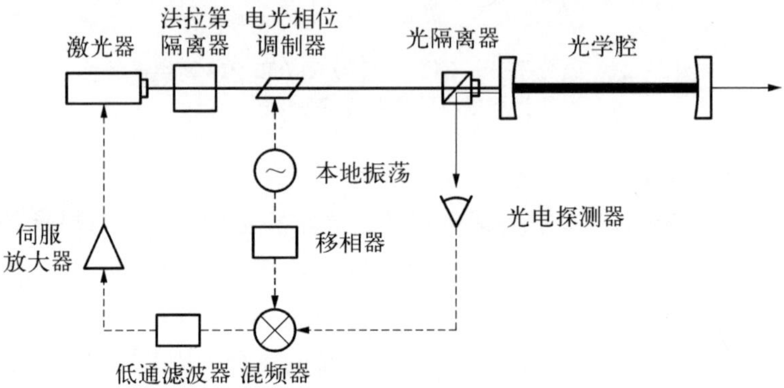

图 5 - 22 PDH 稳频的实验装置图[101]

PDH 稳频的原理[101]可概述如下：激光器输出光场可表示为 $E_{\text{in}} = E_0 e^{i\omega t}$，经过调制频率为 Ω、调制深度为 β 的 EOM 进行相位调制后变为 $E_{\text{in}} = E_0 e^{i(\omega t+\beta\sin\Omega t)}$。$\beta < 1$ 时，调制后的光场可用贝塞尔函数表示为

$$E_{\text{in}} \approx E_0[\mathrm{J}_0(\beta)e^{i\omega t} + \mathrm{J}_1(\beta)e^{i(\omega+\Omega)t} - \mathrm{J}_1(\beta)e^{i(\omega-\Omega)t}] \tag{5-3}$$

由于光场的能量主要集中在载波和两个一阶边带上，高阶边带可忽略不计。由式(5 - 3)可知，调制后光场的载波两侧对称地出现了一对幅度相等、相位相反的调制边带。调制光场经光学腔耦合后输出的光场 E_{out} 可表示为

$$E_{\text{out}} \approx E_0[R(\omega)\mathrm{J}_0(\beta)e^{i\omega t} + R(\omega+\Omega)\mathrm{J}_1(\beta)e^{i(\omega+\Omega)t} - R(\omega-\Omega)\mathrm{J}_1(\beta)e^{i(\omega-\Omega)t}] \tag{5-4}$$

式中，$R(\omega) = \dfrac{(\sqrt{R_1} - \sqrt{R_2}e^{i\varphi})}{1 - \sqrt{R_1 R_2}e^{i\varphi}}$，$R_1$ 和 R_2 是光学腔两个反射镜的反射率；φ 为

激光在腔内往返一次的相移，$\varphi=\dfrac{\omega}{c/2nl}=\dfrac{\omega}{FSR}$，$FSR$ 是腔的自由光谱程，FSR 由腔长 l 和腔内介质的折射率 n 决定。输出光场 E_{out} 的功率为

$$\begin{aligned}P_{out}=|E_{out}|^2=P_c|R(\omega)|^2+P_s[|R(\omega+\Omega)|^2-|R(\omega-\Omega)|^2]+\\ 2\sqrt{P_cP_s}\{\mathrm{Re}[R(\omega)R^*(\omega+\Omega)-R(\omega-\Omega)R^*(\omega)]\cos\Omega t+\\ \mathrm{Im}[R(\omega)R^*(\omega+\Omega)-R(\omega-\Omega)R^*(\omega)]\sin\Omega t\}+(2\Omega\text{ 项})\end{aligned} \tag{5-5}$$

式中，$P_c=E_0^2\mathrm{J}_0^2(\beta)$ 为载波光功率；$P_s=E_1^2\mathrm{J}_1^2(\beta)$ 为边带光功率。频率中含有 Ω 的项为一阶边带与载波的相干叠加项，2Ω 项为边带相干叠加项。输出光场与本征信号 $E_l=A\mathrm{e}^{\mathrm{i}(\Omega t+\theta)}$ 混频后解调出鉴频信号 ε，可表示为

$$\begin{aligned}\varepsilon\propto 2\sqrt{P_cP_s}\{\mathrm{Re}[R(\omega)R^*(\omega+\Omega)-R(\omega-\Omega)R^*(\omega)]\cos\theta+\\ \mathrm{Im}[R(\omega)R^*(\omega+\Omega)-R(\omega-\Omega)R^*(\omega)]\sin\theta\}\end{aligned} \tag{5-6}$$

典型的鉴频信号[127]如图 5-23 所示。当激光频率等于光学腔谐振频率时，鉴频信号为零；当激光频率不等于光学腔谐振频率时，鉴频信号不为零。

激光调制频率远大于共振谱线线宽 $\Delta\nu_c$，即 $\Omega>\Delta\nu_c$，且相位延迟 θ 为 90°时，PDH 鉴频信号可近似表示为

$$\varepsilon\propto 4\sqrt{P_cP_s}\,\frac{\sqrt{R}\delta\omega}{\pi\Delta\nu_c} \tag{5-7}$$

式中，$\delta\omega$ 为激光与腔谐振频率之差。如果 $R_1=R_2=R$，则激光与腔谐振峰近共振时鉴频信号的斜率为

$$D=\frac{\mathrm{d}\varepsilon}{\mathrm{d}f}=-\frac{8\sqrt{RP_cP_s}}{\Delta\nu_c} \tag{5-8}$$

从公式(5-8)可看出，腔镜的反射率越高、线宽越窄，鉴频信号的斜率越大，因此通常选用高反射率、低损耗的反射镜作为稳频腔的腔镜。

PDH 稳频系统的主要噪声有激光功率噪声、剩余幅度调制噪声、伺服系统噪声以及 F-P 腔长的变化[128-130]。激光功率噪声来源于激光学腔的振动、增益介质和泵浦源等。稳频鉴频信号中包含的激光功率噪声会转成激光频率噪声。PDH 稳频技术利用频率调制光谱实现外差探测，只探测调制频率处的信号以避免探测带宽外的噪声进入稳频环路。由于双折射晶体相位漂移和寄生标准具效应，EOM 会引入剩余幅度调制。在剩余幅度调制影响下，光功率噪声将导致鉴频曲线中心频率的波动，从而引起激光频率漂移、产生较大的低频噪声。因此，

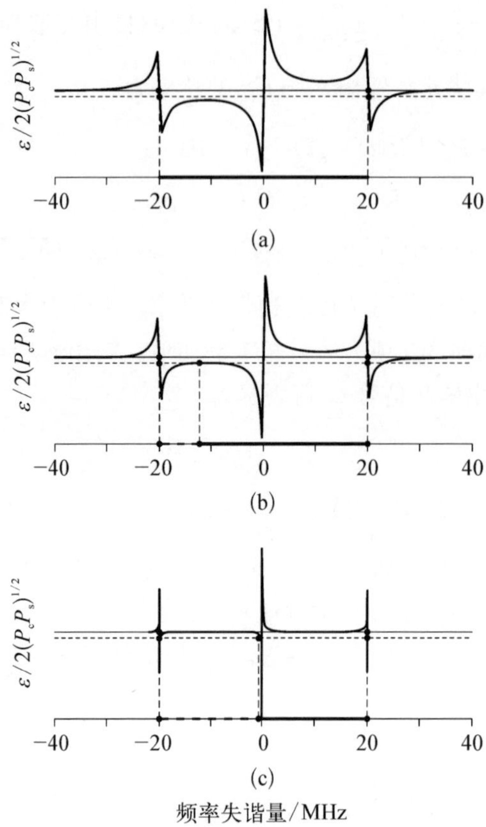

图 5-23 腔线宽和误差信号偏置对 PDH 锁定范围的影响

横坐标为频率失谐量，单位是 MHz。从上到下依次为按不同条件模拟的无量纲误差信号：(a) $\Omega = 20$ MHz, $P_s/P_c = 0.34$, $R = 0.993$；(b) $R = 0.996$；(c) $R = 0.99975$。误差信号的偏移与误差信号幅度的比率为 8%左右。点线表示锁定点的变化。该 PDH 锁定范围有和没有误差信号偏移分别用实线和虚线在频率轴标出[127]

在稳定度要求很高的稳频系统中需要进行激光功率稳定。

为获得良好的噪声压制效果，PDH 稳频系统中的伺服环路需要有足够的增益和带宽、足够好的信噪比。此外，F-P 参考腔长的稳定度也会影响激光的稳频效果，腔长的稳定度取决于材料和环境温度，因此既要选用低膨胀系数的材料作为光学腔材料，如超低膨胀(ULE)玻璃、微晶玻璃、熔融石英、单晶硅等，也要对参考腔进行温度控制。高精度的稳频系统，需要让F-P腔工作在零膨胀稳定点。

声音和地面振动会引起频率较低的机械振动，使参考腔发生形变，从而导致腔长变化。通常对参考腔进行隔声、隔振来减小机械振动对其长度的影响。另外，参考腔的光程与折射率有关，若光学腔内空气的折射率变化，也会降低光学腔的稳定度。为了减小空气折射率的变化，应将参考腔放置在真空室内。最终激光频率稳定度将受限于光学腔的热噪声，减小热噪声是目前稳频技术研究的热点。

5.3 基于原子分子光物理的精密测量

基于原子分子光物理的精密测量研究具有四大优势：① 涉及原子分子光物理层面的精密测量技术是建立在激光光谱学、激光与物质相互作用基础之上的，实验技术成熟可控；② 原子、分子、光子属于微观粒子体系，其结构可由量子力学和量子电动力学(QED)描述,相关的理论比较完备;③ 基于原子分子光物理的精密测量研究可将经典物理与量子物理对应起来;④ 原子分子光物理相关精密测量技术即可直接应用基础科学研究,也可推广至工程技术领域。

温度是物质热运动的量度,原子的无规则热运动是精密测量和控制的最大障碍,人类对微观世界的认识随着低温技术的发展而不断深入。气体的速度与温度的关系符合玻耳兹曼分布,温度越低,速度分布的宽度越小、平均速度越低。与室温或更高温的热原子相比,"冷原子"气体的速度及速度分布宽度要低几个量级,光谱一级和二级多普勒加宽很小,原子与光相互作用时间长,有利于精密测量;"冷原子"动能小,可用弱的梯度磁场、光场等操控,空间位置可高精度控制;"冷原子"的德布罗意波长大,波动性明显。冷原子物理是当前物理领域的热门话题,小小的原子也蕴含着巨大的物理问题,冷原子在精密测量物理中地位可概括地表述为"冷原子热话题、小原子大物理"。

近年来,基于原子分子光物理的精密测量取得了较大进展:原子分子精密谱的理论和实验研究上了新的台阶,康普顿(Compton)原子钟的发明为千克质量的定义提供了新的基准,单原子干涉仪为微弱力的精密测量提供了便利,极化分子的研究为寻找粒子的永久电偶极矩提供了可能的突破口,原子同位素位移的测量为原子核结构的研究提供了光谱手段。以囚禁单离子、超冷原子光频标为代表的时间频率的精密测量取得了尤为重要的进展,基于冷原子干涉仪等实验技术的物理常数与物理参量的测量、基本物理定律的检验也都取得了不同程度的进展。可以说,精密测量物理为原子分子光物理学科的发展提供了新的动力,相关的研究异彩纷呈、前景广阔。

5.3.1 原子分子精密光谱

原子分子精密谱线对物理量的敏感性是用光谱学方法进行精密测量的基础,相反,精密测量应尽量避免和消除环境对原子分子谱线位置(频率)、线宽、强度的影响。例如,将振荡器锁定在原子或分子的精密谱线上,可得到超高稳定度和精确度的原子频率标准(简称原子频标)。改善原子频标的稳定度和精确度,则需要克服温度、磁场、电场、黑体辐射等因素对原子跃迁谱线的不利影响。原子的结构大多比较复杂,原子精密谱的理论计算和实验测量仅限于氢(H)、氦(He)等结构较为简单的原子,而简单原子精密谱学是开展兰姆位移、原子核结构、超精细结构、里德伯常数等基本物理量精密测量的有效手段。随着激光倍频、稳频以及飞秒光梳技术的发展,人们可以获得短波长、超窄线宽的激光器以及光频测量工具,以这类激光器和测量工具为基础开展的氢、氦等原子精密谱的实验研究都取得了重要进展。

5.3.1.1 氢原子精密光谱

氢原子由1个质子及1个电子构成，是最简单的原子，因此其光谱一直是了解物质结构理论的重要基础。氢原子1S—2S跃迁谱线的精密测量具有重要的科学意义，该谱线的频率为 $\nu_0 \approx 2.5 \times 10^{15}$ Hz，自然线宽 $\Delta\nu \approx 1.3$ Hz，谱线的品质因数 $Q = \nu_0/\Delta\nu \approx 2 \times 10^{15}$[131]。极高的品质因数结合精确的理论计算，使得氢原子1S—2S跃迁频率的测量可用于精确测定里德伯常数[132]、检验电子的对称性破缺[133]、测量兰姆位移[134]等。Celik等人[137]在理论上计算了氢原子1S—2S双光子激发截面。Hänsch自1975年[136]以来，一直致力于氢原子1S—2S跃迁谱线的精密测量，2006年[137]把972 nm的外腔半导体激光器产生的激光进行放大和四倍频，并锁定到超稳定的F-P腔上，获得了Hz量级超窄线宽243 nm激光器，可用于激发氢原子1S—2S双光子跃迁；2011年用波长为243 nm、束腰半径为292 μm的激光束与热氢原子束共线传播，激发1S—2S跃迁，将氢原子1S—2S双光子跃迁频率测量的不确定度降到 4.2×10^{-15}[138]。2013年Hänsch研究组又通过920 km的光纤链路实现了对氢原子1S—2S双光子跃迁频率的远距离比对[139]。Fischer等人[140]于2004年通过测量氢原子1S—2S双光子跃迁频率，将里德伯常数的测量精度提高到 6.6×10^{-12}。Arnoult等人[141]测量了氢原子1S—3S的跃迁频率，他们得到的不确定度为 4.5×10^{-12}，这是除氢原子1S—2S跃迁频率以外，又一个被精密测量的谱线。

5.3.1.2 氦原子精密光谱

氦原子是最简单的多电子原子体系，核外有2个电子，2个电子角动量遵从轨道和自旋耦合(LS耦合)，2个电子合成的总自旋 $S=0$ 和1，能级分成 $S=0$ 的单层结构和 $S=1$ 的三层结构两组，氦原子能级结构[142]如图5-24所示。图中小写字母表示电子组态(如1s2p)，大写字母表示能级的精细结构(如 $^1P_1$)。单层能级之间的跃迁产生单线结构光谱，三层能级之间跃迁产生复杂多线结构光谱。

氦原子光谱在描述两个电子相互作用、确定氦原子核的大小方面起到了至关重要的作用。氦原子光谱的理论计算和实验测量可用于相对论和QED理论的检验、精细结构常数及其他基本物理量的精确确定。Showartz[143]首先于1964年提出了利用氦原子光谱确定精细结构常数的方案，Lewis和Serafino[144]于1974年通过 α^6 级项的修正计算，将氦原子 $1s2p^3P_J$ 能级精细结构的理论计算值提高到43 kHz的精度，与实验测量值对比后得到的精细结构常数精度为 0.94×10^{-6}[145]。Pachuchi和Yerokhin[146]于2010年通过 α^7 级项的修正计算，

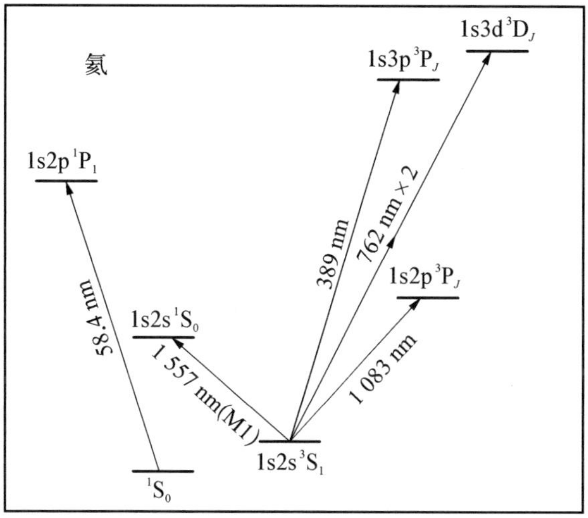

图 5 - 24 氦原子能级结构图[142]

将精细结构常数的预期精度提高到 3.1×10^{-8}。在氦原子的实验测量方面，Lamb[147]于 1957 年用微波激发光谱研究了氦原子 $1snp\,^3P_J$($J=0$, 1, 2)能级的精细结构，Colegrove[148]于 1959 年采用塞曼能级干涉的方法研究了氦原子的 2^3P_1—2^3P_2 精细结构，Hughes[149]于 1968 年采用氦原子束光学-微波共振技术测量了 ^{4}He 原子 2^3P_1—2^3P_2 精细结构，测量精度达到 3×10^{-6}。Hessels[150]于 2009 年用微波分离振荡场方法将氦原子精细结构 $2\,^3P_1$—$2\,^3P_2$ 能级间隔测量的不确定度降到 350 Hz，Smiciklas 等人[151]于 2010 年将氦原子 $2\,^3P_1$—$2\,^3P_2$ 能级间隔测量的不确定度进一步降低，同时将精细结构常数的测量精度提高到 2×10^{-8}。van Rooij 等人[152]于 2011 年利用亚 mK 的 ^{3}He 费米子和 ^{4}He 玻色子开展了1 557 nm 双禁戒亚稳态跃迁的测量，实验测量精度达到 8×10^{-12}。实验装置如图 5 - 25 所示，小部分 1 557 nm 的激光束经光纤链路耦合到光纤频率梳，快速光电二极管(PD)监测外差信号以确定激光绝对频率；剩余激光被分成囚禁光和探测光，囚禁光束聚焦后在磁阱中心形成一个束腰为 85 μm 的二维偶极阱。探测光经频率为 40 MHz 声光调制器移频后与囚禁光重叠，由光电倍增管(PM)接收。用于测量原子温度和原子数目的微通道板探测器被放置在光偶极阱的下方。^{4}He，^{3}He $2\,^3S_1\rightarrow2\,^1S_0$跃迁频率测量数据如图 5 - 26(a)(b)所示。y 轴上的频率是数据点的加权平均值。灰色区域表示的 ^{4}He，^{3}He 测量不确定度分别是 ±1.8 kHz和±1.5 kHz。Kandula 等人[153]于 2011 年实现了用于氦原子基态精细结构测量的 XUV 频率梳，并对^{4}He 基态兰姆位移进行了新的测量。孙羽等

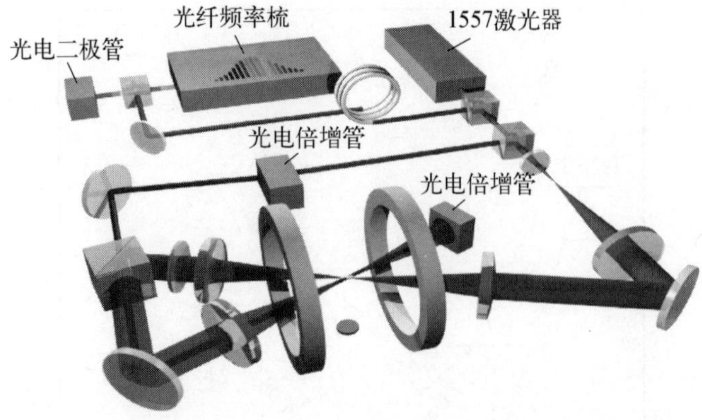

图 5-25　测量氦原子 $2^3S_1 \to 2^1S_0$ 跃迁频率的实验装置示意图

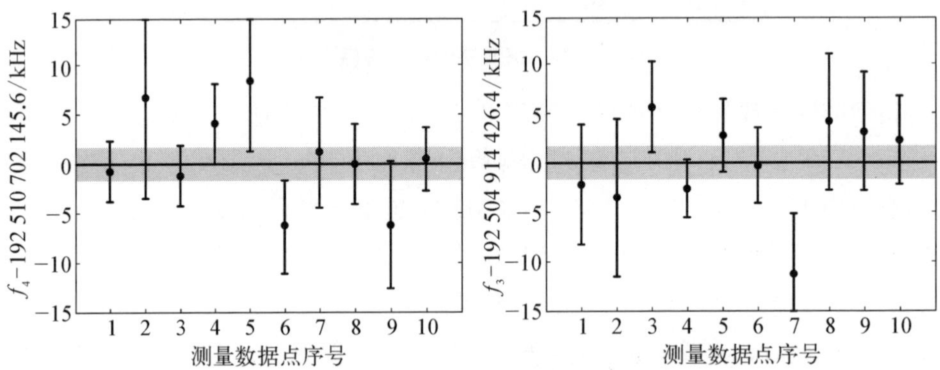

(a)　　　　(b)

图 5-26　氦原子 $2\,^3S_1 \to 2\,^1S_0$ 跃迁频率测量数据[152]

人[154]建立了一套激光冷却氦原子束光谱测量装置，有望将^{4}He 原子 2^3S_1 $2^3P_{0,1,2}$精细结构跃迁光谱测量的准确度提高到亚 kHz 水平。Luo 等人[155]近期报道了利用光纤光学频率梳对^{4}He 原子 $2^1S_0 \to 2^1P_1$跃迁频率的测量结果，绝对跃迁频率是 145 622 892 822(183)kHz，相对不确定性为 1.3×10^{-9}，比目前最好的理论计算值精确 10 倍。

5.3.1.3　锂原子光谱精密测量

锂原子有^{6}Li、^{7}Li 两种稳定同位素以及^{8}Li、^{9}Li、^{11}Li 三种放射性同位素。锂原子熔点低，跃迁谱线大多在可见光波段，这些特点为其精密光谱的实验研究提供了便利。锂原子光谱对研究 QED、兰姆位移以及原子核结构至关重要。图 5-27 是^{6}Li、^{7}Li 原子 D 线的精细结构和超精细结构能级[156]，超精细分裂是理论上的计算值[156-158]。早期的锂原子光谱实验测量采用能级交叉法[159]和光学双共振方法[162]，后期多采用激光激发原子束来进行[161-165]，近期飞秒光梳被用于锂原子束光谱的测量[166-168]。锂原子 2P 态精细结构测定的准确度受限于 $2P_{3/2}$ 态的超精细分裂，其值小于或可比于锂原子 D 线的自然线宽(6 MHz)。锂原子 $n=10$ 的精细结构的间隔尚无理论计算值，Oxley 等人[169]于 2010 年实验测量了 ^{7}Li 原子 10P 态精细结构间隔、绝对能量及其量子亏损，结果分别为 74.97 (74) MHz，42 379.498(23) cm^{-1}，0.046 94(10)。精细结构间隔的测量精度比之前的实验有明显提高。绝对能量及其量子亏损的测量结果与理论计算值吻合。

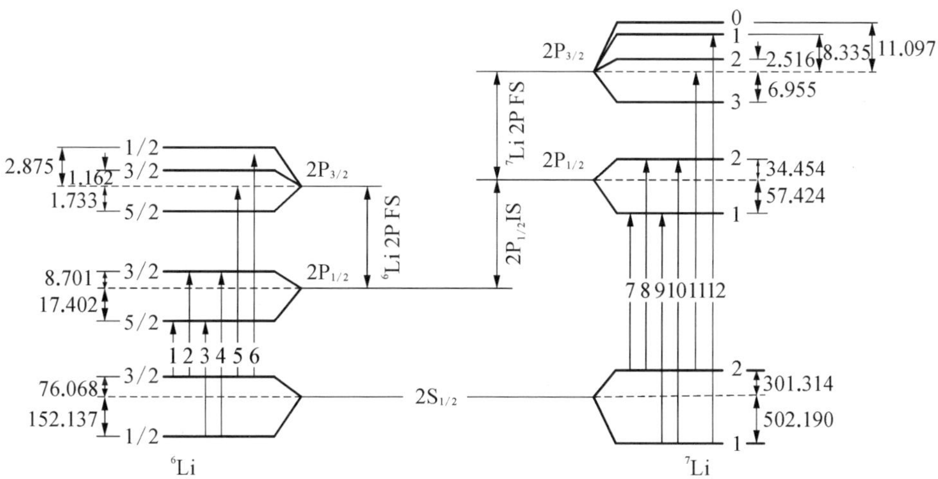

图 5-27 ^{6}Li,^{7}Li 原子 D 线的精细结构和超精细结构能级[156]

所有的数值都是以 MHz 为单位，FS 和 IS 分别表示精细结构和同位素位移，竖直能量轴未按比例绘制。

Lien 等人[170]于 2011 年报道了锂原子 2S→3S 跃迁谱线绝对频率的测量结果，测量精度优于 330 kHz。Tang 等人[171]用 Hylleraas 理论和半经验方法计算了锂原子 3S 态的动态偶极极化，计算得到 ^{7}Li(2S→3S)在 610.5 nm 和 735.1 nm 的斯塔克(Stark)频移。2012 年，Tomczyk 等人[172]首次在实验上测量了 ^{6}Li 原子 5P 态的精细结构分裂，测量值为 607.7 MHz，与理论计算值符合。2013 年，Huang 等人[173]利用碘分子谱稳频激光器和光频梳精密测量 ^{7}Li 原子 D_1 线超精细能级间距，测得的 $2P_{1/2}$ 和 $2S_{1/2}$ 超精细结构分裂分别为 91.892(7) MHz 和 803.509(16) MHz。

5.3.1.4 氢分子离子精密谱计算

氢分子离子(如 H_2^+，HD^+)是结构上最简单的双原子分子，只有一个电子，电子可以处在不同的状态。氢分子离子低振转能态间跃迁频率的精密测量结合高精度 QED 理论，可以给出高精度的质子-电子质量比，超越目前科学技术数据委员会(The Committee on Data for Science and Technology, CODATA)的推荐值。振转跃迁的理论预言精度要达到 10^{-11} 或更高，必须改善量子非破坏性测量方法 QED 修正领头项的精度。电子自能是 QED 修正的主要组成部分，其中的领头项涉及 Bethe 对数项的计算。Korobov[174] 于 2012 年利用 Schuward 方法高精度计算了氢分子离子 H_2^+ 和 HD^+ 的最低旋转振动状态的 Bethe 对数，振转频率间隔的相对不确定度优于 10^{-11}，这对确定电子质子质量比的氢分子离子振转光谱实验十分重要。2012 年，Zhong 等人[175]在振动数 $\upsilon = 0 \sim 4$ 和总角动量 $L = 0 \sim 4$ 范围内计算了 HD^+ 的 Breit 算符和 Q 项的期望值，确定了一些振转跃迁频率的相对论和辐射修正，将 α^2 阶修正的数值不确定度减小到亚 kHz 或更小，这些工作为 Korobov 的计算[174]提供了独立旁证。2013 年，Zhong 等人[176]又利用 Goldman 和 Drake 方法提高了计算精度，使得该项计算结果的可靠性得到了保障，也为计算更高阶修正提供了新的工具。氘核具有非零电四极矩，非零电四极矩与梯度电场作用会导致附加的超精细相互作用微扰项，理论与实验比对是确定氘核电四极矩的一种可能方法。目前缺乏 D_2^+ 的高精度理论计算，2013 年，Zhang 等人[177]计算了 D_2^+ 系列振转能级的超精细结构，精度较以往结果提高了 3～4 个量级，与实验测量值符合，该工作报道的超精细结构常数值为实验确定振转跃迁中心频率提供了重要的输入参数。

氦原子 2^3P 态精细结构的实验测量与 QED 理论计算结果的比对，可以高精度确定精细结构常数，但目前理论计算的精度比实验测量精度差，限制了精细结构常数确定的精度。理论不确定度的主要来源是 α^6 阶修正，鉴于 α^6 阶修正理论与计算的高度复杂性，开展与氦原子有类似能谱结构的 Li^+ 精密谱测量将有助于检验现有理论、确定高阶修正的不确定度。

5.3.1.5 分子精密光谱

分子精密光谱是研究分子结构、化学反应的重要工具。碱金属分子的高分辨光谱数据对冷原子、超冷原子间的相互作用、超冷原子碰撞产生长程分子等方面的研究具有重要意义。碱金属分子的基态是单重态，单重态到三重态的跃迁是禁戒的，无法进行实验观察，钾、铷、铯等双原子分子的光谱数据不足。Xie 和 Li 等利用红外-红外双共振方法观察到钾分子的 $2^3\Pi_g$ 态[178, 179]、$1^3\Delta_g$ 态[180]、$4^1\Sigma_g$ 态[181]，得到了这些态的势能曲线、分子常数。

中性分子、自由基相对稳定，对其光谱的研究较多。离子的寿命非常短，离子光谱的研究较少。零动能光电子能谱(ZEKE)[182]方法可用于探测离子的能级结构。Mo 等人建立了一套 VUV/XUV 光电子离子装置，利用 VUV/XUV 激光结合零动能光电子能谱方法研究了 SO_2^+ ($X\ ^2A_1$)[183]，F_2^+ ($X^2\Pi_g$) 的结构[184]。

Zewail[185]首次利用飞秒激光泵浦-探测激光诱导荧光(LIF)技术，观测到了 CN 分子的光解离，Zhang 等人利用飞秒泵浦-探测飞行时间质谱研究了碘甲烷 B 分子里德伯态的预解离动力学[186](见图 5-28)和对氟溴苯的单重态和三重态的系间交叉[187]。离子影像技术[188]被广泛应用于气相分子和团簇的光电离和光解离动力学的研究，de Nalda 等人[189]利用该技术研究了碘甲烷的 A 带多通道光解动力学过程(见图 5-29)。

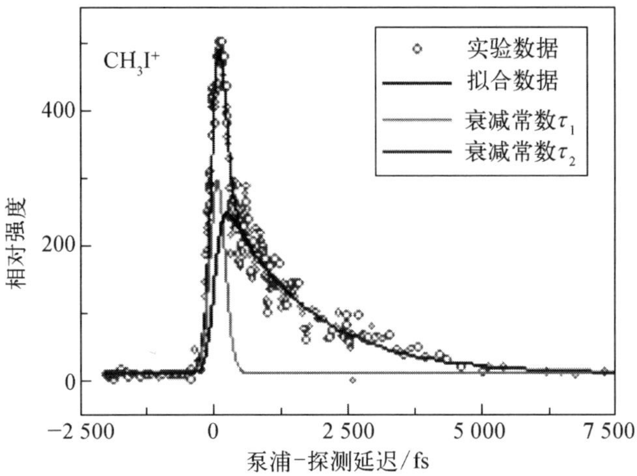

图 5-28 用 400 nm 的泵浦光和 800 nm 的探测光探测到的 CH_3I 母体离子飞行时间质谱信号强度随泵浦-探测激光延迟时间的变化曲线及拟合结果[186]

时间分辨的光电子影像技术可以同时获得光电子的能量和角度随时间变化的信息，该技术已成为研究化学反应动力学的一种强有力的实验手段。Cao 等人[187]利用该技术研究了对氟溴苯分子在 266 nm 泵浦、400 nm 探测时的系间交叉过程，图 5-30 是实验测得的时间分辨的光电子影像。

碘分子的吸收谱线可作为参考频率用于激光稳频。2013 年，Wang 等人[190]利用光学频率梳测量了碘分子 P(28)24—0 α_1，α_{10} 和 α_{15} 超精细跃迁(548 nm)的绝对频率，精度优于 20 kHz，测量了 $^{127}I_2$ 分子 R(78)4-6 线 α_1，α_{10} 和 α_{15} 超精细跃迁(671 nm)的绝对频率[191]，精度优于 40 kHz。

冷分子束和超冷分子样品的多普勒展宽可被部分地甚至全部消除，冷分子

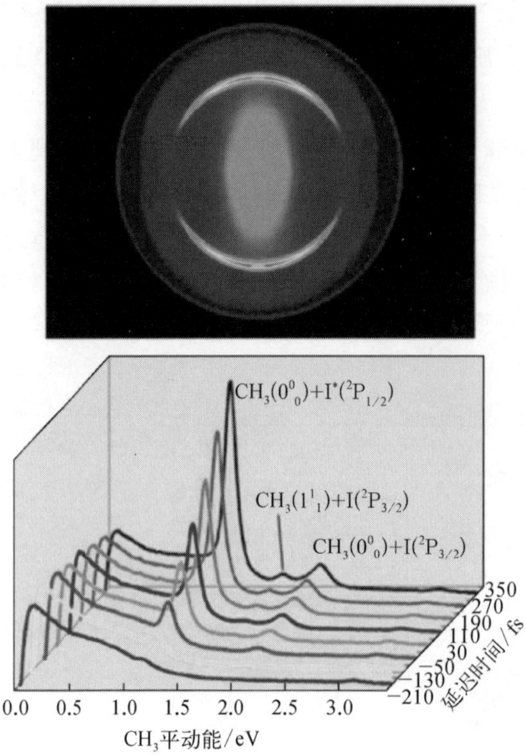

图 5-29 CH_3^+ 在泵浦-探测延迟为 1 ps 下的反 Abel 变换影像和 CH_3 碎片在不同泵浦-探测延迟下的动能分布曲线[189]

束或超冷分子光谱术可望获得更高的光谱分辨率。光子缔合光谱技术[192]、双色光子缔合光谱技术[193]和受激拉曼光子缔合光谱技术[194]已逐渐用于产生超冷分子样品、研究超冷分子的光谱结构、振转能级及其冷碰撞性质等。

5.3.2 质量单位的新基准

质量单位“千克”是国际单位制中 7 个基本单位之一，也是唯一一个至今没有明确科学定义、依靠实物“国际千克原器”充当基准的基本单位。100 多年来，科学界一直寻求将质量基准建立在自然基准上的可能途径，例如，将质量基准与普朗克常数或阿伏伽德罗常数联系起来[195]。利用普朗克常数对“千克”的定义有 3 种[196]：① 1 千克是相当于总频率为 $(299\ 792\ 458^2/66\ 260\ 693)\times 10^{41}$ Hz 的一定数量的光子能量的物体的质量；② 1 千克是相当于德布罗意-康普顿频率恰好等于 $(299\ 792\ 458^2/66\ 260\ 693)\times 10^{-34}$ Hz 的物体的质量；③ 千克是普朗克常数正好等于 $6.626\ 069\ 3\times 10^{-34}$ J·s 时物体的质量单位。对于还没有掌握量子力学的普通读者来说，千克的这些定义难以理解，对这些定义的详细解释也比较复杂[195]。

近年来，原子干涉仪技术的发展为千克质量的新定义提供了可能。2010 年，Müller 等人[197]提出可以将原子看成以康普顿频率(ω_C)运行的时钟，利用原子干涉仪来准确测量引力红移。康普顿频率与原子的静止质量(m)有关：$\omega_C = mc^2/\hbar$ (铯原子的康普顿频率为 $2\pi\times 3.0\times 10^{25}$ Hz)，即质量单位“千克”可以用原子的康普顿频率来定义。这个设想一经提出就立即在国际上引起了极大的关注。Wolf 等人[198, 199]对此方案提出了质疑，他们认为，在广义相对论及其他理论框架下，原子干涉仪的两个路径之间的“康普顿相位”差为零，原子干涉仪

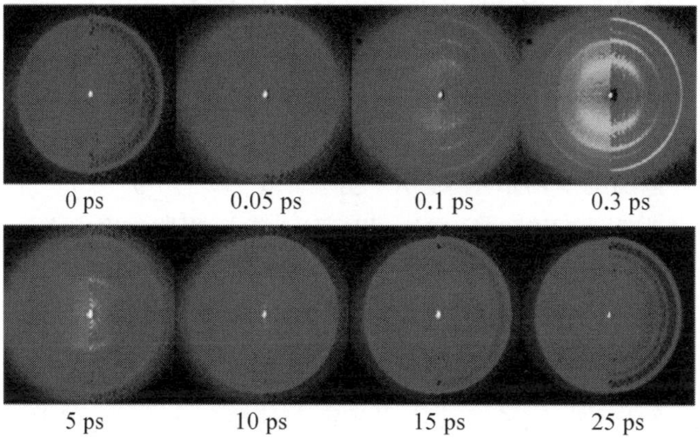

图 5-30 对氟溴苯在 266 nm 泵浦/400 nm 探测下的时间分辨光电子影像

图像左边部分是原始的影像图，右边部分是经过反 Abel 变换的影像图[187]。

不能以康普顿频率检验引力红移，否则将违反希夫(Schiff)猜想、量子力学的费曼路径积分公式、物质最小作用原理、能量守恒及波粒二象性等。Müller 等人针对这些质疑作出了回应[200]，认为 Wolf 等人在得出前述结论时误用了希夫的猜想，他们强调原子干涉仪可以直接检验引力红移效应。Wolf 等人则坚持他们的观点[201]，即原子干涉仪不能以康普顿频率检验引力红移效应。2013 年，Müller 等在实验上演示了康普顿钟[202]，标志着他们在这场持续两年多的科学争论中的胜出。康普顿钟用光学频率梳校准原子干涉仪，用反冲原子的脉冲光谱同步振荡器，将粒子的质量与时间直接联系起来。借助于阿伏伽德罗常数，康普顿钟可以实现对“千克”的标定，换句话说，可以将“千克”用“秒”来测量[203]，与传统的瓦特天平法相比，反冲原子的方法更加简单、精确度更高。这对于基础物理和精密测量具有重要意义，对“千克”的新定义起到推动作用。

5.3.3 微弱力的精密测量

当一个中性原子与金属表面的距离为 r 时，它会感受到范德瓦耳斯(van der Waals)吸引势：$U \sim r^{-3}$。距离大于原子的共振波长时，会因卡西米尔-波尔德(Casimir-Polder)力而产生阻滞效应，卡西米尔-波尔德力来源于电磁场的量子涨落。1992 年 Sandoghdar 等人[204]利用微腔直接测量了原子与其表面之间的范德瓦耳斯相互作用。1993 年，Sukenik 等人[205]用类似的装置对卡西米尔-波尔德力进行了定性研究。2001 年，Shimizu 等人[206]通过研究激光冷却的亚稳态氖原子束被不同介电表面势的反射，对卡西米尔-波尔德力进行了定量研究。

BEC的集体振荡行为是测量微弱力的灵敏工具，Cornell等人用BEC首次在实验上定量研究了卡西米尔-波尔德力对原子与表面的间距和表面温度的依赖关系[207, 208]。Chwedenczuk等人[209]利用双阱势中简并费米子或玻色气体的拉比振荡测量了原子与电介质表面之间的卡西米尔-波尔德力，测量灵敏度足以区分不同温度范围的卡西米尔-波尔德势。Liu等人[210]提出了一种基于双阱中BEC干涉的弱类引力(Weak Gravity-like Force)探测器方案。Aranya等人研究了在量子光力学装置中用BEC探测弱力的可行性[211, 212]。

原子干涉仪对加速度非常敏感，单原子干涉仪也可用于微弱力的精密测量。2011年，Lepoutre等人[213]利用原子干涉仪测量了原子与表面之间范德瓦耳斯相互作用引起的相移。原子干涉仪测量重力的精度很高，是在中等距离检验牛顿反平方定律的理想工具[214]。2012年，Parazzoli等人[215]实现了自由下落的单原子物质波干涉现象的观察及单原子干涉仪测量微弱力的演示，他们用原子波包的相干长度为度量，直接探测到自由下落的单个原子的速度分布，测量了单个原子的温度。单原子干涉仪能以微米尺度的空间分辨率探测 3.2×10^{-27} N量级的力，这种测量灵敏度可用于卡西米尔-波尔德势的测量。

5.3.4 电偶极矩的测量

自然界的基本对称性包括电荷对称(Charge-conjugation，简称C-对称)，空间反演对称(Parity，简称P-对称)，时间反演对称(Time-reversal Symmetry，简称T-对称)，以及它们的各种组合(CP, CPT)。CPT是一个被迄今为止所有的实验所证实的更加基本的对称性；CP-不对称与T-不对称是等价的。一个粒子或系统的永久电偶极矩(Electric Dipole Moment，EDM)是电荷沿系统总角动量方向的分离。电偶极矩会导致原子的角动量(自旋)在磁场和电场中的进动频率因电场反转而发生微小的变化。电偶极矩来源于标准模型(Standard Mode)所描述的基本粒子相互作用中的各类CP-不对称效应。例如，原子固有的电偶极矩是T-不对称的一种具体表现形式，换句话说，电偶极矩是同时违反C-对称和P-对称(CP-不对称)的具体表现。在时间反演变换下，原子的自旋方向反转，但电偶极矩方向不变，时间反演改变了同时具有自旋和电偶极矩的原子的一些固有性质，即时间反演对称性破缺。

在标准模型中，原子、分子及基本粒子的电偶极矩极其微小，远远低于现在最精密实验所能测量到的数值。然而标准模型并不完备，一些超越标准模型的理论预测，电偶极矩可能是可观测量。宇宙中反物质比物质少的问题也与电偶极矩的大小密切相关，如果是一些未被发现的粒子相互作用打破物质和反物质之间的对称性，那么在粒子物理的大部分模型中电偶极矩将是可测量的。因此，寻找原子、分子、核子及核的永久电偶极矩是对超越标准模型的理论的检验，具有重要的科学意义。

在过去的五十年中，人们利用各种各样的系统开展了寻找电偶极矩、探索超越标准模型的新物理的理论和实验研究[216-219]。实验上，一般通过精确测量原子或极化分子的角动量在磁场和电场中的进动频率来测量电偶极矩。为提高测量精度，要求采用尽可能大的电场、尽可能稳定的磁场、尽可能多的粒子数目和尽可能长的连续进动时间。用于电偶极矩测量实验的原子、分子种类较多，常用的有铊(Tl)原子、汞原子及各种极化分子。尽管实验上还没有观察到电偶极矩，但是通过实验测量所给出的上限值为发展新的理论起到了引导作用。

近年来，电偶极矩相关的理论和实验研究都有一些新的进展。Gopakumar等人[220]通过计算“碱土金属原子与锂原子”形成的超冷极性分子的永久电偶极矩，发现“碱土金属-锂”分子系统具有适中的永久电偶极矩值，适合于开展单量子态的研究。Latha 和 Amjith[221]基于耦合微扰哈特里-福克(Hartree-Fock)理论框架，研究了^{129}Xe，^{171}Yb 和^{225}Ra 的固有电偶极矩。Roberts 等人[222]研究了双核极化对铷、铯、钡离子(Ba^{+})、镧离子(La^{2+})、铊、钫、镭离子(Ra^{+})、锕离子(Ac^{2+})、钍离子(Th^{3+}) ss 和 sd 宇称守恒跃迁幅度的影响，以及上述中性原子和金(Au)原子基态的电子电偶极矩增强因子。Stadnik 和 Flambaum[223]研究了原子、分子及核中宇称不守恒、电偶极矩、自旋-引力耦合等效应。

利用铊原子测量电偶极矩的一个代表性实验是 Regan 等人[224]在 2002 年开展的，他们给出了铊原子电偶极矩的上限为 $1\times10^{-24}\,e$ cm(单位：电子电荷乘以厘米)，电子电偶极矩的上限为 $1.6\times10^{-27}\,e$ cm。Dzuba 和 Flambaum 于 2009 年[225]采用相对论哈特里-福克和组态相互作用方法以及多体微扰理论计算的^{205}Tl原子电偶极矩的增强因子(相对于电子电偶极矩 d_e的倍数)为 $d(^{205}\mathrm{Tl})=-582(20)d_e$，类似的计算得出^{133}Cs 电偶极矩的增强因子为 $d(^{133}\mathrm{Cs})=124(4)d_e$。Nataraj 等人于 2011 年[226]采用相对论耦合团簇理论精确计算，得出铊原子的电偶极矩增强因子，并根据铊原子电偶极矩的实验数据[224]给出了电子电偶极矩的上限为 $2\times10^{-27}\,e$ cm。Porsev 等人[227]采用不同的高精度方法计算的铊原子电偶极矩的增强因子为$-573(20)$，比 Nataraj 等人的结果[226]大 20%，但与更早以前的计算结果符合得非常好。

2002 年，Romalis 等人[228]测得^{199}Hg 电偶极矩的上限为 $2\times10^{-28}\,e$ cm。2009 年，Griffith 等人[229]用 4 个汞蒸气泡阵列开展了寻找^{199}Hg 永久电偶极矩的新实验，获得的上限为 $3.1\times10^{-29}\,e$ cm。Latha 等人[230]精确计算了核希夫矩

和张量-赝张量电子-核的相互作用引起的^{199}Hg 的电偶极矩，他们的理论计算与^{199}Hg电偶极矩的最新实验结果相结合，给出了在 T -对称或 CP -对称破缺的参数。Swallows 等人[231]详细介绍了寻找^{199}Hg 电偶极矩的技术和新的^{199}Hg 电偶极矩上限[229]在基本粒子相互作用中 CP -对称性破缺研究中的应用。

由于强的相对论效应，由重原子组成的极性分子中核外电子感受的有效电场却可以高达 10^{10} V/cm，比高真空中能加到的最高电场值还要高出 5 个数量级，由此可以将测量分子中电子或者原子核的电偶极矩的灵敏度增加 5 个数量级。通常选用异核分子作为 P -不对称的实验研究对象，Li 等人[232]近期报道了同核分子永久电偶极矩的观察结果，该分子由一个基态铷原子与一个高里德伯态铷原子组成。理论预测的偶极矩在 1 D(1 D$=2\times10^{-13}$ e cm)的量级，与实验观测值非常吻合。

2011 年，Hudson 等人[233]用冷极性氟化镱(YbF)分子测量了电子的电偶极矩，他们以 90%的置信度测得的电子电偶极矩的上限为 10.5×10^{-28} e cm。随后，他们对实验方案和数据分析过程做了详细的介绍[234]。新一代实验正在探索利用新的技术控制分子的方法，Tarbutt 等人[235]提出了用超冷氟化镱分子喷泉代替分子束来测量电子电偶极矩的改进实验方案。

如果分子重且具有大的偶极矩，则 Ω -双峰态有可能极大地提高搜索电偶极矩实验的灵敏度。Eckel 等人[236]也做了利用 Ω -二重态极性分子寻找电子电偶极矩的实验探索，他们用一氧化铅(PbO)分子测得的电子电偶极矩为 $d_e=(-4.4\pm9.5\text{stat}\pm1.8\text{syst})\times10^{-27}$ e cm，从而给出 d_e 的上限为 1.7×10^{-26} e cm。Baron 等人[237]则用一氧化钍(ThO)极性分子实验测得 $d_e=(-2.1\pm3.7\text{stat}\pm2.5\text{syst})\times10^{-29}$ e cm，从而给出 d_e 的上限为 8.7×10^{-29} e cm，这是迄今为止测量电子电偶极矩的最高精度。

5.3.5 原子核基本参数测量

5.3.5.1 原子核质量

原子核质量的精密测量对鉴别原子核类别、探索原子核结构等具有重要意义。测量原子核质量的主要实验设备有两个：储存环质谱计和离子阱质谱计。储存环质谱计方法属于高能物理范畴，离子阱质谱计则属于原子分子光物理范畴。离子阱质谱计采用潘宁阱构型，是质量测量精度最高的仪器，典型的质量测量相对精度达到了 $10^{-8}\sim10^{-11}$。

近年来，原子核质量的精密测量在奇特原子核、晕核、超重核、核结构信息、新同质异能素、新同位素、核合成研究、核理论模型和基本相互作用检验等方面都取得了重要进展[238]。2008 年，Smith 等人[239]首次利用潘宁阱质谱计精确测量了^{11}Li 晕核的质量，与^{8,9}Li 质量的测量结果相结合，确定了^{11}Li 的双中子分离能为 369.15(65)keV。2010 年，Block 等人[240]首次对锘原子同位素$^{252-254}$No 的质量进行了直接测量，测量精度为 10 keV(相对精度为 5×10^{-8})，^{254}No 是利用质谱计测量的质量最重的原子核。

5.3.5.2 电子质量及质子-电子质量比

电子质量与里德伯常数、精细结构常数密切相关，精密测量电子质量，有助于了解原子分子的结构和性质、检验粒子物理的标准模型。由于电子质量太小，通常用原子质量 u 作为其单位，采用离子阱质谱计来对电子的质量进行精确测量。

1980 年，Gräff 等人[241]通过测量质子和电子在磁场与静电四极场中回旋加速频率，间接测量了质子-电子质量比，测量结果为 $m_p/m_e=1\,836.152\,7(11)$，相对测量精度为 6×10^{-7}。1995 年，Farnham 等人[242]用潘宁阱中囚禁的单个 C^{6+} 离子测得电子的质量为 $m_e=0.000\,548\,579\,911\,1(12)$ u，相对测量精度为 2×10^{-9}。顺便测得质子-电子质量比为 $m_p/m_e=1\,836.152\,666\,5(40)$，相对测量精度为 2×10^{-9}。2001 年，Beier 等人[243]测得的电子质量为 $m_e=0.000\,548\,579\,909\,2(4)$ u，相对测量精度为 7.3×10^{-10}。2011 年，Beier 等人[244]用氦原子双光子激光光谱测量了反质子与电子的质量比，测量结果为 1 836.152 673 6(23)，相对测量精度为 1.3×10^{-9}，与已知的质子-电子质量比的相对测量精度相当。2014 年，Sturm 等人[245]在精密测量电子质量方面取得了重要进展，他们利用潘宁阱中单个$^{12}C^{5+}$离子，测量电子自旋翻转微波频率与离子在阱磁场中的回旋运动频率的比值，进而确定了电子质量为 $m_e=0.000\,548\,579\,909\,067(14)(9)(2)$ u，相对测量精度为 3×10^{-11}，比 CODATA2010 推荐值的精度[246]提高了 13 倍；测得的质子-电子质量比为 $m_p/m_e=1\,836.152\,673\,77(17)$，相对测量精度为 9.4×10^{-11}。

5.3.5.3 核电荷半径

核电荷半径是获得原子核结构信息、研究原子核整体性质、探索新的奇特核现象、检验原子核微观理论模型的重要参数之一。测量原子核电荷半径的实验方法[247]有 μ 原子谱学、光学同位素位移、K_αX 射线的同位素位移和电子散射。其中，光学同位素位移法属于原子分子光物理范畴，其他方法则属于高能物理范畴。四种方法对原子核基态电荷分布的不同参数的敏感性不同，光学和 K_αX 射线的同位素位移法能确定核电荷半径均方值的变化量，电子散射实验能测量的核电荷半径的均方根(RMS)值或费米分布，μ 原子光谱可确定核电荷半径的绝对值。通常将不同实验方法获得的数据综合考虑，以获得比只用单一方法更详细准确的原子核电荷半径信息。

光学同位素位移是利用激光光谱学方法测量出某种原子不同同位素的位移数据，再根据理论计算的能量位移来确定核电荷的半径。以锂原子的两种同位素^{6}Li，^{7}Li为例，相对核电荷半径的平方 Δr_c^2 可表示为

$$\Delta r_c^2 = r_c^2(^6\mathrm{Li}) - r_c^2(^7\mathrm{Li}) = \frac{\Delta\nu_{\mathrm{ISO}} - \delta E}{C} \tag{5-9}$$

式中，$\Delta\nu_{\mathrm{ISO}}$ 是同位素位移测量值，δE 是质量位移的理论计算值，C 是与原子核大小有关的位移。Yan 和 Drake[248]计算了锂原子的不同同位素的质量位移，其中^{6}Li，^{7}Li 同位素 $2^2\mathrm{P}_{1/2}$—$2^2\mathrm{S}$，$2^2\mathrm{P}_{3/2}$—$2^2\mathrm{S}$ 及 $3^2\mathrm{S}$—$2^2\mathrm{S}$ 跃迁的位移分别为 10 534.31(61)(6)MHz，10 534.70(61)(6)MHz 和 11 454.31(39)(5)MHz，第一个括号内的数值是与核电荷半径有关的不确定度，第二个括号内的数值是理论计算的不确定度。计算结果与同位素位移的光谱测量值结合，有望精确给出锂原子各种同位素的核电荷半径。Ewald 等人[249]利用双光子无多普勒激发和共振电离高分辨率激光光谱研究了^{6}Li，^{7}Li，^{8}Li，^{9}Li 同位素的 2S→3S 跃迁谱线，超精细结构分裂和同位素位移的测量精度均在 100 kHz 的水平，他们结合理论计算结果[248]确定了^{8}Li—^{9}Li 同位素核电荷半径的变化。Noble 等人[164]用电光调制的连续染料激光器研究了^{6}Li—^{7}Li 原子 D 线的同位素位移和精细结构、测量了相对核电荷半径，他们测量的^{6}Li—^{7}Li 同位素相对于核电荷半径都小于 0.02 fm。Puchalski 等人[250]通过对^{6}Li—^{7}Li 基态精细结构分裂的相对论 QED 修正计算，认为^{7}Li 的核电荷半径小于^{6}Li，这个计算结果结合已知的电四极矩和磁偶极矩差异，可以更深入地了解核结构。

氦原子中原子核的大小仅占原子体积的 10^{13} 分之一[142]，由于原子核很小，原子核对原子能级的微扰可以精确地测量和计算，因此氦同位素是检验少体核理论的非常好的体系。Shiner 等人[251]测量了^{3}He－^{4}He 同位素 $2^3\mathrm{S}_1$—$2^3\mathrm{P}_0$ 跃迁的位移为 33 668 074±5 kHz，结合理论计算和已知的^{4}He 的核电荷半径，将^{3}He核电荷半径确定为 1.950 6(14) fm。Wang 等人[252]测量了^{6}He 的核电荷半径，其值为 2.054(14) fm。Mueller 等人[253]利用激光冷却的氦同位素，测量了^{4}He－^{6}He－^{8}He同位素链的频率差，并由此首次确定了^{8}He 同位素核电荷半径为 1.93(3) fm。Pastor 等人[254]通过测量亚稳态^{3}He 原子 2^3S 和 2^3P 超精细能级的绝对频率，测量了^{3}He－^{4}He 原子核电荷半径的平方差为 $\Delta r^2 = 1.074(3)\ \mathrm{fm}^2$。

氢-氘 1S－2S 跃迁的同位素位移是所有原子同位素位移中测量得最准确

的。Hänsch 等人[255, 256]近期通过 1S－2S 跃迁的双光子光谱测量了氢-氘的同位素位移，其值为 670 994 334 606(15) Hz，通过理论结果 Δf_{th}＝670 999 566.90(66)(60) kHz 比较，计算得到氘-质子核电荷半径的均方差为：$\langle r^2\rangle_d-\langle r^2\rangle_p=$ 3.820 07(65) fm^2，氘核的结构半径 1.975 07(78) fm。

^{12}Be 是铍原子的重要同位素之一，^{12}Be 核电荷半径对核结构很敏感，但目前对^{12}Be 核电荷大小的研究不多。2011 年，Krieger 等人[257]利用 Be^+ 离子 $2S_{1/2}\rightarrow 2P_{1/2,3/2}$ 跃迁的共线激光光谱精确测量了铍同位素的核电荷半径，^{10}Be－^{12}Be 同位素核电荷半径的均方差为 0.69(5) fm^2，^{10}Be－^{11}Be 同位素核电荷半径的均方差为 0.49(5) fm^2，实验测量结果与 $N=8$ 的封闭壳层一致。

5.3.6 时间频率的精密测量

时间和频率是两个非常重要的物理量。时间的单位“秒”是国际单位制中 7 个基本单位之一。在数学上，时间与频率互为倒数。时间频率的计量与人们的日常生活息息相关，高精度的时间频率标准在科学研究、计量学、天文学、卫星通信、导航定位等研究领域有着特殊的地位。从 20 世纪 40 年代以来，有近十次诺贝尔奖与时间频率标准的研究有关[258]。时间频率的原始标准分为宏观标准和微观标准，宏观标准基于天文观测，微观标准基于原子分子光物理和量子电子学，通常称为“原子频标”或“原子钟”。原子频标以其所参考的跃迁谱线所处的电磁波段可分为两类：一类是基于原子或离子的微波频标，如传统的铷频标、氢频标、铯频标和冷原子喷泉频标；另一类是基于原子或离子的光频标。冷原子物理和锁相飞秒激光技术的发展，使原子频标的研究不断取得新的进展。

5.3.6.1 微波频标

最早用于国际单位制秒定义的是石英振荡器[259]。基于原子跃迁频率标准关键技术的改进推动了原子频标的发展。铯原子束频标是发展较早的微波频标之一，在国际原子时的评定中发挥了很大的作用，目前仍是大多数国家的时间标准。氢激射器频标是自激型频标，在守时、授时、定位导航方面具有重要应用。小型气泡铷原子频标的应用也越来越广泛，提高频率稳定性的措施之一是减小泡壁的弛豫对跃迁频率的影响。2012 年，Bandi 等人[260]发展了一种抗弛豫泡壁涂层技术，使气泡铷原子频标的短期频率稳定性得到改善，$\tau=1\sim100\,\mathrm{s}$ 之间的短期频率稳定优于 $3\times10^{-12}/\sqrt{\tau}$。铯原子束频标和气泡铷原子频标都存在谱线的多普勒加宽问题。1953 年，Zacharias[261]提出了喷泉型的频标来解决原子束频标的多普勒加宽问题。1989 年，Hall 等人[262]提出了将原了喷泉用于光频标的方案；Kasevich 等人[263]将射频光谱技术应用于原子喷泉。自 1990 年以来，原子喷泉频标逐渐成为主要的微波频标[264]。2011 年，Ovchinnikov 等人[265]在铷原子喷泉技术方面取得新进展，他们在制备冷原子的磁光阱中增加了一个低速强束流原子源来提高磁光阱中原子的装载率，并通过改进微波腔的品质因数和温控措施将原子频标的准确度提高到 3.7×10^{-16}。Guena 等人[266]将原子喷泉腔场分布引起的相移不确定度提高到 $\pm8.4\times10^{-17}$。Weyers 等人[267]将喷泉频标的总不确定度提高到 4.1×10^{-16}。Ido 等人[267]将喷泉频标总不确定度评定为 4.1×10^{-15}。李天初研究组[269]的喷泉钟(NIM5)频率不确定度评定为 2×10^{-15}，10 s 的短期稳定度为 2.5×10^{-14}。各种因素导致的频移是实现国际单位制(SI)秒定义需要克服的最大系统频率偏差之一。2014 年，Jefferts 等人[270]用在不同温度下运转的三台频标对 ^{133}Cs 基态超精细跃迁的黑体辐射频移进行了高精度测量，测量的加权平均值为 $\Delta\omega/\omega=(-21.74\pm0.20)\times10^{-15}$。Guéna 等人[271]报道了铷喷泉钟(LNE - SYRTE FO2 - Rb)的最新评定结果，其不确定度为 4.4×10^{-16}。

冷原子喷泉频标的性能优异，能满足守时、授时等特殊需求。另一方面，冷原子喷泉结构复杂的磁光阱、微波腔等限制了其小型化及推广应用。因此，研制小型化原子频标也是一个重要的努力方向。2011 年 Müller 等人[272]设计实现了一种小型一体化冷原子频标，结构紧凑，重量轻、磁屏蔽效果好，预期稳定度为 $\sigma_y(\tau)=(5\pm0.5)\times10^{-13}/\sqrt{\tau}$。另一种小型原子频标，基于相干布居数囚禁(coherent population trapping，CPT)原理，它利用满足双光子共振条件的两种不同频率的激光场与三能级原子体系作用时的 CPT 现象来实现原子频标环路。由于没有共振吸收的发生，CPT 方法可以极大地消除一阶光频移现象，从而提高原子钟的准确度。另外，CPT 方法不需要微波信号直接作用于原子，省去了微波作用腔，可以使装置的结构大为简化。詹明生和王谨研究组设计实现了一种适用于小型化冷原子 CPT 频标的单光束磁光阱[273]，2010 年实现了基于磁光阱中冷 ^{87}Rb 原子介质的 CPT -拉姆齐干涉，获得线宽为 80 Hz 的共振信号，利用 CPT -拉姆齐条纹实现了原子跃迁频率的闭环锁定，获得短期(256 s)稳定度为 $4.5\times10^{-11}/\sqrt{\tau}$ 的冷原子 CPT 频标[274]。2011 年，Esnault 等人[275]设计了一种新的小型冷原子 CPT 频标，他们于 2013 年将这种设计变为现实[276]，实现的频率稳定度为 $4\times10^{-11}/\sqrt{\tau}$。

5.3.6.2 光频标

利用原子在光波波段的跃迁来定义的时间频率标准为光频标。频标的相对频率准确度和稳定度都和绝对频率 f_r 成反比，光波频率比微波频率高出 4 个量级，如果其对应的参考谱线的线宽 Δf 与工作在微波波段的传统频标(铷、氢、铯频标)相同，那么用于稳频谱线的 $Q(=f_r/\Delta f)$ 值则为微波频标的几万倍，即从理论上预言光频标的稳定度和准确度比微波频标高出 4 个量级。这也是目前光频标发展十分迅速的原因。光频标包括单个囚禁离子光频标和中性冷原子光频标两类。目前，光学频标的稳定度和准确度都已经超过了微波频率标准，并有很大的发展潜力[277, 278]。

单个囚禁离子与外界环境扰动隔离，具有窄跃迁线宽，适于作为高精确的光学频率标准。目前已经用于离子光频标研究的元素有汞、钙、锶、镱、铝等。汞离子频标可小型化，适于空间应用。Prestage 等人[279]研制的空间小型汞离子频标也取得了进展，2009 年实现的 1 s 短期稳定度已经达到 2×10^{-13}，1 天稳定度为 10^{-15}。2011 年，Madej 等人[280]实现了锶($^{88}Sr^{+}$)离子光频标，500 s 的稳定度为 6.5×10^{-16}，一天平均频率不确定度为 5×10^{-17}。2012 年，他们又将频率不确定度减小到 2×10^{-17}[281]。Huntemann 等人[282]实现了镱离子($^{171}Yb^{+}$) $^2S_{1/2}\rightarrow{}^2F_{7/2}$ 的跃迁谱线，有望实现系统不确定度为 7.1×10^{-17} 的光频标。在铝离子($^{27}Al^{+}$)光频标的研究方面，Chou 等人[16]于 2010 年将铝离子光频标的准确度提高到 10^{-17} 水平。高克林研究组于 2011 年实现了钙离子($^{40}Ca^{+}$)光频标，系统不确定度为 7.8×10^{-16}[283]，2013 年，他们再次将系统不确定度改善到优于 6.5×10^{-16}[284]。

黑体辐射频移是影响离子阱光频标准确度的重要因素之一。Arora 等人[285]研究了钙离子、锶离子光频标中的磁偶极和电四极导致的黑体辐射频移效应，钙离子钟跃迁的频移为 $4.38(3)\times10^{-4}$ Hz、锶离子钟跃迁的频移为 $9.50(7)\times10^{-5}$ Hz，要达到 10^{-18} 水平的光频标，必须克服这些黑体辐射频移。Zuhrianda 等人[286]研究了铊离子(Tl^{+})频标的黑体辐射频移，发现常温条件下铊离子 $6S6P\,^3P_0$—$6S2S\,^1S_0$ 跃迁黑体辐射频移为 $-0.0157(16)$ Hz，黑体辐射引起的铊离子光频标的不确定度为 1×10^{-18}，是除铝离子外黑体辐射频移最小的离子。基于钍离子($^{229}Th^{3+}$)基态双峰的能级分裂小于 10 eV[287]，核跃迁谱线可以作为新一代核光钟，其精度有望达到 10^{-19}[288]。

频标信号的量子投影噪声反比于跃迁谱线的信噪比，而信噪比正比于粒子数的平方根。离子阱中装载的单个离子虽然不受环境“干扰”，但粒子数为 1，光晶格制备的超冷原子系综则含有大量的原子数。基于中性原子的光频标在信噪比方面更具优势。2011 年，Hänsch 研究组[138]测量的氢原子 1S→2S 跃迁频率的不确定度为 4.2×10^{-15}。Katori 小组[289]将光晶格技术用于中性原子光频标，不过光晶格中原子数增加带来碰撞频移的问题。Lemke 等人[290]研究了费米子镱同位素的超冷碰撞问题，Ludlow 等人[291]研究发现^{171}Yb 光频标的碰撞频移在 5×10^{-18}水平。2013 年，Park 等人[292]测量了一维光晶格中^{171}Yb^{1}S (0)(F=1/2)－^{3}P (0)(F=1/2)的跃迁频率，确定了魔数波长，随后实现了不确定度为 5.3×10^{-15}[293]的镱原子光频标，不确定度主要受限于碰撞频移效应。Hinkley 等人[294]实现了超冷镱原子光晶格光频标，通过两台光频标 7 h 的比对，将光频标的稳定度评定为 1.6×10^{-18}。

2011 年，Bishof 等人[295]解决了^{87}Sr 钟跃迁相互作用边带问题，观察到一维光晶格中$^{3}P_{0}$态两体损失并测量了损失率[296]。Westergaard 等人[297]通过两个频率稳定度为 5×10^{-17}的锶光频标的比对研究了与光晶格势有关的频移，他们发现所有已知的与光晶格相关的扰动对光频标准确度的影响不会高于 10^{-17}。Falke 等人[298]实现了不确定度为 1.5×10^{-16}的锶原子光频标。2013 年，Targat 等人[299]用两台不确定度为 1.5×10^{-16}的锶原子光频标与三台独立的铯喷泉频标比对后，发现锶光频标的准确度达到 3.1×10^{-16}。2011 年，Ye 研究组通过提高原子相互作用强度来解决光晶格中原子的碰撞频移问题[300]，实现了不确定度为 10^{-17}水平的锶原子光频标，2014 年，他们在锶原子光频标研究方面取得突破性进展，首次将光频标的准确度和稳定度提高到 10^{-18}水平[301]，阿伦方差评定的锶光频标的稳定度为 $3\times10^{-16}/\sqrt{\tau}$，10 000 s 平均值为 3×10^{-18}，总的系统频率不确定度为 6.4×10^{-18}，不但在准确度上超过了单个囚禁离子光频标，还把测量时间降低了两个数量级。

除了研究较多的锶、镱原子光频标外，其他原子用于光频标的探索研究也在进行。Friebe 等人开展了镁原子钟跃迁频率的精密测量，2008 年他们利用原子束[302]测量镁原子$^{1}S_{0}\rightarrow{}^{3}P_{1}$的跃迁频率，2011 年改用激光冷却的镁原子来测量，测量精确度为 7×10^{-14}[303]，比原子束测量结果的精确度提高了一个数量级。此外，汞原子也是研究光频标的较好体系。Yi 等人[304]发现汞原子钟跃迁的魔数波长为 362.53(0.21) nm。2012 年，McFerran 等人[305]实现了稳定度为 $5.4\times10^{-15}/\sqrt{\tau}$的光频标。另外，也有利用铒原子研究光频标的方案[306]，预期准确度优于 10^{-18}。

飞秒光学频率梳技术是由 Hänsch 和 Hall 两个研究组共同发展起来的，在光频标中发挥着关键作用。飞秒光梳锁定在光学频率标准而不是微波标准上，具有光学频率标准的稳定度和准确度。2011 年，Kippenberg 等人[307]实现了基于高品质因数的微谐振器的参量转换的新型光学频率梳，大大减小了飞秒光梳的体积并将重复频率提高到 1 THz 左右。

衡量光频标重复性的最好方法是将不同的光频标进行比对。通过卫星的长距离比对方法，1 天测量时间的稳定度为 10^{-15}，这种方案不适合秒稳定度为 10^{-15} 的光频标的比对。解决方案是用光纤传输光频标来完成比对。Fujieda 等人[308]为此发展了一种全光链技术，可以实现 1 s 稳定度优于 2×10^{-15}，1 000 s 稳定度为 7×10^{-17} 的光频传输，他们将位于情报通信研究机构（NICT）和东京大学的 ^{87}Sr 光频标进行比对，获得了 7.3×10^{-16} 的稳定度[309]。Katori 研究组提出了通过同步操纵不同同位素光频标（如 ^{87}Sr[289] 和 ^{88}Sr[310]）进行比对的方法，他们用此方法实现了 3×10^{-17} 的相对稳定度。Hänsch 研究组[139]通过长距离光纤传输实现了氢原子钟跃迁频率的精密测量。

5.3.7 基本物理常数的高精度测量

基本物理常数的精密测量是一项十分重要的基础研究工作，涉及基础理论、精密测量、时间单位的重新定义、卫星定位精度的进一步提高等诸多方面。近年来，原子分子光物理相关实验技术的发展，为利用精密光谱、原子干涉术以及时间频率精密测量技术确定一些重要物理常数提供了便利，近期的研究进展也十分令人关注。

5.3.7.1 里德伯常数

里德伯常数 R_∞，是在表征原子跃迁谱线的波长与能级主量子数关系时引入的一个常数[246]：

$$R_\infty = \frac{2\pi^2 m_e e^4}{(4\pi\varepsilon_0)^2 h^3 c} = 10\ 973\ 732\ 315\ \text{cm}^{-1} \tag{5-10}$$

式中，m_e 为电子的折合质量（约等于电子的静止质量），e 为电子的电荷、ε_0 为介电常数，h 为普朗克常数，c 为光速。里德伯常数在光谱学和原子物理学中占有特殊的地位，是计算原子能级的基础，也是联系原子光谱和原子能级的桥梁，对物理学的基本理论有重要的影响。精确测量里德伯常数不仅对物理学的发展有着先导性的作用，而且也是进一步改善其他物理常数不确定性的突破点所在。

里德伯常数可通过对氢原子谱跃迁波长或频率值的精密测量，再结合理论计算得到。原理上通过测量氢的基态与第一激发态之间的跃迁频率，就可以得到里德伯常数的精确值。近年来对氢原子跃迁频率的计算准确度越来越好，对理论计算中的不确定度来源的研究也越来越深入。由于激光精密光谱技术的发展，里德伯常数的实验测量精度也不断提高。1989 年，Hänsch 等人[311]首次通过无多普勒光谱对里德伯常数进行了测量。里德伯常数的测量精度逐年提高，1988 年的相对不确定度为 1×10^{-9}[312]，1992 年的相对不确定度为 3.8×10^{-10}[313]，1995 年的相对不确定度为 2.7×10^{-11}[314]，1997 年的相对不确定度为 8.3×10^{-12}[315]，2010 年的相对不确定度为 1.5×10^{-12}[316]，20 年来提高了 1 000 倍。2010 年 CODATA 提供的里德伯常数相对不确定度为 5.0×10^{-12}[246]，是所有物理常数中测量精度最高的一个。里德伯常数测量精度的不断提高，带动了 QED 理论和精密测量技术的发展。

采用光学频率梳测量氢原子 1S－2S 跃迁频率的不确定度已达到 1.4×10^{-14}[140]。这两者之间之所以相差 2 个数量级，原因在于里德伯常数的确定是由跃迁频率测量值及计算值相比来决定的，虽然在采用光梳技术后跃迁频率可以测量得很准，但是受原子核尺寸及 QED 计算值不确定性等的影响，氢原子的 1S－2S 能级差计算值只能准确到 10^{-12} 量级。因此为了进一步提高里德伯常数的确定精度，还需测量氢原子其他能级的跃迁频率，甚至测量类氢 He^{+} 的 1S－2S 跃迁频率。2010 年，Arnoult 等人[141]测得氢原子 1S－3S 能级跃迁的频率为 2 922 742 936.729(13) MHz，相对不确定度为 4.5×10^{-12}。英国 NPL 计划测量 2S－nS 跃迁频率[317]，通过这些跃迁频率的测量将进一步减小能级修正的不确定度，进而提高里德伯常数的精度。

5.3.7.2 *万有引力常数*

牛顿力学中的万有引力常数 G，是一个描述有质量的物体间的引力作用的常数。牛顿描述的物体与物体间的引力作用正比于两个物体质量的乘积，并平方反比于这两个物体质心间的距离，表达如下：

$$F=G\frac{Mm}{r^2} \tag{5-11}$$

式中，F 是质量分别为 M 和 m 的两个物体距离 r 时的相互作用力，G 为万有引力常数。由于引力作用很弱且无法屏蔽，万有引力常数也是所有物理常数中最难测量、精度最差的基本常数，200 多年来，其测量精度只提高了 2 个数量级。在最近一轮的基本物理学常数调整中，CODATA－2006 给出的推荐值为 $6.674\,28(67)\times10^{-11}\,m^3\,kg^{-1}\,s^{-2}$，相对不确定度为 1.0×10^{-4}[318]。CODATA－2010 给出的推荐值为 $6.673\,84(80)\times10^{-11}\,m^3 kg^{-1}\,s^{-2}$，相对不确定度为 1.2×10^{-4}[246]。

实验室内测量万有引力常数的传统工具是精密扭秤和天平[319]，都是以宏观物体为测试质量。原子干涉仪的发展为利用微观原子测量万有引力常数开辟了新的途径。Tino 研究组[320]在国际上率先开展了基于原子干涉仪测量万有引力常数的研究。利用原子干涉仪测量引力常数 G 的实验过程概述如下：由同一个磁光阱以不同的速度先后竖直抛出两个冷原子团，由于重力的作用，第一个原子团可以和第二个慢速抛出的冷原子团速度一致，这一方法可以在真空中同时制造出上、下两个速度相同，其他参数基本相同的冷原子团。用于分束、反射和合束的拉曼光脉冲可以同时作用到两团原子上。原子干涉后的相移可以直接相减处理而得到重力梯度。在装置周围，均匀放置了多个精密加工的金属钨块，用于改变两团原子所感受到的引力场。通过移动这些金属钨块，可以精确地测量出万有引力常数。2006 年，Tino 研究组利用上述实验方法获得了万有引力常数的初步测量结果[321]，测量的相对不确定度为 1%。

2007 年，Kasevich 研究组报道了利用原子干涉仪测量万有引力常数的新结果[322]，与 Tino 研究组的方案不同，他们采用上、下两个原子干涉仪来测量重力梯度[323]，在两个干涉仪之间增加一个可沿竖直方向移动的 540 kg 铅测试质量块，用以改变两个原子干涉仪之间的引力场。测得的万有引力常数值为 $G=(6.693\pm 0.027)\times10^{-11}\,\mathrm{m^3\ kg^{-1}s^{-2}}$，相对不确定度为 4.0×10^{-3}，测量的准确度主要受限于原子的初始位置、速度的误差以及测试铅质量块定位的准确度。Tino 研究组对万有引力常数测量实验中测试质量块的精密定位系统做了优化，重复精度能达到微米水平[324]。2008 年，他们重新做了万有引力常数的测量实验，测量结果为 $G=6.667\times10^{-11}\,\mathrm{m^3\ kg^{-1}s^{-2}}$[325]，相对统计不确定度为 1.6×10^{-3}，相对系统不确定度为 4.5×10^{-4}。2010 年，他们对测量系统中的原子制备和拉曼光进行了改造[326]，对系统的测量稳定度重新进行了评估，信噪比和长期稳定度指标得到改善，120 h 积分测量 G 的统计不确定度为 4×10^{-4}，有望降低到 10^{-4} 以下。

5.3.7.3 精细结构常数

精细结构常数是电磁相互作用中电荷之间耦合强度的度量。在玻尔的氢原子模型中，用原子的一级近似能量 E_n 描述电子和核之间的静电相互作用能，考虑电子自旋及电子高速运动引起的相对论效应，修正后的能量 E_r 为

$$E_{\mathrm{r}} = E_n + \alpha^2 \mid E_n \mid \cdot \left(\frac{1}{l+1/2} - \frac{3}{4n}\right)\cdot \frac{z^2}{n} \tag{5-12}$$

式中，n 为主量子数，l 为轨道角动量量子数，z 为原子序数；$\alpha=(137.036\,4)^{-1}$，称为精细结构常数，α 的定义式为

$$\alpha - \frac{e^2}{4\pi\varepsilon_0\hbar c} \tag{5-13}$$

精细结构常数将电动力学中的电荷 e、量子力学中的普朗克常数 h、相对论中的光速 c 联系起来。α 的准确数值无法从 QED 理论推导出，只能通过实验测定。目前，测量精细结构常数的传统方法有四种：① 电子 g 因子：测量电子的反常磁矩结合 QED 计算给出 α 值；② 测量量子霍尔电阻(R_H)；③ 测量质子的旋磁比(γ_p)；④ 测量原子的精细分裂。近些年基于原子干涉仪发展了一种新方法：测量普朗克常数与原子质量的比值 h/m。

1) 传统方法测量精细结构常数的进展

利用原子的精细结构分裂确定精细结构常数的是传统的方法。2001 年，George 等人[327]通过测量氦原子 2^3P_1—2^3P_0 跃迁精细结构的分裂，结合理论计算将精细结构常数确定为 $\alpha = 1/137.035\ 986\ 4(31)$，相对不确定度为 2.3×10^{-7}。2006 年，Gerginov 等人[328]测量了 ^{133}Cs 原子 D_1 线跃迁的光学频率，获得 $6p^2P_{1/2}$ 态的超精细分裂为 1 167 723.6(4.8) kHz，结合 CODATA - 2002 的相关数据将精细结构常数的值确定为 $\alpha = 1/137.036\ 000\ 0(11)$，不确定度为 7.7×10^{-9}。

利用量子霍尔效应确定精细结构常数的精度较低，目前最好的测量结果是 Jeffery 等人[329]于 1998 年报道的，数值为 $\alpha = 1/137.036\ 003\ 7$，不确定度为 2.4×10^{-8}。

相比之下，根据电子反常磁矩测量电子 g - 2 值来确定精细结构常数的精度较高，Gabrielse 等人[330]根据电子 g - 2 值，结合 QED 计算确定的精细结构常数值为 $\alpha = 1/137.035\ 999\ 710\ (96)$，不确定度为 7.0×10^{-10}，2008 年，他们通过改进实验将精细结构常数确定为 $\alpha = 1/137.035\ 999\ 084$，不确定度为 3.7×10^{-10}[331]，这是目前测量精细结构常数的最高精度。CODATA - 2010 的推荐值为 $\alpha = 1/137.035\ 999\ 074$，相对不确定度为 3.2×10^{-10}[246]。

2) 原子干涉仪测量精细结构常数

根据式(5 - 10)、式(5 - 13)，精细结构常数 α 的计算式可用 h/m 表示为

$$\alpha^2 = \left(\frac{2R_\infty}{c}\right)\left(\frac{m_p}{m_e}\right)\left(\frac{m}{m_p}\right)\left(\frac{h}{m}\right) \tag{5 - 14}$$

式中，c 为光速，m_p 为质子质量，m_e 为电子质量。目前，R_∞ 值的不确定度已经达到 5.0×10^{-12}[246]；电子-质子质量比 m_e/m_p 的不确定度为 4.1×10^{-10}[246]；另外，质子质量的不确定度为 8.9×10^{-11}[246]，铯原子质量的不确定度为 1.8×10^{-10}[246]。只要测定 h/m 的值就可以得到精细结构常数的值。精细结构常数的测量精度实际上受限于 h/m，提高 h/m 的实验测量精度，可提高精细结构常数

的测量精度。h/m 的值可用原子干涉仪来测定。原子的干涉过程依赖于光与原子的动量交换，利用原子干涉仪可测量原子在干涉过程中的反冲速度 v，v 正比于普朗克常数与原子质量的比值 h/m，即 $v=(h/m)k/2\pi$。

1994 年，Chu 研究组利用原子干涉仪测量了铯原子的反冲速度及 h/m_{Cs}，初步测量了 α 的值，不确定度为 1×10^{-7}[332]，这是首次利用原子干涉仪对精细结构常数的测量。随着实验技术的改进，测量精度在逐步提高。他们改进实验后，于 2002 年重新测量的精细结构常数值为 $\alpha=1/137.036\ 000$，相对不确定度为 7.4×10^{-9}[333]。2006 年，Clade 等人[334]用铷原子干涉仪测量的精细结构常数值为 $\alpha=1/137.035\ 998\ 84\ (91)$，相对不确定度为 6.7×10^{-9}。2008 年，Cadoret 等人[335]同类实验的测量精度提高到 4.6×10^{-9}；2011 年，Bouchendira 等人[336]利用原子干涉仪（自由演化时间 10 ms）测量精细结构常数的不确定度已达到 6.6×10^{-10}。

3）精细结构常数的变化

根据爱因斯坦等效原理，基本物理常数是不随时间和空间演变的。然而，大统一理论认为基本物理常数可能随时空在变化，近年来类星体的吸收谱也表明精细结构常数可能是随时空变化的，而且还在改变中[347]。如果精细结构常数是随时间变化的，那么包括相对论在内的现有许多物理学理论都要进行修正，所以测量精细结构常数随时间可能的变化对验证相对论和大统一理论有着至关重要的意义。

原子的跃迁频率可以表示为精细结构常数的幂级数形式。如果精细结构常数随时间发生变化，原子的跃迁频率也将随着时间而发生漂移。原子/离子钟跃迁的频率非常适合研究精细结构常数可能的变化。锶原子、氢原子跃迁谱线的频率变化对精细结构常数变化不敏感，其频率值可作为参考。不同原子/离子跃迁谱线的频率与 α 有关，超精细跃迁还与核的大小有关[338]。Flambaum 等人研究了锶、镝(Dy)及镱[339]，高电荷态离子[340]，锆(Zr)、铪(Hf)、钽(Ta)、钨(W)、铼(Re)、汞、锕及铀(U)等重离子[341]，高电荷锎离子(Cf^{16+})[342]、钕离子(Nd^{13+})和钐离子(Sm^{15+})[343]等光频跃迁用于测量精细结构常数变化的可行性。用锶原子光钟、汞离子光钟、镱离子光钟以及氢原子钟与铯原子钟比对，测量得到精细结构常数年相对变化不大于 $(-3.3\pm3.0)\times10^{-16}$[344]；而用汞离子和铝离子光频标的频率比测量数据将精细结构常数年变化的上限减小到 $(-1.6\pm2.3)\times10^{-17}$[345]。用原子钟测量精细结构常数的变化可以验证基本对称性的破缺[346]。2013 年，Leefer 等人[347]通过测量镝同位素原子(^{164}Dy 和 ^{162}Dy)754 MHz, 235 MHz跃迁频率的变化，测量到精细结构常数年变化上限为$(-5.8\pm6.9)\times$

10^{-17}。Truppe 等人[348]则报道了利用冷烃类(CH)分子微波跃迁频率研究精细结构常数变化的初步结果。

5.3.8 基本物理规律的高精度检验

1905 年,爱因斯坦提出了狭义相对论,圆满解释了牛顿力学难以解释的运动物体的某些电磁学现象。为解决在平直时空中不可能把牛顿引力定律修改成满足狭义相对性原理形式的问题,爱因斯坦提出了广义相对论。广义相对论基于两个假设:等效原理和广义协变原理。等效原理表述为:在引力场中的任何位置都能找到一个"局部惯性系",在其中的一切物理定律与没有引力场时的惯性系中的形式相同。爱因斯坦等效原理包括三个部分:① 弱等效原理:也称为自由落体普适性原理,即在相同的引力场中,不同自由落体具有相同的加速度;② 局域洛伦兹不变性:时钟的速率与运动速度无关;③ 局域位置不变性:时钟的速率与其时空位置无关。

现代的大统一理论预言,在已知的四种基本相互作用力(强相互作用力、弱相互作用力、电磁相互作用力及引力)之外,还存在与物体的大小、材料、速度及位置有关的新的相互作用力,这意味着等效原理将不成立。因此,等效原理是验证广义相对论与大统一理论的重要标准,等效原理的高精度实验检验具有非常重要的科学意义。

历史上有大量针对爱因斯坦等效原理的检验实验,都是使用宏观物体作为检验质量,截至目前还没有发现等效原理的破缺。那么,微观粒子在引力场中的运动是否满足等效原理?由于微观粒子(在低速情况下)需要用量子力学而不是用牛顿力学来描写,所以利用它们来做自由落体实验就会面临一些概念性的问题[349]。从 20 世纪 60 年代以来,人们就在理论和实验两个方面对微观粒子在引力场中的自由落体运动进行了研究。

5.3.8.1 弱等效原理检验

检验弱等效原理(weak equivalence principle,WEP)的实验,通常测量两个不同材料的物体在引力场中的加速度的相对变化率(厄缶系数)η:

$$\eta=\frac{(a_1-a_2)}{(a_1+a_2)/2}=2\,\frac{(m_g/m_i)_1-(m_g/m_i)_1}{(m_g/m_i)_1+(m_g/m_i)_2} \tag{5-15}$$

式中,a_1,a_2 为两种物体的引力加速度,m_g为引力质量,m_i为惯性质量。

WEP 检验实验的传统方案主要有三种:扭秤实验[350]、高塔落体实验[351]和激光测月实验[352]。国内曾有利用宏观物体——陀螺,进行 WEP 验证的实验报道[353-355]，实验精度为 10^{-7}。以微观粒子为对象的 WEP 检验实验不多，中子干涉仪曾用于 WEP 检验的实验[356, 357]，但精度较差。如果测量出不同同位素原子在引力场中加速度的相对变化，则可以通过对重力加速度的精确测量来实现在短距离内对 WEP 检验的实验验证。

原子干涉仪技术的发展，为利用微观粒子进行 WET 检验提供了新途径[358]。用原子干涉仪测量出不同原子(例如，铷原子的两种同位素 ^{85}Rb 和 ^{87}Rb)在重力场中加速度的相对变化，就可以在短距离内检验 WEP 是否成立，实验的精度(η)取决于原子干涉仪对各同位素原子重力加速度的测量精度，表示为

$$\eta = \frac{g_{87} - g_{85}}{(g_{87} + g_{85})/2} \tag{5-16}$$

与中子相比，冷原子速度小、相干性好，冷原子干涉仪的实验精度更高。理论分析表明，利用原子干涉仪检验 WEP 的实验精度有望达到 10^{-15}[359]。

目前，国际上报道的基于冷原子干涉仪的 WEP 检验实验只有两个。第一个实验是由德国马普量子光学研究所(MPQ)于 2004 年报道的[360]，他们采用 ^{85}Rb 和 ^{87}Rb 原子，用移动光学黏胶来形成原子喷泉，利用布拉格衍射使原子实现外态干涉，原子在衍射光之间的自由演化时间为 40 ms。由于对 ^{85}Rb 和 ^{87}Rb 原子进行非同步测量，未采取共模措施，重力加速度 g 值随空间、时间变化，相位噪声、振动噪声大，信噪比差，最终的检验精度为$(1.2\pm1.7)\times10^{-7}$。第二个实验是由法国宇航实验室(ONERA)于 2013 年报道的[361]，他们采用自由下落的 ^{85}Rb 和 ^{87}Rb 原子来进行同步测量，原子团下落距离为 6 cm、原子自由演化时间为 40 ms，对振动噪声进行了 55 dB 的共模抑制，使背景的振动幅度从 $1\times10^{-3}g$ 改善为 $3.9\times10^{-8}g$，采用单拉曼跃迁来形成干涉环路、两种原子拉曼光的有效波矢差 δk 为 1.1～2.8 GHz，波矢差的相对值($\delta k/k_{\mathrm{eff}}$)及相应的系统误差为同一量级(约 5×10^{-6})。最终的 WEP 检验精度为$(1.2\pm3.2)\times10^{-7}$。Müller 也积极筹划用铯和锂两种原子进行 WEP 检验的工作，并开始建造锂原子干涉仪[362]。

原子干涉仪的灵敏度取决于参与干涉过程的原子数目和原子自由演化时间。为增加原子的自由演化时间，研制大型原子干涉仪[363, 364]是一种必要的方案。詹明生研究组设计研制了 WEP 实验用喷泉式高精度原子干涉仪(简称为十米原子干涉仪)[364]，方案如图 5-31 所示。整个系统由下磁光阱、喷泉管、上磁光阱三大部分组成，整个系统长达 12 m。其中，下磁光阱可以制备 ^{85}Rb，^{87}Rb 两种原子喷泉，上磁光阱可以提供 ^{87}Rb，^{6}Li 两种自由落体原子云，上下磁光阱都

通过塞曼减速器提供原子束源。核心部分由塞曼减速器、三维磁光阱和喷泉干涉管腔组成。已经实现了^{85}Rb－^{87}Rb双组分磁光阱[365]，获得了双组分原子喷泉信号，开展了原子干涉方案——双拉曼跃迁干涉的研究，观察到双拉曼跃迁原子干涉条纹，开展了WEP检验实验。

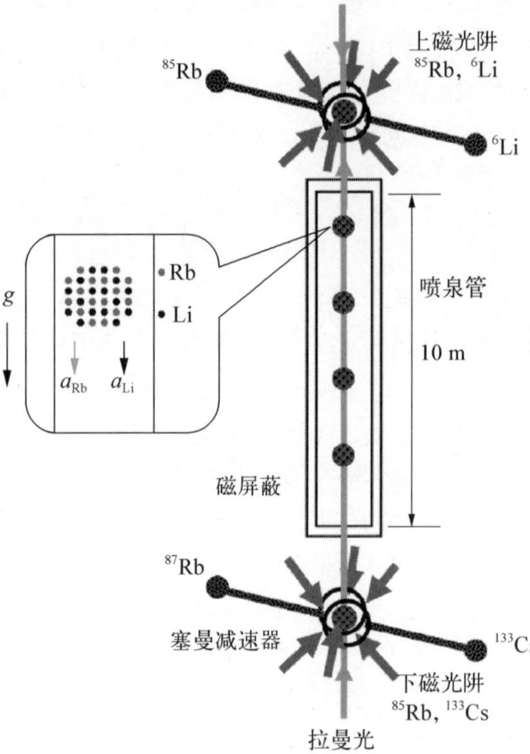

图 5－31 十米原子干涉仪装置示意图

5.3.8.2 *局域洛伦兹不变性检验*

局域洛伦兹不变性(local Loentz invarience，LLI)的检验可通过比较两个精密的钟表的快慢来进行。用δc表示观察到的沿与原子钟特定方向传播的光的速度差，$\delta c/c$表示速度差的相对大小。如果LLI成立，则$\delta c/c=0$。1997年，Wolf和Petit[366]利用全球定位系统(global positioning system, GPS)卫星上的1台铯原子钟和1台铷原子钟分别与氢钟的比对，完成了LLI检验的实验，实验给出的$\delta c/c$上限值为10^{-9}。ACES计划[367]的一项重要任务是LLI检验，1台铷原子钟和1台氢原子钟将被发射到国际空间站上进行对比。

近年来，飞秒激光频率梳的技术推动了原子/离子光频标的快速发展，光频标的准确度和稳定度与微波频标相比有大幅度的提高，将在空间LLI检验实验中发挥重要作用。除了原子频标，其他 LLI 检验的方案也陆续被提出。Müller 等人[368]通过原子干涉仪对地球重力场进行监测，对后牛顿引力的 LLI 进行了检验。Chung 等人[369]探讨了利用原子干涉仪检验 LLI 的可行性。由于原子干涉仪对引力场非常敏感，检验 LLI 的精度将会更高。Mewes[370]则研究了光学腔用于 LLI 检验的相关问题，并与 Kostelecky[371]提出了利用费米子检验 LLI 的设想。2013 年，Hohensee 等人[372]报道了利用电子检验 LLI 的结果，他们通过对镝原子的两个近简并态之间的跃迁频率的长期测量，结合多体计算后发现电子的 LLI 破缺在 10^{-17} 水平。

5.3.8.3 局域位置不变性检验

局域位置不变性(local position invariance, LPI)的另一种表述为：一只自由下落的时钟速率将与一只标准时钟的速率相同，换句话说，比较两个具有不同加速度的时钟的快慢可以检验 LPI。1980 年，Vessot 等人[373]通过对两台氢原子钟的比较验证了 LPI，一台钟安装在火箭上，另一台安装在地面上。用 $\Delta\nu$ 表示引力红移，ν 表示自由落体频移，两台钟的相对频率变化 $(\Delta\nu/\nu)$ 在 10^{-5} 水平，与理论预期值不符。LPI 检验也是 ACES 计划[367]的任务之一，预期检验精度为 10^{-6}。2013 年，Tobar 等人[374]报道了根据三个独立的铯喷泉钟和一个铷喷泉钟与氢微波激射器频率长达 8 年的比较来检验 LPI 的结果，他们确定了 LPI 系数的标准误差：铯喷泉钟与氢微波激射器比较的误差为 $|\beta_H-\beta_{Cs}|\leqslant 4.8\times 10^{-6}$，铷喷泉钟与氢微波激射器比较的误差为 $|\beta_H-\beta_{Rb}|\leqslant 10^{-5}$。

5.3.8.4 引力红移

引力红移是指光波从引力势强的地方向引力势弱的地方传播时其频率会变低，波长变长，即颜色向红端变化；当然，反方向观测就会是蓝移。太阳比地球的引力势强，所以在地球上观测到的太阳谱线会向红端移动。精确的引力红移实验大多是在 20 世纪六七十年代做的，结果都与广义相对论预言符合。

2010 年，Wineland 研究组通过对铝离子光钟的对比[16]开展了引力红移效应实验，他们将光钟抬高 30 cm 后，发现光钟的频率变化了 0.5×10^{-16}[375]，在实验室验证了引力红移效应。Müller 等人[197, 376]分析了以往原子干涉仪测量绝对重力加速度 g 的实验结果，认为原子干涉仪可测量引力红移，引力红移的实验测量值与理论值在 7×10^{-9} 相符，比利用原子钟测量引力红移的精度提高了4 个数量级。这一结果的发表引起了一些争议[199-201, 377]。Schleich 等人[378]为解决红移争议，提出了基于算子代数(operator algebra)的 Kasevich-Chu 干涉仪方案。Hohensee 等人[379]通过对镝原子的跃迁频率的长期测量，确定了电子引力红移异常的上限为 10^{-8}，比之前的测量精度提高了 2 个数量级。

5.3.9 引力波探测

5.3.9.1 引力波

引力波是以波动形式和有限速度传播的引力场。爱因斯坦于1916年预言了引力波的存在,引力波是爱因斯坦场方程在弱场近似下的自然结果。按照广义相对论,加速运动的质量会产生引力波。目前关于引力波的描述大多都是基于理论的推测,直接或间接的实验观测结果很少。1974年,Taylor等人[380]通过对Hulse-Taylor双脉冲星的观察结果间接推测存在引力波。2014年,Ade等人[381, 382]发现了来自宇宙暴涨时期的引力波存在的证据,他们用一台架设在南极的天文望远镜BICEP2观测宇宙微波背景辐射,对辐射中的光子偏振信号进行了分析,最终得到一张与以往都不同的辐射偏振图。这种特殊的偏振分布,被认为是宇宙最初形成时的原初引力波叠加在宇宙微波背景辐射上的印记,也是宇宙暴涨理论的直接证据。引力波探测不仅可以验证爱因斯坦的广义相对论,还具有获取有关宇宙全新的和来自宇宙最远处信息的巨大潜力。

5.3.9.2 引力波探测器

传统的引力波探测器主要有三种:天文望远镜、韦伯天线探测和激光干涉仪探测。天文望远镜通过观测宇宙微波背景辐射[380-382]来探测引力波信号,需要长期持续观测,成本较高;韦伯天线[383-387]是室内探测器,尺寸较小,仅适于探测高频的引力波;激光干涉仪[388-393]的基线长达几百米乃至几千米,可探测低频引力波。美国、欧洲、日本和澳大利亚等发达国家已经开展了激光干涉仪引力波探测装置的建设和引力波探测计划的实施,正在运行的地基激光干涉仪有VIRGO[388],LIGO[389],GEO 600[390],TAMA[391]和ACIGA[392]。另外,基于空间的大型激光干涉仪引力波探测器——LISA[393]已列入计划。原子干涉仪出现以后,人们也开始探讨利用物质波干涉仪来探测引力波的可能性[394]。

5.3.9.3 基于原子干涉仪的引力波探测方案

用物质波干涉仪探测引力波的研究始于1979年[395]。2004年,Chiao等人[394]研究发现,物质波干涉仪引力波探测器(matter-wave interferometric gravitational-wave detector, MIGO)比基于激光干涉仪引力波探测器(如LIGO等)的测量灵敏度更高,Roura等人[396]则持异议。2007年,Tino和Vetrano[397]仔细分析原子干涉仪探测引力波方案后认为小基线的MIGO可探测低频引力波,探测灵敏度可与激光干涉仪相媲美。2009年,Ambrosio等人[398]研究发现,MIGO探测引力波的主要噪声受限于原子干涉仪本身。2008年,Wicht等人[399]提出了利用分子内态干涉探测引力波的方案。2010年,Lorek等人[400]提出了用带电分子探测引力波的方案，并于2011年对此方案作了进一步的分析[401]。2009年，Dimopoulos等人[402]提出了基于原子干涉仪的空间引力波探测方案，预期可探测的频段与LIGO相同。2011年Hogan等人[403]提出了一种低轨道空间原子干涉仪引力波探测方案，预期探测频段为50 mHz～10 Hz，探测灵敏度为$10^{-18}/\sqrt{\mathrm{Hz}}$。2011年，Hohensee等人[404]将MIGO可探测的引力波频段确定为mHz～Hz水平。2011年，詹明生研究组[405]提出了一种基于原子干涉仪探测引力波的新方案，利用激光驻波场代替实物光栅来对原子束进行分束、偏转和合束，最后形成干涉（见图5-32），采用超声原子束来提高信噪比，检测两束原子流的相位差值信息，就可以探测引力波。该方案有如下优点：① 可以选用质量重的原子来进行实验；② 光驻波要比材料光栅更容易调整；③ 在布拉格衍射过程中，原子总是保持在同一个态上，外界的各种势场和激光源的涨落对原子的影响很小。预期可探测频率为10～1 000 Hz的引力波。

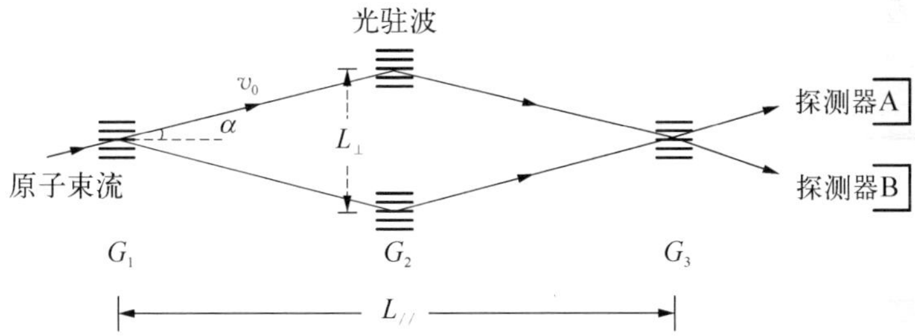

图5-32 原子干涉测量引力波的方案示意图[405]

2011年，Yu等人[406]提出了一种类似于LIGO结构的原子干涉仪引力波探测方案；Bender等人[407]对原子干涉仪探测引力波的误差源进行了分析；Lepoutre等人[408]比较了用于引力波探测的原子干涉仪中采用的各种衍射方案。2013年，Graham等人[409]基于原子光钟和原子干涉仪的最新进展，提出了一种可在长基线运行、免疫激光频率噪声的引力波探测新方案。

5.4 精密测量技术的应用

以原子分子光物理学科为基础、为开展精密测量研究发展起来的实验技术，除了在基础研究方面发挥重要作用之外，也逐步转化为实用技术。离子阱物理衍生的离子阱质谱计，是精密测量各类微观粒子质量、分析化学反应产物的重要仪器；以冷原子物理为基础发展起来的原子干涉仪技术，不仅在基本物理常数测量、基本物理定律检验等基础科学研究方面有着广泛的应用，而且在重力及重力梯度测量、转动测量、惯性导航等领域有极大的应用潜力。基于核磁共振原理发展的原子磁力计，在微弱磁场高灵敏测量方面正在发挥越来越重要的作用。基于原子分子精密光谱的原子频标技术则在时间频率精密测量、守时与授时、导航定位等方面得到了广泛的应用。

5.4.1 离子阱质谱计

在射频离子阱中，逐渐增大射频电压，离子将进入不稳定区，由端盖极上的小孔排出。因此，当射频电压的最高值逐渐增高时，离子按照质荷比从小到大的逐次排出并被记录而获得质谱图，利用这一原理制成的离子阱质谱计，已广泛应用于物理、分析化学、环境科学和生命科学等领域。例如，CODATA - 2010[246]推荐的电子相对质量的测量精度为 2.1×10^{-9}[242]，电子相对质量就是用潘宁阱质谱计测得的；CODATA - 2010[246]采用的碱金属原子^{6}Li，^{23}Na，^{39,41}K，^{85,87}Rb以及^{133}Cs 的相对质量推荐值[410]，也是用潘宁阱质谱计测得的。

离子阱质谱计与四极杆质谱计相似，两者的区别在于，四极杆质谱计更适合于质谱的定量分析，离子阱质谱计则更适合于质谱的定性分析。离子阱质谱计可与气相色谱仪、液相色谱仪等色谱分析仪器联用，组成色谱-质谱综合分析仪器；也可与其他质量分析器，如扇形磁质谱计、飞行时间质谱计等串联使用，组成串联质谱计。随着相关学科及技术的发展，离子阱质谱计的形式和功能也在不断地发展变化。近年来，离子阱质谱计的一个重要发展趋势是多功能、小型化。2003 年，Tabert 等人[411]发展了一种小型实用的圆柱形离子阱，扩展了离子阱质谱计的应用范围。2007 年，Krutchinsky 等人[412]发展了一种高容量离子阱-四极杆串联质谱计，可大大提高扫描分析的效率。2009 年，Iwamoto 等人[413]发展的离子阱-多圈飞行时间综合质谱计，具有较高分辨率，可用于离子-分子反应和光解离测量；Simpson 等人[414]发展了可用于单大气颗粒物实时分析的激光解吸附-电子轰击离子源离子阱质谱计。2010 年，Ermakov 等人[415]设计了一种静电自动共振离子阱质谱计，这种设计非常便宜且易于小型化。2011 年，Gulyuz 等人[416]在实验室演示了一种可用于质量选择离子红外多个光子解离光谱的综合四极滤质器、四级离子阱、飞行时间质谱计于一体的组合质谱计；Lorenz 等人[417]发展了多极离子阱/飞行时间质谱技术。2012 年，Misharin 等人[418]设计实现了可用于外场测量、具有大气环境接口的四极离子阱质谱计。2013 年，Hansen 等人[419]设计实现了一种新型的线型射频离子阱质谱计，他们用光刻技术将设计好图案的金属电极刻蚀在陶瓷基片上，使离子阱质谱计的小型化更进一步；Redwine 等人[420]建成了一种用于冷气相多原子离子光谱研究的新型离子阱串联质谱计，可在离子生成阶段研究离子-离子反应，在离子反应阶段研究红外紫外双共振光谱。

随着基础科学研究与工程应用对质谱计需求的变化，离子阱质谱计的形式将更趋多样化，离子阱质谱计的功能也将更加完善。

5.4.2 原子重力仪

重力仪在资源勘探、环境勘查和国防建设领域有广泛的用途。目前普遍采用的重力仪(如石英弹簧重力仪、FG-5 绝对重力仪、超导重力仪等)都是利用宏观物体进行重力测量的，测量精度受环境条件的限制。

原子干涉仪是一种新型的重力测量仪器，它利用自由下落的微观原子对重力场的敏感性，结合原子干涉法来进行重力测量。原子干涉仪与光学 M-Z 干涉仪类似，两个不同相位的原子波包会形成干涉、呈现干涉条纹。通过对干涉条纹相位的提取，能够得出原子感受到的重力场信息。如果原子不受任何外力，它的干涉环路如图 5-33 中的平行四边形实线所示，两路原子没有路径差，干涉条纹的相位差为零。考虑重力的影响后，原子将沿图示的抛物虚线运动，两路原子将会有一定的路径差、干涉条纹相位将发生一定的移动，通过路径积分可以求解出重力场中原子干涉条纹的最终相位，用公式可表示为

$$\Delta\phi = k_{\text{eff}} \cdot gT^2 \tag{5-17}$$

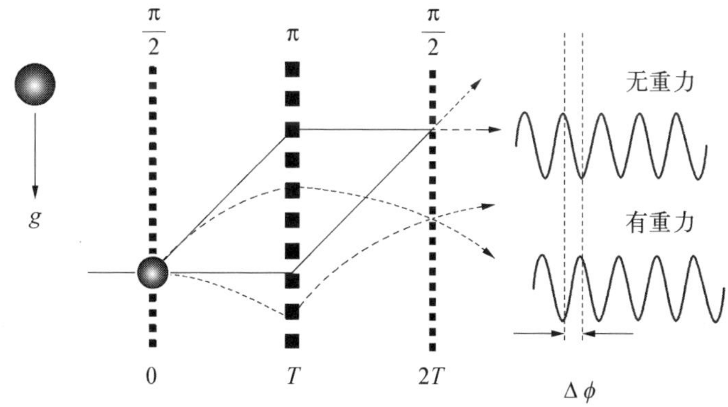

图 5-33 原子重力仪原理图

式中，g 为原子的重力加速度，k_{eff} 为拉曼光的等效波矢，T 为两个拉曼光脉冲之

间的时间间隔。从式(5-17)可以看出：原子干涉仪的相位变化只与加速度、有效波矢以及拉曼光的时间间隔有关，而后两者可以通过时间频率技术得到精确的控制，只要能够测出原子干涉条纹的相位，就能够实现绝对重力加速度的精确测量。

1991年，Kasevich等人[71]运用激光冷却的钠原子干涉仪演示重力测量实验，积分1 000 s测量的分辨率为$\Delta g/g=3\times10^{-6}$；1992年改进实验后积分2 000 s测量的分辨率为$\Delta g/g=3\times10^{-8}$ [421]。1999年，Peters等人[422]报道了用喷泉式铯原子干涉仪精密测量重力加速度的实验结果，相对测量精度为$\Delta g/g=3\times10^{-9}$，他们在进行了系统误差的评定工作后，将原子重力仪与经典重力仪进行了对比；2001年，他们改进实验后[423]，60 s的测量分辨率为$\Delta g/g=3\times10^{-9}$，两天积分测量的分辨率为$\Delta g/g=1\times10^{-10}$。2011年，詹明生研究组[424]利用小型冷铷原子重力仪(WIPM-2010)进行了重力的测量和地球潮汐现象的观测(见图5-34)，用阿伦方差(见图5-35)[364]评估的原子重力仪短期灵敏度为$2.0\times10^{-7}g/\sqrt{\mathrm{Hz}}$，积分1 888 s的测量分辨率为$\Delta g/g=4.5\times10^{-9}$。

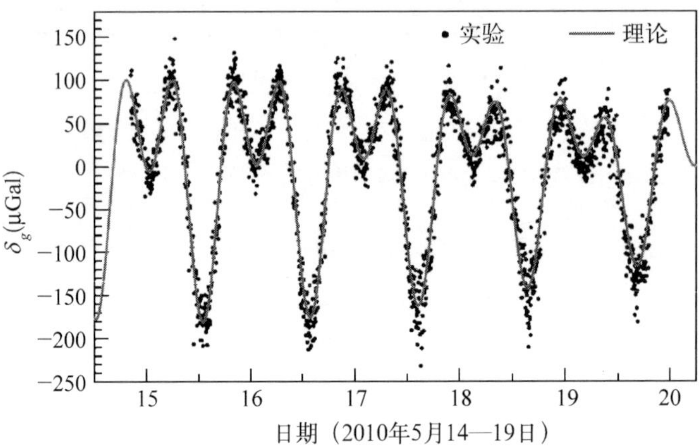

图5-34 原子重力仪(WIPM-2010)记录的地球潮汐数据(2010年5月14—19日)

点线为实验观测数据，实线为根据理论模型计算的曲线[424]

除了用磁光阱中制备的冷原子或喷泉原子干涉仪测量重力外，超冷简并气体因物质波特性更加明显而成为原子重力仪的候选体系。2004年，Roati等人[82]将简并费米气体用于原子干涉重力测量；2011年，Debs等人[425]则利用铷原子玻色-爱因斯坦凝聚体干涉信号测量重力。不过简并费米气体和玻色-爱因斯坦凝聚体的干涉测量重力的实验过于复杂，不如喷泉冷原子重力仪实用。

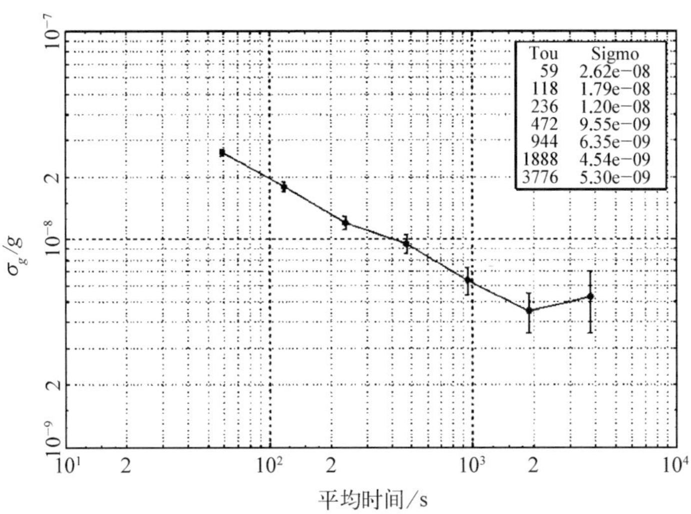

图 5-35 原子重力仪(WIPM-2010)短期灵敏度的阿伦方差评估[364]

喷泉式冷原子干涉仪中，通常采用 π/2—π—π/2 拉曼光脉冲序列操纵原子形成干涉环路，不同路径原子处在不同的内态，容易产生磁场和光场频移，这两者是噪声和系统误差的重要来源。为克服这一问题，Malossi 等人[426]于 2010 年演示了一种双拉曼跃迁原子干涉方案，同时采用两组向上反冲和向下反冲单拉曼干涉激光操纵原子，使原子形成由向上反冲和向下反冲两条路径构成的闭合回路，由于两条路径上的原子始终处于同一内态，对二阶塞曼频移和交流斯塔克效应都不敏感。受激拉曼跃迁原子干涉方案，通过探测原子内态布居数来观测原子干涉信号，而原子干涉过程中因动量的改变形成空间分布(外态)，原子的外态探测也是一种干涉信号提取方案，Fray 等人[360]在 2004 年采用布拉格衍射操纵原子形成干涉，再通过外态探测获得原子干涉条纹。Altin 等人[427]于 2013 年也采取布拉格衍射方案实现了原子重力仪，积分 1 000 s 的测量分辨率为 $\Delta g/g = 2.7 \times 10^{-9}$。

原子重力仪与经典重力仪的性能比较也往往是关注的焦点。2010 年，Merlet 等人[428]开展了原子重力仪与经典的高精度绝对重力仪性能的对比研究，通过对冷原子重力仪与 FG-5 重力仪在同一地点的对比测量实验，发现两者的测量精度在$(4.3 \pm 6.4)\mu\text{Gal}$ 水平符合。2011 年，Poli 等人[429]则用光晶格冷原子重力仪与经典重力仪进行了类似的对比测量实验。原子重力仪可从本质上抑制宏观环境因素对测量过程的不利影响，极大地提高重力测量的精度。

现阶段，原子重力仪与经典重力仪的性能相当，但原子重力仪的测量精度还有较大的提升空间，通过改进技术提高原子重力仪的测量灵敏度，是原子重力仪的发展方向之一。2013 年，Kasevich 研究组[363]在大型喷泉原子干涉仪上通过增大拉曼光的时间间隔来提高原子干涉仪重力测量的分辨率，当拉曼光的时间间隔为 $T=1.15$ s 时，重力测量的分辨率可达 $\Delta g/g=6.7\times10^{-12}$；Hu 等人[430]通过改进拉曼激光的相位噪声、采取主动隔振措施，将原子重力仪的短期灵敏度提高到 $4.2\times10^{-8}g/\sqrt{\text{Hz}}$。2014 年，Tino 研究组[431]通过研究参数对测量噪声和长期漂移的影响改进了原子重力仪的测量灵敏度，使重力测量的短期灵敏度达到 $3\times10^{-9}\ g/\sqrt{\text{Hz}}$，积分 8 000 s 的测量分辨率为 $\Delta g/g=5\times10^{-11}$。

原子重力仪的灵敏度高，但系统复杂、技术难度较大。原子重力仪物理系统的体积可以做到与经典重力仪相当，但光学和电子控制部分的体积却远比后者庞大。如何实现原子重力仪的整体小型化，将是原子重力仪走向实际应用的关键。2008 年，Le Gouët 等人[432]研究了小型原子重力仪相位噪声的来源，通过缩短拉曼光的时间间隔提高原子重力仪的采样率，当拉曼光间隔 $T=100$ ms 时，积分 1 s 的重力测量短期分辨率为 $\Delta g/g=1.4\times10^{-8}$。2010 年，Landragin 研究组[433, 434]在他们的实验系统中引入了一个三维角锥棱镜反射激光，只用一束激光就实现了小型原子重力仪，积分 1 s 的重力测量短期分辨率为 $\Delta g/g=1.7\times10^{-7}$，这种小型原子重力仪的可靠性很好，更接近实用需求。2013 年，Bidel 等人[435]实现了适于现场应用的冷原子重力仪，灵敏度为 42 μGal/$\sqrt{\text{Hz}}$，准确度为 25 μGal，其紧凑性、可靠性、坚固性足以满足现场应用；Andia 等人[436]采用布洛赫振荡相干加速技术实现了小型原子重力仪，积分 4 min 的重力测量分辨率为 $\Delta g/g=4.8\times10^{-8}$。

5.4.3 原子重力梯度仪

地球表面的重力加速度值会随空间位置而改变。重力加速度在单位距离的变化率就是重力梯度。重力梯度的高精度测量在地球物理研究、地质勘察、矿产资源勘探等领域发挥着重要作用。利用重力梯度数据可扣除重力场的变化以提高惯性导航定位的精度；重力梯度场是重力位的高阶导数，比重力场的空间分辨率更高，星载重力梯度仪甚至可以对全球的重力梯度进行测量。重力梯度的测量精度依赖于重力梯度仪。

传统的重力梯度仪有旋转加速度计重力梯度仪[437]、超导重力梯度仪[438]、静电加速度计重力梯度仪[439]以及微机电一体化(MEMS)重力梯度仪[440]。原子重力仪可用于重力梯度测量，是新型的重力梯度仪。将两个原子重力仪用于重力的空间差分测量，就是原子重力梯度仪。在绝对重力测量中，原子重力仪和经典重力仪测量水平都达到了外界振动噪声的极限水平，振动噪声已经成为限制重力仪测量灵敏度和准确度的主要原因。而测量重力梯度时，可采取共模噪声抑制技术，将共模振动噪声降低，从而提高重力梯度测量的灵敏度。

Kasevich 研究小组[323]于 1998 年用两个空间间隔为 1.4 m、垂向层叠的原子绝对重力仪进行共模差分测量，实现了第一个用于测量重力梯度张量 $\boldsymbol{T}_{zz}$ 的原子重力梯度仪；2002 年，他们优化原子重力梯度仪的参数后实现了灵敏度为 $4\times10^{-9}g/\sqrt{\text{Hz}}$[441]的重力加速度差分测量，重力差分测量的分辨率为 $\Delta g/g = 1\times10^{-9}$，相应的重力梯度的测量灵敏度为 $4E/\sqrt{\text{Hz}}(1E = 10^{-9}\ \text{s}^{-2})$。2006 年，Yu 等人[442]开始了星载原子重力梯度仪的研制。Tino 等人[321]则采用与 Kasevich 的双重力仪方案不同的单重力仪双喷泉的测量方案，建立了一套可用于测量万有引力常数的原子重力梯度仪。Tino 研究组于 2008 年[325]、2010 年[326]对原子重力梯度仪系统中的原子制备和拉曼光进行改造后，1 s 积分重力差分测量的分辨率为 $\Delta g/g = 2\times10^{-8}$；2012 年[443]发展了一种可同时测量重力和重力梯度的新实验技术，重力差分测量短期灵敏度为 $9\times10^{-8}\ \text{ms}^{-2}/\sqrt{\text{Hz}}(\approx9\times10^{-9}\ g/\sqrt{\text{Hz}})$；2014 年[431]将原子重力梯度仪的重力差分测量短期灵敏度提高到 $3\times10^{-9}\ g/\sqrt{\text{Hz}}$，8 000 s 积分后重力差分测量的分辨率为 $\Delta g/g = 5\times10^{-11}$。2013 年，Bidel 等人[435]将小型化原子重力仪置于电梯中测量了竖直方向的重力梯度，梯度测量的分辨率达到 $4E$。

5.4.4 原子陀螺仪

原子陀螺仪从物理原理上可分为两类：一类以原子干涉仪为基础，称为原子干涉陀螺仪；一类以原子自旋为基础，称为原子自旋陀螺仪。

5.4.4.1 原子干涉陀螺仪

基于干涉环路的萨格奈克(Sagnac)效应，原子干涉仪可以用作测量转动的原子陀螺仪[444]。原子干涉环路的萨格奈克效应最早是由 Bordé 等人[80]采用 4 个激光驻波场进行分束的拉姆齐-伯德型钙原子束干涉仪实现的。原子干涉仪类似于光学干涉仪，但原子物质波与光波有不同的内禀特性，基于原子干涉的原子陀螺仪的灵敏度远高于激光陀螺仪。Scully 和 Dowling[445]计算了原子陀螺仪灵敏度的量子极限并与激光陀螺仪做了比较。理论上分别求解光波波动方程和物质波的薛定谔方程，可得到同等环路面积条件下，原子陀螺仪与光学陀螺仪灵敏度的比值为：

$$R_{\text{gyro}} = \frac{mc^2}{h\nu} = \frac{\lambda}{\lambda_{\text{deB}}} \frac{c}{v} \tag{5-18}$$

式中，λ 是光波波长，ν 是光频率；v 为原子的运动速度，m 是原子的质量，$\lambda_{\text{deB}} = h/mv$ 是原子的德布罗意波长。典型条件下，因为 $\lambda_{\text{deB}} \ll \lambda$，$v \ll c$（光速），所以 $R_{\text{gyro}} \sim 10^{10}$，即原子陀螺仪的内禀灵敏度可比同面积的激光陀螺仪高 10 个数量级，由于物质波波长远小于可见光的波长，所以与激光干涉仪相比，原子干涉仪对小的变化更灵敏；又由于原子的运动速度远慢于光速，因此在原子陀螺仪中原子飞越相同的干涉路程时将经历更长时间的转动，从而产生更大的条纹移动。然而，由于现阶段原子干涉仪的技术发展水平所限，原子干涉陀螺仪在闭合环路面积、原子通量等方面均无法与光学陀螺仪相比，原子陀螺仪的预期性能受技术条件限制。原子干涉陀螺仪的原理如图 5-36 所示。

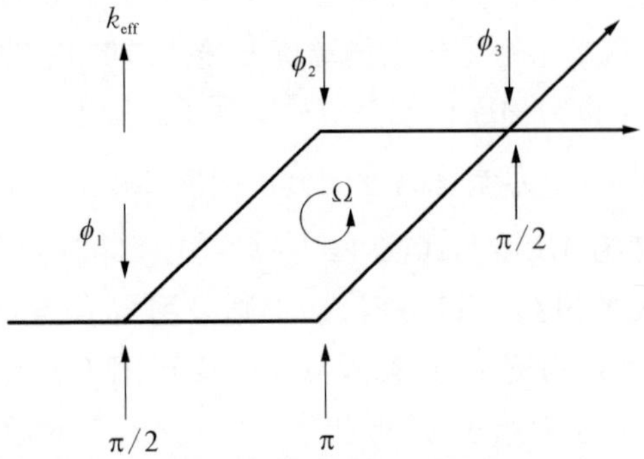

图 5-36　原子干涉陀螺仪的原理示意图

转速 Ω 引起的原子干涉环路的相移为：

$$\phi_{\Omega} = -2k_{\text{eff}}(\Omega \times v)T^2 \tag{5-19}$$

式中，k_{eff} 为拉曼光的等效波矢，v 为原子运动速度，T 为 π/2—π—π/2 脉冲序列之间的时间间隔。Fils 等人[446]研究了原子陀螺仪中拉曼光分束镜的光学像差、原子轨迹的偏差等对转动测量信号的影响；Dubetsky 等人[447]详细分析了各种环境因素对原子干涉条纹相位的影响，认为只要采用合理的测量方案，原子干涉仪既可以精密测量重力，也可以精密测量转动。Antoine[448]深入分析了激光场在原子陀螺仪中的作用和影响，Gauguet 等人[449]进一步研究冷原子陀螺仪的系统误差、标度因子、灵敏度以及量子投影噪声的极限。考虑原子干涉陀螺仪的质量因子、通量、闭合面积因子和当前技术水平差异，原子干涉陀螺仪的灵敏度比光学陀螺仪高约 4 个数量级。

原子干涉陀螺仪包括热原子束陀螺仪、冷原子陀螺仪以及原子芯片陀螺仪。

1) 热原子束陀螺仪

热原子束陀螺仪采用连续热原子束作为物质波源进行干涉。原子陀螺仪的角随机游走（灵敏度）取决于两个因素：原子数和标度因子。原子数越多，灵敏

度越高；标度因子越大，灵敏度越高。标度因子可用公式表示为

$$S = 2k_{\mathrm{eff}} \frac{L^2}{v} \sin\theta \tag{5-20}$$

式中，k_{eff} 是陀螺仪中操纵原子形成干涉环路的拉曼激光的等效波矢，L 是拉曼光光束之间的距离，v 是原子的纵向平均速度，θ 是系统转动方向与原子运动方向的夹角。原子束陀螺仪中，原子数多，标度因子大，灵敏度高，具有长期稳定性好和带宽较大等优点。

1997 年，Pritchard 研究组[4450]演示了原子束干涉仪的萨格奈克效应，测量了地球的转动速度；Kasevich 研究组[451]实现了受激拉曼跃迁原子束陀螺仪，短期角随机游走达到 $2\times10^{-8}(\mathrm{rad/s})/\sqrt{\mathrm{Hz}}$。2000 年，Kasevich 研究组将原子束陀螺仪 1 s 积分测量的分辨率提高到 6×10^{-10} rad/s[452]；2006 年，他们将原子束陀螺仪的指标进一步提高，角随机游走为 $3\times10^{-6}{}^{\circ}/\sqrt{\mathrm{h}}$、零偏稳定性为 $6\times10^{-5}{}^{\circ}/\mathrm{h}$、标度因子稳定性优于 5×10^{-6}[453]，成为第一个真正意义上具有高精度惯性导航能力的原子陀螺仪，这是截至目前原子陀螺仪能达到的最好指标。

2) 冷原子陀螺仪

原子束陀螺仪灵敏度高，但系统体积过于庞大，使其实际应用受到限制。用慢速冷原子团取代快速热原子束，可将干涉仪空间间距缩短，是解决原子束陀螺仪体积庞大问题的可行办法。冷原子陀螺仪用冷原子团作为物质波源进行干涉，具有短期稳定性好和系统体积较小等优点。

2006 年，Canue 等人[454]设计实现了冷原子陀螺仪，采用了两个对抛的冷原子团取代了热原子束，用三维的拉曼光操控原子，在相互垂直的三个方向上形成干涉环路。实验可以分时测量三维的加速度和转动角速度，短期零偏稳定性为 2.2×10^{-6} rad/s，积分 10 min 的零偏稳定性为 1.4×10^{-7} rad/s，他们用这台仪器测得巴黎所处纬度的地球自转角速度为 5.49×10^{-5} rad/s。冷原子陀螺仪中，改善信噪比的优选途径之一是增加原子数目。2007 年，Mueller 等人[455]实现了用于冷原子陀螺仪的高束流冷原子束，采用二维磁光阱来为三维磁光阱提供连续、低速原子束，从而大大提高了三维磁光阱的装载速率，束流密度可达 10^{10}/s；2009 年，他们在二维-三维磁光阱的基础上实现了小型双环路冷原子陀螺仪[456]，真空腔的尺寸为 $120\times90\ \mathrm{cm}^2$，这种紧凑的结构适于搬运、现场测量，预期测量角随机游走指标可优于 $10^{-8}(\mathrm{rad/s})/\sqrt{\mathrm{Hz}}$。2011 年，Butts 等人[457]实现了一种小型实用的冷原子陀螺仪，将采样时间缩短至 ms 量级。他们进一步研究了拉曼光脉冲宽度、频率失谐、原子干涉时序等对原子陀螺仪测量信号的影

响[458]；Kasevich 研究组[459]设计实现了小型冷原子陀螺仪，采用$\pi/2-\pi-\pi-\pi/2$四拉曼脉冲构型，获得干涉条纹的相位分辨率为 14.4 mrad，单次采样时间为 0.5 s，角随机游走为 8.5×10^{-8} (rad/s)/$\sqrt{\mathrm{Hz}}$。2012 年，Tackmann 等人[460]实现了小型自准直大环路面积冷原子陀螺仪，陀螺仪长 13.7 cm，原子干涉环路面积为 19 mm^2，与前期大型热原子束陀螺仪的环路面积相当，角随机游走为 6.1×10^{-7} (rad/s)/$\sqrt{\mathrm{Hz}}$。2013 年，Kasevich 研究组在大型喷泉原子干涉仪上[363]通过增大拉曼光的时间间隔将原子干涉仪测量的标度因子提高，当拉曼光的时间间隔为 $T=1.15$ s 时，测量地球转动速度的分辨率达到了 2×10^{-7} rad/s。

3）原子芯片陀螺仪

原子芯片陀螺仪通过特殊的势阱，将超冷原子或玻色-爱因斯坦凝聚体在芯片表面按照一定的路径导引形成空间干涉环路，再利用干涉环路的萨格奈克效应测量转动信号。原子芯片陀螺仪具有小型化的潜力，但技术难度较大，目前还处于原理研究阶段。原子芯片陀螺仪分为两类：环路波导型和量子涡旋型。

环路波导型陀螺仪，是在半导体芯片上刻蚀微结构导线形成环形原子波导，使超冷原子团在环形波导上双向传播、干涉，其原理类似于光纤陀螺仪。环路波导型陀螺仪的干涉路径互易、抗干扰、可小型化。

2004 年，Shin 等人[461]在双势阱中利用玻色-爱因斯坦凝聚体实现了原子干涉，观察到了凝聚体的空间干涉图案。2005 年，Tolstikhin 等人[462]研究了基于雪茄形玻色-爱因斯坦凝聚体的物质波干涉仪的陀螺效应。2007 年，Wu 等人[463]实现了基于移动波导的面积封闭的原子陀螺仪，他们用激光脉冲沿磁导引线的正、反方向交替对原子进行分束、合束操纵以形成外态干涉，原子团可沿干涉环路多次循环，初步的实验结果表明，原子陀螺仪可分辨 10 倍于地球转速的转动信号。2009 年，Baker 等人[464]设计了一种芯片环形阱，可用于导引冷原子、冷分子或玻色-爱因斯坦凝聚体形成陀螺仪。2010 年，Debs 等人[465]研究了以三种不同输出耦合方式从玻色-爱因斯坦凝聚体输出的原子束的特性，认为两态拉曼耦合输出是产生高束流、低发散原子束的较好方法。2012 年，Yan[466]提出了一种基于移动波导在芯片上实现闭合环路原子干涉仪的思路，用对称的微波势阱作为移动波导，沿磁导引线对原子进行分束、合束控制，原子运动的方向通过改变微波势的运动方向来控制。

量子涡旋陀螺仪，是利用超流体的涡旋特性测量转动的陀螺仪。2001 年，Stringari[467]提出了利用玻色-爱因斯坦凝聚体的量子涡旋特性测量转动的设想。2003 年，Hodby[468]在玻色-爱因斯坦凝聚体中观察到了三维陀螺效应。

2004 年，Avenel 等人[469]演示了基于 ^{3}He 和 ^{4}He 超流约瑟夫森(Josephson)效应的陀螺仪。2011 年，Narayana 等人[470]演示超流体量子干涉仪的萨格奈克效应，证明超流体干涉方案可用于陀螺仪。2012 年，Thanvanthri 等人[471]提出了用光学角动量引起的玻色-爱因斯坦凝聚体涡旋叠加态作为原子陀螺仪的方案。在芯片微磁阱中的玻色-爱因斯坦凝聚体上加载具有轨道角动量的激光束，可以使玻色-爱因斯坦凝聚体处于反向旋转的量子涡旋的叠加态，涡旋中心位置可反映系统相对于惯性空间的旋转。量子涡旋陀螺仪不需要导引、不需要反射、不需要分束器，克服了环路波导型陀螺仪固有的热膨胀和路径涨落漂移，具有超高稳定性，但灵敏度比环路波导型差。

改善原子干涉陀螺仪的途径有三个：① 提高原子通量：在标准量子极限下将原子干涉陀螺仪的原子通量提高两个数量级，对应原子干涉陀螺仪的灵敏度和精度提高一个数量级；② 增大原子干涉闭合回路的面积：将原子干涉陀螺仪的闭环干涉面积增大一个数量级，对应原子干涉陀螺仪的灵敏度和精度提高一个数量级；③ 提高原子干涉相位探测的灵敏度：即提高原子干涉陀螺仪的相位分辨能力，采用相干原子源或者原子激光，利用量子非破坏性探测可以使得原子干涉陀螺仪的相位分辨能力逼近海森伯极限，则可以使得原子干涉陀螺仪的灵敏度和精度成平方倍增加。

5.4.4.2 原子自旋陀螺仪

原子自旋陀螺仪基于原子自旋的定轴性原理，通过激光检测原子自旋极化来实现，以钾-氦原子自旋陀螺仪为例，如图 5-37 所示，在球形玻璃泡中冲入碱金属钾原子和惰性氦原子气体，偏置磁场 $\boldsymbol{B}_c$ 和泵浦激光沿着 z 轴方向，当圆偏振的泵浦激光与钾原子的 D_1 线共振时，钾原子的电子自旋 S_k 沿着偏置磁场 $\boldsymbol{B}_c$，产生与偏置磁场相反的磁矩 $\boldsymbol{M}_k$，氦原子的核自旋通过自旋交换碰撞，产生与偏置磁场相反的磁矩 $\boldsymbol{M}_{He}^3$，线偏振的探测激光沿着 x 轴方向探测钾原子电子自旋极化(旋光效应)。

图 5-37 的过程可以用自旋极化的 Bloch 方程描述：

$$\begin{aligned}\frac{\partial \boldsymbol{P}^e}{\partial t} &= \boldsymbol{\Omega}\times\boldsymbol{P}^e+\frac{\gamma_e}{Q(\boldsymbol{P}^e)}(\boldsymbol{B}+\lambda M_0^n\boldsymbol{P}^n+L)\times\boldsymbol{P}^e+ \\ &\quad (R_p s_p+R_{se}^e\boldsymbol{P}^n+R_m s_m-R_{tot}\boldsymbol{P}^e) \\ \frac{\partial \boldsymbol{P}^n}{\partial t} &= \boldsymbol{\Omega}\times\boldsymbol{P}^n+\gamma_n(\boldsymbol{B}+\lambda M_0^e\boldsymbol{P}^e)\times\boldsymbol{P}^n+R_{se}^n(\boldsymbol{P}^e-\boldsymbol{P}^n)-R_{sd}^n\boldsymbol{P}^n\end{aligned} \tag{5-21}$$

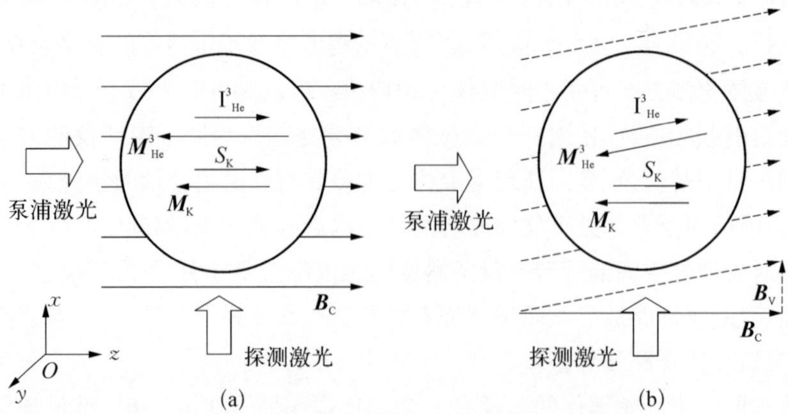

图 5-37　原子自旋陀螺仪基本原理示意图

(a) 当原子自旋陀螺仪绕着 y 轴旋转时,泵浦光使得电子自旋的重新极化要快于核自旋的重新极化,滞后于旋转补偿磁场的氦原子核自旋磁矩绕 x 轴向 y 轴方向进动;(b) 氦原子核自旋磁矩章动引起沿着 y 轴方向的磁场,此时迫使钾原子自旋磁矩将绕 y 轴向 x 轴方向进动,从而钾原子将沿着 x 轴方向被极化,引起线偏振探测光的偏振面旋转。

式中,$\boldsymbol{P}^{e}$ 和 $\boldsymbol{P}^{n}$ 分别为电子极化矢量和核极化矢量,$\boldsymbol{\Omega}$ 为惯性旋转矢量。在实验中,选择合适的参数(如高原子数密度 n,小的偏置磁场 $\boldsymbol{B}_c$),自旋交换碰撞快于原子自旋进动频率,保持较大的横向自旋弛豫时间,相干时间增长,此时,原子自旋陀螺仪的信号 S 与探测光的光学偏振面旋转 P_x^e 成比例,可以写为

$$S = P_x^e = \frac{\gamma_e \Omega_y P_z^e}{\gamma_n R_{tot}}\left(1 - \frac{\gamma_e}{\gamma_n} Q(P^e) - C_{se}^n\right) \tag{5-22}$$

因此,原子自旋陀螺仪的旋转分辨率为

$$\delta\Omega_y = \frac{\gamma_e}{\gamma_n} \times \sqrt{\frac{Q(P^e) R_{tot}}{nV}} \tag{5-23}$$

在式(5-23)中,Ω_y 为原子自旋陀螺仪绕 y 轴的惯性旋转速率,γ_e 为钾原子的电子自旋旋磁比,γ_n 为氦原子的核自旋旋磁比,$Q(P^e)$ 是钾原子超精细结构相互作用和自旋交换碰撞引起的衰减因子,R_{tot} 是总的自旋交换率,n 为原子数,V 为相互作用体积。

原子自旋陀螺仪,包括核磁共振(nuclear magnetic resonance, NMR)陀螺仪[472]和基于无自旋交换弛豫(spin exchange relaxation free, SERF)原理的陀螺仪两种。

核磁共振陀螺仪可测量由于惯性转动导致的磁共振频率的移动。它利用两

种具有不同旋磁比的同位素样品来消除磁共振频率与磁场的相关性。1993 年，Harle 等人[473]提出了 NMR 陀螺仪的方案。1994 年，Appelt 等人[474]研究了 ^{131}Xe自旋陀螺仪中 Berry 的绝热几何相位的偏差。2001 年，Rosenberry 等人[475]采用自旋交换光泵技术，先后研制了以$^{3}He-^{129}Xe$ 原子为工作介质的 NMR 陀螺仪，2002 年，Kornack 等人[476]研究了两个自旋体系原子的自旋交换动力学，2005 年，他们在实验室演示了 $K-^{3}He$ 原子自旋陀螺仪[477]，灵敏度为 $5.0\times10^{-7}(rad/s)/\sqrt{Hz}$。2011 年，Smiciklas 等人[478]演示了 $K-^{3}He-^{21}Ne$ 原子 NMR 陀螺仪，转动测量的灵敏度达到了 5×10^{-8} rad s^{-1} $Hz^{-1/2}$，Kitching 等人[479]实现的微型 NMR 陀螺仪的灵敏度达到了导航级，他们的目标是研制体积 5 cm^3，灵敏度 $0.01°/\sqrt{hr}$，总功耗 5 mW 的实用 NMR 陀螺仪。2013 年，Sheng 等人[480]用探测光多次通过样品泡技术实现了不需要在零磁场下工作、探测灵敏度为 0.54 $fT/\sqrt{Hz}$的原子磁力计，有望在高灵敏度的 NMR 陀螺仪中获得应用，以简化磁屏技术。

自旋交换碰撞弛豫会使原子的磁共振谱线加宽，当该弛豫速率大于原子能级的塞曼分裂时，磁共振谱线将不能被分辨。为了解决这一问题，Happer 等人[481]于 1977 年找到了减小自旋交换弛豫的 SERF 方案，压窄了原子磁共振谱线宽度。SERF 技术于 2002 年、2003 年先后被 Allred[482]和 Kominis[483]在原子磁力计中采用。2013 年，Fang 等人[484, 485]实现了 $Cs-^{129}Xe$ 原子 SERF 陀螺仪的演示。

5.4.5 原子磁力计

原子磁力计是基于光与原子相互作用现象对磁场的敏感来测量磁场的。传统的原子磁力计有光抽运磁力计、SERF 磁力计、非线性磁光旋转磁力计。量子光学新现象的发现，促进了新型磁力计的发展，也提高了磁力计的灵敏度。目前新型高灵敏度原子磁力计有相干布居囚禁磁力计、金刚石氮-空位磁力计、亚标准量子极限磁力计。

5.4.5.1 光抽运磁力计

光抽运磁力计(optical pumping magnetometer, OPM)利用光学-射频双共振现象对磁场的敏感性测量磁场的大小。传统的 OPM 采用光谱灯对原子进行抽运，激光出现后，用激光代替光谱灯使原子的抽运效率大大提高。目前用于碱金属光抽运的都是半导体激光器。2005 年，Savukov 等人[486]实现了一种可探测微弱射频磁场的光抽运磁力计，灵敏度为 2 $fT/\sqrt{Hz}$。2007 年，Shah 等人[487]

实现了基于毫米级微加工碱金属气泡的小型磁力计，灵敏度为 70 fT/$\sqrt{\text{Hz}}$。2011 年，Scholtes 等人[488]实现了激光抽运-探测式小型化磁力计，样品泡的体积为 9.3 mm^3，磁力计的灵敏度为 42fT/$\sqrt{\text{Hz}}$。2012 年，Chalupczak 等人[489]实现了灵敏度为 1 fT/$\sqrt{\text{Hz}}$、频率范围为 10～500 kHz、可在室温工作的激光抽运磁力计；Ito 等人[490]利用钾原子和铷原子的混合样品泡实现了激光抽运原子磁力计，对 10 Hz 磁场的测量灵敏度为 100 fT/$\sqrt{\text{Hz}}$；Huang 等人[491]将激光抽运铯原子磁力计的灵敏度提高到 19 fT/$\sqrt{\text{Hz}}$，空间分辨率小于 2 cm。2013 年，Liu 等人[492]实现了基于铯原子磁力计的室温超低场核磁共振波谱仪，磁场测量灵敏度为 150 fT/$\sqrt{\text{Hz}}$；Yang 等人[493]演示了一种激光抽运-再抽运式原子磁力计，与传统激光抽运-射频探测式磁力计相比，磁场共振信号的幅度提高了 55%。

5.4.5.2 SERF 磁力计

SERF 磁力计具有体积小、功耗低的优点。原子 SERF 磁力计与 NMR 谱仪结合，可以为低场 NMR 波谱学研究提供新的工具。2002 年 Allred[482]首次实现了原子 SERF 磁力计，测量灵敏度达到 10 fT/$\sqrt{\text{Hz}}$。2003 年，Kominis 等人[483]实现的多通道的 SERF 磁力计，测灵敏度达到 0.54 fT/$\sqrt{\text{Hz}}$，空间分辨率为 2 mm。2005 年，Savukov 等人[494]利用钾原子 SERF 磁力计探测到磁化自来水在 0.14 T 磁场预极化之后的自由感应衰减信号与 ^{129}Xe 原子的 NMR 信号。2008 年，Ledbetter 等人[495]实现的铯原子 SERF 磁力计的初测灵敏度达到 40 fT/$\sqrt{\text{Hz}}$，预期最高灵敏度可达到 0.2 fT/$\sqrt{\text{Hz}}$。2009 年，Shah 等人[496]用椭圆偏振光实现了铷原子 SERF 磁力计，铷泡的尺寸为 5 mm×5 mm×5 mm，测量灵敏度为 7 fT/$\sqrt{\text{Hz}}$。2010 年，Griffith 等人[497]用微加工原子气泡实现了铷原子 SERF 磁力计，探头体积仅为 1 mm^3，灵敏度达到 5 fT/$\sqrt{\text{Hz}}$；Dang 等人[498]则实现了灵敏度为 160 aT/$\sqrt{\text{Hz}}$的原子 SERF 磁力计。2012 年，Dong 等人[499]设计实现了三维原子 SERF 磁力计，由于仅用了一束激光，该磁力计有小型化的潜力；Fang 等人[500]提出了一种用于设计原子 SERF 磁力计的原位三轴磁场补偿方案。2013 年，Sheng 等人[480]实现了铷原子标量磁力计，磁场灵敏度达到了 0.54 fT/$\sqrt{\text{Hz}}$。

5.4.5.3 非线性磁光旋转磁力计

非线性磁光旋转（nonlinear magneto-optical rotation，NMOR）磁力计，利用线偏振近共振探测光通过磁场中样品时偏振方向发生偏转的现象来测量磁场的大小。1998 年，Budker 等人[501]在有石蜡涂层的铷原子气泡中实现了 NMOR

磁力计，磁场测量灵敏度达到了 0.3 fT/$\sqrt{\text{Hz}}$。2006 年，Xu 等人[502]用多层高磁导率合金材料做成的高性能磁屏蔽来消除磁噪声，实现了铷原子 NMOR 磁场梯度计，灵敏度达到 80 fT/$\sqrt{\text{Hz}}$，并成功地用于磁粉检测[503]；Higbie 等人[504]实现了坚固、高速的全光 NMOR 磁力计，采用光纤传输激光，既可用垂直腔面发射激光器(VCSEL)，也可用普通的边发射半导体激光器，采样带宽为 1 kHz，1 s 测量的灵敏度为 3 nG(300 fT)。除了采用气泡中热原子作为 NMOR 磁力计的介质外，冷原子介质也是磁力计的可选方案。2013 年，Behbood 等人[505]实现冷原子 NMOR 磁力计，并演示了实时磁矢量场探测，空间分辨率约为 20 μm，1 ms 测量的灵敏度优于 1 nT。

5.4.5.4 CPT 磁力计

CPT 磁力计，利用全光学共振方式，不需要射频线圈，探头很小，空间分辨率较高。1998 年，Nagel 等人[506]首次实现了铯原子 CPT 磁力计，磁场测量灵敏度为 500 fT/$\sqrt{\text{Hz}}$。2004 年，Schwindt 等人[507]实现了芯片级的原子 CPT 磁力计，探头体积为 12 mm^3，功耗为 195 mW，磁场测量灵敏度为 50 pT/$\sqrt{\text{Hz}}$。2006 年，Katsoprinakis 等人[508]提出了基于电磁诱导透明的高频原子磁力计方案。2008 年，Terraciano 等人[509]演示了基于冷原子团的速度选择双光子共振的成像磁力计。2011 年，Song 等人[510]提出了冷原子双暗态磁力计的方案。

5.4.5.5 金刚石氮-空位磁力计

金刚石氮-空位(Nitrogen Vacancy)磁力计，通过光学-微波双共振方法激发处于金刚石晶格中单个氮原子-空位分子，实现对外磁场的探测。金刚石氮-空位磁力计的空间分辨率极高，达到纳米量级，可分辨出少量甚至单个电子自旋以及核自旋产生的微弱磁场，有望实现单分子水平的 NMR 探测。2008 年，Taylor 等人[511]提出了金刚石氮-空位磁力计的方案，预期灵敏度可达 fT/$\sqrt{\text{Hz}}$量级。2012 年，Taylor 等人[512]实现三轴金刚石氮-空位磁力计，预期灵敏度可达 0.5 $(\text{mdeg s}^{-1})/\sqrt{\text{Hz mm}^3}$。2013 年，Fang 等人[513]实现了短期灵敏度为38 nT/$\sqrt{\text{Hz}}$的金刚石氮-空位磁力计；Dumeige 等人[514]提出了基于近红外光双共振光学腔的金刚石氮-空位磁力计的方案；Liu 等人[515]实现了光纤集成的金刚石磁力计。2014 年，Perunicic 等人[516]开展了基于金刚石单自旋态的单分子核磁共振谱仪的研究。

5.4.5.6 亚标准量子极限磁力计

亚标准量子极限(sub-standard quantum limit, Sub - SQL)磁力计，采用量子非破坏性(quantum nondemolition, QND)测量方法，克服量子投影噪声、光子

散粒噪声和测量仪器噪声，达到并超越 SQL。QND 测量，使用失谐的探测光连续地测量原子，以实现原子自旋压缩态[517]，从而超越 SQL 测量灵敏度。2003 年，Geremia 等人[518]首次提出了利用原子自旋压缩态实现 Sub - SQL 磁力计的方案。2004 年，Auzinsh 等人[519]分析了不同测量条件下基于 QND 测量的原子磁力计灵敏度与原子自旋数的依赖关系，认为在一定条件下，基于 QND 测量的原子磁力计可以超越 SQL 灵敏度。2010 年，Shah 等人[520]研究了原子磁力计性能后，认为 QND 测量可在不损失灵敏度的前提下将磁力计的工作带宽增加到 1.9 kHz，有利于在低场核磁共振中应用；Wasilewski 等人[521]在有石蜡涂层的铯原子泡中实现了灵敏度仅受限于自旋投影噪声水平的原子磁力计，对射频磁场的探测灵敏度为 0.42 fT/$\sqrt{\text{Hz}}$；Koschorreck 等人[522]利用原子纠缠态和光子压缩态实现了宽带（>1 MHz）冷原子磁力计，灵敏度要比自旋投影噪声所限制的灵敏度高 2.8 dB；Wolfgramm 等人[523]利用偏振压缩态探测光实现了冷铷原子磁力计，灵敏度提高了 3.2 dB。2012 年，Sewell 等人[524]首次提出了利用原子自旋压缩态实现亚标准量子极限磁力计的方案。2013 年，Urizar-Lanz 等人[525]首次提出了利用宏观单重态实现磁力梯度计的方案。

5.4.6 原子频标

原子频标不但应用于原子分子精密测量物理基础研究领域，目前还广泛应用于全球定位系统（GPS）、导弹与卫星的发射、通信网络和城市交通管理等方面。原子频标在国防和国民经济中起着至关重要的作用。

5.4.6.1 传统原子频标

传统的原子频标仍然是目前原子频标市场上的主流产品，实用的常规磁选态铯原子频标、氢原子频标、铷原子频标在国民经济和国防建设各个领域得到了广泛的应用。

铯原子频标的准确度最高，主要用于守时和授时。目前国际原子时中权重最大的仍然是铯原子频标。大多数国家的时间标准都是由铯原子频标给出的。商品铯频标准确度最高的是美国的 HP5071 型铯原子束频标，目前美国的全球定位系统（GPS）和俄罗斯的格洛纳斯（GLONASS）卫星上也用此类原子频标。

氢原子频标的频率稳定度最高。氢原子频标分为主动氢频标（H - Maser）和被动氢频标两种，主要用于守时、授时和科学实验。

铷原子频标以其体积、重量、功耗和成本方面的优势而成为目前应用最为广泛的实用原子频标，同时也是首选的星载原子频标。美国的全球定位系统、欧洲的伽利略（Galileo）系统和我国的北斗卫星导航系统都用到或计划用铷原子频标。铷原子频标的另一发展方向是激光抽运频标，其显著特征是短期稳定度指标比传统的谱灯抽运频标可提高1～2个量级。铷原子频标已广泛用于通信、精密仪器制造、能源调配、交通管理等民用领域以及导航定位、精确制导、保密通信、电子对抗等军用领域。瑞士天文台正在研制激光抽运的星载铷频标。

美国建立了全球定位系统，俄罗斯、欧洲分别建立了格洛纳斯系统和伽利略卫星导航系统。我国也积极开展了卫星定位系统的研究，提出并正在完成自己的“北斗”卫星定位系统。如今世界时频标的比对主要是由全球定位系统完成，由于它只是在一级频标之间进行比对，全球定位系统只是起传递信息的作用。空间原子频标投入使用后，它本身将是世界上准确度最高的原子频标，同时它在外太空，又可以直接传递时间频率信息，进行时间频率比对，这将对校准世界各地的频标和时间同步起到非常重要的作用。

空间微波频标在可预见的将来仍然是空间时频系统的主角，因为微波频标的技术相对成熟，所需的资源相对少，能基本满足军事和民用的各项指标要求。空间微波原子频标主要有两大类，一类是传统的微波频标，技术已经非常成熟；另一类是冷原子微波频标，其性能在微重力环境下能大幅改善，但技术尚待完善。

5.4.6.2 新型原子频标

原子分子光物理中精密测量技术的发展，使得进一步提高原子分子光谱测量和原子频标的精度成为可能。利用激光的窄线宽特性，可使光抽运制备原子态的效率更高，从而大大提高原子鉴频信号的信噪比，改善短期稳定度；利用激光冷却和囚禁技术可降低原子的速度，最大可能地减小二级多普勒频移，使频率基准的准确度大为提高。

1) 激光抽运原子频标

传统的铷原子频标采用光谱灯进行光抽运选态，传统的铯原子频标则采用了磁选态技术。两种技术的选态效率都不高，这是限制两种原子频标指标的主要因素。利用半导体激光抽运替代这两种选态技术，可以大幅度提高原子鉴频信号的信噪比，从而改善频率稳定度指标。激光抽运铷原子频标有望应用于格洛纳斯卫星。激光抽运方案制作铯束原子频标可延长铯束管的寿命。激光抽运原子频标的长期稳定度目前尚未取得突破，这主要是受限于激光器的寿命。如果采用脉冲激光抽运方案，用激光抽运实现原子选态，原子利用率可大大提高，在激光抽运间歇时段进行频标跃迁信号的探测，原则上可以消除光频移。

2) CPT原子频标

CPT原子频标分为主动型和被动型两种。被动型CPT频标的指标略低于传统铷原子频标，但具有无与伦比的小型化和低功耗优势。常温气泡型 CPT 原子频标已有商品，其特点是体积小，功耗低。目前 CPT 频标的另一个发展方向是同时兼顾小型化和高性能。基于冷原子介质实现的 CPT 频标的分项频率稳定度已达到 $4\times10^{-11}/\sqrt{\tau}$[276]

3）冷原子喷泉频标

冷原子喷泉频标已逐渐成为基准频标。美国、加拿大、瑞士、法国、德国、日本等国的时间频率机构以及中国计量科学研究院都开展了冷原子喷泉频标的研究。铷原子喷泉频标的准确度达到 3.7×10^{-16}[265]，铯原子喷泉频标的不确定度达到 4.4×10^{-16}[271]。目前喷泉频标的频率准确度提高到 10^{-15} 甚至进入 10^{-16} 水平，较传统的铯原子频标提高了 3 个量级。

4）囚禁离子微波频标

离子阱装置利用在阱体区域具有特定构型的静电、静磁和射频场，将带电离子约束在超高真空中，可使被研究的原子体系处于几乎孤立的不受“干扰”的环境，并且有很长的囚禁时间以便“观察”，是研究原子特性的理想手段。线型阱 $^{199}Hg^{+}$ 离子频标的体积小、重量轻，可望搭载人造卫星用于相对论验证和引力波探测实验。

5）冷原（离）子光频标

囚禁离子技术、冷原子技术以及飞秒光梳技术的发展，大大推进了光频标的研究进程。在囚禁离子光频标方面，铝和汞单离子光频标的稳定度已达到 10^{-17}[16]，$^{88}Sr^{+}$ 单离子、$^{171}Yb^{+}$ 离子、铟（In）离子、$^{40}Ca^{+}$ 离子光频标的研究都有进展。预计冷却单离子的光频标的不确定度可达到 10^{-18} 的量级。在中性原子光频标方面，中性冷锶原子光频标的系统不确定度为 6.4×10^{-18}[301]。中性镱原子、汞原子因其对黑体辐射的敏感度低而在光频标研究方面也显示出独特的优势。

5.5 展望

中国有个成语“精益求精”。在科学探索中，亦是如此。人类探索未知世界的好奇心以及基础学科发展的需求是精密测量的原动力；原子分子光物理等学科是精密测量技术的基础和土壤；精密测量技术的发展反过来又会促进基础研究并将其转化为实用技术，改变人类世界。近些年，基于原子分子光物理学科的精密测量物理取得的进展，使我们对这一前沿交叉领域的发展和未来充满期待。

离子阱技术不仅在原子频标、精细结构常数变化、引力红移等基础科学研究中有重要应用，其衍生的离子阱质谱计也将在分析化学、环境监测等工程应用领域发挥越来越重要的作用。

原子干涉技术所带来的新型惯性技术是革命性的。原子干涉术用于绝对重力加速度测量就是原子重力仪；用于重力梯度测量就是原子重力梯度仪；用于转动测量就是原子干涉陀螺仪。在仪器系统的结构上，原子重力仪一般为单干涉仪结构。原子重力梯度仪和原子陀螺仪则往往采用差分测量的双原子干涉仪结构。这几种仪器都是进行与运动有关的测量，将重力、重力梯度、转动等多种惯性传感功能集成在同一技术平台上就是一种理想的综合惯性导航平台，再结合原子频标技术，能实现惯性自主导航定位功能。

基于原子干涉仪的精细结构常数的精密测量，将促进我们对量子电动力学的最严格的检验；基于原子干涉仪的弱等效原理的检验、引力波探测，将加深我们对广义相对论和宇宙起源的理解以及对新物理的期待。

对基本粒子相对质量的精密测量、对核电荷半径的精密测量能加深我们对原子结构的理解；对永久电偶极矩的寻找，有助于我们更深刻地认识自然界的基本对称性和宇宙的本质。

原子频标的发展以及对时间频率越来越精密的测量，不仅有利于确定基本物理常数（参量）的精确值、验证基本物理定理，也将通过导航定位、互联网、通信、电力、交通等领域密切地影响人类的生活。

高灵敏度原子磁力计的磁探头小，空间分辨率较高，比传统的超导量子器件（SQUID）磁力计的成本低，不仅在基础物理研究方面得到应用，在生物、医学、材料、地球物理、地质、考古等领域也将有广泛的应用。

基于原子分子光物理的精密测量物理与技术是一个新型交叉领域，持续呈现出蓬勃的发展势头。人类对科学的探索无止境，对精密的追求也无止境。

参考文献

[1] Paul W. Electromagnetic traps for charged and neutral particles[J]. Rev. Mod. Phys., 1990, 62(3): 531 - 540.

[2] Fortson E N, Major F G. Dehmelt H G. Ultrahigh resolution $\Delta F=0, \pm1(He-3)^{+}$ Hfs spectra by an ion-storage collision technique[J]. Phys. Rev. Lett., 1966, 16(6): 221 - 225.

[3] Jefferts K B. Rotational Hfs spectra of H_2^+ molecular ions[J]. Phys. Rev. Lett., 1968, 20(2): 39 - 41.

[4] Brown L S, Gabrielse G. Geonium theory: Physics of a single electron or ion in a Penning trap[J]. Rev. Mod. Phys., 1986, 58(1): 233-311.

[5] Wineland D, Dehmelt H. Proposed $10^{14}\ \Delta\nu < \nu$ laser fluorescence spectroscopy on Ti^{+} mono-ion oscillator III[J]. Bull. Am. Phys. Soc., 1975, 20(4): 637-637.

[6] Wineland D J, Drullinger R E, Walls F L. Radiation-pressure cooling of bound resonant absorbers[J]. Phys. Rev. Lett., 1978, 40(25): 1639-1642.

[7] Neuhauser W, Hohenstatt M, Toschek P, et al. Optical-sideband cooling of visible atom cloud confined in parabolic well[J]. Phys. Rev. Lett., 1978, 41(4): 233-236.

[8] Neuhauser W, Hohenstatt M, Toschek P E, et al. Localized visible Ba^{+} mono-ion oscillator[J]. Phys. Rev. A, 1980, 22(3): 1137-1140.

[9] Diedrich F, Bergquist J C, Itano W M, et al. Laser cooling to the zero-point energy of ion [J]. Phys. Rev. Lett., 1989, 62(4): 403-406.

[10] Allcock D T C, Sherman J A, Stacey D N, et al. Implementation of a symmetric surface-electrode ion trap with field compensation using a modulated Raman effect[J]. New J. Phys., 2010, 12(5): 053026.

[11] Zhang Z P, Quist H, Peng Y, et al. Effects of higher-order multipoles on the performance of a two-plate quadrupole ion trap mass analyzer [J]. Int. J. Mass Spectrom., 2011, 299(2-3): 151-157.

[12] Taylor P, Roberts M, GatevaKostova S V, et al. Investigation of the S-2(1/2)-D-2 (5/2) clock transition in a single ytterbium ion[J]. Phys. Rev. A, 1997, 56(4): 2699-2704.

[13] Prestage J D, Tjoelker R L, Dick G J, et al. Ultra-stable Hg^{+} trapped ion frequency standard[J]. J. Mod. Opt., 1992, 39(2): 221-232.

[14] Kajita M, Li Y, Matsubara K, et al. Prospect of optical frequency standard based on a $^{43}Ca^{+}$ ion[J]. Phys. Rev. A, 2005, 72(4): 043404.

[15] Mannervik S, Lidberg J, Norlin L O, et al. Lifetime measurement of the metastable 4d D-2(3/2) level in Sr^{+} by optical pumping of a stored ion beam[J]. Phys. Rev. Lett., 1999, 83(4): 698-701.

[16] Chou C W, Hume D B, Koelemeij J C J, et al. Frequency comparison of two high-accuracy Al^{+} optical clocks[J]. Phys. Rev. Lett., 2010, 104(7): 070802.

[17] 严马可,金奇奂. 2012 年诺贝尔物理学奖：大卫·维因兰德[J]. 物理,2013,42(4): 230-236.

[18] Chu S, Hollberg L, Bjorkholm J E, et al. Three-dimensional viscous confinement and cooling of atoms by resonance radiation pressure[J]. Phys. Rev. Lett., 1985, 55(1): 48-51.

[19] Raab E L, Prentiss M, Cable A, et al. Trapping of neutral sodium atoms with radiation pressure[J]. Phys. Rev. Lett., 1987, 59(23): 2631-2634.

[20] Ertmer W, Blatt R, Hall J L, et al. Laser manipulation of atomic-beam velocities-demonstration of stopped atoms and velocity reversal[J]. Phys. Rev. Lett., 1985, 54 (10): 996-999.

[21] Zhu M, Oates C W, Hall J L. Continuous high-flux monovelocity atomic-beam based on a

broad-band laser-cooling technique[J]. Phys. Rev. Lett., 1991, 67(1): 46 - 49.

[22] Phillips W D, Metcalf H. Laser deceleration of an atomic-beam[J]. Phys. Rev. Lett., 1982, 48(9): 596 - 599.

[23] Grier A T, Ferrier-Barbut I, Rem B S, et al. Lambda-enhanced sub-Doppler cooling of lithium atoms in D-1 gray molasses[J]. Phys. Rev. A, 2013, 87(6): 063411.

[24] Sukachev D, Sokolov A, Chebakov K, et al. Magneto-optical trap for thulium atoms[J]. Phys. Rev. A, 2010, 82(1): 011405.

[25] Youn S H, Lu M W, Ray U, et al. Dysprosium magneto-optical traps[J]. Phys. Rev. A, 2010, 82(4): 043425.

[26] Villwock P, Siol S, Walther T. Magneto-optical trapping of neutral mercury[J]. Eur. Phys. J. D, 2011, 65(1-2): 251 - 255.

[27] Albrecht A, Retzker A, Wunderlich C, et al. Enhancement of laser cooling by the use of magnetic gradients[J]. New J. Phys., 2011, 13(3): 033009.

[28] Feldker T, Schutz J, John H, et al. Magneto-optical trapping of bosonic and Fermionic neon isotopes and their mixtures: isotope shift of the P-3(2) →D-3(3) transition and hyperfine constants of the D-3(3) state of Ne-21[J]. Eur. Phys. J. D, 2011, 65(1-2): 257 - 262.

[29] Moon G, Heo M S, Kim Y, et al. Measurement of the trap parameters of a magneto-optical trap by external periodic perturbation[J]. Phys. Rev. A, 2010, 81(3): 033425.

[30] Van Dongen J, Zhu C, Clement D, et al. Trap-depth determination from residual gas collisions[J]. Phys. Rev. A, 2011, 84(2): 022708.

[31] Liebisch T C, Blanshan E, Donley E A, et al. Atom-number amplification in a magneto-optical trap via stimulated light forces[J]. Phys. Rev. A, 2012, 85(1): 013407.

[32] McKay D C, Jervis D, Fine D J, et al. Low-temperature high-density magneto-optical trapping of potassium using the open 4S→5P transition at 405 nm[J]. Phys. Rev. A, 2011, 84(6): 063420.

[33] Santos M S, Nussenzveig P, Marcassa L G, et al. Simultaneous trapping of two different atomic species in a vapor-cell magneto-optical trap (vol 52, pg R4340, 1995)[J]. Phys. Rev. A, 1996, 54(2): 1739 - 1739.

[34] Santos M S, Nussenzveig P, Antunes A, et al. Hyperfine-changing collision measurements in trap loss for mixed species in a magneto-optical trap[J]. Phys. Rev. A, 1999, 60(5): 3892 - 3895.

[35] Schloder U, Engler H, Schunemann U, et al. Cold inelastic collisions between lithium and cesium in a two-species magneto-optical trap[J]. Eur. Phys. J. D, 1999, 7(3): 331 - 340.

[36] Shaffer J P, Chalupczak W, Bigelow N P. Trap loss in a two-species Na-Cs magneto-optical trap: Intramultiplet mixing in heteronuclear ultracold collisions[J]. Phys. Rev. A, 1999, 60(5): R3365 - R3368.

[37] Telles G D, Marcassa L G, Muniz S R, et al. Inelastic cold collisions of a Na/Rb mixture in a magneto-optical trap[J]. Phys. Rev. A, 1999, 59(1): R23 - R26.

[38] Telles G D, Garcia W, Marcassa L G, et al. Trap loss in a two species Rb-Cs magneto-

optical trap[J]. Phys. Rev. A, 2001, 63(3): 033406.

[39] Goldwin J, Papp S B, DeMarco B, et al. Two-species magneto-optical trap with K - 40 and Rb - 87[J]. Phys. Rev. A, 2002, 65(2): 021402(R).

[40] Noh H R, Kim J O, Nam D S, et al. Isotope separation in a magneto-optical trap[J]. Rev. Sci. Instrum., 1996, 67(4): 1431 - 1433.

[41] Di Rosa M D, Crane S G, Kitten J J, et al. Magneto-optical trap and mass-separator system for the ultra-sensitive detection of Cs - 135 and Cs - 137[J]. Appl. Phys. B-Lasers Opt., 2003, 76(1): 45 - 55.

[42] Byron L J, Dall R G, Truscott A G, Trap loss in a metastable helium-rubidium magneto-optical trap[J]. Phys. Rev. A, 2010, 81(1): 013405.

[43] Costa L, Brachmann J, Voigt A C, et al. s-wave interaction in a two-species Fermi-Fermi mixture at a narrow Feshbach resonance [J]. Phys. Rev. Lett., 2010, 105 (12): 123201.

[44] Chan I, Barrett B, Kumarakrishnan A. Precise determination of atomic g-factor ratios from a dual isotope magneto-optical trap[J]. Phys. Rev. A, 2011, 84(3): 032509.

[45] Tiecke T G, Goosen M R, Ludewig A, et al. Broad Feshbach resonance in the Li - 6 - K - 40 mixture[J]. Phys. Rev. Lett., 2010, 104(5): 053202.

[46] Ridinger A, Chaudhuri S, Salez T, et al. Large atom number dual-species magneto-optical trap for Fermionic Li - 6 and K - 40 atoms[J]. Eur. Phys. J. D, 2011, 65(1 - 2): 223 - 242.

[47] Metcalf H, Straaten P V D. Laser cooling and trapping[M]. Heidelberg: Springer Verlag, 1999.

[48] Hill S B, McClelland J J. Atoms on demand: Fast, deterministic production of single Cr atoms[J]. Appl. Phys. Lett., 2003, 82(18): 3128 - 3130.

[49] Frese D, Ueberholz B, Kuhr S, et al. Single atoms in an optical dipole trap: Towards a deterministic source of cold atoms[J]. Phys. Rev. Lett., 2000, 85(18): 3777 - 3780.

[50] Ashkin A. Acceleration and trapping of particles by radiation pressure[J]. Phys. Rev. Lett., 1970, 24(4): 156 - 159.

[51] Ashkin A. Atomic-beam deflection by resonance-radiation pressure[J]. Phys. Rev. Lett., 1970, 25(19): 1321 - 1324.

[52] Kuhr S, Alt W, Schrader D, et al. Deterministic delivery of a single atom[J]. Science, 2001, 293(5528): 278 - 280.

[53] He J, Wang J, Yang B D, et al. Single atoms transferring between a magneto-optical trap and a far-off-resonance optical dipole trap[J]. Chin. Phys. B, 2009, 18(8): 3404 - 3408.

[54] Nelson K D, Li X, Weiss D S. Imaging single atoms in a three-dimensional array[J]. Nat. Phys., 2007, 3(8): 556 - 560.

[55] Schlosser N, Reymond G, Protsenko I, et al. Sub-poissonian loading of single atoms in a microscopic dipole trap[J]. Nature, 2001, 411(6841): 1024 - 1027.

[56] Weber M, Volz J, Saucke K, et al. Analysis of a single-atom dipole trap[J]. Phys. Rev. A, 2006, 73(4): 043406.

[57] Yavuz D D, Kulatunga P B, Urban E, et al. Fast ground state manipulation of neutral

atoms in microscopic optical traps[J]. Phys. Rev. Lett., 2006, 96(6): 063001.
[58] He X D, Xu P, Wang J, et al. Rotating single atoms in a ring lattice generated by a spatial light modulator[J]. Opt. Express, 2009, 17(23): 21007 - 21014.
[59] Poulin J, Light P S, Kashyap R, et al. Optimized coupling of cold atoms into a fiber using a blue-detuned hollow-beam funnel[J]. Phys. Rev. A, 2011, 84(5): 053812.
[60] He X D, Xu P, Wang J, et al. High efficient loading of two atoms into a microscopic optical trap by dynamically reshaping the trap with a spatial light modulator[J]. Opt. Express, 2010, 18(13): 13586 - 13592.
[61] Xu P, He X D, Wang J, et al. Trapping a single atom in a blue detuned optical bottle beam trap[J]. Opt. Lett., 2010, 35(13): 2164 - 2166.
[62] Yu S, He X D, Xu P, et al. Single atoms in the ring lattice for quantum information processing and quantum simulation[J]. Chin. Sci. Bull., 2012, 57(16): 1931 - 1945.
[63] He X D, Yu S, Xu P, et al. Combining red and blue-detuned optical potentials to form a Lamb-Dicke trap for a single neutral atom[J]. Opt. Express, 2012, 20(4): 3711 - 3724.
[64] Yu S, Xu P, He X D, et al. Suppressing phase decoherence of a single atom qubit with Carr-Purcell-Meiboom-Gill sequence[J]. Opt. Express, 2013, 21(26): 32130 - 32140.
[65] 陆俊发,印建平. 腔内单原子的激光冷却、囚禁与操控实验及其最新进展[J]. 物理学进展,2006,26(1): 22 - 50.
[66] Ye J, Vernooy D W, Kimble H J. Trapping of single atoms in cavity QED[J]. Phys. Rev. Lett., 1999, 83(24): 4987 - 4990.
[67] Pinkse P W H, Fischer T, Maunz P, et al. Trapping an atom with single photons[J]. Nature, 2000, 404(6776): 365 - 368.
[68] Keith D W, Ekstrom C R, Turchette Q A, et al. An interferometer for atoms[J]. Phys. Rev. Lett., 1991, 66(21): 2693 - 2696.
[69] Delhuille R, Champenois C, Buchner M, et al. High-contrast Mach-Zehnder lithium-atom interferometer in the Bragg regime[J]. Appl. Phys. B-Lasers Opt., 2002, 74(6): 489 - 493.
[70] Carnal O, Mlynek J. Youngs double-slit experiment with atoms-a simple atom interferometer[J]. Phys. Rev. Lett., 1991, 66(21): 2689 - 2692.
[71] Kasevich M, Chu S. Atomic interferometry using stimulated Raman transitions[J]. Phys. Rev. Lett., 1991, 67(2): 181 - 184.
[72] HanleW. The magnetic influence on the polarization of resonance fluorescence[J]. Z. Physik, 1924, 30(1): 93 - 105.
[73] Estermann I, Stern O. Diffraction of molecular beams[J]. Z. Phys., 1930, 61(1 - 2): 95 - 125.
[74] Rabi II, Zacharias J R, Millman S, et al. A new method of measuring nuclear magnetic moment[J]. Phys. Rev., 1938, 53(4): 318.
[75] Ramsey N F. A new molecular beam resonance method[J]. Phys. Rev., 1949, 76(7): 996.
[76] Chebotayev V P, Dubetsky B Y, Kasantsev A P, et al. Interference of atoms in separated optical-fields[J]. J. Opt. Soc. Am. B-Opt. Phys., 1985, 2(11): 1791 - 1798.

[77] Rasel E M, Oberthaler M K, Batelaan H, et al. Atom wave interferometry with diffraction gratings of light[J]. Phys. Rev. Lett., 1995, 75(14): 2633-2637.
[78] Shimizu F, Shimizu K, Takuma H. Double-slit interference with ultracold metastable neon atoms[J]. Phys. Rev. A, 1992, 46(1): R17-R20.
[79] Bordé C J. Atomic interferometry with internal state labeling[J]. Phys. Lett. A, 1989, 140(1-2): 10-12.
[80] Riehle F, Kisters T, Witte A, et al. Optical Ramsey spectroscopy in a rotating frame-sagnac effect in a matter-wave interferometer[J]. Phys. Rev. Lett., 1991, 67(2): 177-180.
[81] Gupta S, Dieckmann K, Hadzibabic Z, et al. Contrast interferometry using Bose-Einstein condensates to measure h/m and alpha[J]. Phys. Rev. Lett., 2002, 89(14): 140401.
[82] Roati G, de Mirandes E, Ferlaino F, et al. Atom interferometry with trapped Fermi gases[J]. Phys. Rev. Lett., 2004, 92(23): 230402.
[83] Landragin A, Clairon A, Dimarcq N, et al. HYPER: Atom interferometry in space, Proceedings of 7th International Conference on Advanced Technology and Particle Physics [M], Vols. 1. Singapore: World Scientific Publ Co Pte Ltd., 2002.
[84] Weel M, Chan I, Beattie S, et al. Effect of a magnetic field gradient and gravitational acceleration on a time-domain grating-echo interferometer[J]. Phys. Rev. A, 2006, 73(6): 063624.
[85] Amelino-Camelia G, Laemmerzahl C, Mercati F, et al. Constraining the energy-momentum dispersion relation with Planck-scale sensitivity using cold atoms[J]. Phys. Rev. Lett., 2009, 103(17): 171302.
[86] Moler K, Weiss D S, Kasevich M, et al. Theoretical-analysis of velocity-selective Raman transitions[J]. Phys. Rev. A, 1992, 45(1): 342-348.
[87] Li R B, Wang P, Yan H, et al. Magnetic field dependence of coherent population transfer by the stimulated Raman transition[J]. Phys. Rev. A, 2008, 77(3): 033425.
[88] 李润兵,王谨,詹明生. 冷原子干涉仪及空间应用[J]. 物理,2008,37(9): 652-657.
[89] Ramsey N F. A molecular beam resonance method with separated oscillating fields[J]. Phys. Rev., 1950, 78(6): 695-699.
[90] Ramsey N F. Molecular beams[M]. Oxford: Oxford University Press, 1956.
[91] Wang J, Zhou L, Li R B, et al. Cold atom interferometers and their applications in precision measurements[J]. Front. Phys. China, 2009, 4(2): 179-189.
[92] Wang P, Li R B, Yan H, et al. Demonstration of a Sagnac-type cold atom interferometer with stimulated Raman transitions[J]. Chin. Phys. Lett., 2007, 24(1): 27-30.
[93] Li R B, Zhou L, Wang J, et al. Measurement of the quadratic Zeeman shift of Rb-85 hyperfine sublevels using stimulated Raman transitions[J]. Opt. Commun., 2009, 282(7): 1340-1344.
[94] Hall J L, Ma L S, Taubman M, et al. Stabilization and frequency measurement of the I-2-stabilized Nd: YAG laser[J]. IEEE Trans. Instrum. Meas., 1999, 48(2): 583-586.
[95] Hanes G R, Baird K M, Deremigi J, Stability, reproducibility, and absolute wavelength of a 633-nm he-ne-laser stabilized to an iodine hyperfine component[J]. Appl. Opt.,

1973, 12(7): 1600 - 1605.

[96] Umeda N, Tsukiji M, Takasaki H. Stabilized He - 3-Ne - 20 transverse Zeeman laser [J]. Appl. Opt., 1980, 19(3): 442 - 450.

[97] Arie A, Schiller S, Gustafson E K, et al. Absolute frequency stabilization of diode-laser-pumped ndyag lasers to hyperfine transitions in molecular-iodine[J]. Opt. Lett., 1992, 17(17): 1204 - 1206.

[98] Camy G, Borde C J, Ducloy M. Heterodyne saturation spectroscopy through frequency-modulation of the saturating beam[J]. Opt. Commun., 1982, 41(5): 325 - 330.

[99] Drever R W P, Hall J L, Kowalski F V, et al. Laser phase and frequency stabilization using an optical-resonator[J]. Appl. Phys. B-Lasers Opt., 1983, 31(2): 97 - 105.

[100] Hough J, Hils D, Rayman M D, et al. Dye-laser frequency stabilization using optical resonators[J]. Appl. Phys. B-Lasers Opt., 1984, 33(3): 179 - 185.

[101] Black E D. An introduction to Pound-Drever-Hall laser frequency stabilization[J]. Am. J. Phys., 2001, 69(1): 79 - 87.

[102] Hall J L, Hollberg L, Baer T, et al. Optical heterodyne saturation spectroscopy[J]. Appl. Phys. Lett., 1981, 39(9): 680 - 682.

[103] Hansch T W, Levenson M D, Schawlow A L. Complete hyperfine structure of a molecular iodine line[J]. Phys. Rev. Lett., 1971, 26(16): 946 - 949.

[104] Bloch D, Raj R K, Snyder J J, et al. High-frequency optically heterodyned saturation spectroscopy via resonant degenerate 4-wave mixing[J]. J. Opt. Soc. Am., 1980, 70 (6): 624 - 624.

[105] Macadam K B, Steinbach A, Wieman C. A narrow-band tunable diode-laser system with grating feedback, and a saturated absorption spectrometer for Cs and Rb[J]. Am. J. Phys., 1992, 60(12): 1098 - 1111.

[106] Gan J H, Li Y M, Chen X Z, et al. Magneto-optical trap of cesium atoms[J]. Chin. Phys. Lett., 1996, 13(11): 821 - 824.

[107] 王育竹,刘勋铭,林岳明,等. 一种新型的钠原子磁光陷阱(磁光阱)[J]. 中国激光,1996, 23(5): 448.

[108] 王谨,柳晓军,李交美,等. Rb 原子的激光囚禁[J]. 光学学报,2000,6: 862 - 864.

[109] 王谨,柳晓军,李交美,等. 用于激光原子囚禁的二极管激光器的稳频和移频[J]. 量子电子学报,2000,17(1): 43 - 47.

[110] Wieman C, Hansch T W. Doppler-free laser polarization spectroscopy[J]. Phys. Rev. Lett., 1976, 36(20): 1170 - 1173.

[111] Kim J B, Kong H J, Lee S S. Dye-laser frequency locking to the hyperfine-structure ($3S_{1/2}$, $F=2$ - $3P_{1/2}$, $F=2$) of sodium d1 line by using polarization spectroscopy[J]. Appl. Phys. Lett., 1988, 52(6): 417 - 419.

[112] Pearman C P, Adams C S, Cox S G, et al. Polarization spectroscopy of a closed atomic transition: applications to laser frequency locking[J]. J. Phys. B-At. Mol. Opt. Phys., 2002, 35(24): 5141 - 5151.

[113] Yoshikawa Y, Umeki T, Mukae T, et al. Frequency stabilization of a laser diode with use of light-induced birefringence in an atomic vapor[J]. Appl. Opt., 2003, 42(33):

6645 - 6649.

[114] Tiwari V B, Singh S, Mishra S R, et al. Laser frequency stabilization using Doppler-free bi-polarization spectroscopy[J]. Opt. Commun., 2006, 263(2): 249 - 255.

[115] Corwin K L, Lu Z T, Hand C F, et al. Frequency-stabilized diode laser with the Zeeman shift in an atomic vapor[J]. Appl. Optics, 1998, 37(15): 3295 - 3298.

[116] 江开军,王谨,李可,等. 利用原子的塞曼光谱对半导体激光器进行稳频[J]. 光谱学与光谱分析,2004,24(6): 659 - 662.

[117] Chen L S. High-precision spectroscopy of molecular iodine: From optical frequency standards to global descriptions of hyperfine interactions and associated electronic structure[D]. Ph. D Thesis, University of Colorado, USA, 2002.

[118] Velchev I, van Dierendonck R, Hogervorst W, et al. A dense grid of reference iodine lines for optical frequency calibration in the range 571 - 596 nm[J]. J. Mol. Spectrosc., 1998, 187(1): 21 - 27.

[119] Ye J, Robertsson L, Picard S, et al. Absolute frequency atlas of molecular I - 2 lines at 532 nm[J]. IEEE Trans. Instrum. Meas., 1999, 48(2): 544 - 549.

[120] 左爱斌,李文博,彭月祥,等. 调制转移光谱稳频的研究[J]. 中国激光,2005,32(2): 164 - 166.

[121] Alnis J, Matveev A, Kolachevsky N, et al. Subhertz linewidth diode lasers by stabilization to vibrationally and thermally compensated ultralow-expansion glass Fabry-Perot cavities[J]. Phys. Rev. A, 2008, 77(5): 053809.

[122] Day T, Gustafson E K, Byer R L. Sub-hertz relative frequency stabilization of 2-diode laser-pumped nd-yag lasers locked to a fabry-perot-interferometer[J]. IEEE J. Quantum Electron., 1992, 28(4): 1106 - 1117.

[123] Young B C, Cruz F C, Itano W M, et al. Visible lasers with subhertz linewidths[J]. Phys. Rev. Lett., 1999, 82(19): 3799 - 3802.

[124] Jiang Y Y, Ludlow A D, Lemke N D, et al. Making optical atomic clocks more stable with 10(—16)-level laser stabilization[J]. Nat. Photonics, 2011, 5(3): 158 - 161.

[125] Tarallo M G, Poli N, Schioppo M, et al. A high-stability semiconductor laser system for a Sr-88-based optical lattice clock[J]. Appl. Phys. B-Lasers Opt., 2011, 103(1): 17 - 25.

[126] Kessler T, Hagemann C, Grebing C, et al. A sub - 40-mHz-linewidth laser based on a silicon single-crystal optical cavity[J]. Nat. Photonics, 2012, 6(10): 687 - 692.

[127] Cygan A, Lisak D, Wojtewicz S, et al. Active control of the Pound-Drever-Hall error signal offset in high-repetition-rate cavity ring-down spectroscopy[J]. Meas. Sci. Technol., 2011, 22(11): 115303.

[128] Black E D, Villar A, Libbrecht K G. Thermoelastic-damping noise from sapphire mirrors in a fundamental-noise-limited interferometer[J]. Phys. Rev. Lett., 2004, 93(24): 241101.

[129] Whittaker E A, Gehrtz M, Bjorklund G C. Residual amplitude-modulation in laser electro-optic phase modulation[J]. J. Opt. Soc. Am. B-Opt. Phys., 1985, 2(8): 1320 - 1326.

[130] Notcutt M, Taylor C T, Mann A G, et al. Temperature compensation for cryogenic cavity stabilized lasers[J]. J. Phys. D-Appl. Phys., 1995, 28(9): 1807 - 1810.

[131] Inguscio M, Fallani L. Atomic physics: precise measurements and ultracold matter[M]. Oxford, UK: Oxford University Press, 2013.

[132] Biraben F. Spectroscopy of atomic hydrogen: How is the Rydberg constant determined? [J]. Eur. Phys. J. -Spec. Top., 2009, 172(1): 109 - 119.

[133] Altschul B. Testing electron boost invariance with 2S - 1S hydrogen spectroscopy[J]. Phys. Rev. D, 2010, 81(4): 041701.

[134] Westig M P, Engels R, Grigoryev K, et al. Hydrogen spectroscopy with a Lamb-shift polarimeter[J]. Eur. Phys. J. D, 2010, 57(1): 27 - 32.

[135] Celik G, Celik E, Kilic H S. Calculation of the 1s - 2s two-photon excitation cross-section in atomic hydrogen[J]. Eur. Phys. J. D, 2008, 50(3): 237 - 240.

[136] Hänsch T W, Lee S A, Wallenstein R, et al. Doppler-free 2-photon spectroscopy of hydrogen 1S - 2S[J]. Phys. Rev. Lett., 1975, 34(6): 307 - 309.

[137] Kolachevsky N, Alnis J, Bergeson S D, et al. Compact solid-state laser source for 1S - 2S spectroscopy in atomic hydrogen[J]. Phys. Rev. A, 2006, 73(2): 021801(R).

[138] Parthey C G, Matveev A, Alnis J, et al. Improved measurement of the hydrogen 1S - 2S transition frequency[J]. Phys. Rev. Lett., 2011, 107(20): 203001.

[139] Matveev A, Parthey C G, Predehl K, et al. Precision measurement of the hydrogen 1S - 2S frequency via a 920-km fiber link[J]. Phys. Rev. Lett., 2013, 110(23): 230801.

[140] Fischer M, Kolachevsky N, Zimmermann M, et al. New limits on the drift of fundamental constants from laboratory measurements[J]. Phys. Rev. Lett., 2004, 92 (23): 230802.

[141] Arnoult O, Nez F, Julien L, et al. Optical frequency measurement of the 1S - 3S two-photon transition in hydrogen[J]. Eur. Phys. J. D, 2010, 60(2): 243 - 256.

[142] Hu S M, Lu Z T, Yan Z C. Precision spectroscopy of the helium atom[J]. Front. Phys. China, 2009, 4(2): 165 - 169.

[143] Schwartz C. Fine structure of helium[J]. Phys. Rev., 1964, 134(5): A1181 - A1187.

[144] Lewis M L, Serafino P H. Second-order contributions to the fine structure of helium from all intermediate states[J]. Phys. Rev. A, 1978, 18(3): 867 - 888.

[145] Frieze W E, Hinds E A, Hughes V W, et al. Precise measurement of the 2P - 3(0)-2P - 3(2) fine-structure interval in helium[J]. Phys. Lett. A, 1980, 78(4): 322 - 324.

[146] Pachucki K, Yerokhin V A. Fine Structure of Heliumlike ions and determination of the fine structure constant[J]. Phys. Rev. Lett., 2010, 104(7): 070403.

[147] Lamb W E. Microwave technique for determining the fine structure of the helium atom [J]. Phys. Rev., 1957, 105(2): 559 - 572.

[148] Colegrove F D, Franken P A, Lewis R R, et al. Novel method of spectroscopy with applications to precision fine structure measurements[J]. Phys. Rev. Lett., 1959, 3 (9): 420 - 422.

[149] PichanicF M J, Swift R D, Johnson C E, et al. Experiments on the 2^3P state of helium. I. A measurement of the $2^3P_1 - 2^3P_2$ fine structure[J]. Phys. Rev., 1968, 169(1):

55 - 78.

[150] Borbely J S, George M C, Lombardi L D, et al. Separated oscillatory-field microwave measurement of the 2 P - 3(1)- 2 P - 3(2) fine-structure interval of atomic helium[J]. Phys. Rev. A, 2009, 79(6): 060503(R).

[151] Smiciklas M, Shiner D. Determination of the fine structure constant using helium fine structure[J]. Phys. Rev. Lett., 2010, 105(12): 123001.

[152] van Rooij R, Borbely J S, Simonet J, et al. Frequency Metrology in quantum degenerate helium: direct measurement of the 2 S - 3(1)→2S - 1(0) transition[J]. Science, 2011, 333(6039): 196 - 198.

[153] Kandula D Z, Gohle C, Pinkert T J, et al. XUV frequency-comb metrology on the ground state of helium[J]. Phys. Rev. A, 2011, 84(6): 062512.

[154] 孙羽,冯高平,程存峰,等. 利用激光冷却原子束测量氦原子精密光谱[J]. 物理学报, 2012,61(17): 182 - 189.

[155] Luo P L, Peng J L, Shy J T, et al. Precision frequency metrology of helium 2(1)S(0)→2(1)P(1) transition[J]. Phys. Rev. Lett., 2013, 111(1): 013002.

[156] van Wijngaarden W A, Jian B. Advances in laser spectroscopy of lithium[J]. Eur. Phys. J.-Spec. Top., 2013, 222(9): 2057 - 2066.

[157] Puchalski M, Pachucki K. Fine and hyperfine splitting of the 2P state in Li and Be^+[J]. Phys. Rev. A, 2009, 79(3): 032510.

[158] Yan Z C, Drake G W F. Lithium transition energies and isotope shifts: QED recoil corrections[J]. Phys. Rev. A, 2002, 66(4): 042504.

[159] Brog K C, Eck T G, Wieder H. Fine and hyperfine structure of 2^2P term of Li - 6 and Li - 7[J]. Phys. Rev., 1967, 153(1): 91 - 103.

[160] Orth H, Ackermann H, Otten E W. Fine and hyperfine-structure of 2(2p)term of Li - 7: determination of nuclear-quadrupole moment[J]. Z. Phys. A-Hadrons Nuclei, 1975, 273(3): 221 - 232.

[161] Windholz L, Jager H, Musso M, et al. Laser-spectroscopic investigations of the lithium-D-lines in magnetic-fields[J]. Z. Phys. D-Atoms Mol. Clusters, 1990, 16(1): 41 - 47.

[162] Scherf W, Khait O, Jager H, et al. Re-measurement of the transition frequencies, fine structure splitting and isotope shift of the resonance lines of lithium, sodium and potassium[J]. Z. Phys. D-Atoms Mol. Clusters, 1996, 36(1): 31 - 33.

[163] Walls J, Ashby R, Clarke J J, et al. Measurement of isotope shifts, fine and hyperfine structure splittings of the lithium D lines[J]. Eur. Phys. J. D, 2003, 22(2): 159 - 162.

[164] Noble G A, Schultz B E, Ming H, et al. Isotope shifts and fine structures of Li - 6, Li - 7 D lines and determination of the relative nuclear charge radius[J]. Phys. Rev. A, 2006, 74(1): 012502.

[165] Ashby R, Clarke J J, van Wijngaarden W A. Stark shifts and fine structure of the Li - 6 3(2) D (3/2, 5/2) states[J]. Eur. Phys. J. D, 2003, 23(3): 327 - 331.

[166] Sansonetti C J, Simien C E, Gillaspy J D, et al. Absolute transition frequencies and quantum interference in a frequency comb based measurement of the Li - 6, Li - 7 D lines

[J]. Phys. Rev. Lett., 2011, 107(2): 023001.

[167] Sansonetti C J, Simien C E, Gillaspy J D, et al. Absolute transition frequencies and quantum interference in a frequency comb based measurement of the Li-6, Li-7 D lines (vol 107, 023001, 2011)[J]. Phys. Rev. Lett., 2012, 109(25): 259901.

[168] Brown R C, Wu S J, Porto J V, et al. Quantum interference and light polarization effects in unresolvable atomic lines: Application to a precise measurement of the Li-6, Li-7 D_2 lines[J]. Phys. Rev. A, 2013, 87(3): 032504.

[169] Oxley P, Collins P. Measurement of the lithium 10P fine structure interval and absolute energy[J]. Phys. Rev. A, 2010, 81(2): 024501.

[170] Lien Y H, Lo K J, Chen H C, et al. Absolute frequencies of the Li-6, Li-7 2S S-2 (1/2)→3S S-2(1/2) transitions[J]. Phys. Rev. A, 2011, 84(4): 042511.

[171] Tang L Y, Bromley M W J, Yan Z C, et al. Dynamic Stark shift of the Li-7(2S→3S) transition[J]. Phys. Rev. A, 2013, 87(3): 032507.

[172] Tomczyk H, Maier R A W, Zimmermann C. Determination of the 5P fine structure splitting of Li-6 by light shift spectroscopy[J]. Appl. Phys. B-Lasers Opt., 2012, 107 (3): 813-817.

[173] Huang Y C, Luo W J, Kuo Y T, et al. Precision measurement of hyperfine intervals in the D-1 lines of atomic Li-7[J]. J. Phys. B-At. Mol. Opt. Phys., 2013, 46 (7): 075004.

[174] Korobov V I, Zhong Z X. Bethe logarithm for the H_2^+ and HD^+ molecular ions[J]. Phys. Rev. A, 2012, 86(4): 044501.

[175] Zhong Z X, Zhang P P, Yan Z C, et al. Precision spectroscopy of the hydrogen molecular ion HD^+[J]. Phys. Rev. A, 2012, 86(6): 064502.

[176] Zhong Z X, Yan Z C, Shi T Y. Pseudostate calculation of the Bethe logarithm for H_2^+ [J]. Phys. Rev. A, 2013, 88(5): 052520.

[177] Zhang P P, Zhong Z X, Yan Z C. Contribution of the deuteron quadrupole moment to the hyperfine structure of D-2(+)[J]. Phys. Rev. A, 2013, 88(3): 032519.

[178] Chu Y, Xie F, Li D, et al. Experimental study of the K-39(2) 2 (3)Pi(g) state by perturbation facilitated infrared-infrared double resonance and two-photon excitation spectroscopy[J]. J. Chem. Phys., 2005, 122(7): 074302.

[179] Xie F, Li D, Chu Y, et al. The K (2)2(3) II (g) state: New observations and analysis [J]. J. Phys. Chem. A, 2006, 110(39): 11260-11264.

[180] Xie F, Li D, Li L, et al. Infrared-Infrared double resonance spectroscopy of K-39(2): The 1 (3) Delta (g) state[J]. Chem. Phys. Lett., 2006, 431(4-6): 267-271.

[181] Li D, Xie F, Chu Y Z, et al. Observations and analysis of the K(2)4(1)Sigma(+)(g) state using the infrared-infrared double resonance spectroscopy [J]. Chem. Phys., 2007, 332(1): 10-16.

[182] Ng C Y. Vacuum ultraviolet spectroscopy and chemistry by photoionization and photoelectron methods[J]. Annu. Rev. Phys. Chem., 2002, 53: 101-140.

[183] Mo Y X, Yang J, Chen G Y. Zero kinetic energy photoelectron study of SO2+(X(2)A (1)) using coherent extreme ultraviolet radiation[J]. J. Chem. Phys., 2004, 120(3):

1263 - 1270.

[184] Yang J, Hao Y S, Li J, et al. A combined zero electronic kinetic energy spectroscopy and ion-pair dissociation imaging study of the F - 2(+) (X (2) Pi (g)) structure[J]. J. Chem. Phys., 2005, 122(13): 134308.

[185] Zewail A H. Laser femtochemistry[J]. Science, 1988, 242(4886): 1645 - 1653.

[186] Wei Z R, Zhang F, Wang Y R, et al. Predissociation dynamics of B state of methyl iodide with femtosecond pump-probe technique[J]. Chin. J. Chem. Phys., 2007, 20 (4): 419 - 424.

[187] Cao Z Z, Wei Z R, Hua L Q, et al. The intersystem crossing process of p-bromofluorobenzene studied with time-resolved photoelectron imaging[J]. J. Chem. Phys., 2009, 130(14): 144309.

[188] Yoder L M, Barker J R, Lorenz K T, et al. Ion imaging the recoil energy distribution following vibrational predissociation of triplet state pyrazine-Ar van der Waals clusters [J]. Chem. Phys. Lett., 1999, 302(5 - 6): 602 - 608.

[189] de Nalda R, Izquierdo J G, Dura J, et al. Femtosecond multichannel photodissociation dynamics of CH3I from the A band by velocity map imaging[J]. J. Chem. Phys., 2007, 126(2): 021101.

[190] Hsiao Y C, Kao C Y, Chen H C, et al. Absolute frequency measurement of the molecular iodine hyperfine transitions at 548 nm[J]. J. Opt. Soc. Am. B-Opt. Phys., 2013, 30(2): 328 - 332.

[191] Huang Y C, Chen H C, Chen S E, et al. Precise frequency measurements of iodine hyperfine transitions at 671 nm[J]. Appl. Opt., 2013, 52(7): 1448 - 1452.

[192] Pillet P, Drag C, Tolra B L, Experiments and prospects for ultracold molecules[J]. Laser Phys., 2001, 11(4): 480 - 485.

[193] Tsai C C, Freeland R S, Vogels J M, et al. Two-color photoassociation spectroscopy of ground state Rb - 2[J]. Phys. Rev. Lett., 1997, 79(7): 1245 - 1248.

[194] Wynar R, Freeland R S, Han D J, et al. Molecules in a Bose-Einstein condensate[J]. Science, 2000, 287(5455): 1016 - 1019.

[195] Hill T P, Khruschov V V. Is there an objective need for an urgent redefinition of the kilogram and mole? [J]. Meas. Tech., 2013, 56(7): 747 - 752.

[196] Mills I M, Mohr P J, Quinn T J, et al. Redefinition of the kilogram, ampere, kelvin and mole: a proposed approach to implementing CIPM recommendation 1 (CI - 2005) [J]. Metrologia, 2006, 43(3): 227 - 246.

[197] Müller H, Peters A, Chu S. A precision measurement of the gravitational redshift by the interference of matter waves[J]. Nature, 2010, 463(7283): 926 - 929.

[198] Wolf P, Blanchet L, Borde C J, et al. Atom gravimeters and gravitational redshift[J]. Nature, 2010, 467(7311): E1 - E1.

[199] Wolf P, Blanchet L, Borde C J, et al. Does an atom interferometer test the gravitational redshift at the Compton frequency? [J]. Class. Quantum Gravity, 2011, 28 (14): 145017.

[200] Hohensee M A, Chu S, Peters A, et al. Comment on: "Does an atom interferometer

test the gravitational redshift at the Compton frequency?"[J]. Class. Quantum Gravity, 2012, 29(4): 048001.

[201] Wolf P, Blanchet L, Borde C J, et al. Reply to comment on: "Does an atom interferometer test the gravitational redshift at the Compton frequency?"[J]. Class. Quantum Gravity, 2012, 29(4): 048002.

[202] Lan S Y, Kuan P C, Estey B, et al. A clock directly linking time to a particle's mass [J]. Science, 2013, 339(6119): 554 - 557.

[203] Debs J E, Robins N P, Close J D. Measuring mass in seconds[J]. Science, 2013, 339 (6119): 532 - 533.

[204] Sandoghdar V, Sukenik C I, Hinds E A, et al. Direct measurement of the vanderwaals interaction between an atom and its images in a micron-sized cavity[J]. Phys. Rev. Lett., 1992, 68(23): 3432 - 3435.

[205] Sukenik C I, Boshier M G, Cho D, et al. Measurement of the Casimir-Polder force[J]. Phys. Rev. Lett., 1993, 70(5): 560 - 563.

[206] Shimizu F. Specular reflection of very slow metastable neon atoms from a solid surface [J]. Phys. Rev. Lett., 2001, 86(6): 987 - 990.

[207] Harber D M, Obrecht J M, McGuirk J M, et al. Measurement of the Casimir-Polder force through center-of-mass oscillations of a Bose-Einstein condensate[J]. Phys. Rev. A, 2005, 72(3): 033610.

[208] Obrecht J M, Wild R J, Antezza M, et al. Measurement of the temperature dependence of the Casimir-Polder force[J]. Phys. Rev. Lett., 2007, 98(6): 063201.

[209] Chwedenczuk J, Pezze L, Piazza F, et al. Rabi interferometry and sensitive measurement of the Casimir-Polder force with ultracold gases[J]. Phys. Rev. A, 2010, 82(3): 032104.

[210] Liu Y, Li W D, Fu L B, et al. Weak gravity-like force detector by "Atom interferometers"[J]. Eur. Phys. J. D, 2012, 66(3): 75 - 79.

[211] Mahajan S, Kumar T, Bhattacherjee A B, et al. Ground-state cooling of a mechanical oscillator and detection of a weak force using a Bose-Einstein condensate[J]. Phys. Rev. A, 2013, 87(1): 013621.

[212] Aggarwal N, Mahajan S, Bhattacherjee A B. Optomechanical effect on the Dicke quantum phase transition and quasi-particle damping in a Bose-Einstein condensate: a new tool to measure weak force[J]. J. Mod. Opt., 2013, 60(15): 1263 - 1272.

[213] Lepoutre S, Lonij V P A, Jelassi H, et al. Atom interferometry measurement of the atom-surface van der Waals interaction[J]. Eur. Phys. J. D, 2011, 62(3): 309 - 325.

[214] Raffai P, Szeifert G, Matone L, et al. Opportunity to test non-Newtonian gravity using interferometric sensors with dynamic gravity field generators[J]. Phys. Rev. D, 2011, 84(8): 082002.

[215] Parazzoli L P, Hankin A M, Biedermann G W. Observation of free-space single-atom matter wave interference[J]. Phys. Rev. Lett., 2012, 109(23): 230401.

[216] Chupp T. Permanent electric dipole moments of atoms and molecules[J]. Adv. Atom, Mol. Opt. Phys., 2010, 59, 129 - 174.

[217] Fukuyama T. Searching for new physics beyond the standard model in electric dipole moment[J]. Int. J. Mod. Phys. A, 2012, 27(16): 1230015.

[218] Dzuba V A, Flambaum V V. Parity violation and electric dipole moments in atoms and molecules[J]. Int. J. Mod. Phys. E-Nucl. Phys., 2012, 21(11): 1230010.

[219] Engel J, Ramsey-Musolf M J, van Kolck U. Electric dipole moments of nucleons, nuclei, and atoms: The Standard Model and beyond[J]. Prog. Part. Nucl. Phys., 2013, 71: 21-74.

[220] Gopakumar G, Abe M, Kajita M, et al. Ab initio study of permanent electric dipole moment and radiative lifetimes of alkaline-earth-metal-Li molecules[J]. Phys. Rev. A, 2011, 84(6): 062514.

[221] Latha K V P, Amjith P R. Electric dipole moments of atomic Xe, Ra, and Yb with core-polarization effects[J]. Phys. Rev. A, 2013, 87(2): 022509.

[222] Roberts B M, Dzuba V A, Flambaum V V. Double-core-polarization contribution to atomic parity-nonconservation and electric-dipole-moment calculations[J]. Phys. Rev. A, 2013, 88(4): 042507.

[223] Stadnik Y V, Flambaum V V. Axion-induced effects in atoms, molecules, and nuclei: Parity nonconservation, anapole moments, electric dipole moments, and spin-gravity and spin-axion momentum couplings[J]. Phys. Rev. D, 2014, 89(4): 043522.

[224] Regan B C, Commins E D, Schmidt C J, et al. New limit on the electron electric dipole moment[J]. Phys. Rev. Lett., 2002, 88(7): 071805.

[225] Dzuba V A, Flambaum V V. Calculation of the (T, P)-odd electric dipole moment of thallium and cesium[J]. Phys. Rev. A, 2009, 80(6): 062509.

[226] Nataraj H S, Sahoo B K, Das B P, et al. Reappraisal of the electric dipole moment enhancement factor for thallium[J]. Phys. Rev. Lett., 2011, 106(20): 200403.

[227] Porsev S G, Safronova M S, Kozlov M G. Electric Dipole moment enhancement factor of thallium[J]. Phys. Rev. Lett., 2012, 108(17): 173001.

[228] Romalis M V, Griffith W C, Jacobs J P, et al. New limit on the permanent electric dipole moment of Hg-199[J]. Phys. Rev. Lett., 2001, 86(12): 2505-2508.

[229] Griffith W C, Swallows M D, Loftus T H, et al. Improved limit on the permanent electric dipole moment of Hg-199[J]. Phys. Rev. Lett., 2009, 102(10): 101601.

[230] Latha K V P, Angom D, Das B P, et al. Probing CP violation with the electric dipole moment of atomic mercury[J]. Phys. Rev. Lett., 2009, 103(8): 083001.

[231] Swallows M D, Loftus T H, Griffith W C, et al. Techniques used to search for a permanent electric dipole moment of the Hg-199 atom and the implications for CP violation[J]. Phys. Rev. A, 2013, 87(1): 012102.

[232] Li W, Pohl T, Rost J M, et al. A homonuclear molecule with a permanent electric dipole moment[J]. Science, 2011, 334(6059): 1110-1114.

[233] Hudson J J, Kara D M, Smallman I J, et al. Improved measurement of the shape of the electron[J]. Nature, 2011, 473(7348): 493-496.

[234] Kara D M, Smallman I J, Hudson J J, et al. Measurement of the electron's electric dipole moment using YbF molecules: methods and data analysis[J]. New J. Phys.,

2012, 14(10): 103051.

[235] Tarbutt M R, Sauer B E, Hudson J J, et al. Design for a fountain of YbF molecules to measure the electron's electric dipole moment [J]. New J. Phys., 2013, 15(5): 053034.

[236] Eckel S, Hamilton P, Kirilov E, et al. Search for the electron electric dipole moment using Omega-doublet levels in PbO[J]. Phys. Rev. A, 2013, 87(5): 052130.

[237] Baron J, Campbell W C, DeMille D, et al. Order of magnitude smaller limit on the electric dipole moment of the electron[J]. Science, 2014, 343(6168): 269 - 272.

[238] 孙保华,孟杰. 原子核质量精密测量的研究进展[J]. 物理,2010,39(10): 666 - 673.

[239] Smith M, Brodeur M, Brunner T, et al. First Penning-trap mass measurement of the exotic halo nucleus (11) Li[J]. Phys. Rev. Lett., 2008, 101(20): 202501.

[240] Block M, Ackermann D, Blaum K, et al. Direct mass measurements above Uranium Bridge the gap to the island of stability[J]. Nature, 2010, 463(7282): 785 - 788.

[241] Gräff G, Kalinowsky H, Traut J, A direct determination of the proton electron mass ratio[J]. Z. Phys. A.-Hadrons Nuclei, 1980, 297(1): 35 - 39.

[242] Farnham D L, Vandyck R S, Schwinberg P B. Determination of the electrons atomic mass and the proton/electron mass-ratio via penning trap mass-spectroscopy[J]. Phys. Rev. Lett., 1995, 75(20): 3598 - 3601.

[243] Beier T, Haffner H, Hermanspahn N, et al. New determination of the electron's mass [J]. Phys. Rev. Lett., 2002, 88(1): 011603.

[244] Hori M, Soter A, Barna D, et al. Two-photon laser spectroscopy of antiprotonic helium and the antiproton-to-electron mass ratio[J]. Nature, 2011, 475(7357): 484 - 488.

[245] Sturm S, Köhler F, Zatorski J, et al. High-precision measurement of the atomic mass of the electron[J]. Nature, 2014, 506(7489): 467 - 470.

[246] Mohr P J, Taylor B N, Newell D B. CODATA recommended values of the fundamental physical constants: 2010[J]. Rev. Mod. Phys., 2012, 84(4): 1527 - 1605.

[247] Angeli I, Marinova K P. Table of experimental nuclear ground state charge radii: An update[J]. Atom. Data Nucl. Data Tables, 2013, 99(1): 69 - 95.

[248] Yan Z C, Drake G W F. Lithium isotope shifts as a measure of nuclear size[J]. Phys. Rev. A, 2000, 61(2): 022504.

[249] Ewald G, Nortershauser W, Dax A, et al. Nuclear charge radii of Li - 8, Li - 9 determined by laser spectroscopy[J]. Phys. Rev. Lett., 2004, 93(11): 113002.

[250] Puchalski M, Pachucki K. Ground state hyperfine splitting in Li - 6, Li - 7 atoms and the nuclear structure[J]. Phys. Rev. Lett., 2013, 111(24): 243001.

[251] Shiner D, Dixson R, Vedantham V. Three-nucleon charge radius: A precise laser determination using He - 3[J]. Phys. Rev. Lett., 1995, 74(18): 3553 - 3556.

[252] Wang L B, Mueller P, Bailey K, et al. Laser spectroscopic determination of the He - 6 nuclear charge radius[J]. Phys. Rev. Lett., 2004, 93(14): 142501.

[253] Mueller P, Sulai I A, Villari A C C, et al. Nuclear charge radius of 8_{He}[J]. Phys. Rev. Lett., 2007, 99(25): 252501.

[254] Pastor P C, Consolino L, Giusfredi G, et al. Frequency metrology of helium around

1083 nm and determination of the nuclear charge radius[J]. Phys. Rev. Lett., 2012, 108(14): 143001.

[255] Parthey C G, Matveev A, Alnis J, et al. Precision measurement of the hydrogen-deuterium 1S-2S isotope shift[J]. Phys. Rev. Lett., 2010, 104(23): 233001.

[256] Jentschura U D, Matveev A, Parthey C G, et al. Hydrogen-deuterium isotope shift: From the 1S-2S-transition frequency to the proton-deuteron charge-radius difference [J]. Phys. Rev. A, 2011, 83(4): 042505.

[257] Krieger A, Blaum K, Bissell M L, et al. Nuclear Charge Radius of Be-12[J]. Phys. Rev. Lett., 2012, 108(14): 142501.

[258] 马龙生. 光钟[J]. 物理,2008,37(10):716-719.

[259] Campbell G K, Phillips W D. Ultracold atoms and precise time standards[J]. Philos. Trans. R. Soc. A-Math. Phys. Eng. Sci., 2011, 369(1953): 4078-4089.

[260] Bandi T, Affolderbach C, Mileti G. Laser-pumped paraffin-coated cell rubidium frequency standard[J]. J. Appl. Phys., 2012, 111(12): 124906.

[261] Daly R T, Zacharias J R. Doppler effects in the atomic beam magnetic resonance method [J]. Phys. Rev., 1953, 91(2): 476-476.

[262] Hall J L, Zhu M, Buch P. Prospects for using laser-prepared atomic fountains for optical frequency standards applications[J]. J. Opt. Soc. Am. B-Opt. Phys., 1989, 6(11): 2194-2205.

[263] Kasevich M A, Riis E, Chu S, et al. RF spectroscopy in an atomic fountain[J]. Phys. Rev. Lett., 1989, 63(6): 612-616.

[264] Wynands R, Weyers S. Atomic fountain clocks [J]. Metrologia, 2005, 42 (3): S64-S79.

[265] Ovchinnikov Y, Marra G. Accurate rubidium atomic fountain frequency standard[J]. Metrologia, 2011, 48(3): 87-100.

[266] Guena J, Li R X, Gibble K, et al. Evaluation of Doppler shifts to improve the accuracy of primary atomic fountain clocks[J]. Phys. Rev. Lett., 2011, 106(13): 130801.

[267] Weyers S, Gerginov V, Nemitz N, et al. Distributed cavity phase frequency shifts of the caesium fountain PTB-CSF2[J]. Metrologia, 2012, 49(1): 82-87.

[268] Ido T, Fujieda M, Hachisu H, et al. Atomic frequency standards at NICT[J]. Time and Frequency Metrology III, 2011, 8132: 81320D.

[269] Liu N F, Fang F, Chen W L, et al. Accuracy evaluation of NIM5 cesium fountain clock [J]. Chin. Phys. Lett., 2013, 30(1): 010601.

[270] Jefferts S R, Heavner T P, Parker T E, et al. High-accuracy measurement of the blackbody radiation frequency shift of the ground-state hyperfine transition in Cs-133 [J]. Phys. Rev. Lett., 2014, 112(5): 050801.

[271] Guéna J, Abgrall M, Clairon A, et al. Contributing to TAI with a secondary representation of the SI second[J]. Metrologia, 2014, 51(1): 108-120.

[272] Muller S T, Magalhaes D V, Alves R F, et al. Compact frequency standard based on an intracavity sample of cold cesium atoms[J]. J. Opt. Soc. Am. B-Opt. Phys., 2011, 28 (11): 2592-2596.

[273] Xu B M, Chen X, Wang J, et al. Realization of a single-beam mini magneto-optical trap: A candidate for compact CPT cold atom-clocks[J]. Opt. Commun., 2008, 281(23): 5819 - 5823.

[274] Chen X, Yang G Q, Wang J, et al. Coherent population trapping-Ramsey interference in cold atoms[J]. Chin. Phys. Lett., 2010, 27(11): 113201.

[275] Esnault F X, Donley E A, Kitching J, et al. Status of a compact cold-atom CPT frequency standard. 2011 Joint Conference of the IEEE International Frequency Control Symposium/European Frequency and Time Forum Proceedings[C]. New York: IEEE, 2011: 612 - 614.

[276] Esnault F X, Blanshan E, Ivanov E N, et al. Cold-atom double-Lambda coherent population trapping clock[J]. Phys. Rev. A, 2013, 88(4): 042120.

[277] Margolis H S. Optical frequency standards and clocks[J]. Contemp. Phys., 2010, 51(1): 37 - 58.

[278] Derevianko A, Katori H. Colloquium: Physics of optical lattice clocks[J]. Rev. Mod. Phys., 2011, 83(2): 331 - 347.

[279] Prestage J D, Chung S K, Thompson R J, et al. Progress on small mercury ion clock for space applications. 2009 Joint Meeting of the European Frequency and Time Forum and the IEEE International Frequency Control Symposium[C]. New York: IEEE, 2009, 1(2): 54 - 57.

[280] Dubé P, Madej A A, Bernard J E, et al. Time and frequency activities at NRC[J]. Time and Frequency Metrology III, 2011, 8132: 81320G.

[281] Madej A A, Dube P, Zhou Z C, et al. $^{88}Sr^+$ 445 - THz single-ion reference at the 10(−17) level via control and cancellation of systematic uncertainties and its measurement against the SI second[J]. Phys. Rev. Lett., 2012, 109(20): 203002.

[282] Huntemann N, Okhapkin M, Lipphardt B, et al. High-accuracy optical clock based on the octupole transition in $^{171}Yb^+$[J]. Phys. Rev. Lett., 2012, 108(9): 090801.

[283] Huang Y, Liu Q, Cao J, et al. Evaluation of the systematic shifts of a single-$^{40}Ca^+$-ion frequency standard[J]. Phys. Rev. A, 2011, 84(5): 053841.

[284] Gao K L. Optical frequency standard based on a single $^{40}Ca^+$[J]. Chin. Sci. Bull., 2013, 58(8): 853 - 863.

[285] Arora B, Nandy D K, Sahoo B K. Multipolar blackbody radiation shifts for single-ion clocks[J]. Phys. Rev. A, 2012, 85(1): 012506.

[286] Zuhrianda Z, Safronova M S, Kozlov M G. Anomalously small blackbody radiation shift in the Tl+frequency standard[J]. Phys. Rev. A, 2012, 85(2): 022513.

[287] Beck B R, Becker J A, Beiersdorfer P, et al. Energy splitting of the ground-state doublet in the nucleus Th - 229[J]. Phys. Rev. Lett., 2007, 98(14): 142501.

[288] Campbell C J, Radnaev A G, Kuzmich A, et al. Single-ion nuclear clock for metrology at the 19th decimal place[J]. Phys. Rev. Lett., 2012, 108(12): 120802.

[289] Katori H. Optical lattice clocks and quantum metrology[J]. Nat. Photonics, 2011, 5(4): 203 - 210.

[290] Lemke N D, von Stecher J, Sherman J A, et al. p-wave cold collisions in an optical

lattice clock[J]. Phys. Rev. Lett., 2011, 107(10): 103902.

[291] Ludlow A D, Lemke N D, Sherman J A, et al. Cold-collision-shift cancellation and inelastic scattering in a Yb optical lattice clock [J]. Phys. Rev. A, 2011, 84 (5): 052724.

[292] Park C Y, Yu D H, Lee W K, et al. Absolute frequency measurement of S-1(0)(F=1/2)-P-3(0)(F=1/2) transition of Yb-171 atoms in a one-dimensional optical lattice at KRISS[J]. Metrologia, 2013, 50(2): 119-128.

[293] Yu D H, Park C Y, Lee W K, et al. An Yb optical lattice clock: Current status at KRISS[J]. J. Korean Phys. Soc., 2013, 63(4): 883-889.

[294] Hinkley N, Sherman J A, Phillips N B, et al. An atomic clock with 10^{-18} instability [J]. Science, 2013, 341(6151): 1215-1218.

[295] Bishof M, Lin Y, Swallows M D, et al. Resolved atomic interaction sidebands in an optical clock transition[J]. Phys. Rev. Lett., 2011, 106(25): 250801.

[296] Bishof M, Martin M J, Swallows M D, et al. Inelastic collisions and density-dependent excitation suppression in a Sr-87 optical lattice clock[J]. Phys. Rev. A, 2011, 84(5): 052716.

[297] Westergaard P G, Lodewyck J, Lorini L, et al. Lattice-induced frequency shifts in Sr optical lattice clocks at the 10^{-17} level[J]. Phys. Rev. Lett., 2011, 106(21): 210801.

[298] Falke S, Schnatz H, Winfred J, et al. The Sr-87 optical frequency standard at PTB [J]. Metrologia, 2011, 48(5): 399-407.

[299] Le Targat R, Lorini L, Le Coq Y, et al. Experimental realization of an optical second with strontium lattice clocks[J]. Nat. Commun., 2013, 4: 2109.

[300] Swallows M D, Bishof M, Lin Y G, et al. Suppression of collisional shifts in a strongly interacting lattice clock[J]. Science, 2011, 331(6020): 1043-1046.

[301] Bloom B J, Nicholson T L, Williams J R, et al. An optical lattice clock with accuracy and stability at the 10^{-18} level[J]. Nature, 2014, 506(7486): 71-75.

[302] Friebe J, Pape A, Riedmann M, et al. Absolute frequency measurement of the magnesium intercombination transition (1)S(0)→(3)P(1)[J]. Phys. Rev. A, 2008, 78(3): 033830.

[303] Friebe J, Riedmann M, Wubbena T, et al. Remote frequency measurement of the S-1 (0)→P-3(1) transition in laser-cooled Mg-24[J]. New J. Phys., 2011, 13 (12): 125010.

[304] Yi L, Mejri S, McFerran J J, et al. Optical Lattice Trapping of Hg-199 and determination of the magic wavelength for the ultraviolet S-1(0)→P-3(0) clock transition[J]. Phys. Rev. Lett., 2011, 106(7): 073005.

[305] McFerran J J, Magalhaes D V, Mandache C, et al. Laser locking to the Hg-199 S-1 (0)-P-3(0) clock transition with 5.4×10^{-15}/root tau fractional frequency instability [J]. Opt. Lett., 2012, 37(17): 3477-3479.

[306] Kozlov A, Dzuba V A, Flambaum V V. Prospects of building optical atomic clocks using Er I or Er III[J]. Phys. Rev. A, 2013, 88(3): 032509.

[307] Kippenberg T J, Holzwarth R, Diddams S A. Microresonator-based optical frequency

combs[J]. Science, 2011, 332(6029): 555 - 559.

[308] Fujieda M, Kumagai M, Nagano S, et al. All-optical link for direct comparison of distant optical clocks[J]. Opt. Express, 2011, 19(17): 16498 - 16507.

[309] Hachisu H, Yamaguchi A, Fujieda M, et al. Optical direct comparison of Sr - 87 optical lattice clocks using a >50 km telecommunication fiber link[J]. Time and Frequency Metrology III, 2011, 8132: 81320A.

[310] Katori H, Takano T, Takamoto M. Optical lattice clocks and frequency comparison, 22nd International Conference on Atomic Physics[M]. Bristol: Iop Publishing Ltd. , J. Phys. Conf. Ser. 2011, 264(1): 012011.

[311] McIntyre D H, Beausoleil R G, Foot C J, et al. Continuous-wave measurement of the hydrogen 1s - 2s transition frequency[J]. Phys. Rev. A, 1989, 39(9): 4591 - 4598.

[312] McIntyre D H, Hansch T W. Precision-measurements of the Rydbergconstant[J]. Metrologia, 1988, 25(2): 61 - 66.

[313] Andreae T, Konig W, Wynands R, et al. Absolute frequency-measurement of the hydrogen 1s - 2s transition and a new value of the rydberg constant[J]. Phys. Rev. Lett. , 1992, 69(13): 1923 - 1926.

[314] Weitz M, Huber A, Schmidt-Kaler F, et al. Precision-measurement of the 1S ground-state lamb shift in atomic-hydrogen and deuterium by frequency comparison[J]. Phys. Rev. A, 1995, 52(4): 2664 - 2681.

[315] Udem T, Huber A, Gross B, et al. Phase-coherent measurement of the hydrogen 1S - 2S transition frequency with an optical frequency interval divider chain[J]. Phys. Rev. Lett. , 1997, 79(14): 2646 - 2649.

[316] Pohl R, Antognini A, Nez F, et al. The Lamb shift in muonic hydrogen[J]. Can. J. Phys. , 2011, 89(1): 37 - 45.

[317] Flowers J L, Baird P E G, Bougueroua L, et al. The NPL Rydberg constant experiment [J]. IEEE Trans. Instrum. Meas. , 2007, 56(2): 331 - 335.

[318] Mohr P J, Taylor B N, Newell D B. CODATA recommended values of the fundamental physical constants: 2006[J]. Rev. Mod. Phys. , 2008, 80(2): 633 - 730.

[319] 涂良成,黎卿,邵成刚,等. 万有引力常数 G 的精确测量[J]. 中国科学：物理学力学天文学,2011,41(6)：691 - 705.

[320] Fattori M, Lamporesi G, Petelski T, et al. Towards an atom interferometric determination of the Newtonian gravitational constant[J]. Phys. Lett. A, 2003, 318 (3): 184 - 191.

[321] Bertoldi A, Lamporesi G, Cacciapuoti L, et al. Atom interferometry gravity-gradiometer for the determination of the Newtonian gravitational constant G[J]. Eur. Phys. J. D, 2006, 40(2): 271 - 279.

[322] Fixler J B, Foster G T, McGuirk J M, et al. Atom interferometer measurement of the newtonian constant of gravity[J]. Science, 2007, 315(5808): 74 - 77.

[323] Snadden M J, McGuirk J M, Bouyer P, et al. Measurement of the Earth's gravity gradient with an atom interferometer-based gravity gradiometer[J]. Phys. Rev. Lett. , 1998, 81(5): 971 - 974.

[324] Lamporesi G, Bertoldi A, Cecchetti A, et al. Source mass and positioning system for an accurate measurement of G[J]. Rev. Sci. Instrum., 2007, 78(7): 075109.

[325] Lamporesi G, Bertoldi A, Cacciapuoti L, et al. Determination of the newtonian gravitational constant using atom interferometry[J]. Phys. Rev. Lett., 2008, 100(5): 050801.

[326] Sorrentino F, Lien Y H, Rosi G, et al. Sensitive gravity-gradiometry with atom interferometry: progress towards an improved determination of the gravitational constant [J]. New J. Phys., 2010, 12(9): 095009.

[327] George M C, Lombardi L D, Hessels E A. Precision microwave measurement of the 2(3)P(1)-2(3)P(0) interval in atomic helium: A determination of the fine-structure constant[J]. Phys. Rev. Lett., 2001, 87(17): 173002.

[328] Gerginov V, Calkins K, Tanner C E, et al. Optical frequency measurements of 6s S-2(1/2)-6p P-2(1/2) (D-1) transitions in Cs-133 and their impact on the fine-structure constant[J]. Phys. Rev. A, 2006, 73(3): 032504.

[329] Jeffery A, Elmquist R E, Shields J Q, et al. Determination of the vonKlitzing constant and the fine-structure constant through a comparison of the quantized Hall resistance and the ohm derived from the NIST calculable capacitor[J]. Metrologia, 1998, 35(2): 83-96.

[330] Gabrielse G, Hanneke D, Kinoshita T, et al. New determination of the fine structure constant from the electron g value and QED[J]. Phys. Rev. Lett., 2006, 97(3): 030802.

[331] Hanneke D, Fogwell S, Gabrielse G. New measurement of the electron magnetic moment and the fine structure constant [J]. Phys. Rev. Lett., 2008, 100(12): 120801.

[332] Weiss D S, Young B C, Chu S. Precision-measurement of h/m (Cs) based on photon recoil using laser-cooled atoms and atomic interferometry[J]. Appl. Phys. B-Lasers Opt., 1994, 59(3): 217-256.

[333] Wicht A, Hensley J M, Sarajlic E, et al. A preliminary measurement of the fine structure constant based on atom interferometry[J]. Phys. Scr., 2002, 2002(T102): 82-88.

[334] Clade P, de Mirandes E, Cadoret M, et al. Precise measurement of h/m(Rb) using Bloch oscillations in a vertical optical lattice: Determination of the fine-structure constant [J]. Phys. Rev. A, 2006, 74(5): 052109.

[335] Cadoret M, Mirandes E, Clade P, et al. Combination of Bloch oscillations with a Ramsey-borde interferometer: New determination of the fine structure constant[J]. Phys. Rev. Lett., 2008, 101(23): 230801.

[336] Bouchendira R, Clade P, Guellati-Khelifa S, et al. New determination of the fine structure constant and test of the quantum electrodynamics[J]. Phys. Rev. Lett., 2011, 106(8): 080801.

[337] Ferrell S J, Cingoz A, Lapierre A, et al. Investigation of the gravitational-potential dependence of the fine-structure constant using atomic dysprosium[J]. Phys. Rev. A,

2007, 76(6): 062104.

[338] Dinh T H, Dunning A, Dzuba V A, et al. Sensitivity of hyperfine structure to nuclear radius and quark mass variation[J]. Phys. Rev. A, 2009, 79(5): 054102.

[339] Dzuba V A, Flambaum V V, Marchenko M V. Relativistic effects in Sr, Dy, YbII, and YbIII and search for variation of the fine-structure constant[J]. Phys. Rev. A, 2003, 68(2): 022506.

[340] Berengut J C, Dzuba V A, Flambaum V V. Enhanced laboratory sensitivity to variation of the fine-structure constant using highly charged ions[J]. Phys. Rev. Lett., 2010, 105(12): 120801.

[341] Berengut J C, Dzuba V A, Flambaum V V. Transitions in Zr, Hf, Ta, W, Re, Hg, Ac, and U ions with high sensitivity to variation of the fine-structure constant[J]. Phys. Rev. A, 2011, 84(5): 054501.

[342] Berengut J C, Dzuba V A, Flambaum V V, et al. Optical transitions in highly charged californium ions with high sensitivity to variation of the fine-structure constant[J]. Phys. Rev. Lett., 2012, 109(7): 070802.

[343] Dzuba V A, Derevianko A, Flambaum V V. Ion clock and search for the variation of the fine-structure constant using optical transitions in Nd^{13+} and Sm^{15+}[J]. Phys. Rev. A, 2012, 86(5): 054502.

[344] Blatt S, Ludlow A D, Campbell G K, et al. New limits on coupling of fundamental constants to gravity using (87) Sr optical lattice clocks[J]. Phys. Rev. Lett., 2008, 100(14): 140801.

[345] Rosenband T, Hume D B, Schmidt P O, et al. Frequency ratio of Al^{+} and Hg^{+} single-ion optical clocks; Metrology at the 17th decimal place[J]. Science, 2008, 319(5871): 1808 - 1812.

[346] Noruzifar E, Emig T, Zandi R. Universality versus material dependence of fluctuation forces between metallic wires[J]. Phys. Rev. A, 2011, 84(4): 042501.

[347] Leefer N, Weber C T M, Cingoz A, et al. New limits on variation of the fine-structure constant using atomic dysprosium[J]. Phys. Rev. Lett., 2013, 111(6): 060801.

[348] Truppe S, Hendricks R J, Tokunaga S K, et al. A search for varying fundamental constants using hertz-level frequency measurements of cold CH molecules[J]. Nat. Commun., 2013, 4: 2600.

[349] 张元仲. 等效原理的实验检验[J]. 物理教学,2002,24(9): 2 - 4.

[350] Wagner T A, Schlamminger S, Gundlach J H, et al. Torsion-balance tests of the weak equivalence principle[J]. Class. Quantum Gravity, 2012, 29(18): 184002.

[351] Dittus H, Greger R, Lochmann S, et al. Testing the weak equivalence principle at the Bremen drop tower: Report on recent developments[J]. Class. Quantum Gravity, 1996, 13(11A): A43 - A51.

[352] Williams J G, Turyshev S G, Boggs D H. Lunar laser ranging tests of the equivalence principle[J]. Class. Quantum Gravity, 2012, 29(18): 184004.

[353] Zhang Y Z, Luo J, Nie Y X. Gravitational effects of rotating bodies[J]. Mod. Phys. Lett. A, 2001, 16(12): 789 - 794.

[354] Zhou Z B, Luo J, Yan Q, et al. New upper limit from terrestrial equivalence principle test for extended rotating bodies[J]. Phys. Rev. D, 2002, 66(2): 022002.

[355] Luo J, Nie Y X, Zhang Y Z, et al. Null result for violation of the equivalence principle with free-fall rotating gyroscopes[J]. Phys. Rev. D, 2002, 65(4): 042005.

[356] Bertolami O, Nunes F M. Ultracold neutrons, quantum effects of gravity and the weak equivalence principle[J]. Class. Quantum Gravity, 2003, 20(5): L61 - L66.

[357] Koester L. Verification of equivalence of gravitational and inertial mass for neutron[J]. Phys. Rev. D, 1976, 14(4): 907 - 909.

[358] Herrmann S, Dittus H, Lammerzahl C, et al. Testing the equivalence principle with atomic interferometry[J]. Class. Quantum Gravity, 2012, 29(18): 184003.

[359] Dimopoulos S, Graham P W, Hogan J M, et al. Testing general relativity with atom interferometry[J]. Phys. Rev. Lett., 2007, 98(11): 111102.

[360] Fray S, Diez C A, Hansch T W, et al. Atomic interferometer with amplitude gratings of light and its applications to atom based tests of the equivalence principle[J]. Phys. Rev. Lett., 2004, 93(24): 240404.

[361] Bonnin A, Zahzam N, Bidel Y, et al. Simultaneous dual-species matter-wave accelerometer[J]. Phys. Rev. A, 2013, 88(4): 043615.

[362] Hohensee M A, Muller H. Precision tests of general relativity with matter waves[J]. J. Mod. Opt., 2011, 58(21): 2021 - 2027.

[363] Dickerson S M, Hogan J M, Sugarbaker A, et al. Multiaxis inertial sensing with long-time point source atom interferometry[J]. Phys. Rev. Lett., 2013, 111(8): 083001.

[364] Zhou L, Xiong Z Y, Yang W, et al. Development of an atom gravimeter and status of the 10-meter atom interferometer for precision gravity measurement[J]. Gen. Relativ. Gravit., 2011, 43(7): 1931 - 1942.

[365] 郝恺,周林,汤彪,等. ^{85}Rb 和^{87}Rb 双磁光阱的同时实现及特性研究[J]. 量子电子学报, 2013,30(2): 169 - 174.

[366] Wolf P, Petit G. Satellite test of special relativity using the global positioning system [J]. Phys. Rev. A, 1997, 56(6): 4405 - 4409.

[367] Hess M P, Stringhetti L, Hummelsberger B, et al. The ACES mission: System development and test status[J]. Acta Astronaut., 2011, 69(11 - 12): 929 - 938.

[368] Muller H, Chiow S W, Herrmann S, et al. Atom-interferometry tests of the isotropy of post-Newtonian gravity[J]. Phys. Rev. Lett., 2008, 100(3): 031101.

[369] Chung K Y, Chiow S W, Herrmann S, et al. Atom interferometry tests of local Lorentz invariance in gravity and electrodynamics[J]. Phys. Rev. D, 2009, 80(1): 016002.

[370] Mewes M. Optical-cavity tests of higher-order Lorentz violation[J]. Phys. Rev. D, 2012, 85(11): 116012.

[371] Kostelecky V A, Mewes M. Fermions with Lorentz-violating operators of arbitrary dimension[J]. Phys. Rev. D, 2013, 88(9): 096006.

[372] Hohensee M A, Leefer N, Budker D, et al. Limits on Violations of lorentz symmetry and the einstein equivalence principle using radio-frequency spectroscopy of atomic dysprosium[J]. Phys. Rev. Lett., 2013, 111(5): 050401.

[373] Vessot R F C, Levine M W, Mattison E M, et al. Test of relativistic gravitation with a space-borne hydrogen maser[J]. Phys. Rev. Lett., 1980, 45(26): 2081 - 2084.

[374] Tobar M E, Stanwix P L, McFerran J J, et al. Testing local position and fundamental constant invariance due to periodic gravitational and boost using long-term comparison of the SYRTE atomic fountains and H-masers[J]. Phys. Rev. D, 2013, 87(12): 122004.

[375] Chou C W, Hume D B, Rosenband T, et al. Optical clocks and relativity[J]. Science, 2010, 329(5999): 1630 - 1633.

[376] Muller H, Peters A, Chu S. Atom gravimeters and gravitational redshift Reply[J]. Nature, 2010, 467(7311): E2 - E2.

[377] Sinha S, Samuel J. Atom interferometry and the gravitational redshift[J]. Class. Quantum Gravity, 2011, 28(14): 145018.

[378] Schleich W P, Greenberger D M, Rasel E M. A representation-free description of the Kasevich-Chu interferometer: a resolution of the redshift controversy[J]. New J. Phys., 2013, 15(1): 013007.

[379] Hohensee M A, Chu S, Peters A, et al. Equivalence principle and gravitational redshift [J]. Phys. Rev. Lett., 2011, 106(15): 151102.

[380] Taylor J H, Wolszczan A, Damour T, et al. Experimental constraints on strong-field relativistic gravity[J]. Nature, 1992, 355(6356): 132 - 136.

[381] Ade P A R, Aikin R W, Barkats D, et al. Detection of B-mode polarization at degree angular scales by BICEP2[J]. Phys. Rev. Lett., 2014, 112(24): 241101.

[382] Ade P A R, Aikin R W, Amir M, et al. BICEP2 II: Experiment and three-year data set [J] arXiv: 1403.4302v2[astro-ph. CO]

[383] Bronzini F, Coccia E, Modena I, et al. Cryogenic system of the Rome group gravitational-wave experiment[J]. Cryogenics, 1985, 25(5): 234 - 237.

[384] Bonaldi M, Bronzini F, Cavallini E, et al. The ultracryogenic gravitational-wave antenna Auriga[J]. Physica B, 1994, 194 - 196(Part 1): 1 - 2.

[385] Amaldi E, Astone P, Bassan M, et al. Sensitivity of the rome gravitational-wave experiment with the explorer cryogenic resonant antenna operating at 2-K [J]. Europhys. Lett., 1990, 12(1): 5 - 11.

[386] McHugh M P, Allen Z, Hamilton W O, et al. The ALLEGRO gravitational wave detector[J]. Int. J. Mod. Phys. D, 2000, 9(3): 229 - 232.

[387] Tobar M E, Blair D G, Ivanov E N, et al. The University-of-Western -Australia resonant-bar gravitational-wave experiment [J]. Aust. J. Phys., 1995, 48 (6): 1007 - 1025.

[388] Bradaschia C, Delfabbro R, Divirgilio A, et al. VIRGO-very wide band interferometric gravitational-wave antenna[J]. Nucl. Phys. B, 1992, 28(1): 54 - 60.

[389] Abramovici A, Althouse W E, Drever R W P, et al. LIGO-Thelaser-interferometer-gravitational-wave-observatory[J]. Science, 1992, 256(5055): 325 - 333.

[390] Willke B, Aufmuth P, Aulbert C, et al. The GEO 600 gravitational wave detector[J]. Class. Quantum Gravity, 2002, 19(7): 1377 - 1387.

[391] Ando M, Arai K, Takahashi R, et al. Stable operation of a 300-m laser interferometer

with sufficient sensitivity to detect gravitational-wave events within our galaxy[J]. Phys. Rev. Lett., 2001, 86(18): 3950-3954.

[392] Jacob J S, Barriga P, Blair D G, et al. Australia's role in gravitational wave detection [J]. Publ. Astron. Soc. Aust., 2003, 20(3): 223-241.

[393] Jafry Y R, Cornelisse J, Reinhard R. LISA-A laser interferometer space antenna for gravitational-wave measurements[J]. ESA J.-Euro. Space Agency, 1994, 18(3): 219-228.

[394] Chiao R Y, Speliotopoulos A D. Towards MIGO, the matter-wave interferometric gravitational-wave observatory, and the intersection of quantum mechanics with general relativity[J]. J. Mod. Opt., 2004, 51(6-7): 861-899.

[395] Stodolsky L. MAtter and light-wave interferometry in gravitational-fields[J]. Gen. Relativ. Gravit., 1979, 11(6): 391-405.

[396] Roura A, Brill D R, Hu B L, et al. Gravitational wave detectors based on matter wave interferometers (MIGO) are no better than laser interferometers (LIGO)[J]. Phys. Rev. D, 2006, 73(8): 084018.

[397] Tino G M, Vetrano F. Is it possible to detect gravitational waves with atom interferometers? [J]. Class. Quantum Gravity, 2007, 24(9): 2167-2178.

[398] D'Ambrosio E. Definition and construction of noise budget in atom interferometry[M]. Singapore: World Scientific Publ Co Pte Ltd., 2009: 491.

[399] Wicht A, Lammerzahl C, Lorek D, et al. Rovibrational quantum interferometers and gravitational waves[J]. Phys. Rev. A, 2008, 78(1): 013610.

[400] Lorek D, Lammerzahl C, Wicht A. Orientational atom interferometers sensitive to gravitational waves[J]. Phys. Rev. A, 2010, 81(2): 023621.

[401] Lorek D, Wicht A, Lammerzahl C. A new type of quantum interferometer for gravitational wave detection[J]. Gen. Relativ. Gravit., 2011, 43(7): 2053-2064.

[402] Dimopoulos S, Graham P W, Hogan J M, et al. Gravitational wave detection with atom interferometry[J]. Phys. Lett. B, 2009, 678(1): 37-40.

[403] Hogan J M, Johnson D M S, Dickerson S, et al. An atomic gravitational wave interferometric sensor in low earth orbit (AGIS-LEO)[J]. Gen. Relativ. Gravit., 2011, 43(7): 1953-2009.

[404] Hohensee M, Lan S Y, Houtz R, et al. Sources and technology for an atomic gravitational wave interferometric sensor[J]. Gen. Relativ. Gravit., 2011, 43(7): 1905-1930.

[405] Gao D F, Ju P, Zhang B C, et al. Gravitational-wave detection with matter-wave interferometers based on standing light waves[J]. Gen. Relativ. Gravit., 2011, 43(7): 2027-2036.

[406] Yu N, Tinto M. Gravitational wave detection with single-laser atom interferometers[J]. Gen. Relativ. Gravit., 2011, 43(7): 1943-1952.

[407] Bender P L. Comment on "Atomic gravitational wave interferometric sensor"[J]. Phys. Rev. D, 2011, 84(2): 028101.

[408] Lepoutre S, Jelassi H, Trenec G, et al. Atom interferometry as a detector of rotation

and gravitational waves: comparison of various diffraction processes[J]. Gen. Relativ. Gravit., 2011, 43(7): 2011 - 2025.

[409] Graham P W, Hogan J M, Kasevich M A, et al. New method for gravitational wave detection with atomic sensors[J]. Phys. Rev. Lett., 2013, 110(17): 171102.

[410] Mount B J, Redshaw M, Myers E G. Atomic masses of Li - 6, Na - 23, K - 39, K - 41, Rb - 85, Rb - 87, and Cs - 133[J]. Phys. Rev. A, 2010, 82(4): 042513.

[411] Tabert A M, Griep-Raming J, Guymon A J, et al. High-throughput miniature cylindrical ion trap array mass spectrometer[J]. Anal. Chem., 2003, 75(21): 5656 - 5664.

[412] Krutchinsky A N, Cohen H, Chait B T. A novel high-capacity ion trap-quadrupole tandem mass spectrometer[J]. Int. J. Mass Spectrom., 2007, 268(2 - 3): 93 - 105.

[413] Iwamoto K, Nagao H, Toyoda M. Development of an ion trap/multi-turn time-of-flight mass spectrometer with potential-lift[J]. Eur. J. Mass Spectrom., 2009, 15(2): 249 - 260.

[414] Simpson E A, Campuzano-Jost P, Hanna S J, et al. A laser desorption-electron impact ionization ion trap mass spectrometer for real-time analysis of single atmospheric particles [J]. Int. J. Mass Spectrom., 2009, 281(3): 140 - 149.

[415] Ermakov A V, Hinch B J. An electrostatic autoresonant ion trap mass spectrometer[J]. Rev. Sci. Instrum., 2010, 81(1): 013107.

[416] Gulyuz K, Stedwell C N, Wang D, et al. Hybrid quadrupole mass filter/quadrupole ion trap/time-of-flight-mass spectrometer for infrared multiple photon dissociation spectroscopy of mass-selected ions[J]. Rev. Sci. Instrum., 2011, 82(5): 054101.

[417] Lorenz U J, Rizzo T R. Planar multipole ion trap/time-of-flight mass spectrometer[J]. Anal. Chem., 2011, 83(20): 7895 - 7901.

[418] Misharin A, Novoselov K, Laiko V, et al. Development and characterization of a field-deployable ion-trap mass spectrometer with an atmospheric pressure interface[J]. Anal. Chem., 2012, 84(22): 10105 - 10112.

[419] Hansen B J, Niemi R J, Hawkins A R, et al. A lithographically patterned discrete planar electrode linear ion trap mass spectrometer[J]. J. Microelectromech. Syst., 2013, 22(4): 876 - 883.

[420] Redwine J G, Davis Z A, Burke N L, et al. A novel ion trap based tandem mass spectrometer for the spectroscopic study of cold gas phase polyatomic ions[J]. Int. J. Mass Spectrom., 2013, 348: 9 - 14.

[421] Kasevich M, Chu S. Measurement of the gravitational acceleration of an atom with a light-pulse atom interferometer[J]. Appl. Phys. B-Lasers Opt., 1992, 54(5): 321 - 332.

[422] Peters A, Chung K Y, Chu S. Measurement of gravitational acceleration by dropping atoms[J]. Nature, 1999, 400(6747): 849 - 852.

[423] Peters A, Chung K Y, Chu S. High-precision gravity measurements using atom interferometry[J]. Metrologia, 2001, 38(1): 25 - 61.

[424] Zhou L, Xiong Z Y, Yang W, et al. Measurement of local gravity via a cold atom

Interferometer[J]. Chin. Phys. Lett., 2011, 28(1): 013701.

[425] Debs J E, Altin P A, Barter T H, et al. Cold-atom gravimetry with a Bose-Einstein condensate[J]. Phys. Rev. A, 2011, 84(3): 033610.

[426] Malossi N, Bodart Q, Merlet S, et al. Double diffraction in an atomic gravimeter[J]. Phys. Rev. A, 2010, 81(1): 013617.

[427] Altin P A, Johnsson M T, Negnevitsky V, et al. Precision atomic gravimeter based on Bragg diffraction[J]. New J. Phys., 2013, 15(2): 023009.

[428] Merlet S, Bodart Q, Malossi N, et al. Comparison between two mobile absolute gravimeters: optical versus atomic interferometers[J]. Metrologia, 2010, 47(4): L9-L11.

[429] Poli N, Wang F Y, Tarallo M G, et al. Precision measurement of gravity with cold atoms in an optical lattice and comparison with a classical gravimeter[J]. Phys. Rev. Lett., 2011, 106(3): 038501.

[430] Hu Z K, Sun B L, Duan X C, et al. Demonstration of an ultrahigh-sensitivity atom-interferometry absolute gravimeter[J]. Phys. Rev. A, 2013, 88(4): 043610.

[431] Sorrentino F, Bodart Q, Cacciapuoti L, et al. Sensitivity limits of a Raman atom interferometer as a gravity gradiometer[J]. Phys. Rev. A, 2014, 89(2): 023607.

[432] Le Gouet J, Mehlstaubler T E, Kim J, et al. Limits to the sensitivity of a low noise compact atomic gravimeter[J]. Appl. Phys. B-Lasers Opt., 2008, 92(2): 133-144.

[433] Bodart Q, Merlet S, Malossi N, et al. A cold atom pyramidal gravimeter with a single laser beam[J]. Appl. Phys. Lett., 2010, 96(13): 134101.

[434] Landragin A. Cold-atom gravimeter requires only one laser beam[J]. Laser Focus World, 2010, 46(7): 10-10.

[435] Bidel Y, Carraz O, Charriere R, et al. Compact cold atom gravimeter for field applications[J]. Appl. Phys. Lett., 2013, 102(14): 144107.

[436] Andia M, Jannin R, Nez F, et al. Compact atomic gravimeter based on a pulsed and accelerated optical lattice[J]. Phys. Rev. A, 2013, 88(3): 031605.

[437] Zhao L, Liu F M, Yuan H J. The design and analyse for accelerometer-based gravity gradiometer, 2009 IEEE International Conference on Mechatronics and Automation[M]. New York: IEEE, 2009: 2409-2414.

[438] Moody M V, Paik H J, Canavan E R. Three-axis superconducting gravity gradiometer for sensitive gravity experiments[J]. Rev. Sci. Instrum., 2002, 73(11): 3957-3974.

[439] Touboul P, Foulon B, Rodrigues M, et al. In orbit nano-g measurements, lessons for future space missions[J]. Aerosp. Sci. Technol., 2004, 8(5): 431-441.

[440] Flokstra J, Cuperus R, Wiegerink R J, et al. A MEMS-based gravity gradiometer for future planetary missions[J]. Cryogenics, 2009, 49(11): 665-668.

[441] McGuirk J M, Foster G T, Fixler J B, et al. Sensitive absolute-gravity gradiometry using atom interferometry[J]. Phys. Rev. A, 2002, 65(3): 033608.

[442] Yu N, Kohel J M, Kellogg J R, et al. Development of an atom-interferometer gravity gradiometer for gravity measurement from space[J]. Appl. Phys. B-Lasers Opt., 2006, 84(4): 647-652.

[443] Sorrentino F, Bertoldi A, Bodart Q, et al. Simultaneous measurement of gravity acceleration and gravity gradient with an atom interferometer[J]. Appl. Phys. Lett., 2012, 101(11): 114106.

[444] Colella R, Overhauser A W, Werner S A. Observation of gravitationally induced quantum interference[J]. Phys. Rev. Lett., 1975, 34(23): 1472 - 1474.

[445] Scully M O, Dowling J P. Quantum-noise limits to matter-wave interferometry[J]. Phys. Rev. A, 1993, 48(4): 3186 - 3190.

[446] Fils J, Leduc F, Bouyer P, et al. Influence of optical aberrations in an atomic gyroscope [J]. Eur. Phys. J. D, 2005, 36(3): 257 - 260.

[447] Dubetsky B, Kasevich M A. Atom interferometer as a selective sensor of rotation or gravity[J]. Phys. Rev. A, 2006, 74(2): 023615.

[448] Antoine C. Rotating matter-wave beam splitters and consequences for atom gyrometers [J]. Phys. Rev. A, 2007, 76(3): 033609.

[449] Gauguet A, Canuel B, Leveque T, et al. Characterization and limits of a cold-atom Sagnac interferometer[J]. Phys. Rev. A, 2009, 80(6): 063604.

[450] Lenef A, Hammond T D, Smith E T, et al. Rotation sensing with an atom interferometer[J]. Phys. Rev. Lett., 1997, 78(5): 760 - 763.

[451] Gustavson T L, Bouyer P, Kasevich M A. Precision rotation measurements with an atom interferometer gyroscope[J]. Phys. Rev. Lett., 1997, 78(11): 2046 - 2049.

[452] Gustavson T L, Landragin A, Kasevich M A. Rotation sensing with a dual atom-interferometer Sagnac gyroscope [J]. Class. Quantum Gravity, 2000, 17 (12): 2385 - 2398.

[453] Durfee D S, Shaham Y K, Kasevich M A. Long-term stability of an area-reversible atom-interferometer sagnac gyroscope[J]. Phys. Rev. Lett., 2006, 97(24): 240801.

[454] Canuel B, Leduc F, Holleville D, et al. Six-axis inertial sensor using cold-atom interferometry[J]. Phys. Rev. Lett., 2006, 97(1): 010402.

[455] Mueller T, Wendrich T, Gilowski M, et al. Versatile compact atomic source for high-resolution dual atom interferometry[J]. Phys. Rev. A, 2007, 76(6): 063611.

[456] Muller T, Gilowski M, Zaiser M, et al. A compact dual atom interferometer gyroscope based on laser-cooled rubidium[J]. Eur. Phys. J. D, 2009, 53(3): 273 - 281.

[457] Butts D L, Kinast J M, Timmons B P, et al. Light pulse atom interferometry at short interrogation times[J]. J. Opt. Soc. Am. B-Opt. Phys., 2011, 28(3): 416 - 421.

[458] Stoner R, Butts D, Kinast J, et al. Analytical framework for dynamic light pulse atom interferometry at short interrogation times[J]. J. Opt. Soc. Am. B-Opt. Phys., 2011, 28(10): 2418 - 2429.

[459] Stockton J K, Takase K, Kasevich M A. Absolute geodetic rotation measurement using atom interferometry[J]. Phys. Rev. Lett., 2011, 107(13): 133001.

[460] Tackmann G, Berg P, Schubert C, et al. Self-alignment of a compact large-area atomic Sagnac interferometer[J]. New J. Phys., 2012, 14(1): 015002.

[461] Shin Y, Saba M, Pasquini T A, et al. Atom interferometry with Bose-Einstein condensates in a double well potential[J]. Phys. Rev. Lett., 2004, 92(5): 050405.

[462] Tolstikhin O I, Morishita T, Watanabe S. Gyroscopic effects in interference of matter waves[J]. Phys. Rev. A, 2005, 72(5): 051603(R).

[463] Wu S, Su E, Prentiss M. Demonstration of an area-enclosing guided-atom interferometer for rotation sensing[J]. Phys. Rev. Lett., 2007, 99(17): 173201.

[464] Baker P M, Stickney J A, Squires M B, et al. Adjustable microchip ring trap for cold atoms and molecules[J]. Phys. Rev. A, 2009, 80(6): 063615.

[465] Debs J E, Doring D, Altin P A, et al. Experimental comparison of Raman and RF outcouplers for high-flux atom lasers[J]. Phys. Rev. A, 2010, 81(1): 013618.

[466] Yan H. Guided atom gyroscope on an atom chip with symmetrical state-dependent microwave potentials[J]. Appl. Phys. Lett., 2012, 101(19): 194102.

[467] Stringari S. Superfluid gyroscope with cold atomic gases[J]. Phys. Rev. Lett., 2001, 86(21): 4725-4728.

[468] Hodby E, Hopkins S A, Hechenblaikner G, et al. Experimental observation of a superfluid gyroscope in a dilute Bose-Einstein condensate[J]. Phys. Rev. Lett., 2003, 91(9): 090403.

[469] Avenel O, Mukharsky Y, Varoquaux E. Superfluid gyrometers[J]. J. Low Temp. Phys., 2004, 135(5-6): 745-772.

[470] Narayana S, Sato Y. Superfluid quantum interference in multiple-turn reciprocal geometry[J]. Phys. Rev. Lett., 2011, 106(25): 255301.

[471] Thanvanthri S, Kapale K T, Dowling J P. Ultra-stable matter-wave gyroscopy with counter-rotating vortex superpositions in Bose-Einstein condensates[J]. J. Mod. Opt., 2012, 59(13): 1180-1185.

[472] Donley E A. IEEE. Nuclear magnetic resonance gyroscopes[J]. 2010 IEEE Sensors, 2010: 17-22.

[473] Harle P, Wackerle G, Mehring M. A Nuclear-spin based rotation sensor using optical polarization and detection methods[J]. Appl. Magn. Reson., 1993, 5(2): 207-220.

[474] Appelt S, Wackerle G, Mehring M. Deviation from berry adiabatic geometric phase in a Xe-131 nuclear gyroscope[J]. Phys. Rev. Lett., 1994, 72(25): 3921-3924.

[475] Rosenberry M A, Chupp T E. Atomic electric dipole moment measurement using spin exchange pumped masers of Xe-129 and He-3[J]. Phys. Rev. Lett., 2001, 86(1): 22-25.

[476] Kornack T W, Romalis M V. Dynamics of two overlapping spin ensembles interacting by spin exchange[J]. Phys. Rev. Lett., 2002, 89(25): 253002.

[477] Kornack T W, Ghosh R K, Romalis M V. Nuclear spin gyroscope based on an atomic comagnetometer[J]. Phys. Rev. Lett., 2005, 95(23): 230801.

[478] Smiciklas M, Brown J M, Cheuk L W, et al. New test of local Lorentz invariance using a Ne-21-Rb-K comagnetometer[J]. Phys. Rev. Lett., 2011, 107(17): 171604.

[479] Kitching J, Knappe S, Donley E A. Atomic sensors-A review[J]. IEEE Sens. J., 2011, 11(9): 1749-1758.

[480] Sheng D, Li S, Dural N, et al. Subfemtotesla scalar atomic magnetometry using multipass cells[J]. Phys. Rev. Lett., 2013, 110(16): 160802.

[481] Happer W, Tam A C. Effect of rapid spin exchange on magnetic-resonance spectrum of alkali vapors[J]. Phys. Rev. A, 1977, 16(5): 1877 - 1891.

[482] Allred J C, Lyman R N, Kornack T W, et al. High-sensitivity atomic magnetometer unaffected by spin-exchange relaxation[J]. Phys. Rev. Lett., 2002, 89(13): 130801.

[483] Kominis I K, Kornack T W, Allred J C, et al. A subfemtotesla multichannel atomic magnetometer[J]. Nature, 2003, 422(6932): 596 - 599.

[484] Fang J C, Qin J, Wan S A, et al. Atomic spin gyroscope based on Xe - 129 - Cs comagnetometer[J]. Chin. Sci. Bull., 2013, 58(13): 1512 - 1515.

[485] Fang J C, Wan S A, Qin J, et al. A novel Cs-Xe - 129 atomic spin gyroscope with closed-loop Faraday modulation[J]. Rev. Sci. Instrum., 2013, 84(8): 083108.

[486] Savukov I M, Seltzer S J, Romalis M V, et al. Tunable atomic magnetometer for detection of radio-frequency magnetic fields [J]. Phys. Rev. Lett., 2005, 95 (6): 063004.

[487] Shah V, Knappe S, Schwindt P D D, et al. Subpicotesla atomic magnetometry with a microfabricated vapour cell[J]. Nat. Photonics, 2007, 1(11): 649 - 652.

[488] Scholtes T, Schultze V, Ijsselsteijn R, et al. Light-narrowed optically pumped M-x magnetometer with a miniaturized Cs cell[J]. Phys. Rev. A, 2011, 84(4): 043416.

[489] Chalupczak W, Godun R M, Pustelny S, et al. Room temperature femtotesla radio-frequency atomic magnetometer[J]. Appl. Phys. Lett., 2012, 100(24): 242401.

[490] Ito Y, Ohnishi H, Kamada K, et al. Development of an optically pumped atomic magnetometer using a K-Rb hybrid cell and its application to magnetocardiography[J]. AIP Adv., 2012, 2(3): 032127.

[491] Huang K K, Li N, Lu X H. A high sensitivity laser-pumped cesium magnetometer[J]. Chin. Phys. Lett., 2012, 29(10): 100701.

[492] Liu G B, Li X F, Sun X P, et al. Ultralow field NMR spectrometer with an atomic magnetometer near room temperature[J]. J. Magn. Reson., 2013, 237: 158 - 163.

[493] Yang A L, Yang G Q, Cai X M, et al. A laser pump-re-pump atomic magnetometer[J]. Chin. Phys. B, 2013, 22(12): 120702.

[494] Savukov I M, Romalis M V. NMR detection with an atomic magnetometer[J]. Phys. Rev. Lett., 2005, 94(12): 123001.

[495] Ledbetter M P, Savukov I M, Acosta V M, et al. Spin-exchange-relaxation-free magnetometry with Cs vapor[J]. Phys. Rev. A, 2008, 77(3): 033408.

[496] Shah V, Romalis M V. Spin-exchange relaxation-free magnetometry using elliptically polarized light[J]. Phys. Rev. A, 2009, 80(1): 013416.

[497] Griffith W C, Knappe S, Kitching J. Femtotesla atomic magnetometry in a microfabricated vapor cell[J]. Opt. Express, 2010, 18(26): 27167 - 27172.

[498] Dang H B, Maloof A C, Romalis M V. Ultrahigh sensitivity magnetic field and magnetization measurements with an atomic magnetometer[J]. Appl. Phys. Lett., 2010, 97(15): 151110.

[499] Dong H F, Fang J C, Zhou B Q, et al. Three-dimensional atomic magnetometry[J]. Eur. Phys. J.-Appl. Phys., 2012, 57(2): 21004.

[500] Fang J C, Qin J. In situ triaxial magnetic field compensation for the spin-exchange-relaxation-free atomic magnetometer[J]. Rev. Sci. Instrum., 2012, 83(10): 103104.

[501] Budker D, Yashchuk V, Zolotorev R. Nonlinear magneto-optic effects with ultranarrow widths[J]. Phys. Rev. Lett., 1998, 81(26): 5788 - 5791.

[502] Xu S J, Rochester S M, Yashchuk V V, et al. Construction and applications of an atomic magnetic gradiometer based on nonlinear magneto-optical rotation[J]. Rev. Sci. Instrum., 2006, 77(8): 08316.

[503] Xu S, Donaldson M H, Pines A, et al. Application of atomic magnetometry in magnetic particle detection[J]. Appl. Phys. Lett., 2006, 89(22): 224105.

[504] Higbie J M, Corsini E, Budker D. Robust, high-speed, all-optical atomic magnetometer [J]. Rev. Sci. Instrum., 2006, 77(11): 113106.

[505] Behbood N, Ciurana F M, Colangelo G, et al. Real-time vector field tracking with a cold-atom magnetometer[J]. Appl. Phys. Lett., 2013, 102(17): 173504.

[506] Nagel A, Graf L, Naumov A, et al. Experimental realization of coherent dark-state magnetometers[J]. Europhys. Lett., 1998, 44(1): 31 - 36.

[507] Schwindt P D D, Knappe S, Shah V, et al. Chip-scale atomic magnetometer[J]. Appl. Phys. Lett., 2004, 85(26): 6409 - 6411.

[508] Katsoprinakis G, Petrosyan D, Kominis I K. High frequency atomic magnetometer by use of electromagnetically induced transparency[J]. Phys. Rev. Lett., 2006, 97(23): 230801.

[509] Terraciano M L, Bashkansky M, Fatemi F K. A single-shot imaging magnetometer using cold atoms[J]. Opt. Express, 2008, 16(17): 13062 - 13069.

[510] Song J J, Du S W, Foreman B A. Atomic magnetometer based on a double-dark-state system[J]. Phys. Lett. A, 2011, 375(37): 3296 - 3299.

[511] Taylor J M, Cappellaro P, Childress L, et al. High-sensitivity diamond magnetometer with nanoscale resolution[J]. Nat. Phys., 2008, 4(10): 810 - 816.

[512] Ajoy A, Cappellaro P. Stable three-axis nuclear-spin gyroscope in diamond[J]. Phys. Rev. A, 2012, 86(6): 062104.

[513] Fang K J, Acosta V M, Santori C, et al. High-sensitivity magnetometry based on quantum beats in diamond nitrogen-vacancy centers[J]. Phys. Rev. Lett., 2013, 110(13): 130802.

[514] Dumeige Y, Chipaux M, Jacques V, et al. Magnetometry with nitrogen-vacancy ensembles in diamond based on infrared absorption in a doubly resonant optical cavity [J]. Phys. Rev. B, 2013, 87(15): 155202.

[515] Liu X D, Cui J M, Sun F W, et al. Fiber-integrated diamond-based magnetometer[J]. Appl. Phys. Lett., 2013, 103(14): 143105.

[516] Perunicic V S, Hall L T, Simpson D A, et al. Towards single-molecule NMR detection and spectroscopy using single spins in diamond[J]. Phys. Rev. B, 2014, 89(5): 054432.

[517] Hald J, Sorensen J L, Schori C, et al. Spin squeezed atoms: A macroscopic entangled ensemble created by light[J]. Phys. Rev. Lett., 1999, 83(7): 1319 - 1322.

[518] Geremia J M, Stockton J K, Doherty A C, et al. Quantum Kalman filtering and the Heisenberg limit in atomic magnetometry [J]. Phys. Rev. Lett., 2003, 91 (25): 250801.

[519] Auzinsh M, Budker D, Kimball D F, et al. Can a quantum nondemolition measurement improve the sensitivity of an atomic magnetometer? [J]. Phys. Rev. Lett., 2004, 93 (17): 173002.

[520] Shah V, Vasilakis G, Romalis M V. High Bandwidth atomic magnetometery with continuous quantum nondemolition measurements[J]. Phys. Rev. Lett., 2010, 104 (1): 013601.

[521] Wasilewski W, Jensen K, Krauter H, et al. Quantum noise limited and entanglement-assisted magnetometry[J]. Phys. Rev. Lett., 2010, 104(13): 133601.

[522] Koschorreck M, Napolitano M, Dubost B, et al. Quantum nondemolition measurement of large-spin ensembles by dynamical decoupling[J]. Phys. Rev. Lett., 2010, 105(9): 093602.

[523] Wolfgramm F, Cere A, Beduini F A, et al. Squeezed-light optical magnetometry[J]. Phys. Rev. Lett., 2010, 105(5): 053601.

[524] Sewell R J, Koschorreck M, Napolitano M, et al. Magnetic sensitivity beyond the projection noise limit by spin squeezing[J]. Phys. Rev. Lett., 2012, 109(25): 253605.

[525] Urizar-Lanz I, Hyllus P, Egusquiza I L, et al. Macroscopic singlet states for gradient magnetometry[J]. Phys. Rev. A, 2013, 88(1): 013626.

索　引

E

F

G

M

N

O

P

Q

R

S

T

W

X

Y

Z